**EXAMPRESS®**

情報処理技術者試験学習書

対応試験 **PM**

JN111810

情報処理
教科書

# うかる！

# プロジェクト
## マネージャ

## 2024年版

ITのプロ46
三好康之 著

SHOEISHA

## 本書内容に関するお問い合わせについて

このたびは翔泳社の書籍をお買い上げいただき、誠にありがとうございます。弊社では、読者の皆様からのお問い合わせに適切に対応させていただくため、以下のガイドラインへのご協力をお願い致しております。下記項目をお読みいただき、手順に従ってお問い合わせください。

### ●ご質問される前に

弊社 Web サイトの「正誤表」をご参照ください。これまでに判明した正誤や追加情報を掲載しています。

　　　　　正誤表　https://www.shoeisha.co.jp/book/errata/

### ●ご質問方法

弊社 Web サイトの「書籍に関するお問い合わせ」をご利用ください。

　　　　　書籍に関するお問い合わせ　https://www.shoeisha.co.jp/book/qa/

インターネットをご利用でない場合は、FAX または郵便にて、下記"翔泳社 愛読者サービスセンター"までお問い合わせください。
電話でのご質問は、お受けしておりません。

### ●回答について

回答は、ご質問いただいた手段によってご返事申し上げます。ご質問の内容によっては、回答に数日ないしはそれ以上の期間を要する場合があります。

### ●ご質問に際してのご注意

本書の対象を超えるもの、記述個所を特定されないもの、また読者固有の環境に起因するご質問等にはお答えできませんので、予めご了承ください。

### ●郵便物送付先および FAX 番号

送付先住所　〒 160-0006　東京都新宿区舟町 5
FAX 番号　　03-5362-3818
宛先　　　　（株）翔泳社 愛読者サービスセンター

# はじめに

令和 5 年の試験では次のような傾向がみられました。

---

**【令和 5 年の出題傾向】**
・午前 II：例年通り。特に傾向が変わったような感じはしない
・午後 I：今年も 3 問とも「新技術への対応」の問題だった
・午後 II：今年も 2 問とも予測型でも適応型でも書ける問題だった
　　　　　「プロジェクトの特徴」→「プロジェクトの独自性」

---

　徐々に方向性や傾向が固まってきたように思います。が，情報処理技術者試験では「忘れた頃に…」というのがとても多いので，警戒感をなくせません。筆者は，試験対策を行っているので，高度系の問題にはすべて目を通したうえで，毎回全ての試験区分について分析をするようにしています。その中でわかっていることが「忘れた頃に…」というものです。IT の世界は進歩も陳腐化も激しいので，昔の問題なんて価値が無いように思われるかもしれませんが，情報処理技術者試験で学ぶような基礎の中には，長年変わらないものに少なくありません。なので 10 年前の問題が再出題されることもあるわけです。実際，令和 5 年のプロジェクトマネージャ試験の午前 II の問題は 10 年ぶりに出題された問題がかなりありました。

　厄介ですよね。陳腐化しないし，新しい技術がどんどん出てくるなんて。覚えないといけないことは年々増えて，何が出題されるのか…的を絞れない。正に，真の実力を会得させたい出題者の思惑通りです（笑）。

　プロジェクトマネージャ試験においても，午後 I では予測型開発アプローチのプロジェクトの問題には目を通さなくてもいいのか，午後 II の論文で，品質管理の問題はもう捨ててもいいのか，ある程度傾向が固まってきたように見える今が，一番難しい時期かもしれません。忘れた頃に出題されるかもしれないので。

　でも，そこも楽しみましょう。目指すは，強いリーダーシップを発揮することも，支援型のリーダーシップを発揮することもできる…**"カメレオン PM"** です。本書は，それを支援すべく，もちろん合格を勝ち取ってもらえるように作成しています。予測型の開発アプローチの知識も問題も残しています。忘れた頃の出題に備えるとともに，カメレオン PM になれるように。ぜひ，充実した学習ツールをフル活用して，まずは合格を勝ち取ってください。

　最後になりますが，**「受験生に最高の試験対策本を提供したい」** という想いを共有し，企画・編集面でご尽力いただいた翔泳社の皆さんに御礼申し上げます。

令和 6 年 2 月

著者　IT のプロ 46 代表　三好康之

# Web 提供コンテンツのご案内

翔泳社の Web サイトでは，プロジェクトマネージャ試験の対策に役立つさまざまなコンテンツ（PDF ファイル）を入手できます。これらのコンテンツは，2024 年 3 月末頃から順次提供開始の予定です。

- ●平成 14〜令和 4 年度の本試験問題と解答・解説
  プロジェクトマネージャ試験の午前・午後 I・午後 II 問題とその解答・解説，及び解答用紙（本書に掲載している年度の解答・解説の提供はありません）
- ●平成 13 年度以前の重点問題（特に重要な午後問題，解答・解説，解答用紙）
- ●平成 7〜令和 5 年度の午後 II 問題文
- ●試験に出る用語集
- ●暗記チェックシート
- ●受験の手引き／プロジェクトマネージャ試験とは／出題範囲

コンテンツを提供する Web サイトは下記のとおりです。ダウンロードする際には，アクセスキーの入力を求められます。アクセスキーは本書のいずれかの章扉ページに記載されています。Web サイトに示される記載ページを参照してください。

提供サイト：https://www.shoeisha.co.jp/book/present/9784798185750
アクセスキー：本書のいずれかのページに記載されています（Web サイト参照）
※コンテンツの配布期間：2025 年 12 月末日まで

※ 電子ファイルのダウンロードには，SHOEISHA iD（翔泳社が運営する無料の会員制度）への会員登録が必要です。詳しくは，Web サイトをご覧ください。
※ ダウンロードしたデータを許可なく配布したり，Web サイトに転載することはできません。

# 目次

## 序 章

### 合格するためにやるべき事　　　1

## 第 1 章

### 基礎知識　　　13

# 第2章

## 午後Ⅱ対策　　137

# 第3章

## 午後I対策 407

# 第**4**章

## 午前Ⅱ対策 693

# 付録

## プロジェクトマネージャになるには 723

●**注意事項**
　本書では，平成15年度版以来，その後作成し続けてきた過去問題(22年分)の解説を提供させていただいてます。今後も，できる限り継続して提供していく予定ですが，"解説の仕方"は年々より良いものになるように進化させていることにより，年度が違うと微妙に"解説の仕方"が変わっている場合があります。ご理解ください。

# 合格するためにやるべき事

資格が必要か？必要ないか？というのなら…
100%必要。必要無いという考え方は微塵もない。

あるのは優先順位。

努力や試行錯誤に無駄は無い。
しかし，筆者の考える優先順位はこう。

①プライベート（家庭，恋愛，友人関係，趣味など）
②仕事
③仕事に必要な勉強
④資格（情報処理技術者試験）取得

資格よりも大切なものは他にもたくさんある。だからこそ，
時間を無駄にはできない。

アクセスキー **Q**
（大文字のキュー）

# 1 学習開始にあたって

　これから始める時間投資は…決して無駄ではありません。プロジェクトマネジメントの勉強をする自分を肯定し，確固たる自信と誇りをもって挑んでください。誰かを幸せにするための努力は，いつだって高貴でかっこいいものです。

## あなたが今すぐ "自信" と "誇り" を持っていい理由

　ＩＴエンジニアの中には，人間関係が苦手な人が少なくありません。それはプロジェクトマネージャでも同じこと…なりたくてなったわけじゃない人も多いですからね。日ごろ，プロジェクトメンバや部下，後輩をどのようにコントロールすればいいのか悩んでいるから，この資格に活路を見出そうという人も多いと聞きます。

**「俺は人付き合いがうまいから，そんなマネジメントの勉強なんて必要ない」**

　そんな愚かなことを言う "偽善者" を，羨ましく思っていませんか？　それは全くの誤りですよ。もしもあなたが，マネジメントに…それも人間関係に自信がないとしたら，この資格試験へのチャレンジを通じて，自分に "自信" を持ちましょう。本書を今読んでいるあなたには，その資格が十分あるのです。

　　　　　＊　　＊　　＊
　筆者は，プロジェクトマネジメントの勉強をしている人を "本当に" 尊敬しています。というのも，彼らの行動は，第一に "プロジェクトメンバ" を不幸にしないためであり，第二に "顧客" に迷惑をかけないためであり，第三に "会社" に利益をもたらすためであるからです。自分自身の満足ではなく，他人を "幸せにする" ことを

目的にしている試験区分は，情報処理技術者試験全12区分の中でもこの試験だけなのです。ご存知でしたか？

　他人のために…しかも，最も立場の弱い "プロジェクトメンバ" を守るために…自己を犠牲にして，忙しい時間の合間を縫って（時に休日を潰したり，睡眠を削ったり），スキルアップに勤しんでいる人…プロジェクトマネジメントを勉強している人ってそういう人ですよね。だから，もっと自信を持って良いんです！

**「君たちメンバが苦労せず，楽しく働けるように，僕はプライベートの時間を削ってしっかり勉強してきたんだ。休みの日だというのに，こんなくそ面白くもない教科書読んでるんだぜ。だから，俺のプロジェクトに入ったお前らは幸せなんだ。感謝しろよ」** と。

　いくら口が上手くても，いくら会話が面白くても，いくら評価が高くても，プロジェクトマネージャの勉強をしていなかったら，結局は "口だけ" なんじゃないでしょうか。そんな偽善者を駆逐するためにも，自分が今やっていることに "誇り" を持ってください。資格取得はこれからでも，そう考えた時点で，もう既にあなたは "誇り" を持つ資格はあるのですから。

# あなたが目指している方向は決して間違ってはいないということ

「プロジェクトマネージャに，人間関係スキルなんか必要ないよ！」

こんな意見に迎合する人はほとんど皆無だと思います。コミュニケーションスキル，表現力，論理的思考能力，問題解決能力，交渉力，リーダーシップや影響力…たぶん…普通に必要だと思っているはずです。

## それが，人間関係スキルの高め方？

書店に行けば，その類のビジネス書が平積みになっています。それだけニーズがあるんでしょう。確かに，立ち読みしているビジネスパーソンも多いです。

しかし，それで本当に人間関係のスキルが身につくのでしょうか？甚だ疑問です。女性にもてたい男性が，マニュアル本やノウハウ本を読んでいるかのような印象を受けるのは筆者だけでしょうか。

数冊の本を読んだだけ…表面的な"技術"を身につけただけで，なんとかしようとする考え自体に，その人の人間性を重ねてしまいます。

## 本当に必要なスキル

では，本当に必要なスキルはどうやって身につけるのでしょうか？筆者は，資格取得と真摯に向き合う姿勢そのものが，真の鍛錬になっていると考えています。

例えば，コミュニケーションスキルやプレゼンテーションスキル。これは，記述式の字数制限の解答や，論述試験で鍛えられる。本書を使った学習が進めば，そこに気付くでしょう。

問題解決能力を高めるには，どうすれば最小の労力で合格できるのかを考えながら，資格取得に取り組めばいいのです。

論理的思考能力を高めたければ，どうして国家資格が存在し，会社から"資格を取れ"って言われるのか，仮説と検証を繰り返しながらロジカルに考えてみたらどうでしょう。そのうち，国家資格たる国の狙い（世界と戦うために，短期間で効率よく優秀な技術者を育成したい）と，会社の狙い，個人の狙いが，実は一致しているということに気づくでしょう。利害関係が一致している場合は，無条件に乗っかるべきだと判断するはずです。

交渉力も然り。資格の存在は，あなたの発する言葉に"説得力"を添えるはず。強力な援護射撃になります。あまりにも強力すぎて，交渉そのものが必要なくなるかもしれません。

それに…人は，自分のために汗を流してくれているリーダーに付いていこうと思います。ノウハウ本に目を通しているリーダーではありません。メンバを守るために，顧客への発言力や交渉力を高めようと，休みの日に資格取得を目指して勉強に精を出しているリーダーです。

「それでも資格は役に立たない！」とネガティブに考えるか，「きっと資格は役に立つんだ！」とポジティブに考えるか，そこにもリーダーとしての資質が現れます。

## 目指している方向は間違ってない！

このように，少しの知識を持ちよって，少しロジカルに物事を考えれば，人間関係スキルを身につけるために，"この資格"が有益だと気付くでしょう。だから，あなたの向かっている方向は，決して間違ってはいません。自信を持ちましょう。

# 愚者は己の経験に学び，賢者は他人の経験に学ぶ

PMBOK や情報処理技術者試験のプロジェクトマネージャのように，プロジェクトマネジメントスキルを体系化したカリキュラムは，過去の先輩プロジェクトマネージャが試行錯誤して得たノウハウの集大成です。つまり他人の経験。賢い人は，自分が失敗しないように，あるいは失敗するにしても**"前人未到の貴重な失敗"**として今後の誰かの役に立つように，まずは"他人の経験"を学びます。

だから，一見すると"知識"ではどうにもならないと思われがちなマネジメントスキルに対して，"まずは知識を得る"という点に着目した人は，本質を見抜いた賢い人だと言えるんですよね。

誰も経験したことがないことや，まったく情報が無いことだったら，試行錯誤の中で失敗を繰返している姿はかっこよく，そこから多くのことを学んでいくでしょう。しかし，もう既に多くの人が経験していることや，少し探せば誰でも手に入る情報，ましてやしっかりと学びやすいように体系化までしてくれているのに，それを無視する合理的な理由があるのでしょうか？

「俺は，自分の眼で見たこと，経験したことしか信用しない」

なんだかかっこいい言葉ですが，そういうのは他人を巻き込まない時にいう言葉で，顧客やプロジェクトメンバ，所属企業など…ステークホルダを巻き込む時に言うことではありませんからね。

それに…戦場カメラマンに例えるとよくわかると思います。何の情報も持たずに戦地に赴く人は運を天に任せるしかありません。死なないように攻めないか，死んでも構わないと出たとこ勝負で攻めるかしか選択肢はないのですから。しかし通常は，現地の事情に精通した人の協力を得て，どこまでなら安全か，どこから先は危険か，安全にギリギリまで攻めるために，情報を活用するはず。世の中，それが当たり前のことなんですね。

「良い写真を撮って真実を伝えたい！」

プロジェクトマネジメントで言い換えると，

「顧客やプロジェクトメンバ，所属企業など…ステークホルダを幸せにしたい！」

そのためには，やはり情報＝他人の経験から得られた教訓や知識は不可欠なのです。

# 2・傾向と対策，及び本書の使い方

2019年（令和元年）5月27日，IPAより「情報処理技術者試験の「シラバス」における一部内容の見直しについて～第4次産業革命に対応した用語例等の追加～」が公表された。見直し対象の主な分野，項目等は次のとおり。要するに，先端技術（AI，IoT，ビッグデータ）とアジャイル開発などの「デジタルトランスフォーメーション（DX）」関連を強化するというものだ。

---

(1) AI（Artificial Intelligence：人工知能）
(2) IoT，ビッグデータ，数学（線形代数，確率・統計等）
(3) アジャイル
(4) (1)～(3)以外の新たな技術・サービス・概念（ブロックチェーン，RPA等）
(5) その他，用語表記の見直し

---

IPAのサイトより引用

この時は，見直し対象の試験区分が基本情報技術者試験と応用情報技術者試験だったが，その後，コロナ禍突入直前の同年11月5日には，全試験区分にまで対象が広がった。第4次産業革命関連技術（AI，ビッグデータ，IoT）などの新技術の活用，及びデジタルトランスフォーメーション（DX）の取組みが進展してきたという背景に対応するため，情報処理技術者試験で「第4次産業革命関連技術（AI，ビッグデータ，IoT）などの新技術への対応」が公表されたのである。

そこから5年。今回（令和6年秋）が（新技術への対応後の）5回目の試験になる。現在地がどのようになっているのかを確認しておこう。

なお，本書ではIPAが「第4次産業革命関連技術など新技術への対応」と言っているものを，便宜上"DX関連技術"ということにしている。加えて，DXを推進するうえで必要になってくるアジャイル開発等の新たな開発アプローチやプロジェクトを"適応型アプローチ"，"適応型プロジェクト"ということにしている。

一方，これまでの中心だった予め成果を決めてそれを実現するウォータフォール型の開発アプローチや開発プロジェクトは"予測型（従来型）アプローチ"とか"予測型（従来型）プロジェクト"ということにする。感覚としては，アジャイル型とウォータフォール型とイメージしておけばいいだろう。

2 傾向と対策，及び本書の使い方

## ●午前Ⅱの傾向－今のところ従来通り

令和5年は，全25問のうちプロジェクトマネジメント分野の問題は13問になる。プロジェクトマネジメント分野以外だと，開発技術が4問，サービスマネジメント（運用）が2問，ストラテジ系の問題が3問，セキュリティの問題が3問の合計12問になる。この比率は例年通りだ。

また，プロジェクトマネジメント分野の13問のうち，過去問題が6問，新規の問題が7問だった。やや新規の問題が増えたが，過去問題を理解して解くことができていれば十分正解できる問題が多かったので，面食らいはしなかったと思う。

全体的には，新傾向のDX関連技術やアジャイル開発の問題が増えたということもなく，どちらかといえば予測型（従来型）のプロジェクトの問題が中心だった。PMBOKは第7版に変わったが，（午前Ⅱで問われる）JIS Q 21500：2018はまだまだ現役だからだろう。今回も"JIS Q 21500：2018"と明記されていた問題が令和5年も令和4年と同じく3問も出題されていた（詳細は午前Ⅱ対策参照）。

## ●午後Ⅰの傾向－令和4年に続き3問とも新傾向

平成31年から出題され始めた適応型プロジェクトの問題（はっきりとは明言していないものも含む）は，令和に入り3問中2問出題されるようになったが，前々回の令和4年からいよいよ3問すべてが新傾向の問題になった。令和5年も同じく3問。まだまだ予測型（従来型）のプロジェクトに従事している人が多いのに，この方向でいいのかどうかはわからないが，ひとまずこういう状況になっている。

---

【新傾向の午後Ⅰ問題の特徴】
・ プロジェクトの目的，ベネフィット重視
　→したがって経営目標の実現をPJの達成目標にする。そのために，柔軟な仕様変更が必要で，どうしてもアジャイル開発の考え方が必要になる。
・ 1ページ目がITストラテジストの問題に似てきた（事業環境や事業戦略に言及している）
・ 迅速なリリース（スピード）が求められる
・ アジャイル開発プロジェクトに適している内製，すなわち"自社開発プロジェクト"の事例が多い

---

これが，今後も継続されるかどうかはわからない。予測型（従来型）のプロジェクトの問題が，もう出題されなくなったと宣言してくれれば努力の方向も定まるのだが，残念ながらそういう発表は行われていない。

7

　ただ，過去の予測型（従来型）プロジェクトの問題の中にも，適応型プロジェクトでも使える問題は多い。問題発生時の対応や，ステークホルダーマネジメント，リスクマネジメント，調達マネジメントなどはそれほど変わらない。必要な知識も同じだ。

　したがって，令和の問題を優先するのは必須だが，時間的に余裕があれば平成の問題にも目を通しておこう。その価値は十分あると思われる。

### ●午後Ⅱの傾向－どちらでもかける問題

　一方，午後Ⅱに関しては，今のところだとは思うが従来通りの出題になっている。令和5年の問題は2問とも，適応型のプロジェクトを題材に書くことも，予測型（従来型）のプロジェクトを題材に書くこともできる問題だった。ここ数年は，これらの問題のように，どちらのタイプのプロジェクトでも書ける問題になっている。

　これは，おそらくだが，午後Ⅱ論述式試験だけは「過去の実際の経験を書かないといけない」ことが大前提だからだろう。「午後Ⅰは知識を問い，午後Ⅱは経験を問う」という方針を考えれば，おのずとこうなるのだろう。IPAは，DXを推進するプロジェクト経験者や先端技術者を，現状は1割ぐらいとみている。しかも，DX関連のプロジェクトの成果は，経営目標の達成にリンクしているのですぐに成果が見えるわけでもない。時間が掛かる。政府がDXに着眼したのが2018年（平成30年）ということを考えても，まだDXをテーマにした問題を出題するのは，経験者の数に配慮して時期尚早と考えているのかもしれない。

　仮にそうなら，少なくとも2問ともDX関連のプロジェクトやアジャイル開発のプロジェクトでしか書けない問題は出題されないと思う。今後もしばらくは，予測型（従来型）プロジェクトでも適応型プロジェクトでも書くことができる問題が出題されるのではないだろうか。

### ●新傾向を踏まえた令和6年度秋試験に向けた対策

　こうした傾向を踏まえて本書は大きく章立てを変えている。これまでテーマごとに章立てしていたものを，基礎知識と時間区分（午前Ⅱ・午後Ⅰ・午後Ⅱ）ごとに再編成した。

　それと，参考までに6か月間で仕上げることを想定して立てたスケジュールを紹介しておこう。本書を使って学習することを想定した線引きにしている。もちろん，自分のペース・自分のやり方がベストだと思うが，特にイメージのない人は検討してみよう。

表　プロジェクトマネージャ試験対策のスケジュール案

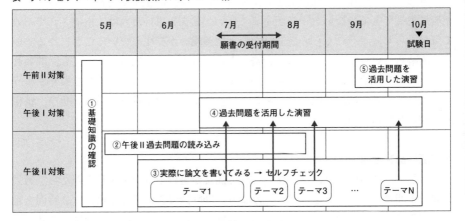

## ①基礎知識の確認

　最初は，本書の「第1章　基礎知識」を確認して，知らないことがないかをチェックしよう。本書には，午後Ⅰや午後Ⅱで必要になる重要ワードを33ピックアップしている。学習の開始の段階で，あまり神経質になることはないので，気楽に読み物として読み進めていこう。最近のDX重視の傾向を踏まえ，前半に新傾向に必要な知識をまとめている。普段，予測型（従来型）プロジェクトに従事している人は，そこを中心に読み進めていくといいだろう。

## ②午後Ⅱ過去問題の読み込み

　続いて，本書の「第2章　午後Ⅱ対策」を順番に読み進めていこう。「2-1　論文試験の全体イメージ」，「2-2　合格論文とは？」，「2-3　事前準備」，「午後Ⅱ試験　Q&A」などだ。そこには，論述式試験を突破するノウハウが詰め込まれている。本格的な対策を始める前に，プロジェクトマネージャ試験の論文がどういうものか把握しよう。

　プロジェクトマネージャ試験の論文が理解できたら，続いて「テーマ別のポイント・過去問題・演習」に着手する。順番はテーマ1からがいい。テーマごとの特徴とポイントをチェックして，過去問題に目を通そう。どういう問題が出ているのか，何が問われているのかを知ることが午後Ⅱ対策のスタートになる。個々の問題に目を通して，次のような視点でチェックしよう。

・問題文で問われていることを正確に把握できているか？
・自分の経験や知識で書くことができそうか？
・書けそうにない場合，情報収集は可能か？

　筆者は，毎年かなりの数の論文を添削しているが，問題文で問われていることを正確に把握できていないケースがすごく多い。論文を書いた人は，指摘されて初めて気付くらしい。それくらい，慣れないと認識違いが発生していることになる。いくら素晴らしい経験があっても，合格できるだけの十分な知識があっても，問われていることを誤解したら元も子もない。まずは，その部分の認識違いをなくすようにしよう。本書では，問題のテーマごとに音声での解説も付けている。ぜひ，積極的に利用してほしい。

### ③実際に論文を書いてみる

　ある程度，認識のずれがなくなってきて論文が書けそうな気がしてきたら，過去問題を1問選んで論文を1本書いてみよう。経験談で書けそうな場合は2時間を目途にどこまで書けるかをチェックする。経験談で書けそうにない場合は，なぜ書けないのかをじっくりと考えよう。

　実際に論文を書いてみたら，その難しさや足りないものなど，いろいろわかることもある。もちろん，思っていた以上の手応えを感じることもあるだろう。いずれにせよ，実際に書いてみて，本書の「2-2　合格論文とは？」や「2-3　事前準備」などを読むとさらに理解が深まるだろう。他にも本書では，個々の問題の解説も充実しているし，サンプル論文もある。それらを駆使しながら午後Ⅱ対策を進めていこう。

| | |
|---|---|
| 目標－1 | 情報処理技術者試験の論述式試験（6区分）共通の知識を獲得している。<br>（例）他の論文試験に合格している<br>（例）過去に書いた論文でA評価を受けたことがある |
| 目標－2 | プロジェクトマネージャ試験で合格論文が書ける<br>（例）プロジェクトマネージャ試験の過去問題に対して書いた論文でA評価を受けたことがある |
| 目標－3 | プロジェクトマネージャ試験の多くのテーマに対して合格論文が書ける<br>（例）問題文の読み違えを起こさない<br>（例）多くのテーマの要求に回答できる |

　最初の目標は，プロジェクトマネージャ試験の過去問題で1本の合格論文が書けるようになることだ。上記の目標でいうと「目標－2」になる。他の論文試験に合格している人や，合格はしていないけど合格レベルの論文は書いたことがあるという人（上記の「目標－1」をクリアしている人）は，その試験区分とは異なるプロジェクトマネージャ試験の論文の特徴を把握して，プロジェクトマネージャ試験の合格論文を作ろう。

　一方，上記の「目標－1」に達していない人は，「目標－1」と「目標－2」を同時にクリアすることを目指す。プロジェクトマネージャ試験の過去問題を使って，論文共通の合格論文のポイントを知り，アウトプットできるようにする。具体的に書くとか，2時間手書きで書くとか，初対面の第三者に伝わるように書くとかだ。対

象とする過去問題は何でもいい。"出題されそう"という視点はいったん捨てて, 自分の知識や経験に基づいて最も書けそうな問題がベスト。古い問題でも何でもいい。それが最初の目標になる（上記の目標－1, 目標－2）。

　上記の目標－2をクリアしたら, 対応できるテーマを増やしていく。次の「テーマ別のポイント・過去問題・演習」に進めていこう。それを繰り返しながら, 対応可能なテーマを増やしていこう。

### ④午後Ⅰ対策（過去問題を活用した演習）

　ある程度午後Ⅱ対策が進んできたら, 午後Ⅰ対策にも着手しよう。まずは「3-1 午後Ⅰ対策の方針」,「午後Ⅰ対策の考え方－過去問題の正しい使い方－」,「3-2　過去問を使った午後Ⅰ対策の実際」,「3-3 プロジェクトマネージャ試験の特徴」などに目を通してみよう。本書の「第3章　午後Ⅰ対策」には, 記述式試験を突破するノウハウが詰め込まれている。そして, 本書に掲載している令和2年から令和4年の過去問題を演習問題として活用しよう。時間を計測して解いてみて手ごたえを確認する。

　この時いい手ごたえなら問題はないが, 時間が足りなかったり, 点数が低かったりしていたら, じっくりと解説を読んでみよう。そこには"速く解くための考え方"や"具体的な解答手順"を含めて書いている。参考になるかチェックして, いろいろ試してみよう。

　時間的に余裕があれば, 本書の特典サイトにアクセスして平成31年以前の過去問題で練習するのも有益だと思う。特に, 解答手順を変えようとしている人にはお勧めだ。平成14年度以後の問題があるので, いくらでも練習できると思う。

### ⑤午前Ⅱ対策

　本書の「第4章　午前Ⅱ対策」は, 紙面の都合上, 過去に出題された問題のタイトルをテーマ別にまとめた表だけを掲載している。ページ数が膨らみすぎるため, 問題と解答・解説は, 読者向けのWebサイトに置いている。ダウンロードして活用しよう。

# 3 ・ 読者の勉強方法 ―合格体験記―

これまで，本書を使って合格された方の合格体験記を Web 上で公開している。

URL：https://www.shoeisha.co.jp/book/pages/9784798185750/gokaku/

　筆者は，何かの資格試験の勉強を始める際，まずは合格した人がどういう勉強をしたのか…いわゆる **"合格体験記"** を読むところから着手してきた。そのため，筆者の試験対策本には，できるだけ合格体験記を掲載するようにしている。

　但し，受験する人の属性は様々だ。年齢や役職はもちろんのこと…想いや経験，環境，制約なども，ひとりひとり違っている。経験者もいれば未経験者もいる。プロジェクトが落ち着いている時期でしっかりと勉強できる人もいれば，プロジェクトのリリースと重なって時間がなかなか取れなかった人（特に春試験では多い），あるいは子育てと両立しながら頑張っている人もいる。

　そんな様々な状況の中，合格者は，合格するために，どのように考え，何時間くらい…どんな勉強をしたのか？すごく有益な情報だと考えているので，そのあたりを合格者に，これから受験する人に向けて語ってもらっている。

　IT エンジニアとしての人生の一部を垣間見る "読み物" としても秀逸だし，自分の…これからの学習戦略を立案する上で，多くの気付きやヒントが得られると思うので，ぜひ，早い段階で目を通しておこう。

# 基礎知識

**第1章**

ここでは，プロジェクトマネージャ試験の合格を勝ち取るために必要な基礎知識について説明している。左側に令和に入ってから重視されているDX関連のプロジェクト（アジャイル開発のプロジェクト）の知識を，右側に予測型（従来型）プロジェクトで必要となる知識をまとめている。令和5年までの傾向だと，午後Iで必要な知識は左側（前半1～14）に，午後IIで必要な知識は右側（後半15～33）になる（午前IIは両方）。令和6年はどうなるかわからないが，時間が無ければ左側だけ，時間的に余裕があれば右側にも目を通しておこう。

アクセスキー　**e**
（小文字のイー）

# 1 · PMBOK と JIS Q 21500

　情報処理技術者試験のプロジェクトマネージャ試験は，PMBOK と JIS Q 21500 という二つの標準と密接な関係にある。午前問題で見かけたこともあるだろう。ここでは最初に，どういった関係にあるのかを把握しておこう。

## ● PMBOK（Project Management Body of Knowledge）

　PMBOK（ピンボックと呼ぶのが一般的）とは，プロジェクトマネジメントに関する様々なノウハウや知識を標準化，及び体系化したものである。米国の一般社団法人である PMI（Project Management Institute：米国プロジェクトマネジメント協会）によって策定されたものだ。

　その歴史は古く，1987 年にホワイトペーパーとして出版され，1996 年に第 1 版の PMBOK ガイドが出版された。その後，下表のようにおおよそ 4 年に 1 度改訂されて現在に至る。現在の PMBOK ガイドは，『プロジェクトマネジメント知識体系ガイド』と『プロジェクトマネジメント標準』の 2 部から構成されている。最新バージョンは 2021 年に公表された第 7 版になる。

表1　PMBOK ガイドの刊行年度とバージョン

| 刊行年度 | PMBOK のバージョン |
|---|---|
| 1996 | 第 1 版，PMBOK ガイド |
| 2000 | 第 2 版，PMBOK2000 |
| 2004 | 第 3 版，PMBOK 3rd Edition |
| 2008 | 第 4 版，PMBOK 4th Edition |
| 2013 | 第 5 版，PMBOK 5th Edition |
| 2017 | 第 6 版，PMBOK 6th Edition |
| 2021 | 第 7 版，PMBOK 7th Edition，10 月 4 日に日本語版公開 |

　情報処理技術者試験との関係は，2001 年（平成 13 年）までさかのぼる。それまでのプロジェクトマネージャ試験（平成 7 年春〜）は独自の標準化を行っていた（平成 7 年前後には試験センターがテキストを作成し販売していた）が，平成 13 年から統合する兆しが見え始めた。その後徐々に同期がとられ，2009 年（平成 21 年）の現行制度になったタイミングで知識項目が統一された。午前問題でも「PMBOK の…」と明記され PMBOK の知識が問われるようになっている。したがって，現在では，普通に PMBOK に関する知識が問われている。PMBOK に関しては，PMI が PMP という資格制度も運営しているので，今では情報処理技術者試験のプロジェクトマネージャ試験と PMP をダブルで保有している人も少なくない。

　なお，2021 年に刊行された PMBOK 第 7 版は"原理原則ベース"へと大きく変わっている（下表参照）。初版から第 6 版までは典型的なウォータフォール型のプロジェクトを対象に"プロセスベース"の知識体系だったが（次ページの表参照），昨今の開発手法の多様化にも対応できるようにと考えてのことらしい。したがって，現在 PMBOK に関する知識は，プロセスベースの第 6 版と原理・原則ベースの第 7 版の両方の知識が必要になる。これは PMI も「PMBOK 第 6 版が不要になったわけではない」と公表しているぐらいだから，そうなのだろう。加えていうなら，別冊の「アジャイル実務ガイド」も必要になる。"第 7 版"を頂点に，具体的な手法として"第 6 版"と"アジャイル実務ガイド"を併用するイメージだ。

## PMBOK（第 7 版）の全体像

| PMBOK（第7版）の原理原則 | |
| --- | --- |
| 価値 | 価値に焦点を当てること（→P.44「5 価値の実現」参照） |
| システム思考 | システムの相互作用を認識し，評価し，対応すること |
| テーラリング | 状況に基づいてテーラリングすること |
| 複雑さ | 複雑さに対処すること |
| 適応力と回復力 | 適応力と回復力を持つこと |
| 変革 | 想定した将来の状態を達成するために変革できるようにすること |
| スチュワードシップ | 勤勉で，敬意を払い，面倒見の良いスチュワードであること |
| チーム | 協働的なプロジェクト・チーム環境を構築すること |
| ステークホルダー | ステークホルダーと効果的に関わること |
| リーダーシップ | リーダーシップを示すこと |
| リスク | リスク対応を最適化すること |
| 品質 | プロセスと成果物に品質を組み込むこと |

| PMBOK（第7版）のパフォーマンス領域 | |
| --- | --- |
| ステークホルダー | ステークホルダー，ステークホルダー分析 |
| チーム | プロジェクト・マネジャー，プロジェクトマネジメント・チーム，プロジェクト・チーム |
| 開発アプローチとライフサイクル | 成果物，開発アプローチ，ケイデンス，プロジェクト・フェーズ，プロジェクト・フェーズ，プロジェクト・ライフサイクル |
| 計画 | 見積り，正確さ，精密さ，クラッシング，ファスト・トラッキング，予算 |
| プロジェクト作業 | 入札文書，入札説明会，形式知，暗黙知 |
| デリバリー | 要求事項，WBS，完了の定義，品質，品質コスト |
| 測定 | メトリックス，ベースライン，ダッシュボード |
| 不確かさ | 不確かさ，曖昧さ，複雑さ，変動制，リスク |

# PMBOK（第 6 版）の全体像

（※矢印は一部，全ての前後関係を表しているわけではない）

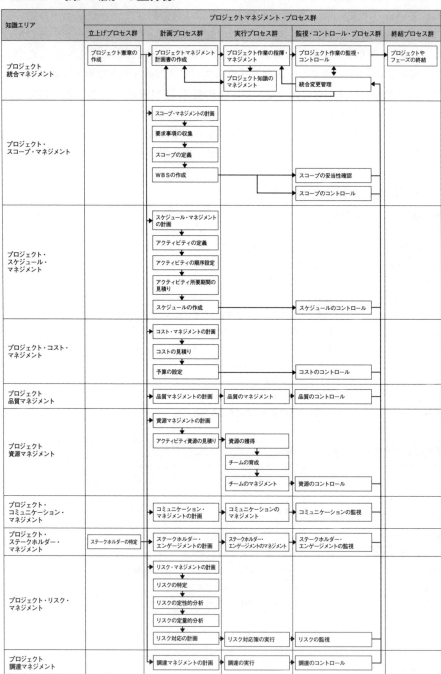

| 知識エリア | プロジェクトマネジメント・プロセス群 | | | | |
| --- | --- | --- | --- | --- | --- |
| | 立上げプロセス群 | 計画プロセス群 | 実行プロセス群 | 監視・コントロール・プロセス群 | 終結プロセス群 |
| プロジェクト<br>統合マネジメント | プロジェクト憲章の作成 | プロジェクトマネジメント計画書の作成 | プロジェクト作業の指揮・マネジメント<br>プロジェクト知識のマネジメント | プロジェクト作業の監視・コントロール<br>統合変更管理 | プロジェクトやフェーズの終結 |
| プロジェクト・スコープ・マネジメント | | スコープ・マネジメントの計画<br>要求事項の収集<br>スコープの定義<br>WBSの作成 | | スコープの妥当性確認<br>スコープのコントロール | |
| プロジェクト・スケジュール・マネジメント | | スケジュール・マネジメントの計画<br>アクティビティの定義<br>アクティビティの順序設定<br>アクティビティ所要期間の見積り<br>スケジュールの作成 | | スケジュールのコントロール | |
| プロジェクト・コスト・マネジメント | | コスト・マネジメントの計画<br>コストの見積り<br>予算の設定 | | コストのコントロール | |
| プロジェクト品質マネジメント | | 品質マネジメントの計画 | 品質のマネジメント | 品質のコントロール | |
| プロジェクト資源マネジメント | | 資源マネジメントの計画<br>アクティビティ資源の見積り | 資源の獲得<br>チームの育成<br>チームのマネジメント | 資源のコントロール | |
| プロジェクト・コミュニケーション・マネジメント | | コミュニケーション・マネジメントの計画 | コミュニケーションのマネジメント | コミュニケーションの監視 | |
| プロジェクト・ステークホルダー・マネジメント | ステークホルダーの特定 | ステークホルダー・エンゲージメントの計画 | ステークホルダー・エンゲージメントのマネジメント | ステークホルダー・エンゲージメントの監視 | |
| プロジェクト・リスク・マネジメント | | リスク・マネジメントの計画<br>リスクの特定<br>リスクの定性的分析<br>リスクの定量的分析<br>リスク対応の計画 | リスク対応策の実行 | リスクの監視 | |
| プロジェクト調達マネジメント | | 調達マネジメントの計画 | 調達の実行 | 調達のコントロール | |

# JIS Q 21500：2018（ISO 21500：2012）

（※全ての矢印，前後関係を表しているわけではない）

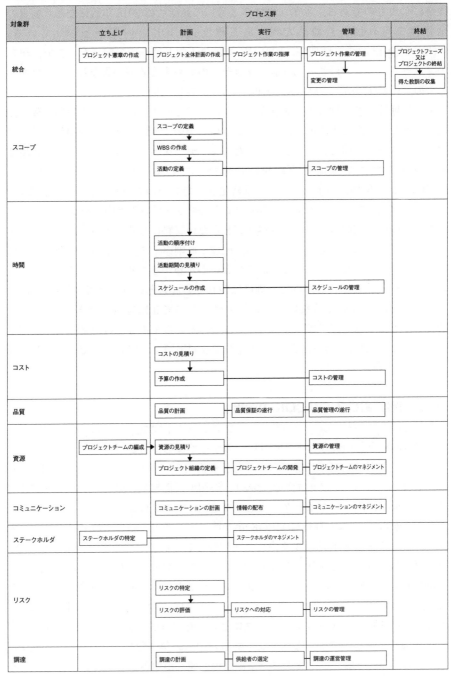

| 対象群 | プロセス群 | | | | |
|---|---|---|---|---|---|
| | 立ち上げ | 計画 | 実行 | 管理 | 終結 |
| 統合 | プロジェクト憲章の作成 | プロジェクト全体計画の作成 | プロジェクト作業の指揮 | プロジェクト作業の管理<br>変更の管理 | プロジェクトフェーズ又はプロジェクトの終結<br>得た教訓の収集 |
| スコープ | | スコープの定義<br>WBS の作成<br>活動の定義 | | スコープの管理 | |
| 時間 | | 活動の順序付け<br>活動期間の見積り<br>スケジュールの作成 | | スケジュールの管理 | |
| コスト | | コストの見積り<br>予算の作成 | | コストの管理 | |
| 品質 | | 品質の計画 | 品質保証の遂行 | 品質管理の遂行 | |
| 資源 | プロジェクトチームの編成 | 資源の見積り<br>プロジェクト組織の定義 | プロジェクトチームの開発 | 資源の管理<br>プロジェクトチームのマネジメント | |
| コミュニケーション | | コミュニケーションの計画 | 情報の配布 | コミュニケーションのマネジメント | |
| ステークホルダ | ステークホルダの特定 | | ステークホルダのマネジメント | | |
| リスク | | リスクの特定<br>リスクの評価 | リスクへの対応 | リスクの管理 | |
| 調達 | | 調達の計画 | 供給者の選定 | 調達の運営管理 | |

JIS Q 21500 は，プロジェクトマネジメントの国際標準化規格の ISO 21500 を JIS 規格にしたものである。現在（2024 年 2 月）の最新版は 2018 年版になる。前頁の全体像を見れば一目瞭然だが，ある程度 PMBOK と同期がとられている。ISO21500:2012 の成立時期が，PMBOK では第 4 版と第 5 版の間になるので，現在のプロセスベースの最新の第 6 版とプロセスの数やまとめ方が異なるところはあるものの，10 の対象群（PMBOK の知識エリア）はほぼ同じだ。

情報処理技術者試験は国家試験なので，PMBOK のようなひとつの民間団体の作成・定義した概念を大々的に取り入れたりはしないようだ。その民間団体の試験ではないから当たり前と言えば当たり前だろう。データベーススペシャリスト試験でも Oracle の機能ではなく標準 SQL に準拠している。そのため，本来的には PMBOK よりも ISO や JIS によって規格化されたものの方を優先することになる。これが午前試験で JIS Q 21500 の問題がよく出題されている理由になる。

ただ，JIS Q 21500：2018 は 36 ページしかない資料になる。PMBOK ガイドはプロセスベースの第 6 版で 700 ページ弱，原理・原則ベースの第 7 版でも 250 ページほどあるので，それと比較していかに少ないかがわかるだろう。要するに，フレームワークを定義しているだけで詳細には触れていないということだ。したがって，これだけでは実践的ではない（つまり午後 I や午後 II には対応できない）ので，PMBOK 等での補完が必須になっている。今のところ午前 II だけで必要な知識だと考えておこう（午前 II 試験では，2 年連続で 3 問出題されているので，午前 II 対策としては重要）。

## ●試験対策における PMBOK の活用

それでは，このセクションの最後に，プロジェクトマネージャ試験の対策において，PMBOK をどのように考えればいいのかを整理しておこう。

筆者は，まずは PMBOK 第 6 版の全体像を押えるべきだと考えている。PMBOK 第 6 版はプロセスベースの最終版であり，予測型（従来型）のプロジェクト（最初に成果を最初に決めてウォータフォールで進めていくプロジェクト）には必要なものになるからだ。この点は，PMBOK 第 7 版にも「過去の版のプロセスベース・アプローチとの整合を無効にする内容は一切存在しない」と書かれている。つまり，第 6 版は第 7 版が刊行されても有用で併用することが求められている。仮に，価値実現を最大の目的とする DX 関連のプロジェクトや，アジャイル開発プロジェクトでも，第 7 版の原理・原則ベースだけでは，具体的なアクションまではわからない。そこは，第 6 版で定義されている"プロセス"を部分的に使うことになるはずだ。ページ数も，第 6 版では 740 ページもあったのに，第 7 版は 274 ページしかない。午後 II の論述式試験では，まだまだ予測型の問題も出題される可能性がある。そう

18

した様々なことを考えれば，プロジェクトマネージャ試験の対策には，まずはプロセスベースの最終版である PMBOK 第 6 版の全体像を押えていく必要がある。そして，その後，それをベースに，後述するアジャイル開発のプロジェクトに関する知識を押え，最後に第 7 版の原理・原則を押えていけばいいだろう。

## Column ▶ 心理的安全性 (psychological safety)

　令和 4 年の午後 I 問 3 で出題された「心理的安全性」，最近よく耳にする言葉である。心理的安全性とは，簡単にいえば「ありのままの自分をさらけ出しても，それを皆が受け入れてくれる環境や雰囲気」のことだ。具体的には，他人の反応に怯えたり恥ずかしがったりせず，自然体の自分を隠さずオープンにできる環境や雰囲気になる。

　心理的安全性が確保されていない環境では，誰もがだんまりを決め込んでしまう。生産性を高めたりイノベーションを起こしたりするには活発な意見交換が必要であり，そのためには心理的安全性が確保された環境が必要だということから，注目を浴びている。

　この言葉を最初に提唱したのは，ハー

バード・ビジネススクールで組織行動学及び心理学を研究しているエイミー・C・エドモンドソン（Amy C. Edmondson）教授だと言われている。それ以前も「心理的に安全」などという言葉は使われていたようだが，彼女が 1999 年に発表した論文「Psychological Safety and Learning Behavior in Work Teams」の中で "psychological safety" という言葉が使われたのが最初らしい。

　一方，世の中で広く知られるようになったのは，Google 社が 2012 年に始めた「プロジェクトアリストテレス（Project Aristotle）」からだろう。そのプロジェクトで，心理的安全性がチームの生産性を高める重要な要素だと結論づけている。

# 2 • 経営戦略

　経営戦略を立案する手順および位置付けの一例を図1に示す。もちろん，企業によって戦略立案手順は異なるので，あくまでも一例だと考えてもらえればよい。

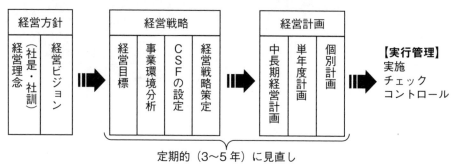

図1　経営戦略立案プロセス

## ●戦略（strategy）

　情報処理技術者試験の高度系の試験区分のひとつ「IT ストラテジスト」や，午前試験などの分類のひとつ"ストラテジ系"という用語，日経 BP 社の雑誌『日経情報ストラテジー』など，IT エンジニアにとって，"ストラテジ"は身近な言葉である。直訳すると"戦略"。元々は，戦などで使われていた軍事用語であることは有名な話。その歴史は「孫子の兵法」にまで遡る。

　経営戦略の話をすると，よく「どこまでが戦略なのかわからない」という声を聴くが，そこはシンプルに"戦い方"だと考えたらいいと思う。経営目標を達成するために，どういう戦い方をするのか—どこの市場に，どうやって攻めていくのか—例えば経営目標のひとつに「売上高，対前年比 20％ アップ」というものがあれば，それを達成するためのプロセスはいろいろある。どの道を通るかを決めるのが戦略だといえる。そして，「いつ，誰が実行するの？」と時間軸を加味して具体的にしていくのが計画だと考えればいいだろう。

## ●基本的な経営戦略策定の流れ

　経営戦略の策定方法も様々だ。言うまでもなく，法律で義務付けられているわけでもなく，JIS 規格化や業界慣習になっているわけでもない。「戦略なきところに勝算なし」とはいうものの，必ず策定しないといけないというものでもない。とはいうものの，よく使われている手法というものがあるのも事実なので，ここでは最初

に，その流れを簡単に説明しようと思う。

　最初に，経営方針に基づき3〜5年（中長期計画に合わせる）の間に達成したい経営目標を設定する。その作業と並行して，自社を取り巻く環境（外部環境）や自社の経営資源（内部環境）に関する分析，すなわち事業環境分析が行われる。そして，達成すべき経営目標に対して，外部環境と内部環境を考慮してSWOT分析を行い，目標達成に対する課題をCSF（重要成功要因）として抽出する。最後に，その重要成功要因を実現する方法を経営戦略としてまとめるというわけだ（図1参照）。コアコンピタンスの創出や強化，転換なども，このタイミングで実施することが多い。

　ちなみに，SWOT分析とは事業環境分析で使われるポピュラーな手法である。自社の強い部分（Strength），弱い部分（Weakness），外部環境の機会（Opportunity），脅威（Threat）に分けて情報を収集整理して分析する。そこから経営目標達成のための手掛かりになるCSF（Critical Success Factor：重要成功要因）を導きだす。

## ●事業環境分析

　環境分析の代表的なフレームワークについて整理したのが下図である。情報処理技術者試験の午前問題に出題されていたもので，きれいにまとまっているのでこれで覚えておこう。

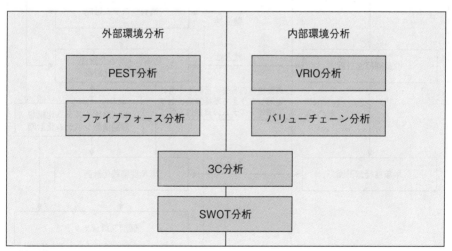

図2　環境分析のフレームワーク

## ●経営戦略と情報戦略の関係

　経営層の方針や上位の経営戦略を受けて，ITエンジニア（ITストラテジストや，ITコンサルタント）は情報技術を活用した事業戦略の立案及び策定を行う（図3の右側）。

　昔のITエンジニアは，"まず経営戦略ありき"という感じで，経営層が立案した経営戦略を受けて，その経営戦略を実現するための情報戦略を立案するという役割だった。どうすれば経営層の描く戦略を実現できるのかを考える立場に過ぎなかった。

　しかし，その後ITが経営に及ぼす影響が大きくなり，経営戦略と情報戦略を同時に考えるようになっていく。そして，第4次産業革命といわれる今，もはやAIやIoT，ビッグデータ，RPA，ロボットなどの最新ITは無視できなくなってきている。いよいよ"ITありき"で経営戦略を考える時代になってきたといえるだろう。

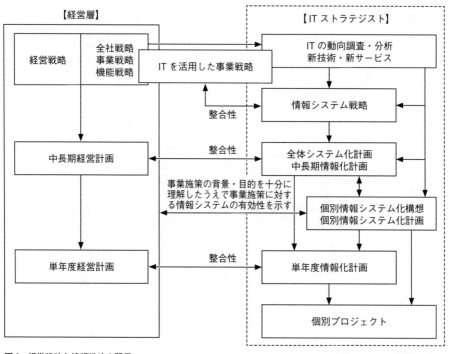

図3　経営戦略と情報戦略の関係

## (1) IT の動向調査・分析

"IT ありき"で経営戦略を考える時代には，最新技術の動向調査と分析が必須になる。

まずは企業の導入事例を調査する。どんな技術が，どんなレベルで実用化され，どういう使われ方をしているのかという点だ。製品やサービス，その利用企業を調査する。最初は顧客の同業種から始め，そこから異業種を含む全業種へと広げていく。また，日本の動向に限定せず世界へと広げていくのも重要だろう。

導入事例に加えて，実用化されていない研究事例にもアンテナを張っておきたい。顧客に有益な研究があれば，その研究開発への投資や共同プロジェクトの発足などを提案するのもいいだろう。

なお，戦略立案時には，IT エンジニアや IT コンサルタントが，経営層や経営コンサルタント（時に，法務部門や会計士なども含む）などと一緒にタスクフォースのチームを組むことがある。その時，IT 動向の調査・分析（新技術や新サービスの導入可否検討）は，間違いなく IT エンジニアの役割になる。したがって，IT エンジニアにとっては，非常に重要な部分で高いパフォーマンスが要求されるところになる。

## (2) IT を活用した事業戦略

IT 動向の調査・分析の結果を受けて，IT を活用した事業戦略を立案する。

具体的には，上位の経営戦略への適合性や，事業目標の達成の可能性などを加味しながら，IT をどのように活用していくのかを考える。そして，IT の導入効果や，業務改善の効果をシミュレーションし，それらの有効性をステークホルダに示して同意を得る。

この時によく利用されているのがバランス・スコアカード（Balanced Scorecard：BSC と略す）だ。バランス・スコアカードとは，キャプラン，ノートンという 2 人の経営学者が，1992 年に提唱した新しい経営戦略および経営管理の手法である。バランス・スコアカードでは，管理すべき項目を「財務の視点」，「顧客の視点」，「内部ビジネス・プロセスの視点」，「学習と成長の視点」という 4 つの視点に分け，それぞれの視点に対して（いくつかの）測定指標と目標値を設定する。今では，経営戦略の立案ツールとして普及している。

## （3）情報システム戦略の策定，全体システム化計画の策定

　ITを活用した事業戦略を立案し，大きな方向性と全体の戦略を立案した後，ITストラテジストは，情報システム戦略から中長期の情報化計画，単年度計画，個別プロジェクトへと具体化していく。

　この時の重要な視点は「3年の戦略なら3年間，5年の戦略なら5年間を見据える」ことだ。その間の変化の可能性を考え，それに配慮する必要がある。すなわち長期的視点を常に忘れないようにしなければならないということだ。

　その上で，ざっくりいうと次の3点を戦略から計画に落とし込んでいく。情報システム戦略の策定段階では①の戦略を立案し，全体システム化計画の策定段階で①〜③を計画に落とし込んでいく。

---

①システムの調達や導入（時には開発）戦略及び計画
　　→複数ある場合，優先順位を考えながら計画する
②情報基盤（インフラ）整備計画
③情報システム部門の強化・改善計画

---

### ①システムの調達や導入（時には開発）戦略及び計画

　情報システム戦略の策定段階で，この間に調達する情報システムの導入に必要な期間やコストを明らかにしたうえで，個々の情報システム化案件の重要度，緊急度，戦略性，実現の容易性，投資額と期待効果などを総合的に評価して優先順位を付ける。

　個々のシステムが社内各部門のニーズを受けている場合には，優先順位付けに対する配慮が必要になる。「なぜ後回しなのか？」，「なぜ別の部署のシステムが先なのか？」と不満が出ることが考えられるので，客観性のある根拠を示した上で，必要に応じて各部門に納得が得られるまで説明しなければならない。

　なお，中長期経営計画がある場合には，その中で計画されている業務改革や制度改革，組織の再編などと同期が取れている中長期情報システム化計画にしなければならない。また，中長期情報システム化計画は経営計画から見ると，情報化の投資計画になる。したがって，数年間の情報システム投資の優先順位を明らかにした上で，投資すべき分野や配分を検討し，各部門から出された情報システム化案件を選別しなければならない。

### ②情報基盤（インフラ）整備計画

情報システム戦略を検討する段階で情報基盤整備計画も合わせて考え，全体システム化計画の中で確定させる。

今はクラウドサービスが充実しているので，クラウド化する部分，オンプレミスの部分を切り分けるところから始めることが多い。そして，次のような視点で（クラウドとオンプレミスの場合で異なるが）ハードウェア，OS，ネットワーク，データベースなどプラットフォームを決めていく。

- 開発・運用・保守の経済性や効率性
- 制度改正などの事業環境変化への適応性
- 技術者の確保・育成の容易性
- 利用している技術の将来性（長期的視点）
- セキュリティポリシ

なお，クラウドサービスは常に進化し続けているため，その動向には常時アンテナを張っておかないといけない。その上で，必要に応じて計画を見直すようにする。

### ③情報システム部門の強化・改善計画

情報基盤整備計画同様，情報システム部門の見直しと再設計も三位一体で考える。そして，"運用から企画へシフトする"，"利用者部門の支援を強化する"など情報システム部門の方向性を決め，新たな体制や人材像に適した職位区分やキャリアパスの設定を行う。不足しているスキルを補うための他部門や外部専門家の活用も検討する。

### （4）個別情報システム化構想／個別情報システム化計画

最後に，全体システム化計画の中の個別システムに対し，個別システム化構想及び個別システム化計画を立案する。全体システム化計画の中の個々の個別システムを実現するために具体化していく。

導入効果の測定指標を明確にし，その実現可能性を精査した上で，システム化の目的，範囲，開発体制，導入時期，システム方式などの概略を確定させ，工数見積り等を算出し，費用対効果を分析する。

# 3. デジタルトランスフォーメーション
## （略称＝ DX，Digital Transformation）

　デジタルトランスフォーメーションとは，例えばDX推進ガイドラインでは，「企業がビジネス環境の激しい変化に対応し、データとデジタル技術を活用して、顧客や社会のニーズを基に、製品やサービス、ビジネスモデルを変革するとともに、業務そのものや、組織、プロセス、企業文化・風土を変革し、競争上の優位性を確立すること。」と定義している。シンプルに考えれば，デジタル（中でも特に先端技術）を使って，"変革"すなわち画期的な変化によって競争優位に立つ戦略だ。つまり，そこには三つの要素がある。

> ①先端技術（AI，IoT，ビッグデータ）…従来からあるこなれた技術だと③にならない
> ②ビジネスモデル，ビジネスモデルを画期的に変える…同上
> ③競争優位性を確立させる（あくまでもゴールはここ）なので①や②が前提になる

　そのため，成功させるには次の要素が必要になる。

> ①経営者が先頭に立って推進する（会社全体の話なので。企業の変革なので）
> ②IT導入プロジェクトは，ベネフィット（効果）最重視になる
> 　プロジェクト目標（納期を守る・予算を守る）＜プロジェクトの目的＝ベネフィット
> ③スピードと柔軟性，試行錯誤が必要なので，アジャイル開発が適している

　これらの定義は，実際に，現場で使っているものと異なっているかもしれないが，情報処理技術者試験では，当然ながらIPA（情報処理推進機構）の定義に従うことになる（というよりも同じ定義で試験は行われる）。したがって，情報処理技術者試験に合格するためにはIPAの定義を知らないといけない。ちなみに，IPAの定義は国の定義，すなわち日本での一般的な定義と違いはない。

## ● DX 関連で，目を通しておいた方が良い資料

なお，DX 関連の知識習得は，次の資料に目を通しておけば万全だろう。これらの資料も試験問題も，同じところ（IPA）が作っているからだ。

**①DX 白書 2023　進み始めた「デジタル」、進まない「トランスフォーメンション」**

（2023 年 3 月 16 日）

https://www.ipa.go.jp/publish/wp-dx/dx-2023.html

2018（平成 30 年）5 月に立ち上がった「デジタルトランスフォーメーションに向けた研究会」から 4 年弱の情報を全て詰め込んだ総集編。400 ページ弱あるが，もちろん全部読む必要はない。情報処理技術者試験の新規問題になりそうなキーワードは網羅されてそうなので，そういうところだけに目を通せばいいだろう。もちろん，具体的な設計技術やプログラミングまでは書かれていないが，全区分の午前問題や，IT ストラテジストやプロジェクトマネージャ試験なら午後対策にも有益。ほぼ，これだけでいけるという資料。

**②デジタル基盤センター**

https://www.ipa.go.jp/disc/info.html

①の DX 白書 2023 も，このサイトでまとめてくれている。他にも「DX の促進」に関する資料や，システム開発関連コンテンツなど，IT エンジニアに有益な資料を公開している。

## ● DX を実現するためのプロジェクトと，プロジェクトマネジメント

　情報処理技術者試験では，これまでは，ある意味"こなれた技術"を取り扱うことが前提のプロジェクトをテーマにすることが大前提だった。プロジェクトを立ち上げる前に実現可能性を確認して，（達成できる前提の）品質目標を決めた上で，納期と予算を確定させてプロジェクトを推進するという流れである。納期，予算，品質にそれぞれ目標があり，その目標を達成することこそが最大の目的だった。それゆえ，契約形態も完成責任を負う請負契約が前提になる。予め合意した品質目標を達成しないと"契約不適合"だとみなされ"債務不履行"となる。

　しかし，デジタルトランスフォーメーションのプロジェクトで扱う AI やビッグデータに関しては，前例が無かったり，すぐには成果が出なかったり（利用し続けながら精度を上げる），成果を出すにはシステム以外の要素も大きく影響したりするため，なかなか従来通りの進め方をするのは難しい。そこで，デジタルトランスフォーメーションのプロジェクトでは，"PoC"と"アジャイル開発"を上手く活用しながら推進していくことが求められている。

---

 **Column** ▶ **PoC（Proof of Concept：概念実証）**

　PoC とは"Proof of Concept"の略で"概念実証"と訳される。この言葉自体は以前から存在しているもので，テストマーケティングや，プロトタイプ開発，試験導入などという言い方で行われてきた手法である。要するに，何かしらの目的や目標に対し，前例がないなどで実現可能性が不明だったり，不確実性が高かったり，効用や効果に確証が持てなかったりする場合に，仮説と検証を繰り返しながら進めていく手法だと考えればいいだろう。広義には実証実験と同じ考え方になる。

　通常は，プロジェクトそのものが PoC になる。本格導入ではリスクが大きい場合に，本格導入するかどうかの判断基準を得るために立ち上げられるケースだ。その場合，品質目標を固定するのではなく，（もちろん目標値は設定するが，その目標を達成できるかを検証するので）期間や予算を固定する。するとアジャイルに向いていたりする。そして，その目的や目標値にめどが立った場合に限り，その品質目標を実現するためのプロジェクトを立ち上げる。

　そういう進め方が，データが集まってみないと効果がわからない AI を使ったシステムやビッグデータ解析システムを導入する場合に向いているために，AI の話題が増えるにつれ，IT 業界でも"PoC"をよく聞くようになってきたのだろう。

　厳密な言葉の定義はさておき，今後の午後Ⅰ試験や午後Ⅱ試験で取り上げられる可能性が高い。IPA は，情報処理技術者試験においても AI や IoT，ビッグデータを重視する方向で考えているからだ。

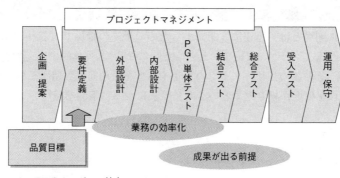

・ステークホルダーの特定
・要求事項の収集
　（要求の調整→全体最適化→構想策定→要求の承認）
・目標値の合意形成

**図4　予測型（従来型，ウォータフォール型）のプロジェクトマネジメント**

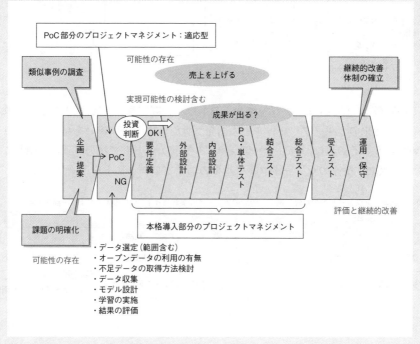

・データ選定（範囲含む）
・オープンデータの利用の有無
・不足データの取得方法検討
・データ収集
・モデル設計
・学習の実施
・結果の評価

**図5　DX導入プロジェクトのプロジェクトマネジメント（例）**

# 4 • アジャイル開発

アジャイル開発とは"迅速に"開発するための手法の総称である（"Agile"を直訳すると"迅速な"とか"俊敏な"という意味になる）。具体的には，要件定義工程からテスト，その後のリリースまでの1サイクルを短期間（数週間〜数か月）に設定して，それを何度か繰り返すという開発手法になる（下図参照）。

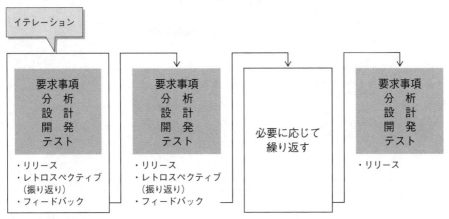

図6 アジャイル開発のイメージ

その特徴は，後述する「アジャイルソフトウェア開発宣言（2001）」で定義されているが，従来のウォータフォール型の開発プロジェクトとの違いを見ればわかりやすいだろう。その点は，PMIの「アジャイル実務ガイド」で次のように説明している。そこでは，従来のウォータフォール型の開発プロジェクトを予測型としている。

表2 予測型とアジャイル型の特性の違い　PMIのアジャイル実務ガイドP.18の表3-1より一部を引用

| 特性 | | | | |
|---|---|---|---|---|
| 手法 | 要求事項 | 活動 | 納品 | 目標 |
| 予測型 | 固定 | プロジェクト全体で1回実行 | 1回の納品 | コストのマネジメント |
| アジャイル型 | 動的 | 是正されるまで反復 | 頻繁で小さな納品 | 頻繁な納品とフィードバックを通した顧客価値 |

　また，アジャイル開発に該当する開発技法に"スクラム"や"XP"などがあるが，後述する IPA の資料の中にも記載されているとおり，アジャイル開発の進め方には厳格な決まりごとや規範はない。唯一の正しいアジャイル開発というものは無いとも明言している（下記参照）。

---

・アジャイル開発の進め方には厳格な決まりごとや規範はありません。本書で説明（例示）する進め方，メンバーの役割（ロール）など，実際のソフトウェア開発プロジェクトでそのまま適用するものではありません。実際のプロジェクトや組織に適したやり方を取捨選択し，カスタマイズすることが必要となります。

・「唯一の正しい」アジャイル開発というものはありません。自分のいる組織に合ったやり方が，その組織のビジネスや活動、文化から自然と育っていくのがアジャイル開発の本質です。基本的なことを書籍や外部の人を通じて学んだ後、組織内で自律的に推進できるようにすることが必要です。

---

IPA の資料「アジャイル領域へのスキル変革の指針『アジャイル開発の進め方』」より引用

　したがって，アジャイル開発の中の様々な技法（スクラムや XP）で定義されていることについては，午前問題で問われることはあっても，午後の問題では問われることはないだろう。それを前提に，午後Ⅰで出題された場合には問題文中に定義されているルールを読み取って解答し，午後Ⅱで出題された場合には，普段使っているルール（それが会社独自のルールでも構わない）を自信をもって書ききればいいだろう。

　なお，本書で紹介している IPA の資料内で取り上げられているのはすべて"スクラム"にある。したがって用語を覚えておくとしたら"スクラム"で定義されているものを対象にするのがいいだろう。午前対策に加えて，論文内で使う用語としても間違いない。

## ●アジャイルソフトウェア開発宣言とアジャイル宣言の背後にある原則

　2001年に，予測型（従来型）のソフトウェア開発のやり方とは異なる手法を実践していた17名のソフトウェア開発者が集い，それぞれの主義や手法についての議論を行った上で公開した重要なマインドセットが「アジャイルソフトウェア開発宣言」である。次のように4つの価値を表明している。

　また，このマインドセットを実現するために，従うことが望ましい原則を「アジャイル宣言の背後にある原則」としてまとめている。

URL：https://www.ipa.go.jp/files/000065601.pdf

表3　アジャイル宣言の背後にある原則

| | |
|---|---|
| | 顧客満足を最優先し，価値のあるソフトウェアを早く継続的に提供します。 |
| | 要求の変更はたとえ開発の後期であっても歓迎します。変化を味方につけることによって，お客様の競争力を引き上げます。 |
| | 動くソフトウェアを，2-3週間から2-3ヶ月というできるだけ短い時間間隔でリリースします。 |
| | ビジネス側の人と開発者は，プロジェクトを通して日々一緒に働かなければなりません。 |
| | 意欲に満ちた人々を集めてプロジェクトを構成します。環境と支援を与え仕事が無事終わるまで彼らを信頼します。 |
| 12の原則 | 情報を伝えるもっとも効率的で効果的な方法はフェイス・トゥ・フェイスで話をすることです。 |
| | 動くソフトウェアこそが進捗の最も重要な尺度です。 |
| | アジャイル・プロセスは持続可能な開発を促進します。一定のペースを継続的に維持できるようにしなければなりません。 |
| | 技術的卓越性と優れた設計に対する不断の注意が機敏さを高めます。 |
| | シンプルさ（ムダなく作れる量を最大限にすること）が本質です。 |
| | 最良のアーキテクチャ・要求・設計は，自己組織的なチームから生み出されます。 |
| | チームがもっと効率を高めることができるかを定期的に振り返り，それに基づいて自分たちのやり方を最適に調整します。 |

情報処理技術者試験を主催している IPA でも 2020 年 2 月に「アジャイル領域へのスキル変革の指針『アジャイルソフトウェア開発宣言の読みとき方』」という資料を公表していることから，アジャイルソフトウェア開発宣言とアジャイル宣言の背後にある原則は，情報処理技術者試験における"アジャイル開発の正解"だと言えるものになる。

午後の問題で問われる可能性は少ないと予想しているが，論文の中で自分の注意している点として表現したり，午前問題での出題は十分考えられたりするため，（ある程度でいいので）覚えておこう。

## ● DX とアジャイル開発の関係

2020 年 3 月 31 日に公開された「アジャイル開発版「情報システム・モデル取引・契約書」～ユーザ／ベンダ間の緊密な協働によるシステム開発で，DX を推進～」のWeb サイトでは，DX 推進とアジャイル開発の関係を次のように説明している。

> 経済産業省が推進するデジタルトランスフォーメーション（DX）の時代においては、ますます激しくなるビジネス環境の変化への俊敏な対応が求められます。その DX 推進の核となる情報システムの開発では、技術的実現性やビジネス成否が不確実な状況でも迅速に開発を行い、運用時の技術評価結果や顧客の反応に基づいて素早く改善を繰り返すという、仮説検証型のアジャイル開発が有効となります。

そして，DX 開発プロジェクトの契約の前に，ユーザ企業及びベンダ企業がアジャイル開発に関する適切な理解を有していることを確認し，その活用に対する期待を共有しておくこと，相互にリスペクトし，密にコミュニケーションしながらプロダクトのビジョンを共有して緊密に協働しながら開発を進めることが重要だとしている。

ユーザ企業及びベンダの双方がウォータフォールモデルを中心とする伝統的なシステム開発のスタイルにとらわれることなく，場合によっては開発に関する考え方や当事者の役割分担を大きく見直しながら，新たな開発スタイルに適した体制を構築していく必要があるとしている。

## ●予測型（従来型，ウォータフォール型）のシステム開発プロジェクトとの違い

　前述のとおり，午後Ⅱ論述式試験で"アジャイル開発プロジェクト"をテーマにした出題があった場合，予測型（従来型，ウォータフォール型）のシステム開発プロジェクトとの違いに関して出題される可能性が高い。そこで，両者の違いを簡単にまとめてみた。

表4　予測型とアジャイル型の違い

| | | 予測型（従来型，ウォータフォール型） | アジャイル型 |
|---|---|---|---|
| 背景 | | ・実現可能性の高いものを確実に実現したい場合<br>・守りのIT | ・不確実性があり，仮説検証型で進めていきたい場合<br>・攻めのIT |
| 体制面 | | 工程ごとに担当者が変わる<br>・上流工程＝上級SE<br>・プログラミング＝プログラマ | 1つのチーム内に下記の役割がすべて存在し自律的に稼働する<br>・オーナー（仕様に責任を持つ役割，ビジネス側の人）<br>・開発担当者（設計〜PGまで）<br>・運用担当者（リリース）<br>※通常，開発チームがリリースまで行う |
| 要員のスキル | | 専門スキル，工程ごとに専任 | ・広範な能力，多能型，Dev & Ops<br>・アジャイル開発に関するスキル |
| プロジェクトマネジメント及びプロジェクトマネージャ | 目的 | 成果目標（納期・品質・予算）を達成する | チームの生産性，スピードを最大にすること |
| | 権限 | プロジェクトの全てにおいて決定権を持つ（プロジェクトの責任者） | 予測型の多くの仕事はメンバが自律的に行うため，一部権限を委譲している。<br>・PJの意思決定や費用管理はオーナーへ<br>・開発のやり方（進捗管理や品質管理等）は開発担当者（開発チーム）へ |
| | 役割 | PMBOKの10の知識エリア | 全体を支援するファシリテータ的役割。<br>・ステークホルダのニーズ調整<br>・コーチングやメンバの指導<br>・障害の除去<br>・ファシリテーションの整備 |
| | タイプ | コントロール型 | サーバント（奉仕）型，支援型 |
| | 必要な特性 | 強いリーダーシップ | 細かい配慮，外部との交渉力<br>コーチング，問題解決力 |
| 契約 | 形態 | 請負契約。但し，要件定義やシステムテストは準委任契約を推奨 | 準委任契約 |
| | ポイント | 請負契約部分は完成責任を負うため，何をもって完成なのか，納期・品質（要件やスコープ）・コストを明確にする。 | 善管注意義務を負うため，各自の役割と期待すること，必要なスキルを明確にしておく。 |

　また，PMBOK ガイド（第 6 版）及びアジャイル実務ガイドを参考に，10 の知識エリア別にアジャイル開発の留意点をシンプルにまとめてみると，次のようになる。

表 5　PMBOK の 10 の知識エリアとアジャイル開発における留意点

| PMBOK の 10 の知識エリア | アジャイル開発における留意点 |
|---|---|
| 統合マネジメント | 柔軟な変更管理及びその体制。 |
| スコープマネジメント | PJ の初期段階では調整や合意にあまり時間をかけずに，PJ を進めながら定義，もしくは再定義していく。要求事項＝バックログ。 |
| スケジュールマネジメント | 開発チームに委譲，あるいは，原則変わらない。<br>但し，開発速度を損ねないように最適な管理手法を採用すること。 |
| コストマネジメント | 頻繁に発生する変更への柔軟な対応が必要なので，詳細見積りよりも簡易見積りを迅速に作成することが望まれる。 |
| 品質マネジメント | 成果目標を達成する予測型ではなく，振り返り（レトロスペクティブ）を繰り返して定期的に品質を点検する。 |
| 資源マネジメント | 分業ではなく協業。生産性を最大にすることが狙いなので，プロジェクトには専任が原則。 |
| コミュニケーションマネジメント | 最重視。頻繁かつ密接なコミュニケーションが取れるように配慮する。原則，開発場所は同一にする。それが不可能な場合はリモート環境を利用するが，長期間のリンクが望ましい。 |
| リスクマネジメント | リスクそのものも頻繁に変化するため，リスク評価と優先順位付けを頻繁かつ素早く行う。 |
| 調達マネジメント | 包括的な全体契約を行い，部分的に付録や補遺に記載する。準委任契約を原則とする。 |
| ステークホルダーマネジメント | 階層化された意思決定プロセスではなく，すべてのステークホルダと直接的に関与することが理想。 |

　こうした，"プロジェクトマネージャの役割の違い"が問われる可能性は非常に高い。そのため，IPA の資料を読みこむ時には，その部分（スクラムマスターの説明部分）を中心に読み進めていくといいだろう。

## ●システム監査技術者試験で出題された "アジャイル型開発"

平成30年4月に公表された「システム管理基準」の中では，次のようなアジャイル開発に関する監査の要点について記載している。これもすごく参考になる。システム管理基準は，システム監査基準とともに令和5年4月に改訂されたが，改訂版は原則的な基準に変わり，「アジャイル開発」に関する具体的な実施方法は別冊化された（別途作成されるガイドラインに委ねられることになった）。そのため，そうしたガイドラインができるまで，旧版の内容を掲載しておく。

### Ⅳ. アジャイル開発

従来のウォーターフォール型の開発だけでなく、アジャイル開発による開発手法も増加しており、その必要性に鑑みて、従来の取扱いに加えて、特にアジャイル開発において留意するべき取扱いについて示すものである。

#### 1. アジャイル開発の概要

#### (1) 利用部門と情報システム部門・ビジネス部門が一体となったチームによって開発を実施すること。

＜主旨＞

従来型開発は、計画を確実に実行することに適した開発手法である。一方、アジャイル開発は、変化に迅速かつ柔軟に対応するための開発手法である。よって、利用部門と情報システム部門・ビジネス部門が一体となって、コミュニケーションの頻度と質を高めることを重視している。

＜着眼点＞

①アジャイル開発は、利用部門を代表するプロダクトオーナーと情報システム部門・ビジネス部門による開発チームで組成されていること。

②プロダクトオーナーと開発チームは、情報システムの目標を達成する上で対等な関係にあること。

③プロダクトオーナーと開発チームは、双方向のコミュニケーションを随時行える環境にあること。

#### (2) アジャイル開発では、反復開発を実施すること。

＜主旨＞

アジャイル開発は、変化に迅速かつ柔軟に対応するために、『計画、実行、及び評価』（イテレーション）を複数回繰り返す反復開発が前提となる。

<着眼点>
　①アジャイル開発は、開発作業を反復して実施していること。
　②各イテレーションでは、リリースを実施すること。
　③各イテレーションでは、開発対象の要件の範囲・優先順位の見直しを実施
　　していること。

## 2. アジャイル開発に関係する人材の役割

### (1) プロダクトオーナーは、開発目的を達成するために必要な権限を持つこと。
<主旨>
　アジャイル開発では、従来型開発のように予め計画した要件や品質基準を満
たすことが完了条件とはならない。プロダクトオーナーは、情報システムを開
発する目的を明確に定め、その達成のための要件を開発チームに提示し、開発
の完了を一意に判断する必要がある。
<着眼点>
　①情報システムの利用者、顧客、及び経営者の観点から、情報システムの目
　　的を決定できる権限を持っていること。
　②情報システムの目的と、その時点での達成状況をもとに、情報システムに
　　対する要求の範囲や優先順位の変更・見直しを決定できる権限を持ってい
　　ること。
　③情報システムの目的と、その時点での達成状況をもとに、開発の継続、完
　　了、撤退を決定する権限を持っていること。

### (2) 開発チームは、複合的な技能と、それを発揮する主体性を持つこと。
<主旨>
　アジャイル開発では、従来型開発のように予め計画した組織体制、及び工程
に基づく分業制はとらない。開発チームは、分析・設計・プログラミング・テ
ストといった複数の技能を備え、開発作業全般を自律的に推進する必要がある。
<着眼点>
　①イテレーション終了毎に見直された情報システムの目的や要求に基づき、
　　分析・設計・実装・テストといった開発作業全般を自律的に計画すること。
　②イテレーション終了毎に見直された情報システムの目的や要求に基づき、
　　分析・設計・実装・テストといった開発作業全般を自律的に遂行するチー
　　ム構成及び環境であること。

③イテレーション終了毎に見直された情報システムの目的や要求に基づき、分析・設計・実装・テストといった開発作業全般の完了条件を自律的に策定すること。

④情報システムの要求について、要求の範囲や優先順位をプロダクトオーナーに提言すること。

## 3. アジャイル開発のプロセス（反復開発）

### (1) プロダクトオーナーと開発チームは、反復開発によって、ユーザが利用可能な状態の情報システムを継続的にリリースすること。

＜主旨＞

アジャイル開発では、従来型開発のように工程毎の完了基準に沿って、開発プロセスを逐次的に進めることはない。情報システムをイテレーション毎にユーザ利用可能な機能を段階的にリリースする開発プロセスである。アジャイル開発は、イテレーションを反復し、情報システムをリリースする。

＜着眼点＞

①プロダクトオーナー及び開発チームは、イテレーションの開始時に協力してイテレーション計画を策定すること。

②プロダクトオーナー及び開発チームは、イテレーション計画において、イテレーションの範囲を合意すること。

③プロダクトオーナーは、イテレーション計画において、達成すべき要求の範囲と優先順位を最新化すること。

④開発チームは、イテレーション計画において、開発可能な規模を見積もること。

⑤開発チームは、イテレーション毎に必ずテスト完了済みの利用可能な情報システムをリリースすること。

### (2) プロダクトオーナーと開発チームは、反復開発を開始する前にリリース計画を策定すること。

＜主旨＞

反復開発は、従来型開発のように網羅的、不変的な要求が存在する前提に基づいていない。状況の変化に迅速に対応できるよう、複数回のイテレーションによるリリース計画を策定する必要がある。イテレーション終了ごとにリリース計画を見直す必要もある。

<着眼点>

①プロダクトオーナー及び開発チームは、リリース計画をイテレーション開始前に策定し、イテレーション終了ごとに見直すこと。

②プロダクトオーナーは、達成すべき要求、予算、全体スケジュール、開発範囲を明らかにし、イテレーション終了毎に見直すこと。

③プロダクトオーナーは、イテレーション終了毎に見直したリリース計画についてプロジェクト運営委員会の承認を都度得ること。

## (3) プロダクトオーナー及び開発チームは、緊密なコミュニケーションの構築ためのミーティングを実施すること。

<主旨>

問題を早期に対処するため、プロダクトオーナー及び開発チームは、緊密なコミュニケーションを必要とする。プロダクトオーナー及び開発チームの全員が毎日顔を合わせるなどにより必要な情報を共有することが重要である。

<着眼点>

①毎日時間を決めるなど、プロダクトオーナー及び開発チームの全員が顔を合わせること。

②短い時間（15分が目安）で済むように共有する情報を絞ること。共有する情報の例として、作業の進捗、当日の予定、課題などがある。課題の共有を超えた解決策の議論等は関係者のみで別途ミーティングをもつこと。

## (4) プロダクトオーナー及び開発チームは、イテレーション毎に情報システム、及びその開発プロセスを評価すること。

<主旨>

反復開発では複数回のイテレーションを繰り返すため、イテレーション終了毎に開発プロセスを評価し、改善することが重要となる。

<着眼点>

①プロダクトオーナー及び開発チームは、イテレーションの終了時に情報システム及開発プロセスについてふりかえりを行うこと。

②プロダクトオーナーは、リリース計画に対する達成状況を評価すること。

③開発チームは、開発プロセスの課題を洗い出すこと。

④プロダクトオーナー及び開発チームは、全員で、次のイテレーションに向けた改善策を決定すること。

**(5) プロダクトオーナー及び開発チームは、利害関係者へのデモンストレーションを実施すること。**

＜主旨＞

　アジャイル開発では状況に柔軟に対応するため、利害関係者にとっては、情報システムの現状が判りにくくなる。プロダクトオーナー及び開発チームは、顧客や利用者を含む利害関係者へのデモンストレーションを実施することでプロジェクトの成果を伝え、次のイテレーションに向けたフィードバックを得る必要がある。

＜着眼点＞

①プロダクトオーナー及び開発チームは、イテレーション計画にデモンストレーションの計画を含めること。

②プロダクトオーナーは、デモンストレーションの内容に合わせて利害関係者に参加を依頼すること。

③プロダクトオーナーは、デモンストレーションの参加者からのフィードバックを収集し、次のイテレーション計画に活用すること。

---

　当時の改訂に合わせる形で，平成30年春のシステム監査技術者試験の午後Ⅱ論述式試験では，アジャイル型開発のシステム監査についての問題が出題された（右頁参照）。

　この問題を見れば，おおよそプロジェクトマネージャ試験でアジャイル開発の問題が出題された時の問題も予想できるだろう。ここから大きく逸脱することはないと考えられる。したがって，設問ウの「監査手続」は無視してもいいので，設問アと設問イに関して準備をしておこう。そうすれば，より具体的にイメージできるだろう。

　また，令和3年のシステムアーキテクト試験の午後Ⅱ試験でもアジャイル開発をテーマにした問題が出題されている。問1の「アジャイル開発における要件定義の進め方について」だ。要件定義の進め方なので，それまでのシステムアーキテクトのスタンスと変わってはいないのだが，1点気になったことがある。それは「システムアーキテクトはスクラムマスタの役割を担うことが多い」という点だ。これを見る限り，当初から言われていた「スクラムマスタ≠プロジェクトマネージャ」という構図がはっきりしたと考えてもいいのだろうか。確かに実務では，スクラム等のアジャイル開発のプロジェクトに，重厚長大な予測型（従来型）プロジェクトのプロジェクトマネージャは必要ない。必要なのは，より経営層に近い視点を持ったプロジェクトの目的を達成できる人物なのだろう。今後のIPAの見解を待ちたい。

問1　アジャイル型開発に関するシステム監査について

　　情報技術の進展，商品・サービスのディジタル化の加速，消費者の価値観の多様化など，ビジネスを取り巻く環境は大きく変化してきている。競争優位性を獲得・維持するためには，変化するビジネス環境に素早く対応し続けることが重要になる。

　　そのため，重要な役割を担う情報システムの開発においても，ビジネス要件の変更に迅速かつ柔軟に対応することが求められる。特に，ビジネス要件の変更が多いインターネット関連ビジネスなどの領域では，非ウォータフォール型の開発手法であるアジャイル型開発が適している場合が多い。

　　アジャイル型開発では，ビジネスに利用可能なソフトウェアの設計から，コーディング，テスト及びユーザ検証までを 1〜4 週間などの短期間で行い，これを繰り返すことによって，ビジネス要件の変更を積極的に取り込みながら情報システムを構築することができる。また，アジャイル型開発には，開発担当者とレビューアのペアによる開発，常時リリースするためのツール活用，テスト部分を先に作成してからコーディングを行うという特徴もある。その一方で，ビジネス要件の変更を取り込みながら開発を進めていくので，開発の初期段階で最終成果物，スケジュール，コストを明確にするウォータフォール型開発とは異なるリスクも想定される。

　　システム監査人は，このようなアジャイル型開発の特徴 及びウォータフォール型開発とは異なるリスクも踏まえて，アジャイル型開発を進めるための体制，スキル，開発環境などが整備されているかどうかを，開発着手前に確かめる必要がある。

　　あなたの経験と考えに基づいて，設問ア〜ウに従って論述せよ。

設問ア　あなたが関係する情報システムの概要，アジャイル型開発手法を採用する理由，及びアジャイル型開発の内容について，800 字以内で述べよ。

設問イ　設問アで述べた情報システムの開発にアジャイル型開発手法を採用するに当たって，どのようなリスクを想定し，コントロールすべきか。ウォータフォール型開発とは異なるリスクを中心に，700 字以上 1,400 字以内で具体的に述べよ。

設問ウ　設問ア及び設問イを踏まえて，アジャイル型開発を進めるための体制，スキル，開発環境などの整備状況を確認する監査手続について，監査証拠及び確認すべきポイントを含め，700 字以上 1,400 字以内で具体的に述べよ。

図7　平成 30 年春　システム監査技術者試験　午後Ⅱ問1

問 1　アジャイル開発における要件定義の進め方について

> 情報システムの開発をアジャイル開発で進めることが増えてきている。代表的な手法のスクラムでは，スクラムマスタがアジャイル開発を主導する。システムアーキテクトはスクラムマスタの役割を担うことが多い。

　スクラムでは，要件の“誰が・何のために・何をするか”をユーザストーリ（以下，US という）として定め，必要に応じてスプリントごとに見直す。例えば，スマートフォンアプリケーションによるポイントカードシステムでは，主な US として，“利用者が，商品を得るために，ためたポイントを商品と交換する”，“利用者が，ポイントの失効を防ぐために，ポイントの有効期限を確認する”などがある。

　スクラムマスタはプロダクトオーナとともに，まず US をスプリントの期間内で完了できる規模や難易度に調整する必要がある。そのためには US を人・場所・時間・操作頻度などで分類して，規模や難易度を明らかにする。US に抜け漏れが判明した場合は不足の US を追加する。US の規模が大き過ぎる場合や難易度が高過ぎる場合は，操作の切れ目，操作結果などで分割する。US の規模が小さ過ぎる場合は統合することもある。

　次に，US に優先順位を付け，プロダクトオーナと合意の上でプロダクトバックログにし，今回のスプリント内で実現すべき US を決定する。スクラムでは，US に表現される“誰が”にとって価値の高い US を優先することが一般的である。例えば先の例で，利用者のメリットの度合いに着目して優先順位を付ける場合，“利用者が，商品を得るために，ためたポイントを商品と交換する”の US を優先する。

　あなたの経験と考えに基づいて，設問ア～ウに従って論述せよ。

設問ア　あなたが携わったアジャイル開発について，対象の業務と情報システムの概要，アジャイル開発を選択した理由を，800 字以内で述べよ。

設問イ　設問アで述べた開発において，あなたは，どのような US をどのように分類し，規模や難易度をどのように調整したか。分類方法を選択した理由を含めて，800 字以上 1,600 字以内で具体的に述べよ。

設問ウ　設問イで述べた US に関して，あなたは，どのような価値に着目して，US の優先順位を付けたか。具体的な US の例を交えて，600 字以上 1,200 字以内で述べよ。

図 8　令和 3 年度　システムアーキテクト試験　午後Ⅱ問 1

## ●アジャイル開発に関する参考資料

これまでに説明してきたことの元資料を最後にまとめておく。時間があれば，これらの資料を熟読して理解を深めておこう。

---

**【アジャイル関連の IPA の資料】**

**①アジャイル領域へのスキル変革の指針『アジャイル開発の進め方』**

2020 年 2 月公表。アジャイル開発の一つ "スクラム" を例に，アジャイル開発の特徴，役割（ロール），必要なスキルなどを，予測型（従来型，ウォータフォール型）開発との違いを中心に説明している。

https://www.ipa.go.jp/files/000065606.pdf

**②アジャイル領域へのスキル変革の指針『アジャイルソフトウェア開発宣言の読みとき方』**

2020 年 2 月公表。2001 年に公表された「アジャイルソフトウェア開発宣言」の IPA による解説。4 つの価値と 12 の原則の詳しい解説を行い，少なくないアジャイル開発に対する悩みや誤解を解消することを目的としている。

https://www.ipa.go.jp/files/000065601.pdf

**③情報システム・モデル取引・契約書（アジャイル開発版）**

2020 年 3 月公表。これまでの「情報システム・モデル取引・契約書」が，ウォータフォール型しか想定していなかったことから作成されたもの。原則は準委任契約で，契約前チェックリストや契約内容について，アジャイル型特有のリスクを契約でコントロールできるような内容にしている。

https://www.ipa.go.jp/digital/model/agile20200331.html

**【PMI の「アジャイル実務ガイド」】**

PMI が 2018 年に刊行した書籍。元々 PMBOK はウォータフォール型の開発プロジェクトを想定しているため，アジャイル型開発のマネジメントのポイントを整理して別冊としてまとめたもの。現在の最新（第 6 版）に対応。約 170 ページで，かなり詳しく説明してくれている。おススメ。

---

# 5 ・ 価値の実現

業務効率化が主流だった時代のシステム開発プロジェクトでは「手作業で1時間かかって行っていた作業を数秒でできるようになる」という感じで，その効果が明白であり，その「数秒でできる」という品質目標の達成と，納期や予算の範囲内でいかに収めるかを考えればよかった。それでそれなりの価値を提供できていたからだ。いわば内なる戦いだった。

しかし「売上を上げる」ことを目的にしたようなシステムでは，そこに競争が入ってくるため，当初の品質目標を達成できたからと言って，最終目的を達成できるわけではなくなってきた。特に長期のプロジェクトでは，その開発期間中にライバル企業が「より競争力のある（＝顧客価値の高い）」システムを開発し，革新的なサービスを提供されたとしたら，もはや，最大の目的である「売上を上げる」という点においては達成できないことになる。

そういう背景もあって，そのプロジェクトで生み出す**"価値"**に焦点を当てて考えていく必要が出てきたというわけだ。DX などはまさにそうである。競争優位性を産み出すための施策だからだ。

## ●プロジェクトマネージャの責任の拡大
### 〜納期・品質・予算の遵守から，ベネフィットによるビジネス価値の実現へ

PMBOK 第6版では「**プロジェクト統合マネジメントにおける傾向と新たな実務慣行**」の一つに「**プロジェクト・マネージャーの責任の拡大**」を挙げている（PMBOK 実務ガイド第6版 P.73）。以前は経営層や PMO の責任だったプロジェクト・ビジネス・ケースの開発やベネフィット・マネジメントなどに参加して，同じ目標の下に協力していくことが必要だということだ。

予測型（従来型）PJ では，PJ 立ち上げ時に納期・予算・品質などの成果目標を決めて，後は，それをプロジェクトの目標として粛々とプロジェクトを遂行していけばよかった。成果が出ることが前提で請負契約を締結し，その目標を達成しないと債務不履行になる可能性のあるプロジェクトだ。

しかし，DX の実現を目指すプロジェクトでは，最初に決めた納期や予算，品質を遵守することが必ずしも目標ではない。あくまでも，顧客価値を実現し，競争優位性を得られることを目指すことになる。そうしたプロジェクトでは，プロジェクトマネージャも，経営戦略や事業戦略から切り離してプロジェクトを考えているのではなく，そうした戦略を成功裏に収められるようにプロジェクトをハンドリングしていかないといけなくなったというわけだ。

シンプルに考えれば，プロジェクトマネージャにも経営層やITストラテジストの視点が必要になってきたというわけだ。具体的には，これからのプロジェクトマネージャは，納期・予算・品質を遵守すればいいという立場から，経営層やITストラテジスト同様，プロジェクトにおけるベネフィットによってビジネス価値実現を目標にしてプロジェクトを運営していくことが求められている。

## ベネフィット

直訳すると "**利益**" や "**便益**" になる。マーケティング用語だと "**効果**" という意味にもなるらしい。PMBOKでは，第6版でベネフィットの重要性が強調されていることもあり，次のように説明している。

> プロジェクト・ベネフィットとは，スポンサー組織のほかプロジェクトの受益対象者に価値を提供する行動，行為，プロダクト，サービス，所産の成果と定義される。(PMBOK第6版 P.33より引用)

そして，次のような項目を含めた「プロジェクト・ベネフィット・マネジメント計画書」を作成する。

- 目標ベネフィット
- 戦略の整合性
- ベネフィット実現の時間枠
- ベネフィット・オーナー
- 評価尺度
- リスク

## ●アジャイル開発

価値の実現を主眼においたプロジェクトでは，成果物を繰り返しリリースしながら，顧客の反応を見て "**価値実現**" の程度を確認しながら進めることがある。その時に，アジャイル開発を採用することが多い。

# 6 ● プロジェクト立上げ 〜プロジェクト計画まで

　それでは最初に，プロジェクトを立ち上げて，プロジェクト概要を決定するまでのフェーズについて説明する。

## ●プロジェクト立上げ前

　プロジェクトが立ち上がる前，すなわち，プロジェクトマネージャが登場する前は，通常，営業担当者（セールスエンジニア）やITストラテジストが，経営者やCIO，情報システム部の部門長などと一緒に情報化について企画を練るのが一般的である。そして，情報戦略，情報化構想，情報化企画などという形にする（この部分の詳細はITストラテジストの試験範囲を参照すること。ほかに，情報化に関する"提案活動"などもこのフェーズ）。

　当然，このときはまだ，プロジェクトマネージャは任命されていない。しかし，提案や構想段階とはいえ，そこにはある程度の費用や期間，機能などがあるわけだから，プロジェクトが立ち上がった後に「実現は不可能だ」というわけにはいかない。そこで，この時点でも，プロジェクトマネージャが参画して，そういった企画や構想のフィージビリティスタディ（**実現可能性の検討**）を実施することが多い。その後プロジェクトが立ち上がった暁には，普通は，そのプロジェクトマネージャがそのまま任命される。

## ●プロジェクト立上げ

　ITストラテジストなどが作成した情報化企画をもとに，実施計画に落とし込んだ**プロジェクト企画書**が作成される。顧客や経営者などのプロジェクトオーナが，このプロジェクト企画書を承認すると，プロジェクトが正式に認知され，プロジェクトが立ち上がる。

　プロジェクトの立上げフェーズは，PMBOKでいうと統合マネジメントの範疇で，「プロジェクト憲章の作成プロセス」になる。具体的には，プロジェクト憲章が作成され，それをもとにプロジェクトが正式に認可される。その時点で，プロジェクトチームが発足しているか，メンバが決まっているかはケースバイケースだが，仮に既に決まっているとしたら，キックオフなども行われるだろう。

**プロジェクト憲章**

　プロジェクト憲章とは，プロジェクトオーナやスポンサーなどによって発行される文書で，当該プロジェクトを公式に認可する役割を持つものである。通常は，このプロジェクト憲章の中でプロジェクトマネージャが任命され，費用や要員などの資源を使用する権限を与えられる。

　プロジェクト憲章に記載される内容は，立上げ時点で把握しているプロジェクトに関する情報で，主要なものには次のようなものがある。

- プロジェクト目的
- 成果等の要求事項，概要スケジュール，概算予算，主要機能など
- 制約条件と前提条件

　なお，体制が決まっていれば，プロジェクトに対する共通認識を醸成するために，キックオフミーティングで，プロジェクトメンバらにプロジェクト憲章を配布することもある。

## ● WBS（Work Breakdown Structure）と WP（Work Package）

　WBS とは，プロジェクトに必要な作業を明確にするために，トップダウンで作業を洗い出し階層構造で表現したものである。

　通常は，プロジェクトの成果物（顧客に納品する情報システムや，それに付随するサービス。要素成果物）を最初に定義し，そこから細かく分解（＝ブレークダウン）していく。これを要素分解という）していく。この手順，すなわち"大きな単位"から"段階的"に"詳細化"を進めていくことで，作業の網羅性が確保できることを期待している。いわゆる"漏れなく"，"だぶりなく"というものだ。

　こうして詳細化していった最下位の作業をワークパッケージ（WP：Work Package）という。PMBOK（第6版）の全体図を見ていただくとわかると思うが，プロジェクト・スコープ・マネジメントの計画フェーズに「WBS の作成」プロセスがあり，ここで WP に要素分解し，WP 単位にコストや所要期間を見積もる。

　なお，この WP は，この後のプロジェクト・スケジュール・マネジメントのところで"アクティビティ"にさらに細分化される（アクティビティ定義）。具体的には WP を完了させるために必要な作業をアクティビティとして定義する。簡単に言えば，スケジュール管理に適した単位にさらに分割することだ。情報処理技術者試験でも，WP とアクティビティは使い分けているので注意しよう。

# 7 · プロジェクト体制

　午後の問題では，プロジェクト体制図（プロジェクト組織図ともいう）が示されている場合が多い。それを見て，どういう体制になっているのかを把握できるようにしておこう。問題文に，下記のような体制図が無く，問題文中に言葉だけでいろいろな立場の人が出てくる場合には，それを整理して余白に体制図を書いておけば，混乱することはないだろう。

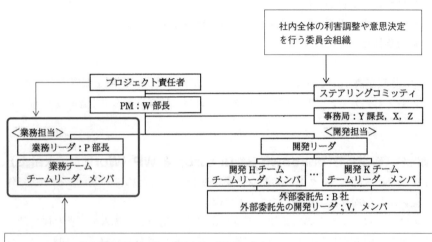

図9　体制図（A社）の例　（応用情報平成27年春午後問9より）

## ●ステークホルダ（利害関係者）

　ステークホルダとは，当該プロジェクトによってプラスまたはマイナスの影響を受ける利害関係者のことである。簡単にいうとプロジェクト内外に存在する登場人物といったところ。当事者としてプロジェクトに関わっている場合や，そのプロジェクトがもたらす影響を受ける人々も含む概念になる。

　プロジェクトのステークホルダには，プロジェクトオーナ（スポンサー），顧客，遂行組織，プロジェクトマネージャ，チームリーダ，プロジェクトメンバなどがある。先に紹介したPMOや，プログラムマネージャ，ポートフォリオマネージャなども含まれる。

## ●スポンサー

"スポンサー"は，プロジェクトに対する財政的資源（多くの場合は"費用"）を提供する人物になる。顧客企業の社長や決裁権を持つ CIO で，プロジェクトにおける最高決定権を持つ人を指す場合が多い。この図で言うと"プロジェクト責任者"だ。通常は，プロジェクトマネージャの上位に位置する。プロジェクトマネージャのコントロール範囲を超える問題に対応する人物と設定されている。

## ●ステアリングコミッティ

PMBOK では例示されていないが，プロジェクトにおける意思決定機関としてステアリングコミッティを組織する場合がある。ワンマン企業であれば，社長（スポンサー）が兼ねる場合もあるが，通常は，役員会や経営会議などの合議体であることが多い。利害関係を調整する役割を持つ。これも PM の上位，もしくは対等な位置になることが多い。

## ●プロジェクト・チーム

PMBOK では，プロジェクトマネージャ，チームリーダ，メンバ，その他をプロジェクト・チームとして例示している。ちなみに，情報処理技術者試験では，プロジェクトマネージャの直下にチームリーダを配備する体制を，これまでよく使ってきている。このときのチームリーダとは，システムアーキテクト（旧アプリケーションエンジニア）に該当するもので，マネジメントの一部を実施しながら外部設計や総合テストを担当する者を想定することが多かった。

## ●利用者側（業務担当者）

自社プロジェクトの場合，PM 配下に，プロジェクトで開発する情報システムを，実際に業務で利用する人たちのグループを配置することがある。利用者側が，異なる法人で"請負契約"や"準委任契約"の契約先の場合は，別プロジェクトとしなければならないが（指揮命令権が無いので），同一企業であれば図9のようになることもある。

しかし，業務担当（利用部門）が非協力的であったり，積極的に参加してくれなかったり，コミュニケーションが取れなかったり，よく問題が発生する部分でもある。自分の本業（本来の役割）に影響する場合，当然，そっちを最優先するからだ。そのため，兼任の場合にはプロジェクトへの参画割合を定量化して管理したり，あるいはプロジェクト専任を打診したりする。"役割や責任及び権限"を明確にして意識させたりして参画意欲を高めるのも有効。他には，ステアリングコミッティー（もしくは社長や役員）に相談してトップダウンで命令してもらったりすることが有効な対策となる。

# 8 ・ 責任分担マトリックス

プロジェクト・スコープ・マネジメントで作成された WBS の作業項目ごとに，資源と責任の関係をまとめた表を責任分担マトリックス（責任分担表，RAM：Responsibility Assignment Matrix）という。その一種で，情報処理技術者試験でよく問われているのが RACI チャートである。

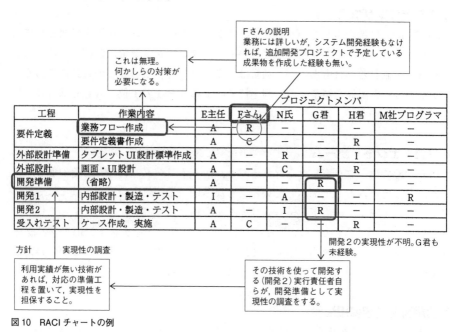

Fさんの説明
業務には詳しいが，システム開発経験もなければ，追加開発プロジェクトで予定している成果物を作成した経験も無い。

これは無理。何かしらの対策が必要になる。

| 工程 | 作業内容 | プロジェクトメンバ | | | | | |
| --- | --- | --- | --- | --- | --- | --- | --- |
| | | E主任 | Fさん | N氏 | G君 | H君 | M社プログラマ |
| 要件定義 | 業務フロー作成 | A | R | － | － | － | － |
| | 要件定義書作成 | A | C | － | － | R | － |
| 外部設計準備 | タブレットUI設計標準作成 | A | － | R | － | I | － |
| 外部設計 | 画面・UI設計 | A | － | C | I | R | － |
| 開発準備 | （省略） | A | － | － | R | － | － |
| 開発1 | 内部設計・製造・テスト | I | － | A | － | － | R |
| 開発2 | 内部設計・製造・テスト | A | － | I | R | － | － |
| 受入れテスト | ケース作成，実施 | A | C | － | I | R | － |

方針　実現性の調査

利用実績が無い技術があれば，対応の準備工程を置いて，実現性を担保すること。

その技術を使って開発する（開発2）実行責任者自らが，開発準備として実現性の調査をする。

開発2の実現性が不明。G君も未経験。

図10　RACIチャートの例

---

R（Responsible）実行責任：　作業を実際に行い，成果物などを作成する。

A（Accountable）説明責任：　作業を計画し，作業の進捗や成果物の品質を管理し，作業の結果に責任を負う。

C（Consult）相談対応：　作業に直接携わらないが，作業の遂行に役立つ助言や支援，補助的な作業を行う。

I（Inform）情報提供：　作業の結果，進捗の状況，他の作業のために必要な情報などの，情報の提供を受ける。

## ●責任分担マトリックスの必要性

　組織によっては，プロジェクト計画時にこの責任分担マトリックスの作成を義務付けていることがある。

　その理由の一つは，人的資源の効率性（必要最小限）が一覧で確認できるからだ。ある作業で支援者がいなかったり，逆に責任者が複数いて命令が輻輳したり矛盾が発生したりするとトラブルの元になるが，それを避ける狙いがある。

　また，常時最適な担当者がアサインできるわけでもない。そこで責任分担マトリックスを利用する。具体的には，工程やタスクごとに必要なスキルや経験値（コンピテンシー）を定義し，それと候補者の能力や実績と比較する。その結果，スキル等が不足している場合には，何かしらの対策（教育や調査，専門家の支援など）を検討する（図のFさんやG君のケース）。情報処理技術者試験では，上記の下線部が問題文で与えられていて，それに対する対策が，適当かどうかが問われることが多い。これが二つ目の理由である。

　三つ目の理由は，この表を基に個々交渉し，事前にコンセンサスを取ることで自覚や参画意識を高めるためである。例えば，業務部門の参画意識が低かったり，非協力的だったりする時に，この表を基に実現可能かどうかを話し合い，参画意識や当事者意識を高めていく。

## ●体制構築のポイント

　階層型チャート図のプロジェクト体制図や，責任分担マトリックスを作成することでチーム編成を行うことになるが，その時（体制構築時）の留意点を最後にまとめておく。午後の問題を読む時には，この視点でチェックしておくと短時間で正解がイメージできるようになるだろう。

- 特定の人に負荷が集中していないか
- 専任もしくは兼任が適切か（役割，作業負荷等を考慮し必要なら専任）
- 指揮命令系統は適切か（役職や年齢面で実現可能か。輻輳は無いか。複数の命令系統になる場合には優先度を明確にしておく）
- 教育や育成について考えているか（必要な場合，フォローは大丈夫か）

# 9 • 要員管理

目　　的：組織見直し（必要性有無の判断含む）
留 意 点：①要員のモチベーションは維持できているか
　　　　　②要員の離脱，交代，増員に対する判断
　　　　　③プロジェクト内での要員教育
具体的方法：①特定の要員に起因する生産性低下がないかモニタリングする
　　　　　②(計画的かつ意図的に) 計画された育成計画

　要員管理（内部要員の管理）では，要員のプロジェクトを通じた教育や，プロジェクトを成功させるためのプロジェクト体制の維持が重要になる。プロジェクトを遂行する中で，プロジェクトメンバに起因する問題が起こるケースがある。そのときに，プロジェクト体制の見直しが必要かどうかをチェックし，必要だと判断すればプロジェクト体制を変更しなければならない。

　ただし，プロジェクト体制の変更には大きなリスクが存在する。作業の引継ぎや新たな人間関係の形成に余分に時間がかかったり，期待していたほどの能力がなかったりすることもある。要するに，体制を変更すると新たなリスクが発生するので，その部分のリスク管理も十分考慮しなければならないというわけだ。

## ●要員に関する問題の（早期）発見

　要員に関する問題は，進捗遅延や費用超過，品質不良などプロジェクトの管理目標となる QCD（納期・品質・コスト）に問題が発生して判明する事が多い。その原因を分析してみると，「実は，要員に……」というケースだ。情報処理技術者試験の問題でも，そういう状況設定が普通である。

　しかし逆に，要員の問題を早期に発見できれば，進捗遅延や費用超過，品質不良を防止することができる。つまり，進捗遅延や費用超過の兆候をつかむことができるというわけである。その方法には次のようなものがある。

### 要員別の進捗管理表での問題発見

　全体では進捗遅延になっていなくても，特定の要員は進捗遅延になっている場合がある。そういう状態を放置しておくと，全体への影響は必ず出てくるので，要員別の進捗管理表で，要員ごとに進捗チェックをする。

### 要員別の工数管理（生産性）での問題発見

　要員別の生産性にも注意が必要である。進捗遅延にはなっていなくても，それを残業時間でカバーしているようなケースだ。いずれ，残業や休日出勤では遅れを取り戻せなくなり，進捗遅延につながったり，（その状態が長時間続き）健康面に影響が出て離脱しなければならなかったりするかもしれない。そのため，残業時間や，生産性を管理するのも問題の検知に有効になる。

### 勤怠管理での問題発見

　プロジェクト要員の勤怠状況から，抱えている固有の問題を発見できる場合がある。遅刻や早退，欠勤，残業時間などが多くなっているような場合，健康面で問題があったり，事件や事故，近親者の病気や不幸などが発生しているかもしれない。そこで，プロジェクトメンバの勤怠情報を管理し，異常値を検出した場合には，個別に面談して，その根本原因を確認する。

### 現場を見ることで問題を発見

　チーム編成に当たっては，メンバ相互の相性も重要である。特に，チームの和を乱すメンバがいることによって，ほかのメンバのモチベーションが下がるのは避けなければならない。そこで，できる限り現場を見たり，要員とコミュニケーションを取ったりして，問題の発見につなげる。

## ●要員問題の原因と予防的対策（リスク管理）

　要員に関する問題が発生し，プロジェクト体制の変更を余儀なくされる原因には次のようなものがある。

- 別の重要プロジェクトからの招聘による離脱
- 要員の病気・けが，欠勤，退職等
- 派遣会社の引上げ
- 人事異動
- 要員間のトラブル
- 要員の能力不足の発覚
- 工数不足，工数余剰
- その他不測の事態

　これらのリスクに対して，本番開始のスケジュールが絶対に延期できないようなシステム（例えばオリンピックのシステムなど）では，そうした要員の離脱も考慮してプロジェクト体制を立てなければならない。ちょうどプロ野球選手が9人ではなくて，ケガで戦線離脱しても試合が中止にならないように，控え選手を準備して

おくようなものである。ただし，余裕を持った体制にすると，当然その分，費用は上積みされることも忘れてはならない。

また，プロジェクトを兼務しているメンバ，新人など能力が未知数のメンバ，新技術を使うケースなどは，リスク管理の観点から重点的に管理する項目を決めておかなければならない。プロジェクトを兼務しているメンバの場合，ほかのプロジェクトの稼働時間，その比率，当該プロジェクトへの参画時間などを，それ以外の場合は，想定した生産性になっているかどうか，生産性を，それぞれ重点管理項目に入れる。

## ●要員問題の事後対策

プロジェクト体制や要員に問題があると分かったら，要員の配置換え，役割変更，要員の交代，要員の追加など，可能な選択肢を駆使して，プロジェクト体制を見直す。

しかし，いずれにせよ，プロジェクト体制の変更には大きなリスクが伴うため，可能であれば変更しない方がよい。そこで最初に検討するのは，既存の体制でこのままプロジェクトを進めた場合，どのようになるのかを予測するところからである。これは，平成13年度 午後Ⅱ 問2でも出題されている。

例えば，要員が一人離脱した場合，残りの要員で（一人不足したまま）残りの作業を分担した場合，どのようになるのかをシミュレーションする。労働関係の法律に違反することがなく，特定の要員に負荷もかからないのであれば，残りのメンバで作業分担するのも有効な対策になる。

### 要員の追加を検討

新たに要員を追加する場合は，必要なスキル，経験を明確にし，該当する要員を決定する。そして，作業の引継ぎやプロジェクトルール，標準化の方針などの習得時間，その他情報収集等の準備時間など，新たに必要なタスクとその時間を見積もる。それらを基にシミュレーションした結果，既存の体制でいくよりも適当だと判断した場合，要員を追加する。

また，新たに投入した要員に期待していたほどの能力がなかったりすることもある。そこで，新たに投入した要員の生産性に関しても想定どおりかどうかを重点的に追跡調査しなければならない。

なお，要員を追加するには，権限を持つ上司に相談して調整をするか，外部協力会社に依頼して派遣してもらうことが多い。

## Column ▶ 自律的なチームは，まず自分から

筆者が久々に共感した書籍に"ティール組織"があります。もうあちこちで言っているので…ひょっとしたら"またか！"と思われる方もいらっしゃるかもしれませんが…そういう人も，少しだけお付き合いください。

### ティール組織

"ティール組織"とは，マッキンゼーで10年以上にわたり組織変革プロジェクトに携わったフレデリック・ラルーという人が組織論について書いた書籍の名称です。

圧倒的な成果を上げている組織を調べてみたら，これまでにはない進化型の組織で，その組織を「ティール組織」と名付けたという内容です。

具体的にどんな組織なのかは，原著にゆだねるとして…筆者が受け取ったイメージは**"強いサッカーチーム"**でした。チームの勝利を全員が目指し（存在目的），皆自律的にチームメイトの動きを見据えたうえで，自分にできる最善のことを考えて最適な所に切り込む（自主経営，ホールネス）。お互いを信頼しあって動きを読みながら動く。決して，味方チームでボールを奪い合わない…そんな組織です。試合中は，選手が皆自律的に動いてくれますから，試合中の監督は何もしません。

### アジャイル開発やリモートワーク

この**"強いサッカーチーム"**は，アジャイル開発のプロジェクトチームにも似ていますよね。誰もが自律的に行動するというところなど，そのままです。

自律的というと，リモートワークも同じようなところがありますよね。同じ場所，同じ時間に集まっているという点では異なりますが，次のような点が求められているのは同じです。

- 目的や目標を，その意図や狙いとともに正確に理解する
- どうすれば目的を達成できるかを自分で考える
- チーム全体を俯瞰する
- その中で，その都度最適な行動を選択する
- 常に最高のパフォーマンスを出せるように日々努力する

### 自律的なメンバをマネジメントする！

とはいうものの…そういう組織を作り上げるのも…管理するのも，誰でもできるというわけではありません。自律的に動くからと言って，**"強いサッカーチーム"**の監督を誰もができるわけではないですよね。

少なくとも次のようなことが必要です。

- 自信をもって任せきれること（無駄に邪魔をしない，何もしないこと）
- メンバから頼られていること
- メンバにできないことで，メンバの役に立てること

要するに，自分自身も例外ではなく自律的に行動しないといけないということです。

そこに気付いたら…そもそもプロジェクトマネージャの仕事，役割とは何だろう？と考えるようになりますよね。

**「俺は何を期待されていて，何ができないといけないのだろう？」**

結果，プロマネの勉強を始めるようになるのでしょう。今やっていることこそ，強い組織を作る第一歩なんですね。

# 10 · リスクマネジメント

　最初に"リスク"について整理しておこう。リスクには，純粋リスクと投機的リスクがある。前者の純粋リスクとは，コンピュータ障害など，純粋に"損失のみ"が発生する可能性のことを指す。一方，後者の投機的リスクとは，株式投機やギャンブルなどのように"利益と損失"の両方の可能性のことを指す。

　従来，リスクマネジメントといえば純粋リスクのみを対象としてきた。しかし，PMBOKでは投機的リスクの概念をも含んでリスクマネジメントするように明言している。新試験以後，PMBOK色が濃くなってきたため知識としては知っておく必要はあるだろう。

　ただ，情報処理技術者試験においては，本試験開始以来，リスクは損失を発生する可能性のものしか問われていない。平成22年度午後Ⅱの問題でも，プロジェクトに対するマイナスリスク要因のみしか例示されていない。確かに午前問題では，企業経営におけるリスクマネジメントの例として投機的リスクもリスク分析の対象にするという点が問われているが，午後問題なら，純粋リスクを中心に考えていくべきである。

## ●リスクマネジメントの規格

　リスクマネジメントに関連した国際規格及び国内規格には次のようなものがある。

表6　リスクマネジメントに関連した国際規格及び国内規格

| 国内規格 | 国際規格 | 内容 |
|---|---|---|
| JIS Q 31000：2019 | ISO 31000：2018 | **リスクマネジメント―指針**<br>（リスクマネジメントに関する原則及び一般的な指針をまとめたもの） |
| JIS Q 0073：2010 | ISO Guide 73：2009 | **リスクマネジメント―用語**<br>（リスクマネジメントに関する用語を定義した規格） |
| JIS Q 31010：2022 | IEC 31010：2019 | **リスクマネジメント―リスクアセスメント技法** |

　これらの規格は，これまで様々な分野（企業経営，プロジェクト管理，セキュリティなど）で独自の発展を続けてきたリスクマネジメントに対し，すべてのリスクに適用できる汎用的なプロセス及びフレームワークを提供するものである。ゆえに，ここで"リスクマネジメント"に関する知識を得ておけば，企業経営（内部統制）や情報セキュリティ分野でも役に立つ。

## ●定量的リスク分析で使用するツール

定量的リスク分析で使用するツールには，感度分析，期待金額価値分析，デシジョンツリー分析などがある。

### ①感度分析

感度分析とは，複数あるリスクのうち，どのリスクがプロジェクトに与える影響が最も大きいか（あくまでもリスクなので，その可能性）を見る分析手法になる。どのリスクを重点的に管理するのか，優先順位をつける目的などに利用する。元々は，経営分析や損益シミュレーションで使われていたもの。

具体的には，複数あるリスクのひとつを取り上げ，そのリスクが顕在化したとき，あるいは変動（±10%など）したときに結果がどうなるのかを算出する。このとき，そのリスク以外の残りのリスクについては変動が無い（リスクが顕在化しない）ものと仮定して考える。こうすることで，どのリスクが最も影響を与えるかがわかる。これを"感度"と読んでいるわけだ。

感度分析の代表的な表示方法に，スパイダーチャートとトルネードチャートがある。

### ②期待金額価値分析（EMV = Expected Monetary Value 分析）

期待金額価値分析は，確率論における"期待値"を使った分析手法である。あるリスクに対して，起こりうる結果が複数ある場合に，それぞれの結果がもたらす数値(a)を求める。それと同時に，その結果になる確率(b)をそれぞれ求める。そして(a)と(b)を乗ずるとともに，それらを合算しその総和を求める。後述するデシジョンツリー分析にも使われる。

### ③デシジョンツリー分析

あるシナリオ（あるいはリスク）に対して複数の対応策（代替案・選択肢）があるとき，個々の選択肢のコスト，シナリオの発生確率，発生したときの結果を算出する。加えて，個々の選択肢の EMV も求めることが出来る。そうして作成したデシジョンツリー図を用いて行う分析手法。

---

ここで説明しているものは，午前問題で出題されている。**感度分析のトルネードチャート**（令和3年問11），**EMV**（令和4年問12他），**デシジョンツリー**（令和2年問10）などだ。確認しておこう。

## ●リスクマネジメント手順

　リスクマネジメントとは，具体的に何をするのか？その全体像を把握しておくことはとても重要なことになる。いろいろな概念が乱立し，微妙に違う名称が付いているものの，大まかな流れはさほど変わりはない。ざっとこんな感じだ。午後対策としては，このレベルで理解しておくのがベストだろう。

---

**【リスクマネジメントの流れ】**

**プロジェクト計画策定時**

　① プロジェクトに存在する"リスク"をピックアップする

　② 「リスクの発生する確率」と「発生した場合の影響の大きさ」を，リスクごとにまとめて，検討すべき優先順位を付ける。可能であれば，明確になる時期を予測する

　③ 必要に応じて，定量的に分析する

　④ リスク対応戦略を考える

　⑤ 具体的な対応策を考える

**プロジェクト実施時**

　⑥ 設定したリスクを監視し，発生したら計画通りに対応する

---

### ①プロジェクトに存在する"リスク"をピックアップする

　最初に，当該プロジェクトには，どのようなリスクが存在するのか…プロジェクトに存在するリスクを明確にして文書化する。PMBOK では，これをリスクの特定といっている。

　この作業では，重要なリスクを見落としてしまうと大変なことになるので，リスクをピックアップする方法には工夫が必要になる。ブレーンストーミングを行ったり，チェックリストや SWOT 分析，WBS と同じ考え方の RBS（Risk Breakdown Structure）を使ったりする。

### ②「リスクの発生する確率」と「発生した場合の影響の大きさ」を，リスクごとにまとめて，検討すべき優先順位を付ける。可能であれば，明確になる時期を予測する

　リスクをピックアップしても，それら全てにパーフェクトな対応ができるとは限らない。コストや納期面をはじめとして制約があるからだ。そこで，リスクへの対応を最適化するために，ピックアップしたリスクに優先順位を付ける。これがPMBOK でいう「リスクの定性的分析」である。他の概念では，リスク査定やリスク評価といわれることもある。ちょうど平成 21 年度の午後 I 試験で，簡易的なリスク評価マトリックスが題材になっている。"マイナスリスク"のみなので，それぞれ

の数値が高いほど高優先になっているのが読み取れる。

| | 影響度 | 小 | 中 | 大 |
|---|---|---|---|---|
| 発生確率 | | 0.20 | 0.40 | 0.80 |
| 高い | 0.50 | 0.10 | 0.20 | 0.40 |
| 普通 | 0.30 | 0.06 | 0.12 | 0.24 |
| 低い | 0.10 | 0.02 | 0.04 | 0.08 |

（凡例）
　　　：高優先
　　　：中優先
　　　：低優先

図 11　リスク評価マトリックスの例（平成 21 年度　午後 I 問 1 より）

### ③必要に応じて，定量的に分析する

　PMBOK ではリスク分析を二つに分けて説明している。1 つは前段で説明したリスクの定性的分析だが，残る 1 つが，このリスクの定量的分析になる。ただ，タイトルにも書いているとおり，"必要に応じて" 行うべきプロセスで，全てに適用しなければならないわけじゃない。リスク評価マトリックスからリスク対応の計画を立案しても構わない（平成 21 年度の午後 I ではそうなっている）。取るべき対策に迷う時など定量的に評価した方が良いと判断した時だけ実施すれば良い。

### ④リスク対応戦略を考える

　リスク分析の後，リスクへの対応計画を作成するが，その時にステークホルダの意見を確認してリスクへの対応戦略をとることがある。これをリスク対応戦略といい，例えば PMBOK（第 7 版）では次のように定義している（但し，説明は筆者がわかりやすくしたもの）。

**脅威（マイナス）のリスクに対する戦略**
- ・エスカレーション：プログラムレベル，ポートフォリオレベル等（PM の上司や PMO 等）に判断を委ねる。
- ・回避：リスクそのものを回避する。
- ・転嫁：保険や保障，契約などの工夫で責任を転嫁する。
- ・軽減：対応策をとってリスクそのものを軽減する。
- ・受容：積極的に動くわけではなく現状のリスクを受け入れ，発生した時に備える。

**機会（プラス）のリスクに対する戦略**
- ・エスカレーション：プログラムレベル，ポートフォリオレベル等（PM の上司や PMO 等）に判断を委ねる。
- ・活用：確実に好機を掴むためそれを妨げる不確実性を除去する。
- ・共有：好機を掴む確率を上げるため第三者と共有する。
- ・強化：プラス要因を増加させる。
- ・受容：積極的に動くわけではなく現状のリスクを受け入れる。

## ⑤具体的な対応策を考える

　リスクに対する具体的な計画を立案する。一般的には，下図のように予防処置と事後対応計画（コンティンジェンシプラン）及びコンティンジェンシプラン発動の契機などを計画する。

| 項番 | リスク | 発生確率 | 影響度 | 対応の優先順位 | 予防処置 | コンティンジェンシプラン発動の契機 | コンティンジェンシプラン |
|---|---|---|---|---|---|---|---|
| 1 | 新バージョンの機能仕様が把握できず設計が進まない。 | 高い | 大 | 高優先 | a 。 | K社があくまでも新バージョンの適用を要求する。 | P社に新バージョンの分かる要員の支援を依頼する。 |
| 2 | L社のプロジェクト管理能力が低く，スケジュールが遅れる。 | 高い | 中 | 高優先 | C社のプロジェクト管理のノウハウを提供する。 | L社の進捗が遅れる。 | 指導・監視のためにC社の要員を配置する。 |
| 3 | L社への技術移転が進まず，開発が遅れる。 | 普通 | 大 | 高優先 | プロジェクトの初期に教育を徹底し，プロジェクト期間を通してフォローする。 | 設計・開発段階のL社の生産性が目標に達しない。 | 技術移転の専任者を派遣する。 |
| 4 | K社の合併によってプロジェクトが中断する。 | 低い | 大 | 中優先 | b 。 | K社からプロジェクト中断の指示がある。 | 掛かった費用の回収をK社と交渉する。 |
| 5 | テレビ会議による週次レビューでの指示が正確に伝わらない。 | 普通 | 小 | 低優先 | L社の成果物をネットワーク上の共通ファイルサーバに保管し，双方で確認できるようにする。 | 週次レビューでの指示が繰り返され，成果物への反映が遅れる。 | L社に出向いて会議を行う。 |

図12　リスク対応計画の例（平成21年度　午後Ⅰ問1より）

## ⑥設定したリスクを監視し，発生したら計画通りに対応する

　プロジェクト計画フェーズが終わり，開発作業に入って行くと，リスクを監視し，コントロールする必要がある。具体的には，次のようなアクションを取る。

- **特定したリスクが顕在化していないかどうかをチェックする**

　管理表等を使って，（上記の図の）「コンティンジェンシプラン発動の契機」にアンテナを張っておく。残存リスクや優先度の低いリスクについても必要に応じて監視する。

- **新たなリスクを特定する**

　特に，何らかの"変更"があった場合には，新たなリスクが発生している"かもしれない"と考えて，発生していればリスク登録簿を更新する。

## Column ▶ リスクへの対応例

それではここで，左ページの「**図12の中のコンティンジェンシプラン（事後対応計画）の例（平成21年度　午後Ⅰ問1より）**」の中のひとつのリスクを取り上げて，それがどのようにプロジェクト計画に組み込まれるのかをみていきましょう。実際のプロジェクトだったら**「きっとこんな風になるんだろうな」**という感じで，仕立ててみました。予防処置，事後対応計画，前提条件などの雰囲気を掴んでいただければ幸いです。

### あらすじ（ここは問題文から引用）

C社（今回主役のPMがいるSIベンダ）は，P社製の生産管理用のソフトウェアパッケージの現在普及しているバージョン（以下，現バージョンという）をベースとして，顧客要件に合わせて，機能や画面を追加する開発方法を取っている。P社は，先月から大幅に機能を強化したバージョン（以下，新バージョンという）の提供を開始したが，C社は新バージョンでの開発経験はまだない。K社（生産管理用のソフトウェアパッケージを導入する予定の顧客）は，システムの稼働開始後にバージョンアップ作業を改めて行うことは避けたいとして，K社プロジェクトでは新バージョンを適用するように，C社に要求している。

### C社社内での会話

今回のプロジェクトマネージャは衛藤係長で，その上司が今野部長という設定です。ここからはその二人の会話になります。ちなみに，巷の噂では，今野部長は"伝説のプロマネ"と呼ばれているそうです。

### 予防処置

**今野**「で，どうするんだ。新バージョンで行くのはリスクが大きすぎやしないか？」

**衛藤**「はい。私もそう思います。今のメンバに新バージョンでの開発経験が無いのは…うちの問題なのですが，それだけじゃなく，新バージョンを適用すること自体に大きなリスクがありますからね。」

**今野**「確かに。」

**衛藤**「新バージョンの品質は，我々の方でどうすることもできません。だから，本リスクの**予防処置**として，K社の秋元先生を粘り強く説得するという方向で考えています。」

**今野**「なるほど。」

**衛藤**「説得にあたっては，一般論として，新バージョンには潜在的なバグが含まれている可能性が高いこと。実際，現バージョンも品質が安定してきたのは1年後だったということなどを説明しようかなと。で，仮にそうなってしまったら，プロジェクト期間中に修正モジュールがリリースされる可能性が高く，その時期によっては大幅な手戻りが発生すると。」

**今野**「そうだ。リスクに対しては，まずは**認識合わせ**をしないと，交渉も提案も始まらないからな。」

**今野**「オッケー。でも，それがダメだったら？」

## コンティンジェンシプラン

**衛藤**「はい。遅くとも 6 月 20 日までには
どちらのバージョンで行くのかを決め
ないといけません。そこまでに決めま
す。そして，秋元先生があくまでも新
バージョンの適用に固執される場合は，
新バージョンで進めます。」

**今野**「**コンティンジェンシプラン**は？」

**衛藤**「はい。新バージョンで行く場合は，
それによって発生する**新たなリスク**を
…例えば『新バージョンに不具合が見つ
かる』というリスクなんかを，リスク登
録簿に登録し，再度リスクを評価しま
す。そして，コンティンジェンシプラン
でもあり，新たなリスクの予防策のひと
つにもなるのですが，P 社に新バージョ
ンに精通した要員の支援を要求します。
その場合の費用は年間サポート費用と
して 240 万円です。ある程度対応時間
に制限がありますが，私が調べたところ
それが最適なコースです。」

**今野**「わかった。一応現バージョン，新
バージョンの違いを説明する時に，その
金額も秋元先生に提示してみよう。最終
的にどっちがその費用を負担するのか
は別として，総合的に判断してもらうに
は伝えておいた方がいいだろう。それと
な，衛藤…いつも言ってるけど"コン
ティジェンシープラン"じゃなくて，
"コンティンジェンシプラン"な。言い
にくいけど，試験じゃなぜかそうなって
るからな。」

**衛藤**「…。秋元先生に伝える件に関して
は，私もそう思います。新バージョンの
適用に弊社が反対する理由にもなりま
すからね。秋元先生だったら『それはお
前の所の問題だろ』とは言わないと思い
ますから。」

## 新たなリスク

**今野**「**新たなリスク**として定義するなら，
今の段階で，そのリスク評価もしておい
た方が良いな。」

**衛藤**「はい。ある程度想定はできています
ので，この後，別のリスク管理表に案を
整理しておきます。」

**今野**「それがいい。今回，結果的に新バー
ジョンで行くことになっても，それは秋
元先生側の固執によるものだから，新
バージョンを採用するリスクは，K 社側
にも負担してもらわないといけないか
らな。現バージョンで行きたいという
我々の考えを聞いてもらういい機会に
もなるはずだ。」

## 前提条件

**今野**「後は**前提条件**をどうするのか…そこ
もよく話あっておいたほうがいい。」

**衛藤**「そうですね。『新バージョンに不具
合が見つかる』という新たなリスクにつ
いては，その程度が読めません。だから
前提条件を細かく決めておかないとい
けないとは思っています。」

**今野**「どんな感じで行こう？」

**衛藤**「はい。まずは『新バージョンに不具
合がない前提』から始めようと思ってい
ます。予備費用ゼロからです。そして，
前提条件が崩れたら，その都度 K 社側
に費用を負担してもらう点と，納期を見
直す点を説明し，その上で秋元先生の
ニーズ，リスクの発生確率や影響度か
ら，どんな前提条件にするのかを話し合
いで決めていきます。」

**今野**「オッケー。じゃあそれで行こう。」

## ☕ Column ▶ リスク源（risk source）

リスク源とは「それ自体又はほかとの組合せによって，リスクを生じさせる力を本来潜在的にもっている要素」のことをいう。JIS Q 0073:2010（ISO Guide73：2009）で定義されている用語の一つになる。

情報処理技術者試験では，これまで類似の言葉として「リスク要因」を使っていたが（平成21年度午後Ⅰ問1や平成22年度午後Ⅱ問1参照），平成29年の午後Ⅰ問1では，リスク要因ではなく"リスク源"を使っている。もちろん，文脈から同じような意味だと判断はできると思うので解答を得るにあたって，何の支障もないが，せっかくなので「JIS Q 0073で定義されている用語」だという点を覚えておいても損はないだろう。厳密な用語の解釈

は別として，いずれもリスクを引き起こす可能性のあるものだと理解しておきたい。情報処理技術者試験対策としては，それで問題ない。

なお，JIS Q 0073:2010（ISO Guide73：2009）では，リスク源に似た用語としてハザード（hazard）も定義されている。これは「潜在的な危害の源」であり，その注記には「ハザードは，リスク源となることがある」と記されている。リスク源との違いは，ハザードの場合は，"危害"すなわちマイナスリスクだけを対象にしている点だ。ハザードは，ニュアンス的にプロジェクトマネージャ試験では使われることはないが，これもTIPSとして覚えておいて損はないだろう。

# 11 · 契約の基礎知識

プロジェクトマネージャが知っておくべき契約形態には，民法で定める請負契約，準委任契約，労働者派遣法で定める派遣契約がある。これらの契約は，システム開発業務を他社に依頼する場合や，要員を確保する場合に締結する。また，ハードウェアやソフトウェアパッケージなどに絡む契約として，売買契約，リース契約，レンタル契約などもある。

## ●民法改正

平成 29 年 5 月 26 日に改正民法が成立し（同年 6 月 2 日公布），（一部の規定を除き）令和 2 年（2020 年）4 月 1 日に施行された。民法が制定された明治 29 年（1896 年）以来，120 年ぶりの初めての大規模な改正である。この改正によって，請負契約と準委任契約に関する条文も改正されている（後述）。

いずれも契約内容が優先されるので，これに伴い自社の契約書を変更する場合は，IPA の Web サイトの「改正民法に対応した「情報システム・モデル取引・契約書」を公開〜ユーザ企業・IT ベンダ間の共通理解と対話を促す〜」（https://www.ipa.go.jp/ikc/reports/20191224.html）を参照するといいだろう。

## ●請負契約

請負契約とは，民法で規定されている役務提供型の典型契約の一つで，当事者の一方（請負人）がある仕事を完成し，相手方（注文者）がその仕事の結果に対して報酬を与える契約である（民法第 632 条）。

---

例）**注文住宅**：家を買う人（注文者）と，建築会社（請負人）の間の契約
**オーダーシステム**：ユーザ企業（注文者）と SI ベンダ（請負人）の間の契約
**プログラミングの再委託**：SI ベンダ（注文者）と協力会社（請負人）の間の契約

---

請負人（SI ベンダのように依頼を受ける側）は，予め契約によって合意した仕事（成果物，もしくは納品物を含む）の「完成責任」を負うため，責任をもって完了もしくは納品をしなければならない。一方，注文者（ユーザ企業のように依頼する側）は対価となる報酬の支払いの義務を負う。また，請負人は，完成責任を遂行できれば，特に進捗を報告する義務はなく，作業場所を特定しなくてもよい。メンバを受注側の都合で変えても問題ない（契約内に何の記載も無い場合）。

## （1）契約不適合責任

　改正前民法では，プログラムにバグ等の不具合があった場合，それを"瑕疵"といい，請負人が所定の責任を負うという**瑕疵担保責任**を規定していたが，これが，目的物が種類，品質又は数量に関して「契約の内容に適合しない」場合に責任を負う**契約不適合責任**という表現に変更された（但し，実質的な変更が生じているわけではないとしている）。

　契約不適合責任の救済手段としては，改正前民法では"瑕疵修補請求"（バグを修復するように請求），"損害賠償請求"，"解除"の3つだったが，瑕疵修補請求が**"履行の追完請求"**に変更され，新たに**"報酬減額請求"**が追加された。

　また，契約不適合責任の期間制限に関しても変更があった。改正前民法の瑕疵担保責任では，仕事目的物に瑕疵があったときは，注文者は目的物の引渡し（引渡しをしない時は仕事の終了時から**1年以内**に瑕疵の修補，契約の解除又は損害賠償請求をしなければならないとされていたが，次のように変更された。

---

①注文者がその不適合の事実を知った時から**1年以内**に当該事実を請負人に通知しないときまで（637条）
②権利を行使することができる時（客観的起算点）から**10年間**（166条）
③権利を行使することができることを知った時（主観的起算点）から**5年**（166条）
※②③は，いずれか短い方の期間経過で消滅時効が完成する。
※請負人が引渡しの時又は仕事の終了時に目的物の契約不適合を知り，又は重過失により知らなかった場合は，この期間制限の適用も無い。

---

## （2）請負契約における報酬請求権

　改正前民法では，注文者の責めに帰すべき事由で仕事が完成できなかった場合（注文者側の責任でシステム開発が途中で終了した場合など請負契約が中途で解除された場合）に請負人が報酬を請求するという記載しかなかった。

　それを改正後の現行民法では，そうではない場合（注文者の責めに帰することができない事由）でも，請負人が既にした仕事の結果のうち可分な部分について注文者が利益を受ける時は，その部分を仕事の完成とみなし，請負人は注文者が受ける利益の割合に応じて報酬を請求することができるということが明文化された。

## ●準委任契約

委任契約も，民法で規定されている役務提供型の典型契約の一つになる。当事者の一方（委任者：業務を依頼する側）が"法律行為"をすることを相手方（受任者：業務を受ける側）に委託し，相手方がこれを承諾することによって，その効力を生じる（民法第643条）。

委任契約に向いているのは，システム開発フェーズでいうと<u>要求分析・要件定義工程</u>や<u>外部設計工程</u>，その確認の<u>システムテスト工程</u>になる。あるいは，DX関連で<u>アジャイル開発を採用したプロジェクト</u>も，ベンダ企業が専門家として業務を遂行すること自体に対価を支払う準委任契約が向いている（※1）。契約段階で，不確定要素（範囲が不明確，期間が読めない，請負契約ではリスクが大きいなど）がある部分で，かつ役務を提供する側（受任者側，例：SIベンダ）を信頼できるところだ（システム開発の場合は，後述しているように正しくは準委任契約という）。

### （1）委任契約と準委任契約

なお，委任契約は**"法律行為"**（意思表示によって，権利の発生や変更，消滅などの法的効果が生じる行為）に関する事務手続き等を相手（代理人等）に委託する契約である。弁護士に訴訟の代理を依頼する場合などが該当する。これに対して，システム開発時に業務を委託する場合（要件定義工程や外部設計，システムテストなど）のように，法律行為以外の事務を委託する契約は**準委任契約**という（民法第656条）。情報処理試験では，昔は"委任契約"という表現を使っていたが，今は"準委任契約"という表現で統一されているので，準委任契約で覚えておこう。

### （2）履行割合型と成果報酬型

改正後の現行民法では，従来の**「履行割合型」**（SES契約など）で報酬を支払う契約形態に加えて，成果物の完成に対して報酬を支払う契約形態の**「成果報酬型」**も可能になった。請負契約と似ているが，あくまでも準委任契約なので，仕事の完成を義務付けられるわけではなく，善管注意義務を果たしていれば責任は問われない。また，請負契約同様，途中で委任者の責めに帰することができない事由によって委任事務が中途で終了した場合であっても，受任者はすでにした履行の割合に応じて報酬を請求することができる。

---

※1　IPAが公表している「情報システム・モデル取引・契約書」には，アジャイル開発版もある。「アジャイル開発版「情報システム・モデル取引・契約書」〜ユーザ／ベンダ間の緊密な協働によるシステム開発で，DXを推進〜」だ。これもいい資料なので目を通しておこう。
https://www.ipa.go.jp/ikc/reports/20200331_1.html

## （3）善管注意義務

　委任契約は，多くの場合は，相手の業務遂行能力に期待して依頼することになる。例えば「優秀な SE の多い企業に対して『1 か月間で，要件定義を依頼する。』」というようなケースだ。それゆえ，請負契約のような完成責任は負わないが，**善管注意義務**（契約内容通りに役務を遂行する上で善良な管理者として注意する義務）を負うことになる。

## ●派遣契約

　請負契約及び委任契約に共通する性質は，「作業場所の特定もなければ，現場（発注側）の指揮命令に従う必要もない」ことである。ここが派遣契約と異なるところで，派遣契約は，派遣先の指揮命令系統に従うことが義務付けられている。そのため労働者保護の観点から「労働者派遣事業法」で細かく規定されている。

表7　契約形態の特徴（原則）

| | 請負契約 | 準委任契約 | 派遣契約 |
|---|---|---|---|
| 根拠法 | 民法 | 民法 | 労働者派遣事業法 |
| 用語の意味等 | 【請負】<br>請負は、当事者の一方がある仕事を完成することを約し、相手方がその仕事の結果に対してその報酬を支払うことを約することによって、その効力を生ずる。（民法第632条） | 【委任】<br>委任は、当事者の一方が法律行為をすることを相手方に委託し、相手方がこれを承諾することによって、その効力を生ずる。（民法第643条）<br><br>【準委任】<br>この節の規定は、法律行為でない事務の委託について準用する。（民法第656条） | 【労働者派遣】<br>自己の雇用する労働者を、当該雇用関係の下に、かつ、他人の指揮命令を受けて、当該他人のために労働に従事させることをいい、当該他人に対し当該労働者を当該他人に雇用させることを約してするものを含まないものとする。（労働者派遣事業法第2条） |
| 提供物 | 契約段階で定めた成果物 | 役務の提供 | |
| 義務，責任 | ●成果物に対する完成義務<br>●納期を定める<br>●契約不適合責任（最長10年）<br>　・履行の追完請求<br>　・損害賠償請求<br>　・解除<br>　・報酬減額請求 | ●善管注意義務<br>　過失がある場合債務不履行責任が問われることはあるが、役務の提供が正当に行われていれば完成責任は負わない。<br>●契約期間を定める<br>●報酬請求権<br>　・履行割合型<br>　・成果報酬型 | ●派遣先の指示に従って業務を遂行する義務 |
| 作業方法 | ●委託者（発注者側）に指揮命令権はない<br>●特に契約書で定めていない場合、下記は受託者側で決める<br>　・作業場所<br>　・報告<br>　・業務の再委託<br>　・要員選定・交代 | 原則、請負契約と同じ（注）。<br><br>※但し、契約の性質上、相手方の能力に期待するところがあるため、業務の再委託や頻繁な要員交代等は望ましくないなどもあるため、しっかりと契約書に定めておくことが望ましい。 | ●派遣先の指揮命令に従う<br>●下記は、派遣元企業の指示に従う<br>　・作業場所（通常、派遣先企業。それ以外の場合、二重派遣にならないように注意）<br>　・報告<br>●二重派遣、多重派遣は禁止 |
| 著作権 | 受託者側 | | 派遣先 |

注）準委任契約における業務の再委託（＝復受任者の選任）は、「委任者の許諾を得た場合」または「やむを得ない事由がある場合」に限り可能（民法第644条の2第1項）。

## ●偽装請負

企業と労働者（もしくは，労働者の所属する企業）との間に，請負契約を締結しているにもかかわらず，請負先（業務委託側，発注側）責任者等が，法律で認められた権限以上の指示や管理を行う違法行為を"偽装請負"という。2005年から2007年ごろに大手製造業者が摘発され，広く社会に認知されるようになった。多くの場合，派遣労働者と同等の管理や指示を行っているため，労働者派遣契約を結ぶか雇用契約を結ぶよう是正指導される。具体的には，次の体制図を例にして言うと，X社の人（PMでも担当者でも）が，Y社の担当者に（場合によってはPMに対しても），直接指示を出したり，命令したりしている行為－それは，完全アウトだと考えられている。

なお，システム開発プロジェクトで"よくありがちな行為"が，偽装請負かどうかを判断するのは非常に困難である。試験で出題されるのは典型的な例だけなので，まずはそこから押さえていこう。

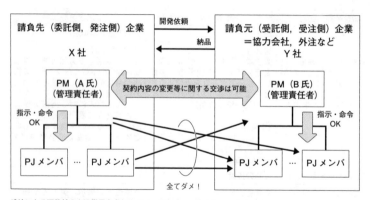

違法になる可能性のある指示命令とは……
作業内容の指示，出勤時間の指示，残業・休日出勤の命令。労働場所の指示，服装の強制，社内ルールの強制

図13　体制図

　この"請負"か"派遣"かを判断する基準には，古くは昭和61年に当時の労働省が公表した労働省告示第37号「労働者派遣事業と請負により行われる事業との区分に関する基準」（表8の①）があるが，これをそのままシステム開発に適用するのは困難なため，我々の業界団体（日本電子工業振興協会と情報サービス産業協会）が，この労働省公表の区分基準に対して，昭和61年当時労働大臣に宛てて表8②の要望書を提出している。この要望書は，当時，労働省に正式に受理されたそうだが，平成17年（2005年）前後に，これを無視した指導が入りだしたため，新たに表8③の要望書を提出した。その後，厚生労働省は疑義応答集を3回公表している（表8④⑤⑦）。中でも令和3年に公表された（第3集）は，アジャイル開発を対象にしたものになる。時間があれば目を通しておくのも悪くない。午前Ⅱ試験や午後Ⅰ試験では「アジャイル開発＝準委任契約」ぐらいしか出題されないだろうが，午後Ⅱ試験で書く必要が出てきた時には超強力な武器になるからだ。もちろん実務上も知っておくべきことになる。

表8　請負か派遣かを判断する基準

| 関連資料 | |
| --- | --- |
| ① | 昭和61年労働省告示第37号<br>「労働者派遣事業と請負により行われる事業との区分に関する基準」<br>https://www.mhlw.go.jp/content/000780136.pdf |
| ② | 昭和61年日本電子工業振興協会と情報サービス産業協会が提出<br>「労働者派遣事業の適正な運営の確保及び派遣労働者の就業条件の整備等に関する法律」に関する業界運用基準（案）の要望書 |
| ③ | 平成17年6月29日<br>「労働者派遣法に関する業界運用基準」に関する要望書（JISA/JEITA）<br>https://www.jisa.or.jp/suggestion/h22/tabid/485/default.aspx |
| ④ | 平成21年3月31日<br>「労働者派遣事業と請負により行われる事業との区分に関する基準」（37号告示）に関する疑義応答集<br>https://www.mhlw.go.jp/content/000780137.pdf |
| ⑤ | 平成25年8月28日<br>「労働者派遣事業と請負により行われる事業との区分に関する基準」（37号告示）に関する疑義応答集（第2集）<br>https://www.mhlw.go.jp/content/000780138.pdf |
| ⑥ | 平成25年7月31日<br>「労働者派遣事業と請負により行われる事業との区分に関する基準」（37号告示）に係る疑義応答集（第2集）への意見<br>https://www.jisa.or.jp/Portals/0/resource/opnion/20130731.pdf |
| ⑦ | 令和3年9月21日<br>「労働者派遣事業と請負により行われる事業との区分に関する基準」（37号告示）に関する疑義応答集（第3集）<br>https://www.mhlw.go.jp/content/000834503.pdf |
| ⑧ | 上記をまとめている厚生労働省のサイト<br>https://www.mhlw.go.jp/bunya/koyou/gigi_outou01.html |

## ●売買契約

　ハードウェア機器を購入した時など，完全に所有権が移転する時に交わされるのが，売買契約である。売買契約書を交わしておくことが多い。

## ●リース契約

　ハードウェア，開発ソフトウェアの契約で締結されることが多い。通常，一定の年数（リースの適正期間，パソコン 2 年以上，サーバ 3 年以上等（※ 1））の使用を前提に，リース会社から貸し出される。貸し出されるハードウェアなどは，使用する企業に代わってリース会社が購入する。原則途中解約は不可で，途中解約の場合は，解約金（リースペナルティ）を払わなければならない。

　リース金額を決定するのは「リース料率」である。例えば料率"2%"で契約した場合，1 か月のリース金額は，契約金額（買い取りの場合の購入金額に相当）の 2%になる。仮に総額 100 万円，リース料率 2% で契約した場合，月額支払費用は 2 万円になる。

　また，リースの契約期間が終了した後に引き続き使用したい場合には，下取りするか，「再リース」を選択する場合が多い。再リースとは，これまでの月額リース金額よりも安い金額で，期間を延長する制度である。これまで支払っていた月額費用で，1 年間の使用を認めることが多い。

※ 1．リースの適正期間は税務上，法定耐用年数によって下限が決まっている。現状の法定耐用年数はパソコン 4 年，サーバ等それ以外のコンピュータ機器は 5 年で，いずれも法定耐用年数が 10 年未満なので，その場合は「**法定耐用年数× 70%（端数切捨）**」が最短リース期間になる。

## ●レンタル契約

　一定のレンタル料金を支払って，ハードウェアなどを一定期間借りる契約である。利用者側には，所有権がなく，全額経費処理できるというメリットがある。通常は，修理や保守はレンタル会社が行い（リースの場合は，原則納入先が行う），契約期間もリース期間より短い契約期間の設定が可能。但し，当然のことながら，レンタルの契約期間が短期間であれば月額レンタル料金は高くなる。

## ●使用許諾契約

　ソフトウェアパッケージを利用するときに締結される契約形態である。この契約では，所有権と著作権は開発者側に残り，利用者は一定の期間，一定の条件のもとで使用する権利のみ入手する。**ライセンス契約**ともいう。ソフトウェアの使用許諾契約では，ロードモジュールのみを提供し，ソースコードは提供されない。

# 12・調達計画

最初に，外部調達の可能性のある作業内容を確定する。そして，外部から調達すべきかどうかを検討（内外製分析）し，外部調達が決定したら，RFPと評価基準を作成する。そして，これらを調達計画書にまとめ，プロジェクト計画書に組み込む。これら一連の流れが調達計画である。

## ●作業内容，要求スキル，要員数，契約形態などを明確にする

外部協力会社に依頼すべき作業を最初に明確にしなければならない。通常は，何かそうしなければならない（あるいは，そうした方が良い）理由が存在するはずである。その必要性，及び理由を明確にした上で，依頼する作業内容を定義する（このあたりは，午後II論文の過去問題でも問われている）。次に，契約形態（請負契約，委任契約，派遣契約），要求するスキル，要員数，スケジュールなどを整理する。

## ●内部調達か外部調達かを検討し決定する（内外製分析と内外製決定）

また，内部調達（内部開発）すべきか，外部調達（外部委託）すべきかを検討する（これを内外製分析ともいう）こともある。平成12年度 午後I 問2で「パッケージ開発案」と「独自開発案」の比較を実施しているが，まさにこのプロセスをテーマにした問題である。そして，比較検討した結果，いずれかに決定する（これを内外製決定という）。

一般的に，協力会社に仕事を依頼する理由としては，表9のようなものがある。

表9　外部協力会社に依頼する三大理由

| 理由 | 説明 |
|---|---|
| 必要とする"要員"がいない | 一時的な要員不足。ほかのプロジェクトに必要な人材がとられているなど，意図しないケース |
| | 戦略的に，特定工程の要員を抱えない。プログラマは抱えない，上流工程はしない，など。意図しているケース |
| 必要とする"技術力"がない | 一時的な技術力不足。長期的には自社で保有したい技術になるため，これを機会に技術移転を目的とすることも |
| | パッケージ製品などで，その製品を扱う限り毎回依頼しなければならないケース，または技術移転までは考えていないケース |
| 費用を抑えるため | 自社要員や自社製品と比較して，外部から調達した方が安価 |

当然のことながら，内部調達か外部調達かを比較検討するためには，事前に外部の情報収集をしておかなければならない。候補となるパッケージや要員の事前調査もこのフェーズで実施する重要な作業である。

## ●契約計画

外部調達が決定すると，RFP（Request For Proposal：提案依頼書）と，その評価基準を作成する。

協力会社に仕事を依頼する場合，通常は過去に実績のある会社に依頼を行う。その理由は，取引口座が設定されており，与信調査も簡易的にできることや，これまでの取引実績が信用になっており安心できることなどがあげられる。過去の関係と将来の可能性を考えれば，途中でプロジェクトから手を引くということもしないだろう。

しかし，時にはどうしても既存の取引先の中では要員の手配ができない場合がある。そうしたときは，新しい外注先を探さなければならない（情報処理技術者試験でも問題になるのは，こういった状況設定になっている）。そのときには，RFPと評価基準を作成し，RFPを複数企業に発行する。

### RFP（提案依頼書）

RFPとは，事前に候補にあがっていた複数企業に対して提案を正式に依頼するドキュメントのことである。その中には，必要な機能，納期，費用，その他諸々が書いてある。提案する企業は，このRFPを基に提案書を作成するというわけだ。購入対象がハードウェアなどで，必要スペックもすべて決まっているようなケースでは，RFQ（Request For Quotation：見積要請書）を発行することもある。

## Column ▶ RFPはもうオワコン？

令和元年6月に，プロジェクトマネージャ試験（PM）の関連ドキュメントの一部改訂についての発表があった。"試験要綱の中の対象者像"，"業務と役割"，"期待する技術水準"，"午後の試験"の変更（ver4.3）と，シラバスにおける大項目・小項目の対応関係の見直し（ver6.0）が行われた。JIS Q 21500:2018への対応がメインで，表現及び言い回し，分類等の変更などで特に影響はない。

その変更の"午後の試験"のところで「提案依頼書（RFP）」が削除されているが，シラバスの調達計画の所からは削除されていないので，RFIやRFPそのものの知識が不要になったわけではない。当該資料を目にした時に混乱しないようにしよう。

## 評価基準の作成

RFP の作成と同時に，納入候補企業から出てくる提案書の評価基準を決めておく。評価基準の例を表 10 に示す。各項目については，（要求事項への適合度だけに限らず）重要度に応じて重み付けし，定量化しておくと客観的に比較しやすい。

表 10　パッケージ製品の評価項目と評価基準の例

| 評価項目 | | 評価基準の例 |
|---|---|---|
| 費用面・納期面 | 費用は想定の範囲内か？<br>期間は，要求どおりか？ | ・ 要員単価：プログラム 80 万円<br>・ 平成 19 年 4 月～平成 20 年 4 月まで |
| 提案内容<br>（要求事項への適合度） | RFP で記載した条件への適合度をここで判断する | 重要度に応じて重み付けを行い，点数化しておくと評価しやすい |
| 経営安定度 | 調達先企業が倒産すると，プロジェクトの途中で要員が離脱してしまうかもしれないし，生産性が落ちるかもしれない。そのため経営の安定度も考慮しなければならない | ・ 一部もしくは二部上場企業であること<br>・ 売上高：年商 200 億以上<br>・ 営業利益：過去 3 年間赤字でないこと<br>・ メーカの 100％子会社必須　など |
| 開発経験・実績 | 同規模，同業種での導入事例の有無 | ・ 同規模，同業種での導入事例が 5 本以上<br>・ プロジェクトマネジメント経験 3 年・3 件以上<br>・ プロジェクトメンバでの参加経験 2 年以上など |
| 技術力 | 企業の総合的な技術力，もしくは要求する個人の技術力を確認する | 【企業】<br>・ CMMI レベル 5 相当<br>・ IT コーディネータ 10 人以上<br>・ プロジェクトマネージャ 50 人以上など<br>【個人】<br>・ Java，Oracle などの資格保有者 |
| セキュリティ水準 | 顧客企業の機密情報を扱うことがある場合，相手企業のセキュリティレベルも考慮しなければならない | ・ ISMS 認証取得必須<br>・ プライバシーマーク適合事業者必須 |

## 外部調達における審査基準の確認

なお，自社に，外部調達における審査基準があるかどうかを確認し，あれば，それを RFP と評価基準に組み込まなければならない。

## ①発行先の選定

要件に合致しそうな企業に対して，上記の RFQ または RFP を発行する企業を数社選定する。

## ②発注先の決定

発行先に対して説明会の開催や，質疑応答を行った後，提案書（見積書）を提出してもらう。提出された提案書（見積書）をあらかじめ定めておいた評価基準に基づいて内容を評価し，発注先を決定する。

# 13 · 調達管理

> 目　　　的：最適な納入者を選定する
> 留　意　点：①プロジェクト目的を達成できる選択であること
> 　　　　　　②公明正大で，誰が見ても納得できる評価になること
> 具体的方法：①評価方法
> 　　　　　　②契約交渉

　調達管理では，計画段階で作成した RFP を候補先企業に配布するため説明会を実施する。その後，提案を受ける（納入者回答依頼プロセス）。提案書が集まったら，そこから最適な納入者を選定する（納入者選定プロセス）。

　なお，調達管理に関しては，進捗管理，品質管理，費用管理などと違って，問題が発生しないように目を光らせるというものではない。リスク管理は必要だが，それ以外は契約の話になる。

## ●説明会の開催

　計画段階で作成した RFQ または RFP の説明会を開催する。説明会は，入札説明会，ベンダ説明会，RFP 説明会，コントラクター説明会など，様々な名称になっているが，実態はほぼ同じである。要件に合致しそうな企業を数社選定し，説明会への参加を促す。そして，全社一斉に，または個別に説明会を開催する。このとき，すべての候補先企業に対して，必ず対等に接しないといけない。例えば，説明会の後に，一定期間，質問をメールなどで受け付けることが多いが，そういったときでも，その回答は，質問とともに全候補先企業に送るようにする。そうしないと，情報が偏ってしまうからである。

## ●納入先選定

　説明会と質問対応が完了し，いよいよ企業から提案書が提出される。その提案書を比較検討し，最適な納入者を決定するプロセスが，納入先選定プロセスである。

　このプロセスでは，提出された提案書（見積書）と，あらかじめ定めておいた評価基準に基づいて内容を評価した上で，発注先を決定する。決定に当たっては，プロジェクトの成功と公明正大な決定が望まれる。そのため，納入者を決定するには，表11 のような方法を検討する。

表11　提案書評価方法の工夫

| 評価方法 | 説明 |
|---|---|
| 重み付け | 各評価基準に対して，数値による重み付けを行う。各評価基準の点数と重みを掛け合わせて点数化して総合点で評価する。以下に，簡単にしたモデルで例を示す。このようにして企業ごとに点数化することによって，誰もが納得のいく決定を行う<br><br>（例）<br>　　　　　　　　　重み　　　　　A社<br>　費　　用　　0.5　　　5点×0.5 = 2.5点<br>　経　　験　　0.3　　　3点×0.3 = 0.9点<br>　財務安定性　0.2　　10点×0.2 = 2.0点<br><br>　合　計　　　　　　　　　5.4点 |
| スクリーニング | 評価基準に対して，最低限必要な条件を定めること（条件に合致しなかった場合，"該当者なし"もありえるもの。あるいは，その条件を満たさないだけで無条件に落とす可能性もある） |
| 専門家の判断 | 重み付け，スクリーニング，点数評価など，様々な方法で順位付けを行うときでも，各項目に点数を付けるのは専門家の力が必要な場合もある |
| 査定見積り | あらかじめ，調達に要するコストを算定しておく方法。単に"最もコストが安い企業"とするのではなく，適正価格かどうかを判断することも重要である |

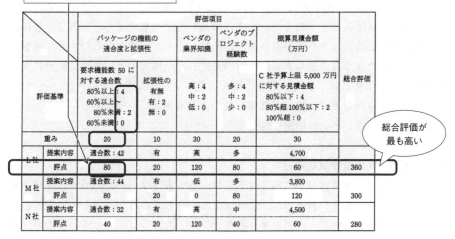

図14　提案の比較（例）（基本情報　平成28年春　午後問題より）

　先に書いた通り，①事前に評価項目，評価基準，重み付けを決定しておき，②客観性を持たせるように定量化するのは，選定する際の透明性の確保及び不正の排除である。但し，この図で得た総合評価の最も高いところを即採用するわけではない。この後，リスク分析をして対策の有効性を評価し，提案内容に虚偽や過大評価が無いかどうかを見極めるために現地視察をするなどして最終的に判断する。

# 14・海外労働力の活用

　海外労働力を活用してソフトウェア開発を行う場合，オンサイト開発とオフショア開発の二つの方法がある。オンサイト開発とは，海外技術者に来日してもらい，日本国内でソフトウェア開発を行う方法のことをいう。一方，オフショア開発とは，海外パートナー企業に依頼して海外でソフトウェアを開発してもらう方法である。ソフトウェア開発の一部または全部の工程を委託するもので，国内パートナー企業の代わりに海外パートナー企業に請負契約で発注するイメージである。

## オフショア開発の課題

　オフショア開発では，日本人がよく使う「行間を読む」とか「阿吽（あうん）の呼吸」などのアナログコミュニケーションは通用しない。品質に対する意識の違いも大きい。品質に関しての考え方や取組み方において，日本は世界でも最高レベルで厳しい。しかし，海外企業には品質に対する考え方が甘く，バグがあったら言ってくるだろうと考えて不十分なテストしか行わずに納品してくるケースも存在する。

　このほか，雇用スタイルの違いや，文化の違いなども影響する。海外では雇用の流動が活発なため，スタッフが開発途中に転職したり，転職をちらつかせて報酬の増加を要求したりすることもある。雇用の安定しない環境では，長期的視野に立った教育が非常に難しい。それに加えて個人主義の文化が浸透している国などでは，日本の階層化されたライン組織が機能しないこともある。そうなると，全メンバへ情報が伝達されないという問題も発生する。

## オフショア開発の重要成功要因

　それではオフショア開発を成功させるにはどうすればよいのだろうか。プロジェクトマネージャが最初に行うのは，ブリッジ SE の手配である。ブリッジ SE とは，オフショア開発において，海外企業へ仕様書を出したり，作業指示を行ったりする SE である。ソフトウェア開発プロセス及びプロジェクトマネジメントに精通していることに加えて，両国語を話すことができ，両国の文化の違いを理解していることが必要である。

　その上で，コミュニケーションギャップと文化の違いに十分配慮する。仕様書などで指示するときには，行間を読むなどアナログ的な要素をなくすとともに，仕様書に世界標準の UML を使ったり，図表を多用したりすることにより，認識のズレをなくす。その上で，誤解が発生しないように，必要に応じて現地に赴くかオンサイトで，じっくりと時間をかけてコミュニケーションを取る。日本国内の企業と

パートナーを組む時のように，簡単に仕様を説明した後，不明な点は質問してもらうという方法で進めるのは，難しいと考えておいたほうがいいだろう。

表12　オフショア開発の問題点とその対応策

| オフショア開発の問題点 | 対応策 |
|---|---|
| ①コミュニケーションギャップ | ブリッジ SE や経験者の手配<br>コミュニケーションギャップの解消 |
| ②品質に関する意識の違い | 契約条項を詳細につめる |
| ③雇用スタイルの違い | |
| ④（個人主義など）文化の違い | |

## オフショア開発におけるプロジェクト管理

　オフショア開発の場合は，各工程が完結しているウォータフォール開発が適している。そして進捗計画を立てるときには次の点に留意する。

- 渡航またはオンサイトのスケジュールを加味する
- 納品後（プログラミング完成後）受入れテスト期間そのものを十分に取っておく
- 受入れテスト後の修正期間を十分に取っておく
- 技術者の退職などのリスクへの対策を考えておく

　品質を確保するために，契約条件に，品質によってインセンティブを与えるなど「品質に関する条項」を盛り込むことを検討したり，海外パートナー企業が日本から受託したソフトウェアの開発実績を重視したり，選定段階で工夫する。また，テスト手法を教育した上で，詳細なレベルまで記述したテスト仕様書とテストデータを提供し，テスト結果報告書を成果物にすることも有効である。

　使用性・保守性・移植性などに関しては，指示がなければ全く考慮されない可能性がある。そもそも文化が違うので，日本人にとっての使いやすさ（使用性）を求めるのは難しい。こうした事態を回避するには，プログラム仕様書をより詳細に記述し，ロジックに関しても指示する必要がある。プログラム仕様書を詳細に記述すれば，コーディングに近くなり，それだけ国内での開発コストがかさむことになる。そのときには，「開発標準」や「共通仕様」をできる限り活用することが必要になってくる。

# 15・変更管理

プロジェクトマネージャは，当初計画した"プロジェクト計画"に従ってプロジェクトを実施していくが，様々な原因によって，変更要求が発生する。そのときに備えて，プロジェクト計画段階から変更管理手続を明確にしておかなければならない。

## ●変更が発生する原因

いったん立てた計画どおりにコトが進んでいけばプロジェクト管理も楽であるが，実際にはそうならない。様々な局面で変更が発生する。良いプロジェクトマネージャは，変更の発生を予測し，それをリスクとして定義し，リスクをプロジェクト内で管理またはコントロールしていく。

変更が必要なケースで最も多い理由が「仕様変更」である。だから，午後Ⅰ・午後Ⅱの問題に限らず，仕様変更がテーマになっているものは非常に多い。

こういうケースでは，まず，仕様変更の原因を明確にしなければならない。仕様変更の原因は，客先の業務改革や組織変更など顧客側に起因するものと，SEのヒアリングスキル不足，開発者側の都合など，開発側に起因するものに分かれる。

## ●変更管理手順を決める

変更要求が発生した場合を想定して，変更管理手順をルール化しておくことも計画段階における重要な仕事である。変更管理の手順は次のようになる。

> チームリーダや現場の担当SEが変更の発生する状況に直面したとき，絶対に独自の判断で対応してはいけない（これは，午後Ⅰの問題でもよく見かける）。必ず，変更依頼書（変更要求書）に記述し，変更に対して決定権を持つ会議体（変更管理委員会など）で判断し，変更が必要なら変更時期，担当者などを決定する。その中心となるのがプロジェクトマネージャで，全体の進捗状況や費用，体制などへの影響を総合的に判断し，プロダクトスコープとプロジェクトスコープを再定義して完了する。

これが変更管理の一連の流れである。

もしも，変更要求が発生したときに，適切な手続を行わなければ，結果として納期遅延やコストオーバという失敗プロジェクトになりかねない。そこで，適切な変更管理が必要になるというわけだ。

### 変更管理委員会（CCB：Change Control Board）

　多くの要員，多くのステークホルダーが関与するプロジェクトでは，変更管理委員会を設けることがある。その目的は，変更要求の一元管理と正確な変更可否の判断にある。

　変更要求は，利用者側と開発者側の双方で窓口を一元化し，変更要求を集中的に管理しなければならない。午後Ⅰ問題でもよく"悪い例"としてあがっているが，現場で担当者同士が話をして，プロジェクトマネージャの知らないところで勝手な判断で変更してはいけない。統制が取れないからだ。だからすべての変更要求が，そのまま変更管理委員会に集中する仕組みが必須である。

　また，変更の可否を正確に判断するためには，変更要求の起案者，プロジェクトスポンサー，オーナ，その他ステークホルダー，専門家，ほかのチームリーダなどが集まって多角的に検討しなければならない。そうしないと，プロジェクト目的が達成できなかったり（違う方向に向いてしまったり），ほかの部分に思わぬ影響があったりして，プロジェクトが崩壊するかもしれない。

## ●変更の実施

　プロジェクトマネージャもしくは変更管理委員会では，変更依頼書を受け取り，変更するかしないかを決定しなければならない。その場合，どのような基準で判断するのであろうか。一つは，先に述べた変更が開発側に起因するのか，顧客側に起因するのかによって変わる。

　顧客側に起因する理由であれば，契約内容の変更になる。つまり，納期と費用を再度見直すところから話を進める。一方，開発者側に起因するのであれば，少なくとも費用は持出になることは仕方がない。その後は，どちらの場合も同じである。再度スコープ定義，もしくはスケジュール，費用，体制を見直さなければならない。

　スケジュールや費用，体制などを見直した結果，本番時期を変更することができない場合には，稼働時期の優先順位を考慮するなどの調整が必要になる。このあたりの詳細対応は，「18 進捗遅延時の事後対策」や「22 費用管理」を参考にしていただきたい。

# 16 プロジェクト・スケジュール・ネットワーク図

　WBS でワークパッケージにまで分解された各作業を日程計画に落とし込むとき
に，各作業の依存関係（前後関係）を考慮しなければならない（PMBOK では，「ア
クティビティの順序設定プロセス」に該当）。そのときに利用するツールが ADM,
PDM などのプロジェクト・スケジュール・ネットワーク図である。なお，これらの
図をどのように使うのかは，後述する「13 CPM/CCM」で説明する。

## ● ADM（Arrow Diagramming Method）

　ADM は，作業を矢印（アロー：arrow）で，作業と作業の接続点（node：ノード
という）を丸印で表して作業の依存関係（前後関係）を明確にする方法（AOA：
Activity-On-Arrow）である。PDM と比べて，過去のものになりつつある。

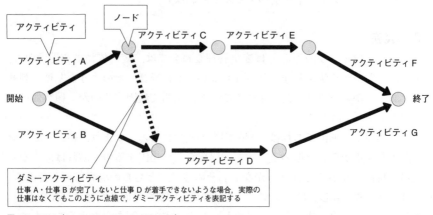

図15　ADM（Arrow Diagramming Method）

　参考までに，ADM の記述ルールも確認しておこう。図 16 のように，所要日数が
0 のダミーアクティビティを利用するのが特徴である。

ADM の記述ルール

1. それぞれの作業は，スタートとゴールの結合点を除いて，必ず前後に結合点をもっていること
2. すべての作業は「終了－開始」関係にある
3. 結合点は，二度通ってはならない
4. 結合点の番号は，作業の方向に大きくなるように付ける
5. 並行作業がある場合は，ダミー作業を用いて表現する

✕ ⑤の後作業がない

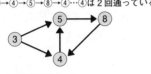

✕ 並行作業の誤った記述

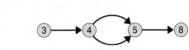

✕ ③→④→⑤→⑧→④…④は２回通っている

◯ 並行作業の正しい記述

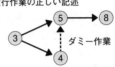
ダミー作業

図16　ADM の記述ルール

## ● PDM（Precedence Diagramming Method）

　PDM は，作業を四角のノード（node），作業の関連をアロー（arrow）として表現する方式（AON：Activity-On-Node）で，ADM と異なり，アクティビティの依存関係（前後関係）が，図17 のように４種類の設定が可能になっている（最も一般的に使われるのは，ADM 同様，終了－開始関係になる）。

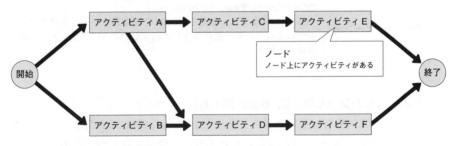

【作業順序の設定】終了－開始（FS；Finish to Start）※最も多い
　　　　　　　　　終了－終了（FF；Finish to Finish）
　　　　　　　　　開始－開始（SS；Start to Start）
　　　　　　　　　開始－終了（SF；Start to Finish）

図17　PDM（Precedence Diagramming Method）

# 17 · CPM/CCM

　PMBOK（第 6 版）では，「スケジュールの作成プロセス」の "ツールと技法" として，クリティカルパス法，資源最適化，データ分析（What-If シナリオ分析，シミュレーション）などの，プロジェクト・スケジュール・ネットワーク分析技法が紹介されている。いずれも，ADM や PDM などのプロジェクト・スケジュール・ネットワーク図を利用して，スケジュールを計算するために用いられる。ここでは，その中からクリティカルパス法を取り上げて説明する。合わせて，クリティカルパス法と関連の深い PERT と，第 5 版まで "ツールと技法" に含まれていたクリティカルチェーン法について説明する。それぞれの相違点は表 13 の通り。

表 13　分析技術の相違点

| 分析技法 | 特徴 |
|---|---|
| クリティカルパス法 | **CPM（Critical Path Method）**<br>PERT と同時期に独立して開発されたスケジュール作成方法。作業の依存関係だけに着目してクリティカルパスを算出し，スケジュールの柔軟性を判定する。 |
| PERT | **Program Evaluation and Review Technique**<br>1958 年に米国で開発された工程管理手法。ADM とクリティカルパスをベースに 3 点見積りの加重平均を用いるという特徴を持つ。 |
| クリティカルチェーン法 | **CCM（Critical Chain Method）**<br>1997 年に発表された概念で，CPM で考慮しなかった資源の依存関係にも考慮して，資源の競合が起きないようにスケジュールを作成する技法。 |

## ●クリティカルパス（CP：Critical Path）

　最初に，これらの分析技法に共通の "クリティカルパス" について確認しておこう。クリティカルパスとは，図 18 に示したように，作業の遅延が，そのままプロジェクト全体に影響する余裕のない工程をつなぎ合わせたものをいう。この例では，濃い黒の矢印で記した「A →ダミー→ E → G」の部分。合計 14 日間で，他の経路に比べて最大になる（これが全体工期になる）。全体工期（14 日間）を守るためには，クリティカルパス上の工程（A，E，G）に遅れを出さないようにしなければならない。

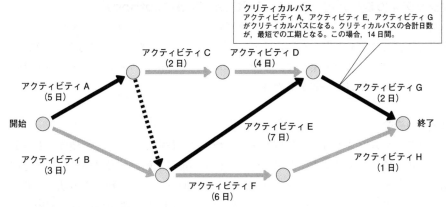

図18 クリティカルパスの算出

## ● PERT (Program Evaluation and Review Technique)

PERT は，1958 年に米国で開発された工程管理手法である。PERT の特徴は，プロジェクトが内包するリスクを計画に反映させる点と，重点管理が必要な工程を明確にする点にある。前者は，計画立案に 3 点見積り法を用いた期待値を使う点に現れ，後者は，CPM（Critical Path Method：クリティカルパス法）同様，クリティカルパスを算出する点に現れている。

PERT では，最初に作業の前後関係を ADM で図示する。次に，各作業（アクティビティ）の所要期間を見積もる。この見積り段階で 3 点見積り法を使い，最頻値（最も実現の可能性が高い値），楽観値（最良のシナリオで進んだとき），悲観値（最悪のシナリオで進んだとき）の 3 パターンを求める。そうして求めた結果を以下の式を使って期待値を求め，それを各作業の所要期間とする。こうして所要日数を求めるため，リスクを考慮したスケジュールが作成できるというわけである。

期待値＝（楽観値＋悲観値＋（最頻値× 4））÷ 6

なお，PERT と後述する CPM は，独立して開発されたものの，それが同時期であったことや，いずれもクリティカルパスを算出して用いるという共通点が多かったため，両者を区別せずに "PERT/CPM" と呼ぶこともある。

また，PMBOK では第 3 版以後，PERT の方は，スケジュール作成プロセスのツールと技法ではなく，プロジェクト所要期間見積りのところで紹介される程度になってしまった。但し，一貫して，（ここで紹介している）3 点見積り技法として紹介されている。

## ●クリティカルパス法（CPM：Critical Path Method）

クリティカルパス法は，PERT とほぼ同時期に独立して開発されたスケジュール作成方法（プロジェクト・スケジュール・ネットワーク分析技法）になる。PDM などのネットワーク図を使用してクリティカルパスを算出し，スケジュールの柔軟性を判定する。具体的な手順をこの後に示す。

### 作業ボックス

クリティカルパスや日程余裕度を求めるために"作業ボックス"を使うこともある。具体的には，図のように各アクティビティの最早開始日，最早終了日，最遅開始日，最遅終了日，トータルフロート，フリーフロートなどを使った方法だ。ちょうど，平成23年度の特別試験の午後Ⅰ問1で，その関連問題が出題されていたので，その事例を拝借して考え方を押さえていこう。

図19が，当該問題にて出題された作業工程図である。ADM で表現しなおしたのが上図で，問題で取り上げられていたのは下図に表現した工程 A～I になる（実際には一部記入されており，一部が設問になっていた。また，本試験では日数ではなく月数になっているが，説明の便宜上，ここでは日数に変更している）。

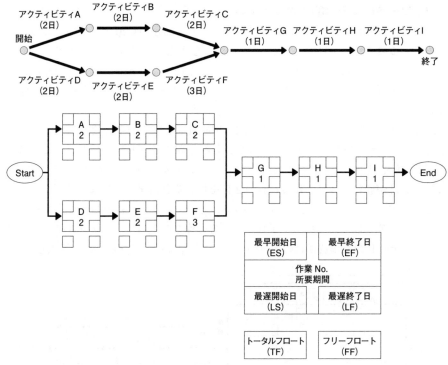

図19 作業工程（平成23年度午後I問1の一部改造）

表14 図19の作業ボックスの用語と意味

| 用語 | 意味 |
|---|---|
| 最早開始日（ES：Early Start Date） | 作業が予定どおりに進めば最も早く作業を開始できる日 |
| 最早終了日（EF：Early Finish Date） | 作業が予定どおりに進めば最も早く作業を完了できる日 |
| 最遅開始日（LS：Late Start Date） | 遅くともこの日には仕事を開始しないと全体工期が守れない日（すなわち，この日までに仕事を開始すればいい日） |
| 最遅終了日（LF：Late Finish Date） | 遅くともこの日には仕事を終了しないと全体工期が守れない日（すなわち，この日までに仕事を終了すればいい日） |
| フロート（Float） | 余裕（日数）。"スラック"ということもある。TF ≧ FF になる。したがって，TF = 0 = FF がクリティカルパスになる |
| | トータルフロート（TF：Total Float） | 総余裕期間もしくは全余裕期間。<br>計算式は，最遅終了日ー最早終了日<br>最早開始日から遅延しても，全体スケジュールに影響ない日数 |
| | フリーフロート（FF：Free Float） | 余裕期間もしくは自由余裕。<br>後続作業の最早開始日と当該作業の最早終了日を比較して求める<br>当該アクティビティが遅延しても，直後のアクティビティの最早開始日に影響を及ぼさない日数 |

## ①フォワードパス（往路時間計算）分析

　最初に，各仕事の最早開始日と最早終了日（上段部分，図20の赤枠のところ）を求める。この二つの項目は，「Start：開始点」を起点に（図20では左のアクティビティA及びアクティビティDから順に）「End：終了点」まで計算していく。これを，“作業を開始から順次求めていく”ので，フォワードパス（往路時間計算）分析という。

　図20の例では，アクティビティAの最早開始日は1日（今回は，基点を1日スタートとしているが，基点を0日とすることもある），最早終了日は2日ということになる（2日も1日中作業して終了とみなしているケース）。続くアクティビティBは，最早開始日が翌日の3日，作業日数の2日を加えると最早終了日は4日になる。そうして，アクティビティIまで順に求めていく。このとき，複数の先行作業を持つアクティビティGなどでは，いずれか遅い方の作業の翌日（このケースの場合，アクティビティFの最早終了日の翌日の8日）が最早開始日になる点だけ注意しよう。

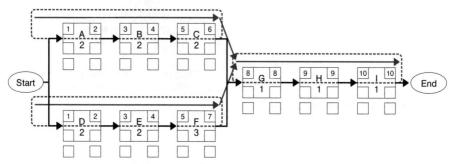

図20　フォワードパス（往路時間計算）分析の例

## ②バックワードパス（復路時間計算）分析

　次に，最遅開始日と最遅終了日（下段）を求める。こちらは，所要日数を累計した全体工期，総工期を求め，「End：終了点」を起点に（図 21 ではアクティビティ I から順に）逆に計算していく。終了から順次求めていくため，この作業をバックワードパス（復路時間計算）分析という。

　図 21 の例では，全体工期は 10 日なので，アクティビティ I の最遅終了日は 10 日になる。そして，アクティビティ I の最遅開始日も，所要日数が 1 日なので 10 日になる。同様の考えで，アクティビティ H の最遅終了日のところに，アクティビティ I の最遅開始日の前日 9 日を入れ，最遅開始日も 9 日に設定する。その後「Start：開始点」まで計算していくわけだが，ここでも先行作業が複数あるアクティビティ G からアクティビティ C および F の最遅終了日を算出するところで注意が必要になる。図 21 では，いずれもアクティビティ G の最遅開始日の前日を，アクティビティ C および F の最遅終了日に設定していることがわかるだろう。このように，バックワードパスの場合は考える。

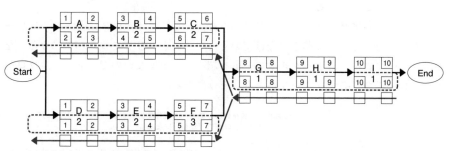

図 21　バックワードパス（復路時間計算）分析の例

### ③余裕日数（フロート）の計算とクリティカルパスの設定

　最後に，フロート（トータルフロート及びフリーフロート）を計算してクリティカルパスを設定する。

　トータルフロートは，各アクティビティの最遅終了日から最早終了日を減じて計算する。これがゼロの工程は，要するに，"早くとも，遅くとも，この日に終了しなければならない工程"になるのでクリティカルパス上の工程になるし，ここが1以上なら"前工程すべてが順調であれば最早開始日に作業開始できるので，そこまでの工程で全工程中で余裕がある"ということを意味する。

　他方，フリーフロートは，各アクティビティの後続アクティビティの最早開始日に影響を与えない余裕のことなので，それらを比較して求めていく。図22のアクティビティBの例では，最も早く作業が終わっても，アクティビティCの最も早い開始が翌日なので，フリーフロートはゼロ（なし）になる。（唯一フリーフロートが"1"発生している）アクティビティCでは，後続のアクティビティGの最早開始日が8日なので，作業を5日に開始できたベストな状態の場合に最大の1日という余裕が発生することになる。

　こうして，各アクティビティのフロートを計算していき，最後にトータルフロートがゼロになっている経路をつなげていくと，それがクリティカルパスになる。なお，フリーフロートはトータルフロートを超えることはないので，トータルフロートがゼロの場合，必ずフリーフロートもゼロになる。

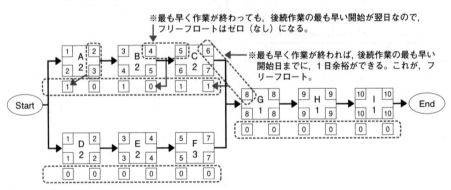

図22　フロートの計算例

## ●クリティカルチェーン法（CCM：Critical Chain Method）

　クリティカルチェーン法は，TOC（制約理論）で有名なゴールドラット博士が1997年に発表した「Critical Chain」の中で提唱した概念である。TOCの考え方をプロジェクトマネジメントに取り入れたもので，CPMでは考慮していなかった「資源の制約（資源の競合）」，すなわち"人（要員）"や"機械（開発サーバや開発端末）"などの依存関係を加味してスケジュールを作成する。簡単に言えば，作業Aと作業Bが仮に同時並行的にできる作業であっても，それを担当できる人が1人であったり，開発機器が1台しかない場合を考慮するものだ。

　PERTやCPMでは，資源の依存関係（資源の制約，資源の競合）を考慮せずに作業の依存関係（前後関係）だけを考えていた。その時代背景（1950年代）や，そのプロジェクト特性（戦争の勝利や建築目的のPJ）から，資源が足りなければ追加するという発想で考えていたところもあるのだろう。当時はそれでもよかったのかもしれないが，近年の，しかもシステム開発プロジェクトにおいては，資源の依存関係（資源の制約，資源の競合）は無視できない。

　そうした経緯もあってなのか，PMBOKでは第3版から，スケジュール作成プロセスのツールと技法の一つとして紹介されるようになった。PMBOKの場合は，資源割当て（要員山積み）や，資源最適化，資源平準化（要員の山崩し）などは別プロセスにもあるが，クリティカルチェーン法は，それらを包含する概念だと考えればわかりやすい。

　また，クリティカルチェーン法では，図23のようにいくつかのバッファを持っている。ひとつは**プロジェクト・バッファ**。これは，目標納期を守るためにクリティカルチェーンの最後尾に配置されるバッファになる。もう一つのバッファは，**合流バッファ**，もしくは**フィーディングバッファ**と呼ばれるもので，クリティカルチェーンと合流する時点に，クリティカルチェーン上にはないタスクやアクティビティの最後尾に配置されるバッファになる。

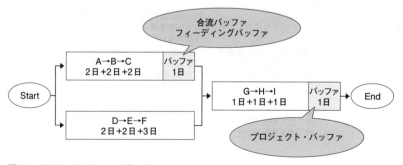

図23　クリティカルチェーン法のバッファ

# 18 進捗遅延の原因と予防的対策 （リスク管理）

進捗遅れの原因（リスク）とそれらに対する予防的対策（リスク管理）には表15のようなものがある。これらは，午後Ⅰ試験の解答を早く見つけるためにも，午後Ⅱ論文を書き上げるためにも必要なところである。よって，しっかりと暗記しておこう。

表15　進捗遅れの原因と予防策

| 進捗遅れの主要な原因 | | 具体例 | 予防的対策 |
|---|---|---|---|
| 開発者側に起因するもの | ・見積り誤差 | ・見積り作業の経験不足（経験そのもの，同業種の経験，同類のシステム経験）<br>・見積りを行うための情報が少ない<br>・作業項目の漏れ<br>・生産性の見込み違い（新人の参画など） | ・プロジェクトに適した見積手法を取る<br>・作業項目の漏れを防止するために，自社の開発標準を使用したり，標準 WBS や SLCP-JCF2007 を参考にしたりする<br>・新人の多いプロジェクトや未経験プロジェクトの場合，スケジュールに余裕をもたせておく<br>・上流工程に不確定要素が多い場合，請負契約を締結するのではなく，委任契約などで契約を分ける |
| | ・開発機器などの調達ミス | ・開発に必要な機器の手配ミス | ・手配漏れをなくすために，スケジュール計画作成段階から専門家（テクニカルエンジニアやメーカーの技術者など）を参画させておく |
| | ・手配品の納期遅れ<br>・手配品の不具合 | ・新製品,新商品などの発売時期延期<br>・新製品のバグなどの修復 | ・新商品の場合，リリースが遅れたり，不具合が発見されたりすることが多い。そうした可能性がある場合は，余裕をみたスケジュールを立てることと，問題が発生した場合の対応方法を検討しておくことが重要である |
| | ・要員の退職，病気など | | ・無理なスケジュールにしない<br>・不測の事態に備えてリスクへの対応をどこまでするか（2人体制にする，控えメンバを想定して多めにメンバを確保しておくなど）をコストとの兼ね合いで決めておく |
| | ・各工程の進め方が不適切（生産性が低い） | ・担当者の能力不足<br>・各工程を間違った進め方で行っている | ・適切な要員を手配する<br>・各工程の標準的な進め方を事前に指導しておく |
| | ・進捗確認が甘い | ・メンバの報告を鵜呑みにする<br>・クリティカルパスを意識していない<br>・進捗報告の間隔が適切でない（会議が月1回など）<br>・経験不足 | ・クリティカルパスを重点的に管理する<br>・進捗報告を週1回にする |
| | ・設計ミスによる仕様変更 | ・SE の経験不足<br>・SE のヒアリング能力，設計能力不足 | ・SE の能力不足が考えられる場合は，フォローできる体制を考えておく。レビューチームに有識者や経験者に参画してもらうのも有効である |
| ユーザ側に起因するもの | ・ユーザ都合による仕様変更 | ・業務内容の変更（経営戦略転換，法改正，改善指導など）<br>・ユーザのシステム構築リテラシが低い | ・スコープ（範囲）を確定させ，ユーザと合意，契約する段階で，仕様変更についての意思統一を図っておく。変更内容によっては，スケジュールが遅れる，追加費用が発生することを事前に説明しておく |
| | ・ユーザ側作業の遅れ | ・ユーザのシステム構築リテラシが低い<br>・ユーザ内部の組織が複雑<br>・ユーザの本来業務が多忙 | ・ユーザ側の体制が複雑であったり，多忙であるなどの事態が想定される場合，ユーザ側の体制に参画することも考えなければならない<br>・ユーザ側の繁忙期を考慮したスケジュールを立案する<br>・本当にユーザ作業が可能かどうかを判断する。不可能だと判断した場合，できるだけ負荷のかからない役割分担にし，必要であれば要員を派遣することも考慮する |

# 19・スケジュール作成技法

これまでの作業に，要員計画作成の段階で考慮する資源平準化（山積み・山崩し）を加味して，スケジュールを作成する。以後，これが進捗管理のベースラインになり，進捗が順調なのか，遅れているのかの判断材料になる。

進捗管理表には，ガントチャートを使った予定と実績を管理するオーソドックスな方法（「20 進捗管理の基礎」の図27「進捗管理表の例」参照）や，EVMS（Earned Value Management Systems）（→「25 EVM」参照）を使う方法がある。

このほか，スケジュール作成のときに必要となる知識の一つにスケジュール短縮技法がある。平成17年度 午後II 問2でそのポイントが出題されたので，次の二つのスケジュール短縮技法についても覚えておこう。

## ファスト・トラッキング（Fast Tracking）

いったん立案したスケジュール（CPM や PERT で検討した結果）を，納期の制約のため，（プロジェクト・スコープの変更なしに）短縮しなければならないときに使う手段である。先行タスクが完了してから後続タスクを開始する計画にしていた二つのタスクを，（スケジュールを短縮しなければならないので）先行タスクが完了する前に，後続タスクを開始することを指している。PMBOK では，「スケジュールの作成プロセス」のツールと技法で「スケジュール短縮」の一つとして登場する。

ただし，ファスト・トラッキングで並行作業させるタスクは，本来なら並行作業させたくないタスクであり，納期の制約からくるスケジュール短縮要請にこたえるためのものである。そこには，当初の計画と違って"リスクが増大する"という点を忘れてはいけない（そうでなければ，最初の計画時に並行作業する計画を立てるはずである）。もちろん，その新たに発生するリスクに対しては重点管理の対象になる。

## クラッシング（Crashing）

クラッシングもファスト・トラッキング同様，PMBOK の「スケジュールの作成プロセス」のツールと技法で「スケジュール短縮」の一つとして登場する。こちらは，スケジュールとトレードオフの関係にある"コスト"を調整する手法で，納期を短縮させるために，クリティカルパス上の作業に資源を追加投入し，予算を追加して全体スケジュールの期間短縮を図る。具体的には，要員の追加投入，残業の承認などが多いが，生産性の上がるツールの購入なども対象になる。

# 20・進捗管理の基礎

目　　　的：納期を守る
留　意　点：①進捗遅れの兆候をいち早くつかみ,事前に手を打つ（リスク管理）
　　　　　　②できるだけ早く進捗遅れを検知する
　　　　　　③多くの対応策をもっておく（事後対応）
具体的方法：①進捗管理表等の管理帳票で把握
　　　　　　②直接または進捗会議にて,報告を受ける

　プロジェクトマネージャは,スケジュールを作成して進捗を管理する。納期を守るためには,できる限り早い段階で"進捗遅れ"を検知するとともに,できるだけ早く対処しなければならない。そのためには,プロジェクトマネージャとして,できるだけ多くの対応策をもっておくとともに,どういった場合に進捗遅れがおきやすいかという進捗遅れの兆候に関しても知っておかなければならない。

## ●進捗遅延の（早期）発見

　進捗管理を行う最大の目的は,進捗遅延を早期に発見することである。いったん進捗が遅れるとそれを挽回するのは非常に難しい。そのため,できる限り早い段階で発見しなければならない。進捗遅延は,進捗管理表（図24）,完了状況管理表,工程管理表などで予定と実績の差から遅れを検知する。また,このときの定量的指標には表17のようなものがある。

| タスク | 担当者 | | 7月 |
|---|---|---|---|
| | | | 1土 2日 3月 4火 5水 6木 7金 8土 9日 10月 11火 12水 13木 14金 15土 16日 |
| 外部設計書作成 | 山田 | 予定<br>実績 | |
| 共通処理作成 | 山田 | 予定<br>実績 | |
| 受注管理サブシステム（10画面，6帳票） | 広田 | 予定<br>実績 | |
| 売上管理サブシステム（8画面，12帳票） | 阪本 | 予定<br>実績 | |
| …． | | 予定<br>実績 | |
| | | 予定<br>実績 | |

図24　進捗管理表の例

進捗管理で使用する管理ツールや定量的な管理項目には次のようなものがある。

表16　進捗管理ツールの例

| 管理ツール | 概要 |
|---|---|
| 完了状況管理表 | プログラム作成の進捗管理表として用いられることが多い。縦軸にプログラム名を入れ，各プログラムの完了予定日と実際の完了日を比較する表である。通常は作業開始日（予定，実績）も記述する |
| 工程管理表（マイルストーン） | 全体計画の進捗管理で用いられる。次工程への引継ぎ時には「成果物」を基準に行うが，その成果物をマイルストーンに設定し，各マイルストーンの予定と実績から進捗を判断する。グラフはガントチャートを使う |
| プロジェクト管理ソフトウェア | ツールという意味では，プロジェクト管理のソフトウェアを表現してもよい。午前や午後Iでは問われることはないが，論文のネタとして書くことはあるかもしれない。ただし，実際に使っていないとボロが出るので注意しよう |

表17　定量的管理項目の例

| 進捗管理の対象 | | 定量的管理項目 |
|---|---|---|
| マスタスケジュール | ガントチャート，マイルストーンチャート | 実際の作業完了日／完了予定日 |
| 各種ドキュメント | 操作説明書，要件定義書など | 完成ページ数／作成予定ページ数 |
| | 外部設計書，内部設計書 | 完了数／設計予定数（画面数，帳票数，プログラム数） |
| | レビュー | レビュー完了ページ数／レビュー予定ページ数 |
| プログラム | プログラム作成 | 作成完了本数／作成予定本数 |
| | テストケース | テスト実施数／テストケース数 |
| | 不具合（バグ）改修 | 不具合の改修数／不具合の発生数 |
| 仕様変更への対応状況 | | 対応完了数／仕様変更発生数 |

# 21・重要工程での兆候の管理

クリティカルパスに対する重点管理のあるべき姿は，平成14年度 午後Ⅱ 問1の問題文で示されている。その問題文を要約すると，「クリティカルパスのように，進捗遅延が発生してはいけない工程では，進捗遅延につながる兆候を管理しなければならない」となっている。すなわち，進捗遅れの予兆管理である。

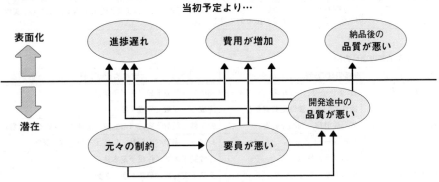

図25　プロジェクト実施フェーズで発生する潜在的な問題と表面化した問題

プロジェクト実施フェーズで発生する様々な問題は，図25のように"潜在的な問題"と"表面化した問題"に分けられる。「品質が悪い」というのは，納品後においては表面化した問題になるが，開発途中においては潜在的な問題であり，この図のように進捗遅れや費用が増加する"先行要因"ととらえることもできる。同様に，要員の技術力がない，仕様が未確定，未経験者がいるなど，元々の制約条件も，進捗遅れや費用増加，（納品後の）品質不備の先行要因だと言える。

そのため，進捗遅れや費用増加が絶対に許されない重要局面では，単に進捗遅れが発生しているかどうかを把握する進捗確認ではなく，図26のように進捗遅れにつながる先行要因に管理指標を設けて，重点的に管理し，進捗遅れの予兆の段階で対策を施すことが必要になる。

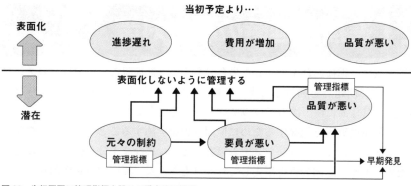

図 26　先行要因に管理指標を設けて重点的に管理

　進捗管理においても，進捗遅延の予兆管理についても，管理項目と定量的管理指標を定めることが非常に重要になる。管理項目と管理指標の例を表 18 に記す。

表 18　管理項目と管理指標の例

| 管理項目 | 管理指標の例（必ず定量的に） |
|---|---|
| 要員の残業時間 | 今回の進捗計画では，週 5 時間で計画し，その範囲内で作業を進めるように指示している。週によって作業の偏りがあるため週 10 時間までなら問題視しないが，週 10 時間を超えたら状況確認する |
| 要員の生産性 | 新人には比較的容易なプログラムの開発を担当させている。そのため，プログラム 1 本当たり 8 時間の生産性で進捗計画を立てている。その値を超えたら状況確認している |
| 設計レビューの指摘件数 | 今回の設計レビューでは，過去の統計から，全機能数の 2% の指摘件数を想定している。2% を超えると進捗に影響する可能性が高いため，対策が必要になる |
| 兼任している要員の負荷 | 今回のプロジェクトでキーとなる A 君は，別プロジェクトと兼任しており，本プロジェクトへの参加割合は 50%，月間稼働時間は 90 時間で見積もっている。別プロジェクトに時間が取られるようであれば，しかるべき対応を行う |

## ●メンバからの報告および進捗会議の開催

　進捗を把握するためには，進捗管理表だけでは不十分である。特に，進捗遅れの兆候を事前につかむためには，メンバから直接報告を聞き，プロジェクトマネージャ自身の目で判断することが重要である。メンバの様子がおかしかったり，疲れていたり，悩んでいたりする場合には，直接対話をしないと分からないからである。

　また，定例進捗会議を週に 1 度くらいの頻度で開催するようにする。毎回個別にメンバに応対するのは，管理する側の工数が無駄であるからだ。実際の定例進捗会議の開催間隔や 1 回の開催時間はプロジェクトによって異なるが，一般的に（情報処理技術者試験の教科書的には），1～2 週間に 1 度 2 時間程度の開催がよいとされている。1 か月に 1 度の開催であれば放置しすぎ，1 日に 2 時間以上になると参加者の集中力がもたないなどが，実際に過去に出題されている。

# 22・進捗遅延時の事後対策

進捗管理表より進捗遅れを検知した場合，あるいは進捗報告会議や日々のメンバとの対応の中で問題点を発見した場合には，適切な対策を取らなければならない（事後対策）。具体的には，次の三つのプロセスを実施する。

一つは，根本的原因を把握するために原因分析を実施することである。プロジェクトマネジメントにおいては，システム障害などとは異なり1分1秒を争うことは少ないため，通常は原因分析を優先して行う（もちろん，原因の特定が困難で，緊急対応を優先する場合もないことはない）。

次に，根本的原因を確認した後，その要因を除去し，これ以上遅れが進行しないようにすることである。例えば，あるメンバの生産性が予想よりも低く，その原因が，"体調が悪い"という場合，そのまま放置すると生産性はあがらない。そこで，要員を交替して，これ以上，遅延が進行しないようにしておく。

最後に検討しなければならないことは，生じた遅延を挽回し，納期を確保することである。クラッシング（「19 スケジュール作成技法」）を使うことが多いが，そういう場合でも絶対に労働基準法などの法律に違反しないように配慮しなければならない。また，テスト作業の期間を短くするというのは，合理的な理由がない限り，絶対にしてはならない。

表19　進捗遅延対策（事後的対策）

| 事後対策 | | 留意点 |
|---|---|---|
| 本番時期の変更 | | ・ ユーザの理解と合意を得る<br>・ 再スケジュールは慎重に行う<br>　（再延長は絶対に不可，また，変更決定までに時間を要する場合は，その時間も含む） |
| 部分稼働 | | ・ ユーザの理解と合意を得る<br>・ 定量効果の出やすい部分を優先する<br>・ 後に，機能追加や変更ができることを確認する |
| スケジュールの組換え | | ・ 作業順序の見直し<br>・ 作業手順の指導<br>　（経験不足の担当者で作業効率が悪い場合） |
| 追加要員の投入 | PG の投入（人海戦術） | ・ 要員の追加だけで，回復できる目処があること<br>・ 追加要員に必要なスキルが十分にあること<br>・ コスト増の負担先を明確化 |
| | SE の追加投入 | |
| スペックダウン | 仕様の簡易化 | ・ ユーザの合意と理解を得る<br>　（あくまでも契約締結前で，詳細ヒアリングで初めて発覚したような場合にしか通用しない） |
| | 要求機能の削減 | |
| 環境の改善 | 開発場所移動 | ・ あくまでもほかの対策の支援対策<br>・ コスト増の負担先を明確化<br>・ 機器の入荷遅れ等では，代替品を準備 |
| | 開発設備追加 | |
| | 代替品の利用 | |
| 進捗確認を強化 | | ・ 早い段階で気づいた場合にしか効果がない<br>・ 遅れを取り戻すことはできない<br>・ クリティカルパスは必須 |

## Column ▶ 絶対に読み込んでおくべき問題 ～進捗遅延時の事後対策～

　情報処理技術者試験では，プロジェクトで進捗遅延等の問題が発生した時の対処方法の"正解"が定義されている。それが現実的かどうかは別にして，合格するためには，その"正解"は強力な武器になるのは間違いない。

　そしてその正解は，午後Ⅱの過去問題の文中（あるべき姿）に存在することも少なくない。問題発生時に対処方法が限定されている問題には表20のようなものがある。

　これらは，問題文そのものが「対処方法の知識」になっているので，問題文を読み込んで，事前にネタを準備しておけば（経験の棚卸しや疑似経験の作り込みなど），試験本番時にはかなり役に立つ。問題を読んだ時に「書けるかどうか？」の判断につながるし，時間短縮につながるのも間違い

ない。時間があれば，そうしておくことをお勧めする。

　また，時間が無ければ，これらの問題文を読み込んでおくだけでも十分役に立つ。筆者の試験対策講座でも，最低限，問題文を暗記するぐらい読み込むことを推奨している。そうしておけば，少なくとも試験本番時に"問題文の読み違え"や"読み落とし"を防止できるし，例えば，設問ウの中で部分的に問われているような問題に対しては，これらの問題文に書かれている内容（対処方法）に，少し具体化したものを付け加えるだけで高評価になる可能性があるからだ。

　そのあたりは，P.146の「Step2 問題文の趣旨に沿って解答する～個々の問題文の読み違えを無くす！～」にも書いているので，目を通しておこう。

表20　問題発生時に対処方法が限定されている問題

| 問題発生時の対応方法が限定されている問題のテーマ | | 出題年度 | ページ |
|---|---|---|---|
| 体制を変更する | PM自身の交代 | 平成14年問3 | P.226 |
| | 要員の交代 | 平成13年問2 | P.225 |
| | チームの再編成 | 平成17年問3 | P.227 |
| ステークホルダと調整する | 利用部門に参画を促す | 平成20年問1 | P.235 |
| | 交渉による問題解決 | 平成19年問1 | P.243 |
| | 利害の調整 | 平成24年問3 | P.245 |
| プロジェクト外の知見を活用する | 専門家，教訓登録簿，別PJの完了報告などの利用 | 平成31年問2 | P.182 |
| 計画やスコープの見直し | スコープの見直し（部分稼働他） | 平成12年問3 | P.299 |
| | | 平成19年問2 | P.300 |
| | | 平成24年問2 | P.180 |
| | スケジュール調整 | 平成17年問2 | P.293 |
| | テスト方法を見直す | 平成10年問1 | P.367 |
| | | 平成13年問3 | P.368 |
| | | 平成27年問2 | P.363 |
| | トレードオフの解消 | 平成25年問2 | P.301 |

# 23 生産性基準値を使った見積りの基礎

　まずは最もシンプルな見積技法について説明しよう。生産性基準値を使ったものだ。標準値法と呼ばれることもある。プログラムソースのステップ数（行数，ライン数）の総数で表現した開発システムの「開発規模（kstep）」と，全体もしくは各工程別の「標準生産性（kstep／人月）」を用いて，所要工数を見積もる。ステップ換算しやすい COBOL や C 言語などに向いている見積り方法だ。

## ●開発規模の算出

　最初に開発規模を求める。情報処理技術者試験の場合は，問題文の最初に「見積もった開発規模は 200 k ステップであった。」と与えられていることが多いが，そもそもその 200 k ステップをどのように見積もったのだろうか。

　プロジェクトがプログラミング工程まで進み，実際にコーディングすると正確な値を求めることができる。しかし見積り段階（初期見積り，仕様確定後の見積り等）では，様々な方法で計画値を求める。

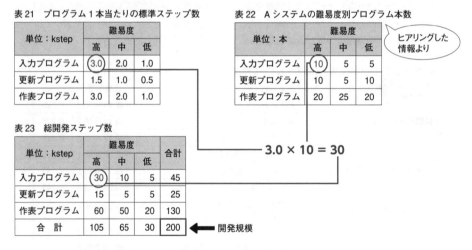

表21　プログラム1本当たりの標準ステップ数

| 単位：kstep | 難易度 | | |
|---|---|---|---|
| | 高 | 中 | 低 |
| 入力プログラム | (3.0) | 2.0 | 1.0 |
| 更新プログラム | 1.5 | 1.0 | 0.5 |
| 作表プログラム | 3.0 | 2.0 | 1.0 |

表22　Aシステムの難易度別プログラム本数

| 単位：本 | 難易度 | | |
|---|---|---|---|
| | 高 | 中 | 低 |
| 入力プログラム | (10) | 5 | 5 |
| 更新プログラム | 10 | 5 | 10 |
| 作表プログラム | 20 | 25 | 20 |

ヒアリングした情報より

3.0 × 10 = 30

表23　総開発ステップ数

| 単位：kstep | 難易度 | | | 合計 |
|---|---|---|---|---|
| | 高 | 中 | 低 | |
| 入力プログラム | (30) | 10 | 5 | 45 |
| 更新プログラム | 15 | 5 | 5 | 25 |
| 作表プログラム | 60 | 50 | 20 | 130 |
| 合　計 | 105 | 65 | 30 | 200 |

←開発規模

　この例では，難易度の高い入力プログラムは平均 3kstep 必要で，それが 10 本なので 30kstep ということになる。同様に，更新プログラム，作業プログラムもそれぞれ算出し，合計して 200kstep という開発規模が求められる（表23）。

## ●生産性

　情報処理技術者試験の問題では，開発規模に対して"生産性の指標"も問題文で与えられている。実際のプロジェクトでも，プロジェクト標準や開発標準などで決められていたり，そうした標準化が進んでいない企業では過去のデータから保持したりしている。

表24　工程別生産性　　　　　　　　　　　　　　　　開発規模（kstep）÷標準生産性（kstep/ 人月）

| | 生産性（kstep/ 人月） | 200kstep の開発工数（人月） | |
|---|---|---|---|
| 要件定義，外部設計 | 10.00 | 20.0 | 200 ÷ 10.00 |
| 内部設計 | 6.00 | 33.4 | 200 ÷ 6.00 |
| プログラム開発，単体テスト | 3.00 | 66.7 | 200 ÷ 3.00 |
| 結合テスト | 7.50 | 26.7 | 200 ÷ 7.50 |
| 総合テスト | 9.00 | 22.3 | 200 ÷ 9.00 |
| 移行 | 30.00 | 6.7 | 200 ÷ 30.00 |
| 総開発工数 ➡ | | 175.8 | ※小数第 2 位切上 |

　例えば上記のケースでは，左側の表が工程別の生産性を示しているが，これは，工程別に「**1人が1か月の作業で（／人月），どれくらいの量（kstep）を生産できるか**」を示している。この例では，"要件定義，外部設計"工程では，「1人で1か月かけて10kstep 分作成可能である」ということを示しており，（表21 の）難易度"中"の入力プログラム（2kstep）の設計なら，1人で1か月に5本分完成できる"生産性"になる。

　この生産性で，開発規模を割ることによって，そのシステム開発に必要となる工数を計算する。この表の例のように総開発規模が 200kstep の場合，"要件定義，外部設計"工程では次のようになる。

$$200（kstep） ÷ 10.00（kstep/ 人月） = 20（人月）$$

　つまり，要件定義工程の必要工数は 20 人月だということになる。こうして工程別に算出した工数を合計すると，総開発工数が求められる。この例だと 175.8 人月になる（表24）。1 人月 100 万円という SE 費用の設定なら，1 億 7500 万円という見積りになる。

　なお，この標準生産性は，開発言語によっても異なるし，会社によっても保持している値が違うし，その標準生産性を確保できるかどうか，個々のメンバによっても異なる。その点も覚えておこう。

# 24 • ファンクションポイント法による見積り

　ソフトウェアの機能（外部仕様）に着目した見積り技法で，それをベースに開発規模を算出する。外部仕様は五つに分類される（外部入力，外部出力，内部論理ファイル，外部インタフェースファイル，外部照会）。これらを複雑度で分類し，ファンクション数を求める。これに，14 の「影響度」スコアによって補正する（表28 の例では，本来14 の影響度のところを簡易的に七つの影響度で補正係数を求めている）。長所と短所はそれぞれ以下のとおりである。

- **長所**：プロジェクトの初期から適用可能。明確でユーザとの合意を得やすい。
- **短所**：実績データの収集・評価が必要。

---

総開発工数(人月) ＝ FP 数÷生産性(FP 数／人月)

FP 数＝ファンクション数×(補正係数× 0.01 ＋ 0.65)

---

## 【ファンクションポイント法の算出例】

表25　外部インタフェース一つ当たりの
　　　標準ファンクション数

| 外部インタフェース の種類 | 難易度 | | |
|---|---|---|---|
| | 高 | 中 | 低 |
| 外部入力 | 6 | 4 | 3 |
| 外部出力 | 7 | 5 | 4 |
| 内部論理ファイル | 15 | 10 | 7 |
| 外部インタフェースファイル | 10 | 7 | 5 |
| 外部照会 | 6 | 4 | 3 |

表26　外部インタフェース数

| 単位：本 | 複雑度 | | |
|---|---|---|---|
| | 高 | 中 | 低 |
| 外部入力 | 5 | 5 | 5 |
| 外部出力 | 5 | 5 | 10 |
| 内部論理ファイル | 5 | 10 | 10 |
| 外部インタフェースファイル | 0 | 3 | 2 |
| 外部照会 | 5 | 10 | 10 |

表27　総ファンクション数

| 単位：kstep | 難易度 | | | 合計 |
|---|---|---|---|---|
| | 高 | 中 | 低 | |
| 外部入力 | 30 | 20 | 15 | 65 |
| 外部出力 | 35 | 25 | 40 | 100 |
| 内部論理ファイル | 75 | 100 | 70 | 245 |
| 外部インタフェースファイル | 0 | 21 | 10 | 31 |
| 外部照会 | 30 | 40 | 30 | 100 |
| 合　計 | 170 | 206 | 165 | 541 |

◀━ 総ファンクション数

表28　補正係数の例（平成 8 年度本試験午後 I 問 1 から引用）

| 要因 | 影響度判定基準 | | | 影響度スコア |
| --- | --- | --- | --- | --- |
| | 0 点 | 5 点 | 10 点 | |
| 1　分散処理 | バッチタイプシステムである | 単一ホストシステム又は単一クライアントサーバシステムである | 複数のホストシステム又はサーバシステムが相互に関連をもってネットワーク上に分散している | 5 |
| 2　応答性能 | 制約がない | 一定の目標値がある | 応答時間に強い制約がある | 5 |
| 3　エンドユーザの操作容易性 | 制約がない | 一定の目標がある | 強い制約がある | 0 |
| 4　データベースバックアップ | 対応は不要である | オンライン終了後にバックアップを行う | オンライン稼働中にもデータベースのバックアップを行う | 0 |
| 5　再利用可能性 | 考慮は不要である | 限定的に再利用を行う | 広範囲に再利用を行う | 0 |
| 6　開発の拠点 | 1 か所で開発する | 中心となる拠点があり，作業の一部を他の場所でも分担する | 同等規模の拠点が複数あり，相互の連携のため密接な連絡が必要である | 10 |
| 7　処理の複雑度 | 単純である | 平均的である | 複雑な計算やロジックがある | 10 |
| 補正係数（影響度スコア合計） | | | | 30 |

　このシステムの FP 値は，513.95（$= 541 \times (30 \times 0.01 + 0.65)$）である。

## 【ファンクションポイントから総開発工数を算出】

　ファンクションポイント数が算出できれば，次に総開発工数を算出する。総開発工数は "FP 数" と "開発生産性" から計算する。開発生産性は，企業ごとに過去の経験値から算出されたもので，表 29 のように，開発言語別，業務別に定義されている。

表29　サブシステム別見積 FP 数とそれぞれの言語別開発生産性

| サブシステム | FP 数 | 開発生産性（開発 FP 数 / 人月） | | |
| --- | --- | --- | --- | --- |
| | | SQL | COBOL | RPG |
| 入出庫処理 | 3,000 | 100 | 200 | 50 |
| 在庫照会処理 | 2,000 | 500 | 50 | 100 |
| 出荷分析処理 | 4,500 | 100 | 150 | 300 |
| 合計 | 9,500 | | | |

平成 11 年度 午前問題　問 63 より引用

(1) SQL 言語で開発した場合　　3,000/100+2,000/500+4,500/100=79（人月）
(2) COBOL 言語で開発した場合　3,000/200+2,000/ 50+4,500/150=85（人月）
(3) RPG 言語で開発した場合　　3,000/ 50+2,000/100+4,500/300=95（人月）

# 25・EVM (Earned Value Management)

EVM（アーンドバリューマネジメント）は，プロジェクトの進捗状況を定量的にリアルタイムで把握できる手法である。1998年，米国防総省が作成した資材の調達に関する評価方法だったものを改訂し，ANSI（American National Standard Institute：米国規格協会）が標準規格とした。

情報処理技術者試験の午後Ⅰ問題で，出題されるときには，図27のように，"EVMで使用される主な用語"についての説明文がある。まずは，それぞれの意味をもう少し詳しく見ていこう。

図27　EVMで使用される主な用語

## ● 3つの基本的構成要素

EVMについて学習する場合，最初に，この3つの基本的構成要素をしっかりと理解していかなければならない。

### ① PV (Planned Value：計画価値)

PVとは，予定した作業に対して期間毎に割り当てられた計画段階の予算のことである。予算設定プロセスで作成され，顧客や経営者の承認を得る（その承認を得たものが"承認済み予算"）。その後，プロジェクトが完了するまで，パフォーマンス測定のベースライン（午後Ⅰ問題だと月別のベースライン）として利用される（図28）。

単位　百万円

| 年 | N-1年 | N年 | | | | | | | | | | | | N+1年 |
|---|---|---|---|---|---|---|---|---|---|---|---|---|---|---|
| 月 | 12月 | 1月 | 2月 | 3月 | 4月 | 5月 | 6月 | 7月 | 8月 | 9月 | 10月 | 11月 | 12月 | 1月 |
| PV | － | 10 | 21 | 31 | 42 | 57 | 72 | 90 | 105 | 118 | 128 | 136 | 142 | － |
| 工程 | 現在 ▼ | 要件定義 | | 外部設計 | | 内部設計 | | 製造 | | 結合テスト | | 総合テスト | | 稼働 |

図28　PVの例（平成20年午後Ⅰ問1）

図 28 では，PV の月別コストの合計値のみしか表示されていないが，表 30 のように，もう少し細かい単位 "機能数" と "機能別標準工数（時間）" などで管理するケースもある。

表 30　PV の例

| 工程 | 標準工数<br>(時間) | 1 月 | | 2 月 | | 3 月 | | 4 月 | | 5 月 | | 6 月 | |
|---|---|---|---|---|---|---|---|---|---|---|---|---|---|
| | | 機能数 | 工数 | 機能数 | 工数 | 機能数 | 工数 | 機能数 | 工数 | 機能数 | 工数 | 機能数 | 工数 |
| 外部設計 | 40 | 10 | 400 | 15 | 600 | 20 | 800 | | | | | | |
| 内部設計 | 40 | | | 5 | 200 | 15 | 600 | 20 | 800 | 5 | 200 | | |
| プログラミング | 40 | | | | | | | 20 | 800 | 20 | 800 | 5 | 200 |
| 結合テスト | 16 | | | | | | | | | 20 | 320 | 25 | 400 |
| 合計工数 | | | 400 | | 800 | | 1,400 | | 1,600 | | 1,320 | | 600 |
| 累積工数 | | | 400 | | 1,200 | | 2,600 | | 4,200 | | 5,520 | | 6,120 |

例えば，この表では 1 月の計画予算は 400（時間）になる。同様に 2 月の計画予算は 800 時間で，2 月終了時点での累計は 1,200 時間ということになる。

## ② AC（Actual Cost：実コスト）

AC は，その期間内に実際に費やされたコストのことである。先の表 30 に，AC を加えたのが表 31 になるが，その中で，2 月には，外部設計で 1 機能未完成にもかかわらず，計画値を 40 時間もオーバしていることが読み取れる。

表 31　AC の例

| 工程 | 標準<br>工数<br>(時間) | 予実 | 1 月 | | 2 月 | | 3 月 | | 4 月 | | 5 月 | | 6 月 | |
|---|---|---|---|---|---|---|---|---|---|---|---|---|---|---|
| | | | 機能数 | 工数 | 機能数 | 工数 | 機能数 | 工数 | 機能数 | 工数 | 機能数 | 工数 | 機能数 | 工数 |
| 外部<br>設計 | 40 | 予定(PV) | 10 | 400 | 15 | 600 | 20 | 800 | | | | | | |
| | | 実際(AC) | 10 | 400 | 14 | 640 | | | | | | | | |
| 内部<br>設計 | 40 | 予定(PV) | | | 5 | 200 | 15 | 600 | 20 | 800 | 5 | 200 | | |
| | | 実際(AC) | | | 5 | 160 | | | | | | | | |
| プログラ<br>ミング | 40 | 予定(PV) | | | | | | | 20 | 800 | 20 | 800 | 5 | 200 |
| | | 実際(AC) | | | | | | | | | | | | |
| 結合<br>テスト | 16 | 予定(PV) | | | | | | | | | 20 | 320 | 25 | 400 |
| | | 実際(AC) | | | | | | | | | | | | |
| 合計工数 | | 予定(PV) | | 400 | | 800 | | 1,400 | | 1,600 | | 1,320 | | 600 |
| | | 実際(AC) | | 400 | | 800 | | | | | | | | |
| 累積工数 | | 予定(PV) | | 400 | | 1,200 | | 2,600 | | 4,200 | | 5,520 | | 6,120 |
| | | 実際(AC) | | 400 | | 1,200 | | | | | | | | |

　生産性の見積が甘かったのか，不測の事態があったのかを分析するのはこの後になるが，何らかの理由で予想したよりも工数がかかってしまったと判断できる。逆に，内部設計では，－40時間となっており，これも計画値と乖離していることが分かる。

### ③ EV（Earned Value：達成価値）

　EVは，計画価値の達成度を表す指標である。"達成価値"という言葉が示すように，"達成"した機能数と，計画段階で求めた"価値"（すなわち標準工数）とを乗じて求める。この例で，2月のEVを算出すると，達成した機能数は14，標準工数は40だから，EVは560時間ということになる。

表32　EVの例

| 工程 | 標準工数(時間) | 予実 | 1月 機能数 | 1月 工数 | 2月 機能数 | 2月 工数 | 3月 機能数 | 3月 工数 | 4月 機能数 | 4月 工数 | 5月 機能数 | 5月 工数 | 6月 機能数 | 6月 工数 |
|---|---|---|---|---|---|---|---|---|---|---|---|---|---|---|
| 外部設計 | 40 | 予定(PV) | 10 | 400 | 15 | 600 | 20 | 800 | | | | | | |
| | | 実際(AC) | 10 | 400 | 14 | 640 | | | | | | | | |
| | | EV | 10 | 400 | 14 | 560 | | | | | | | | |
| 内部設計 | 40 | 予定(PV) | | | 5 | 200 | 15 | 600 | 20 | 800 | 5 | 200 | | |
| | | 実際(AC) | | | 5 | 160 | | | | | | | | |
| | | EV | | | 5 | 200 | | | | | | | | |
| プログラミング | 40 | 予定(PV) | | | | | | | 20 | 800 | 20 | 800 | 5 | 200 |
| | | 実際(AC) | | | | | | | | | | | | |
| | | EV | | | | | | | | | | | | |
| 結合テスト | 16 | 予定(PV) | | | | | | | | | 20 | 320 | 25 | 400 |
| | | 実際(AC) | | | | | | | | | | | | |
| | | EV | | | | | | | | | | | | |
| 合計工数 | | 予定(PV) | | 400 | | 800 | | 1,400 | | 1,600 | | 1,320 | | 600 |
| | | 実際(AC) | | 400 | | 800 | | | | | | | | |
| | | EV | | 400 | | 760 | | | | | | | | |
| 累積工数 | | 予定(PV) | | 400 | | 1,200 | | 2,600 | | 4,200 | | 5,520 | | 6,120 |
| | | 実際(AC) | | 400 | | 1,200 | | | | | | | | |
| | | EV | | 400 | | 1,160 | | | | | | | | |

## ●予実管理の値

アーンドバリュー分析では，こうして求めた EV をもとに，PV や AC と比較して，作業の進捗に問題はないか，費用増になっていないかをチェックすることができる。そのときに用いるのが，次の四つの指標値である。

表 33 現状把握の指標値の計算式

| 指標 | 計算式 |
|---|---|
| SV（Schedule Variance）スケジュール差異 | EV － PV |
| CV（Cost Variance）コスト差異 | EV － AC |
| SPI（Schedule Performance Index）スケジュール効率指標 | EV／PV |
| CPI（Cost Performance Index）コスト効率指標 | EV／AC |

SV（スケジュール差異）がプラスであったり，SPI（スケジュール効率指標）が1より大きい値であれば，進捗が予定よりも早いペースで進んでいると判断できる。同様に，CV（コスト差異）がプラスであったり，CPI（コスト効率指標）が1より大きい値であれば，計画よりも少ない費用で収まっていることを表している。

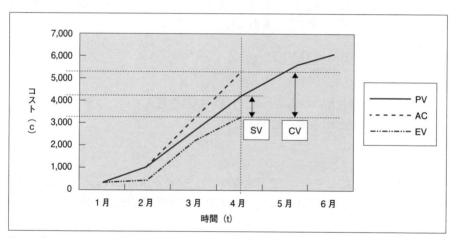

図 29 グラフから差異を判断する SV（スケジュール差異）と CV（コスト差異）

PV，AC，EV をそれぞれグラフ表示すると，一目瞭然になる。この例ではどうだろう。プロジェクトは4月半ばまで進んでいるが，その時点での EV は，PV，AC いずれも下回っている。すなわち，進捗遅れと費用増が同時に発生していることが読み取れる。

## ●プロジェクトの予測

EVM を使えば，プロジェクト完了時の予測ができる。

### ① BAC（Budget At Completion：完成時総予算）

BAC とは，完成時総予算（完了時の実行予算総額）のことで，PV の合計値になる。図28の"（12月の）142百万円"，表32の"（6月の累積工数の）6,120"が，それぞれ BAC の値になる。

### ② EAC（Estimate At Completion：完成時総コスト見積り）

EAC は完成時総コスト見積りと訳される。プロジェクト期間中に，その時点までの情報に基づいて，プロジェクト完成時の最終コストを見積もるときに使われる指標である。

EAC の値は，現時点までの実コスト（AC）に，残作業のコスト見積り（ETC：Estimate To Complete）を加えて求められる。具体的には，図27内にも記述されているように，次の計算式が使われている（他にも違う計算式を使う考え方もある。例えば，CPI だけではなく，SPI の影響も受ける場合には，次の計算式の"CPI"の部分を，"CPI × SPI"とするときもある）。

$$EAC = AC + \frac{(BAC - EV)}{CPI}$$

なお，EAC が増加傾向にあったり，目標 BAC を超えていたりすると問題である。この2点は注意深く推移を見届けよう。

〈例〉

それではここで表32を例に，2月末時点での EAC を求めてみよう。月末完了時点での AC および EV はそれぞれ，1,200時間と1,160時間だから，次のような計算になる。

$$EAC = 1,200 + \frac{\overbrace{6,120}^{BAC} - \overbrace{1,160}^{EV}}{\underbrace{\frac{1,160}{1,200}}_{CPI}}$$

$$\doteqdot 6,331$$

　ただし，EACのこの計算式の場合は，「これまでと同じ割合（CPI）で，作業が計画値と乖離する」ことが前提のものである。そこで，現段階で問題の原因を追究し，改善した場合は，今後は通常のペースに戻るはずである。そのときの計算は，CPIを1，すなわち正常値として計算する。その場合は以下のようになる。

（問題が解消された場合のEACの計算式）

$$EAC = AC + \frac{BAC - EV}{1}$$ ←この"1"は計画通りの消化率を
表している（CPI = 1.00）

EAC = 1,200 + (6,120 − 1,160) = 6,160
VAC = 6,160 − 6,120 = 40

　要するに，現在の遅れである40時間分だけ遅れることになる。

### ③ VAC (Variance At Completion：完了時差異)

　EACと目標とするBACの差をVACという。計算式もシンプル。この値が正の値なら"予算オーバ"で，負の値なら"予算内"になる。

$$VAC = EAC - BAC$$

### ④ TCPI (To-Complete-Performance-Index：残作業効率指数)

　BACやEACを達成するために，残作業によって達成しなければならないコスト効率をTCPIといい，次の計算式によって求める。BAC − EVは"残作業"を，BAC − ACは"残資金"をそれぞれ表している。

$$TCPI = \frac{BAC - EV}{BAC - AC}$$

### ● EVの計上方法

　EVMにおいて，EV…すなわち出来高の計上は，WP（ワークパッケージ）単位など特定の管理単位で行われるが，その計上方法をどのように設定するのかは，とても重要なポイントになる。出来高の計上ルールは，実態を正しく表すものにしないと，正確な判断ができなくなるからだ。そういうこともあって，午後I試験でも，計上方法についてはよく出題されている。

表 34　出来高の計上方法（例）

| 名称，意味及び例 | | 合う工程 | 特徴及び例<br>（例：管理単位が WP で，<br>その WP が 20 万円の場合） |
|---|---|---|---|
| 固定比率<br>（法） | 着手時と完了時に固定比率<br>で計上する方法 | 要件定義<br>外部設計<br>内部設計など | わかりやすい管理方法だが，その管理単位内の進捗が把握できないので，管理単位が短いもの向き（5 日程度の WP） |
| | （例 1）<br>着手時 0%<br>完了時 100% | 要件定義など，やり直しの多い作業（これまでの成果がゼロになることもある作業） | その WP が完了したときにはじめて 20 万円を計上する。99% 終了していても 0 |
| | （例 2）<br>着手時 30%<br>完了時 70% | 設計工程など，多少の手戻りが発生するものの，最初からやり直しとはならない作業 | その WP の着手時に 6 万円計上。完了した時点で残り 14 万円を計上 |
| マイルス<br>トーンごと<br>の出来高<br>比率 | マイルストーンを設定し，個々のマイルストーンごとに出来高比率を決める方法 | 設計〜テスト完了まで | 管理単位が短いと煩雑になる。1 か月程度の一連の作業工程の管理に向く |
| | （例）<br>設計着手時 20%<br>設計完了時 25%（計 45%）<br>設計承認時　5%（計 50%）<br>製造完了時 40%（計 90%）<br>完了承認時 10%（計 100%） | 固定比率法よりも期間が長く，その間の達成度管理が必要な作業 | 設計着手時に 4 万円を計上。その後，各マイルストーン完了時に，5 万円，1 万円，8 万円，2 万円ずつ計上する |
| 成果物の<br>完成比率 | プログラムモジュール数，画面数，帳票数，機能数，テスト項目数などの完成比率に応じて計上する | 製造工程<br>テスト工程 | 従来の進捗管理に似ている。WP 内の個々の成果物作成工数にばらつきがない方が良い |
| | | | ある WP でプログラムモジュール 20 本作成だとすると，1 本完了するごとに 5%，すなわち 1 万円ずつ計上する |

　ちなみに，過去の出題は次のようになる。

- 平成 13 年度午後 I 問 1：作業工程を管理単位として，成果物（機能）の完成比率で計上している
- 平成 18 年度午後 I 問 1：タスクを管理単位として，固定比率法，マイルストーン別出来高比率で計上している
- 平成 20 年度午後 I 問 1：作業工程を WP として，固定比率法，成果物（機能）の完成比率で計上している
- 平成 24 年度午後 I 問 3：EVM を採用した理由等，その本質が問われている設問が目立った。
- 平成 28 年度午後 I 問 3：特に目新しい切り口はなかった。

# 26 · 費用管理

目　　　的：費用を計画範囲（予算）内に収める
留　意　点：①予算超過のケースを想定し，事前に手を打つ（予防的対策）
　　　　　　②予算超過の兆候を管理する
　　　　　　③予算超過をできるだけ早く検知する
　　　　　　④多くの対応策を持っておく
具体的方法：①予算執行表等の管理帳票で把握
　　　　　　②直接または進捗会議にて，報告を受ける

　費用管理の留意点は，プロジェクト開始前の少ない情報量から，どれだけ正確に必要費用を算出するかという点にある。その点では，様々な工数見積り技法が存在する。また，効率よく予実管理するためには，進捗管理ツールを応用する。

## ●予算超過の兆候を管理する

　「21　重要工程での兆候の管理」のパートでも出現しているが，コスト・マネジメントにおいても"兆候"の管理，すなわち未然防止は重要になる。いったん予算をオーバしてしまうと，その取り返しは困難なことから，後述する早期発見よりも前の段階－予算オーバが発生する前の"兆候"段階で手を打つ必要があるからだ。午後Ⅱ過去問題でも，平成8年度，平成18年度に"兆候"について出題されていることから，その重要性がうかがえる。

　平成18年度の問題では，「兆候は，会議の席上や開発の現場など，日常に見られることが多い」として，成果物についての問題点の指摘や関係者の不満を例示している。このときは，特に定量的管理までは求められていなかったが，今後は，定量化された先行指標管理が要求されることも考えられるので，しっかりと準備しておきたい。

## ●予算超過の（早期）発見

　ソフトウェア開発費用の予算超過をタイムリに検知するには，計画段階で作成したベースライン（時系列に配布された予算）と，実際に要した費用を比較する。そのツールには，工数予定実績表やEVT（Earned Value Technique：アーンドバリュー技法）（→「25 EVM」参照）を使うことが多い。

## ●予算超過の原因と予防的対策（リスク管理）

　いったん計画予算をオーバしてしまうと，その回復は困難である。そのため，過去の教訓（プロジェクト経験など）から，予算超過につながるケースを想定し，あらかじめ計画段階でリスクを見込んでおくことが最も重要になる。

　そこで最初に，予算超過につながるリスクから押さえていく。やはり最大の要因は，情報不足による見積り精度の低さだろう。プロジェクトを立ち上げ，費用計画を立てる段階では，多かれ少なかれ不確定要素が存在する。問題はそのリスクをどのように扱うかである。基本となる考え方は，平成14年度 午後II 問2の問題「業務仕様の変更を考慮したプロジェクトの運営方法について」の問題文中にある。ほかに，予定していた生産性を実現できないときにも予算超過につながる。

　これらの要因を計画段階でどのように考慮しておくのか，それには次のような予防的対策がある。

### 契約による対策

#### ①分割契約

　不確定要素があまりにも多かったり，ユーザ側の話が二転三転するケースがあったりする場合，一括請負契約を締結するのは危険である。その場合，要件定義と外部設計フェーズを委任契約にし，大枠が固まった時点で改めて請負契約を締結するなど，分割契約を考える。

　ただし，ユーザ側にとっては，「外部設計終了後，ふたを開けてみると，とんでもない費用になっていた」というリスクを抱えることになる。後でトラブルにならないよう，契約前に十分なコミュニケーションを取っておこう。

#### ②再見積りの可能性について言及しておく

　分割契約が難しく，一括請負形式にする場合，少なくとも適宜再見積りをする旨を見積書に記載しておくことは必須だろう。その場合，スコープが明確になっていることが前提になる。初期の見積り範囲や不確定要素に対する共通認識を持ち，ユーザ側と合意した上で，スコープが変更されたり，新たな作業が出てきた場合，再見積りをして予算を適宜見直す。

### リスクを見込んだ予算設定

　契約による安全策が不可能な場合には，あらかじめ予算の中にリスク相当分を見込んでおくことがある。その方法には幾つかあり，CPM（→「17 CPM/CCM」参照）のようにリスクを加味して計算しておく方法，単純に予算に上積みをしておく方法（見積り費用の1.2倍など）などがある。

## ●予算超過の事後対策

　予算超過を発見した場合には，適切な対策を取らなければならない（事後対策）。具体的には，次のようなプロセスを実施する。

　まずは，やはり根本的原因を把握するために原因分析を実施しなければならない。これは，進捗管理や品質管理のときと同じである。だから，ここでもQC七つ道具などを使うのがベスト。

　その結果，ユーザ側に起因する場合は，追加費用を請求する方向で考えられるが，開発者側に起因する場合，次のように，原因に応じた最適な対策を練る。

### スコープの変更

　見積り誤り，当初の情報不足，作業漏れなど，根本的要因は別にして，（表現が難しいが）何らかの要因で，当初契約していたスコープが想定していたものよりも膨らんだ場合，費用は超過する。

　このとき，明確にしておかなければならないことは，それがユーザ側に起因するものなのか，それとも開発者側に起因するものなのかという点である。そこを切り分けておかなければならない。機能追加などの仕様変更に関しては，前者になるが，ヒアリング漏れ，作業漏れ，見積段階のミスなどは後者になる。ちなみに，過去の出題としては次のようなものがある。

　＜ユーザ側に起因する問題として出題されたケース＞
　　午後Ⅰ問題：「ユーザ側に起因する問題なので追加費用を請求する」など
　　午後Ⅱ問題：変更管理として出題される

　＜開発者側に起因する問題として出題されたケース＞
　　午後Ⅱ問題：「開発者側に起因する問題（進捗遅れ，費用超過，品質不良など）
　　　　　　　　にどう対応したのか」など

　ユーザ側に起因する仕様変更や機能追加などであれば，追加費用の折衝後，請求を行う。それが認められない場合，原則対応する必要はない。しかし，開発者側に起因する場合，その後のプロジェクト体制を見直し，後の費用を削減することを検討する。例えば，単価の安い技術者にメンバを代えたり，外注に依頼してコスト削減を図る。絶対にしてはいけないのが，「テスト工数の削減」。試験では，これは NG ワードである。

## 生産性が計画値よりも低い

　当初予定していた生産性よりも低かった場合も費用は超過する。例えば，当初 100kstep のボリュームで，プログラミング工程の生産性が 10kstep／人月（1 人が 1 か月で 10kstep 作成）で予定していた場合，10 人月の工数であるが，実際は 9kstep／人月（1 人が 1 か月で 9kstep 作成）の生産性しか達成できなければ，11.1 人月と 1.1 人月オーバしてしまうことになる。

　この場合は，生産性が低くなっている根本的原因を追究する。難易度が高かったのか，ほかの作業に手を取られたのかなど，何らかの原因があるはずである。そして，生産性の低い原因を除去する。例えば，要員の技術力不足が原因なら，要員の交代をすることが対応策になる。ただし，原因が一時的なものであれば，対応策を取ると逆効果になることもあるので，その点は注意が必要である。

### ☕ Column ▶ 論文に "費用超過時の対策" を書く場合

　論文で，各種問題発生時の事後対策が求められている場合，スケジュール遅延の挽回策に関しては，必殺 "金で解決！クラッシング" があるわけだが，予算超過の挽回策はかなり難しい。「（たまたま）単価の安い優秀な人材をアサインできた」とか，「（運よく安価な）海外に発注できた」とか，いろいろ書いたとしても，「おいおい，それはラッキーだっただけじゃん！」という結論か，あるいは「それなら何で最初からそうしなかったの？」というツッコミになってしまう。

　もちろん，予算超過の根源的責任がユーザにある場合は，それをきちんと請求する必要があるし，自分たちに 100％ 過失責任がある場合には自分たちの持ち出しで何とかするしかない。しかし，そこがグレー（双方に過失がある，もしくはどちらも責められないケース）の場合は "マネジメント予備" に頼るのが一番だろう。問題文で，どちらの責任のことを言っているのか？マネジメント予備を持っていても問題はないかを確認した上での話になるが，可能であれば設問アでその存在を匂わせておいて設問イ，ウで出していってもいいだろう。

## ●マネジメント予備費とコンティンジェンシ予備費

　プロジェクト予算を設定する時には，不確実性に備えて予備費を設定する。いわゆるバッファのことだ。不透明な予備費はトラブルの元だが，合理的に設定された根拠ある予備費は必須になる。この予備費は，マネジメント予備と，コンティンジェンシ予備に分けられる（違いは図30を参照）。使用例が，平成21年度午後Ⅰ問1にあるので，確認しておこう。

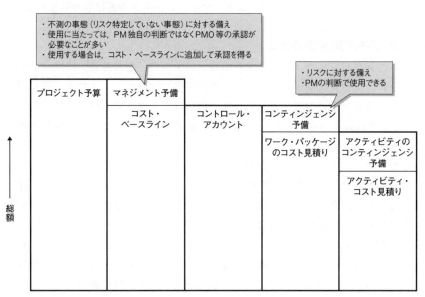

・不測の事態（リスク特定していない事態）に対する備え
・使用に当たっては，PM独自の判断ではなくPMO等の承認が必要なことが多い
・使用する場合は，コスト・ベースラインに追加して承認を得る

・リスクに対する備え
・PMの判断で使用できる

| プロジェクト予算 | マネジメント予備 | | | |
| --- | --- | --- | --- | --- |
| | コスト・ベースライン | コントロール・アカウント | コンティンジェンシ予備 | |
| | | | ワーク・パッケージのコスト見積り | アクティビティのコンティンジェンシ予備 |
| | | | | アクティビティ・コスト見積り |

総額

図30　プロジェクト予算の構成要素（PJ予算に占めるマネジメント予備とコンティンジェンシ予備）
　　　（PMBOK第6版 P.255 より引用し一部加筆）

# 27 品質計画

　品質計画は，顧客の要求する品質を確保するために計画を立てるプロセスである。具体的には，顧客の求める要求品質を明確にし，それらを確保するためのレビュー計画，テスト計画を立案する一連のプロセスを指す。それらの結果は，品質マネジメント計画書としてまとめられ，プロジェクトマネジメント計画書に組み込まれる。

## ●品質に対する要求事項の確認

　システム開発プロジェクトで構築する情報システムの"要求品質"には，企画段階で決定され，プロジェクトが立ち上がった段階で，プロジェクトマネージャが引き継ぐものもある。その要求品質を引き継いだプロジェクトマネージャは，それ以後，「（守らなければならない）品質に対する要求事項」として，品質管理を計画し実施していく。

　こうしたプロジェクト開始前の企画段階で決定される要求品質は，最重要の機能要件，及び非機能要件（性能，信頼性，操作性など）として定量目標値として設定される。ここで，注意が必要なのは，こうした要求品質の決定に，原則としてプロジェクトマネージャは関与していないという点である。もちろん，企画段階に，その実現可能性を含めて相談されることもあり，その場合そのままプロジェクトマネージャに就任して，その品質確保に責任を持つ立場になることもあるが，そのあたりについてはケースバイケースになる。したがって，午後Ⅱの問題文でも，しっかりと読みこんで正確に把握するようにしよう。

## ●レビュー計画

　プロジェクトの成果物やその機能，品質に対する要求事項が達成できるかどうかを，作成されたドキュメントごとにレビュー実施の計画を立てる。具体的には，レビュー方法，レビューに要する工数や期間，レビュー参加者などを決めていく。

　レビュー方法については，それぞれの要求事項が達成されているかどうかをチェックリストなどで確認するのが基本だが，ドキュメントでは確認が困難な項目（応答時間や操作性など）については，プロトタイプや一部先行開発して，その評価方法を工夫しなければならない。また，レビューにかける工数を算出する場合や，レビューの進捗状況を管理するために，表35のような基準も決めておく。

表35 レビューの進捗状況を把握するための指標

| 評価項目 | 指　標 |
|---|---|
| レビュー期間，工数，時間など | レビュー実績時間／成果物に対するレビューの目標時間 |
| レビューの量 | レビュー済みページ数／レビュー予定の総ページ数 |
| レビューでの指摘件数 | レビューでの指摘件数／経験値としての目標レビュー指摘件数 |

詳細は，「29 レビュー」参照

## ●テスト計画

　レビュー計画同様テスト計画も立案する。テストの内容等の詳細に関しては，システムアーキテクトなどが決定することになるが，どのようなテストを，いつ，どの時期に，誰が実施するのかはプロジェクトマネージャが決定する。

　レビューも同じだが，テストを実際に行うのはシステムアーキテクトやプログラマである。プロジェクトマネージャは，彼らが行うテストの進捗を確認し，あがってきたテスト結果報告書を見て品質を判断しなければならない。そのためのセンサー（表36のような管理項目や指標）を計画段階で組み込んでおかなければならない。

　ちなみに，午後Ⅰ問題では，問題文の中で計画した"テストの問題点"を答えさせるケースがある。このときの解答は「テストケース数不足」が多い。特に新規開発部分と改造部分のテストケース数の違いの部分である。

表36 テストの進捗状況を把握するための指標

| 管理項目 | 指　標 |
|---|---|
| テスト期間，工数，時間など | テスト実績時間／テストの目標時間 |
| テスト項目消化件数 | 実績数／テスト項目予定数 |
| テスト網羅性（カバレッジ，カバー率） | 実行ステートメント数／全ステートメント数，実行分岐方向数／全分岐方向数 |
| テスト密度 | テスト項目数／規模（総ステップ数） |
| 不良件数 | 不良件数／kステップ当たりの不良予測数 |
| 信頼度成長曲線による確認 | 標準的な信頼度成長曲線と実際のバグ発見累積曲線とを比較 |
| 解決不良件数 | 解決不良件数／発見不良件数 |

# 28・品質管理

目　的：計画した品質を保証する
手　順：①モニタリング
　　　　②問題が発見された場合，原因分析
　　　　③適切な対策を指示する
留意点：①不具合をできるだけ早く検知する
　　　　②多くの対応策を持っておく

　プロジェクトマネージャは，チームリーダやプロジェクトメンバが行う品質確保のための行動をチェックする立場にある。その一連の流れは以下のようになる。

①レビューやテスト計画の妥当性をチェックする。
②レビュー，テスト結果などの報告書から進捗状況を把握する。
　（必要だと判断した場合，レビューやテストに直接参加することもある）
③予め設定していた評価基準や終了判定基準から問題点をピックアップする。
④問題点の原因を分析する。
⑤体制見直し，要員交代，顧客との調整などが必要だと判断した場合は，自らが行う。
⑥テスト方法改善などは，チームリーダへ改善を指示する。

## ●モニタリング

　品質計画で設計した内容に基づいて，レビューやテストが順調に進んでいるかどうかをチェックする。プロジェクトマネージャは，レビューやテストを自らがメインになって行うのではなく，チームリーダやプロジェクトメンバが行っているテストなどの結果報告を受けて，報告内容から品質を判断する立場にある。そのスタンスが（プロジェクトによって微妙に異なるが）原則である。これを**モニタリング**という。

　このときに必要になるのが，管理帳票の見方や，レビューやテストの妥当性をチェックするスキルである。もちろん，レビューやテスト手法に関する知識も必須である。これは，チームリーダに対して適切な指導ができなければならないためである。

## ●品質不良の（早期）発見

　品質不良を早期に発見するため品質の評価基準を組み込んで管理する。このとき
に良く使われるのが，「管理図」や「バグの成長曲線（信頼度成長曲線）」である。定
量的に管理し，許容範囲（管理上限と下限）を超えるものに対して（問題が発生し
た可能性があるので），状況確認（そのような数値になった原因分析）を行う。

　原因分析は，根本的な問題を追及するためにも必要だが，どうしてそういう問題の
数値になったのかを（品質不良ではないかもしれないケースも含めて）判断するた
めに実施する。実は，この原因分析が，この後のプロジェクトマネージャの意思決
定を支える重要な判断材料になるので，特に重要なポイントになる。午後Ⅱで問わ
れた場合，見落とさないようにしよう。また，原因分析によく利用されるツールが
**QC 七つ道具**（→「32 品質管理ツール」参照）である。特にパレート図。要員別に
不具合の発生状況を分析するなど原因を特定するときに有効である。

## ●品質不良の原因と予防的対策（リスク管理）

　品質不良を発生させる要因（リスク）とそれらに対する予防的対策（リスク管理）には
表 37 のようなものがある。これらは，午後Ⅰ試験の解答を早く見つけるためにも，午後
Ⅱ論文を書き上げるためにも必要なところである。よって，しっかりと暗記しておこう。

表 37　品質不良予防的対策

| | 問題点 | 根本的な原因 | 予防的対策 |
|---|---|---|---|
| 要求品質 | 機能性不良 | ・要員のヒアリング能力の欠如<br>・ユーザの説明能力不足 | ・ほかの類似システムの評価<br>・パッケージのデモ，プロトタイプによる確認など，<br>　イメージしやすい形で確認する |
| | 信頼性不良 | ・ハードウェアの影響<br>・運用面の考慮不足<br>・障害対応への配慮不足<br>・不具合（バグ） | ・新製品や新技術よりも，熟練した製品，技術を採用する<br>・障害対応を含む運用面を考慮した設計<br>　（ISMS などの基準を参考に）<br>・運用設計書の作成<br>・レビューやテスト期間を十分にとったスケジュールにする |
| | 使用性不良 | ・ユーザ確認時の配慮不足 | ・パッケージのデモ，プロトタイプによる確認など，<br>　イメージしやすい形で確認する<br>・既存システムの操作性を考慮<br>　（画面レイアウトやメッセージ，入力方法の統一）<br>・誤操作の排除<br>　（運用管理システムによる自動化など） |
| | 効率性不良 | ・設計ミス<br>・負荷テストの不足 | ・事前に効果的な負荷テストを行う<br>・ベンチマークの利用<br>・シミュレーション |
| | 保守性不良 | ・開発標準がない<br>・標準化を意識していない | ・開発標準の作成<br>・共通部分のモジュール化<br>・変更管理が容易なライブラリ化<br>・ドキュメントの整備 |
| | 移植性不良 | ・設計段階での考慮不足 | ・移植性を考慮したアーキテクチャを採用<br>　（オープンシステム，Java）<br>・ドキュメントの充実 |

# 29・レビュー

　作成したドキュメントに不備がないかどうかを確認する作業のことをレビューという。システム開発の品質確保を考えた場合，後述する各種の"テスト"もあるが，ウォータフォール型のシステム開発では，プロジェクトが進んだ下流工程で実施するテストよりも，上流部分で実施するレビューによって不具合を除去して，手戻りを少なくすることが求められる。スケジュール的にもコスト的にもその方がメリットが大きいからだ。

## ●レビューの種類

　そんなレビューの代表的な技法として，インスペクション，ウォークスルー，ラウンドロビンがある。午前問題の範囲だが，基礎知識として覚えておこう。

### インスペクション

　レビュー進行の訓練を受けたモデレータと呼ばれるエラー管理の責任者が，レビューア（各工程の成果物に対する評価能力をもった人々で，インスペクタと呼ばれている）を選出し，会議形式でエラーの収集・分析を行い，解決策まで決定する。モデレータ，インスペクタなど，あらかじめ参加者の役割が決まっている点に特徴がある。モデレータ（レビュー進行の訓練を受けた専門家）は，必ずしも開発チームから選出する必要はないが，処置や修正の確認は確実に行うことができなければならない。解決策の検討を行う点がウォークスルーと最も異なる点である。

### ウォークスルー

　こちらは開発者自身が参加メンバの選定も含め，自主的に会議を招集し，エラーの検出を行う。管理者が出席すると，その管理者がメンバの評価につなげてしまうのではないかと，メンバがお互いに遠慮して，徹底したエラーの追及を行わなかったり，エラーを隠すなどの問題が発生する可能性がある。そのため，原則管理者は出席しない。また，問題点の発見が目的であるため，解決策の検討までは行わない（参加者が修正方法の検討に意識が向かい，エラーの検出に影響すると考えられるため）。

### ラウンドロビン

　役割分担をあらかじめ決めるのはインスペクションと同じだが，ラウンドロビン方式では，参加者全員が，責任者を持回りで順番にレビュー責任者を務めながらレビューを実施する。そのため，参加者全員の参画意欲が高まる。

## ●レビューの品質管理指標

　この例では，プログラミング工程でも，コードレビューを採用することで単体テストを含むテスト工程に欠陥を持ち越さないようにしている。

　ここで，品質を判断する"基準値"を設定するが，その値は，所属企業に「開発標準」や「プロジェクト標準」があればその数字を使い，それが無い場合は過去の類似プロジェクトを参考にして決定する。もちろん開発標準がある場合でも，実効性を高めるために，プロジェクトの特徴に配慮して，最適なものに設定しなければならない。

　また，そうした基準値を基に"品質合格"の判定基準を設ける。そのまま「基準値以上（以下）」とすることもあるが，一概に多けりゃいいとか，少なかったからよかったということでもないので，図31のような「許容範囲」を設定するなどして判断することが多い。

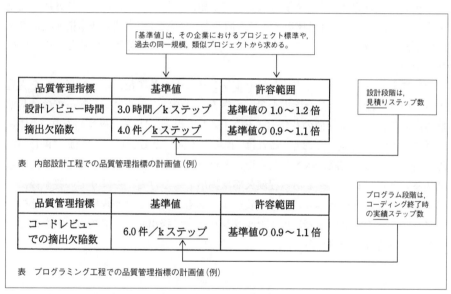

「基準値」は，その企業におけるプロジェクト標準や，過去の同一規模，類似プロジェクトから求める。

| 品質管理指標 | 基準値 | 許容範囲 |
|---|---|---|
| 設計レビュー時間 | 3.0 時間／k ステップ | 基準値の 1.0～1.2 倍 |
| 摘出欠陥数 | 4.0 件／k ステップ | 基準値の 0.9～1.1 倍 |

設計段階は，見積りステップ数

表　内部設計工程での品質管理指標の計画値（例）

| 品質管理指標 | 基準値 | 許容範囲 |
|---|---|---|
| コードレビューでの摘出欠陥数 | 6.0 件／k ステップ | 基準値の 0.9～1.1 倍 |

プログラム段階は，コーディング終了時の実績ステップ数

表　プログラミング工程での品質管理指標の計画値（例）

図31　レビューの品質管理指標（基本情報　平成 25 年春　午後問題より）

## ●実績との比較で判定する

　後は実際に行ったレビューの時間や摘出した指摘件数を，許容範囲と比較して品質を判断し，レビューを終了するのか，あるいは原因を追究して問題を除去したうえで再レビューするのかを決める。許容範囲を超えた時の考え方は，後述する単体テストの時と同じ考え方でいいだろう。

| | | 3.0〜3.6 | 3.6〜4.4 |
|---|---|---|---|

| チーム | 分担総規模<br>(kステップ) | 設計レビュー時間<br>(時間) | 摘出欠陥数<br>(件) | kステップ当たりの<br>レビュー時間 | | kステップ当たりの<br>摘出欠陥数 | | |
|---|---|---|---|---|---|---|---|---|
| P | 40 | 112 | 168 | 2.8 | × | 4.2 | ○ | 要確認 |
| Q | 25 | 88 | 88 | 3.52 | ○ | 3.52 | × | 要確認 |
| R | 20 | 50 | 70 | 2.5 | × | 3.5 | × | 要確認 |
| S | 15 | 45 | 60 | 3 | ○ | 4 | ○ | 合格！ |

図32　各チームの分担総規模及び内部設計工程終了時点の品質管理指標の実績値（例）
　　　（基本情報　平成25年春　午後問題より）

## ●セルフレビューとペアレビュー

　プログラムのソースコードレビューを行う場合，作成者本人が実施するセルフレビューと，作成者ともう一人別の人がペアを組んで行うペアレビューに分けて実施することがある。これは単体テストでも同じだ。平成25年春期の基本情報技術者試験の午後の問題では，ソースコードレビューをこの二つに分けて実施している例を挙げている。

　最初にセルフレビューを実施し，セルフレビューの終了後にペアレビューを実施するという二段階で不具合除去を狙っている。この時，セルフレビューでは，基準値の許容範囲を“基準値の0.4〜0.6倍”（図の例だと，1kステップ当たり2.4件〜3.6件）と少なく設定しておく。これは，作成者本人によるレビューでは，“正しいと思い込んでいるが実際には誤りだった”という欠陥が検出できないなどの理由からである。セルフレビューである程度欠陥は摘出できるけど，やはりその終了後にペアレビュー等，作成者本人以外の品質チェックも必要なことが理解できる。その後ペアレビューを実施する際には，セルフレビューで摘出した欠陥摘出件数を差し引いて再度許容範囲を設ける。

# 30 テスト

上流工程において，設計書に対して行う品質チェックがレビューであることは前項で説明したが，下流工程において，完成した情報システム（プログラムやその集合体）に対して行う品質チェックが，ここで説明するテストである。

## （1）様々なテスト

一言でテストといっても，このように様々なテストがある。ここでは，そうしたテストの種類について説明する。

---

**開発工程による分類**

　単体テスト，結合テスト，総合テスト，受入れテスト，モジュールテスト，モジュール結合テスト，システムテスト，フィールドテストなど

**種類による分類**

　機能テスト，性能テスト，負荷テスト，回復テスト，信頼性テスト，UIテスト，回帰テスト（リグレッションテスト）など

**テストの進め方による分類**

　ビッグバンテスト，トップダウンテスト，ボトムアップテスト，サンドイッチテストなど

---

## ●単体テスト，モジュールテスト

プログラム単体，関数単体など，個々にテストできる最小単位のテスト。

### テストカバレージ分析ツール

　単体テストのホワイトボックステストにおいて，カバレージ（＝網羅率）を測定するのに使うツール。テストそのものの品質を定量的に判断することができる。

### リファクタリング

　プログラムの外的振る舞いを保ったままプログラムの理解や修正が簡単になるように内部構造を改善すること。サイクロマティック複雑度が大きい時の改善のためや，オブジェクト指向設計におけるコードの再利用性を高めるためなどに行われる。リファクタリングにこだわりすぎると開発生産性が低下することが懸念されるが，システムの保守性を高めることができるので，導入後に継続的かつ定期的に"改修"が発生するようなケースに有効である。

## ●モジュール結合テスト

単体テストを終えた各モジュールを結合して行うテスト。大別すると，「非増加（一斉結合）テスト」と「増加（順次増加結合）テスト」の二つになる。前者はビッグバンテストであり，後者は，その進め方によって，トップダウンテスト，ボトムアップテスト，サンドイッチテストの3種類に分類される。

### ビッグバンテスト

ビッグバンテストとは，単体テスト済みのモジュールを一度に結合してテストする方法である。一斉に結合させるため，テストモジュールの作成負荷が少ないのが特徴。しかし，増加テストに比べるとエラーの発見が遅くなることがある。

### トップダウンテスト

トップダウンテストは，上位のモジュールから順次テストを行う方法である。下位モジュールが完成していない中でテストをしなければならない場合には，「スタブ」というモジュールを利用してテストを進めていく（図33）。

### ボトムアップテスト

トップダウンテストとは逆に，下位のモジュールからテストを行う方法がボトムアップテストである。早くからテストができる点や，テストモジュールの作成が必要という特徴はトップダウンテストと同じ。また，未完成の上位モジュールの代わりに作成するテストモジュールを「ドライバ」という（図34）。

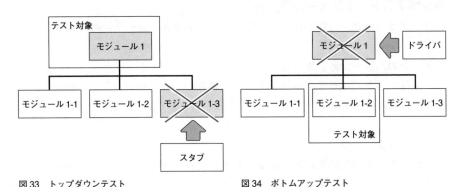

図33　トップダウンテスト　　　図34　ボトムアップテスト

### サンドイッチテスト

サンドイッチテストは，トップダウンとボトムアップの両方向からテストを進める方法である。

## ●システムテスト

システムテストは，要求定義で合意された機能，性能，信頼性，障害対策，使いやすさなどを確認するテストである。システムテストで行うテストには，次のようなものがある。

### 機能テスト

要求仕様書どおりかどうかを確認。ブラックボックステストの方法でテストケースを設定。

### 性能テスト

レスポンスタイム，スループットのテスト。

### 負荷テスト

通常よりも大きな負荷をかけて，システムが正常に作動するかどうか，性能が確保されるかどうかをテスト。

### 回復テスト

プログラムエラー，データベース破壊，ハードウェア障害など想定される障害を実際に起こし，そこから回復力をテストする。

### 信頼性テスト

システムとしての稼働率をチェック。

### UI テスト（ユーザインタフェーステスト）

ユーザにとっての使いやすさを確認。

## ●回帰テスト（リグレッションテスト）

プログラムを変更したり，バグを修正したりした時に，それによって想定外の影響が出ていないかどうか，デグレード（以前よりも品質が悪化すること）が発生していないかどうかを確認するテスト。修正箇所だけのテストではなく，他の正常に動作していて手を加えていない部分に対しても実施する。プログラムを変更したり，バグを修正したりした時には必須のテストである。しかし，修正のたびに修正箇所以外の広範囲にわたる試験を手作業で行っていてはかなりの負荷がかかってしまう。効率よく効果的な回帰テストを行うには"テスト自動化ツール"の適用を検討する。

## (2) テストケース設計技法

テストを成功させるためにはテスト計画が重要になる。テスト計画では，いかに効果的に，すなわち最小限の労力で最大の効果を出せるかが重要なポイントになるわけだが，そうした効果的なテスト計画を立案する上で，必要になる知識が，ここで説明するテストケース設計技法である。テストケース設計技法には，ブラックボックステストとホワイトボックステストがある。

```
ブラックボックステスト

   同値分割
   限界値分析
   原因結果グラフ(因果グラフ)
   エラー推測
```

```
ホワイトボックステスト

   命令網羅
   分岐網羅(判定条件網羅)
   条件網羅
   分岐 / 条件網羅
   複数条件網羅
```

図35　テストケース設計技法の分類

## ●ブラックボックステスト

ブラックボックステストとは，プログラムの中のロジックについては "見えない箱" ＝ブラックボックスとして，外部仕様どおりであるかどうかだけに的を絞ったテストケースを設計する技法である。

プログラムの外部仕様に基づいてテストを行うため，作成者でなくても実施できるテストで，部下が作成したプログラムの検証や，顧客が行う受入テストは，原則，ブラックボックステストになる。

ブラックボックステストには，同値分割，限界値分析，原因結果グラフ，エラー推測などがある。

### 同値分割

同値分割は，入力値の範囲を幾つかのクラスに分割し，"クラスごとの代表値" をテスト値とする。例えば，日付の入力チェックにおいて，5月だけが正しいデータであることをテストしたい場合，同値分割では，4/10，5/10，6/10の三つのデータを作成する。そうして三つのテストケースのうち，5/10だけが正しければテストOKとする。日付チェックのテストや改ページチェックのテストで使うと，境界線の不具合は発見できない。

### 限界値分析

限界値分析は，"クラスごとの代表値" ではなくて，"クラスごとの境界値" をテスト値とする。具体的には，①上限値，②上限を一つ超えた値，③下限値，④下限を一つ超えた値をテストケースとして採用する。同様に，日付の入力チェックにおいて，5月だけが正しいデータであることをテストしたい場合，限界値分析では，4/30，5/1，5/31，6/1の四つのデータを作成する。限界値分析では，"＜"

と“≦”の誤りを発見できるため，改ページ動作や，レンジチェック（範囲チェック）が必要なときには必須である。ほかに，“0”と“1”や“12/31”と“99/99”の最小値・最大値データもチェックする方が良い。

### 原因結果グラフ

入力（原因）と出力（結果）の関係をグラフで表現したもの。入力，出力が“節”で，因果関係のある“節”間が“枝”で結ばれている。更に“節”間の論理的な関係（AND，OR，NOT）を付記していく。原因結果グラフは決定表に展開することができる。

### エラー推測

エラーの発生確率の高いテストケースを推測してテスト値とする。

## Column ▶ サイクロマティック複雑度

平成 30 年春の応用情報技術者試験の午後問題に，サイクロマティック複雑度をテーマにした問題が出題されている。サイクロマティック複雑度とは，プログラムの複雑度を示す指標のひとつで，プログラムの行数ではなく，条件分岐やその経路だけに着眼して複雑度を考えるものになる。

順次処理をひとつの処理として集約し，次のような計算式で複雑度を表している。なお分岐がゼロで順次処理だけで構成されたプログラムが最もシンプルで“C = 1（最小）”になる（値が小さい方がシンプルで良いと判断される）。

**C（サイクロマティック複雑度）= L（リンクの数）− N（ノードの数）+ 2**

```
function sample()     … ノード①
                      … リンク1
  if ( 条件1 )        … ノード②
      [処理1]         … リンク2
  else
      [処理2] ┐
      [処理3] ├… リンク3
      [処理4] ┘
  endif               … ノード③
                      … リンク4
endfunction           … ノード④
```

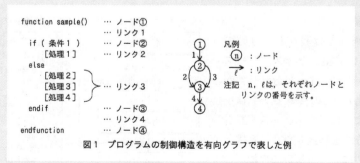

図1 プログラムの制御構造を有向グラフで表した例

図 36 サイクロマティック複雑度をテーマにした問題
（平成 30 年春 応用情報技術者試験の午後問題より引用）

## ●ホワイトボックステスト

　ホワイトボックステストは，「**内部仕様に基づいたテストケース**」を設計し，通常はプログラム作成者が行う単体テストにて使われる技法で，次のようなものがある。

### 命令網羅

　命令網羅は，全ての"命令"を1回通ればOKとするテストケース設計技法である。右図の例だと，命令1，命令2，命令3を実行できればいいので，どんなに複雑な条件であろうと ｜a=0，b=0｜ のテストパターンひとつでいい。

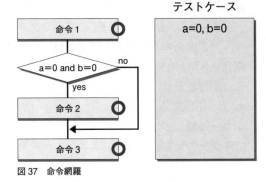

テストケース

a=0, b=0

図37　命令網羅

### 分岐網羅（判定条件網羅）

　命令網羅では考慮しなかった"分岐"に着眼したテストケースである。全ての分岐経路を網羅させればいいので，分岐条件の数に関わらず，その条件が一つ（例：x=0）でも，右図のように複数あっても，たとえそれが100だろうが，経路が2つなら通常は2つのテストケースになる。

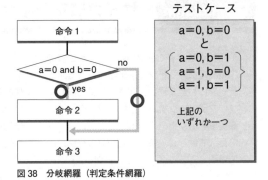

テストケース

a=0, b=0
と
a=0, b=1
a=1, b=0
a=1, b=1

上記の
いずれか一つ

図38　分岐網羅（判定条件網羅）

### 条件網羅

　分岐網羅とは異なり，分岐の"条件"に着眼したテストケースである。右図のように分岐条件が複数の場合，aの真偽,bの真偽を満たすようにテストケースを設計する。分岐を網羅しなくても構わないし，後述する複数条件網羅のように各条件の組合せを網羅する必要もない。

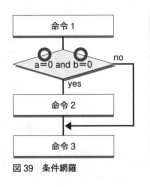
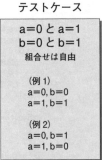

テストケース

a=0とa=1
b=0とb=1
組合せは自由

（例1）
a=0, b=0
a=1, b=1

（例2）
a=0, b=1
a=1, b=0

図39　条件網羅

## 分岐／条件網羅

分岐網羅と条件網羅の両方を満たすテストケースである。分岐網羅は全ての条件を網羅するわけでもなく，逆に条件網羅も全ての分岐経路を網羅するわけでもない。そこで，その両方を満足するテストケースを設計するのが，この分岐／条件網羅（判定条件／条件網羅）である。

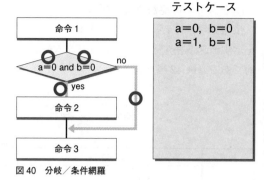

テストケース

a=0, b=0
a=1, b=1

図40　分岐／条件網羅

## 複数条件網羅

分岐条件の全組合せのテストケースを設計する方法。分岐条件（if 文の中）が and や or で複数の条件である場合，その取り得る全ての組合せ（右の例だと，①a = 0 and b = 0，②a = 1 and b = 0，③a = 0 and b = 1，④a = 1 and b = 1 の 4 パターンになる）のテストケースになる。

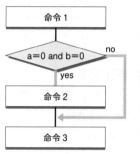
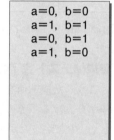

テストケース

a=0, b=0
a=1, b=1
a=0, b=1
a=1, b=0

図41　複数条件網羅

注）ホワイトボックステストの「～網羅」という名称に関して

情報処理技術者試験では，平成30年春の応用情報技術者試験の午後問題の問8で**"条件網羅"**が問われている。平成25年秋の応用情報技術者試験の午前問題の問49では，**"分岐網羅"**と**"条件網羅"**が，平成27年春の基本情報技術者試験の午前問題の問50では**"複数条件網羅"**がそれぞれ問われている。こうした出題より，本書での「～網羅」の解釈は，情報処理技術者試験の過去問題を基準にしている。

### (3) テストでの品質管理指標

　情報処理技術者試験では，単体テストの品質管理基準に，テストケースの網羅性を示すテスト密度と，当該プログラムにおけるバグ摘出率の指標を用いるのが一般的である（図42参照）。

> 「標準値」は，その企業におけるプロジェクト標準や，過去の同一規模，類似プロジェクトから求める。

| 指標 | 算出方法 | 標準値 |
|---|---|---|
| テスト密度 | テストケース数（件）÷<br>当該プログラムの開発規模（kステップ） | 100 |
| バグ摘出率 | プログラムのバグ数（件）÷<br>当該プログラムの開発規模（kステップ） | 5 |

図42　単体テストの完了の指標の算出方法と標準値の例（基本情報　平成28年春　午後問題より）

### ●単体テスト完了の判断基準

　こうした標準値を基に"品質合格"の判定基準，すなわち単体テスト完了の判断基準を設ける。そのまま「標準値以上」とすることもあるが，一概に多けりゃいいとか，少なかったからよかったということでもないので，図43のように管理範囲を設ける。

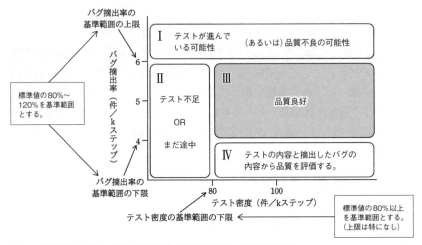

図43　品質評価のグラフ（例）（基本情報　平成28年春　午後問題より）

　管理範囲（管理上限や管理下限）を決め，その比較の中で品質を確認する。例えば図の"Ⅰ"のエリアは，簡単にいえば「バグが想定よりも多い」ことになる。しかしそれは，当初予定していたテストを完了してしまった時や，テスト網羅率が高い場合には"品質が悪い"という判断になるが，テストの途中（テスト進捗率が低い時）だと，バグが順調に検出されているとも言える。逆に「バグが少なかった（図のⅣ）」ケースでも，直ちにそれで「品質が良かった」と判断するのではなく，単体テストそのものに問題は無かったか（バグが除去できていない可能性）などを判断するために，その要因を含めて判断することが重要になる。

## ●プログラム，サブシステムなどの品質判定

　図 44 はプログラムごとの例だが，テスト密度とバグ摘出率をこういう形で比較して品質を判断している。原則，管理範囲内のものを合格とし，それ以外のものはそれぞれ最適な対応を取る。

同一の観点で，他のプログラムに関しても点検。同様の問題の有無をチェックする。

バグの原因分析を行う。原因を除去したうえで必要なテストケースを追加して，再テストする。

| | 開発規模（k ステップ） | テストケース数（件） | テスト密度（件／k ステップ） | バグ数（件） | バグ摘出率（件／k ステップ） | 評価 |
|---|---|---|---|---|---|---|
| プログラム 1 | 10 | 980 | 98 | 70 | 7 | バグ摘出率が基準範囲の上限を超えた。 |
| プログラム 2 | 2 | 215 | 107.5 | 9 | 4.5 | 問題なし |
| プログラム 3 | 6 | 750 | 125 | 20 | 3.3 | バグ摘出率が基準範囲の下限を下回った。 |
| プログラム 4 | 8 | 600 | 75 | 30 | 3.8 | バグ摘出率,テスト密度ともに基準を満たしていない。 |

バグが少ないので，全ての処理を網羅的に確認できるようにテストケースが作成されているか？を確認する。

テストケースの不足が考えられる。テストケースの不足原因を確認して，テストケースを追加し，再度単体テストを実施する。

図 44　あるサブシステムの単体テストの結果（例）（基本情報　平成 28 年春　午後問題より）

　プログラム 1 のように，バグ摘出率の多いものに関してはその原因を探り，例えばそれが「詳細設計書に曖昧な記述があった。」というものだったら，その詳細設計書を作成した人の成果物をすべてに対しチェックする必要がある。他のプログラムにも影響が出ている可能性が十分あるからだ。

　また，プログラム 3 のように，テスト密度は十分なのにバグの検出が基準を下回った場合には，単純に「品質良好」と判断するのではなく，実データだけでテストしていたり，テストケースに偏りがあったり，網羅性が担保されていない可能性もあるので，そこを確認してから判断する。

# 31・信頼度成長曲線，管理図

品質管理には，次のような管理図もよく使われる。合わせて覚えておこう。

## ●信頼度成長曲線

レビューやテストの進捗状況，収束状況，終了判定基準には，信頼度成長曲線を併用することが多い。横軸に日数を，縦軸に累積バグ数をとり，通常，図のようにS字カーブを示す独特な曲線（ロジスティック曲線，ゴンペルツ曲線などと呼ばれる）を示す。

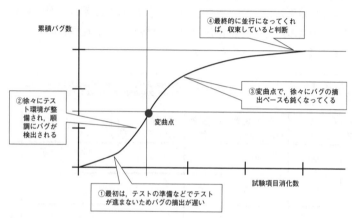

図45　信頼度成長曲線の説明

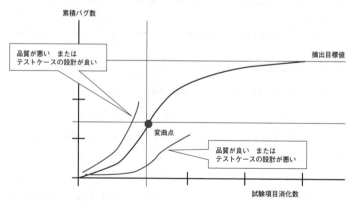

図46　信頼度成長曲線の使い方

最終的に，このグラフで成長が止まっている（バグの累積数が増えない）ことがレビューやテストの終了判定条件になる。いわゆる"収束"だ。他に，過去のプロ

ジェクトの実績値より標準的なバグの成長曲線を基準にして，その基準とのかい離状況から品質を判断することもできる。

　また，標準の曲線と比較した場合，目標とする曲線よりも実際のところが上回っていると「テストケースの設計状況がよく，早い段階から効果的にバグが検出されている」という可能性もあるし，「通常よりも品質が悪い」という可能性もある。逆に，目標とする曲線よりも下回っていると「品質がよい」可能性もあるが，「テストケースの作成の仕方が悪く，本来検出されるはずのバグが摘出されていない」という可能性もある。

　最終的には，かい離している原因を調査して，どういう判断にするべきかを確認する。その判断はプロジェクトマネージャの重要な仕事の一つになる。

## ●管理図

　管理図は，各要素が安定しているかどうかをチェックする図である。上部管理限界（UCL），下部管理限界（LCL），中央線の3本の基本線を表にもち，各要素の値が，どの部分に存在するかを記述しグラフ表示する。ソフトウェア開発でよく使われる管理図には，P管理図やU管理図がある。

### P管理図

　P管理図とは，ある工程を不良率で管理する時に使う管理図の一種である。サンプルごとに大きさが異なる場合などでは有効だ。ソフトウェア開発の場合の不良率は，テストの消化試験項目数あたりのバグ件数になるから，担当者別の消化試験項目数あたりのバグ件数（＝バグ検出率）の調査のときに使われる。

### U管理図

　U管理図は，ある工程を，単位当たりの欠点数によって管理する時に使う管理図の一種で，欠点数を調べる対象の単位量の大きさが等しくない場合に使われる。ソフトウェア開発工程では，欠点数＝バグ数になり，「単位当たり」というのが，「1キロステップ当たり」になるので，担当者別の1キロステップあたりのバグ数を調査するときに使われる。

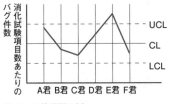

図47　P管理図の例

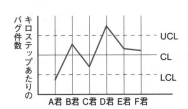

図48　U管理図の例

# 32・品質管理ツール

　品質確保のために有効な統計的手法（主に管理技法としての表やグラフ）を七つのツールとしてまとめたもので，その七つの道具は以下のようなものである。

## ●パレート図

　パレート図は，①個々の問題を原因ごとに分類し，各構成要素を棒グラフにして「大きいもの順」に左から並べていき，②左の構成要素から順次累計をとり，その累計値を折れ線グラフで表した図である。

　パレート図は，パレートの法則を問題の原因分析に応用したもので，ソフトウェア開発の現場では，何らかの問題が発生し，その問題に対して優先すべき対策や重点的に対応するところなどを決めるときに使われる。そのときの切り口は原因別（図参照），担当者別（設計担当者別，プログラム担当者別）などが多い。

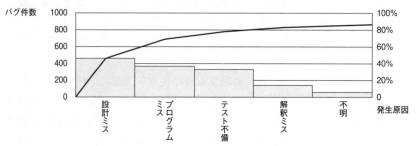

図49　パレート図の例

## ●散布図

　二次元の平面状に，個々のデータを"点"でプロットした図のこと。データの相関関係を視覚的に確認できる。

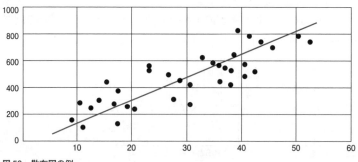

図50　散布図の例

## ●特性要因図

特性要因図は，ある結果（これを特性とする）に対して，それに影響していると思われる原因（これを要因とする）を分類整理して，矢印で特性と要因の関係をつなぎ合わせた図である。魚の骨のような形になるためフィッシュボーンダイアグラムとも呼ばれている。

特性要因図には，ある結果に影響する要因を分類整理して視覚化することで，対策を検討するときにイメージしやすくするとともに，リスク対策（予防的対策）として利用すると，網羅的かつ総合的な対策を検討しやすくなるという利点がある。なお，特性と要因の関係を整理する（特性要因図を作成する）ときには，ブレーンストーミング形式で行われることが多い。

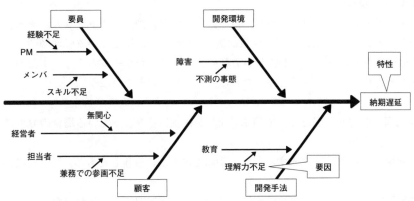

図51　特性要因図の例

## ●ヒストグラム

個々のデータをいくつかのパターンに分類し，そのパターンの中のデータ数をグラフ化して並べたもの。パレート図と違い，山のような形状になることが多い。受験生の得点分布など，平均値とそのばらつきを求める場合に利用することが多い。

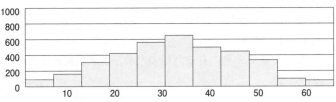

図52　ヒストグラムの例

## ●チェックシート

　作業すべき項目等のチェック用の表をあらかじめ作成しておき，作業が完了したときにチェックできるような表。テストケースのチェック表や，作業手順のチェック表として使用することが多い。

## ●グラフ

　収集したデータを，視覚的に表現するためのもの。棒グラフ，円グラフ，折れ線グラフなどが有名である。表計算ソフトなどには，標準でグラフを簡単に作成できる機能が付いている。

## ●新 QC 七つ道具

　これまで説明してきたパレート図，散布図，特性要因図，ヒストグラム，チェックシート，グラフに，「1.1.5 信頼度成長曲線，管理図」で説明している管理図の七つを QC 七つ道具という。その QC 七つ道具の後に登場したツールのうち，下記の七つをまとめて新 QC 七つ道具と呼んでいる。合わせて覚えておこう。

- 連関図：問題と原因を矢印で結ぶ。問題が複雑に絡み合っている場合の分析に有効。
- 系統図：最終目的を達成するための手順を階層的に表現したもの。対策立案に有効。
- 親和図：親和図法（問題解決手法）で使う図。親和図法は，問題点をブレーンストーミングで自由に発散させ，それらを最終的に組み立てて整理していく手法で，KJ 法とほぼ同じ手法である。物事の相互の親和性を統合して図式化することからこの名前が付いた。
- アローダイアグラム：作業の前後関係を明確にする目的で使う。
- PDPC（Process Decision Program Chart）：
　システム開発を進める上で，発生し得る問題を予見し，対応策を定めて不測の事態への対応を可能にする方法。
- マトリックス図：縦軸と横軸にそれぞれの要素を表現し，二つの要素の関連性を表現したもの。
- マトリックスデータ表：大量データの有効利用のため，多変量解析を用いたデータ表。

# 33・品質不良の事後対策

　品質不良を発見した場合には，適切な対策を取らなければならない（事後対策）。具体的には，次の二つのプロセスを実施する。

　一つは，根本的原因を把握するために原因分析を実施することである。これは品質不良の可能性を発見した後に，問題なのかそうでないのかを切り分けるために実施するものではなく，問題の根源をつかむためのものである。やはり，ここでも QC七つ道具を使う。

　次に，根本的原因を確認した後，原因に応じた最適な対策を練る（表38）。ただし，事後対策を実施するときには慎重な対応が求められている。そのあたりの具体的な内容は，P.97 コラム「絶対に読み込んでおくべき問題〜進捗遅延時の事後対策〜」にまとめている。必要に応じて確認しておこう。

表 38　事後対策

| 問題点 | 根本的な原因 | 事後対策 |
|---|---|---|
| •品質目標値の未達<br>　当初設定した品質要件が満たされていない<br><br>•不具合（バグ）<br>　予定よりも不具合が多く，テスト，レビュー工程の進捗が遅れ気味である | •特定の要員に問題がある<br>•スキル不足<br>•経験不足（新人等）<br>•特定の原因<br>•設計ミス<br>•プログラムミス<br>•前工程でのテスト不足 | •要員の交代<br>•経験者のサポート<br>•前工程に戻って改善する |

# 2 午後Ⅱ対策

## 第2章

ここでは，午後Ⅱ（論述式）試験を突破するために必要なことを説明している。「2 時間の使い方（論文試験の全体イメージ）」，「合格論文とは」，「事前に準備しておくこと」などだ。そして，これまでに出題された過去問題を例に，問題文の読み方や解釈の仕方，よくある間違いなどをカテゴリーごとに解説するとともに午後Ⅱ演習問題も掲載している。これらをフル活用して合格を勝ち取ろう。

演習の続きは Web サイト（https://www.shoeisha.co.jp/book/present/9784798185750/）からダウンロードできます。詳しくは，iv ページのご案内を参照してください。

# 2-1 論文試験の全体イメージ

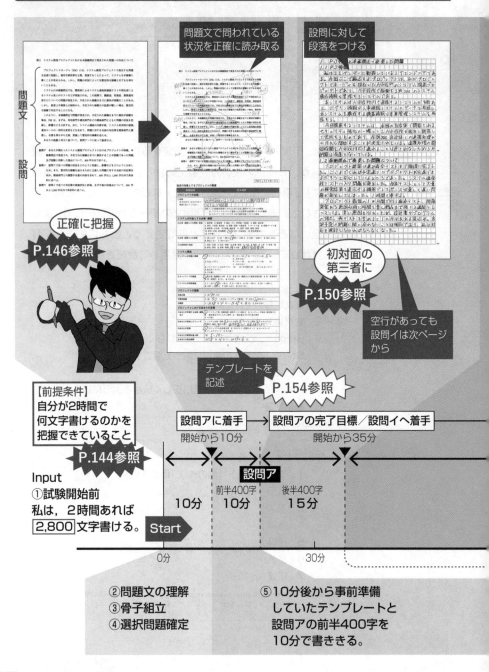

問題文で問われている状況を正確に読み取る

設問に対して段落をつける

問題文

設問

正確に把握

P.146参照

初対面の第三者に

P.150参照

空行があっても設問イは次ページから

テンプレートを記述

P.154参照

【前提条件】
自分が2時間で
何文字書けるのかを
把握できていること

P.144参照

設問アに着手
開始から10分

設問アの完了目標／設問イへ着手
開始から35分

設問ア
前半400字 後半400字
10分 10分 15分

Input
①試験開始前
私は，2時間あれば
2,800文字書ける。

Start

0分

30分

②問題文の理解
③骨子組立
④選択問題確定

⑤10分後から事前準備
していたテンプレートと
設問アの前半400字を
10分で書ききる。

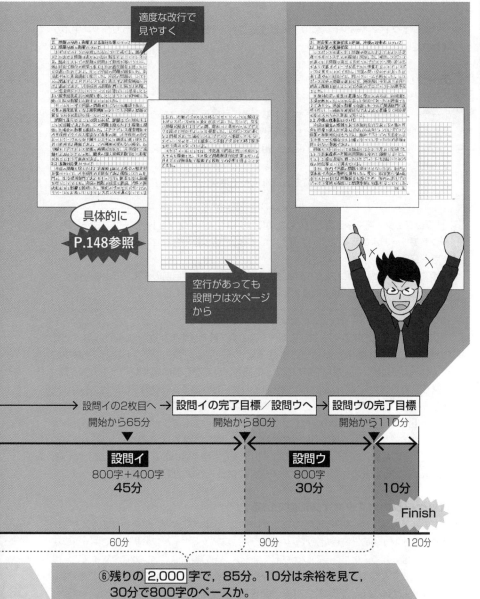

適度な改行で
見やすく

具体的に
P.148参照

空行があっても
設問ウは次ページ
から

→ 設問イの2枚目へ → | 設問イの完了目標／設問ウへ | → | 設問ウの完了目標 |

開始から65分　　　　　　開始から80分　　　　　　開始から110分

| 設問イ | 設問ウ | |
| 800字＋400字 | 800字 | |
| **45分** | **30分** | **10分** |

Finish

60分　　　　　　　　　90分　　　　　　　　120分

⑥残りの 2,000 字で，85分。10分は余裕を見て，
30分で800字のペースか。
→マイルストーンを設定して，"時間"と"記述量"
を意識して書き始める。

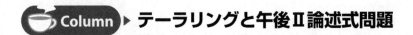

## Column ▶ テーラリングと午後Ⅱ論述式問題

　プロジェクトマネージャ試験の午後Ⅱ論述式は，一言で言うと，テーラリングスキルが問われている。

### テーラリング

　テーラリングとは，元々はオーダースーツを仕立てる時などに使われていた言葉だ。テーラードスーツとか，テーラーメイドなどという言葉を聞いたこともあるだろう。テーラーは洋服屋さんとか仕立て屋という意味になる。

　これがビジネスの世界で使われると，組織や企業が標準プロセスや開発標準などを適用する時に，当該組織や企業にフィットするように"仕立てる"という意味で使われる。システム開発プロジェクトの世界でも，PMBOK では次のように定義している。

> 「プロジェクトをマネジメントするために，プロセス，インプット，ツール，技法，アウトプットおよびライフサイクル・フェーズの適切な組み合わせを決めること（第6版 P.721）」
>
> 「アプローチ，ガバナンス，プロセスが，特定の環境および目前のタスクにより適合するように，それらを慎重に適応させること（第7版 P.244）」

　プロセスベースの第6版と原理原則ベースの第7版では表現が違っているが，要するにPMBOK のような標準化されたモデルを活用する時には，「プロジェクトごとに当該プロジェクトの"個性"を考慮してアレンジして適合させてから使いなよ！」ということだ。

　言うまでもなく，プロジェクトにはそれぞれ独自性がある。個々のプロジェクトで作成する成果物も違えば，個々のプロジェクトに対するニーズも違う。一方，PMBOK 等の標準モデルは，そうした個々のプロジェクトの独自性を除去して，どのプロジェクトにもよく見られる"共通部分"を中心に作成されている。言い換えれば"プロジェクトのあるある"だ。そのため，標準化されたものはそのままでは使えないので，適用させるための取捨選択や改変が必要になる。これを PMBOK では**テーラリング**と称している。

### パッケージのカスタマイズに似ている

　この考え方は，パッケージ製品を導入する時に，企業のスタイルに合わせてカスタマイズやアドオンするのと同様だ。パッケージでも，フィットギャップ分析をしてギャップを解消して導入する。ただ，プロジェクトマネジメントの場合は"ノンカスタマイズで"導入することはできない。つまり，テーラリング無くして導入することはほぼできない。PMBOK に合わせて，プロジェクトの独自性を変更することは不可能だからだ。

## 午後Ⅱ論述式試験では

ここで，午後Ⅱ論述式試験で問われていることを思い出してみよう。平成21年以後の問題では，設問アで必ず「プロジェクトの特徴」が問われている。また，設問イで「工夫した点」がよく問われている。これらは，何を意味するのだろう？

本当のところは知る由もないが（ひょっとしたら何かしら公表されているのかもしれないが），設問アの「プロジェクトの特徴」を"プロジェクトの個性"と，設問イの「工夫した点」を"テーラリング"と読み替えることもできそうである。

仮にそうなら，「工夫した点」というのは，画期的な対策でも，独創性のある対策でも何でもなく，ただ単に特徴に合わせてテーラリングしただけという…極々当たり前の話になる。そして，午後Ⅱ論述式試験は，普段テーラリングをしている人か，そうでない人かを判断しているだけだともとれる。

そう考えれば，設問アの「プロジェクトの特徴」がいかに重要な要素なのかがわかるだろう。本書 P.158 の **「2-3-2　設問アの前半 400 字「プロジェクトの特徴」の作成」** を熟読して，概要と特徴の違いを含めて，今一度チェックしておこう。

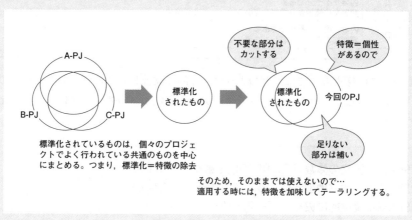

テーラリングのイメージ図

## 令和5年の午後Ⅱ問題に出てきた「プロジェクトの独自性」

令和5年の午後Ⅱ問1が，まさにテーラリングの問題だった。この問題や解説，サンプル論文を見れば，テーラリングのイメージがつかめるだろう。それと，この年の午後Ⅱ問題には大きな変化があった。それは，それまでずっと設問アで問われ続けてきた「プロジェクトの特徴」が姿を消して，代わりに「プロジェクトの独自性」という言葉が使われている。2問ともだ。おそらく，これが今後の主流になると思う。

# 2-2　合格論文とは？

IPA 公表の午後 II 論述試験の採点方式と合格基準は次のとおりだ。

## 採点方式

　設問で要求した項目の充足度，論述の具体性，内容の妥当性，論理の一貫性，見識に基づく主張，洞察力・行動力，独創性・先見性，表現力・文章作成能力などを評価の視点として，論述の内容を評価する。また，問題冊子で示す"解答に当たっての指示"に従わない場合は，論述の内容にかかわらず，その程度によって評価を下げることがある。

### 合格基準（評価ランクと合否の関係）

| 評価ランク | 内容 | 合否 |
|---|---|---|
| A | 合格水準にある | 合格 |
| B | 合格水準まであと一歩である | 不合格 |
| C | 内容が不十分である<br>問題文の趣旨から逸脱している | 不合格 |
| D | 内容が著しく不十分である<br>問題文の趣旨から著しく逸脱している | |

　ただ，この採点方式では，どのように具体的に改善していけばいいのか努力の方向性がわからない。そこで，本書では，次のように 4 つのステップに分けて考えるように推奨している。

| | |
|---|---|
| Step1 | 論文の体裁で 2,200 字以上書く（→ P.144） |
| Step2 | 問題文の趣旨に沿って解答する（→ P.146） |
| Step3 | 具体的に書く！（→ P.148） |
| Step4 | 初対面の第三者に正しく伝わるように書く！（→ P.150） |

## Column ▶ プロジェクトマネージャの仕事は，原則 "指示"，もしくは "助言"，"提案"

筆者は，受講生の論文添削を行う時にとても注意していることがあります。それは次のようなところです。

①問題文から，プロジェクトマネージャに求められている行動を読み取る。
②論文で，プロジェクトマネージャの行動が適切かを確認する。

当然と言えば当然なのですが，この時に注意を払っているのが，次の点なんですね。

・プロジェクトマネージャは誰かに指示をだしているのか？
・プロジェクトマネージャが自ら作業をしているのか？

基本，プロジェクトマネージャの仕事は "マネジメント" なので，仕事を与える，指示することが仕事になります。しかし，論文を読んでいると，指示を出したかどうかわかりにくいものや，何もかも自分自身でやってしまっているものが多いんですね。というのも，問題文では**「あなたはどのような指示を出したのか？」**という表現にはなっていなくて，指示を出すという行為も含めて**「あなたは何をしたのか？」**という表現になっているので，ついつい「自分が○○した」と書いてしまうのです。

確かに，ユーザ側のステークホルダとの交渉や，計画の変更，体制の見直しなどはプロジェクトマネージャが「自分で行う」行動になります。しかし，設計，開発，テストなどは，プロジェクトマネージャが行うものではありません。プロジェクトに

よっては「PM 兼 SE」として兼務することもありますが，論文に書く事例では，それは避けた方がいいのです。PM に専念している立場でないと，マネジメントスキルの判断ができないからです。

中には，「問題発生時の原因分析」のように，「チームリーダに指示を出す」ケースもあれば，「PM 自身が原因を追究する」ケースもあり，ケースバイケースのものもありますが（その場合は，問題文がどっちを期待しているのかを注意深く読み取る必要がある），基本プロジェクトマネージャの仕事（行動）は，次の3つ。

・**意思決定をする**
・**指示を出す**
・**設計や開発作業はしない**

そう考えておきましょう。迷ったら「指示を出した」にしておけば安全です。実際の現場でもそうですよね，優秀な管理職のコンピテンシーは "適切に仕事を与えられるスキル" です。

これまで何度か論文試験で B 評価だった人は，特に，自分で何でもかんでも抱え込んでいないか，作業をしていないかを考え直してみてください。そこにメスを入れるだけで A 評価に変わるかもしれません。

但し，これらは強いリーダーシップが必要な予測型（従来型）アプローチのプロジェクトに限定されます。アジャイル開発のプロジェクトでは，開発チームは自律的に行動するため，マネジメントは支援型になります。そのため，"指示" ではなく "助言" や "提案" がメインになる点にも留意しておきましょう。

143

# Step1　論文の体裁で 2,200 字以上書く

## (1) 2 時間で書く練習の意義

　論文試験の難しいところは，「単に経験した内容を書くのではなく，問題文と設問に沿って解答しなければならない」というルールがあり，更に「事前準備はするものの，それがそのまま使えるようなことはない」という点にある。そのために2時間で論文を書く練習が必要になる。

　2時間で論文を書くことが有効かどうか，筆者の過去の講座で見てきたことをお話しする。2時間で論文を書いたときの成長過程は下図のようになる。

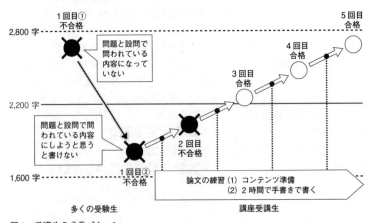

図1　受講生の成長パターン

　この図のように，1回目に論文を書いてもらうと，受講者の 90% が以下のいずれかで不合格論文になっている。

　　①2,200 字以上だが，内容が問題に即していない不合格論文になっている
　　②問題に即した内容にしようとして 2,200 字に至らず不合格論文となっている

　おそらく，多くの受験生がこの1回目で苦手意識を持ってしまい，無理だと思うのだろう。しかし，ここからが重要である。

　この後，2回目になると少し改善され，3回目には更にもう少し，4回目か5回目には，多くの人が合格論文になるのである。興味深いのは，筆者の受講生のほぼ 95% 以上が，最終的に合格論文を書けるようになっていることだ。確かに知識量の増加もあるが，それ以上に"慣れ"がその原因だと考えられる。重要なのは，1回目ではできなくても何回か実施している間に，できるようになるという事実である。

## (2) 早く論文が書けるようになる方法

それでは次に，論文を早く書けるようになる方法を紹介しよう。

### プロジェクトマネジメント経験がある受験生

プロジェクトマネジメントの経験がある場合は，とにもかくにも1本目の論文を早く書くようにしよう。もっとも得意なテーマ（問題）で構わない。すぐに2時間使って1本書いてみよう。全く手が動かなくても2時間は使うこと，そこは必須。それが，最も早く論文を仕上げる最大のポイントになる。

人が最もやりたくない勉強は，「アウトプット学習で，アウトプットできないまま長時間考え続ける」ことである。具体的には，2時間で論文を書いてみようと考えて挑戦してみたものの，全く手が動かない中で，2時間頑張ってみるというものだ。想像しただけで，"やりたくない"，"無理だ"と感じるだろう。

だから普通は，誰もやらない。無駄に時間を過ごしていると感じるし，そんな時間があったら午後Iでも解いてみようかとなってしまう。先に知識を付けようと考えたり，サンプル論文を見たりする方が有益だと思うかもしれない。

しかし，筆者の講座では，初回から講座の中で「2時間論文を書く」という行為を強いている。書いてもらっている。その結果，前述のとおり3〜5回目で論文が仕上がっている。合格率もいい。講座も終わるころには「論文は大丈夫」と自信を持っている受講生が多い。つまり，早く仕上がっている。

その理由は簡単。論文の改善とは，コミュニケーションそのものの改善に他ならないので時間がかかるからだ。早くから始めないと，試験本番までに仕上がらない。2時間ストールしていてもOK。2時間も「なぜ書けないのか？」を自問自答するだけでも，ちゃんと前に進んでいる。そこで一つでも二つでも課題が見えてくればさらにいい。早くに課題さえわかれば何とでもなるからだ。

### プロジェクトマネジメント経験が無い受験生

一方，プロジェクトマネジメント経験が無い受験生はどうしたらいいのだろうか。知識と想像力で，ある程度イメージができている人は2時間で書く練習から始めてもいいだろう。しかし，経験だけではなく知識や想像力まで無いとなると，2時間で書けるはずがない。

そういう場合はいくら時間をかけてもいい。8時間でも1週間でもいいだろう。午後Iの問題文，サンプル論文，プロジェクトマネジメントの四方山話などを参考にしながら，「こういうケースならどうするだろうか？」を想像して，さながら小説を1本作るがごとく，論文に表現しない部分の設定まで作りこんで，じっくりと時間をかけて作り上げよう。

# Step2 問題文の趣旨に沿って解答する
## 〜個々の問題文の読み違えを無くす！〜

　前述の Step1 や, 後述する Step3, Step4 は, 情報処理技術者試験の午後 II 論述式試験の…全区分全問題共通のものだが, ここで説明する注意点は, 個々の問題ごとのもの及び対策になる。ある程度論文が書けるようになっても, 本番で解いた 1 問の出題趣旨等を読み違えて, 問われていることと違うことを書いてしまっては, とてももったいない。

## (1) 問題には正解がある

　情報処理技術者試験の午後 II 論述式試験にも "正解" がある。問題文中に記載されている "状況", "あるべき姿", "例" などの中に。問題文は抽象的なので, その抽象的なことを具体的にした内容が正解なのだから。

> ・問題文中に記載されている "あるべき姿" に合致していること
> ・問題文中に記載されている "状況" と類似の状況
> ・問題文中に記載されている "例" と類似の経験

## (2) 問題文を読み込む

　それゆえ筆者は, 試験対策講座で必ず「論文対策の中心は, 過去の午後 II 問題文を徹底的に読み込むこと」という話をしている。この本に, 過去に出題された問題全 75 問を掲載しているのは, 何度も繰り返し読み込めるようにと考えてのことである。

　問題文という "正解" を徹底的に暗記するくらいまで読み込むことで, 少なくとも "どういう経験を書かないといけないのか？" を知ることができる。加えて, あるべき姿も頭に入るので, できるだけ早い段階から着手するのが理想である。

## (3) 予防接種をする

　本書では，各問題文の読み違えを無くすために，次のような手順で対策をしておくことを推奨している。筆者はこの学習方法を"予防接種"と呼んでいる。問題文の読み違えは，1度引っかかっておけば2度目は引っかからないからだ。それまでの先入観を上書きし，新たな先入観を**免疫**として習得しておけば，少なくとも試験本番時に問題文を読み違えることはないと考えているからだ。

---

【予防接種の具体的手順（1問＝1時間程度）】

①午後Ⅱ過去問題を1問，じっくりと読み込む（5分）

　「何が問われているのか？」，「どういう経験について書かないといけないのか？」を自分なりに読み取る

　※該当する過去問題を各テーマごとに掲載しています

②それに対して何を書くのか？"骨子"を作成する。できればこの時に，具体的に書く内容もイメージしておく（10分〜30分）

③本書の解説を確認して，②で考えたことが正しかったかどうか？漏れはないかなどを確認する（10分）

　※各午後Ⅱ問題文に対して，手書きワンポイントアドバイスを掲載しています。さらに，ページ右上のQRコードからアクセスできる専用サイトで，各問の解説を提供しています。

④再度，問題文をじっくりと読み込み，気付かなかった視点や勘違いした部分等をマークし，その後，定期的に繰り返し見るようにする（10分）

---

# Step3 具体的に書く！

　論文は"具体的に述べよ"という指示があるので，その指示通りに具体的に書く必要がある。これは，問題文が抽象的に書かれており，それを「あなたの場合」として具体的に書いてほしいという意図である。

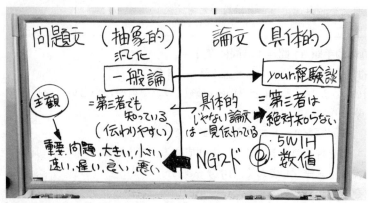

写真1　筆者が開催する試験対策講座で実際に説明で使っている板書

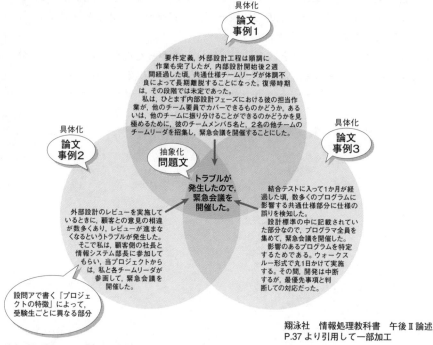

**具体化**
**論文事例1**
要件定義，外部設計工程は順調に作業も完了したが，内部設計開始後2週間経過した頃，共通仕様チームリーダが体調不良によって長期離脱することになった。復帰時期は，その段階では未定であった。
　私は，ひとまず内部設計フェーズにおける彼の担当作業が，他のチーム要員でカバーできるものかどうか，あるいは，他のチームに振り分けることができるのかどうかを見極めるために，彼のチームメンバ5名と，2名の他チームのチームリーダを招集し，緊急会議を開催することにした。

**具体化**
**論文事例2**

**抽象化**
**問題文**
トラブルが発生したので，緊急会議を開催した。

外部設計のレビューを実施しているときに，顧客との意見の相違が数多くあり，レビューが進まなくなるというトラブルが発生した。
　そこで私は，顧客側の社長と情報システム部長に参加してもらい，当プロジェクトからは，私と各チームリーダが参画して，緊急会議を開催した。

設問アで書く「プロジェクトの特徴」によって，受験生ごとに異なる部分

**具体化**
**論文事例3**
結合テストに入って1か月が経過した頃，数多くのプログラムに影響する共通仕様部分に仕様の誤りを検知した。
　設計標準の中に記載されていた部分なので，プログラマ全員を集めて，緊急会議を開催した。
　影響のあるプログラムを特定するためである。ウォークスルー形式で丸1日かけて実施する。その間，開発は中断するが，最優先事項と判断しての対応だった。

翔泳社　情報処理教科書　午後Ⅱ論述
P.37 より引用して一部加工

図2　問題文と論文の関係（問題文はこのように抽象化されているという一例）

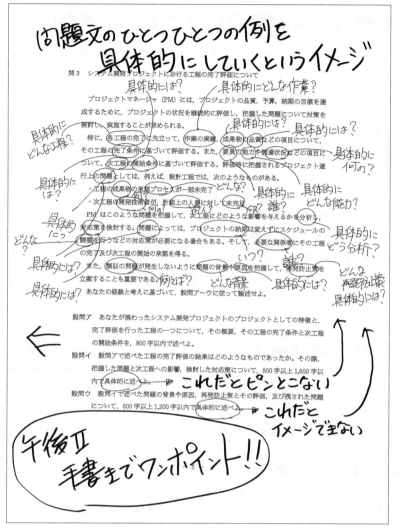

図3 具体的に書くということのイメージ

　本書のサンプル論文を活用すると"具体的に書く"ということを理解することができる。本書には，他に類を見ない圧倒的なサンプル論文が特典として付いているため，それを利用して下記のポイントをチェックしよう。

①自分の考えた具体的なレベルと，サンプル論文の具体的なレベルの比較
②設問アの前半（プロジェクトの特徴）で書くべきことの確認
③定量的な表現の確認

# Step4　初対面の第三者に正しく伝わるように書く！

　論文を採点するのは，あなたのことを全く知らない初対面の第三者である。昨日までの過去を共有している相手ではない。したがって，初対面の第三者に一方的に自分の経験したことを話す技術が必要になる。

## （1）表現力の基本は 5W1H

　説明に必要な要素は省略することなく丁寧に説明する。

---

When（いつ）：時間を表す。時間遷移があった時に必須

Where（どこで）：場所を表す。場所が移動した時に必須

Who（だれが）：主語。主語が変わる時に必須

Why（なぜ）：理由や根拠。非常に重要

What（なにを）：　　｝「〜どうしたのか」行動や

How（どのように）：｝述語につなげる

---

## （2）定量的表現で客観性を持たせる

　数字を書かなければ合格できないわけでは無いが，主観でしかない程度を表す表現（大きい，小さい，速い，遅いなど）は極力使わず，客観的な数値を使うようにしよう。"大きい" よりも例えば "1 万人月"。こう表現したら，それは "1 万人月" 以上でも以下でもなく正確に相手に伝わる。

## （3）二つの "差" で表現する

　よく「問題や課題は引き算」という表現を耳にする。「"課題" や "問題" とは "理想" と "現実" の "差"」という意味だ。これを論文で表現すると，読み手に正確に伝わるようになる。

| 程度で表した主観的表現<br>（抽象的…，どれくらいかもわからない） | 二つの "差" で客観性を持たせた表現 |
|---|---|
| 見積り金額をオーバーしてしまった。 | 当初の見積りでは 50 人月だったが，結果的に 55 人月になってしまった。 |
| 進捗が遅れだした。 | 本来，今日の段階でプログラムが 10 本完成していなければいけないところ，まだ 8 本しか完成していない。残りの 2 本が完成するのは 3 日後になるらしい。 |
| | 計画では，今日から作業に入るはずだったが，前の作業が終わっていないために，早くても 1 週間後になる。 |

## (4) スケジュールなどの "図" を言葉だけで説明する（P.335 コラム参照）

例えば，下記のようなスケジュールを言葉だけで正確に相手に伝える。

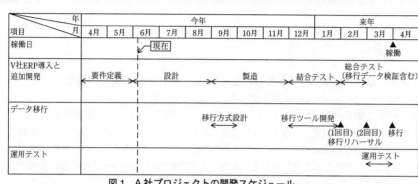

図1　A社プロジェクトの開発スケジュール

## (5) 結論先行型の文章にする

　次の2つの文章は，上の①〜⑤の順番で説明するより，下の①〜⑤の順番で説明した方が伝わりやすい。

> ①住んでいるのは比較的暖かい場所です。
> ②インドやアフリカですね。
> ③すごく子供思いで，子供を大切にしています。
> ④動物園には必ずいる愛らしい動物です。
> ⑤そうです，動物のゾウ，エレファントのことです。

> ①今から "ゾウ" の話をします。そうです，動物の "ゾウ"，エレファントです。
> ②住んでいるのは比較的暖かい場所です。
> ③インドやアフリカですね。
> ④すごく子供思いで，子供を大切にしています。
> ⑤動物園には必ずいる愛らしい動物です。

## (6) 表現力を高める練習をする

　初対面の第三者との会話機会が多ければ，自ずと初対面の第三者に正しく伝えることが上手くなる。したがって，積極的にそういう機会を持つことが望まれる。自己紹介，プレゼンテーション，講義などを積極的に行うといいだろう。

 **Column ▶ 他の論述式試験区分に合格している人**

　最後に，他の論述式試験で合格している人がプロジェクトマネージャ試験を受験する場合の注意点について考えていこう。

### システムアーキテクト試験，IT サービスマネージャ試験の合格者

　プロジェクトマネージャ試験の受験者は，システムアーキテクト試験と IT サービスマネージャ試験の合格者が少なくない。対して，システムアーキテクト試験や IT サービスマネージャ試験の受験者は "論文試験初挑戦" の人が多い。それは，応用情報技術者試験の次に位置づけられる試験で，キャリアそのものを考えてもそうなることは理解できる。**したがって "合格のしやすさ" を考えた場合，プロジェクトマネージャ試験の方が激戦になると考えて，ギヤをもう一段上げるようにしなければならない。**決して，システムアーキテクト試験と IT サービスマネージャ試験の合格をもって「論文試験ってチョロイよな」と舐めてかからないようにしよう。他の4区分の論文試験に合格しているにもかかわらず，プロジェクトマネージャ試験だけ合格しないという人も結構いるという事実もある。

　システムアーキテクト試験や IT サービスマネージャ試験に合格した人なら，具体的に書くとか，設問アとイ，ウで整合性を取るという基本的な部分はできているはずだ。だから，そこは同様に考えていい。

　しかし，システムアーキテクト試験の場合は，定量的に表現することが少ないため，数字をあまり使わなくても合格論文にはなる。しかしプロジェクトマネージャ試験では，**マネジメントそのものが数字のチェックから入る以上，避けては通れないところがある。**そこを十分に意識しておこう。試験対策期間中に，必要な数字が何かを把握して，その数字を集めるようにしよう。

　一方，IT サービスマネージャ試験においては，同じマネジメントの問題でもあり数字が必要になってくる。SLA や TCO を定量的に書かないといけないからだ。そういう意味では，ちゃんと数字を書いて合格した人は同じような対策をすればいい。しかし，そうでない場合は同様に，数字を意識して数字を集めるという対策をしていこう。いずれにせよ，**サンプル論文で "定量的表現" がどのレベルで行われているのか？**それは，システムアーキテクト等の試験対策をしていた時のものと，同じなのか違うのか？それを確認してみよう。

## IT ストラテジスト試験の合格者

　IT ストラテジスト試験は，相対的にプロジェクトマネージャより難易度の高い試験区分（最高峰）だと，市場では評価されている。したがって，プロジェクトマネージャ試験は格下だから容易に合格できると考えてしまいがちだ。定量的な数値が必要ではある部分も同じで，事前準備も，事業概要や戦略から整理していくという対策になるので，それも含めて同じ対策で問題ない。

　しかし，IT ストラテジスト試験では，時間遷移をあまり求められないので（IT ストラテジストは企画フェーズが多いので），そこが疎かになりやすい。実際に添削していても，**IT ストラテジスト試験合格者の書く論文は，"いつ？"と疑問に思うものが多い。**プロジェクトマネージャ試験では，論文の中で時間は進んでいくことが多い。そこで読み手を置き去りにしないように注意しよう。サンプル論文の時間遷移の表現を中心にみていくことをお勧めする。

　なお，筆者の実施している IT ストラテジスト試験の論文対策では，**アウトプットではなく，「調査」と「インプット」を中心に行うことを推奨している。**それは，IT ストラテジスト試験の受験者の特徴が①実際にコンサルテーションをしている人が案外少なく，②他の試験区分に合格している人が多いからだ。次に IT ストラテジスト試験を受験する人は念頭に置いておこう。

## システム監査技術者試験の合格者

　システム監査技術者試験の最大の特徴は，設問で問われていることに一問一答で答えていった方がいい点である。そのため論文も「監査手続は，…」とか，「予備調査は…」とか，段落ごとに"ぶつ切り"になっている。しかし，他の論文試験の４区分では，**いずれも設問アから設問イへ，設問イから設問ウへ，論文だけを読んでも論旨展開がわかるようにした方がいい。**プロジェクトマネージャの論文だったらなおさらだ。その視点で，プロジェクトマネージャ試験のサンプル論文を見るようにしよう。そして，そこを中心に意識して論文を仕上げていこう。

　また，システム監査技術者試験の論文は，①"あるべき論（監査基準等）"で書くべきところもあったり，ある程度，"あるべき論"で書いても相対的に問題無かったりするところがある。しかし，プロジェクトマネージャ試験で"あるべき論"は問題文に書いてある。問題文に書いてないものならすばらしいが，具体化せずにとなると大きな減点の可能性もある。注意しよう。

　そして最後にもう１つ。システム監査技術者試験では，"数値"を出すことも少なく，程度の表現が許容されることもある。「十分安全である。」という表現などだ。プロジェクトマネージャ試験では，定量的な基準が重要なので注意しよう。

# 2-3　事前準備

　ここでは，論文の事前準備について説明しておく。取り急ぎ準備しておくべきことは「"論述の対象とするプロジェクトの概要"の作成」と「設問アの前半400字「プロジェクトの特徴」の作成」，「設問ウのパターンを念のため準備しておく」の3つだ。

## 2-3-1　"論述の対象とするプロジェクトの概要"の作成

　最初に準備するのは，「論述の対象とするプロジェクトの概要」…通称"テンプレート"である。試験本番時の解答用紙（＝論文の原稿用紙）には，表紙のすぐ裏に，次ページの図4のような「論述の対象とするプロジェクトの概要」というおおよそ15問ほどの質問項目がある。これを，事前に準備しておこう。

　なお，このテンプレートに関しては，過去の採点講評（IPAが毎回公表しているもの）で次のように指摘されている。

表1　採点講評から学ぶ"論述の対象とするプロジェクトの概要"に関する注意事項

| | |
|---|---|
| 平成21年度 | 本年度は，"論述の対象とするプロジェクトの概要"の記述内容の不備が目立った。解答を理解するための重要な情報であり，また，プロジェクトマネージャ（PM）としての経験が表現されるので，的確に記述してほしい。 |
| 平成22年度 | "論述の対象とするプロジェクトの概要"での記述内容と論述との不整合など，本年度も，"論述の対象とするプロジェクトの概要"の記述内容の不備が目立った。解答を理解するための重要な情報であり，また，プロジェクトマネージャ（PM）としての経験が表現されるので，的確に記述の上，論述してほしい。 |
| 平成23年度 | "論述の対象とするプロジェクトの概要"において，"プロジェクトの規模"や"プロジェクトにおけるあなたの立場"の質問項目で記入した内容が論述とは整合がとれていないなど，本年度も記述内容の不備が目立った。解答を理解するための重要な情報であり，プロジェクトマネージャとしての経験が表現されるので，的確に記述の上，論述してほしい。 |
| 平成25年度 | "論述の対象とするプロジェクトの概要"において，記述した内容に整合性がとれていないなど，記述内容の不備が目立った。対象とするプロジェクトを整理して，的確に記述の上，論述してほしい。 |
| 平成29年度 | 全問に共通して，"論述の対象とするプロジェクトの概要"で質問項目に対して記入がない，又は記入項目間に不整合があるものが見られた。これらは解答の一部であり，評価の対象であるので，適切に論述してほしい。 |
| 平成30年度 | 全問に共通して，"論述の対象とするプロジェクトの概要"で記入項目間に不整合がある，又はプロジェクトにおける立場・役割や担当した工程，期間が論述内容と整合しないものが見られた。これらは論述の一部であり，評価の対象となるので，適切に記述してほしい。 |
| 平成31年度 | "論述の対象とするプロジェクトの概要"については，各項目に要求されている記入方法に適合していなかったり，論述内容と整合していなかったりするものが散見された。要求されている記入方法及び設問で問われている内容を正しく理解して，正確で分かりやすい論述を心掛けてほしい。 |

　これらの指摘を見る限り，①試験の本番時には，絶対に記入するということ，②論文の本文と矛盾の無いように記入することの2点は，最低順守事項だと認識しておいた方がいいだろう。

154

## 論述の対象とするプロジェクトの概要

| 質問項目 | 記入項目 |
|---|---|
| **プロジェクトの名称** | |
| ① 名称<br>30字以内で，分かりやすく簡潔に表してください。 | （記入欄）<br>【例】<br>1. 小売業販売管理システムにおける売上統計サブシステムの開発<br>2. サーバ仮想化技術を用いた生産管理システムのIT基盤の構築<br>3. 広域物流管理のためのクラウドサービスの導入 |
| **システムが対象とする企業・機関** | |
| ② 企業・機関などの種類・業種 | 1. 建設業　2. 製造業　3. 電気・ガス・熱供給・水道業　4. 運輸・通信業<br>5. 卸売・小売業・飲食店　6. 金融・保険・不動産業　7. サービス業<br>8. 情報サービス業　9. 調査業・広告業　10. 医療・福祉業<br>11. 農業・林業・漁業・鉱業　12. 教育（学校・研究機関）　13. 官公庁・公益団体<br>14. 特定業種なし　15. その他（　　　　　　　　　　　） |
| ③ 企業・機関などの規模 | 1. 100人以下　2. 101～300人　3. 301～1,000人　4. 1,001～5,000人<br>5. 5,001人以上　6. 特定しない　7. その他（　　　　　　） |
| ④ 対象業務の領域 | 1. 経営・企画　2. 会計・経理　3. 営業・販売　4. 生産　5. 物流　6. 人事<br>7. 管理一般　8. 研究・開発　9. 技術・制御　10. その他（　　　　　） |
| **システムの構成** | |
| ⑤ システムの形態と規模 | 1. クライアントサーバシステム（サーバ約　　台，クライアント約　　台）<br>2. Webシステム　　　　（ア．（サーバ約　　台，クライアント約　　台）<br>　　　　　　　　　　　　　イ．（サーバ約　　台，クライアント分からない））<br>3. メインフレーム又はオフコン（約　　台）及び端末（約　　台）によるシステム<br>4. 組込みシステム（　　　　　　　　　　　　　　　　　）<br>5. その他（　　　　　　　　　　　　　　　　　　　　） |
| ⑥ ネットワークの範囲 | 1. 他企業・他機関との間　2. 同一企業・同一機関などの複数事業所間<br>3. 単一事業所内　4. 単一部署内　5. なし　6. その他（　　　　） |
| ⑦ システムの利用者数 | 1. 1～10人　2. 11～30人　3. 31～100人　4. 101～300人　5. 301～1,000人<br>6. 1,001～3,000人　7. 3,001人以上　8. その他（　　　　　） |
| **プロジェクトの規模** | |
| ⑧ 総工数 | （約　　　　人月） |
| ⑨ 総額 | （約　　　百万円）（ハードウェア　　　　の費用を　ア．含む　イ．含まない）<br>　　　　　　　　　（ソフトウェアパッケージの費用を　ア．含む　イ．含まない）<br>　　　　　　　　　（サービス　　　　　の費用を　ア．含む　イ．含まない） |
| ⑩ 期間 | （　　　年　　月）～（　　　年　　月） |
| **プロジェクトにおけるあなたの立場** | |
| ⑪ あなたが所属する企業・機関など | 1. ソフトウェア業，情報処理・提供サービス業など<br>2. コンピュータ製造・販売業など　3. 一般企業などのシステム部門<br>4. 一般企業などのその他の部門　5. その他（　　　　　　　） |
| ⑫ あなたがマネジメントを担当した作業 | 1. システム企画　2. システム設計　3. プログラム開発　4. システムテスト<br>5. 移行・導入　6. その他（　　　　　　　　　　　　　） |
| ⑬ あなたの役割 | 1. プロジェクトの全体責任者　2. プロジェクトマネージャ<br>3. プロジェクトマネジメントのメンバー　4. チームリーダ　5. 担当者<br>6. その他（　　　　　　　　　　　　　　　　　） |
| ⑭ あなたが参加したプロジェクトの要員数 | （約　　　人～　　　人） |
| ⑮ あなたの担当期間 | （　　　年　　月）～（　　　年　　月） |

図4　論述の対象とするプロジェクトの概要

## 論述の対象とするプロジェクトの概要

| 質問項目 | 記入項目 |
|---|---|
| **プロジェクトの名称** | |
| ① 名称<br>30字以内で, 分かりやすく簡潔に表してください。 | 玩 具 卸 売 業 を 営 む A 社 の 販 売 管 理 シ ス テ ム 再 構 築 プ ロ ジ ェ ク ト<br>【例】<br>1. 小売業販売管理システムにおける売上統計サブシステムの開発<br>2. サーバ仮想化技術を用いた生産管理システムのIT基盤の構築<br>3. 広域物流管理のためのクラウドサービスの導入 |
| **システムが対象とする企業・機関** | |
| ② 企業・機関などの種類・業種 | 1. 建設業　2. 製造業　3. 電気・ガス・熱供給・水道業　4. 運輸・通信業<br>⑤ 卸売・小売業・飲食店　6. 金融・保険・不動産業　7. サービス業<br>8. 情報サービス業　9. 調査業・広告業　10. 医療・福祉業<br>11. 農業・林業・漁業・鉱業　12. 教育（学校・研究機関）　13. 官公庁・公益団体<br>14. 特定業種なし　15. その他（　　　） |
| ③ 企業・機関などの規模 | 1. 100人以下　2. 101～300人　③ 301～1,000人　4. 1,001～5,000人<br>5. 5,001人以上　6. 特定しない　7. その他（　　　） |
| ④ 対象業務の領域 | 1. 経営・企画　2. 会計・経理　③ 営業・販売　4. 生産　5. 物流　6. 人事<br>7. 管理一般　8. 研究・開発　9. 技術・制御　10. その他（　　　） |
| **システムの構成** | |
| ⑤ システムの形態と規模 | 1. クライアントサーバシステム（サーバ約　　台, クライアント約　　台）<br>② Webシステム　　　　　　　（ア.（サーバ約 20 台, クライアント約 500 台）<br>　　　　　　　　　　　　　　　　イ.（サーバ約　　台, クライアント 分からない））<br>3. メインフレーム又はオフコン（約　　台）及び端末（約　　台）によるシステム<br>4. 組込みシステム（　　　）<br>5. その他（　　　） |
| ⑥ ネットワークの範囲 | 1. 他企業・他機関との間　② 同一企業・同一機関などの複数事業所間<br>3. 単一事業所内　4. 単一部署内　5. なし　6. その他（　　　） |
| ⑦ システムの利用者数 | 1. 1～10人　2. 11～30人　3. 31～100人　4. 101～300人　⑤ 301～1,000人<br>6. 1,001～3,000人　7. 3,001人以上　8. その他（　　　） |
| **プロジェクトの規模** | |
| ⑧ 総工数 | （約 120 人月） |
| ⑨ 総額 | （約 120 百万円）（ハードウェア　　　の費用を　ア. 含む ⑦. 含まない）<br>（ソフトウェアパッケージの費用を　ア. 含む ⑦. 含まない）<br>（サービス　　　　の費用を　ア. 含む ⑦. 含まない） |
| ⑩ 期間 | （　2019　年 4 月）～（　2020　年 3 月） |
| **プロジェクトにおけるあなたの立場** | |
| ⑪ あなたが所属する企業・機関など | ① ソフトウェア業, 情報処理・提供サービス業など<br>2. コンピュータ製造・販売業など　3. 一般企業などのシステム部門<br>4. 一般企業などのその他の部門　5. その他（　　　） |
| ⑫ あなたがマネジメントを担当した作業 | 1. システム企画　② システム設計　③ プログラム開発　④ システムテスト<br>⑤ 移行・導入　⑥ その他（ プロジェクト全体の取りまとめ 　） |
| ⑬ あなたの役割 | 1. プロジェクトの全体責任者　② プロジェクトマネージャ<br>3. プロジェクトマネジメントのメンバー　4. チームリーダ　5. 担当者<br>6. その他（　　　） |
| ⑭ あなたが参加したプロジェクトの要員数 | （約 10 人～ 20 人） |
| ⑮ あなたの担当期間 | （　2019　年 4 月）～（　2020　年 4 月） |

図5　「論述の対象とするプロジェクトの概要」の記載例

---

名称は大切。論文の本文にも同じ名称で記述する。
1回見ただけで, イメージしやすいもので, かつ記憶できるようなものを考える。

複数記入は全然OK。但し, トレードオフのものを除く。

設問アの「プロジェクトの特徴」他, 本文と矛盾の無いように注意が必要。この例のように, 担当したフェーズが, 開発全体のPMであれば, 設計段階の管理人数は少なく, PGの時に最大になるはず。

「論述の対象とするプロジェクトの概要」の記載例を図5に示しておく。ここは，細かいルールがあるわけでもなく，自分自身が理解したとおりに素直に記載すればいい。先に説明したとおり，「本文と矛盾の無いように，絶対に記載しておくこと」が重要なだけで，「どう書いても OK！」というと言い過ぎかもしれないが，誤解のないようにだけ心がければ大丈夫だ。「これだと誤解を招くな」と思ったら，"その他" を使って文章で補足説明をしても良い。

## Point-1. 論文本文との間，及び，テンプレート内での矛盾が無いように書く

テンプレートと論文本文との間に矛盾がないように書かなければならないということは，それすなわち，「テンプレートに記述した内容でも，必要に応じて論文の本文に記載する。」ということである。テンプレートに書いたから，冗長になるので，本文には記述する必要がないということではない。その点，しっかりと理解しておいてほしい。

また，テンプレートの中にも矛盾が発生することがある。実際の経験であれば，そういう矛盾は発生しないが，疑似経験で書きあげる場合は注意しよう。例えば，役割が "プロジェクトの全体責任者" であるにも関わらず，"プロジェクトの規模" の中の項目が "分からない" であったり，"システムの規模" の中の項目が "分からない" というのは，どうだろう。全期間を通じてプロジェクトの全体責任者の立場なのに，管理対象人数のピーク時の人数に担当期間を掛け合わせた工数が，総工数よりも少ないというのも疑問だ。そういった点には注意しなければならない。

## Point-2. 該当箇所が複数あった場合

問題文の注意事項にも明記されているが，該当箇所が複数ある場合は，該当するものすべてに○を付けておけばいい。中にはトレードオフのものがあるかもしれないが，注意すべきはそれだけだ。

## Point-3. 質問の意図がわからない場合

質問の意図がわからないときは，自分なりの解釈で書けば良い。自分の解釈に不安があれば，「その他」を使って（　　）内に書けば良い。

## Point-4. 試験本番時に変わっていても面喰らわない

最後に1点。図4，図5の質問項目はあくまでも過去のもの。今回の試験で，予告なく変更されていることがある。そのときは臨機応変に落ち着いて対応しよう。注意事項やルールを確認して，それに従って，事前準備した内容をアレンジすればいい。

## 2-3-2　設問アの前半 400 字の準備

　情報処理技術者試験の午後 II 論文対策として，設問アの前半部分（400 字）を事前準備しておくことは鉄則になる。どの試験区分でも，おおよそ問われることが決まっているし，書き出しで悩まないためでもある。プロジェクトマネージャ試験の場合，準備するのは「**プロジェクトの特徴**」。したがって，事前準備として「プロジェクトの特徴」を 400 字で準備しておくことを推奨している。ここでは，そのためのポイントについて説明する。

### Point-1. "プロジェクト"についての話を"メイン"にすること

　プロジェクトの特徴を準備するにあたって，まずは過去に採点講評で指摘されてきたことを確認しておこう。表 2 にまとめてみた。

　表 2 の下線部分が NG になる。すなわち，**自分自身のこと**（自分の経歴）や，**背景**（受注の経緯，システム開発に至った背景，プロジェクトに参加することになった経緯），**対象システムのこと**（開発システムの特徴，システムの機能概要，開発するシステムへの期待）をメインに書いてはいけないということである。そうではなく "プロジェクト"のことをメインに書く。

　プロジェクトの話とは，いつ立ち上がり，納期・品質・予算がどうで，他にどんな制約条件があり，どんな前提条件があるのかという部分。体制，リスク，契約なども含むだろう。それがどうなのかを話の中心に持ってこないといけない。平成 26 年

表 2　採点講評から学ぶ"設問ア：プロジェクトの特徴"に関する注意事項

| | |
|---|---|
| 平成 21 年度 | 各問に共通した点として，設問アではプロジェクトの特徴に対して，システムの特徴を記述する論述が多かった。 |
| 平成 22 年度 | 各問に共通した点として，設問アではプロジェクトの特徴に対して，プロジェクトの概要やシステムの特徴についての論述が多かった。 |
| 平成 24 年度 | 設問アについては，"プロジェクトとしての特徴"の論述を求めたが，システム開発に至った背景やシステムの機能，開発するシステムへの期待，受験者がプロジェクトに参加するに至った背景，自分の経歴に終始した論述が多かった。 |
| 平成 25 年度 | 設問アについては，システムの機能概要，受注の経緯，自分の経歴などの論述に終始し，問われていた"プロジェクトとしての特徴又はプロジェクトの概要"についての論述が適切でないものが散見された。 |
| 平成 26 年度 | 設問アについては，"プロジェクトの特徴"の論述を求めたが，システム開発に至った背景，開発システムの特徴，プロジェクトに参加することになった経緯，自分の経歴などに終始した論述が多かった。通常，プロジェクトの成否の評価要素として，計画した予算，納期，品質の達成状況があげられるが，これらの要素のうち，一つ以上について，その特徴を論述してほしい。 |
| 平成 27 年度 | 設問アでは，"プロジェクトの特徴"の論述を求めたが，以後に論述するプロジェクトに関する内容と関連性のない，又は整合しない特徴の論述が見られた。論述全体の趣旨に沿って，特徴を適切に論述してほしい。 |
| 平成 28 年度 | 設問アでは，"プロジェクトの特徴"の論述を求めたが，プロジェクトマネージャ（PM）としてプロジェクトをどのように認識したかを示し，以後の論述の起点となるものである。論述全体の趣旨に沿って，特徴を適切に論述してほしい。 |

度の採点講評には，明確にプロジェクトの成果目標としての「**予算，納期，品質**」について明記するように指摘されている。

　ただし，先の NG ワードを絶対に書いてはいけないと言っているわけではないことに注意しよう。指摘されているのは，あくまでも「**プロジェクトの特徴に関する記述がなく（または少なく），それ以外の内容に"終始している"という内容は，よろしくない。**」という点だ。

　設問アの前半部分は，論文の開始の部分でもある。したがって，"アイスブレーク"というわけでもないが，"スムーズに話を立ち上げるために"，あるいは"プロジェクトの特徴につなげるために"，プロジェクトの特徴以外の内容から入っていってもいい。筆者の場合，「私は，ソフトウェア開発企業で，流通系の顧客を担当しているプロジェクトマネージャである。」というところから始めることが多い。ワンパターンだが，毎回それで合格できている。それに，指摘の一つ"システム開発に至った背景"などでも，プロジェクトを立ち上げた背景と同じなのでプロジェクトの話の一部になるし，対象システムの説明もスコープを説明するために必要な時もある。

　したがって，書いたから即減点というわけではない。**問題なのはその分量**になる。プロジェクトの特徴を補足するための程度（少量。全体の 25% 程度の 100 字ぐらい）であれば問題ないし，逆に書いた方が良いケースもある。そのあたりは，サンプル論文を参考にしよう。なお，もちろん「今回，論述するプロジェクトは…」と，唐突に結論だけで話を立ち上げるのも全く問題はない。そのパターンでの合格実績もたくさん知っている。

　令和 5 年の試験では，設問アで必ず問われてきた「プロジェクトの特徴」が無くなっていた。問 1 では「プロジェクトの目標」と「その目標を達成するために，時間，コスト，品質以外に重要と考えたプロジェクトマネジメントの対象」が問われており，問 2 でも「システム開発プロジェクトの独自性」が問われている。そこに，平成 7 年以後令和 4 年までずっと問われ続けてきた「プロジェクトの特徴」は無かった（平成 20 年までと令和 4 年の問題は「プロジェクトの概要」だった）。

　こうした変化に直面した令和 5 年の受験生は，午後 II 試験の問題を見て面食らったかもしれない。しかし，改めて令和 5 年の問題をよく見ると，それが「プロジェクトの特徴」そのものだということに気付くだろう。どちらの問題も，各自が書くプロジェクトの独自性という観点で見てみると違いはない。問われているのは同じことだった。

　以上より，論文の事前準備として，プロジェクトの独自性を含んだ「プロジェクトの特徴」を 400 字で準備しておくことは有効な対策の一つになる。その点は，これまでもこれからも変わらないと思う。

## Point-2.「概要」と「特徴」,「独自性」の違い

平成 20 年度までは, 設問アの前半部分で「プロジェクトの概要」が問われていた。令和 4 年をはじめ, たまに「プロジェクトの概要」が問われることがあったものの, 平成 21 年以後はずっと「プロジェクトの特徴」が問われてきた。

両者の違いは表 3 にまとめている。まずは「概要」と「特徴」の違いを確認しておこう。そして, 平成 22 年度の採点講評で「概要と特徴は違う」と言及している点と, 平成 19 年の採点講評で「概要にも特徴を含めてほしい」と言及している点を考慮して, どちらが問われていても「特徴」を含めると考えておけばいいだろう。

そこに令和 5 年の変化を加味して準備しておけば万全だ。令和 5 年の問題で「プロジェクトの特徴」という表現が無くなったのは先に示した通りである。代わりに独自性が求められている。これは,「プロジェクトの特徴」の中でも特に「プロジェクトの独自性」について書いてほしいという出題者の意図だろう。確かに「特徴」よりも「独自性」の方が具体的でわかりやすい。そう考えれば, 導入部分のプロジェクト概要を 200 字程度書いて, その後にプロジェクトの独自性を 200 字程度準備しておけば,"概要","特徴","独自性"の何が問われても同じものでいける。

表 3　概要と特徴の相違点

| 用語 | 意味 | | 例 |
|---|---|---|---|
| 概要 | 全体の要点をとりまとめたもの。大要。あらまし (以上, 大辞林より) | 自社の説明 | 中堅の SI 企業である |
| | | 顧客の説明 | K 社は地方の製薬会社である |
| | | システムの説明 | 生産管理システム |
| | | 背景 | 構築後 10 年以上が経過し, 改修を繰り返してきた結果, 保守を継続していくことが困難。そのため再構築することになり, プロジェクトが立ち上がった。 |
| | | 期間・工数 | 納期は 1 年, 総工数は 200 人月 |
| | | 体制 | 弊社の要員常時 10 名に, 協力会社 L 社 |
| | | 契約形態 | 全期間一括請負契約 |
| | | あなたの立場 | 本プロジェクトに, 私はプロジェクトマネージャとして参画した。 |
| 特徴 | 他と比べて特に目立つ点。きわだったしるし。(大辞林より) ちなみに, "特長" とすると "すぐれている点" オンリーになる (特徴は, 良くも悪くも他と違う点)。 | 期間・工数 | 納期厳守を強く求められている 余裕の一切ないタイトなスケジュール 私の会社の中では, 前例のない大きなプロジェクト |
| | | 品質 | 今回のプロジェクトで開発するシステムは, A 社の心臓部に当たるため, 非常に高い信頼性が求められている。RTO は 3 時間以内, RPO は障害発生時点になる。 |
| | | 体制 | 規模は小さいが, 納期も短い 初めてのオフショア開発 時期的に新人を教育しながらの遂行 初めて取引をする協力会社 マルチベンダ体制 |
| | | 契約 | 通常とは違って, 一括請負契約 通常とは違って, 分割契約 |
| | | リスク | ※リスク要因は, ほぼすべて特徴に入るだろう。通常とは違ったケースなので, リスクがあるのだともいえるので。 |

表4 採点講評から学ぶ"設問ア：プロジェクトの概要"に関する注意事項

| 平成18年度 | 各問の設問アではプロジェクトの概要を問っているが，システムの機能や構成などだけの論述があった。プロジェクトの概要の一般的な事項は，答案用紙の"論述の対象とするプロジェクトの概要"に記入している。設問アでは，各問に応じて更に具体化したプロジェクトの目標・スコープ，体制，遂行上の制約事項や，プロジェクトにおける受験者の立場と責任などをよく認識した上での論述を期待したい。 |
|---|---|
| 平成19年度 | 各問の設問アではプロジェクトの概要を問っているが，システムや業務の概要，受験者が所属する企業や組織の紹介などに終始する論述があった。プロジェクト概要の一般的な事項を答案用紙の"論述の対象とするプロジェクトの概要"に記入した上で，設問アでは，プロジェクトの特徴や制約など，以降の論述内容を理解する重要な事項の記述を期待している。 |

## Point-3. 設問アの後半部分の考え方

　設問アの後半は非常に重要な役割を果たす。小説でも午後Ⅰ問題でもそうであるが，最初の1ページ目は"つかみの部分"であり，読み手（採点者）にどれだけ状況をイメージさせることができるかがカギになる。当然，点数にも影響する。

　設問アのうち，前半部分は事前にじっくりと時間をかけて準備することができることが多いが，後半部分はそうもいかない。試験問題によってアレンジしなければならないことが多いからだ。というのも，設問アの後半部分の位置付けは，「プロジェクトの一部に焦点を当てて，もう少し詳しく説明し，設問イにつなげていく」というものに他ならないからだ。このことを常に意識しながら，問題文と設問から書くべき内容を正確に読み取って，組み立てるようにしよう。

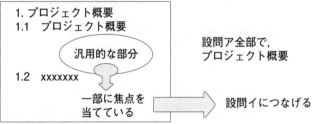

図6 設問ア（後半）の構成

 **プロジェクト目標**

現行の試験体系に変わってから（平成 21 年から），午後Ⅱの問題で"プロジェクト目標"について問われることが多くなってきた。今後は，具体的にアウトプットできるように準備しておかないといけないだろう。

しかし，"品質目標"とか，"目標性能"とかならイメージしやすいが，単に"プロジェクト目標"と言われると，成果物のことなのか，はたまた納期・品質・コストなどの制約条件のことなのか…何となく"ボヤッ"としてしまう。後述する PMBOK の定義を見ても抽象的でわかりにくい。

そこで，ここはひとつ，"プロジェクト目標"という言葉について理解を深めておきたいと思う。いろいろな角度から"プロジェクト目標"について調べてみたので，その過程も含めて一緒に見ていこう。

### 辞書の定義

やはり最初は，辞書による厳密な言葉の定義から理解するのが王道だろう。広辞苑【第6 版】では，次のように説明されている。

【目標】目じるし，目的を達成するために設けた，めあて。まと。

辞書によって微妙に異なることもあるが，ひとまずこれで理解しておいて問題ないだろう。混同しがちな"目的"との違いにも言及してくれているので，わかりやすいと思う。ちなみに，同辞書によると，"目的"は次のように説明されている。

【目的】成し遂げようと目指す事柄。行為の目指すところ。意図している事柄。

### PMBOK の定義

PMBOK（第 7 版）には，「プロジェクト目標というのは（具体的には）これだ！」という明確な記述はない。が，"目標（Objective）"の定義については，次のように説明をしている。

**目標（Objective）**
作業が向かうべき対象，たとえば獲得すべき戦略的ポジション，達成すべき目的，得るべき結果，産出すべきプロダクト，または提供すべきサービス
（PMBOK ガイド第 7 版（日本語版）　P.250 参照）

## 情報処理技術者試験での定義

それでは，我々に最も身近な情報処理技術者試験での定義はどうなっているのだろうか。辞書の意味と PMBOK の定義と比較しながらチェックしていこう。

### 予測型（従来型）開発アプローチのプロジェクトの場合

最初に，本試験が開始された 1994 年に CAIT（旧中央情報教育研究所）より発刊された「**プロジェクトマネージャテキスト**」での定義を見てみよう（時代の流れとともに，この分野のデファクトスタンダードは PMBOK にシフトしてきたが，このテキストは，今でも伝説として語り継がれている "バイブル" である）。このテキストによると，次のように言及している。

> プロジェクトは特定の目的を持っており，目的を達成するための限定的に規定された活動対象がある。目的も，いくつかの具体的な定量化した目標で表されることが多い。目的，目標の達成度は，プロジェクトの成否を測る尺度である。

続いて，過去問題を調べてみよう。（冒頭で紹介したように）午後 II 問題では，平成 18 年以後よく目にするようになった。

**【"（プロジェクト（の））目標" という 表現が使われている午後 II 問題】**
平成 18 年問 1・問 2，平成 19 年問 1，平成 20 年問 2，平成 21 年問 1，平成 22 年問 1・問 2，平成 23 年問 3，平成 24 年問 2・問 3，平成 25 年問 2・問 3，平成 26 年問 2，平成 27 年問 2，平成 28 年問 2，平成 29 年問 1，令和 2 年問 2，令和 3 年問 2，令和 4 年問 2，令和 5 年問 1，令和 5 年問 2

それより前は "品質目標" という言葉なら見かけることもあった。しかし，"プロジェクトの目標" という言葉が使われるようになったのは，上記に示したとおり PMBOK 準拠の色合いが濃くなってきた平成 18 年度からである。

その後，平成 21 年には，はじめて "プロジェクトの目標" についての具体的なアウトプットが求められ，続く翌年には，（それまでは "プロジェクトの目標" という表現だったが）"プロジェクト目標" という表現に変わった。"の" が入るかどうかの微々たる違いではあるが，これで，PMBOK 公式版と同じ表現になった。

ちなみに，平成 18 年度の午後 II 問 2 には，「**プロジェクトの範囲，品質，納期などの目標を守ることを前提にした対策を実施し，…**」という記述があった。

一方，午後 I 試験では，数は少ないものの具体的な例として参考にできる。その代表例をピックアップしてみた。

**【目的と目標を使い分けている例】**

平成22年午後I問2

「**プロジェクトの目的と目標を明確に定めたプロジェクト憲章**を経営会議で決定してもらった上で，…。」

**【目的の例】**

平成16年午後I問4

「**営業部門の強化を目的とする**営業支援システムを構築することになった。」

平成17年午後I問1

「**決算の早期化を実現するため**，基幹系システムを再構築することにした。」

平成17年午後I問3

「**他社との差別化を目的に**，現行の情報サービスシステムを再構築するプロジェクトを立ち上げた。」

平成17年午後I問4

「**利用者へ一層充実したサービスを提供することを目的として**，コールセンタのシステムの機能を拡張することにした。」

平成19年午後I問1

「**会計システムを再構築するための**プロジェクトを立ち上げることになった。」

平成21年午後I問3

「**利用者へのサービス向上を目的に**，追加開発を行うことになった。」

平成30年午後I問1

「このプロジェクトは，**営業活動の機密性が高いデータも用いた実績分析や広告・宣伝活動におけるターゲット分析などの業務の高度化対応に加え，システムの運用・保守の作業負荷軽減や運用・保守の費用の最小化，システムのキャパシティ拡張の柔軟性確保を目的**としている。」

これらを見る限り，"何のために"プロジェクトを立ち上げたのか？というところが"プロジェクトの目的"だと考えればいいことがわかるだろう。PMBOK（第6版）の"ベネフィット"だと考えておけばいい。

**【目標の例】**

平成20年午後I問3

「保守システムの開発は，**1年後の稼働開始を目標**として，（中略）スタートした。」

平成21年午後I問2

「**3年後の全面稼働を目標**としているが，…」

平成22年午後I問2

　設問2（3）「**プロジェクトの目標とは何か。**」

　解答例　「**今年度中に移行を完了すること**」

これらを見る限り，（最初に納期・品質・コストを決めてから実施する）従来型のプロジェクトでは，**プロジェクトの目標とは納期やコストなどの複数の要求（制約条件）を満たしながら，予め決めておいた成果物を完成させること**だとわかるだろう。特に，午後Ⅰ試験や午後Ⅱ試験で「プロジェクト目標は？」と問われている場合には，まずは次の三つをイメージするところから始めよう。

①納期に関する目標：いつまでに完成させるかという目標
②予算に関する目標：予算の範囲内で完成させるという目標
③品質に関する目標：どういう機能，非機能要件を満たせばいいかという目標

## DX 関連のプロジェクトの場合

従来型のプロジェクトと異なり，DX 関連のプロジェクトのように "価値実現" を最大の目的とするプロジェクトでは，その最大の目的を達成するためなら，必ずしも当初に決めたことに固執することは無い。変化に対して柔軟に対応する姿勢が求められるのも，常に目的志向でいるからだ。

その場合，納期や予算は "プロジェクトで達成すべき目標" ではなく，目的を達成する上での "制約" になる。さらに，品質目標に関しては，目的と同義になる。例えば "顧客の体験価値を高める" ことがプロジェクトの最大の目的だった場合，目指すべき正解は，特定の機能ではなく "顧客の体験価値を高める" ことで判断される。状況が変化すれば，自ずと品質目標も変わることになる。

そういう意味では，DX 関連のプロジェクトでは，より目的志向になっていると言えるだろう。実際，令和2年以後の午後Ⅰの問題を見ても，プロジェクトの目的の大切さが伺える。絶対にマークしておかなければならないところになる。

≒予測型（従来型）　　　　　　　　　≒適応型
長期間にわたるウォータフォール型 PJ　　DX 関連，アジャイル開発型 PJ

表1　構築プロジェクトと改善プロジェクトの目的及び QCD に対する考え方の違い

| 項目 | 構築プロジェクト | 改善プロジェクト |
|---|---|---|
| 目的 | L 社業務管理システムの構築によって，業務プロセスの抜本的な改革を実現する。 | L 社業務管理システムの改善によって，顧客の体験価値を高め CS 向上の目標を達成する。 |
| 品質 | 正確性と処理性能の向上を重点目標とする。 | 現状の正確性と処理性能を維持した上で，顧客の体験価値を高める。 |
| コスト | 定められた予算内でのプロジェクトの完了を目指す。要件定義完了後は，予算を超過するような要件の追加や変更は原則として禁止とする。 | CSWG の活動予算の一部として予算が制約されている。 |
| 納期 | 業務プロセスの移行タイミングと合わせる必要があったので，リリース時期は必達とする。 | CS 向上が期待できる施策に対応する要件ごとに迅速に開発してリリースする。 |

予測型（従来型）PJ と DX 関連プロジェクトの目的と目標の違い（令和3年午後Ⅰ問2より）

# 2-3-3 設問ウのパターンを念のため準備しておく

昔（平成7年～平成20年まで）の設問ウは，常に「私の評価，今後の改善点を簡潔に書け」というものだった。そのため，典型的なパターンを準備しておけば事足りていた。それが，平成21年度の試験から，設問ウも設問イと同じく何が問われるのか，問題ごとに異なるものに変更されたが，その後10年分の過去問題を見る限り，"評価と改善点"に近いものも，根強く問われている。したがって，準備はしておいた方が良い。

表5 設問ウでよく問われる言葉の意味

| 言葉 | 狙いや言葉の意味 |
|---|---|
| 実施状況と評価 | 設問イが"計画段階"の話で終わっている問題に多い。その計画が実際どうなったのか（＝実施状況）とその評価（下記参照）を書く部分になる |
| 評価 | ある行為について，その価値や意義を判断すること，認めること（自己評価とは，主観的感想のこと） |
| 成果 | ある行為によって得られた良い結果（つまり，客観的事象のこと） |
| 課題 | 解決しなければならない問題。果たすべき仕事 |
| 改善点 | 改める必要のあるポイント |

## ●実施状況

設問イが計画段階の話で終わっている場合に，その計画が実際にはどうだったのか？という視点で，実施状況が問われる場合がある。基本は，問題文に合わせておけばいいだけだが，特に問題文にも要求が無い場合，普通に「計画通りに実施した。そこで，…という状況になったけど，それに対して…を計画していたので，大きな問題は避けられた。」という感じで，"問題なかった"としておけばいいだろう。

## ●評価

前述のとおり，平成20年度までの問題は，ほぼすべての問題で問われていたものの一つである。最近でも，実施状況と組みあわせたりしながら，普通によく問われている定番の"設問"だ。基本的には，次のように考えればいいだろう。

【評価に対して書くべきこと】
①自己評価（主観）でいいのか，他人の評価（客観性）が必要なのかを問題文から読み取る
②悪い評価は必要はない。工夫した点を中心に"良かった"で終わる
③何がどのような観点から良かったのか？評価の理由を書く
　（思いつかなければ，ユーザや上司などから評価された点（客観的評価）を理由にする）

まず，問題文をよく読んで自己評価でいいのか，他人の評価が必要なのかを読み取る。特に何の記述も無ければ自己評価で構わない。

また，論文には"失敗経験"を書くわけもなく，自信のある"成功経験"を書いているはずなので，少なくとも自己評価としては「満足している」というものになるはずである。改善点や課題が続くからという理由で「今回，私が実施した対策には満足していない。もっと…するべきだったと反省している。」としても大きな問題にはならないだろうが，「今回，私が実施した対策に関しては，自分なりに…しておいて良かったと評価している。」と書いた時と比較すると，リスクしかないので避けた方がいい。設問ウの評価で「良かった」と書いたことが裏目に出る場合（否定される場合）は，そもそも設問イで実施した対策に問題があるからだ。設問イがしっかり書けている事と，設問ウで自己評価を高くすることは同じことになる。したがって，設問イまでしっかりと A 評価であれば，設問ウの評価で「良かった」と書いて，それを理由に B 評価になることはあり得ないので，自信をもって「良かった」と評価しよう。

そして最後に，何がどのような観点から良かったのか？評価の理由を書く。過去の採点講評でも，平成 18 年と 19 年に「設問ウでは，設問の要求である設問イの活動などとは関係なく，プロジェクトに関する評価や今後の改善点を論述しているものもあった。設問の要求内容をよく理解してほしい。」と公表している。

## ●改善点や課題

"改善点"や"（残された）課題"については，最善は本当に改善したい点を書くことである。しかし，終了間際に数分残された時間の中で，これらをイメージして全体整合性を取るのは難しい。焦りの方が大きいかもしれない。

そこで，どんな問題にも通用するような汎用的な解答を用意しておく必要がある。ひとつは「次回からはもっと効率よくやろう」であり，もうひとつは「標準化プロセスへの組み込みを検討しよう」になる。工夫した点とは，すなわち標準化された管理方法では通用しなかったことなので，当然，その工夫した点に至る過程は，すんなりとしたものではなかったはずである。

 **Column** ▶

# 同じ対策なのに，どうして A 評価と B 評価に分かれるのか？

世の中には「**セオリー**」というものがある。辞書で調べると「理論や仮説，定石」などという意味だが，スポーツの世界や日常的には「**ある物事における最善の方法や手段**」という意味で使うことが多いのではないだろうか。高校野球なんかで「9回裏1点差で負けている状況で…ノーアウト二塁。打席は9番打者。この時に9番打者が送りバントをする」という感じだ。王道というか，正解のようなもの。

## この時に送りバントをしなかったら

同じような状況の時…9回裏1点差で負けている状況で，ノーアウト二塁。打席は9番打者の時，ある監督は送りバントという戦略を取らず，強引に打たせることにした。結果は三振。その後も凡打で，結局最後のチャンスを活かすことが出来ずに負けてしまった。

その後，監督は…敗戦の弁を次のように語った。

「あそこは送りバントをするのがセオリーだろう。しかし，あの時は…という状況だったので，裏をかいてヒッティングに出たんだ。結果はうまくいかなかったが，悔いはない。」

こういうインタビューなら，「あの監督，なんで送りバントさせなかったんだ？知らないのか？」とは言われないだろう。そう，知識がないとは思われないわけだ。

## これを論文に置き換えると

これは論文でも同じこと。というか，論文だとかなり重要になる。次の二つの表現を比べてみて欲しい。

---

（A）こういうケースでは，**しばらく様子見をするのが普通だ**。メンバ間のコンフリクトは必ずしも悪いことではない。そこから創造的な意見が産まれる可能性もある。**しかし今回は事情が違う。…という状況だ**。それゆえ様子を見てはいられない。そこで私は早急に対応すべく緊急会議を開いた。

（B）メンバ間のコンフリクトが発生したから，すぐに私は緊急会議を開催することにした。

---

緊急会議を開いたという対策はどちらも同じだ。しかし，採点者の印象や評価は全く違う可能性がある。（A）の表現だと**「よく知ってるな，状況に応じた対応能力もあるな」**と高評価になる可能性が高い。一方，（B）の表現だとセオリー通りの対策ではないため，採点者は**「間違っている」**と判断する可能性が高くなってしまう。

## セオリーを知る意味，セオリーを表現する理由

これが，セオリーや標準，王道を知らなければならない意味になる。そして，ちゃんとそれを表現する意義になる。我流と（標準プロセスの）テーラリングとの違いにも通ずるものがある。同じことをしていても，**「よく知ってるね，応用できるんだね」**ってA評価になるのと，**「え？知らないの？なんでそんなことするの？」**ってB評価になってしまうのは…実はちょっとした表現の違いだったりする。

# Column ▶ 「誰でも，咄嗟に書けること」を知る

筆者の論文添削は厳しいらしい。合格率は驚くほど高いのだが，合格した受講生の多くはそう口にする（笑）。もちろん筆者には悪意はないが，次のような指摘は "厳しい" と考えれば…確かに厳しいのかもしれない。

### 「それって，誰でも咄嗟に書けるよね。」

筆者は，試験本番の2時間という時間の中で，メインの対策や計画のところで「誰でも，咄嗟に書けるレベルのこと」を見つけると，改善するように指摘している。それを一つの判断基準にしている。というのも，誰でも咄嗟に書けるっていうことは，当然ながら採点者もそう思っていることなので，**「採点者に，事実を事実として認識してもらえるかどうかわからない」** からだ。その視点で論文対策を考えている受講生が少ないので，その認識を持ってもらうために指摘している。書いたことが "事実" だと信じてもらうには，それ相応の表現をしなければならない。

### 採点者は，実際に経験したことかどうかをチェックする

情報処理技術者試験の午後II論述式試験の意義や，これまで公表されていること，採点講評など，どれを見ても「実際に経験したこと」がA評価の条件になっている。筆者は以前，論文試験で「未経験だから，こういう状況になったと仮定して書く」と宣言して書いてみたことがあるが，その時の評価はD評価だった。後にも先にもA評価以外の結果になったのは，この1回だけである。

しかし，添削をしていると**「これだと，採点者に経験したことって信じてもらえないだろう」** という論文がとても多い。

### 経験していることを伝えるという意識

だから筆者が添削で，「もっと数値を入れた方が良い」というのも，「もっと具体的に」，「それって，試験本番で誰でも咄嗟に書けるよね。咄嗟には出てこないことを準備しておこうよ」というのも，すべては「本当に経験したんだよ！」っていうことをアピールすべきだという考えが根っこにあるからだ。

特に，経験したことを書く時は注意しよう。実際に経験していることなのに，それを表現しないことで，採点者に「経験してないんだな」って誤解されるのはもったいない。逆に，未経験のことであっても，採点者に経験したことだと思ってもらえるように作り込んで準備しておこう。そこに意味がないと言えばそれまでだが，どういう形でも準備しておくことには価値がある。

### まずは誰でも咄嗟に書けることを知るところから

そのためには，まずは誰でも咄嗟に書けることのレベルを知る必要がある。それがわかれば，そこから脱却しないといけない，どうやって差を付ければいいのかを考えるようになる。そうして，調べ物をしたり，情報収集をしたりするようになるだろう。それこそが，真の論文対策になる。誰でも咄嗟に書けるようなことから，どうやって頭一つ抜け出すのか，それを考えるようにしよう。

# 午後II試験 Q & A

　ここでは，筆者が開催している講座の受講生からよく受ける質問を紹介する（回答は，https://www.shoeisha.co.jp/book/pages/9784798185750/QA/ で公開）。

回答は
こちら

---

*Q1.* 論文の字が汚いと読んでもらえないと聞いたのですが，本当ですか？

---

*Q2.* プロジェクト管理が未経験です。どのようにコンテンツを集めればよいでしょうか？

---

*Q3.* 自分は嘘を書くのが嫌です。未経験と書いたらダメなのでしょうか？

---

*Q4.* 論文の中に，どのように知識を入れていけばよいのかが難しい。コツはありませんか？

---

*Q5.* 論文の中で，具体的数値を入れるところが難しい。コツはありませんか？

---

*Q6.* 午後II問題で，採点が厳しい分野とか，あまり選択してはいけない問題というのはあるのでしょうか？

---

*Q7.* コンテンツを充実させるためには，やはりサンプル論文などを，あらかじめ材料を作ってから，自分で書く練習をした方がよいのでしょうか？

---

*Q8.* 「コンテンツ準備」についてですが，コンテンツの収集単位，キーワードなどがあれば教えてください

---

*Q9.* 論文の中に図表を埋め込んでも問題ありませんか？

# 1 プロジェクト計画の作成（価値実現）

ここでは“価値を実現するためのプロジェクト計画の作成”にフォーカスした問題をまとめている。プロジェクトの立ち上げ時に，プロジェクトへの要求を見極め，最適な開発アプローチを採用してプロジェクト計画を立案する部分になる。シンプルに言えば，プロジェクト全体を俯瞰するところになる。

| | |
|---|---|
| **1** | **プロジェクト計画の作成（価値実現）の ポイント・過去問題** |
| **演習** | **令和5年度　問1** **令和5年度　問2** |

# 1. プロジェクト計画の作成（価値実現）のポイント・過去問題

まずはテーマ別のポイントを押さえてから問題文の読み込みに入っていこう。

## ●過去に出題された午後Ⅱ問題

表1　午後Ⅱ過去問題

| 年度 | 問題番号 | 問題タイトル | 掲載場所 | 重要度　◎＝最重要　○＝要読込　×＝不要 | 2時間で書く推奨問題 |
|---|---|---|---|---|---|
| ①プロジェクト計画の立案 | | | | | |
| R02 | 1 | 未経験の技術やサービスを利用するシステム開発プロジェクト | Web | ◎ | ◎ |
| R05 | 1 | プロジェクトマネジメント計画の修整（テーラリング） | 本紙 | ○ | |
| ②変更（変更管理，変化への対応） | | | | | |
| H08 | 2 | システム開発における仕様変更の管理 | なし | ○ | |
| H14 | 2 | 業務仕様の変更を考慮したプロジェクトの運営方法 | Web | ○ | |
| H18 | 3 | 業務の開始日を変更できないプロジェクトでの変更要求への対応 | Web | ○ | |
| H24 | 2 | システム開発プロジェクトにおけるスコープのマネジメント | Web | ○ | |
| R04 | 1 | システム開発プロジェクトにおける事業環境の変化への対応 | Web | ◎ | |
| ③問題解決（プロジェクト知識のマネジメント） | | | | | |
| H31 | 2 | システム開発プロジェクトにおける，助言や他のプロジェクトの知見などを活用した問題の迅速な解決 | Web | ○ | |
| ④プロジェクトの完了評価 | | | | | |
| H09 | 2 | プロジェクトの評価 | なし | × | |
| H20 | 3 | 情報システム開発プロジェクトの完了時の評価 | Web | ○ | |
| R05 | 2 | 組織のプロジェクトマネジメント能力の向上につながるプロジェクト終結時の評価 | 本紙 | ◎ | ○ |

※掲載場所が"Web"のものは https://www.shoeisha.co.jp/book/present/9784798185750/ からダウンロードできます。詳しくは，ⅳページ「付録のダウンロード」をご覧ください。

　このテーマは大きく4つに分けられる。①プロジェクト計画の立案，②変更（変更管理，変化への対応），③問題解決（プロジェクト知識のマネジメント），④プロジェクトの完了評価である。変更をテーマにした問題の場合，予測型（従来型）プロジェクトとDXを意識したプロジェクトと，どちらが問われているのかを読み取る必要がある。変更に関する考え方が異なるので注意しよう。

### ①プロジェクト計画の立案（2問）

　令和2年度問1は，問題文にも解答例や採点講評にも"DX"とは一言も書いていないものの，その内容からDXを意識したプロジェクトの問題だと考えられる。問われているのは，新技術を扱うことによる不確実性に対して検証フェーズを設けることで対応したという経験だ。分類上は，本章の「テーマ3　リスク」の問題だとも言えるだろう（実際，平成9年度問1にも近い）。これからも出題される可能性が高いので，しっかりと準備しておきたい1問になる。また，令和5年度問1はテーラリングをテーマにした問題になる。テーラリングは予測型でも，適応型でも書くことができる問題だ。テーラリングについて深く考える良い問題だと言える。

### ②変更（変更管理，変化への対応）（5問）

　"変更"をテーマにした問題は過去5問出題されている。いずれも状況や視点が異なっており，題意を正確に把握した上で同様の経験が書けるかどうかがポイントになっている。平成14年度問2では，仕様変更を予測してどう備えたかが問われている。また，平成18年度問3では業務の開始日に間に合わない変更要求が，平成24年度問2ではスコープの変更要求が発生した経験が問われている。ここまではいずれも予測型（従来型）のプロジェクトを想定した問題だ。しかし，直近の令和4年度問1では，アジャイル開発等の適応型のプロジェクトでも書くことができる広義の"計画変更"を対象にしたものになっている。しかも，目的志向のDXを意識したのか"変更要求を積極的に受け入れる"姿勢も見える。このように，プロジェクトに付きものの"変更"は，結構バラエティに富んだ出題になっているので，読み違えには注意しよう。しっかりと過去問題に目を通して個々のポイントを押さえておきたい。なお，論文添削をしていると，その仕様変更が"いつ？"発生したものなのか？残り期間がどれぐらいあるのか？いわゆる"時"が読み手に伝わっていない論文をよく見かける。"時"を正確に伝えないと，読み手は対応の是非を判断できないので，そこも注意をしよう。

### ③問題解決（プロジェクト知識のマネジメント）（1問）

　プロジェクト推進中に発生した問題（以下，"PJ上の問題"とする）を，プロジェクト外部の"知識"を使って解決した経験を問う出題もある。プロジェクトマネージャの問題解決力が問われる問題は少なくない。そのうち対処方法が限定されている問題も，これまでかなり出題されている（P.97のコラム参照）。しかし，プロジェクト外の知見を活用したものは，平成31年度が初めてだ。この問題で，1本論文を準備しておく必要はないが，問題文を熟読して"正解"を頭に入れておく必要はある。しっかりと読み込んでおきたい問題の一つだと言える。

### ④プロジェクトの完了評価（3問）

　最後は前回の令和5年度問2でも出題された"完了評価"をテーマにした問題だ。令和5年度問2は，目標未達成のプロジェクトを題材に，その直接原因から根本原因を究明して再発防止策を実施することなどが問われている。一方，平成20年度問3はプロジェクトの立ち上げ時から明確な目的を持ってデータ収集している点がポイントになる。明確な目的に基づき評価対象を設定し，その評価対象に関する評価項目，すなわち必要なデータを決定する。そのあたりを書ききれるかどうかがポイントになる。何かを試す"モデル・プロジェクト"をイメージすればわかりやすいかもしれない。

## ● 2時間で書く論文の推奨問題

　ここの11問の過去問題の中から2時間で書く練習に使う1問を選択するとしたら，令和2年度問1が最適だと考える。理由は今後の主流になる可能性があるからだ。令和5年度問1のテーラリングの問題も応用が利くので重要な問題だが，令和6年に2年連続で出ることは考えにくいので令和2年度問1を推奨する。

　さらにもう1問準備できる場合は，令和5年度問2がいいだろう。午後Ⅱ試験では「（調査分析しないとわからなかった）根本原因」を究明して有効な対策や再発防止策を取ったことを書かせる問題が何度か出題されている。特に多いわけではないが，根本原因が問われた時には，その場で考えて即興で回答することはかなり難しい。したがって，事前に時間をたっぷりかけて準備をしておく必要があるというわけだ。この問題の全部を準備しておく必要はないが，「直接原因」と「根本原因」を事前に準備しておくと，いざという時に頼りになるだろう。

## ●参考になる午後Ⅰ問題

　午後Ⅱ問題文を読んでみて，"経験不足"，"ネタがない"と感じたり，どんな感じで表現していいかイメージがつかないと感じたりしたら，次の表を参考に"午後Ⅰの問題"を見てみよう。中には，とても参考になる問題も存在する。

表2　対応表

| テーマ | 午後Ⅱ問題番号（年度ー問） | 参考になる午後Ⅰ問題番号（年度ー問） |
|---|---|---|
| ① DX を意識したプロジェクト計画の立案 | R02-1 | ○（H31-1） |
| | R05-1 | |
| ② 変更（変更管理，変化への対応） | H14-2 | ○（H21-3，H17-1），△（H18-3，H15-2） |
| | R04-1，H24-2，H18-3，H08-2 | ○（H27-3，H25-3，H20-2），△（H09-3） |
| ③ 問題解決（プロジェクト知識のマネジメント） | H31-2 | |
| ④ プロジェクトの完了評価 | H20-3，H9-2 | ○（H15-4），△（H23-4） |

**令和2年度 問1** 未経験の技術やサービスを利用する
システム開発プロジェクトについて

→ 解説は
こちら

**状況**　　プロジェクトマネージャ（PM）は，システム化の目的を実現するために，組織にとって未経験の技術やサービス（以下，新技術という）を利用するプロジェクトをマネジメントすることがある。

**計画**　　このようなプロジェクトでは，新技術を利用して機能，性能，運用などのシステム要件を完了時期や予算などのプロジェクトへの要求事項を満たすように実現できること（以下，実現性という）を，システム開発に先立って検証することが必要になる場合がある。このような場合，プロジェクトライフサイクルの中で，システム開発などのプロジェクトフェーズ（以下，開発フェーズという）に先立って，実現性を検証するプロジェクトフェーズ（以下，検証フェーズという）を設けることがある。検証する内容はステークホルダと合意する必要がある。検証フェーズでは，

**実施**　品質目標を定めたり，開発フェーズの活動期間やコストなどを詳細に見積もったりするための情報を得る。PMは，それらの情報を活用して，必要に応じ開発フェーズ

**計画**　の計画を更新する。

　　さらに，検証フェーズで得た情報や更新した開発フェーズの計画を示すなどして，検証結果の評価についてステークホルダの理解を得る。場合によっては，システム要件やプロジェクトへの要求事項を見直すことについて協議して理解を得ることもある。

　　あなたの経験と考えに基づいて，設問ア～ウに従って論述せよ。

設問ア　あなたが携わった新技術を利用したシステム開発プロジェクトにおけるプロ
**状況**→　ジェクトとしての特徴，システム要件，及びプロジェクトへの要求事項について，800字以内で述べよ。

設問イ　設問アで述べたシステム要件とプロジェクトへの要求事項について，検証フ
**計画**
**実施**→　ェーズで実現性をどのように検証したか。検証フェーズで得た情報を開発フェ
**計画**→　ーズの計画の更新にどのように活用したか。また，ステークホルダの理解を得るために行ったことは何か。800字以上1,600字以内で具体的に述べよ。

設問ウ　設問イで述べた検証フェーズで検証した内容，及び得た情報の活用について，それぞれの評価及び今後の改善点を，600字以上1,200字以内で具体的に述べよ。

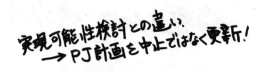

実現可能性検討との違い。
→ PJ計画を中止ではなく更新！

**令和5年度 問1**　プロジェクトマネジメント計画の修整
（テーラリング）について

解説は
こちら

**状況**　システム開発プロジェクトでは，プロジェクトの目標を達成するために，時間，コスト，品質以外に，リスク，スコープ，ステークホルダ，プロジェクトチーム，コミュニケーションなどもプロジェクトマネジメントの対象として重要である。プロジェクトマネジメント計画を作成するに当たっては，これらの対象に関するマネジメントの方法としてマネジメントの役割，責任，組織，プロセスなどを定義する必要がある。

　その際に，マネジメントの方法として定められた標準や過去に経験した事例を参照することは，プロジェクトマネジメント計画を作成する上で，効率が良くまた効果的である。しかし，個々のプロジェクトには，プロジェクトを取り巻く環境，スコープ定義の精度，ステークホルダの関与度や影響度，プロジェクトチームの成熟度やチームメンバーの構成，コミュニケーションの手段や頻度などに関して独自性がある。

**計画**　システム開発プロジェクトを適切にマネジメントするためには，参照したマネジメントの方法を，個々のプロジェクトの独自性を考慮して修整し，プロジェクトマネジメント計画を作成することが求められる。

**実施**　さらに，修整したマネジメントの方法の実行に際しては，修整の有効性をモニタリングし，その結果を評価して，必要に応じて対応する。

　あなたの経験と考えに基づいて，設問ア〜ウに従って論述せよ。


設問ア　あなたが携わったシステム開発プロジェクトの目標，その目標を達成するために，時間，コスト，品質以外に重要と考えたプロジェクトマネジメントの対象，

**状況**　及び重要と考えた理由について，800字以内で述べよ。

設問イ　設問アで述べたプロジェクトマネジメントの対象のうち，マネジメントの方法を修整したものは何か。修整が必要と判断した理由，及び修整した内容について，

**計画**　800字以上1,600字以内で具体的に述べよ。

設問ウ　設問イで述べた修整したマネジメントの方法の実行に際して，修整の有効性をどのようにモニタリングしたか。モニタリングの結果とその評価，必要に応じて

**実施**　行った対応について，600字以上1,200字以内で具体的に述べよ。


修整するのは マネジメントの方法

**平成 8 年度 問 2** **システム開発における仕様変更の管理について**

解説はこちら→

**問題**　システム開発においては，業務要件や運用条件の変更などによって，仕様の変更が発生する場合が多い。仕様変更が統制なく行われると，プロジェクトの進捗やシステムの品質に重大な影響を与えるため，プロジェクトマネージャには仕様変更を適切に管理することが要求される。

**対応**　仕様変更の実施の可否を判断するに当たっては，変更の必要性の度合いと変更によるスケジュールや予算などへの影響を的確に把握することが重要である。この際，エンドユーザとの十分な調整が必要である。また，システム開発のどの段階であるかも十分に配慮しなければならない。例えば，基本設計の段階では容易に取り込める変更であっても，総合テストの段階では取込みが困難なことがある。

　仕様変更の実施においては，変更したことによるシステムの整合性を確保するためのレビュー方法，変更が正しく行われ他に影響のないことを確認するためのテスト方法，及び変更作業の進捗管理に十分な考慮が必要である。更に，ドキュメントやプログラムなどに矛盾が生じないような配慮も必要である。

　あなたの経験に基づいて，設問ア～ウに従って論述せよ。

**問題 →**

**設問ア**　あなたが携わったシステム開発プロジェクトの概要と特徴，及び仕様変更の発生状況を，800字以内で述べよ。

**対応 →**

**設問イ**　設問アで述べたプロジェクトにおいて，仕様変更を適切に管理するためにどのような仕組みを作り，どのように運用したか。また特に工夫した点は何か。具体的に述べよ。

**設問ウ**　設問イで述べた仕組みと運用についての評価と改善すべき点について，簡潔に述べよ。

仕様変更発生時の基礎

**平成 14 年度 問 2**　業務仕様の変更を考慮した
プロジェクトの運営方法について

→
解説は
こちら

**状況**　　近年，インターネットを用いた新しいビジネスモデルの構築など，未経験領域のア
プリケーションが増加している。アプリケーションによっては，プロジェクトの初期
の段階で業務仕様をすべて定義しきれなかったり，早期に凍結できなかったりするこ
とがある。

**計画**　　このような場合，プロジェクトの立上げに際しては，まず，全体の業務仕様のうち，
変更の可能性のある部分とそれらの変更の発生時期を，利用者の協力を得て可能な限
り予測することが肝要である。そして，業務仕様の変更に柔軟に対応できるようプロ
ジェクトの運営方法に工夫を凝らす必要がある。そのために，例えば，次のような事
項を検討する。

- プロジェクトの初期の段階から利用者がプロジェクトへ参画する。
- 短いサイクルで段階的に開発するなど，変更に強い開発プロセスモデルを採用す
る。
- 予想される変更の影響を局所化できるように設計を工夫する。
- 開発期間，費用に余裕を含めたり，見直し時期や調整方法を顧客と取り決めたり
しておく。

**実施**　プロジェクトの実行に際しては，個々の変更要求に対して，様々な観点から評価す
る。例えば，利用部門から見た変更の緊急性や効果，変更しないことによる不便さの
度合い，開発部門から見た開発期間や費用への影響などを総合的に判断して，採用の
可否を決める。また，必要に応じてプロジェクト体制やスケジュールなどを調整する。
　　あなたの経験と考えに基づいて，設問ア～ウに従って論述せよ。

**設問ア**　あなたが携わったプロジェクトの概要と，プロジェクトの立上げの際に変更の
**状況**　　→　可能性があると予測した業務仕様とその理由を，800 字以内で述べよ。

**設問イ**　プロジェクトの立上げに際して，業務仕様の変更に柔軟に対応するためにどの
**計画**　　→　ような事項を検討したか。また，プロジェクトの実行に際して，業務仕様の変更
**実施**　　　に対してどのように対応したか。工夫した点を中心に述べよ。

**設問ウ**　設問イで述べた活動をどのように評価しているか。また，今後どのような改善
を考えているか。それぞれ簡潔に述べよ。

*覚えておきたい問題！*

## 平成18年度 問3　業務の開始日を変更できないプロジェクトでの変更要求への対応について

解説は
こちら

**状況**　　情報システム開発プロジェクトにおいて，新製品や新サービスにかかわる業務の開始日が決まっており，それに応じて稼働開始時期が決められているシステムを開発することがある。このようなシステム開発において，ビジネス上の方針変更などによって要求機能やシステムの対象範囲に関して影響の大きい変更要求が発生したとき，業

**問題**　務の開始日までにシステムの開発が完了できない場合がある。

**対応**　　このような場合，プロジェクトマネージャは，まず，業務の開始日に稼働させるシステムとそれ以降に段階的に稼働させるシステムの範囲を決定する。

　　次に，プロジェクトマネージャは，新たに必要となるタスクの追加や実行中のタスクの中断又は継続を検討したり，業務の開始日以降に段階的に稼働させるための移行手順を検討したりしなければならない。また，プロジェクト体制の見直しなどの検討も必要である。これらの検討においては，次のような観点を考慮して，タスクの優先度を決めたり，関係者と調整したりすることが重要である。

・利用部門が円滑に業務を遂行できること
・運用部門に大きな負担がかからないこと
・現行システムと並行運用させる場合，システム間の整合性が取られていること
・チーム編成を変更する場合，リーダや要員の理解が得られること

あなたの経験と考えに基づいて，設問ア〜ウに従って論述せよ。

**設問ア**　あなたが携わった情報システム開発プロジェクトの概要と，業務の開始日を変更できなかった背景及び変更要求の内容を，800字以内で述べよ。

**問題**

**対応**

**設問イ**　設問アで述べた変更要求に対して，あなたが検討した内容と，その結果を，あなたが特に重要と考えた観点とともに，具体的に述べよ。

**設問ウ**　設問イで述べた検討した内容とその結果について，あなたはどのように評価しているか。また，今後どのように改善したいと考えているか。それぞれ簡潔に述べよ。

H8-2 ＋ 業務の開始日変更不可
要求 → 優先する → 計画変更（旧・新）
　　　　 → 後回しはNG.

**平成 24 年度 問 2**　システム開発プロジェクトにおける
スコープのマネジメントについて

→ 解説は
こちら

**問題**　　プロジェクトマネージャ（PM）には，システム開発プロジェクトのスコープとして
成果物の範囲と作業の範囲を定義し，これらを適切に管理することで予算，納期，品
質に関するプロジェクト目標を達成することが求められる。

　プロジェクトの遂行中には，業務要件やシステム要件の変更などによって成果物の
範囲や作業の範囲を変更しなくてはならないことがある。スコープの変更に至った原
因とそれによるプロジェクト目標の達成に及ぼす影響としては，例えば，次のような
ものがある。

　・事業環境の変化に伴う業務要件の変更による納期の遅延や品質の低下

　・連携対象システムの追加などシステム要件の変更による予算の超過や納期の遅延

**対応**　　このような場合，PM は，スコープの変更による予算，納期，品質への影響を把握
し，プロジェクト目標の達成に及ぼす影響を最小にするための対策などを検討し，プ
ロジェクトの発注者を含む関係者と協議してスコープの変更の要否を決定する。

　スコープの変更を実施する場合には，PM は，プロジェクトの成果物の範囲と作業
の範囲を再定義して関係者に周知する。その際，変更を円滑に実施するために，成果
物の不整合を防ぐこと，特定の担当者への作業の集中を防ぐことなどについて留意す
ることが重要である。

　あなたの経験と考えに基づいて，設問ア～ウに従って論述せよ。

**設問ア**　あなたが携わったシステム開発プロジェクトにおける，プロジェクトとしての
　　　　　特徴と，プロジェクトの遂行中に発生したプロジェクト目標の達成に影響を及ぼ
**問題**➡️すスコープの変更に至った原因について，800 字以内で述べよ。

**設問イ**　設問アで述べた原因によってスコープの変更をした場合，プロジェクト目標の
　　　　　達成にどのような影響が出ると考えたか。また，どのような検討をしてスコープ
**対応**➡️の変更の要否を決定したか。協議に関わった関係者とその協議内容を含めて，800
　　　　　字以上 1,600 字以内で具体的に述べよ。

**設問ウ**　設問イで述べたスコープの変更を円滑に実施するために，どのような点に留意
　　　　　して成果物の範囲と作業の範囲を再定義したか。成果物の範囲と作業の範囲の変
　　　　　更点を含めて，600 字以上 1,200 字以内で具体的に述べよ。

スコープ変更時の基本的対応手順

**令和4年度 問1**　システム開発プロジェクトにおける
　　　　　　　　　　事業環境の変化への対応

解説は
こちら

**状況**　　　システム開発プロジェクトでは，事業環境の変化に対応して，プロジェクトチームの外部のステークホルダからプロジェクトの実行中に計画変更の要求を受けることがある。このような計画変更には，プロジェクトにプラスの影響を与える機会とマイナスの影響を与える脅威が伴う。計画変更を効果的に実施するためには，機会を生かす対応策と脅威を抑える対応策の策定が重要である。

**対応**　　　例えば，競合相手との差別化を図る機能の提供を目的とするシステム開発プロジェクトの実行中に，競合相手が同種の新機能を提供することを公表し，これに対応して営業部門から，差別化を図る機能の提供時期を，予算を追加してでも前倒しする計画変更が要求されたとする。この計画変更で，短期開発への挑戦というプラスの影響を与える機会が生まれ，プロジェクトチームの成長が期待できる。この機会を生かすために，短期開発の経験者をプロジェクトチームに加え，メンバーがそのノウハウを習得するという対応策を策定する。一方で，スケジュールの見直しというマイナスの影響を与える脅威が生まれ，プロジェクトチームが混乱したり生産性が低下したりする。この脅威を抑えるために，差別化に寄与する度合いの高い機能から段階的に前倒しして提供していくという対応策を策定する。

　　　策定した対応策を反映した上で，計画変更の内容を確定して実施し，事業環境の変化に迅速に対応する。

　　あなたの経験と考えに基づいて，設問ア～設問ウに従って論述せよ。


設問ア　あなたが携わったシステム開発プロジェクトの概要と目的，計画変更の背景
**状況**　　　となった事業環境の変化，及びプロジェクトチームの外部のステークホルダからプロジェクトの実行中に受けた計画変更の要求の内容について，800字以内で述べよ。

設問イ　設問アで述べた計画変更の要求を受けて策定した，機会を生かす対応策，脅
**対応**　　　威を抑える対応策，及び確定させた計画変更の内容について，800字以上1,600字以内で具体的に述べよ。

設問ウ　設問イで述べた計画変更の実施の状況及びその結果による事業環境の変化への対応の評価について，600字以上1,200字以内で具体的に述べよ。


*計画変更 → プラスの影響 ← 書ける？*
*と*
*マイナスの影響*

181

**平成 31 年度 問 2**　システム開発プロジェクトにおける, 助言や他のプロジェクトの知見などを活用した問題の迅速な解決について

解説は
こちら

**問題**
　プロジェクトマネージャ (PM) には, プロジェクト推進中に品質, 納期, コストに影響し得る問題が発生した場合, 問題を迅速に解決して, プロジェクトを計画どおりに進めることが求められる。問題発生時には, ステークホルダへの事実関係の確認などを行った上で, プロジェクト内の取組によって解決を図る。

　しかし, プロジェクト内の取組だけでは問題を迅速に解決できず, プロジェクトが計画どおりに進まないと懸念される場合, **対応** PM は, プロジェクト内の取組とは異なる観点や手段などを見いだし, 原因の究明や解決策の立案を行うことも必要である。このような場合, プロジェクト外の有識者に助言を求めたり, 他のプロジェクトから得た教訓やプロジェクト完了報告などの知見を参考にしたりすることがある。

　こうした助言や知見などを活用する場合, PM は, まず, プロジェクトの特徴のほか, 品質, 納期, コストに影響し得る問題の内容, 問題発生時の背景や状況の類似性などから, 有識者や参考とするプロジェクトを特定する。次に, 有識者と会話して得た助言やプロジェクト完了報告書を調べて得た知見などに, プロジェクト内の取組では考慮していなかった観点や手段などが含まれていないかどうかを分析する。そして, 解決に役立つ観点や手段などが見いだせれば, これらを活用して, 問題の迅速な解決に取り組む。

あなたの経験と考えに基づいて, 設問ア～ウに従って論述せよ。

**設問ア**　あなたが携わったシステム開発プロジェクトにおけるプロジェクトの特徴, 及びプロジェクト内の取組だけでは解決できなかった品質, 納期, コストに影響し得る問題について, 800 字以内で述べよ。

**問題**

**設問イ**　設問アで述べた問題に対して, 解決に役立つ観点や手段などを見いだすために, 有識者や参考とするプロジェクトの特定及び助言や知見などの分析をどのように行ったか。また, 見いだした観点や手段などをどのように活用して, 問題の迅速な解決に取り組んだか。800 字以上 1,600 字以内で具体的に述べよ。

**対応**

**設問ウ**　設問イで述べた特定や分析, 問題解決の取組について, それらの有効性の評価, 及び今後の改善点について, 600 字以上 1,200 字以内で具体的に述べよ。

問題解決時のひとつの手段
→準備しておこう！

解説は
こちら

**平成9年度 問2** プロジェクトの評価について

**計画**

　システム開発プロジェクトの完了時点で，プロジェクト運営にかかわる各種データを集計・分析し，その評価を通じて管理ノウハウを抽出することは，その後の開発プロジェクトを円滑に進めるうえでたいへん重要な意味をもっている。

　評価を行うためには，何を目的にどのような評価項目を設定すべきか，収集すべきデータは何かを，プロジェクトの特徴を踏まえて，事前に十分検討しておく必要がある。例えば，新しい開発手法を適用するプロジェクトでは，その手法による生産性が十分に実証されていないことが多い。このような場合には，その後のプロジェクトでの工数見積りや進捗管理に生かす目的で，生産性を評価項目として設定し，工程ごとの作業実績，要員のスキル向上度合いやバグの収束状況などのデータを収集することが考えられる。また，開発体制の組み方なども，重要な評価項目として挙げられる。

　項目の設定に加えて，データ収集のための仕組みの整備も，プロジェクトの開始時点で忘れてはならない事項である。そして，プロジェクトの実施中はデータが確実に収集されていることを随時確認し，プロジェクト完了時の評価に備えておかなければならない。

　あなたの経験に基づいて，設問ア～ウに従って論述せよ。

**設問ア**　あなたが携わったプロジェクトにおいて，何を目的にどのような項目についてプロジェクトの評価をしようとしたか。プロジェクトの特徴と関連づけて800字以内で述べよ。

**設問イ**　設問アで述べたプロジェクトの評価のために，あなたはどのようなデータを

**計画** ➤ 収集することにしたか。また，それらのデータを収集する仕組みをどう整えたか。それぞれ工夫した点を中心に具体的に述べよ。

**設問ウ**　プロジェクトの評価の結果として，あなたは何を得たか。また，それをどのような方法でその後のプロジェクトに役立たせようと考えているか。それぞれ簡潔に述べよ。

→ H20-3

## 平成20年度 問3　情報システム開発プロジェクトの完了時の評価について

解説は
こちら

---

**計画**

　情報システム開発プロジェクトの完了時には，計画と実績について分析して評価し，プロジェクト報告書などとして文書化する。その際，プロジェクトマネージャは，採用した取組の実施結果を評価する。評価の対象となる取組には，例えば，次のようなものがある。

- ・新しいソフトウェアやツール類の活用
- ・新たなシステム導入手法の採用
- ・オフショアリソースの活用

　評価を行うためには，取組を採用した目的を踏まえて，プロジェクトの計画時に適切な評価項目を定め，評価に必要なデータを収集する仕組みを準備する。そして，プロジェクトの完了時には，収集したデータや管理資料を整理し，取組の実施結果を評価する。評価の視点には，例えば，体制，WBS，プロジェクト運営ルールがあり，評価項目には，例えば，生産性，品質がある。これらの評価の視点と評価項目を用いて，作業工数，不具合の発生件数などのデータを分析することで，それぞれの取組の実施結果を総合的に評価し，成功要因や改善点を洗い出す。

**実施**

　さらに，プロジェクト運営のチェックリストを作成したり，工数積算の指標を作成したりするなど，マネジメント上のノウハウを組織内で共有し，今後のプロジェクトに役立てる工夫も必要である。

　あなたの経験と考えに基づいて，設問ア～ウに従って論述せよ。

---

**設問ア**　あなたが携わった情報システム開発プロジェクトの概要と，プロジェクトで採用した取組について，採用した目的とともに，800字以内で述べよ。

**設問イ**　設問アで述べた取組の実施結果を評価するためにあなたが設定した評価の視点や評価項目と，評価を行うために収集したデータは何か。評価方法，評価結果とともに具体的に述べよ。また，評価から得られたマネジメント上のノウハウを今後のプロジェクトに役立てるための工夫について，具体的に述べよ。

**計画**
**実施**

**設問ウ**　設問イで述べた活動について，あなたはどのように評価しているか。また，今後どのように改善したいと考えているか。それぞれ簡潔に述べよ。

---

評価したいこと → このPJがベストな理由
あり主
（但し，PJ運営上のデータ：PJ標準）

**令和5年度 問2** 組織のプロジェクトマネジメント能力の向上につながるプロジェクト終結時の評価について

→ 解説はこちら

**状況実施**
　プロジェクトチームには，プロジェクト目標を達成することが求められる。しかし，過去の経験や実績に基づく方法やプロセスに従ってマネジメントを実施しても，重要な目標の一部を達成できずにプロジェクトを終結すること（以下，目標未達成という）がある。このようなプロジェクトの終結時の評価の際には，今後のプロジェクトの教

**原因究明**
訓として役立てるために，プロジェクトチームとして目標未達成の原因を究明して再発防止策を立案する。

　目標未達成の原因を究明する場合，目標未達成を直接的に引き起こした原因（以下，直接原因という）の特定にとどまらず，プロジェクトの独自性を踏まえた因果関係の整理や段階的な分析などの方法によって根本原因を究明する必要がある。その際，プロジェクトチームのメンバーだけでなく，ステークホルダからも十分な情報を得る。さらに客観的な立場で根本原因の究明に参加する第三者を加えたり，組織内外の事例を参照したりして，それらの知見を活用することも有効である。

**再発防止**
　究明した根本原因を基にプロジェクトマネジメントの観点で再発防止策を立案する。再発防止策は，マネジメントプロセスを煩雑にしたりマネジメントの負荷を大幅に増加させたりしないような工夫をして，教訓として組織への定着を図り，組織のプロジェクトマネジメント能力の向上につなげることが重要である。

　あなたの経験と考えに基づいて，設問ア～ウに従って論述せよ。

**状況実施**
設問ア　あなたが携わったシステム開発プロジェクトの独自性，未達成となった目標と目標未達成となった経緯，及び目標未達成がステークホルダに与えた影響について，800字以内で述べよ。

**原因究明**
設問イ　設問アで述べた目標未達成の直接原因の内容，根本原因を究明するために行ったこと，及び根本原因の内容について，800字以上1,600字以内で具体的に述べよ。

**再発防止**
設問ウ　設問イで述べた根本原因を基にプロジェクトマネジメントの観点で立案した再発防止策，及び再発防止策を組織に定着させるための工夫について，600字以上1,200字以内で具体的に述べよ。

その根本原因は究明しないとわからなかったこと？
プロジェクトマネジメントの観点？

# 演習 ● 令和 5 年度 問 1

問1　プロジェクトマネジメント計画の修整（テーラリング）について

　　システム開発プロジェクトでは，プロジェクトの目標を達成するために，時間，コスト，品質以外に，リスク，スコープ，ステークホルダ，プロジェクトチーム，コミュニケーションなどもプロジェクトマネジメントの対象として重要である。プロジェクトマネジメント計画を作成するに当たっては，これらの対象に関するマネジメントの方法としてマネジメントの役割，責任，組織，プロセスなどを定義する必要がある。

　　その際に，マネジメントの方法として定められた標準や過去に経験した事例を参照することは，プロジェクトマネジメント計画を作成する上で，効率が良くまた効果的である。しかし，個々のプロジェクトには，プロジェクトを取り巻く環境，スコープ定義の精度，ステークホルダの関与度や影響度，プロジェクトチームの成熟度やチームメンバーの構成，コミュニケーションの手段や頻度などに関して独自性がある。

　　システム開発プロジェクトを適切にマネジメントするためには，参照したマネジメントの方法を，個々のプロジェクトの独自性を考慮して修整し，プロジェクトマネジメント計画を作成することが求められる。

　　さらに，修整したマネジメントの方法の実行に際しては，修整の有効性をモニタリングし，その結果を評価して，必要に応じて対応する。

　　あなたの経験と考えに基づいて，設問ア～ウに従って論述せよ。


設問ア　あなたが携わったシステム開発プロジェクトの目標，その目標を達成するために，時間，コスト，品質以外に重要と考えたプロジェクトマネジメントの対象，及び重要と考えた理由について，800 字以内で述べよ。

設問イ　設問アで述べたプロジェクトマネジメントの対象のうち，マネジメントの方法を修整したものは何か。修整が必要と判断した理由，及び修整した内容について，800 字以上 1,600 字以内で具体的に述べよ。

設問ウ　設問イで述べた修整したマネジメントの方法の実行に際して，修整の有効性をどのようにモニタリングしたか。モニタリングの結果とその評価，必要に応じて行った対応について，600 字以上 1,200 字以内で具体的に述べよ。

# 解説

## ●問題文の読み方

　問題文は次の手順で解析する。最初に，設問で問われていることを明確にし，各段落の記述文字数を（ひとまず）確定する（①②③）。続いて，問題文と設問の対応付けを行う（④⑤）。最後に，問題文にある状況設定（プロジェクト状況の例）やあるべき姿をピックアップするとともに，例を確認し，自分の書こうと考えているものが適当かどうかを判断する（⑥⑦）。

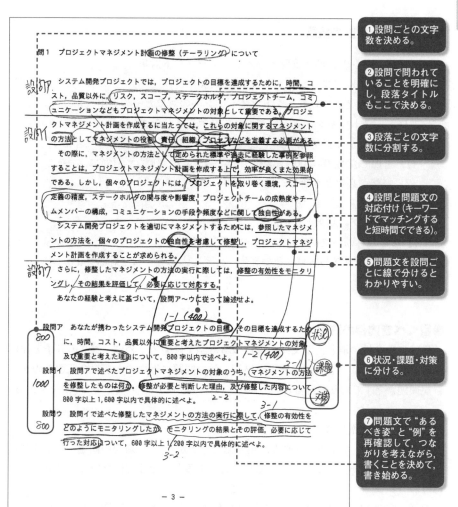

問1　プロジェクトマネジメント計画の修整（テーラリング）について

　システム開発プロジェクトでは，プロジェクトの目標を達成するために，時間，コスト，品質以外に，リスク，スコープ，ステークホルダ，プロジェクトチーム，コミュニケーションなどもプロジェクトマネジメントの対象として重要である。プロジェクトマネジメント計画を作成するに当たっては，これらの対象に関するマネジメントの方法としてマネジメントの役割，責任，組織，プロセスなどを定義する必要がある。

　その際に，マネジメントの方法として定められた標準や過去に経験した事例を参照することは，プロジェクトマネジメント計画を作成する上で，効率が良くまた効果的である。しかし，個々のプロジェクトには，プロジェクトを取り巻く環境，スコープ定義の精度，ステークホルダの関与度や影響度，プロジェクトチームの成熟度やチームメンバーの構成，コミュニケーションの手段や頻度などに関して独自性がある。

　システム開発プロジェクトを適切にマネジメントするためには，参照したマネジメントの方法を，個々のプロジェクトの独自性を考慮して修整し，プロジェクトマネジメント計画を作成することが求められる。

　さらに，修整したマネジメントの方法の実行に際しては，修整の有効性をモニタリングし，その結果を評価して，必要に応じて対応する。

　あなたの経験と考えに基づいて，設問ア～ウに従って論述せよ。

設問ア　あなたが携わったシステム開発プロジェクトの目標，その目標を達成するために，時間，コスト，品質以外に重要と考えたプロジェクトマネジメントの対象，及び重要と考えた理由について，800字以内で述べよ。

設問イ　設問アで述べたプロジェクトマネジメントの対象のうち，マネジメントの方法を修整したものは何か。修整が必要と判断した理由，及び修整した内容について，800字以上1,600字以内で具体的に述べよ。

設問ウ　設問イで述べた修整したマネジメントの方法の実行に際して，修整の有効性をどのようにモニタリングしたか，モニタリングの結果とその評価，必要に応じて行った対応について，600字以上1,200字以内で具体的に述べよ。

**① 設問ごとの文字数を決める。**

**② 設問で問われていることを明確にし，段落タイトルもここで決める。**

**③ 段落ごとの文字数に分割する。**

**④ 設問と問題文の対応付け（キーワードでマッチングすると短時間でできる）。**

**⑤ 問題文を設問ごとに線で分けるとわかりやすい。**

**⑥ 状況・課題・対策に分ける。**

**⑦ 問題文で"あるべき姿"と"例"を再確認して，つながりを考えながら，書くことを決めて，書き始める。**

－ 3 －

187

## ●出題者の意図（プロジェクトマネージャとして主張すべきこと）を確認

**出題趣旨**

　システム開発プロジェクトでは，プロジェクトの目標を達成するために，プロジェクトマネジメントの対象に関するマネジメントの方法を定義してプロジェクトマネジメント計画を作成する。その際，組織で定められた標準や過去に経験した事例を参照することは効率が良くまた効果的であるが，個々のプロジェクトの独自性を考慮して修整（テーラリング）することが重要である。

　本問は，個々のプロジェクトの独自性を考慮してマネジメントの方法をどのように修整し，その修整が有効に機能しているのかをどのようにモニタリングし，その結果にどのように対応したのかを，具体的に論述することを求めている。論述を通じて，プロジェクトマネジメント業務を担う者として有すべき，プロジェクトマネジメント計画の修整に関する知識，経験，実践能力を評価する。

(IPA 公表の出題趣旨より転載)

## ●段落構成と字数の確認

1. プロジェクトの目標と重要と考えたマネジメント対象
   - 1.1 システム開発プロジェクトの目標（400）
   - 1.2 重要と考えたプロジェクトマネジメントの対象とその理由（400）
2. プロジェクトマネジメント計画の修整（テーラリング）
   - 2.1 マネジメントの方法を修整したものと修整が必要と判断した理由
     - （1）参照したもの（300）※会社標準とか過去の PJ 計画など具体的な名称を書くこと
     - （2）修整が必要と判断した理由（300）
   - 2.2 修整した内容（400）
3. モニタリングの結果とその評価，及び対応
   - 3.1 修整の有効性に関するモニタリング（400）
   - 3.2 モニタリングの結果とその評価，必要に応じて行った対応（400）

## ●書くべき内容の決定

　最初に整合性の取れた論文，一貫性のある論文にするために，論文の骨子を作成する。具体的には，過去問題を思い出し「どの問題に近いのか？複合問題なのか？新規問題か？」で切り分けるとともに，どのような骨子にすればいいのかを考える。

### 過去問題との関係を考える

　この問題は，一見すると（過去問題で見たことがない）"新規の問題"のように見えるかもしれない。しかし，じっくりと対峙すると，そうではないことに気付くだろう。

　今回，設問アで問われているのが，（令和 4 年までの過去問題でデフォルトだっ

た)「プロジェクトの特徴」では無かった。しかし,(今回問われている)「プロジェクトの目標」や「重要と考えたプロジェクトマネジメントの対象」は,「プロジェクトの特徴」に他ならない。単に,プロジェクトの特徴の一つが具体的に指定されただけの話だ。

また,設問イで問われている "テーラリング" についても,目新しいものではない。"テーラリング" という用語が使われている点は目新しいかもしれないが,そもそもプロジェクトマネージャ試験の午後Ⅱ試験自体が "テーラリング" について書けと言っているようなものである。設問アに「PJ の特徴」を書いて,その特徴を加味して「どのようなマネジメントをしたのか?」が問われていることこそ,"テーラリング" だと言えるからだ。本質的には変わっていないと考えてもいいだろう。

実際,(試験対策として)過去問題に対して用意していた "論文" があれば,それを多少アレンジするだけで,この問題にも対応できる。例えば次のような感じだ。

---

**平成 21 年度問 1**
(体制:新人が初めて入る PJ だから,動機付けのプロセスを加えた)
→他の人間関係管理でもいけそう。
**令和 2 年度問 2,平成 28 年度問 2**
(リスク:PJ 特有のリスクがあるので,監視ツールを導入して…他)
**令和 2 年度問 1**
(スコープ:新技術を使うので,PoC を実施するプロセスを追加した)

---

これらだけではなく,他の多くの問題でも可能だと思う。自社の開発標準等をどうするのかを考えて,書き上げればいいだろう。

### 全体構成を決定する

そして,全体構成を組み立てる。この問題の場合,まず決めないといけないのは次の 5 つである。

---

① プロジェクトの目標 (1.1)
② 重要と考えたプロジェクトマネジメントの対象 (1.2)
③ 参照した標準や過去の事例,及びそのマネジメントの方法 (2.1)
④ 独自性と,それによって修整したマネジメントの方法 (2.2)
⑤ 有効性のモニタリング (3.1)

---

この五つの要素に矛盾が無いように組立てておくことが重要になる。

最初に，「重要と考えたプロジェクトマネジメントの対象」（②）と「参照した標準や過去の事例，及びそのマネジメントの方法」（③），「独自性と，それによって修整したマネジメントの方法」（④）を三位一体で決めるのがいいだろう。この三つの整合性が取れていれば一安心していいと思う。そして，そうしたテーラリングによって実現しようとした「プロジェクトの目標」（①）を決め，最後に，それらに対する「有効性のモニタリング」（⑤）について考える。

PJ は，最近の傾向通り…予測型（従来型）開発アプローチのプロジェクトでも，適応型開発アプローチでのアジャイル開発プロジェクトでも書ける。あるいは，開発標準が予測型で，一部，アジャイル開発を取り込むとか，PoC を入れるという点を修整したマネジメント方法（＝テーラリング）でも書けると思う。

## ●各段落の解説

それでは段落ごとにポイントを確認していこう。

### ● 1.1 段落（システム開発プロジェクトの目標）

設問アで明確に問われているのは「プロジェクトの目標」になる。したがって，最低限「プロジェクトの目標」については明記する必要がある。本書でも「プロジェクトの目標」についてはページを割いて説明しているが，予測型のアプローチだと「納期，予算，品質などの成果目標」などになるし，適応型のアプローチだとプロジェクトの目的に近い目標になる。

また，今回の問題は，これまでと違って「プロジェクトの特徴」から始まっていない。しかし，プロジェクトの目標を説明するには，プロジェクトの概要を先に説明しておいた方がいいし，ここに書く「プロジェクトの目標」や，1.2 に書く「プロジェクトの目標を達成するために重要だと考えたプロジェクトマネジメントの対象」，及び「その理由」は，プロジェクトの特徴そのものである。個々の論文（すなわちプロジェクト）ごとに異なるからだ。したがって，特に問われていなくても（プロジェクトの目標に話をつなげるためにも），これまで通り，準備しておいたプロジェクトの概要から書き始めればいいだろう。そして，1.2 でプロジェクトの特徴を伝えようと考えよう。

## 【減点ポイント】

①プロジェクトの目標が無い（致命度：中）

②プロジェクトの目標が適切ではない。予測型アプローチなのにプロジェクトの目的が目標になっているなど

## ● 1.2 段落（重要と考えたプロジェクトマネジメントの対象とその理由）

　続いて，「その目標を達成するために，時間，コスト，品質以外に重要と考えたプロジェクトマネジメントの対象，及び重要と考えた理由」について書く。問題文では，プロジェクトマネジメントの対象として「リスク，スコープ，ステークホルダ，プロジェクトチーム，コミュニケーションなど」を例示している。ちょうどPMBOK第6版までの知識エリアと同じ切り口になる。成果目標の「時間，コスト，品質以外」という指定があるので，それら以外で考える。もちろん問題文に例示されているもの以外でも全然構わないが，1.2で重要になるのは（後述する）理由の方なので，わざわざ問題文の例以外のものにせず，PMBOK第6版の知識エリアから選択するのが最も安全だと思う。

　そして，そのプロジェクトマネジメントの対象が，1.1に書いたプロジェクトの目標を達成するために重要だと考えた理由を書く。このマネジメントの対象が独自性のある部分であり，テーラリングの対象になる部分になるので，それを踏まえた理由にするのがベストだろう。例えば次のような感じになる。下記の内容は抽象的に書いたものだが，これを題材のプロジェクトに合わせて具体的に書けばいい。

　（例）重要だと考えたマネジメント対象＝ステークホルダ
　　　　独自性のある部分＝キーパーソンの参画が難しい
　　　　重要だと考えた理由＝ステークホルダマネジメントをしっかりしないと，
　　　　　　　　　　　　　　○○工程が予定通りに進まない可能性がある。ひいて
　　　　　　　　　　　　　　はプロジェクト目標が達成できない。
　　　　修整する＝ステークホルダマネジメントを会社標準から変更する

　重要なのは，1.1に書いた目標とリンクさせて採点者を納得させるものにすること。具体的には「その成否が，プロジェクトの成否につながる」や「そこに課題があるから，そこを重点管理すればプロジェクト目標は達成される」というようになるだろう。

【減点ポイント】

①1.1に書いたプロジェクトの目標達成との関連性に言及していない（致命度：中）
　→　重要だと考えた理由が目標達成に不可欠だということが伝わるように書くこと。

②プロジェクトの特徴がはっきりしない（致命度：中）
　→　この設問では「プロジェクトの特徴」は問われていないが，重要だと考えた理由の中に「プロジェクトの特徴」が見えなくてはいけない。

191

## ● 2 段落（プロジェクトマネジメント計画の修整（テーラリング））

　設問イで書かないといけないことは次の 4 点である。今回の話は，あくまでも**「プロジェクト計画を作成する時の話」**である。テーラリングを意識しすぎて，プロジェクト計画を作成しているフェーズの話であることを忘れないようにしよう。

> (1) 会社標準や過去に経験した事例（以下，会社標準等とする）の存在
>
> (2) 上記 (1) のマネジメントの方法（マネジメントの役割，責任，組織，プロセスなど）
>
> (3) 上記 (2) の修整が必要と判断したもの，理由
>
> (4) 修整した（修整後の）内容（＝プロジェクト計画の作成）

　この段落分けにはいろいろな分け方があるが，ここでは，一例として上記の (1) から (3) を「2.1　マネジメントの方法を修整したものと修整が必要だと判断した理由」に，(4) を「2.2 修整した内容」にしている。ちょっと前半が重たいので，さらに (1) と (2) に分けてもいいだろう。

## ● 2.1（マネジメントの方法を修整したものと修整が必要だと判断した理由）

　ここでは解説も二つに分けて行う。(1) では参照した会社標準等について説明し，(2) では修整が必要だと判断した理由について説明する。

### (1) 参照したもの

　まずは，問題文の**「マネジメントの方法として定められた標準や過去に経験した事例を参照すること」**という部分に呼応すべく，参照元について書く。会社標準があれば**「会社標準がある」**ということ，それを利用することが必須かどうかということ（会社で義務付けられているのか，それとも，効率が良くまた効果的であるから参照を考えたのかなど），そして今回も，それをベースにプロジェクト計画を作成することなどを書く。一方，会社標準が無ければ過去に経験した事例を参照するのでも構わないようだが，その場合は類似プロジェクトのものを参考にするようにしよう。

　続いて，その参照した会社標準等のマネジメントの方法について説明する。この問題で**「マネジメントの方法」**と言っているのは**「マネジメントの役割，責任，組織，プロセスなど」**のことだ。そして，このうちのいずれかについてテーラリングしたことを書くことが求められている。したがって，会社標準等で**「マネジメントの役割，責任，組織，プロセスなど」**がどのように定義されているのかを具体的に書く。修整が必要なマネジメントの方法（例えば，プロセスを修整するなど）にフォーカスして書けばいいだろう。

## (2) 修整が必要と判断した理由

　その後，「**修整が必要と判断した理由**」について書く。修整が必要だと判断した理由は，（この問題のメインテーマでもある）「**独自性がある**」からだ。問題文には「**参照したマネジメントの方法を，個々のプロジェクトの独自性を考慮して修整し，プロジェクトマネジメント計画を作成することが求められる。**」とはっきり書いている。したがって，そうした独自性を具体的に書いて理由にする。問題文で例示しているのは次のようなものになる。

| 重要と考えたプロジェクトマネジメントの対象 | 独自性 |
|---|---|
| リスク | プロジェクトを取り巻く環境 |
| スコープ | スコープ定義の精度 |
| ステークホルダ | ステークホルダの関与度や影響度 |
| プロジェクトチーム | プロジェクトチームの成熟度やチームメンバーの構成 |
| コミュニケーション | コミュニケーションの手段や頻度 |

## 【減点ポイント】

　①参照したもののマネジメントの方法（マネジメントの役割，責任，組織，プロセスなど）が具体的でない（致命度：中）

　　→　これが「何を修整したのか」の「何を」になる。単に何かを参照していると書くだけでは不十分。参照したものの内容に言及するところも必須だと考えよう。

　②独自性が具体的でない（致命度：中）

　　→　これが「修整が必要と判断した理由」になる。

　③「修整」ではなく「修正」の漢字を使っている（致命度：中）

　　→　この漢字のミスは，単なる誤字ではない。テーラリングの意味を理解していないと思わせるミスになる。テーラリングは誤りを正す「修正」ではなく，整え直して適合させる「修整」こと。

## ● 2.2（修整した内容）

　設問イの最後に修整した内容を書く。問題文の「**システム開発プロジェクトを適切にマネジメントするためには，参照したマネジメントの方法を，個々のプロジェクトの独自性を考慮して修整し，プロジェクトマネジメント計画を作成することが求められる。**」というところに対応する部分になる。2.1に書いた「**独自性**」を加味して，何をどのように修整したのかを書く。

　注意しないといけないのは，修整するのは「**マネジメントの方法**」だという点である。問題文で例示している「**マネジメントの役割，責任，組織，プロセスなど**」で

あり，修整するのはそれらになる。そこを修整せずに，単に「今回のリスクは…だから，…した」とか，「今回のステークホルダーの関与度や影響度は…だから，…した」という感じで，ただ元々の標準通りにプロジェクト計画を作成したというだけでは不十分だと考えた方がいい。同じリスクやステークホルダーの関与度や影響度を題材にする場合でも，「**マネジメントの役割，責任，組織，プロセスなど**」に修整を加えたというように持っていこう。サンプル論文のように「プロセスを追加した」という方向で考えればイメージしやすいだろう。

また，採点講評には「**実行中に発生した課題に対応する計画変更やプロジェクトの目標達成に適合していない修整についての論述も見受けられた。（そういうのは違うよ）**」という指摘もある。前半部分は論外だが，後半部分は注意が必要になる。設問アに書いたプロジェクト目標を達成するためにという点は含めておいた方がいいだろう。

なお，ここで実施していることが「**プロジェクトマネジメント計画の作成**」である点は忘れないようにしなければならない。ここに書くことは，修整（テーラリング）したプロジェクト計画である。テーラリングに意識が行き過ぎて見失わないようにしよう。

## 【減点ポイント】

① 修整した内容が「マネジメントの役割，責任，組織，プロセスなど」ではない（致命度：大）
- → ここを間違えてしまうと全てが台無しになる。最重要ポイント。

② 修整したマネジメントの方法（マネジメントの役割，責任，組織，プロセスなど）が具体的でない（致命度：中）
- → 最も具体的に書かないといけない部分。具体的にどのような計画にしたのかを書かないといけない。最終的に，プロジェクト計画がイメージできるようにしておくのがベスト。

③ 修整内容がプロジェクトの目標達成に適合していない（致命度：中）
- → できれば明記（主張）した方がいいが，明記していない場合は読み手が，その修整内容であれば目標を達成できると判断できないといけない。

## ● 3.1 段落（修整の有効性に関するモニタリング）

　設問ウの一つ目は，設問イで書いたテーラリングについて，修整の有効性について行ったモニタリングについて書く。修整の有効性をモニタリングすることの重要性を書いたうえで，具体的にモニタリングをしたこと，その時の管理指標などを書く。

　ここに書くモニタリングの重要性や管理指標は，設問アの1.2に書いた「重要だと考えた理由」と関連性がある。つまり，次のような展開になる。

（例）重要だと考えたマネジメント対象＝ステークホルダ
　　　独自性のある部分＝キーパーソンの参画が難しい
　　　重要だと考えた理由＝ステークホルダマネジメントをしっかりしないと，
　　　　　　　　　　　　　〇〇工程が予定通りに進まない可能性がある。ひいて
　　　　　　　　　　　　　はプロジェクト目標が達成できない。
　　　修整する＝ステークホルダマネジメントを会社標準から変更する
　　　モニタリング＝キーパーソンの参画の程度，〇〇工程の進捗

【減点ポイント】
　①1.2に書いた「重要と考えた理由」と，ここに書いたモニタリング対象が無関係
　　（致命度：中）
　　→　一貫性がないと判断される
　②モニタリングする管理指標が具体的ではない（致命度：中）
　　→　ここでは管理指標がどういう値を示したのかまでは書かないが，具体的に
　　　　何をモニタリングしたのかまでは書かないといけない。

## ● 3.2 段落（モニタリングの結果とその評価，必要に応じて行った対応）

　最後は「モニタリングの結果とその評価」，「必要に応じて行った対応」について書く。

　一つ目は「モニタリングの結果とその評価」だ。3.1 で書いた管理指標が，どういう数値を示したのかを書く。但し，ここに書くのは，（過去問題でデフォルトだった）最終評価ではなく，プロジェクト途中の中間評価になるので注意しよう。問題文には「**修整の有効性をモニタリングし，その結果を評価して，必要に応じて対応する。**」と書いている。「必要に応じて対応する」というのは，プロジェクトの実行中に行うものだからだ。くれぐれも，プロジェクト完了後の最終評価ではない点に注意しよう。

　それと，3.1 までは「プロジェクト計画」を立案するときの話だが，ここからはプロジェクトが進みだしてからの話になる点にも注意しよう。「プロジェクトは予定通り開始され…○月×日…」という感じで，時間経過を明確にしていくことを忘れないようにしたい。時間は，書き手が動かさないと，読み手は勝手に動かすことができないからだ。これを書かないと，読み手の時間は止まったままになる。

　加えて，「しばらくは問題はなかったが…」という感じで問題がなかった頃の数値から，「必要に応じて行った対応」につなげる数値へと推移させていく必要もあるだろう。そうすれば，次に書く「必要に応じて行った対応」にスムーズにつながる。そして，そうしたスムーズな流れの中で，最後の最後に「必要に応じて行った対応」について書く。管理指標が何で，それがどういう値を示したのか，それがどのフェーズだったのかを加味して，何をしたのかを書けばいいだろう。

### 【減点ポイント】

①評価が最終評価になっている（致命度：中）
　　→　この後に続く「必要に応じて行った対応」が書けないはず。

②時間遷移が不明。モニタリングの評価をしたのがいつなのか，必要に応じて行った対応もいつなのかがわからない（致命度：小）
　　→　なんとなくでもわかれば最低限構わないが，できれば読み手が想像できるくらい具体的に書いたほうがいい。

③モニタリングの結果が定量的ではない（致命度：小）
　　→　できれば定量的な数値の遷移が欲しいところなので，可能であれば数値を入れよう。

④必要に応じて行った対応では，モニタリングの結果を改善できない。対応が間違っている（致命度：中）

## ●サンプル論文の評価

このサンプル論文は，平成21年度問1で準備していた「動機付け」に関する論文をアレンジするという形で作成してみた。問題文で要求されていることにはすべて答えているし，題意も外してはいない。そのため，特に何かしら高度なテーラリングをしているというわけでもないが，題意を外さずに，問題文と設問で要求されていることにも，ちゃんと答えているので十分合格論文だと考えられる。

ただ，改善したいところや，もっとこうすれば良かったと思うところは多々ある。特に次のような点は，他に書きようがあったと思う。

①モニタリング項目。プロジェクトへの参加割合や残業時間，品質に関する指標なども入れた方が良かったかもしれない。
②モニタリングしていたことの評価で対応が必要だと判断したこと。定量的に示されたモニタリング項目と，その数値をもとに判断した方が良かった。

こうした反省や後悔は，試験本番中に書きながら気付くこともあると思う。しかし，消して書き直している時間はない。明らかに間違った解釈で違った話を書いていない限り，「もっとこうしたかった」というレベルなら，割り切って進めていくようにすることも重要な考え方だと思う。

## ● IPA 公表の採点講評

全問に共通して，単に見聞きした事柄だけで，自らの考えや行動に関する記述が希薄な論述や，マネジメントの経験を評価したり，それを他者と共有したりした経験が感じられない論述が散見された。プロジェクトマネジメント業務を担う者として，主体的に考えて，継続的にプロジェクトマネジメントの改善に取り組む意識を明確にした論述を心掛けてほしい。

問1では，ステークホルダやコミュニケーションなどのプロジェクトマネジメントの対象を明確にした修整については，実際の経験に基づいて論述していることがうかがわれた。一方で，実行中に発生した課題に対応する計画変更やプロジェクトの目標達成に適合していない修整についての論述も見受けられた。プロジェクトマネジメント計画を作成するに当たっては，組織で定められた標準や過去に経験した事例を参照し，さらにプロジェクトの目標や独自性を考慮して的確に修整することが求められる。プロジェクトマネジメント業務を担う者として，プロジェクトマネジメント計画の修整に関するスキルの習得に努めてほしい。

# サンプル論文

## 1. プロジェクトの目標と重要と考えたマネジメント対象

### 1.1. システム開発プロジェクトの目標

　私が勤務する会社は，関西の企業や官公庁を主な顧客とするソフトウェア会社である。

　今回私が担当したプロジェクトは，「A社向け営業支援システムの構築」である。顧客のA社は"脱下請"を宣言し，営業体制の強化を図った。その一環で，今回の営業支援システムを構築することになった。営業支援システムにはSFA機能を付加し，営業担当者が顧客先で見積もりや納期の照会が行えるようにする。

　プロジェクトは9月1日から開始する。開発期間は6ヶ月で翌年2月末を納期に設定している。3月1日から営業社員全員が利用を開始する予定なので，顧客のA社社長から，「このシステムは脱下請けの切り札である，納期厳守を」と厳しく言われている。この2月末納期厳守がプロジェクトの目標になる。

### 1.2. 重要と考えたプロジェクトマネジメントの対象とその理由

　今回のプロジェクトで，納期を守るために重要になってくるのがプロジェクトチームのマネジメントだと考えている。というのも，いつもと違って今回は混成チームになるからだ。11月1日から12月末までのプログラム製造工程では，私の部署のメンバに，次のような異なる部門や会社のメンバが参加することになっている。

　(1) 私の部署：6人。今回のようにWeb系の開発を主に行っている部署である。

　(2) 異なる部署：4人。応援のための要員である。基幹系システムの構築をすることが多い。

　(3) 派遣メンバ：10人。関連会社からの派遣はよくあるが，初めて見るメンバも5人いた。

**[欄外注]**

事前準備したもの（平成21年問1）をアレンジして書くことを決意。

この段落の結論。1.1は，論文の「出だし」なので，どうしてもタイトルに書いた「プロジェクトの目標」は，中盤から後半になってしまう。その場合「プロジェクトの目標は，結局どれ？」と，読んでいる人にわかりにくくなってしまうこともあるので，このようにはっきりと「これが目標だ」と宣言している。

1.1に書いたプロジェクト目標と関連付けている。こういうのはストレートかつシンプルに結びつけるのがベスト。

こう表現することで「プロジェクトの特徴」であり，設問イで開発標準をテーラリングしないといけないこと，独自性であることを伝えている。非常にいいフレーズ。

## 2. テーラリング

### 2.1. マネジメントの方法を修整したものと修整が必要と判断した理由

#### (1) 会社標準

　弊社では，プロジェクト計画を立案するときに，会社のプロジェクトマネジメント標準に基づいて作成しなければならないルールがある。いくら優秀なプロジェクトマネージャでも，独断で計画を立案することは厳禁だ。必ずプロジェクトマネジメント標準を参照してプロジェクト計画を作成し，それを品質管理部に提出して監査を受けなければならない規則になっている。

　そのため，今回のプロジェクトでも，弊社のプロジェクトマネジメント標準を参照しながらプロジェクト計画を作成することになるのだが，この時に，いつも注意していることがある。それは，会社標準が想定しているプロジェクト，自分が担当するプロジェクトとの相違点である。特に，違っている点には注意しないと会社標準のままのマネジメントでは，無駄な工数を費やしたり，足りないことが露呈してプロジェクト後半でバタバタしたりする可能性があるからだ。

#### (2) 修整したものと修整が必要と判断した理由

　弊社では，ほとんどのプロジェクトで，社内のメンバだけでプロジェクトチームを構成している。しかも，そのほとんどが同じ部署内のメンバのみで構成されている。そのため，会社標準もそういう体制をベースに作られているので，今回のように，異なる部署や派遣メンバを含む混成チームを考慮した内容にはなっていない。

　そこで私は，その部分を考慮して，慎重にプロジェクト標準を修整しながらプロジェクト計画を作成することにした。それが，プロジェクト目標たる納期厳守に必須だと考えたからだ。

### 2.2. 修整した内容

最初のブロックで，問題文の「マネジメントの方法として定められた標準や過去に経験した事例を参照すること」という部分に対応した内容にしている。理由とともに書くのがポイントだ。

問題文の「システム開発プロジェクトを適切にマネジメントするためには，参照したマネジメントの方法を，個々のプロジェクトの独自性を考慮して修整し，プロジェクトマネジメント計画を作成することが求められる。」という部分に対する自分の考え。テーラリングの重要性を語っている。

会社標準のマネジメントの方法について書いている個所。具体的な内容には言及していないものの，会社標準を修整する必要性がある内容だということを，これで示している。単に会社標準を参照しているというだけではなく，会社標準の内容に言及するところも必須。

ここでも，1.1のプロジェクト目標との関係性を書いておく。この問題は，最終的に「プロジェクト目標を達成するため」のものに集約されるので，常に，そことリンクしていることをアピールすることが望ましい。

　まず，同じ会社の同じ部署のメンバで構成されたチームでは考慮しなくてもいいが，他部門から参画してくれている要員や派遣社員のいる混成チームでは考慮しなければならないことをランダムに上げて，それを整理しながら，今回のプロジェクトでは不可欠だと思われる次のようなプロセスを追加することにした。

① 個別面談の開催（10/15 ～ 10/20）

② 全体会議への全員参加（10/15 ～ 12/末）

③ 問合せ窓口になる担当者の設定

④ 画面の設計標準等，システム開発に関する基準（遵守しなければならない基準）の説明会開催（派遣社員のみが対象）

⑤ A社社員に対する法律と契約に関する説明会を開催

> あくまでもプロジェクト計画を作成しているので，追加しなければならないプロセスを羅列した。

　こうした追加プロセスを組み込むため，10月15日から参画してもらうことにした。個別面談の開催は動機付けを目的に実施する。(本来ならリーダー以上だけが参加する) 全体会議への派遣社員を含むメンバー全員の参画は，プロジェクト全体の進捗や課題をより早く知ってもらうためだ。上記の③や⑤は，短期間だが派遣社員さんたちと同じチームになった時に，最低限遵守しないといけない法律や契約を知ってもらうためである。いずれも，毎回同じメンバだったり，社内のメンバだったりするプロジェクトでは必要ないプロセスなので，会社標準には存在していなかったプロセスになる。

> 当たり前の内容ばかりなので，数で勝負しようと考えたところ。ひとつひとつの理由を書く量は少なくなるが，ひとことずつで十分だと思う。

> 念押しで，テーラリング（プロセスの追加）をアピールしている。

## 3．モニタリングの結果とその評価，及び対応

### 3.1. 修整の有効性に関するモニタリング

　今回のプロジェクト目標は納期遵守である。そのため，生産性を正確に見積もることが重要になるわけだが，今回のような混成チームでは，なかなかその部分が難しい。一応，計画通りの生産性になるように，会社標準をテーラリングしたが，それが効果的だったか否かをしっかりとチェックしなければならない。

> プロジェクト目標からは絶対に離れないようにしている。

　そこで私は，生産性が計画通りか否かを重点的に管理することにした。生産性が想定よりも低い場合に，すぐに次の一手を打てるようにするためだ。

> 進捗のモニタリングとするよりも，この流れだと生産性のモニタリングとした方がつじつまが合ってくる。生産性を表す指標はいろいろあるが，プログラムごとに難易度やボリュームが違うので，プログラムごとの期間としてみた。

　具体的には，プログラム1本ごとに単体テスト完了予定日を設定してモニタリングするだけではなく，プログラム作成完了予定日を設定して，それもモニタリングすることにした。こうすることで，当該プログラムの単体テスト完了が遅延している時に，何で遅延しているのかが把握できると考えたからだ。また，毎週水曜日と金曜日にも進捗を報告してもらうことにした。プログラムの中には作成だけで1週間かかるものもあるからだ。メンバの主観的な報告にはなってしまうが，それでも，状況把握はできると考えたからだ。

### 3.2. モニタリングの結果とその評価，必要に応じて行った対応

　プロジェクトは予定通り開始され，テーラリングしたプロジェクト計画も，予定通り順調に推移してきた。しかし，プログラム作成の工程に入って2週間くらい経過した11月の中旬に，ある派遣社員のメンバが「今作成しているプログラムにバグが出て，その原因がつかめていない」という報告を受けた。

> できれば定量的な数値を見ての判断にしたかったが，特に数値で判断しなければならないという指示もなかったので，こっちにした。

　通常であれば，そのメンバの力量と残り期間を考えながらもう少し様子を見るレベルの報告だが，今回は，まだ強みや弱みを完全に把握できていなかったり，モチベ

> これも独自性とテーラリングを意識した表現。

ーションを含めた性格もわからないメンバーだったりするので，最悪を想定して行動することにした。原因がつかめないということなので，まずはその原因を探るためにサポートメンバに支援するように指示を出した。加えて派遣会社の担当者と，当該派遣社員と私で話し合って，時間がかかるようであれば，当該派遣社員の休日出勤が可能かどうかも，本人の意思を尊重することを前提に相談した。

　その後，原因が把握でき，若干作業が遅れていたが，当該派遣社員も休日出勤で挽回することを受け入れてもらい，11月末までには遅れが挽回できた。その結果，大きな問題もなくプロジェクトは完了した。もちろん，プロジェクト目標の納期厳守も達成できた。私が行なったテーラリングが機能したと考えている。

（以　上）

最後のまとめ。若干，自画自賛的なところがいやらしいが，ただ，設問イのテーラリングと設問ウのモニタリングによって，独自性を克服してプロジェクトが成功したことを伝えてまとめている。最後のまとめとしては，よかったと思う。

# 演習 ● 令和5年度 問2

問2　組織のプロジェクトマネジメント能力の向上につながるプロジェクト終結時の評価
について

　　プロジェクトチームには，プロジェクト目標を達成することが求められる。しかし，
過去の経験や実績に基づく方法やプロセスに従ってマネジメントを実施しても，重要
な目標の一部を達成できずにプロジェクトを終結すること（以下，目標未達成という）
がある。このようなプロジェクトの終結時の評価の際には，今後のプロジェクトの教
訓として役立てるために，プロジェクトチームとして目標未達成の原因を究明して再
発防止策を立案する。

　　目標未達成の原因を究明する場合，目標未達成を直接的に引き起こした原因（以下，
直接原因という）の特定にとどまらず，プロジェクトの独自性を踏まえた因果関係の
整理や段階的な分析などの方法によって根本原因を究明する必要がある。その際，プ
ロジェクトチームのメンバーだけでなく，ステークホルダからも十分な情報を得る。
さらに客観的な立場で根本原因の究明に参加する第三者を加えたり，組織内外の事例
を参照したりして，それらの知見を活用することも有効である。

　　究明した根本原因を基にプロジェクトマネジメントの観点で再発防止策を立案する。
再発防止策は，マネジメントプロセスを煩雑にしたりマネジメントの負荷を大幅に増
加させたりしないような工夫をして，教訓として組織への定着を図り，組織のプロジ
ェクトマネジメント能力の向上につなげることが重要である。

　　あなたの経験と考えに基づいて，設問ア～ウに従って論述せよ。


設問ア　あなたが携わったシステム開発プロジェクトの独自性，未達成となった目標と
　　　　目標未達成となった経緯，及び目標未達成がステークホルダに与えた影響につい
　　　　て，800字以内で述べよ。

設問イ　設問アで述べた目標未達成の直接原因の内容，根本原因を究明するために行っ
　　　　たこと，及び根本原因の内容について，800字以上1,600字以内で具体的に述べ
　　　　よ。

設問ウ　設問イで述べた根本原因を基にプロジェクトマネジメントの観点で立案した再
　　　　発防止策，及び再発防止策を組織に定着させるための工夫について，600字以上
　　　　1,200字以内で具体的に述べよ。

# 解説

## ●問題文の読み方

　問題文は次の手順で解析する。最初に，設問で問われていることを明確にし，各段落の記述文字数を（ひとまず）確定する（①②③）。続いて，問題文と設問の対応付けを行う（④⑤）。最後に，問題文にある状況設定（プロジェクト状況の例）やあるべき姿をピックアップするとともに，例を確認し，自分の書こうと考えているものが適当かどうかを判断する（⑥⑦）。

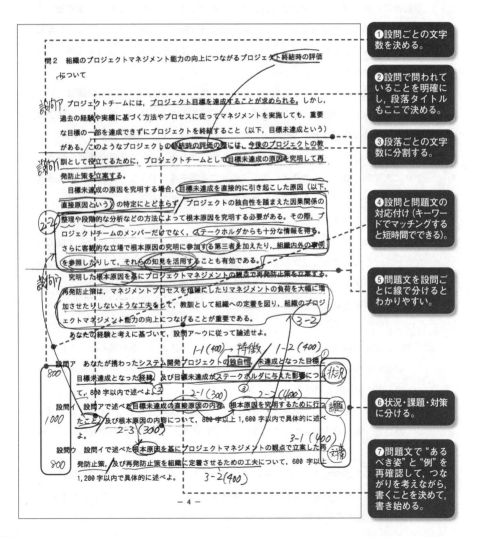

## ●出題者の意図（プロジェクトマネージャとして主張すべきこと）を確認

**出題趣旨**

　昨今の不確実性が高まるプロジェクト環境において，組織のプロジェクトマネジメント能力を高めるためには，重要な目標の一部を達成できずにプロジェクトを終結した（以下，目標未達成という）場合，その経験を学びの機会と捉えて組織のプロジェクトマネジメント能力の向上につなげる必要がある。

　本問は，目標未達成のプロジェクトチームとして，目標未達成の根本原因を究明する方法や体制，究明する過程で生かした第三者や組織内外の事例や知見，及び再発防止策を組織へ定着させる工夫について，具体的に論述することを求めている。論述を通じて，プロジェクトマネジメント業務を担う者として有すべきプロジェクトの終結での適切なプロジェクト全体の総括に関する知識，経験，実践能力を評価する。

（IPA 公表の出題趣旨より転載）

## ●段落構成と字数の確認

1. プロジェクトの独自性と未達成の経緯など
   1.1 プロジェクトの独自性（400）
   1.2 未達成となった目標と目標未達成となった経緯（200）
   1.3 目標未達成がステークホルダに与えた影響（200）
2. 目標未達成の直接原因と根本原因
   2.1 目標未達成の直接原因の内容（300）
   2.2 根本原因を究明するために行ったこと（400）
   2.3 根本原因の内容（300）
3. 再発防止策と組織に定着させるための工夫
   3.1 再発防止策（400）
   3.2 再発防止策を組織に定着させるための工夫（400）

## ●書くべき内容の決定

　最初に，整合性の取れた論文，一貫性のある論文にするために，論文の骨子を作成する。具体的には，過去問題を思い出し「どの問題に近いのか？複合問題なのか？新規問題か？」で切り分けるとともに，どのような骨子にすればいいのかを考える。

### 過去問題との関係を考える

　この問題は，「プロジェクト完了評価に関する問題」の側面と「根本原因を追究する問題」の側面がある。

　プロジェクト完了評価をテーマにした問題は，これまで**平成９年度問２，平成20年度問３**で出題されている。プロジェクト完了後の評価ではなく，プロジェクト期

間中に工程の完了評価を行う問題に**平成 25 年度問 3** などもある。一方，根本原因を追究している問題は，**平成 7 年度問 2，平成 13 年度問 3，平成 26 年度問 2，平成 27 年度問 2** などがある。

　これらの問題のうち，根本原因を追究している問題を参考に"根本原因"や"根本原因を究明する方法"を決め，プロジェクト完了評価をテーマにした問題を参考に再発防止策を決めていけばいいだろう。

## 全体構成を決定する

　この問題は，何も考えずに書き始めると途中で書けなくなる可能性が高くなると思う。設問間で整合性（一貫性）を取ることは，A 評価を取るための必須条件だが，それがなかなか難しい問題になるからだ。その場で考えても難しいし，ノープランで「とにかく書き始めよう」は厳しすぎる。したがって，試験対策を通じて準備をしておくことを考えておきたい問題の一つになる。

　いつ考えるかはさておいて，構成を組み立てる時には，次の 4 つの要素全てで整合性が取れるように考えていくのがベストだろう。

---

① 未達成となった目標（1.2）
② 直接原因の内容（2.1）
③ 根本原因の究明プロセス，根本原因（2.2，2.3）
④ 再発防止策と工夫したこと（3.1，3.2）

---

　この問題で最も難しいのは「③ 根本原因の究明プロセス，根本原因（2.2，2.3）」のように見える。それは，正しいところもあるが，そうでないところもある。難しい点は，解説にも書いたが，マネジメントをしているだけでは発覚せず，「究明プロセス」を通じて判明した原因でなければならない点だ。しかし，「② 直接原因の内容（2.1）」をシンプルにすることで，根本原因は当たり前の原因にもっていける。目標未達が"納期遅延"の例では，次のような組み合わせが考えられる。

| 直接原因<br>（調査分析しなくてもわかっていること） | 根本原因<br>（調査分析しないとわからないこと） |
| --- | --- |
| 特に作業の追加があったわけでもないのに，プログラム工程が大きく遅延した。 | 見積り・PJ 計画作成段階で，プログラムごとの複雑度を判定していたが，要件定義・外部設計後に微妙に変わっていた（究明方法：見積り時の難易度と外部設計後の難易度を比較。さらに，両者でどういう画面等を想定していたのかを確認）。 |
| システムテスト工程で，想定よりも多くの不具合が発生し，それらの修正時間も想定以上にかかった。 | 要件定義工程で混入した不具合が多かった。なぜ，ミスが多発したのか，コミュニケーションに問題はなかったかを調査（究明方法：不具合が混入した工程の調査）。 |

## ●各段落の解説

　それでは段落ごとにポイントを確認していこう。

### ● 1.1 段落（プロジェクトの独自性）

　この問題も，**令和5年度午後Ⅱ問1**の問題と同様に，設問アの最初に問われていることが「プロジェクトの特徴」ではなかった。しかし，（令和5年度午後Ⅱ問1も同じで）プロジェクトの特徴を，より具体的な視点にしただけのものだと考えられる。したがって，プロジェクトの特徴を，当該プロジェクトの独自性として準備していた人は，そのまま使えるはず。具体的には，プロジェクトの概要を簡単に説明した後に，今回のプロジェクトの独自性を書くという展開でいいだろう。"プロジェクトの目標"は，この後の 1.2 に書くとすれば，ここには書かなくてもいい。

　なお，こうした傾向から，今後は「独自性」が問われる可能性が高い。そのため，今後の準備では，「"プロジェクトの概要" ＝ "プロジェクトの特徴" ＝ "プロジェクトの独自性"」と考えて準備しておくといいだろう。

### 【減点ポイント】

　①プロジェクトの話になっていない（致命度：中）
　　→　プロジェクトの話が必要。システムの話や，プロジェクトを立ち上げた背景の話に終始しないように注意したい。
　②プロジェクトの独自性がない（致命度：中）
　　→　どのプロジェクトにも当てはまるような内容になっていないかという点ではチェックしておきたい。

### ● 1.2 段落（未達成となった目標と目標未達成となった経緯）

　続いて，プロジェクト目標を書く。プロジェクトマネージャ試験の午後Ⅱで「プロジェクト目標」と言えば，特に何か指定されていない限り，だいたい次のように考えればいいだろう。

・予測型アプローチ：成果目標の納期・予算・品質のいずれか。
・適応型アプローチ（アジャイル開発のプロジェクト等）：プロジェクトの目的に近くなる。

　アジャイル開発のプロジェクトでも書けそうだが，アジャイル開発になるとプロジェクトの目的が目標にもなるので，注意しないとプロジェクトの目的を達成することができなかったとなりかねない。予測型アプローチの開発プロジェクトで，納

期や予算を目標にするのが無難だろう。納期や予算ならば「重要な目標」ではある
が致命的ではなかったという話でいける。同様の理由で，品質不良も避けた方が無
難だと思う。というのも，問題文には「**重要な目標の一部を達成できずにプロジェ
クトを終結すること（以下，目標未達成という）がある。**」と書いているからだ。そ
のため，未達成の目標を「品質」としてしまうと，それはプロジェクト期間中に発
生した品質不良ではなく，プロジェクト終結後，現場で利用を始めてからバグが多
発するというものになってしまう。原因にもよるが，そもそものマネジメント能力
が疑われる致命的な失敗にすると，再発防止策だけ突出しているのもおかしな話に
なる。"やぶへび"にならないように注意しなければならない。

　そして，その目標が未達になった経緯を書く。この時，経緯を具体的に書くのは
もちろんのこと，可能な限り定量的に書くことを意識しよう。納期遅延だとしたら，
元々の納期（プロジェクト目標）前後の状況を，日付を明確にしながら時系列で説
明するといいだろう。その中で，実際に納品した日，遅延期間，軽く理由もしくは
原因なども書いておけば万全だ。予算超過の場合も同じような考えで書く。問われ
ているのは「経緯」なので，時系列で（日付を入れて）説明することを心がけよう。

## 【減点ポイント】

①目標未達成というよりは，プロジェクトが致命的に失敗（致命度：中）

　　→　プロジェクト目標の「一部」が達成できなかったというのは，致命的な失
　　　　敗ではないと考えるべき。確かに「重要な目標」とは書いているけれど，
　　　　この試験はPMの能力が試される試験。能力を疑われないことも重要。

②目標未達の経緯が「いつ」の話なのか不明瞭（致命度：小）

　　→　ここで問われているのは「経緯」なので，できれば時系列に推移を表現し，
　　　　それぞれが「いつ」のことなのかわかるように説明した方がいい。

## ● 1.3 段落（目標未達成がステークホルダに与えた影響）

　設問アの最後のひとつは，ステークホルダに与えた影響を書く。ステークホルダ
には，自分自身（PM）やメンバなどプロジェクトチームも含まれるが，この問題で
は対象にはならないと考えるのが妥当だろう。プロジェクト外部のステークホルダ
の顧客や利用者にしておくのがベストだと思う。但し，「顧客」とか「利用者」とい
う抽象的な表現は好ましくない。「顧客企業のA社長」や「経理部の5人の担当者」
という感じで特定の人物を具体的に書くようにしよう。加えて，今回のプロジェク
トにおける役割や関与度・影響度なども明記した方が良いだろう。

　そして，そのステークホルダに与えた影響を書く。簡単に言えば「どれくらいの
迷惑をかけたのか？」というもの。問題文に「**重要な目標の一部…**」と書いている

点や，再発防止策を立案する対象になっている点などから，影響はそれなりに大きかったと考えた方がいいだろう。

　なお，ここに書いたところから設問イや設問ウにつながるところはないので，設問アの中では，さほど重要な部分ではない。そう割り切って，（何を書いたらいいのかと悩まずに）できるだけ速く書きあげたい部分になる。

【減点ポイント】
　①ステークホルダが「顧客」や「利用者」などと抽象的な表現（致命度：小）
　　→　部署，役職，イニシャル名（X氏）もしくは複数の場合は人数などで，読み手がイメージできるようにしておきたい。
　②目標の達成に与える影響がさほど大きそうにない，大きいかどうかの言及がない（不明）（致命度：小）
　　→　再発防止策を立案するきっかけになった点については"ヒヤリハット"の考え方で説得できるかもしれないが，「重要な目標の一部」という点については，やはり影響が大きくないと辻褄が合わない。

● 2.1 段落（目標未達成の直接原因の内容）

　ここでは，設問アで書いたプロジェクト目標の一部が未達となった原因について書く。設問で問われているのは「**直接原因の内容**」である。したがって，原因をどのように究明したのかは書かなくてもいい。それは，この後「**根本原因を究明するために行ったこと**」で書くことになるので，そこで書くと考えよう。加えて，直接的な原因を書く段落なので，自分の目に映っていること，特に原因を究明しなくてもすぐにわかること，表層的なことを原因として書くといいだろう。

【減点ポイント】
直接原因の究明プロセスを書いている（致命度：小）
　　→　この後の根本原因の究明するために行ったことが書きにくくなるし，整合性が取れなくなる可能性がある。整合性さえ取れていれば，書いたとしても全然問題はない。

● 2.2 段落（根本原因を究明するために行ったこと）

　続いて「根本原因を究明するために行ったこと」について書く。ここに関しては，問題文に「**プロジェクトの独自性を踏まえた因果関係の整理や段階的な分析などの方法によって**」と書いている。そしてさらに，その例として次のようにも書いている。

- プロジェクトチームのメンバーだけでなく，ステークホルダからも十分な情報を得る。
- 客観的な立場で根本原因の究明に参加する第三者を加えて知見を活用する。
- 組織内外の事例を参照して知見を活用する。

採点講評では「**客観的な立場で参加する第三者による原因の究明がなく，当事者にヒアリングするだけであったり，因果関係の整理や段階的な分析などの方法がなく，技術的な調査に終始するだけであったりするなど，根本原因の究明や再発防止策立案の知識や経験が乏しいと思われる論述も見受けられた。**」という指摘があった。こうした情報を参考にしながら，根本原因を究明するために行ったことを考えるといいだろう。

また，2.1 で直接原因を書いたのに，なぜ根本原因を究明しようと考えたのか，そのあたりをこの段落の最初に書くと，2.1 からのつながりができて唐突でなくなる。

## 【減点ポイント】

①根本原因を究明しようと考えた理由が書いてない（致命度：小）
  → つながりがなく唐突な印象を与えたり，読み手がなぜ根本原因の究明を行っているのかわからなかったりするとよくない。
②究明プロセスに問題がある
  → 上記のような採点講評での指摘に合致するのはよくない。
③分量が少ない，具体的に書かれていない（致命度：中）
  → 直接原因や根本原因と同程度の分量があったほうがいい。

## ● 2.3 段落（根本原因の内容）

設問イの最後に，2.2 段落で実施したことの結果として「**根本原因**」を書く。ここでも 2.2 に書いたことを“具体化する”という意識で書いたほうがいいだろう。誰からのどういう情報でどんな根本原因が見つかったのか，どのような事例からどのような根本原因が見つかったのかという点になる。

根本原因を究明させる問題は，これまでもよく出題されている。そうした問題を添削していて目立つのは「え？これって究明しなくてもわかるよね」っていうもの。単に直接原因と違う原因にしているだけで，究明しなくてもわかるような根本原因は避けなければならない（その点をしっかりと，書く前に考えた方がいい）。「プロジェクトマネージャなのにわからなかったのか？見ていなかったのか？」と思われる可能性も出てくるからだ。そのあたりのことも踏まえて，ここで書くべきことを決めよう。究明しないとわからなかったかどうかを判断基準にするといいだろう。

【減点ポイント】

①根本原因が，PM なら（究明などしなくても）普通は見えていないといけないことになっている（致命度：大）
→　この問題の最も重要なポイント。2.2 で書いた原因究明をしないとわからなかったことというのが基本。ここを間違ってしまうとすべてが台無しになる。

②根本原因が 2.2 の方法では出てこない（致命度：中）
→　2.2 との整合性の部分。上記の①とは逆で，2.2 で書いた原因究明をしてもわかるはずのないことも，当然ながらよくはない。ここの根本原因は 2.1 から 2.2，2.3 と整合性が必要になる。

● **3.1 段落（再発防止策）**

設問イで書いた根本原因に対する再発防止策を書く。問題文には，再発防止策の例は書かれていないので，自分で考えて，実際に経験した再発防止策を書くことになる。設問イに書いた直接原因と根本原因に対して効果があり，設問アに書いたプロジェクト目標未達の防止効果もある内容なら問題はない。

但し，後述する 3.2 段落で書く「及び再発防止策を組織に定着させるための工夫」をすれば，管理上の負担が小さくなる内容でなければならない。組織に定着しないと判断される内容は，ここでは適切ではない。

【減点ポイント】

①2.3 を根本原因とする問題が発生しない（再発しない）とは思えない（致命度：大）
→　再発したという評価になるので NG。設問ウ全体がアウトになる。

②2.3 の根本原因に対しての効果を書いていない（致命度：中）
→　2.3 との対応がしっかり表現できていなければならない。

③3.2 に書いた工夫をしても管理上の負担が大きい（致命度：中）
→　定着しない再発防止策と判断される可能性がある

● **3.2 段落（再発防止策を組織に定着させるための工夫）**

最後に「**再発防止策を組織に定着させるための工夫**」について書く。この工夫とは，「マネジメントプロセスを煩雑にしたりマネジメントの負荷を大幅に増加させたりしないような工夫」である点に注意しよう。「**再発防止策を組織に定着させるための工夫**」という表現だけで考えれば，「会社標準へ反映させる」とか「説明会を行う」，「失敗 PJ データベースへの登録」など，"周知するための施策" のように思っ

てしまうが，問題文を読む限りではそうではない。あくまでも“マネジメントの負荷が大幅に増えないようにするための工夫”になる。出題者は，“マネジメントに負荷のかかるようでは定着しない”という考えが根底にあるのだろう。その観点で書かないといけない。

　以上より，3.1に書いた再発防止策に対して，3.2に書いた工夫をすることで，マネジメントの負荷がさほど変わらないようになるという展開にしよう。具体的には，自動化ツールを使った情報収集や，既存の報告書に新たな視点での追加情報に関する報告を求めるとか，とにかく，プロジェクトマネージャの負担が大幅に増えないようにする工夫であれば大丈夫だろう。

【減点ポイント】

①ここに書いた工夫をしてもマネジメントの負荷は大幅に増加してしまう（致命度：中）

→　問題文の趣旨に合致しない。

②内容が，組織に定着させるための“周知”や“義務化”になっている（致命度：中）

→　ここでいう「工夫」は，マネジメントの負荷が大幅に増加しないことを目的としたもの。会社全体に周知するためのものではない。

## ●採点講評

　全問に共通して，単に見聞きした事柄だけで，自らの考えや行動に関する記述が希薄な論述や，マネジメントの経験を評価したり，それを他者と共有したりした経験が感じられない論述が散見された。プロジェクトマネジメント業務を担う者として，主体的に考えて，継続的にプロジェクトマネジメントの改善に取り組む意識を明確にした論述を心掛けてほしい。

　問2では，直接原因については，経験に基づき具体的に論述できているものが多かった。一方，根本原因の究明に至る行動において，客観的な立場で参加する第三者による原因の究明がなく，当事者にヒアリングするだけであったり，因果関係の整理や段階的な分析などの方法がなく，技術的な調査に終始するだけであったりするなど，根本原因の究明や再発防止策立案の知識や経験が乏しいと思われる論述も見受けられた。プロジェクトマネジメント業務を担う者として，目標を達成できずにプロジェクトを終結した経験を，自らの知識やスキルの向上とともに，組織のマネジメント能力の向上にもつなげてほしい。

## ●サンプル論文の評価

　このサンプル論文は，筆者の対策講座で受講生が作成したものである。そのため100点満点というわけではないが，全体的に題意に正確に反応している点，設問アで書いた独自性を設問イでも設問ウでも使っている点，それを含めて設問アと設問イ及び設問ウの全てが一貫していて，きれいに整合性が取れている点で，（当たり前のことしか書いていないが）十分合格論文だと判断できる。特に，この問題は整合性を取るのが難しい問題だ。そこをきれいにつなげていれば，個々の内容（根本原因や再発防止策，その工夫など）が極々普通の内容でも問題はない。

　設問アでは，脚注のコメントにも書いている通り，もっと詳しく具体的に書きたいことは山ほどあったと思う。しかし，設問アは800字しかなく，この問題も書かないといけないことが非常に多い。そこで，元々用意していた「プロジェクトの概要」の部分を削り，「プロジェクトの特徴」＝「独自性」を詳しく書くことを最優先に考えたのは正解だと思う。独自性は，設問イや設問ウの伏線になるからだ。採点者が設問アの中で記憶して，設問イや設問ウにもっていくところになる。1.2や1.3は，どれくらい遅れたのか，どれくらい影響があったのかを知るだけで，設問アで完結する。なので，ここを詳しく膨らませるよりも，独自性を詳しく書くという選択が妥当だと思う。

　設問イも問題はない。「直接原因」はPMが把握していることになっているし，「根本原因を究明するために行ったこと」も，問題文に記載されている例のいくつかに合致している。設問アに書いた独自性も踏まえたものになっているため，題意に沿った良い内容になっている。一方，2.3の「根本原因」も，調査しないとわからなかったことや，責任者だった自分自身（PM）の反省も含めての記述になっている。混入工程別の不具合は，これまで午後Ⅰ試験でも根本原因としてよく取り上げられているものだ。それを今回使っている。外部設計時には発見できず，システムテスト時に発覚する不具合は，発覚時点で「外部設計の時に見落とした」ということはわかっていても，納期も迫っているため原因分析よりも対応して納期を守ることの方が最優先になる。したがって，なんとなく気付いていることはあっても，調査分析しないとはっきりしたことはわからない。そういう意味でも，根本原因になりやすい事例だろう。

　設問ウに関しては，3.1に書く再発防止策で，設問イの根本原因が解消されることが伝わればOK。この内容なら，いずれも問題ないと考えていい。特に，再発防止策は問題文や設問にも書いている通り，プロジェクトマネジメントの観点からになる。「設計標準を作成する」というのも全く違うとは言い切れないが，次のプロジェクトで実施することではない。そこで，設計標準を作ってそれを「設計標準を使ったマネジメント」というようにすれば題意に合ってくる。

# サンプル論文

## 1. プロジェクトの独自性と未達成の経緯など

### 1.1 プロジェクトの独自性

　私がプロジェクトマネージャ（以下PM）として携わったのは，電機メーカーW社製スマートフォンに新機能を組み込むソフトウェア開発である。

　今回のプロジェクトでは，従来のプロジェクトと異なり2つの独自性があった。ひとつは，初めて利用する派遣会社からの要員をメンバーにしたことである。当初，弊社のプロジェクト標準で計画を立てていたが，それだとユーザ側の希望納期に合わなかった。顧客は納期に強いこだわりがあったので，私は，要員を増員して対処することを考えた。しかし，急遽の要員調達だったので，いつもの派遣会社には断られ，多少リスクはあったが，今回は初めて利用する企業になった。

　そしてもう一つは，スマートフォンでの開発知識を保有する技術者が必要だったという点である。それまでのプロジェクトでは，パソコン上で稼働するアプリケーションが主流だったからである。

### 1.2 未達成となった目標と目標未達成となった経緯

　要員を増員してまで挑んだ本プロジェクトだったが，結果的に2月末の顧客側希望納期を守ることはできなかった。つまり，未達となった目標は"納期"である。2月末には，一部の機能を残して先行リリースをして，その2週間後の3月中旬に残りの機能をリリースした。

### 1.3 目標未達成がステークホルダに与えた影響

　顧客側では，4月からのスマートフォンの販売に備え，3月から新機能を含めた製品発表会を各地で行う予定にしていた。その時に，新機能を紹介するために2月末の納期は厳守するように言われていた。

　しかし，納期は2週間遅れたため3月中旬までは，間に合わなかった新機能のデモができないため，新製品発表会の内容を変えてもらうという影響が出た。

---

今回は「独自性」を詳細に書きたかったので，それ以外の部分は抽象的になってしまった。「新機能」，「プロジェクトの開始日」，「納期」などである。誰がどう使うかも書いていない。しかし，今回はそれらを書く余裕がない。独自性に特化して問われているから，ここを詳細に書こうと判断した。全てが抽象的なら問題だが，タイトルになっていることを詳細に書いていれば問題はない。そう考えていこう。

ここでは，設問イに書く「直接原因」を書かないように注意しよう。経緯が問われているので「プログラム工程の遅れが響き…」としてしまうと，直接原因も根本原因もより深いことを書かないといけなくなる。

本当はもっと詳しく書きたかった。が，分量的にはこれぐらいになる。ここは設問イやウにつながる部分ではなく，ここで完結する。したがってことの大きささえ伝わればいいと考えた。

## 2．目標未達成の直接原因と根本原因

### 2.1　目標未達成の直接原因の内容

　顧客の製品発表会に多大な影響をあたえたことから，私は，プロジェクト終結後に，ただちに原因を追究して再発防止策をとることにした。今後のプロジェクトに役立つ教訓とするためである。

> 設問アとのつなぎ，及び設問ウにつながるように，こうしたつなぎの言葉を入れた。題意に沿っていること，普段のPMの意思を表明することなどの点でも，いいことである。

　今回，納期が間に合わなかったのは，リリース直前のシステムテストで不具合の量は想定通りだったが，その修正に時間がかかり過ぎたことである。

> 直接原因は，通常のプロジェクトマネジメントで容易にわかるものにし，根本原因はより突っ込んだ調査分析が必要なものにしなければならない。その前振りになっているところ。

　システムテストは，年明けの1月から1か月間を予定していた。期間としては十分である。特に，納期が厳しいから期間を短縮したわけでもない。

> 計画に無理があったわけではないことを強調している。そうしないと「そもそも無理な計画だった」で話が終わってしまうので。

　しかし，弊社標準を適用して1操作（1アクション）あたり0.06件で計算した不具合の目標値は0.08で問題なかったが，その修正が1か月の間にはできなかった。通常なら，不具合の数が想定通りなら修正期間内に修正できるのだが，それができなかった。

> 経験した事実を伝えるには，定量的な数値が必要。一般的な数値でなくても，自社の標準として経験値から来ている基準値はある。それを書くようにしよう。特に経験者は，経験者の強みとなるのは数値だと考えるべきである。

　そのため，もう少し詳しく調査をして，根本原因を突き止める必要があると考えた。

> 次の段落への布石。

### 2.2　根本原因を究明するために行ったこと

　まずは，全ての不具合について，どの工程が原因になっている不具合なのか混入工程別に分類した。上流工程に起因する不具合が多いと，修正にかかる工数が大きくなるからだ。そのためには，上流工程を担当したエンジニアを含め，これまで各工程で開発に携わったメンバー全員に話を聞く必要があった。派遣会社にも相談して，既にプロジェクトを外れている当時の開発メンバーにも話を聞く必要があった。また，要件定義や外部設計工程でも，どういう話になっているのかを双方から聞く必要があると考え，議事録を参照して，当時新機能に対する意見出しをした販売店の担当者にも話を聞くことにした。議事録に記録されている意見の根拠を確認したかか

> まずはメンバー。

> 独自性を踏まえた因果関係の整理も例に出ていたので，設問アに書いた独自性にも触れている部分。

> 議事録を確認するだけでわかることではなく，そこからさらに詳細な調査をするという点と，「メンバーだけではなく，ステークホルダからも十分な情報を得る」という点に反応した部分。

らだ。

　次に，弊社の品質管理部門所属の3名のベテランPMに依頼して，原因究明の会議に参加してもらうことにした。私自身に見えなかった点やベテランならではの視点，知見を得たかったからだ。

## 2.3　根本原因の内容

　様々な人に話を聞いて，第三者にも入ってもらった結果，根本原因がわかった。

　まず，不具合の混入工程では外部設計が多かった。そこで，外部設計工程に起因する不具合の一つずつについて，どこに原因があるのかを話し合った。その結果，定義された要件を設計に落とし込む段階で，当該要件の解釈が人によって違っていたことが分かった。これが根本原因である。

　こうしたケースは，これまでなら発生しなかったかもしれない。社内暗黙の用語やルールがあるからだ。しかし今回は，初めて一緒に仕事をする派遣社員の方々がいる。派遣会社の要員が後工程を担当したことで自分たちの解釈で設計していたことがわかった。レビューを担当した時も，多少疑問に思っても言わなかったと言っている。そのあたり，いろいろ重なった結果のものだった。

　私自身も，既存のレビューに関する進捗管理表，レビュー予定件数，不具合摘出件数等をチェックしていて，その時には問題はないと判断した。表面上はすべてのレビューが完了し，問題が無くなったとなっていたからだ。いつも通りの数値だったため，疑わなかったわけだが，プロジェクトの独自性を考え，より慎重に疑ってかかるべきだったと反省している。

---

独自性の部分を踏まえるだけではなく，根本原因の究明に参加する第三者になっている。

できれば具体例がひとつ欲しかった。可能なら象徴的な具体例を一つ入れるべき。それで説得力が大きく変わってくる。

「これが根本原因である」と明確に断言している。添削していると，これがない論文が多くて，中にはどれが結論かわからないものもある。今回は，この表現が無くても大丈夫だが，念のため入れてみた。最初か最後に宣言した方が確実になる。

設問アで書いた類似性の影響を，ここでも言及している。

通常のプロジェクト，いつものプロジェクトでは失敗はしないということを暗にアピール。

一部目標未達成のわけだから，その責任はすべて責任者の自分にある。致命的な遅延ではなかったことは運が良かっただけと考えて，自分のマネジメントにも問題があったことを書いたほうがいいと判断。

外部設計工程では気付かなかったこと，終結してからも分析しないとわからなかったことにしなければならない。

できれば，第三者たるベテランPMの知見から判明した根本原因としたかったところだが，そこはあやふやにしてしまった。

## 3．再発防止策と組織に定着させるための工夫

### 3.1 再発防止策

　根本原因が，定義された要件を設計に落とし込む段階
で，当該要件の解釈が人によって違っていたことだと判
明したので，次回以後，同じようなことが起こらないよ
うに再発防止策を考えた。

　まず，外部設計工程で使用する設計標準を作成するこ
とにした。そして，その設計標準を使ったマネジメント
プロセスを追加することを考えた。

　①外部設計前に設計標準の周知徹底を行う

　②外部設計のレビュー時点で設計標準通りかという視
　　点でもチェックする

　基幹系システムの開発で設計標準はあったものの，ス
マホアプリの開発時のものはなかったからだ。それぞれ
の社員の頭の中にある暗黙知を設計標準として明文化す
る。今後，スマホアプリの開発も増えてくるということ
なのでちょうどいいタイミングでもあった。今回のよう
に，初めて一緒に仕事をする別会社のエンジニアとの間
にも認識のズレは無くなると考えたからだ。

　また，設計標準が常にベストだと考えるのは良くない。
スマホ機能の進化等に起因して，よりよい実装方法が出
てくるからだ。そこで，次のようなプロセスも追加する
ことを考えた。

　③プロジェクト内で設計標準の見直しを行う。

### 3.2 再発防止策を組織に定着させるための工夫

　ただ，これらの三つのプロセスをプロジェクトマネジ
メントに追加するのは，プロジェクトにとって結構な負
担になる。

　そこで，設計標準に沿った内容で簡易なチェックリス
トを作成し，レビューの時に使いやすいようにした。ま
た，設計標準の説明は動画にし，社内ポータルに掲載す
ることで，プロジェクト期間中でも，期間外でも自由に

設問イの中で設問ウでも必要な部分は，このように冒頭で再掲するといい。設問イとのつなぎになり，設問ウをスムーズに開始できるし，読み手に対しての念押しになる。

「設計標準を作成する」だけだと，設問の「プロジェクトマネジメントの観点」ではないと判断される可能性がある。そこで，ここの主張のメインを「設計標準を作成する」ではなく「追加すべきマネジメントプロセス」にした。

設問アに書いた独自性にここでも反応している。一貫性のある内容にするためだ。

設計標準は一度作成したら終わりではなく，定期的に見直して周知徹底することが必要になる。それを最後にまとめたのがここ。

再発防止策には連番を振って「三つある」ということを記憶してもらうようにした。これで3-2につなげることができる。

問題の趣旨通りの展開。

ここには，3-1で書いた再発防止策が三つあるので，それぞれを負担が減る工夫を書けばいいだけ。

学習できるようにした。そして，設計標準の見直しに関しては，プロジェクト外で実施してもいいが，やはり，個々のプロジェクトでどうするのがベストかという点も必要なので，技術者も参加する定期開催の全体会議の中で，全員が参加するときに一気にアイデア出しを実施するように考えた。多少会議時間は長引くが，プログラミング工程から参加するエンジニアが技術面でNGだとするようなことが，後工程からではなく上流工程に入る前にわかるのは良いことだと思う。

(以　上)

> これは効率化とは関係ないので良くない。最後だからよかったけれど，関係ないことは極力書かないように注意しよう。

# 2 ステークホルダ

ここでは"ステークホルダ"にフォーカスした問題をまとめている。いわゆる"人"に関する部分になる。プロジェクトには多くのステークホルダが関与している。利害が一致する場合もあれば，利害が異なる場合もある。そういう多くのステークホルダを適切にマネジメントすることは，プロジェクトの重要な成功要因になる。そのため，試験で問われることが最も多いのもこの分野になる。

**2** **ステークホルダのポイント・過去問題**

**演習** **令和4年度　問2**

# 2 ステークホルダのポイント・過去問題

まずはテーマ別のポイントを押さえてから問題文の読み込みに入っていこう。

## ●過去に出題された午後Ⅱ問題

表1　午後Ⅱ過去問題

| 年度 | 問題番号 | 問題タイトル | 掲載場所 | 重要度 ◎=最重要 ○=要読込 ×=不要 | 2時間で書く推奨問題 |
|---|---|---|---|---|---|
| ①チーム編成と運営 | | | | | |
| H07 | 1 | プロジェクトチームの編成とその運営 | なし | × | |
| H13 | 2 | 要員交代 | なし | ◎ | |
| H14 | 3 | 問題発生プロジェクトへの新たな参画 | Web | ◎ | |
| H17 | 3 | プロジェクト進行中のチームの再編成 | Web | ◎ | |
| H23 | 3 | システム開発プロジェクトにおける組織要員管理 | Web | ○ | |
| H26 | 2 | システム開発プロジェクトにおける要員のマネジメント | Web | ○ | |
| ②チーム育成（教育） | | | | | |
| H12 | 2 | チームリーダの養成 | Web | ◎ | |
| H15 | 2 | 開発支援ソフトウェアの効果的な使用 | Web | ○ | |
| H22 | 2 | システム開発プロジェクトにおける業務の分担 | Web | ○ | |
| ③ステークホルダや利用者との関係 | | | | | |
| H09 | 3 | システムの業務仕様の確定 | なし | × | |
| H17 | 1 | プロジェクトにおける重要な関係者とのコミュニケーション | Web | ○ | |
| H20 | 1 | 情報システム開発プロジェクトにおける利用部門の参加 | Web | ○ | |
| H21 | 3 | 業務パッケージを採用した情報システム開発プロジェクト | Web | ○ | |
| H24 | 1 | システム開発プロジェクトにおける要件定義のマネジメント | Web | ○ | |
| H30 | 1 | システム開発プロジェクトにおける非機能要件に関する関係部門との連携 | Web | ○ | |
| R04 | 2 | プロジェクト目標の達成のためのステークホルダとのコミュニケーション | 本紙 | ◎ | |
| ④機密管理 | | | | | |
| H16 | 1 | プロジェクトの機密管理 | Web | ◎ | |
| H25 | 1 | システム開発業務における情報セキュリティの確保 | Web | ◎ | ▲ |
| ⑤人間関係のスキル | | | | | |
| H18 | 1 | 情報システム開発におけるプロジェクト内の連帯意識の形成 | Web | ◎ | △ |
| H19 | 1 | 情報システム開発プロジェクトにおける交渉による問題解決 | Web | ◎ | ○ |
| H21 | 1 | システム開発プロジェクトにおける動機付け | Web | ◎ | ◎ |
| H24 | 3 | システム開発プロジェクトにおける利害の調整 | Web | ○ | |
| H29 | 1 | システム開発プロジェクトにおける信頼関係の構築・維持 | Web | ○ | |
| R03 | 1 | システム開発プロジェクトにおける，プロジェクトチーム内の対立の解消 | Web | ○ | |

※掲載場所が"Web"のものは https://www.shoeisha.co.jp/book/present/9784798185750/ からダウンロードできます。詳しくは，ⅳページ「付録のダウンロード」をご覧ください。

　このテーマは大きく 5 つに分けられる。①チーム編成と運営，②チーム育成（教育），③ステークホルダや利用者との関係，④機密管理，⑤人間関係のスキルである。

## ①チーム編成と運営（6 問）

　一つ目は，計画段階で"チームを編成"し，プロジェクト実行時に必要に応じて"チーム編成を変える"という部分にフォーカスされた問題である。具体的には，要員交代（平成 13 年度問 2，平成 26 年度問 2），PM の交代（平成 14 年度問 3），チームの再編成（平成 17 年度問 3）など。こうした"チーム編成にメスを入れる"というアクションは，問題発生時にプロジェクトマネージャが取り得る"事後対策"の最有力候補にもなる。そういう意味では，これらの問題でネタを準備しておけば，プロジェクトにトラブルが発生した場合の対策として，数多くの問題で部分的に活用できるだろう。

## ②チーム育成（教育）（3 問）

　プロジェクト計画立案時に考慮することの一つに，チーム育成（教育）がある。その部分にフォーカスした問題も出題されている。問題を見ればわかると思うが，なかなかの難問で，改めて OJT 教育のあるべき姿に気付かされる。但し，ここで取り上げている 3 問は微妙に違っているので，ここも 3 問とも目を通しておきたいところだ。熟読して予防接種をしておこう。

## ③ステークホルダや利用者との関係（7 問）

　三つ目は，ステークホルダーとのコミュニケーションをどう計画するかや，利用者との役割分担にフォーカスした問題である。合意形成をどうするか？利用者側に起因する問題が発生した場合にどう対応するかなどが問われている。その特性上，利用者との接点がある要件定義工程（平成 24 年度問 1）や，パッケージの導入事例（平成 21 年度問 3）などが問われやすい。直近では，令和 4 年度問 2 でステークホルダーとのコミュニケーションが問われている。予測型（従来型）のプロジェクトでも適応型のプロジェクトでもどちらでもかけるテーマなので，イメージトレーニングしておきたい 1 問になる。

## ④機密管理（2 問）

　四つ目は，プロジェクトマネジメントにおける"セキュリティ"にフォーカスした問題である。IPA は近年，情報処理技術者試験の全区分で情報セキュリティを重視することを宣言しているので，定期的に出題されるテーマだと考えておいた方がいいだろう。前回出題は平成 25 年度。IPA が，全区分でセキュリティ重視を宣言したのが平成 25 年秋のこと。それ以後は出題されていないので，そろそろ出題されそうな気もする。

## ⑤人間関係のスキル（6 問）

連帯意識の形成（平成 18 年度問 1），動機付け（平成 21 年度問 1），交渉（平成 19 年度問 1，平成 24 年度問 3），信頼関係の構築（平成 29 年度問 1），対立の解消（令和 3 年度問 1）など，PMBOK で言うところの“人間関係のスキル”にフォーカスした問題も出題される。いずれも，特徴のある問題なので一通り目を通しておいた方がいいだろう。「連帯意識の形成はどうやって行ったの？」とか，「どうやって動機付けをしたの？」と聞かれても，いきなり答えることはほぼ不可能なので，事前準備が必要になるからだ。

## ● 2 時間で書くことの推奨問題

推奨するのは平成 21 年度問 1 になる。プロジェクトにおける“動機付け”をテーマにした問題だ。適応型のプロジェクトでは，メンバが自律的に行動することが求められている。そうした行動を促す時に必要になるのが動機付けだ。昔ながらの考え方のメンバに自律的に行動するように働きかけたり，リスキリングへと向かわせたりする時に，動機付けは重要になる。この問題に合致する経験を準備しておくといいかもしれない。

セキュリティが得意な人は平成 25 年度問 1 で準備しておくのもいいだろう。出題されなければ部品としても使うことはないだろうが，出題されたら準備をしている人だけが有利になる。一発を狙うならこの問題だ。予測型でも適応型でも変わりはない。他にも，「⑤人間関係のスキル」の中の交渉による問題解決，連帯意識の形成，対立の交渉なども重要な問題には違いない。しかし，これらの問題に限っては，一度出題されたテーマが再度出題されることは，これまでは無かった。その点だけが気がかりだ。平成 18 年度問 1 や平成 19 年度問 1 なんかは，アジャイル開発の方が重要視されているので出題されてもおかしくはないのだが。

## ●参考になる午後Ⅰ問題

午後Ⅱ問題文を読んでみて，"経験不足"，"ネタがない" と感じたり，どんな感じで表現していいかイメージがつかないと感じたりしたら，次の表を参考に"午後Ⅰの問題"を見てみよう。まだ解いていない午後Ⅰの問題だったら，実際に解いてみると一石二鳥になる。中には，とても参考になる問題も存在する。

表2　対応表

| テーマ | 午後Ⅱ問題番号（年度－問） | 参考になる午後Ⅰ問題番号（年度－問） |
|---|---|---|
| ① チーム編成と運営 | H26-2, H23-3, H17-3, H14-3, H13-2, H07-1 | ○（H24-2, H10-2），△（H15-3） |
| ② チーム育成 | H22-2, H15-2, H12-2 | ○（H13-4） |
| ③ 利用者との関係 | R04-2, H30-1, H24-1, H21-3, H20-1, H17-1, H09-3 | ○（H30-3, H28-2, H21-3） |
| ④ 機密管理 | H25-1, H16-1 | ○（H19-1, H14-1） |
| ⑤ 人間関係のスキル | H29-1, H24-3, H21-1, H19-1, H18-1 | △（H21-3） |
|  | R03-1（※行動の基本原則） | ○（R05-1） |

 Column ▶ 人間関係のスキルに関して

PMBOK（第5版）では付属文書 X3 において，PMBOK（第6版）ではプロジェクトマネージャの役割の中で（PMBOK 第6版 P.552），次のような11の人間関係のスキルについて言及している。

- ・リーダーシップ（問題解決力含む）
- ・チーム形成
- ・動機づけ
- ・コミュニケーション
- ・影響力
- ・意思決定
- ・政治的活動と文化への認識
- ・交渉
- ・信頼関係の構築（5版），促進（6版）
- ・コンフリクト・マネジメント
- ・コーチング

原理・原則ベースになった PMBOK（第7版）では，チーム・パフォーマンス領域で，これらのうちのいくつかの要素を説明している。リーダーシップ，動機付け，コンフリクト・マネジメントなどだ。つまり，これらはチームのパフォーマンスを向上させるために必要なことだということがわかる。

**平成7年度 問1** プロジェクトチームの編成とその運営について

解説は
こちら
*

**計画**　システム開発のプロジェクトを成功させるためには、プロジェクトの立上げに先立って、プロジェクトが十分に機能するように、チームを編成し、要員の役割分担を決め、作業手順やコミュニケーション手段などの仕事の仕組みを確立しておくことが重要である。更に、その運営に当たっては、要員の教育、モチベーション管理、チーム間のコミュニケーションの円滑化など、プロジェクト全体が有機的な組織として働くための諸活動を行うことが必要である。

**問題**　しかし、実際には種々の事情で十分な体制を整えられないままプロジェクトを立ち上げる、プロジェクトの途上で欠員が生じる、要員のスキルが当初の期待どおりでない、業務の割当てや仕事の進め方が不適切である、などの要因でプロジェクトの運営が困難になることはまれではない。

**対応**　このため、プロジェクトマネージャには、常にプロジェクト全体の状況をよく把握し、チーム編成や仕事の仕組みの見直しを適切に行うことが求められる。

　あなたの経験に基づいて、設問ア～ウに従って論述せよ。

**計画**——▶ 設問ア　あなたが携わったプロジェクトにおいて、プロジェクトのチーム編成をどのような考え方で行ったかについて、その背景となったシステムの特徴とともに、800字以内で述べよ。

**問題**——▶
**対策**——▶ 設問イ　設問アで述べたプロジェクトにおいて、あなたが直面したプロジェクトチーム運営上の問題点とその原因を具体的に述べよ。また、それにどう対処したか。あなたが工夫し実施した施策とその効果について述べよ。

設問ウ　プロジェクトチームの編成とその運営をより適切に行うために、あなたが今後採り入れたい施策について、簡潔に述べよ。

→ H13-2 + H17-3 で十分！

**平成13年度 問2**　要員交代について

解説は
こちら

**問題**　システム開発プロジェクトの途中で，特定の要員が体調不良や能力不足などによって交代を余儀なくされることがある。そのような場合，プロジェクトマネージャは，

**対応**　まずプロジェクトの問題を正確に把握し，問題に応じて適切な対応策を検討，実施する必要がある。

　問題の把握に当たっては，工程や品質などのプロジェクト状況について，計画とその時点での差異を明確にするとともに，既存の体制のままで推進した場合に，将来，プロジェクトへどのような影響を与えるかを予測することも大切である。さらに，同じことを繰り返さないためには，必ずしも当人に起因するとはいえないプロジェクト運営上の問題，例えば，度重なる業務仕様の変更や，無理なスケジュールによる過負荷などの要因がなかったかどうかを見直すことも重要である。

　対応策の検討に当たっては，新規要員を確保する方法以外に，ほかの要員による一時的な兼務や応援などの対応策も併せて検討すべきである。その際，それらの対応策がもたらす新たなリスク，例えば，新規要員の立ち上がりに予想以上の時間がかかる，兼務者の作業が過負荷になるなどへの対応も忘れてはならない。

　これらの検討結果を総合的に判断して，プロジェクトの問題を解決するために最も有効な対応策を選択し，迅速に実施する必要がある。

　なお，要員交代直後は，プロジェクトの進捗状況や対応策を検討した時点で予測した新たなリスクなどを注意して観察し，状況に応じて臨機応変に対処しなければならない。

　あなたの経験と考えに基づいて，設問ア〜ウに従って論述せよ。

**設問ア**　あなたが携わったプロジェクトの概要と，交代となった要員の担当作業を，800字以内で述べよ。

**問題**
**対応**
**設問イ**　要員交代を余儀なくされた際に把握したプロジェクトの問題は何か。それらの問題を解決するために，どのような対応策を検討したか。また，要員の交代をどのように行ったか。プロジェクトマネージャとして工夫した点を中心に述べよ。

**設問ウ**　設問イで述べた活動をどのように評価しているか。また，今後どのような改善を考えているか。それぞれ簡潔に述べよ。

IPS細胞のような問題…覚えよう！

**平成14年度 問3** 問題発生プロジェクトへの新たな参画について

解説は
こちら

**問題**
　成果物の機能不備や品質不良などによって進捗が遅れているプロジェクトに，プロジェクトマネージャとして新たに参画し，問題を早期に解決する使命を与えられる場合がある。このようなプロジェクトでは，進捗管理や成果物レビューが不十分であったり，要員の士気が低下していたり，顧客との信頼関係が悪化していたりするなどのプロジェクト管理上の問題点が見られることが多い。

**対応**
　新たに参画したプロジェクトマネージャは，そのプロジェクトの過去の管理方法などにとらわれることなく，新たな観点で問題点の調査や原因の分析などを行うことが重要である。まず，プロジェクトや構築する情報システムの特徴を理解した上で，プロジェクト管理上の問題点を調査する。そのためには，例えば，次のような項目を自ら検証する。

　・プロジェクトの進捗管理や成果物の品質管理などの実施方法・実施状況
　・成果物の作成状況やレビュー結果の反映状況
　・プロジェクト体制や要員配置の状況

　次に，調査結果を基に，プロジェクト管理上の問題点の原因を分析する。この分析は，これまでのプロジェクトの管理に欠落及び不足していると思われる事項を重点的に行う。そして，対策を検討して実施する。例えば，レビューの管理や実施体制に原因があれば，管理帳票や記録帳票などを改訂したり，実施体制を変更したりする。このようにして，これまでの問題点を是正し，成果物の機能不備や品質不良などを早期に解決することが重要である。

　あなたの経験と考えに基づいて，設問ア〜ウに従って論述せよ。

**問題** →
**設問ア**　あなたが新たに参画した問題発生プロジェクトの概要と，参画した時点での成果物の機能不備や品質不良などの状況を，800字以内で述べよ。

**対応** →
**設問イ**　あなたは，プロジェクト管理上の問題点をどのように調査し，その原因をどのように分析したか。また，その結果，明確になった原因と実施した対策は何か。それぞれ具体的に述べよ。

**設問ウ**　設問イで述べた活動をどのように評価しているか。また，今後どのような改善を考えているか。それぞれ簡潔に述べよ。

*前任PMの管理不備！ メンバやユーザじゃない！*

**平成 17 年度 問 3** プロジェクト遂行中のチームの再編成について

解説は
こちら

**問題**
　情報システム開発プロジェクトの遂行中に，進捗の遅れ，成果物の品質不良や要員間のトラブルなどの問題が発生することがある。これらの問題は，要員スキルの見込み違い，予測していなかった作業の発生，プロジェクト内のコミュニケーションの不足などが複雑に絡み合って起きることが多い。

**対応**
　このような場合，プロジェクトマネージャは，問題の原因を分析し，その結果を基に，チームを再編成して問題に対処することがある。チームの再編成には，チーム間の要員の配置換え，チームリーダの交代，チーム構成の変更などがある。チームの再編成はプロジェクト遂行に影響を与えるので，慎重に取り組む必要がある。このため，プロジェクトマネージャは，関係するチームリーダや要員に再編成の目的を十分に説明して理解を得ておかなければならない。

　さらに，チームの再編成後には，チームリーダからの報告や要員の作業状況などから問題の改善状況を把握することによって，チームの再編成による効果を確認し，プロジェクトの納期，品質，予算の見通しを得ることが重要である。

　あなたの経験と考えに基づいて，設問ア～ウに従って論述せよ。

**設問ア**　あなたが携わったプロジェクトの概要と，チームの再編成によって対処した問題を，800 字以内で述べよ。

**問題**

**設問イ**　設問アで述べた問題に対処するために，あなたはチームの再編成をどのように行ったか。再編成するのが適切であると考えた理由とともに具体的に述べよ。また，チームの再編成による効果をどのように確認したかを，具体的に述べよ。

**対応**

**設問ウ**　設問イで述べたチームの再編成について，あなたはどのように評価しているか。今後改善したい点とともに簡潔に述べよ。

H13-2 とワンセットで覚えるべし！
いろいろ使える！

## 平成 23 年度 問 3　システム開発プロジェクトにおける組織要員管理について

解説はこちら

**計画**

　プロジェクトマネージャ（PM）には，プロジェクト目標の達成に向けてプロジェクトを円滑に運営できるチームを編成し，チームを構成する要員が個々の能力を十分に発揮できるように要員を管理することが求められる。

　要員のもつ能力には，専門知識や開発スキルなどの技術的側面や，精神力や人間関係への対応力などの人間的側面がある。プロジェクトの遂行中は，ともすれば技術的

**問題**

側面を重視しがちである。しかし，人間的側面に起因した問題（以下，人間的側面の問題という）を軽視すると，次のようなプロジェクト目標の達成を阻害するリスクを誘発することがある。

　・意欲の低下による成果物の品質の低下
　・健康を損なうことによる進捗の遅延
　・要員間の対立がもたらす作業効率の低下によるコストの増加

**対応**

　PM はプロジェクトの遂行中に人間的側面の問題の発生を察知した場合，その問題によって誘発される，プロジェクト目標の達成を阻害するリスクを想定し，人間的側面の問題に対して原因を取り除いたり，影響を軽減したりするなどして，適切な対策をとる必要がある。

　あなたの経験と考えに基づいて，設問ア～ウに従って論述せよ。

**設問ア**　あなたが携わったシステム開発プロジェクトの目標，及びプロジェクトのチーム編成とその特徴について，800 字以内で述べよ。

**計画**

**設問イ**　設問アで述べたプロジェクトの遂行中に察知した人間的側面の問題と，その問題によって誘発されると想定したプロジェクト目標の達成を阻害するリスク，及び人間的側面の問題への対策について，800 字以上 1,600 字以内で具体的に述べよ。

**問題**
**対応**

**設問ウ**　設問イで述べた対策の評価，認識した課題，今後の改善点について，600 字以上 1,200 字以内で具体的に述べよ。

機械ではなく"人"だから…
でもヒューマンドラマはだめ！
計画変更で…表現は旧と新で！

**平成 26 年度 問 2** システム開発プロジェクトにおける
要員のマネジメントについて

解説は
こちら →

**計画**

　プロジェクトマネージャには，プロジェクト目標の達成に向けて，プロジェクトの要員に期待した能力が十分に発揮されるように，プロジェクトをマネジメントすることが求められる。

　プロジェクト目標の達成は，要員に期待した能力が十分に発揮されるかどうかに依存することが少なくない。プロジェクト組織体制の中で，要員に期待した能力が十分に発揮されない事態になると，担当させた作業が目標の期間で完了できなかったり，目標とする品質を満足できなかったりするなど，プロジェクト目標の達成にまで影響が及ぶことになりかねない。

　したがって，プロジェクトの遂行中に，例えば，次のような観点から，要員に期待した能力が十分に発揮されているかどうかを注意深く見守る必要がある。

・担当作業に対する要員の取組状況
・要員間のコミュニケーション

**問題
対応**

　要員に期待した能力が十分に発揮されていない事態であると認識した場合，対応策を立案し，実施するとともに，根本原因を追究し，このような事態が発生しないように再発防止策を立案し，実施することが重要である。

　あなたの経験と考えに基づいて，設問ア～ウに従って論述せよ。

**設問ア**　あなたが携わったシステム開発プロジェクトにおけるプロジェクトの特徴，プロジェクト組織体制，要員に期待した能力について，800 字以内で述べよ。

**計画** →

**設問イ**　設問アで述べたプロジェクトの遂行中に，要員に期待した能力が十分に発揮されていないと認識した事態，立案した対応策とその工夫，及び対応策の実施状況について，800 字以上 1,600 字以内で具体的に述べよ。

**問題
対応** →

**設問ウ**　設問イで述べた事態が発生した根本原因と立案した再発防止策について，再発防止策の実施状況を含めて，600 字以上 1,200 字以内で具体的に述べよ。

期待していた能力が
無かったわけじゃない！

→
解説は
こちら

**平成 12 年度 問 2**　チームリーダの養成について

> **計画**
>
> 　システム開発プロジェクトは，通常，複数のチームから編成され，チームリーダの働きがプロジェクトの成否を左右する。
>
> 　しかし，技術，管理，人間的資質のすべての面で優れたチームリーダを確保することは一般には困難で，技術は強いが管理の経験が浅いメンバをチームリーダに任命せざるを得ないことが少なくない。そうした場合には，プロジェクトマネージャは，日々のプロジェクト運営の中で，そのチームリーダを計画的，意図的に指導することが重要である。
>
> 　そのためには，チームの役割やチームリーダの実績などを見極め，重点的に伸ばすべき能力やその方法をチームリーダと共通に認識することが大切である。また，実際の業務を遂行していく中では，状況の把握方法，問題解決方法，報告の仕方などの具体的指導が必要である。

　あなたの経験に基づいて，設問ア～ウに従って論述せよ。

**設問ア**　あなたが携わったプロジェクトの概要と，チームリーダの養成を図ろうとしたチームの特徴を，800 字以内で述べよ。

**設問イ**　設問アで述べたチームにおいて，特に伸ばそうとしたチームリーダとしての能力は何か。また，その能力の養成に関してどのような施策を実施したか。実務を通じて工夫した点を中心に具体的に述べよ。

**計画** ➡

**設問ウ**　あなたが実施したチームリーダ養成策をどのように評価しているか。また，今後改善したいと考えている点は何か。それぞれ簡潔に述べよ。

計画的：何をどのレベルまで？
意図的：どのフェーズで？

**平成15年度 問2** 開発支援ソフトウェアの効果的な使用について

解説はこちら

**計画**

　高い生産性で，高品質なアプリケーションを構築するために，コンポーネント指向の開発環境や言語，CASEツールなど，豊富な機能をもった開発支援ソフトウェアが提供されている。プロジェクトマネージャは，情報システム開発の条件として，特定の開発支援ソフトウェアの使用を指定され，ほとんどの要員が使用経験がない状態でプロジェクトを立ち上げることがある。このような場合，プロジェクトを運営しながら要員を育成して，習熟度や生産性を早期に高めることが必要となる。

　開発支援ソフトウェアを効果的に使用するためには，プロジェクト立上げ時に，教育・訓練，作業方法，仕組みなどについて，例えば，次のような工夫を検討しておくことが重要である。

　　・キーパーソンへの教育とキーパーソンによる訓練の実施

　　・作業標準の制定や一部のアプリケーションの先行開発

　　・外部の事例やプロジェクト内のノウハウを利用し，共有する仕組みの整備

**実施**

　また，プロジェクト遂行の中で，要員ごとの習熟度や生産性などの変化を監視し，必要に応じて教育・訓練，作業方法，仕組みなどの見直しを行うことも重要である。例えば，再訓練を実施したり，使用機能を変更したり，蓄積したノウハウを利用しやすくしたりする。

　あなたの経験と考えに基づいて，設問ア〜ウに従って論述せよ。

設問ア　あなたが携わったプロジェクトの概要と，開発支援ソフトウェアの概要及び特徴を，800字以内で述べよ。

設問イ　設問アで述べた開発支援ソフトウェアを効果的に使用するために，プロジェクト立上げ時にどのような工夫をしたか。また，プロジェクト遂行の中でどのような見直しを行ったか。それぞれ具体的に述べよ。

**計画** ──▶
**実施** ──▶

設問ウ　設問イで述べた活動をどのように評価しているか。また，今後どのような改善を考えているか。それぞれ簡潔に述べよ。

*計画的表現で"差"を.*
　　*KPIの設定 → 計画見直し*

## 平成22年度 問2　システム開発プロジェクトにおける業務の分担について

**計画**

　プロジェクトマネージャ（PM）には，プロジェクトの責任者として，<u>システム開発プロジェクトの管理・運営を行い，プロジェクトの目標を達成すること</u>が求められる。プロジェクトの管理・運営を効率よく実施するために，PMはプロジェクトの管理・運営に関する承認，判断，指示などの業務をチームリーダなどに分担させることがある。

　この場合，分担させる業務をプロジェクトのルールとして明確にし，プロジェクトのメンバにルールを周知徹底することが重要である。チームリーダなどに分担させる業務として，例えば，次のようなものがある。

- ・変更管理における変更の承認
- ・進捗管理における進捗遅れの判断と対策の指示
- ・調達管理における調達先候補の選定

　ルール化する際にはチームリーダなどの経験や力量に応じて分担させる業務の内容や範囲などを決めたり，分担させた業務についても任せきりにせず，業務の状況について適宜適切な報告を義務付けたりするなどの工夫も必要である。

　あなたの経験と考えに基づいて，設問ア～ウに従って論述せよ。

**設問ア**　あなたが携わったシステム開発プロジェクトの特徴とプロジェクト組織の構成について，800字以内で述べよ。

**設問イ**　設問アで述べたプロジェクトにおいて，<u>チームリーダなどに分担させた業務の</u>

**計画** ▶ <u>内容と分担させた理由，分担のルールとその周知徹底の方法について，工夫を含めて，800字以上1,600字以内で具体的に述べよ。</u>

**設問ウ**　設問イで述べた業務の分担に対する評価，認識した課題，今後の改善点について，600字以上1,200字以内で具体的に述べよ。

権限委譲 ＋ 育成（H12-2）
　任せきりにせず，裁量を与える！

**平成9年度 問3** **システムの業務仕様の確定について**

→解説は
こちら

**計画**　システム開発プロジェクトにおいては，業務仕様が不適切のままソフトウェアの開発工程に進むと，後工程で大幅な手直しが発生し，プロジェクトに混乱を招くことがある。これは，開発者側の業務に対する理解不足や業務仕様の検討不足などにもよるが，次に示すような利用者側のプロジェクトへのかかわり方の問題も大きな要因として挙げることができる。

　　　・利用者側のシステムに対する過度な要求や期待
　　　・利用部門間の意見の調整不足
　　　・業務仕様の検討及び決定プロセスにおける利用者側の検討不足

　したがって，業務仕様の検討及び決定プロセスにおいては，利用者側の責任ある参画と，利用者側と開発者側の十分な意志疎通が特に重要となる。

　これらを的確に遂行するためには，プロジェクト体制，業務仕様の検討の進め方，業務仕様の確認方法，業務仕様のドキュメンテーションの方法などに，様々な工夫が必要である。また，業務仕様に関する利用者側と開発者側の責任分担を明確にしておくことも有効である。

　このように，利用者側と開発者側との円滑な連携を図り，業務仕様が適切に決められるようにすることは，プロジェクトの成否にかかわることであり，プロジェクトマネージャの重要な業務の一つである。

　あなたの経験に基づいて，設問ア～ウに従って論述せよ。

**設問ア**　あなたの携わったプロジェクトの概要と，業務仕様を確定するうえでの課題を，800字以内で述べよ。

**設問イ**　設問アで述べたプロジェクトにおいて，業務仕様を確定するうえで，利用者側と開発者側との十分な連携を確立するために，どのような施策を採ったか。

**計画** ➡ 工夫した点を中心に具体的に述べよ。また，その評価も述べよ。

**設問ウ**　利用者側の業務仕様の確定へのかかわり方をより適切にするために，今後どのようなことを考えているか。簡潔に述べよ。

利用者→誰？どんなスキル？
　→それに応じた計画！

解説は
こちら

## 平成17年度 問1　プロジェクトにおける　重要な関係者とのコミュニケーションについて

**計画**

　　情報システムの開発を円滑に進めるため，<u>プロジェクトマネージャには直接の管理</u>下にあるメンバ以外に，プロジェクトの進行に応じてかかわりをもつプロジェクト関係者との十分なコミュニケーションが求められる。

　　プロジェクト関係者は，情報システムの利用部門，購買部門，ベンダなどの組織に所属している。これらのうち，例えば，プロジェクトに要員を参加させている部門の責任者，プロジェクト予算の承認者，問題解決を支援する技術部門の責任者などは重要な関係者として認識することが大切である。

　　重要な関係者とのコミュニケーションが不足していると，意思決定や支援が実際に必要になったとき，重要な関係者が状況を認識するのに時間がかかり，対応が遅れ，プロジェクトの進捗に影響することがある。このような事態を招かないように，<u>日ご</u>ろからプロジェクトの進捗状況や問題点を積極的に説明するなどのコミュニケーションを行い，相互の理解を深めておくことが重要である。その際，プロジェクトへの関心やかかわりは重要な関係者ごとに異なるので，コミュニケーションの内容や方法について，個別の工夫が必要となる。

　　あなたの経験と考えに基づいて，設問ア～ウに従って論述せよ。

**設問ア**　あなたが携わったプロジェクトの概要と，プロジェクト関係者を，800字以内で述べよ。

**設問イ**　設問アで述べたプロジェクト関係者の中で，重要と考えた関係者とその理由について述べよ。また，<u>重要な関係者とのコミュニケーションの内容や方法について，あなたが個別に工夫した点</u>を含めて具体的に述べよ。

**計画** ▶ **設問ウ**　設問イで述べたコミュニケーションの内容や方法について，あなたはどのように評価しているか。また，今後どのように改善したいと考えているか。それぞれ簡潔に述べよ。

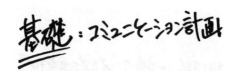

基礎：コミュニケーション計画

**平成 20 年度 問 1** 情報システム開発プロジェクトにおける
利用部門の参加について

解説は
こちら

**計画**　プロジェクトマネージャは，情報システム開発のプロジェクト立上げ時に，業務仕様の確定，総合テストの準備などに関して，システムの利用部門の作業を明確にし，利用部門の合意を得る。

**問題**　プロジェクト遂行中には，利用部門の作業が計画どおりに実行されないことによって，問題が発生することもある。このような場合，プロジェクトマネージャは問題の原因を分析し，分析結果に基づいて，問題を解決するための対策を検討しなければならない。例えば，次のような問題，原因及び対策が考えられる。

・業務仕様の確定が遅れるという問題が発生し，その原因が利用部門の要員の業務多忙にあれば，利用部門に対して，その要員を業務仕様の確定のための作業に専念させるように要求する。

・総合テストの進捗が遅れるという問題が発生し，その原因がテストデータの不備にあれば，利用部門にテストの目的と方法を再度説明した上で，協力してテストデータの不備を改善する。

**対応**　プロジェクトマネージャは，複数の対策を検討し，その中から幾つかを選択したり，組み合わせたりして，プロジェクトの納期や予算などを守るために適切な対策を実施し，問題を解決しなければならない。

　あなたの経験と考えに基づいて，設問ア～ウに従って論述せよ。

**設問ア**　あなたが携わった情報システム開発プロジェクトの概要と，合意を得られたシステムの利用部門の作業について，800 字以内で述べよ。

**計画**➡

**設問イ**　設問アで述べた利用部門の作業が計画どおりに実行されなかったことによって発生した問題とその原因，及び実施した対策は何か。その対策がプロジェクトの納期や予算などを守るために適切な対策であると考えた理由とともに，具体的に述べよ。

**問題**➡
**対応**➡

**設問ウ**　設問イで述べた対策について，あなたはどのように評価しているか。今後改善したい点とともに簡潔に述べよ。

計画変更（旧・新・複数）
→ 遅れ・オーバの回復

**平成21年度 問3** 業務パッケージを採用した
情報システム開発プロジェクトについて

解説は
こちら

**計画**
　近年の情報システム開発では，業務プロセスの改善，開発期間の短縮，保守性の向上などを目的として，会計システムや販売システムなどの業務用ソフトウェアパッケージ（以下，業務パッケージという）を採用することが多くなっている。このような情報システム開発では，上記の目的を達成するためには，できるだけ業務パッケージの標準機能を適用する。その上で，標準機能では満たせない機能を実現するための独自の"外付けプログラム"の開発は必要最小限に抑えることが重要である。

　プロジェクトマネージャ（PM）は，例えば，次のような方針について利用部門の合意を得た上でプロジェクトを遂行しなければならない。

・業務パッケージの標準機能を最大限適用する。

・業務パッケージの標準機能では満たせない機能を実現する場合でも，外付けプログラムの開発は必要最小限に抑える。

　外付けプログラムの開発が必要な場合には，PMは，開発が必要な理由を明確にし，開発がプロジェクトに与える影響を慎重に検討する。その上で，開発の優先順位に基づいて開発範囲を見直したり，バージョンアップの容易さなどの保守性を考慮した開発方法を選択したりするなどの工夫をしなければならない。

　あなたの経験と考えに基づいて，設問ア〜ウに従って論述せよ。

**設問ア**　あなたが携わった情報システム開発プロジェクトの特徴を，採用した業務パッケージとその採用目的とともに，800字以内で述べよ。

**設問イ**　設問アで述べた情報システム開発プロジェクトの遂行に当たり，外付けプログラムの開発が必要となった理由，開発を必要最小限に抑えるために利用部門と合意した内容，合意に至った経緯，及び開発した外付けプログラムの概要を，800字以上1,600字以内で具体的に述べよ。

**計画**

**設問ウ**　設問イで述べた外付けプログラムの開発に当たり，業務パッケージ採用の目的を達成するためにどのような工夫をしたか。その成果，及び今後の改善点を含め，600字以上1,200字以内で具体的に述べよ。

SAになりがち.
PMの要素を散りばめる！

解説は
こちら

**平成 24 年度 問 1**　システム開発プロジェクトにおける
要件定義のマネジメントについて

> **計画**
>
> 　プロジェクトマネージャには，システム化に関する要求を実現するため，要求を要件として明確に定義できるように，プロジェクトをマネジメントすることが求められる。
>
> 　システム化に関する要求は従来に比べ，複雑化かつ多様化している。このような要求を要件として定義する際，要求を詳細にする過程や新たな要求の追加に対処する過程などで要件が膨張する場合がある。また，要件定義工程では要件の定義漏れや定義誤りなどの不備に気付かず，要件定義後の工程でそれらの不備が判明する場合もある。このようなことが起こると，プロジェクトの立上げ時に承認された個別システム化計画書に記載されている予算限度額や完了時期などの条件を満たせなくなるおそれがある。
>
> 　要件の膨張を防ぐためには，例えば，次のような対応策を計画し，実施することが重要である。
> 　・要求の優先順位を決定する仕組みの構築
> 　・要件の確定に関する承認体制の構築
> 　また，要件の定義漏れや定義誤りなどの不備を防ぐためには，過去のプロジェクトを参考にチェックリストを整備して活用したり，プロトタイプを用いたりするなどの対応策を計画し，実施することが有効である。

　あなたの経験と考えに基づいて，設問ア～ウに従って論述せよ。


**設問ア**　あなたが携わったシステム開発プロジェクトにおける，プロジェクトとしての
　　　　　特徴，及びシステム化に関する要求の特徴について，800 字以内で述べよ。

**設問イ**　設問アで述べたプロジェクトにおいて要件を定義する際に，要件の膨張を防ぐ
**計画**━━▶　ために計画した対応策は何か。対応策の実施状況と評価を含め，800 字以上 1,600
　　　　　字以内で具体的に述べよ。

**設問ウ**　設問アで述べたプロジェクトにおいて要件を定義する際に，要件の定義漏れや
　　　　　定義誤りなどの不備を防ぐために計画した対応策は何か。対応策の実施状況と評
**実施**━━▶　価を含め，600 字以上 1,200 字以内で具体的に述べよ。


SAになりがち！
PMの要素を散りばめる！

237

## 平成30年度 問1　システム開発プロジェクトにおける 非機能要件に関する関係部門との連携について

解説は
こちら

**計画**

　システム開発プロジェクトにおいて，プロジェクトマネージャ（PM）は，業務そのものに関わる機能要件に加えて，可用性，性能などに関わる非機能要件についても確実に要件が満たされるようにマネジメントしなければならない。特に非機能要件については，利用部門や運用部門など（以下，関係部門という）と連携を図り，その際，例えば，次のような点に注意を払う必要がある。

・非機能要件が関係部門にとってどのような意義をもつかについて関係部門と認識を合わせる

・非機能要件に対して関係部門が関わることの重要性について関係部門と認識を合わせる

　このような点に注意が十分に払われないと，関係部門との連携が不十分となり，システム受入れテストの段階で不満が続出するなどして，場合によっては納期などに大きく影響する問題になることがある。関係部門と連携を図るに当たって，PM はまずプロジェクト計画の段階で，要件定義を始めとする各工程について，非機能要件に関する WBS を設定し，WBS の各タスクの内容と関係部門を定め，関係部門の役割を明確にする。次に，関係部門と十分な連携を図るための取組みについて検討する。それらの内容をプロジェクト計画に反映した上で，関係部門を巻き込みながら一体となってプロジェクトを推進する。

　あなたの経験と考えに基づいて，設問ア～ウに従って論述せよ。

設問ア　あなたが携わったシステム開発プロジェクトの特徴，代表的な非機能要件の概要，並びにその非機能要件に関して関係部門と連携を図る際に注意を払う必要があった点及びその理由について，800字以内で述べよ。

設問イ　設問アで述べた代表的な非機能要件に関し，関係部門と十分な連携を図るために検討して実施した取組みについて，主なタスクの内容と関係部門，及び関係部門の役割とともに，800字以上1,600字以内で具体的に述べよ。

**計画**→

設問ウ　設問イで述べた取組みに関する実施結果の評価，及び今後の改善点について，600字以上1,200字以内で具体的に述べよ。

数値目標は"ア"？"イ"？

解説は
こちら

**令和4年度 問2** プロジェクト目標の達成のための
ステークホルダとのコミュニケーション

**計画**
**実施**

　システム開発プロジェクトでは、プロジェクト目標（以下、目標という）を達成するために、目標の達成に大きな影響を与えるステークホルダ（以下、主要ステークホルダという）と積極的にコミュニケーションを行うことが求められる。

　プロジェクトの計画段階においては、主要ステークホルダへのヒアリングなどを通じて、その要求事項に基づきスコープを定義して合意する。その際、スコープとしては明確に定義されなかったプロジェクトへの期待があることを想定して、プロジェクトへの過大な期待や主要ステークホルダ間の相反する期待の有無を確認する。過大な期待や相反する期待に対しては、適切にマネジメントしないと目標の達成が妨げられるおそれがある。そこで、主要ステークホルダと積極的にコミュニケーションを行い、過大な期待や相反する期待によって目標の達成が妨げられないように努める。

**実施**

　プロジェクトの実行段階においては、コミュニケーションの不足などによって、主要ステークホルダに認識の齟齬や誤解（以下、認識の不一致という）が生じることがある。これによって目標の達成が妨げられるおそれがある場合、主要ステークホルダと積極的にコミュニケーションを行って認識の不一致の解消に努める。

　あなたの経験と考えに基づいて、設問ア～設問ウに従って論述せよ。

設問ア　あなたが携わったシステム開発プロジェクトの概要、目標、及び主要ステークホルダが目標の達成に与える影響について、800字以内で述べよ。

設問イ　設問アで述べたプロジェクトに関し、"計画段階"において確認した主要ステークホルダの過大な期待や相反する期待の内容、過大な期待や相反する期待によって目標の達成が妨げられるおそれがあると判断した理由、及び"計画段階"

**計画**
**実施**

において目標の達成が妨げられないように積極的に行ったコミュニケーションについて、800字以上1,600字以内で具体的に述べよ。

設問ウ　設問アで述べたプロジェクトに関し、"実行段階"において生じた認識の不一致とその原因、及び"実行段階"において認識の不一致を解消するために積極的

**実施**

的に行ったコミュニケーションについて、600字以上1,200字以内で具体的に述べよ。

SAになり恍ち！
要件定義じゃないことに注意！

**平成 16 年度 問 1**　プロジェクトの機密管理について

解説は
こちら

**計画**

　プロジェクトマネージャには，情報システムを開発する際に利用したり，作成したりする機密情報の外部への漏えい防止が求められる。機密情報が漏えいした場合，経済的な損害はもとより，社会的な影響も予想されるので，機密管理のルールを定めて運用し，漏えいを防止する必要がある。

　具体的には，まず，機密として管理すべき情報を明確にし，機密度（漏えいの影響レベルなど）を決定する。次に，機密度に応じて，アクセスコントロール，作業管理，文書管理などの諸ルールを定め，教育などを通じてプロジェクト関係者全員の機密管理意識を高め，ルールを周知徹底する。プロジェクト実行時は，ルールに従って運用されているか，ルール逸脱や漏えいが発生していないかを定期的に確認するなどの日常管理を徹底する。

　また，機密情報が漏えいした場合を想定し，損害を最小限に抑えたり，機密情報の利用を困難にしたりするなど，漏えい時の影響を少なくする対策も重要である。例えば，機密情報は可能な限り分割して管理する，機密情報を二重のパスワードで保護するなどである。

　あなたの経験と考えに基づいて，設問ア～ウに従って論述せよ。

**設問ア**　あなたが携わったシステム開発プロジェクトの概要と，その中で機密として管理した情報を，理由や機密度とともに 800 字以内で述べよ。

**設問イ**　設問アで述べたプロジェクトにおける機密管理のルール，及びルールに従って運用するための日常管理について，あなたが特に工夫した点を中心に，具体的に述べよ。また，漏えい時の影響を少なくする対策は何か。簡潔に述べよ。

**計画** ➡

**設問ウ**　設問イで述べたルール及び日常管理について，あなたはどのように評価しているか。また，今後どのような改善を考えているか。それぞれ簡潔に述べよ。

あい．→H25-1で！
（セキュリティポリシが無い…）

**平成 25 年度 問 1** システム開発業務における
情報セキュリティの確保について

解説は
こちら

**計画**

　プロジェクトマネージャ（PM）は，システム開発プロジェクトの遂行段階における情報セキュリティの確保のために，個人情報，営業や財務に関する情報などに対する情報漏えい，改ざん，不正アクセスなどのリスクに対応しなければならない。

　PM は，プロジェクト開始に当たって，次に示すような，開発業務における情報セキュリティ上のリスクを特定する。

　・データ移行の際に，個人情報を開発環境に取り込んで加工してから新システムに
　　移行する場合，情報漏えいや改ざんのリスクがある

　・接続確認テストの際に，稼働中のシステムの財務情報を参照する場合，不正アク
　　セスのリスクがある

　PM は，特定したリスクを分析し評価した上で，リスクに対応するために，技術面の予防策だけでなく運営面の予防策も立案する。運営面の予防策では，個人情報の取扱時の役割分担や管理ルールを定めたり，財務情報の参照時の承認手続や作業手順を定めたりする。立案した予防策は，メンバに周知する。

　PM は，プロジェクトのメンバが，プロジェクトの遂行中に予防策を遵守していることを確認するためのモニタリングの仕組みを設ける。問題が発見された場合には，

**問題
対応**

原因を究明して対処しなければならない。

　　あなたの経験と考えに基づいて，設問ア～ウに従って論述せよ。

**設問ア**　あなたが携わったシステム開発プロジェクトのプロジェクトとしての特徴，情
　　　　　報セキュリティ上のリスクが特定された開発業務及び特定されたリスクについて，
　　　　　800 字以内で述べよ。

**設問イ**　設問アで述べたリスクに対してどのような運営面の予防策をどのように立案し
**計画** →　たか。また，立案した予防策をどのようにメンバに周知したか。重要と考えた点
　　　　　を中心に，800 字以上 1,600 字以内で具体的に述べよ。

**設問ウ**　設問イで述べた予防策をメンバが遵守していることを確認するためのモニタリ
　　　　　ングの仕組み，及び発見された問題とその対処について，600 字以上 1,200 字以内
**問題
対応**→　で具体的に述べよ。

セキュリティポリシとの関係性が重要！
→ 事前準備しておきたい. 後ジ私 (PJ)

**平成 18 年度 問 1** 情報システム開発における
プロジェクト内の連帯意識の形成について

解説は
こちら

**計画**　　プロジェクトマネージャには，プロジェクト目標の達成に向けてメンバが共通の意識をもち，例えば，プロジェクト内で発生する問題の解決に全員参加の意識で取り組むように，プロジェクト内の連帯意識を形成し，維持・向上することが求められる。

　　通常，プロジェクトは異なる部門や会社のメンバで構成されており，メンバの経験や参加意欲などは様々である。そのために，プロジェクト内で発生する問題についての理解や対応が異なり，メンバ間の対立やプロジェクト内の混乱に至ることもある。このような事態を招かないためにも，プロジェクト内の連帯意識を形成し，維持・向上を図ることが重要である。

　　連帯意識を形成するためには，目標の共有，参画意識の向上，コミュニケーションの円滑化などの観点からの具体的な活動や仕組み作りが必要となる。これらを通じて，自分の役割や責任と直接には関係がなくても，相手の状況を察知して，自主的に支援するなどの行動をもたらす連帯意識が形成される。また，プロジェクトマネージャは

**実施**　日常の管理を通じ，会議の出席状況を把握したり，開発現場の雰囲気やメンバ間のコミュニケーションを観察したりするなどの方法で連帯意識の状態を確認し，その維持・向上に努めることが肝要である。

　　あなたの経験と考えに基づいて，設問ア～ウに従って論述せよ。

**設問ア**　あなたが携わった情報システム開発プロジェクトの概要と，プロジェクトのメンバ構成の特徴について，800字以内で述べよ。

**設問イ**　設問アで述べたプロジェクトにおいて，連帯意識を形成するために実施した具体的な活動や仕組み作りはどのようなものか。また，連帯意識の状態をどのような方法で確認したか。それぞれ具体的に述べよ。

**計画**
**実施**

**設問ウ**　設問イで述べた活動と仕組み作り及び連帯意識の状態の確認方法について，あなたはどのように評価しているか。また，今後どのように改善したいと考えているか。それぞれ簡潔に述べよ。

実際にはすごく難しいが…ここは思い切って！
いい状態の主観と客観。

**平成19年度 問1** 情報システム開発プロジェクトにおける
交渉による問題解決について

解説は
こちら

**問題**

　プロジェクトマネージャには，プロジェクトの目標を確実に達成するため，プロジェクトが直面する様々な問題を早期に把握し，適切に対応することが求められる。中でも，利用部門や協力会社などのプロジェクト関係者（以下，関係者という）にかかわる問題は，解決に利害が対立することもあり，プロジェクトマネージャは交渉を通じて問題解決を図ることが必要となる。

**対応**

　プロジェクト遂行中に関係者との交渉による問題解決が必要な場合として，"開発範囲の認識が異なる"，"プロジェクト要員の交代を求められた"，"リスクが顕在化して運用開始日が守れなくなった"などがある。

　プロジェクトにおける問題解決のために，プロジェクトマネージャは関係者と状況の認識を合わせた後，問題の本質を理解し，解決策としての選択肢の立案，優先順位の決定などを行う。続いて，これらを整理して関係者に提示するが，関係者の考え方や立場の違いなどによって，調整や合意のために交渉が必要になる。この場合，一方の主張が全面的に取り入れられて合意に至ることは少なく，説得や譲歩などを通じて，双方に納得が得られるように交渉し，問題を解決することが肝要である。

　あなたの経験と考えに基づいて，設問ア～ウに従って論述せよ。


**設問ア**　あなたが携わった情報システム開発プロジェクトの概要と，関係者との交渉が必要になった問題とその背景について，800字以内で述べよ。

**問題**

**設問イ**　設問アで述べた問題を解決するための手順について具体的に述べよ。また，交渉時の双方の主張，説得した内容，譲歩した内容，合意に至った解決策を具体的に述べよ。

**対応**

**設問ウ**　設問イで述べた手順と解決策について，あなたはどのように評価しているか。また，今後どのように改善したいと考えているか。それぞれ簡潔に述べよ。


交渉が必要な状況 ｛キ ヤスハラ
　　　　　　　　　｛キ ゴリ押し
できれば…どっちも悪くない.

**平成 21 年度 問 1** システム開発プロジェクトにおける
動機付けについて

→ 解説は
こちら

**計画**

　システム開発プロジェクトの目標を確実に達成するためには，メンバのスキルや経験などの力量に応じた動機付けによって，メンバの一人一人がプロジェクトに積極的に参加し，高い生産性を発揮することが大切である。
　プロジェクトマネージャ（PM）は，プロジェクトの立上げ時にプロジェクトの目標をメンバ全員と共有した後，適宜，面談などの方法を通じてプロジェクトにおけるメンバ一人一人の役割や目標を相互に確認し，プロジェクトの目標との関係を明確にする。この過程で，メンバはプロジェクトの目標の達成に自分がどのようにかかわり，貢献するのか，その役割や目標を納得し，動機付けられる。

**実施**

　プロジェクト遂行中は，メンバの貢献の状況を見ながら，立上げ時にメンバに対して行った動機付けの内容を維持・強化する。PM には，例えば，次のような観点に基づく行動が必要となる。
　・責任感の観点から，メンバの判断で進められる作業の範囲を拡大する。
　・一体感の観点から，プロジェクト全体の情報を共有させる。
　・達成感の観点から，自分が担当する作業のマイルストーンを設定させる。
　あなたの経験と考えに基づいて，設問ア〜ウに従って論述せよ。

**設問ア**　あなたが携わったシステム開発プロジェクトの目標と特徴，メンバの構成について，800 字以内で述べよ。

**設問イ**　設問アで述べたプロジェクトの立上げ時に，メンバに対して行った動機付けの内容と方法はどのようなものであったか。メンバの力量や動機付けしたときの反応などを含めて，800 字以上 1,600 字以内で具体的に述べよ。

**計画**
**実施**

**設問ウ**　立上げ時にメンバに対して行った動機付けの内容をプロジェクト遂行中にどのような観点で維持・強化したか。観点とその観点に基づく行動及びその結果について，600 字以上 1,200 字以内で具体的に述べよ。

「これができたら苦労しない！」はとっておき…

役割・期待・観点 → PJ計画に反映

ヒューマンドラマにならない ←

**平成 24 年度 問 3**　システム開発プロジェクトにおける
　　　　　　　　　　　利害の調整について

解説は
こちら

**問題**

　　プロジェクトマネージャ（PM）には，システム開発プロジェクトの遂行中に発生する様々な問題を解決し，プロジェクト目標を達成することが求められる。問題によってはプロジェクト関係者（以下，関係者という）の間で利害が対立し，その調整をしながら問題を解決しなければならない場合がある。

　　利害の調整が必要になる問題として，例えば，次のようなものがある。

　・利用部門間の利害の対立によって意思決定が遅れる

　・PM と利用部門の利害の対立によって利用部門からの参加メンバが決まらない

　・プロジェクト内のチーム間の利害の対立によって作業の分担が決まらない

**対応**

　　利害の対立がある場合，関係者が納得する解決策を見いだすのは容易ではない。しかし，PM は利害の対立の背景を把握した上で，関係者が何を望み，何を避けたいと思っているのかなどについて十分に理解し，関係者が納得するように利害を調整しながら解決策を見いださなければならない。その際，関係者の本音を引き出すために個別に相談したり，事前に複数の解決策を用意したりするなど，種々の工夫をすることも重要である。

　　あなたの経験と考えに基づいて，設問ア〜ウに従って論述せよ。

**設問ア**　あなたが携わったシステム開発プロジェクトにおける，プロジェクトとしての
　　　　　特徴，利害の調整が必要になった問題とその際の関係者について，800 字以内で

**問題**

　　　　　述べよ。

**設問イ**　設問アで述べた問題に関する関係者それぞれの利害は何か。また，どのように

**対応**

　　　　利害の調整をして問題を解決したかについて，工夫したことを含め，800 字以上

　　　　1,600 字以内で具体的に述べよ。

**設問ウ**　設問イで述べた利害の調整に対する評価，利害の調整を行った際に認識した課
　　　　　題，今後の改善点について，600 字以上 1,200 字以内で具体的に述べよ。

"立場"を履き違えない.
　　その権限はあるの？
　　　　→チーム間が安全かな.

## 平成 29 年度 問 1　システム開発プロジェクトにおける 信頼関係の構築・維持について

解説は こちら

**状況**

　プロジェクトマネージャ（PM）には，ステークホルダとの信頼関係を構築し，維持することによってプロジェクトを円滑に遂行し，プロジェクト目標を達成することが求められる。

　例えば，プロジェクトが山場に近づくにつれ，現場では解決を迫られる問題が山積し，プロジェクトメンバの負荷も増えていく。時間的なプレッシャの中で，必要に応じてステークホルダの協力を得ながら問題を解決しなければならない状況になる。

**対応**

この
ような状況を乗り切るには，問題を解決する能力や知識などに加え，ステークホルダとの信頼関係が重要となる。信頼関係が損なわれていると，問題解決へ向けて積極的に協力し合うことが難しくなり，迅速な問題解決ができない事態となる。

　PM は，このような事態に陥らないように，ステークホルダとの信頼関係を構築しておくことが重要であり，このため，行動面，コミュニケーション面，情報共有面など，様々な切り口での取組みが必要となる。また，構築した信頼関係を維持していく取組みも大切である。

　あなたの経験と考えに基づいて，設問ア～ウに従って論述せよ。

設問ア　あなたが携わったシステム開発プロジェクトにおけるプロジェクトの特徴，信頼関係を構築したステークホルダ，及びステークホルダとの信頼関係の構築が重要と考えた理由について，800 字以内で述べよ。

**計画**
**対応**

設問イ　設問アで述べたステークホルダとの信頼関係を構築するための取組み，及び信頼関係を維持していくための取組みはそれぞれ，どのようなものであったか。工夫した点を含めて，800 字以上 1,600 字以内で具体的に述べよ。

**問題**
**対応**

設問ウ　設問アで述べたプロジェクトにおいて，ステークホルダとの信頼関係が解決に貢献した問題，その解決において信頼関係が果たした役割，及び今後に向けて改善が必要と考えた点について，600 字以上 1,200 字以内で具体的に述べよ。

コミュニケーション面 → ヒューマンをチェック！

ヒューマンドラマではなく、取り組み（計画）

… 後、初対面？

**令和3年度 問1** システム開発プロジェクトにおける
プロジェクトチーム内の対立の解消について

解説は
こちら

　プロジェクトマネージャ（PM）は，プロジェクトの目標の達成に向け継続的にプロジェクトチームをマネジメントし，プロジェクトを円滑に推進しなければならない。

　プロジェクトの実行中には，作業の進め方をめぐって様々な意見や認識の相違がプロジェクトチーム内に生じることがある。チームで作業するからにはこれらの相違が発生することは避けられないが，これらの相違がなくならない状態が続くと，プロジェクトの円滑な推進にマイナスの影響を与えるような事態（以下，対立という）に発展することがある。

**計画** 　PMは，プロジェクトチームの意識を統一するための行動の基本原則を定め，メンバに周知し，遵守させる。**問題** プロジェクトの実行中に，プロジェクトチームの状況から対立の兆候を察知した場合，対立に発展しないように行動の基本原則に従うように促し，プロジェクトチーム内の関係を改善する。

**問題** 　しかし，行動の基本原則に従っていても意見や認識の相違が対立に発展してしまうことがある。**対策** その場合は，原因を分析して対立を解消するとともに，行動の基本原則を改善し，遵守を徹底させることによって，継続的にプロジェクトチームをマネジメントする必要がある。

　あなたの経験と考えに基づいて，設問ア～ウに従って論述せよ。

**設問ア** 　あなたが携わったシステム開発プロジェクトにおけるプロジェクトの特徴，**計画** あなたが定めた行動の基本原則とプロジェクトチームの状況から察知した対立**問題** の兆候について，800字以内で述べよ。

**設問イ** 　設問アで述べたプロジェクトの実行中に作業の進め方をめぐって発生した対**問題** **対策** 立と，あなたが実施した対立の解消策及び行動の基本原則の改善策について，800字以上1,600字以内で具体的に述べよ。

**設問ウ** 　設問イで述べた対立の解消策と行動の基本原則の改善策の実施状況及び評価と，今後の改善点について，600字以上1,200字以内で具体的に述べよ。

行動の基本原則はすぐに出てこない
→事前準備を！
&対立の良いところ、悪いところを理解！

# 演習　令和４年度　問２

問２　プロジェクト目標の達成のためのステークホルダとのコミュニケーションについて

　　システム開発プロジェクトでは，プロジェクト目標（以下，目標という）を達成するために，目標の達成に大きな影響を与えるステークホルダ（以下，主要ステークホルダという）と積極的にコミュニケーションを行うことが求められる。

　　プロジェクトの計画段階においては，主要ステークホルダへのヒアリングなどを通じて，その要求事項に基づきスコープを定義して合意する。その際，スコープとしては明確に定義されなかったプロジェクトへの期待があることを想定して，プロジェクトへの過大な期待や主要ステークホルダ間の相反する期待の有無を確認する。過大な期待や相反する期待に対しては，適切にマネジメントしないと目標の達成が妨げられるおそれがある。そこで，主要ステークホルダと積極的にコミュニケーションを行い，過大な期待や相反する期待によって目標の達成が妨げられないように努める。

　　プロジェクトの実行段階においては，コミュニケーションの不足などによって，主要ステークホルダに認識の齟齬や誤解（以下，認識の不一致という）が生じることがある。これによって目標の達成が妨げられるおそれがある場合，主要ステークホルダと積極的にコミュニケーションを行って認識の不一致の解消に努める。

　　あなたの経験と考えに基づいて，設問ア〜設問ウに従って論述せよ。

設問ア　あなたが携わったシステム開発プロジェクトの概要，目標，及び主要ステークホルダが目標の達成に与える影響について，800字以内で述べよ。

設問イ　設問アで述べたプロジェクトに関し，"計画段階"において確認した主要ステークホルダの過大な期待や相反する期待の内容，過大な期待や相反する期待によって目標の達成が妨げられるおそれがあると判断した理由，及び"計画段階"において目標の達成が妨げられないように積極的に行ったコミュニケーションについて，800字以上1,600字以内で具体的に述べよ。

設問ウ　設問アで述べたプロジェクトに関し，"実行段階"において生じた認識の不一致とその原因，及び"実行段階"において認識の不一致を解消するために積極的に行ったコミュニケーションについて，600字以上1,200字以内で具体的に述べよ。

# 解説

## ●問題文の読み方

問題文は次の手順で解析する。最初に，設問で問われていることを明確にし，各段落の記述文字数を（ひとまず）確定する（①②③）。続いて，問題文と設問の対応付けを行う（④⑤）。最後に，問題文にある状況設定（プロジェクト状況の例）やあるべき姿をピックアップするとともに，例を確認し，自分の書こうと考えているものが適当かどうかを判断する（⑥⑦）。

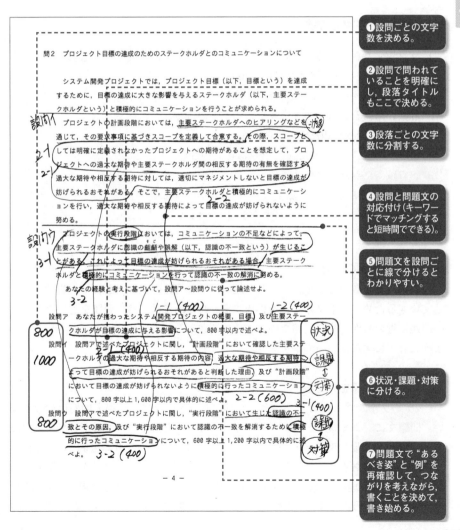

❶設問ごとの文字数を決める。

❷設問で問われていることを明確にし，段落タイトルもここで決める。

❸段落ごとの文字数に分割する。

❹設問と問題文の対応付け（キーワードでマッチングすると短時間でできる）。

❺問題文を設問ごとに線で分けるとわかりやすい。

❻状況・課題・対策に分ける。

❼問題文で"あるべき姿"と"例"を再確認して，つながりを考えながら，書くことを決めて，書き始める。

## ●出題者の意図（プロジェクトマネージャとして主張すべきこと）を確認

**出題趣旨**

　ステークホルダはプロジェクト目標の達成に様々な影響を及ぼす。プロジェクトマネジメント業務を担う者は，ステークホルダによって及ぼされる影響が目標の達成の妨げとならないように，ステークホルダと積極的にコミュニケーションを行う必要がある。

　本問は，プロジェクト目標の達成に向けて，計画段階ではステークホルダの期待を的確にマネジメントするためのコミュニケーションについて，実行段階ではステークホルダの認識の齟齬や誤解を解消するためのコミュニケーションについて，それぞれ具体的に論述することを求めている。論述を通じて，プロジェクトマネジメント業務を担う者として有すべき，ステークホルダマネジメントにおけるコミュニケーションに関する知識，経験，実践能力などを評価する。

（IPA 公表の出題趣旨より転載）

## ●段落構成と字数の確認

1. プロジェクトの概要と主要ステークホルダが目標の達成に与える影響
　1.1 プロジェクトの概要と目標（400）
　1.2 主要ステークホルダが目標の達成に与える影響（400）
2. 計画段階における主要ステークホルダとのコミュニケーション
　2.1 過大な期待や相反する期待（400）
　2.2 積極的に行ったコミュニケーション（600）
3. 実行段階における主要ステークホルダとのコミュニケーション
　3.1 認識の不一致とその原因（400）
　3.2 積極的に行ったコミュニケーション（400）

## ●書くべき内容の決定

　段落構成と字数の確認を終えたら，続いて，整合性の取れた論文，一貫性のある論文にするために，論文の骨子を作成する。具体的には，過去問題を想いだし「どの問題に近いのか？複合問題なのか？新規問題か？」で切り分けるとともに，どのような骨子にすればいいのかを考える。

### 過去問題との関係を考える

　「ステークホルダとのコミュニケーション」をテーマにした過去問題は少なくない。問題文に"コミュニケーション"という文字を含んでいるものだけでも，**平成17年度問1**（重要な関係者とのコミュニケーション），**平成29年度問1**「信頼関係の構築」などがあるし，プロジェクト内のコミュニケーションになると，**平成7年度問1**（チームの運営と編成），**平成15年度問1**（チームリーダの採用），**平成17年度問3**（チームの再編成），**平成18年度問1**（連帯意識の形成），**平成26年度問2**

（要員のマネジメント）などもある。

　このうち，最も近い過去問題は**平成 17 年度問 1** だろう。**平成 17 年度問 1** は「コミュニケーションの方法や頻度をどう計画したのか？」が問われている問題なので，微妙にこの問題で問われていることとは異なるが，それでも参考にはなるだろう。

## 全体構成を決定する

　全体構成を組み立てる上で，まず決めないといけないのは次の３つである。

---

①設問イと設問ウの対象となるステークホルダ（1-2）
②計画段階
　過大な期待や相反する期待（と実施したコミュニケーション）（設問イ）
③実行段階
　認識の不一致（と実施したコミュニケーション）（設問ウ）

---

　この問題の場合，重要なステークホルダをイメージしながら，計画段階に発生するステークホルダの過大な期待や相反する期待と，実行段階に発生するステークホルダとの認識の不一致を合わせて考えていくといいだろう。それぞれ別のステークホルダを設定してもいいし，設問イと設問ウが同じステークホルダでも構わない。全体に矛盾がなければどちらでも構わないはずだ。

　内容に関しては，過去に苦労した経験があれば，その経験をベースに，この問題で問われていること全てに対して書けるかどうかをチェックすればいいだろう。中には日常的に，無意識に必要十分なコミュニケーションを取っていて，苦労した経験がない人もいるかもしれない。その場合は，普段普通に行っているヒアリング時のコミュニケーションを「あの時，あのコミュニケーションを取っていなければどうなっていたのか？」をベースに考えればいい。優秀な人には，時に，そういう捏造が必要になることもある。設問イや設問ウで実施したコミュニケーションを疎かにしていたら，プロジェクト目標（納期や予算）の達成が困難になっていた可能性があれば，十分，この問題の事例にはなるだろう。

## ● 1-1 段落（プロジェクトの概要と目標）

　ここでは，プロジェクトの概要を簡単に説明した後に，今回のプロジェクトの特徴を書く。

　この問題の設問アでは（平成21年度以後ほとんどの問題で問われていた）「プロジェクトの特徴」ではなく「プロジェクトの概要」が問われている。だが，全く気にする必要はない。そのまま準備した「プロジェクトの特徴」を書けばいい。というのも「プロジェクトの概要」には「プロジェクトの特徴」を含んでいるからだ。

　そして，プロジェクトの目標を書く。この試験の午後Ⅱで「プロジェクト目標」と言えば，特に何か指定されていない限り，成果目標の納期・予算・品質のいずれかになる。そのため，事前に準備していたプロジェクトの特徴に，納期や予算，品質などの成果目標を含んでいれば，「今回のプロジェクトの目標は…」と明記した上で，そのまま書けばいいだろう。

　但し，ここで明記するプロジェクトの目標は，設問イや設問ウで「妨げられるおそれがある」目標にしなければならない。設問イ及び設問ウの前振りや伏線になっているからだ。書く前の骨子を組み立てる段階で，設問イや設問ウと同期がとれているかを確認した上で書くようにしよう。

### 【減点ポイント】

①プロジェクトの話になっていない又は特徴が無い（致命度：中）

②プロジェクトの目標が，後述する設問イや設問ウで「妨げられるおそれがある」ものと無関係である（致命度：中）

　→　ここだけでは判断できないので，設問イ・設問ウをチェックする段階で判断される。

## ● 1-2 段落（主要ステークホルダが目標の達成に与える影響）

　続いて，主要ステークホルダと，そのステークホルダが目標の達成に与える影響について書く。最初に，この論文で積極的にコミュニケーションを取った（いわば主役の）ステークホルダをはっきりさせる。この時に「顧客」とか「利用者」という抽象的な表現ではなく，「営業部のX部長」や「経理部の5人の担当者」という感じで特定の人物を具体的に書くようにしよう。今回のプロジェクトにおける役割も明記した方が良いだろう。

　また，ステークホルダには，自分（プロジェクトマネージャ）自身やメンバーなどプロジェクトチームも含まれるが，この問題では対象にはならないと考えるのが妥当だろう。プロジェクト外部のステークホルダで，かつ次の条件を満たす人物でなければならない。設問イや設問ウに書く内容と整合性のある人物にしなければ意

味がないからだ。

- ・影響度が大きい
- ・（設問イで書く）プロジェクトへの過大な期待や相反する期待がある
- ・（設問ウで書く）認識の離齬や誤解があった

　なお，設問イ（計画段階）と設問ウ（実行段階）で，異なるステークホルダを設定しても構わない。というか別々に設定した方が書きやすいはずだ。この問題を読む限り同一人物にしろと要求はしていない。設問イも設問ウも**「設問アで述べたプロジェクトに関し，…」**となっていて，設問ウは設問イを受ける形になっていないことから，そう判断できる。

　そして，具体的に表現したステークホルダが，1-1に書いた目標の達成に与える影響について書く。午後I試験の過去問題（平成30年度問3）などを参考に"影響度"の大きさとともに書けば，ここまでは万全だ。

## 【減点ポイント】

①ステークホルダが「顧客」や「利用者」などと抽象的な表現（致命度：中）
　　→　部署，役職，イニシャル名（X氏）もしくは複数の場合は人数などで，読み手がイメージできるようにしておきたい。設問イ，設問ウにつながる重要なところなので。

②目標の達成に与える影響がさほど大きそうにない，大きいかどうかの言及がない（致命度：中）
　　→　なぜ影響が大きいのか，明確な理由が必要になる。

③設問イ・設問ウと無関係，あるいは関係性が不明（致命度：中）
　　→　問題の趣旨に合わない。但し，これは設問イや設問ウで判明する。

## ● 2-1 段落（過大な期待や相反する期待）

　ここでは，設問アで明確にしたステークホルダが持っているであろう過大な期待や相反する期待について書く。タイミングは"計画段階"だ。問題文では「**ヒアリングなどを通じて，その要求事項に基づきスコープを定義して合意する**」時のことだとしている。その際に実施した「**スコープとしては明確に定義されなかったプロジェクトへの期待**」である。それが「**プロジェクトへの過大な期待や主要ステークホルダ間の相反する期待**」になっている可能性に言及する。

　ここに書くことのできるステークホルダの期待は二つに大別される。ひとつは"プロジェクト"に対する期待で，もうひとつは"システム"に対する期待だ。

　前者の場合は，サンプル論文に書いた「人材育成をしてほしい」とか，「○○の技術を評価してほしい」とかになる。対象となるシステムには関係ないプロジェクトそのものに対する期待だ。スコープとしては明確に定義されないため題意にも完全に合致する。このあたりは，午後Ⅰのステークホルダに関する過去問題（**平成 27 年問 1，平成 30 年問 3**）を参考にしてみるといいだろう。

　後者の"システム"に対する期待は，対象システムの機能や非機能（性能や信頼性，操作性など）に対するものだ。これらも，広くはプロジェクトに対する期待に含まれると考えられるので，ここに書くことは可能かもしれない。ただ 1 点気になるのは，その場合，なぜ「**スコープとしては明確に定義されなかった**」のかという点だ。そこさえ，何かしら合理的な理由を説明できれば大丈夫だと思う。

　そしてここでは，その過大な期待や相反する期待を放置しておくと，設問アに書いたプロジェクト目標の達成が妨げられるおそれがあるということを，理由とともに書いておく必要がある。

### 【減点ポイント】

　①設問アに書いたステークホルダではない（致命度：大）
　　→　設問アと同期がとれていないと，設問アの意味がなくなる
　②プロジェクトに対する過大な期待や相反する期待と，設問アに書いたプロジェクト目標の達成が妨げられるおそれについて言及していない（致命度：中）

## ● 2-2 段落（積極的に行ったコミュニケーション）

　続いて，"計画段階"において目標の達成が妨げられないように積極的に行ったコミュニケーションについて書く。

　2-1 段落では，「過大な期待や相反する期待によって目標の達成が妨げられるおそれがあると判断した理由」などを含めて，具体的な「期待」について書いているはずなので，それに続ける形で対応策として書く。

　コミュニケーションそのものが問われているので，双方の主張とその変化を展開するのが無難だと思われる。そして，ここに書いたことで「設問アに書いたプロジェクト目標の達成が妨げられるおそれ」が払しょくできたと結論付けておけばいいだろう。

### 【減点ポイント】

　　プロジェクト目標の達成を妨げるおそれが解消されていない。2-1 に対して有効だとは思えない（致命度：大）

　　→　2-1 との対比で判断する部分なので，2-1 の具体化が不十分だという点が原因のこともある。有効であることが大前提。有効だと考えた理由も必要。

## ● 3-1 段落（認識の不一致とその原因）

　続いて設問ウでは「実行段階」において生じた認識の不一致とその原因について書く。問題文の「プロジェクトの実行段階においては，コミュニケーションの不足などによって，主要ステークホルダに認識の齟齬や誤解（以下，認識の不一致という）が生じることがある。」という部分に対応するところだ。具体的に，どのような認識の不一致が生じたのかを書いていくところになる。次のような要素を含めて展開していくといいだろう。

　　①いつ，誰と（1-2 に書いたステークホルダのうち），どのような認識の不一致が生じたのかを具体的に書く。
　　②上記①が生じた原因。

　認識の不一致の内容を何にするのかを決める時，少々悩ましいことがある。それは，これが"実行段階"だという点だ。"計画段階"で注意していれば，本来"実行段階"で認識の不一致は発生しないはずだからだ。にもかかわらず，"実行段階"で認識の不一致が発生したということは"計画段階"での配慮が不十分だったとも言える。その点を，どう考えればいいのだろうか。

　結論から言うと，計画段階では認識の不一致に気付かなかったとするのが無難だ

と思う。プロジェクトの実行段階なので，契約や約束は終わっているが，その内容に対する認識が双方で違っていたということだろう。だから，設問イの過大な期待や相反する期待ではなく，認識の不一致としているわけだ。これは，段階的詳細化をしていくシステム開発の現場では，ある意味避けられないことでもある。

　但し，コミュニケーションによって解決できる問題なので，双方に一方的な非はないというケースにしておく必要がある。契約上無理なことを要求するとか，相手をだますようなケースは論外だからだ。そのあたりに配慮して，「プロジェクトマネージャの責任だよな」とやぶへびにならないようにだけ注意しよう。

## 【減点ポイント】

①設問アに書いたステークホルダではない（致命度：大）
　→　設問アと同期がとれていないと，設問アの意味がなくなる
②認識の不一致を放置しておくと，設問アに書いたプロジェクト目標の達成が妨げられるおそれについて言及していない（致命度：中）
③プロジェクトマネージャの重大な過失が原因で認識の不一致が発生している（致命度：中）
　→　最重要では無かったこともあって，双方に確認していなかった非があったというケースがベスト

## ● 3-2 段落（積極的に行ったコミュニケーション）

　最後に "実行段階" において目標の達成が妨げられないように積極的に行ったコミュニケーションについて書く。3-1 段落で書いた「認識の不一致」を，どうやって解消したのかという点だ。例えば次のようなイメージになる。

例）3-1 が下記の場合
- ・ ステークホルダ：現場の利用者
- ・ 認識の不一致：現場の利用者は「誰にとっても使いやすい操作性を実現してくれる」と聞いていたままだった
- ・ プロジェクト目標：納期や予算
  - → 契約時に経営層と話し合って決めたことを丁寧に説明。その上で，操作性の追求の限界，慣れ，より重要な納期を守るということなどを説明して納得してもらう。

　ここでも，コミュニケーションそのものが問われているので，双方の主張と変化を書いた上で納得してもらったと展開するのが無難だと思われる。

## 【減点ポイント】

　プロジェクト目標の達成を妨げるおそれがなくなっていない。3-1 に対して有効だとは思えない（致命度：大）
- → 3-1 との対比で判断する部分なので，3-1 の具体化が不十分だという点が原因のこともある。有効であることが大前提。有効だと考えた理由も必要。

## ●サンプル論文の評価

このサンプル論文は，全体的に題意に正確に反応している点，具体的なコミュニケーションのやり取りが書かれている点，全体の整合性が取れている点で，十分合格論文だと判断できる。

設問アの1-2では，設問イと設問ウでそれぞれ異なるステークホルダを設定した。彼らの役割を含む影響度の大きさにも言及している。そして，設問イではプロジェクトに対する過大な期待として「新人の育成」を例に書いている。これは，スコープには明確に定義しないことにしている。一方，設問ウでは計画段階で検知できなかった認識の不一致について，最重要ポイントではない点とシステム開発の特性から双方に非はないと設定している。このように設問イ，設問ウの設定は，最も安全なものを選択している。設問イと設問ウの後半のコミュニケーションについても，積極性をアピールする表現を使っているし，何より具体的に双方の主張がハッキリと書かれている。その点は，大いに評価できるところだろう。

## ●採点講評

全問に共通して，問題文中の事例や見聞きしたプロジェクトの事例を参考にしたと思われる論述や，プロジェクトの作業状況の記録に終始して，自らの考えや行動に関する記述が希薄な論述が散見された。プロジェクトマネジメント業務を担う者として，主体的に考えてプロジェクトマネジメントに取り組む姿勢を明確にした論述を心掛けてほしい。

問2では，計画段階におけるコミュニケーションについては，プロジェクトマネジメント業務を担う者として期待される経験が不足していると推察される論述が見受けられた。一方，実行段階におけるコミュニケーションについては，認識の不一致の原因や不一致の解消のためのステークホルダへの働きかけなどについて，具体的に論述できているものが多かった。プロジェクトマネジメント業務を担う者として，ステークホルダとの関係性の維持・改善を意識して，コミュニケーションのスキル向上に努めてほしい。

# サンプル論文

## 1．私が携わったプロジェクトの概要

### 1.1 プロジェクトの概要と目標

　私はSIベンダーに勤務しているITエンジニアである。今回ここで論述するプロジェクトは，私がプロジェクトマネージャを担当したA市役所のシステム開発プロジェクトであり，A市役所で稼働する約300のシステム構成情報を管理するシステムである。

　開発要員は社内要員６名，派遣契約をしている協力会社からの要員４名の構成となり，その中で私はプロジェクトマネージャとして業務に参画した。プロジェクトの目標となる納期は翌年３月末。ＰＪを立ち上げたのが７月なのでプロジェクト期間は９ヶ月だ。急遽今年度の予算で立ち上げたＰＪなので，今年度中に完遂させることが必達になっている。総開発工数は９０人月である。

> この後，システムの説明をしたかったが（本システムはＡ市役所内で連携するシステムが多数ある。ログイン情報は人事情報システムのデータを参照し，各システムを構成する機器情報は資産管理システムを参照する。今回開発するシステムは，全国の自治体で開始されるセキュリティ強化の一環として…という感じで），それよりもＰＪの目標をしっかりと書く必要があると判断して断念。

> 強い納期の制約が伏線になっている。

### 1.2 主要ステークホルダが目標の達成に与える影響

　今回のプロジェクトでは，プロジェクト開始時期が７月ということから社内要員６名のうち（私を除く５名の要員のうち）２名は，６月末に研修を終えたばかりの新人である。これは会社としての決定事項であり，特に役員でもある人事部のN部長は，このプロジェクトで新人がＯＪＴ教育を通じて成長することを大いに期待している。月１回の弊社内部の定例報告会に出席して，新人の育成状況を自らチェックしたい意向がある。そのため，進捗に大きく影響する可能性もあるので注意が必要になる。

> ステークホルダを特定している。計画段階でコミュニケーションが必要なステークホルダだ。

> 目標の達成に与える影響（の大きさ）を説明している。

　また，A市役所のT部長は，このシステムを導入することで，それほど情報システムに強い人材でなくても情報システムの管理が可能になることを期待している。昨今の人材不足で，情報システムに強い人材がなかなか採用できないからだ。今回のプロジェクトの予算を承認してくれた人でもあるので，プロジェクトの進捗には大きな影響をもつステークホルダである。

> ステークホルダを特定している。こちらは実行段階。

> 目標の達成に与える影響（の大きさ）を説明している。

## 2. 計画段階における主要ステークホルダとのコミュニケーション

### 2.1 過大な期待や相反する期待

　これは毎年のことだが，役員でもある人事部のN部長は，集合研修が終わって7月に配属された新人の初参加プロジェクトには大きな期待を持っている。特に最近は少子化が進み採用活動が苦戦して思うように進まないので，人事部が苦労して採用した新人を大切に育てて欲しいという思いは強い。

　しかし，今回のこのプロジェクトは，先に書いた通り3月末の納期遵守が絶対条件になる。契約書では，3月末時点でいったん検収する条件にはしているが，A市役所のT部長からは「絶対に3月末で完了してほしい」とくぎを刺されている。そのため，人事部のN部長の期待が大きすぎるとプロジェクトの進捗に影響が出る可能性もあるし，進捗遅延が発生すれば教育的観点からの作業割を変更してでも納期を守る対策が必要になる。その場合，N部長の期待に応えられるかどうかはわからない。期待が大きすぎるとなおさらだ。

　そこで，そのあたりの事情を理解してもらうためにN部長に事前に話をしておくことにした。

### 2.2 積極的に行ったコミュニケーション

　7月の初旬，ステークホルダに対する一連のヒアリングも終了したのでプロジェクト計画の作成段階で，私はN部長に話をする機会を設けてもらった。

　その場で，まずは今回のプロジェクトにおけるA市役所から受注するに至った経緯，A市役所の現状，A市役所側の今回の責任者であるT部長の意向を説明した。特に納期遵守で3月末までに全ての成果物を納品することが受注時に交わした絶対条件に入っていることを伝えた。

　次に，N部長が期待している新人育成面について想いを聞いた。すると，N部長は次のような点をポイントに

> ここで，1-2に書いたステークホルダ（N部長）の期待の大きさを説明している。

> そして次のブロックで，その期待が大きすぎる可能性や，期待に応えられない可能性について説明している。

挙げた。

① 圧力をかけ過ぎないこと。仕事の楽しさややりがいに気付いてもらうこと。

② 責任感を持たせ，自分の仕事を完遂する喜びや達成感を得られるように仕事を与えて欲しい。

③ 新人1人を手厚くフォローできる若手社員をメンター役として二人三脚で進めて欲しい

　この話を聞いた私は，やはり期待が大きすぎると感じたので，次の点を説明して理解を求めた。

・上記の①と②に関しては問題なく期待に応えられる。メンバーには日頃から徹底して働き方改革に伴うハラスメント防止の教育をしているので問題ない。

・③に関しては，今回は若手には荷が重い。若手メンバーはＰＪに専念させたいのでベテラン社員をメンターにしたい。

・ＰＪの進捗報告を毎月行うので，新人やメンバーの生産性が想定よりも低く，進捗が遅れていたりする場合には，②は期待に応えられなくなる可能性がある。それを許容してほしいのと，その場合でも，メンバーや新人の評価を低く見ないでほしい。

　多忙な中2時間ほど時間を頂き，じっくり話をさせていただいたことで，Ｎ部長も今回のプロジェクトの特性を十分理解してくれた。そして私からの提案を受け入れてくれた。話をして良かった。話をしたことで，期待に応えられなかった場合にメンバーや新人の評価が低くなる事態は避けることができた。

---

具体的なやり取り（ある意味交渉）を入れることで，しっかりとコミュニケーションを取っていることをアピールする。

こちらから提案することで，積極性をアピールしようと考えた。

これも自ら自らアプローチしたことで積極性をアピールしている。

今回は設問ウで「評価」が求められていないので，ここで計画段階の目的が達成できたということだけは書いておいた。ＰＪ終了後に振り返ってどうだったかまでは必要ないと考えた。

序
1
2
3
4

261

## 3. 実行段階における主要ステークホルダとのコミュニ
   ケーション

### 3.1 認識の不一致とその原因

その後プロジェクトは順調に進んでいった。しかし，外部設計書の確認時（10月の下旬）に，T部長から設計内容を全面的に見直さないと承認できないと言われた。

その原因は「使いやすさ」に対する認識の違いである。操作性の部分だ。我々は，今後採用されるであろう職員の方々を含めて広く一般的に「使いやすい」操作性をベースに設計していた。

しかし，現場の利用者は，どうも個々人が自分にとっての使いやすさを主張しすぎていて，我々の用意している標準的な操作性について「使いにくい」という声が上がっていたようだ。それがT部長の耳に入って承認できないということになっていた。

今から全面的に見直せば，納期を守るのはかなり難しくなる。そこで，T部長に話し合いをする場を設けてもらい，納期順守を含めて意見交換することにした。

### 3.2 積極的に行ったコミュニケーション

最初に説明したのは，この認識のズレが発生したことがA市役所側の責任でも，我々の責任でもないことだ。どちらかの過失割合が多ければ，その多い方が責任を取らなければならないからだ。確かに，受注前には現場の利用者ひとりひとりと操作性や使いやすさについて話をする機会は設けていなかった。しかしそれは，操作性が最優先されることではない点，一般的な使いやすさを考える場合既存の職員だけの意見で収束するのはよくない点，要件定義工程と外部設計工程ですることだと考えていたという点などの考えがあったからだ。

その上で，やはり，一般的な使いやすさに合わせる方が，A市役所にとっても既存職員にとってもメリットがあるという点を強く主張させてもらった。加えて，今か

実行段階での認識の不一致は難しい。PMの重大な過失になる可能性があるからだ。プロジェクトマネジメント義務違反だと判断されれば，コミュニケーションも変わってくる。謝るしかないかもしれない。どう設定するのかはよく考えよう。

これは必須。1-2で書いたPJ目標の達成を阻害する可能性について言及しておこう。

どちらに非があるのか？過失責任の割合は，常に念頭に置いておかないといけない。交渉の基本である。自分たちが悪いのに相手に強く出たり，その逆に意味なくした手に出たりするのはよくない。知識も必要になってくるところなので，書くかどうかは別にして常に意識しておきたいところになる。

らそこに現場の職員にとっての希望を盛り込むと，納期を守ることは難しくなることも伝えた。契約書にも，外部設計後に再見積もり（納期の見直し含む）は記載していたことを含めて。

　A市役所のT部長からは，現場の職員の想いを聞いた。T部長自身も我々の意見に共感してくれたものの，現場の職員の言うことも無碍にはできないという。納期をずらすのは避けたいとも。

　そこで私は，我々がしっかりと操作指導をするから安心してもらいたいということを現場の一人一人に伝えることを条件に，T部長からも現場に対して本設計での操作性に慣れるように説得してもらうという約束を取り付けて，この問題も無事解決できた。

以　上

> しっかりとコミュニケーションを取っていることを，自分たちの主張，相手の主張，譲歩のための提案などで伝えようと考えている。

> 残り字数も少ないので，ちょっと強引だったが切り上げた。このように，書きたいことを全部書くことができないのもこの論文試験の特徴だ。そのためにも，途中途中で無関係なことを極力書かないようにしなければならない。

 **PMO (Project Management Office)**

　プロジェクトマネージャを支援する組織として PMO を設置する企業が増えている。PMO に関して，PMBOK（第6版）では**「プロジェクトに関連するガバナンス・プロセスを標準化し，資源，方法論，ツールおよび技法の共有を促進する組織構造」**と定義している（PMBOK 第6版 P.48 より）。また，JIS Q 21500：2018 でも，**「ガバナンス，標準化，プロジェクトマネジメントの教育訓練，プロジェクトの計画及びプロジェクトの監視を含む多彩な活動を遂行することがある。」**と説明している。

　こうした定義と一般的な解釈より，具体的な PMO は，次のような役割を果たす組織だと言える（もちろん，「プロジェクトマネージャを支援する」役割で，「全てのプロジェクトを成功させる」目的なら，これらに限らないし，全ての機能を持たないといけないわけでもない）。

### 【PMO の役割の例】

---

　・自社のプロジェクトマネジメント標準の開発
　　（PMBOK 等の各方法論の研究，ベストプラクティスの追及，ドキュメントのフォーマット管理なども含む）
　・知識やノウハウの管理
　・プロジェクト実施支援
　・プロジェクトで共有する資源の管理
　・プロジェクト間の調整
　・プロジェクト成果物の品質管理や品質確認
　・プロジェクトマネージャの教育やトレーニング
　・プロジェクトの監査，プロジェクトマネジメント標準の遵守状況の監視

---

　そもそも企業が PMO の設置を検討するのは，失敗プロジェクト（赤字プロジェクト等）が問題となっている時が多い。プロジェクトマネージャによって，プロジェクトの成否に差が出る場合，その品質の均一化を目的に検討が進められるパターンだ。あるいは，元々存在したプロダクトの品質をチェックする品質管理部門が改組するパターンも少なくない。

　そんな PMO なので，役割や影響力は様々なパターンがある。したがって，午後Ⅰ試験や午後Ⅱ試験で PMO が登場したり，問われている場合，その問題では"どんな目的で，どのような役割をもって（どんな機能で），プロジェクトにどれくらいの影響がある組織なのか？"を必ず正確に読みとろう。

　なお，PMO に関して詳しく説明している資料に，IPA の「IT プロジェクトの「見える化」～総集編～」がある。少々古い資料だが「PMO を活用した統合的マネジメント」や「PMO のあるべき姿」をテーマに 30 ページ強にわたって説明してくれている。時間があればダウンロードして目を通しておこう。

---

https://www.ipa.go.jp/sec/publish/tn08-006.html

---

# 3 リスク

ここでは "リスク" にフォーカスした問題をまとめている。プロジェクトには様々なリスクが存在する。しかも，それらのリスクはプロジェクトごとに違ってくる。そうしたプロジェクト固有のリスクを特定し，適切にマネジメントをしなければならない。具体的には，リスク分析，分析結果に基づく対策（予防的対策），リスクが顕在化する時の基準とコンティンジェンシプラン（事後対応計画）などだ。

**3** **リスクのポイント・過去問題**

**演習** **令和 2 年度　問 2**

# 3 ・ リスクのポイント・過去問題

まずはテーマ別のポイントを押さえてから問題文の読み込みに入っていこう。

## ●過去に出題された午後Ⅱ問題

表1　午後Ⅱ過去問題

| 年度 | 問題番号 | 問題タイトル | 掲載場所 | 重要度 ◎=最重要 ○=要読込 ×=不要 | 2時間で書く推奨問題 |
|---|---|---|---|---|---|
| ①リスク分析を中心にした問題 | | | | | |
| H22 | 1 | システム開発プロジェクトのリスク対応計画 | Web | ○ | |
| H28 | 2 | システム開発プロジェクトの実行中におけるリスクのコントロール | Web | ○ | |
| R02 | 2 | システム開発プロジェクトにおけるリスクのマネジメント | 本紙 | ◎ | ◎ |
| ②リスク分析を求めていないが"リスク"という表現が出てくる問題 | | | | | |
| H09 | 1 | システム開発プロジェクトにおける技術に関わるリスク | なし | ○ | |
| R04 | 1 | システム開発プロジェクトにおける事業環境の変化への対応 | 本紙 | →テーマ1「プロジェクト計画の作成」参照 | |
| H12 | 1 | 開発規模の見積りにかかわるリスク | なし | →テーマ5「予算」　参照 | |
| H14 | 1 | クリティカルパス上の工程における進捗管理 | Web | →テーマ4「進捗」　参照 | |
| H14 | 2 | 業務仕様の変更を考慮したプロジェクトの運営方法 | Web | →テーマ1「プロジェクト計画の作成」参照 | |
| H15 | 3 | プロジェクト全体に波及する問題の早期発見 | Web | →テーマ4「進捗」　参照 | |

※掲載場所が"Web"のものは https://www.shoeisha.co.jp/book/present/9784798185750/ からダウンロードできます。詳しくは，ivページ「付録のダウンロード」をご覧ください。

このテーマは2つに分けられる。①リスク分析を中心にした問題，②リスク分析を求めていないが"リスク"という表現が出てくる問題だ。

### ①リスク分析を中心にした問題（3問）

一つは，リスク分析を中心にした問題である。具体的には，定量的リスク分析及び定性的リスク分析をどのように実施したのか？その結果，どのような軽減策及びコンティンジェンシプランを計画したかが問われている問題になる。

これまで3問出題されているが，数多くの添削を行ってきてわかっているポイントはただ1点。リスク対応計画が，リスク分析の結果を受けたものになっていること。ここに合理的な関連性を持たせられるかどうかが唯一のポイントになる。そこを十分に意識するようにしよう。平成22年度問1がリスク対応計画の標準的な問題になるので，この問題は何度も熟読して徹底的に頭に叩き込んでおこう。平成22年度問1を応用した問題が平成28年度問2や令和2年度問2になる。

## ②リスク分析を求めていないが"リスク"という表現が出てくる問題（6問）

そしてもう一つは，①以外で"リスク"という表現が出てきていて，リスクとリスクに対する対応策を求めている問題だ。注意しないといけないのは，リスク分析をアウトプットする必要があるかどうかという点。設問でも問題文でも求められてはいないが，数行で影響度と発生確率ぐらいは出しておいた方がいいものもある。その必要性を問題文から読み取ろう。

なお，本紙では，リスク対応計画が複数のテーマにまたがる場合には各テーマに分類している。平成9年度問1も，令和2年問1で最新版にアレンジされて出題されている。そのため，ここでチェックしなくても各々のテーマのところでチェックしておけばいいだろう。

### ● 2時間で書く論文の推奨問題

ここの4問の過去問題の中から2時間で書く練習に1問を選択するとしたら，令和2年度問2が最適だと考える。リスク要因を外部のステークホルダに限定しているところは気になるが，そこさえ柔軟に対応できるようにしておけば有益だろう。リスクマネジメントは予測型（従来型）のプロジェクトでも，適応型プロジェクトでも重要なので，今後も出題される可能性は高い。準備しておこう。リスク対応は準備していなくてもある程度は書けるかもしれないが，リスク分析は難しい。600字程度で「リスク分析」を用意しておくだけでも有益だと思う。

### ●参考になる午後Ⅰ問題

午後Ⅱ問題文を読んでみて，"経験不足"，"ネタがない"と感じたり，どんな感じで表現していいかイメージがつかないと感じたりしたら，次の表を参考に"午後Ⅰの問題"を見てみよう。まだ解いていない午後Ⅰの問題だったら，実際に解いてみると一石二鳥になる。中には，とても参考になる問題も存在する。

表2　対応表

| テーマ | 午後Ⅱ問題番号（年度一問） | 参考になる午後Ⅰ問題番号（年度一問） |
|---|---|---|
| ① リスク分析を中心にした問題 | R02-2, H28-2, H22-1 | ○（H23-2, H21-1） |

## 平成 22 年度 問 1　システム開発プロジェクトのリスク対応計画について

解説は
こちら

**計画**

　プロジェクトマネージャ（PM）には，システム開発プロジェクトのリスクを早期に把握し，適切に対応することによってプロジェクト目標を達成することが求められる。プロジェクトの立上げ時にリスク要因が存在し，プロジェクト目標の達成を阻害するようなリスクが想定される場合，リスクを分析し，対策を検討することが必要となる。

　プロジェクトの立上げ時に存在するリスク要因と想定されるリスクとしては，例えば，次のようなものがある。

・採用した新技術が十分に成熟していないことによる品質の低下

・未経験の開発方法論を採用したことによるコストの増加

・利用部門の参加が決まっていないことによるスケジュールの遅延

　PM は想定されるリスクについては定性的リスク分析や定量的リスク分析などを実施し，リスクを現実化させないための予防処置や，万一現実化してもその影響を最小限にとどめるための対策などのリスク対応計画を策定し，リスクを管理することが重要である。

　あなたの経験と考えに基づいて，設問ア～ウに従って論述せよ。

**設問ア**　あなたが携わったシステム開発プロジェクトの特徴とプロジェクト目標について，800 字以内で述べよ。

**設問イ**　設問アで述べたプロジェクトの立上げ時に存在したリスク要因とプロジェクト目標の達成を阻害するようなリスクは何か。また，リスク分析をどのように行ったか。800 字以上 1,600 字以内で具体的に述べよ。

**計画**

**設問ウ**　設問イで述べたリスク分析に基づいて策定した予防処置や現実化したときの対策などのリスク対応計画と，その実施状況及び評価について，600 字以上 1,200 字以内で具体的に述べよ。

解説は
こちら →

**平成 28 年度 問 2** 情報システム開発プロジェクトの実行中における
リスクのコントロールについて

**兆候**

　プロジェクトマネージャ（PM）には，情報システム開発プロジェクトの実行中，プロジェクト目標の達成を阻害するリスクにつながる兆候を早期に察知し，適切に対応することによってプロジェクト目標を達成することが求められる。

　プロジェクトの実行中に察知する兆候としては，例えば，メンバの稼働時間が計画以上に増加している状況や，メンバが仕様書の記述に対して分かりにくさを表明している状況などが挙げられる。これらの兆候をそのままにしておくと，開発生産性が目標に達しないリスクや成果物の品質を確保できないリスクなどが顕在化し，プロジェクト目標の達成を阻害するおそれがある。

**対応**

　PM は，このようなリスクの顕在化に備えて，察知した兆候の原因を分析するとともに，リスクの発生確率や影響度などのリスク分析を実施する。その結果，リスクへの対応が必要と判断した場合は，リスクを顕在化させないための予防処置を策定し，実施する。併せて，リスクの顕在化に備え，その影響を最小限にとどめるための対応計画を策定することが必要である。

　あなたの経験と考えに基づいて，設問ア〜ウに従って論述せよ。

設問ア　あなたが携わった情報システム開発プロジェクトにおけるプロジェクトの特
　　　　徴，及びプロジェクトの実行中に察知したプロジェクト目標の達成を阻害する

**兆候 →** リスクにつながる兆候について，800 字以内で述べよ。

設問イ　設問アで述べた兆候をそのままにした場合に顕在化すると考えたリスクとそ
　　　　のように考えた理由，対応が必要と判断したリスクへの予防処置，及びリスク

**対応 →** の顕在化に備えて策定した対応計画について，800 字以上 1,600 字以内で具体的
　　　　に述べよ。

設問ウ　設問イで述べたリスクへの予防処置の実施状況と評価，及び今後の改善点に
　　　　ついて，600 字以上 1,200 字以内で具体的に述べよ。

H22-1 は計画フェーズ
H28-2 は実施フェーズ ）視点は同じ

## 令和2年度 問2　システム開発プロジェクトにおける リスクのマネジメントについて

解説は
こちら

　　プロジェクトマネージャ（PM）は，プロジェクトの計画時に，プロジェクトの目標の達成に影響を与えるリスクへの対応を検討する。プロジェクトの実行中は，リスクへ適切に対応することによってプロジェクトの目標を達成することが求められる。

　　プロジェクトチームの外部のステークホルダは PM の直接の指揮下にないので，外部のステークホルダに起因するプロジェクトの目標の達成にマイナスの影響がある問題が発生していたとしても，その発見や対応が遅れがちとなる。 **PM はこのような事態を防ぐために，プロジェクトの計画時に，ステークホルダ分析の結果や PM としての経験などから，外部のステークホルダに起因するプロジェクトの目標の達成にマイナスの影響を与える様々なリスクを特定する。** 続いて，これらのリスクの発生確率や影響度を推定するなど，リスクを評価してリスクへの対応の優先順位を決定し，リスクへの対応策とリスクが顕在化した時のコンティンジェンシ計画を策定する。

`計画`

`計画`

`実施`　　プロジェクトを実行する際は，外部のステークホルダに起因するリスクへの対応策を実施するとともに，あらかじめ設定しておいたリスクの顕在化を判断するための指標に基づき状況を確認するなどの方法によってリスクを監視する。

　　あなたの経験と考えに基づいて，設問ア～ウに従って論述せよ。

設問ア　あなたが携わったシステム開発プロジェクトにおけるプロジェクトの特徴と目標，`計画` 外部のステークホルダに起因するプロジェクトの目標の達成にマイナスの影響を与えると計画時に特定した様々なリスク，及びこれらのリスクを特定した理由について，800 字以内で述べよ。

設問イ　設問アで述べた様々なリスクについてどのように評価し，どのような対応策 `計画` `実施` を策定したか。また，リスクをどのような方法で監視したか。800 字以上 1,600 字以内で具体的に述べよ。

設問ウ　設問イで述べたリスクへの対応策とリスクの監視の実施状況，及び今後の改善点について，600 字以上 1,200 字以内で具体的に述べよ。

**外部のステークホルダ限定！**
**→事前にイメージしておこう！**

**平成9年度 問1** システム開発プロジェクトにおける
技術にかかわるリスクについて

解説は
こちら

**計画**

　システム開発プロジェクトにおいては，次に示すような技術にかかわるリスクが多数内在している。

・使用するハードウェア製品やソフトウェア製品，適用する技術への不慣れ
・使用する製品や適用する技術への過度の期待
・新製品や新しい技術の未成熟あるいは欠陥
・マルチベンダシステムにおける製品間の不整合

　これらのリスクに対して，適切な対策を怠ると，作業の遅れや混乱，設計の手直しなどが発生し，プロジェクトの進捗やコストに重大な影響を与えたり，場合によっては欠陥のあるシステムを作り上げてしまうこともある。

　プロジェクトマネージャは，プロジェクトにおけるこれらのリスクをよく認識し，採用する新しい製品や技術を使いこなせるようにするための事前検討や要員訓練の実施，検証工程の組込み，設計レビューの方法やテストの進め方の工夫など，リスクを回避するためのプロジェクトの計画並びに運営上の工夫と努力をする必要がある。

　あなたの経験に基づいて，設問ア〜ウに従って論述せよ。

**設問ア**　あなたが携わったプロジェクトの概要と，プロジェクトの計画段階で認識した技術にかかわるリスクについて，800字以内で述べよ。

**計画**　➤　**設問イ**　設問アで述べたプロジェクトにおいて，リスクを事前に回避するために，プロジェクト運営面でどのような施策を採ったか。工夫した点を中心に具体的に述べよ。また，その評価も述べよ。

**設問ウ**　今後のプロジェクトの運営において，技術にかかわるリスクへの対応を改善するためにどのようなことを考えているか。簡潔に述べよ。

→令和2年問1でOK!
合わせてチェックする程度でOK.

271

# 演習 ● 令和 2 年度　問 2

問2　システム開発プロジェクトにおけるリスクのマネジメントについて

　　　プロジェクトマネージャ（PM）は，プロジェクトの計画時に，プロジェクトの目標の達成に影響を与えるリスクへの対応を検討する。プロジェクトの実行中は，リスクへ適切に対応することによってプロジェクトの目標を達成することが求められる。

　　　プロジェクトチームの外部のステークホルダは PM の直接の指揮下にないので，外部のステークホルダに起因するプロジェクトの目標の達成にマイナスの影響がある問題が発生していたとしても，その発見や対応が遅れがちとなる。PM はこのような事態を防ぐために，プロジェクトの計画時に，ステークホルダ分析の結果や PM としての経験などから，外部のステークホルダに起因するプロジェクトの目標の達成にマイナスの影響を与える様々なリスクを特定する。続いて，これらのリスクの発生確率や影響度を推定するなど，リスクを評価してリスクへの対応の優先順位を決定し，リスクへの対応策とリスクが顕在化した時のコンティンジェンシ計画を策定する。

　　　プロジェクトを実行する際は，外部のステークホルダに起因するリスクへの対応策を実施するとともに，あらかじめ設定しておいたリスクの顕在化を判断するための指標に基づき状況を確認するなどの方法によってリスクを監視する。

　　　あなたの経験と考えに基づいて，設問ア〜ウに従って論述せよ。

設問ア　あなたが携わったシステム開発プロジェクトにおけるプロジェクトの特徴と
　　　　目標，外部のステークホルダに起因するプロジェクトの目標の達成にマイナス
　　　　の影響を与えると計画時に特定した様々なリスク，及びこれらのリスクを特定
　　　　した理由について，800 字以内で述べよ。

設問イ　設問アで述べた様々なリスクについてどのように評価し，どのような対応策
　　　　を策定したか。また，リスクをどのような方法で監視したか。800 字以上 1,600
　　　　字以内で具体的に述べよ。

設問ウ　設問イで述べたリスクへの対応策とリスクの監視の実施状況，及び今後の改
　　　　善点について，600 字以上 1,200 字以内で具体的に述べよ。

# 解説

## ●問題文の読み方

　問題文は次の手順で解析する。最初に，設問で問われていることを明確にし，各段落の記述文字数を（ひとまず）確定する（①②③）。続いて，問題文と設問の対応付けを行う（④⑤）。最後に，問題文にある状況設定（プロジェクト状況の例）やあるべき姿をピックアップするとともに，例を確認し，自分の書こうと考えているものが適当かどうかを判断する（⑥⑦）。

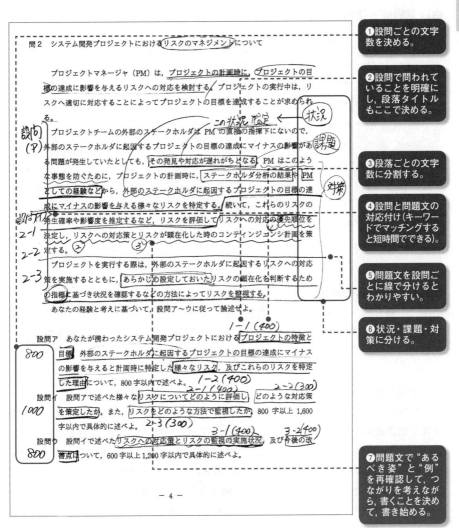

① 設問ごとの文字数を決める。

② 設問で問われていることを明確にし，段落タイトルもここで決める。

③ 段落ごとの文字数に分割する。

④ 設問と問題文の対応付け（キーワードでマッチングすると短時間でできる）。

⑤ 問題文を設問ごとに線で分けるとわかりやすい。

⑥ 状況・課題・対策に分ける。

⑦ 問題文で"あるべき姿"と"例"を再確認して，つながりを考えながら，書くことを決めて，書き始める。

- 4 -

273

## ●出題者の意図（プロジェクトマネージャとして主張すべきこと）を確認

**出題趣旨**

プロジェクトマネージャ（PM）は，プロジェクトの計画時に，プロジェクトチームの外部のステークホルダに起因するプロジェクトの目標の達成にマイナスの影響を与えるリスクへの対応を検討する。プロジェクトの実行中は，リスクへ適切に対応することによってプロジェクトの目標を達成することが求められる。

本問は，プロジェクトの計画時に特定して，評価した，プロジェクトチームの外部のステークホルダに起因する様々なリスク，これらのリスクへの対応策，リスクの顕在化を監視した方法などについて具体的に論述することを求めている。論述を通じて，PMとして有すべきリスクのマネジメントに関する知識，経験，実践能力などを評価する。

（IPA公表の出題趣旨より転載）

## ●段落構成と字数の確認

1. プロジェクトの特徴とコスト管理の概要
   1.1 プロジェクトの特徴と目標（400）
   1.2 リスク及びリスクを特定した理由（400）
2. システム開発プロジェクトについて
   2.1 様々なリスクについての評価（400）
   2.2 リスクへの対応策（300）
   2.3 リスクの監視方法（300）
3. 評価と今後の改善点
   3.1 リスクへの対応策とリスク監視の実施状況（400）
   3.2 今後の改善点（400）

## ●書くべき内容の決定

次に，整合性の取れた論文，一貫性のある論文にするために，論文の骨子を作成する。具体的には，過去問題を想いだし「どの問題に近いのか？複合問題なのか？新規問題か？」で切り分けるとともに，どのような骨子にすればいいのかを考える。

### 過去問題との関係を考える

この問題に近い過去問題は，**平成22年度の問1「システム開発プロジェクトのリスク対応計画について」**になる。但し，平成22年度の問1は，問題文の例を見る限り，どのようなリスクでも書けるようになっているが，この問題では**「PMの直接の指揮下にない」「プロジェクトチームの外部のステークホルダ」**で，かつ，**「問題が発生していたとしても，その発見や対応が遅れがちとなる」**リスク限定になっている。もちろん，プロジェクト目標に対して，マイナスリスクというのも限定だ。

したがって，平成22年度問1の問題で準備していた人は，論旨展開はそのままでも，リスクそのものは変える必要があったかもしれない。

そういう意味では，自分が経験していない様々なリスクについても，知識を得ておく必要があると考えなければならない。ちなみに，解説の中でも書いているが，未経験のリスクについて知っておくことは有益なので，次のような資料に目を通して"知識"として（今後出会うかもしれない）様々なリスクを押さえておこう。

---

IPA：「IT プロジェクトの「見える化」」の付録内にある事例集
- 上流工程編（https://www.ipa.go.jp/sec/publish/tn06-001.html）
- 中流工程編（https://www.ipa.go.jp/sec/publish/tn08-005.html）
- 下流工程編（https://www.ipa.go.jp/sec/publish/tn05-003.html）

---

## 全体構成を決定する

全体構成を組み立てる上で，まず決めないといけないのは次の4つである。

---

①特定したリスク（1.2）
②リスク評価の方法と結果（2.1）
③対策（予防的対策，事後対策）（2.2）
④リスクの監視方法（2.3）

---

ここの整合性を最初に取っておかないと，途中で書く手が止まるだろう。試験本番の時に2時間の中で絞り出すのは難しいので，できれば試験対策期間中に準備しておくべきものになる。特に，この問題で問われているのは典型的な"リスクマネジメントプロセス"なので，しっかりと準備しておかないといけないだろう。

## ● 1.1 段落（プロジェクトの特徴と目標）

　ここでは，プロジェクトの概要を簡単に説明した後に，今回のプロジェクトの特徴とプロジェクトの目標を書く。

　まず，プロジェクトの特徴に関しては，外部のステークホルダに関しての特徴を書けば，スムーズに 1.2 や設問イにつなげていくことができるだろう。

　そして，設問で求められているのでプロジェクトの目標について書く。プロジェクトの目標は，（情報処理技術者試験では）特に問題文で例示されていない場合には"納期"と"予算"だと考えておけばいいだろう。これは，特に設問で求められていなくても"プロジェクトの特徴"に含めて書いた方が良い要素だが，今回は設問で問われているので必須になる。なお，採点者はここで書いた目標を記憶して，この後に進むので，イメージがストレートに伝わるように，定量的に書いた方が良いと考えておこう。具体的には，今がいつで，開発期間がどれくらいで，納期がいつなのか，それを定量的な数値で表現するように意識しておこう。

### 【減点ポイント】

　①プロジェクトの話になっていない又は特徴が無い（致命度：中）

　　→　特徴が 1.2 に書かれているのなら問題は無い。

　②プロジェクトの特徴に矛盾を感じる（致命度：小）

　　→　ここでは大きな問題でなくても後々矛盾が露呈する可能性がある。その場合は一貫性が無くなるので評価は低くなる。

　③プロジェクト目標がない，あるいはよくわからない（致命度：中）

　　→　今回は設問で明確に求められているため必須になる。

## ● 1.2 段落（リスク及びリスクを特定した理由）

　続いて，今回のプロジェクトに存在するリスクについて書く。但し，どんなリスクでも構わないわけでは無い。この問題では「PM の直接の指揮下にない」「プロジェクトチームの外部のステークホルダ」で，かつ，「問題が発生していたとしても，その発見や対応が遅れがちとなる」リスク限定になる。もちろん，プロジェクト目標に対して，マイナスリスクというのも限定だ。

　この条件を満たしていさえすれば，どういったステークホルダでも可能だが，第一に考えられるのは，（自社開発ではないケースで）ユーザ側のステークホルダだろう。経営層，情報システム部，窓口対応の担当者，利用部門の方々などだ。他にも，"他社"に該当する請負契約や準委任契約で協力してもらっている協力会社やハードウェアベンダ，ソフトウェアベンダなども考えられる。自社の PJ 外部の技術支援部門や品質管理部門，経営層なども書けなくはない。そのあたりを対象にしたリ

スクにする。

　また，過去の同類の問題ではリスクの数が一つでも書くことができたが，この問題は，設問アで「**様々なリスク**」,「**これらのリスクを特定した理由**」としている点や，問題文中に「**優先順位を決定し**」という表現があることから，複数のリスクを書く必要があると考えよう。

　具体的には，ユーザ側作業の遅れの可能性，ユーザが協力してくれない，ハードウェアベンダの納期遅延，ソフトウェアベンダに納品してもらったミドルウェアにバグがあったなどだ。リスクが顕在化する期間についても書いておいた方が良いだろう。プロジェクト期間中ずっと顕在化する可能性があるのか，それとも，要件定義工程だけなのか。こうしたちょっとした差が大きな差にもつながる。

　そのあたりは，IPA が 2007 年に公表した「IT プロジェクトの「見える化」〜上流工程編〜（https://www.ipa.go.jp/sec/publish/tn06-001.html)」の付録内にある「付録3_上流工程事例集_20070507.pdf」などを参考にするといいだろう（同様に，中流工程編，下流工程編にもリスクを集めた事例集はある）。

　後は，個々のリスクについて「**特定した理由**」を書くことも忘れないようにしなければならない。この時に，問題文の「**ステークホルダ分析の結果や PM としての経験などから**」という部分を含めるとベストだろう。

## 【減点ポイント】

①PM の直接の指揮下にない，プロジェクトチームの外部のステークホルダで，かつ，問題が発生していたとしても，その発見や対応が遅れがちとなるリスクではない（致命度：大）
　→　問題文の趣旨に合わないので一発アウトの可能性もある。

②1.1 で書いたプロジェクト目標の達成に対してマイナスの可能性があるリスクになっていない（致命度：中）
　→　1.1 のプロジェクト目標への影響が不明瞭だというのも，この問題の趣旨に合わない。

③複数のリスクを書いていない（致命度：中）
　→　あるリスクに特定して書けないこともないが，この後の展開を考えれば複数のリスクを書いている方が無難。

③ステークホルダ分析の結果や PM としての経験について言及していない（致命度：小）
　→　ストレートに表現しなくても，リスクの内容から察知できるので致命的ではないが，反応できるようにしておくに越したことは無い。

## ● 2.1 段落（様々なリスクについての評価）

　設問イの最初に書くことは「様々なリスクについてどのように**評価し**」たかである。問題文には，もう少し詳しく「**これらのリスクの発生確率や影響度を推定するなど，リスクを評価して**」と書いているので，定性的なリスク分析で構わない。もちろん，定量的なリスク分析を行っても何の問題もない。

　どういう理由で，どのようなリスク分析手法を採用したのか，その結果，設問アで述べた個々のリスクがどのように評価されたのか，その評価結果とその理由を具体的に書いておけばいいだろう。

### 【減点ポイント】

　　個々のリスクにおいて，その発生確率や影響度にした理由が不明，もしくは矛盾がある（致命度：中）

　　→　結果よりも，そう考えた根拠の方が重要。

## ● 2.2 段落（リスクへの対応策）

　2.1 で実施した評価結果を受けて「**リスクへの対応の優先順位を決定**」する。そして，策定した「**リスクへの対応策**」について書く。優先順位については 2.1 に含めて書いても構わないが，どちらかには必要だと考えよう。

　また，各リスクへのリスク対応策に関しては，次のように考えればいいだろう。

・予防策（発生確率が高いリスクに対して，発生確率を下げるもの）
・予防策（影響度が大きいものに対して，発生した時の影響度を下げておくもの。予防策なのでコストは消化する）
・事後対応策（発生した時に備えておく（コスト消化は無し）。コンティンジェンシ予備費）

　この問題には，リスク保有や，当該リスクが発生しない前提で計画するというのは合わないだろう。また，一つのリスクに対して，予防策だけではなく事後対応も含めて両側面から対応策を検討していることをアピールした方が臨場感が伝わるだろう。

**【減点ポイント】**

①優先順位付けを行っていない（致命度：中）

→　大きな問題にはならないと思われるが，問題文に記載されている点と複数のリスクを処理することを求められているので，簡単にでも優先順位付けは行っておくべき。

②十分なリスク軽減が行われていない（致命度：中）

→　対策の有効性に疑問を持たれると，評価は下がる。

②予防策，事後対策の両面からの対応策ではない（致命度：小）

→　もちろんケースバイケースだが，どちらかしか考えていない，偏りがあると判断されると不十分だと思われる可能性がある。

## ● 2.3 段落（リスクの監視方法）

設問イの最後は，リスクの監視方法について書く。個々のリスクについて，どういう監視をしていたのかという点だ。問題文には「**あらかじめ設定しておいたリスクの顕在化を判断するための指標**」と記述されている。つまり，事前に設定していることと，何かしらの指標について書けというわけだ。

ここでも，設問ア（1.2 リスクの特定）のところで書いたリスクが顕在化する可能性のある期間とともに書いた方が良いだろう。それに合わせて重点管理できるからだ。また，監視するスパンや頻度，兆候，様子見，対策の発動基準などを分けて丁寧に書くといいだろう。

**【減点ポイント】**

リスクの顕在化期間が不明（致命度：小）

→　それほど大きな影響はないと思われるが，丁寧な説明をしていると高評価になる可能性がある。

## ● 3.1 段落（リスクへの対応策とリスク監視の実施状況）

設問イでは，あくまでも"計画段階の話"になる。したがって，ここではその対策が計画通りに実施できたかどうかを書く。特に，監視の実施状況では，兆候の発生やしばらくの様子見の後に，対策の発動基準を超えたためリスクが発生したと判断したという"段階を経た監視"について言及するとリアリティが増す。

難しいのは，リスクが顕在化したかどうかの部分。経験したことを事実に忠実に書くことを要求しているのならば，「リスクは結局，顕在化しなかった。これもひとえに予防的対策が機能した結果である。」というものでも良いはず。問題文にも設問にも，"実施状況"としか要求していないので，それでも問題ないだろう（設問か問

279

題文に,「リスクが顕在化したときの実施状況」となっていれば,この限りにあらず)。

　ただ,疑似経験でチャレンジしている方は,サンプル論文のように「顕在化したが事後対策が機能して問題は解決できた」とした方が安全だろう。減点する理由がなくなるので。

【減点ポイント】
　①検証フェーズで得た情報を活用したことと無関係（致命度：小）
　　→　評価の観点が違っているとまずい。
　②あまり高く評価していない（致命度：小）
　　→　やぶへびになる可能性がある。
　③監視したことだけしか書いていない（致命度：小）
　　→　これもさほど大きな影響はないが,兆候や様子見の可能性を示唆した監視を説明できていれば高評価になる可能性がある。

● **3.2 段落（今後の改善点）**

　最後も,平成 20 年度までのパターンのひとつ。最近は再度定番になりつつある "今後の改善点" だ。ここは,序章に書いている通り,最後の最後なのでどうしても絞り出すことが出来なければ,何も書かないのではなく典型的なパターンでもいいだろう。

　しかし,今回の問題なら,"リスク評価の方法改善" や "予防策の強化","事後対応策の強化","監視方法の改善" など,実際に実施してみたことについて,よりよくする方法はないかを考えればいいだろう。

【減点ポイント】
　特になし。何も書いていない場合だけ減点対象になるだろうが,何かを書いていれば大丈夫。時間切れで最後まで書けなかったというところだけ避けたいところ。過去の採点講評では「一般的な本文と関係ない改善点を書かないように」という注意をしているので,それを意識したもの（つまり,ここまでの論文で書いた内容に関連しているもの）にするのが望ましいが,時間もなく何も思い付かない場合に備えて汎用的なものを事前準備しておこう。

## ●サンプル論文の評価

　サンプル論文に関しては，この年度にこの問題で受験して，受験後すぐに再現論文として起こしてもらったものになる。したがって正真正銘の合格論文だと言える。実際の合格論文（A評価）は，多少ミスが入っても問題なく午前問題や午後Ⅰと同様に6割ぐらいの出来でも問題ないと言われているが，それを実感できるのも，実際に合格した人の再現論文の価値あるところになる。

　この論文で，筆者が問題文及び設問と比較して改善した方が良いと考えたのは次の点である。

- リスクが顕在化する期間が不明瞭。
- 様々なリスクに対して2つのリスクは少々少ない。もちろん4つも5つも書くと個々の内容が薄くなるのでピックアップしたのは2つで妥当だが，「いくつかのリスクがピックアップされたが，その中でも…」とした方がリアリティが増す。そして，優先順位付けをしたことに触れた方が良い。
- 対応策によって，発生確率や影響度がどう変化すると想定したのかに触れていない。
- リスクの監視方法と実施状況を，もう少し丁寧に説明。

　これらはいずれも，特にこの問題文に書いている要求ではない。午後Ⅰや他の午後Ⅱの問題文中で"あるべき姿"として言及されていることになる。そのため，この問題文には，すべて正確に反応している（優先順位付けの部分は微妙だが…）ので，大きなマイナス評価にはなっていないのだろう。

　加えて，設問で問われていることに対しての回答（＝各段落の結論）が明確で，読み手にすごく伝わりやすい表現になっている点と，経験者しか書けないリスク（①のリスク）をチョイスしている点や，チャットワークを利用した工夫や改善点（②のリスクへの対応他）を表現している点も，この論文がA評価ポイントを得た理由だと思われる。

## ● IPA 公表の採点講評

　全問に共通して，自らの経験に基づいて具体的に論述できているものが多かった。一方で，"問題文の趣旨に沿って解答する" ことを求めているが，趣旨を正しく理解していない論述が見受けられた。設問アでは，プロジェクトの特徴や目標，プロジェクトへの要求事項など，プロジェクトマネージャとして内容を正しく認識すべき事項，設問イ及び設問ウの論述を展開する上で前提となる事項についての記述を求めている。したがって，設問の趣旨を正しく理解するとともに，問われている幾つかの事項の内容が整合するように，正確で分かりやすい論述を心掛けてほしい。

　問2では，システム開発プロジェクトにおけるリスクのマネジメントにおいて，外部のステークホルダに起因するプロジェクトの目標の達成に影響を与えると計画時に特定した様々なリスクの評価方法，リスクへの対応策，リスクの監視方法について，具体的な論述を期待した。経験に基づき具体的に論述できているものが多かった。一方で，顕在化している問題やリスク源をリスクと称しているなど，リスクのマネジメントの知識や経験が乏しいと思われる論述も見受けられた。プロジェクトマネージャにとって，リスクのマネジメントは身に付けなければならない最重要の知識，スキルの一つであるので，理解を深めてほしい。

# サンプル論文

## (1) プロジェクトの特徴と目標

今回，通信販売の商品発送代行を営むZ社における，健康食品メーカーF社向け在庫管理システムの再構築について記述する。私はZ社のシステム部門に勤めている。F社は古くからZ社と取引を行っており，近年注文件数が増加している。それに伴って発生したZ社の現場の負担増が問題となっていた。それに加え，F社の子会社G社が2020年1月よりZ社からの商品発送を行うことが決定した。F社・G社の商品発送に対応できるよう，システムの再構築を行うこととなった。

本プロジェクトの特徴として，2020年1月からの納期厳守であるということ，またF社・G社の商品発送に現場が耐えられるほどの厳しい品質目標が挙げられる。そのため目標は，2020年1月の本稼働厳守である。

> 目標が明確に記されている。Good！

## (2) リスクの特定

プロジェクトの開始に当たって，F社経営陣とプロジェクトの目標達成にマイナスの影響を与えるリスクの洗い出しを行った。その結果，以下のリスクを特定した。

①F社の更なる処理件数増加　②F社組織改編に伴う現担当者の異動

> 複数のリスク。結論も明確。Good！但し，「実際はもっとたくさんのリスクがあったが，特に…」とした方がリアリティが増す。

## (3) リスクを特定した理由

①について，F社の処理件数が増加しZ社第1工場の処理機能の限界を超えた場合，Z社第2工場の稼働が必要となる。その場合，倉庫間連携の機能が必要となる。倉庫間連携自体はスコープが別のため，別プロジェクトが立ち上がるが，連携に関する開発・テストが必要になってくる。②について，F社経営陣から「期替わりの4月のタイミングで組織改革をする計画がある」との話を内密に受けている。その場合，長年懇意にしてきたF社担当者が異動となる。4月に異動となると，設計フェーズから新担当者となるが，現担当者と定義した内容がくつがえされるリスクが存在する。

> 【改善点】
> リスクが顕在化する可能性のある期間を明確にしたらもっと良くなっていた。

## (1) リスク評価と優先順位の策定

それぞれのリスクについて，Ｆ社経営陣からのヒアリング結果などを基に，発生確率と影響度を鑑みて以下の通りリスクを評価した。

①発生確率：中　影響：大　評価：対応準備要
②発生確率：大　影響：大　評価：対応必須

①について，2019年中の出荷件数予測をＦ社に伺ったところ，10％増との回答を得ている。50％増でＺ社第1工場の処理件数の限界となることから，発生確率はそこまで高くない。そのため，対応準備要という評価とした。

②について，最近Ｆ社担当者との連絡が付かないことが多く，Ｆ社の繁忙期でもないのに忙しそうにしている様子が伺える。PMとしての経験から，Ｆ社内部で何かしらの大きな動きがあることが想定される。そのため，対応必須とした。

> 問題文に合致している。非常にいいところ。

## (2) リスクの対応策と顕在化した時の計画策定

次に，それぞれのリスクの対応策について協議した。

①について，倉庫間連携が必要となった場合，連携に関する部分で工数増となることが予想される。それを軽減するため，本PJのスコープ内で「汎用入出力機能」を実装することとした。加えて，費用面で大きな負担が予想されることから，私はＺ社の経営陣にマネジメント予備費の積算を提案した。その結果，提案は承認された。

> 【改善点】
> 最低限の記述は担保しているが，この対応策によって発生確率や影響度がどうなるのかを書いた方が良かった。
>
> また，ここで取り上げたリスクは二つではなく，もっといろいろあったことを匂わせたり，その上で優先順位付けを行ったりした旨を書いていると，問題文の全ての要求に回答できることになる。

②について，チャットワークを利用して，Ｆ社現担当者との要件定義の記録を全て残すことをＦ社に提案した。加えて，チャットワークにある課題管理機能を利用することで，Ｆ社とのやりとりを全てチャットワークに集約した。それによってＦ社間での担当者の引継ぎを促す効果や，第三者が後から見て言った・言わないとなるトラブルを防ぐことが出来る。この提案を行ったところ，Ｆ社からは了承を頂いた。

> 具体的なプロジェクト運営上の工夫になっている。当たり前の対応のように見えるが，課題に対する対応策としては妥当。Good！

## (3) リスクの監視方法

最後に，リスクの監視方法を検討した。

①について，週次のF社との定例会で頂いている出荷件数予測を1週間分から1ヶ月分に変更頂くよう依頼した。それによって，翌週以降の出荷件数の変動を把握し，出荷件数が35%増を超えたら（限界に達してからでは間に合わないため），Z社第2工場の利用と倉庫間連携機能の開発PJを始動することとした。なお，G社が稼働した場合でもF社・G社合わせてZ社第1倉庫で対応可能である。加えて2019年中にZ社第1工場の限界に達した場合でも，Z社第2工場は倉庫として利用するため，緊急で倉庫間連携の機能が必要となることはない。それでもZ社で対応しきれない場合，F社側で新規に3PL業者の利用を検討することとなっている。

②について，F社で異動が正式に伝えられるのは1ヶ月前（3月頭）となる。2月半ばからF社に直接赴く回数を増やし，対面でF社社内の様子を伺うこととする。これによって合意した要件は全てチャットワークに反映させ，要件漏れを防ぐ。

以上の計画の基，プロジェクトを始動した。

> ここは興味深い部分。一見，いつからいつまで監視するのか？等不十分な情報だが，経験者しか書けない具体性がある。採点講評でもこういう経験者しか書けない具体性については高評価だとしているので，高評価だったのだと推測する。

　プロジェクトは予定通り2020年1月に終了し，多少の課題はあったが概ね予定通りに完了することが出来た。

## (1) リスクへの対応策と監視の実施状況

　①について，結果としては最大でも20%増までにしかならず，Z社第2倉庫を利用する必要はなかった。十分な監視が出来ていた。

リスクは顕在化しなかったものの，題意に沿った自己評価になっている。Good！

　②について，F社担当者の異動は予想通りあったが，新担当者が早くからプロジェクトに参画していたたため，F社現担当者・新担当者の合意の下プロジェクトの要件定義の工程完了判定を行うことが出来た。

## (2) 今後の改善点

　しかし今回のプロジェクトには改善点もある。チャットワークの利用法について，F社新担当者から私と現担当者のやりとりが分かりにくいとのお叱りを受けることがあった。私と現担当者は長い付き合いであるため，チャットワーク上でも砕けた表現を採ることがあったが，

設問1をうけた改善点で，しかも，実際に経験している者にしか出せないと思わせる内容になっている。非常に良い。Very Good！

それが明確化を妨げていた。チャットワークはコミュニケーションの取りやすさが魅力であるが，そのような場でも第3者に伝わるようなコミュニケーションの取り方を考慮する必要があると感じた。一方でその注意点さえ守れば非常に有用なコミュニケーションツールとなるため，他PJでも展開して，チャットワークのより良い使い方について考察を進めていきたい。

# 4 進　捗

ここでは"進捗"にフォーカスした問題をまとめている。"工期（時間や期間）"の管理で"納期"を守るためのマネジメントだ。予測型（従来型）プロジェクトでは，特に重要なプロジェクト目標になる。プロジェクトマネージャには，予め合意した期限（納期）に間に合うように開発することが強く求められている。PoC やアジャイル開発，準委任契約では制約の意味合いが強くなるが，もう管理が必要ないというわけではない。

**4**　**進捗のポイント・過去問題**

**演習**　**令和 3 年度　問 2**

# 4 ・ 進捗のポイント・過去問題

まずはテーマ別のポイントを押さえてから問題文の読み込みに入っていこう。

## ●過去に出題された午後Ⅱ問題

表1　午後Ⅱ過去問題

| 年度 | 問題番号 | 問題タイトル | 掲載場所 | 重要度 ◎=最重要 ○=要読込 ×=不要 | 2時間で書く推奨問題 |
|---|---|---|---|---|---|
| ①スケジュールの作成 | | | | | |
| H07 | 2 | 進捗状況と問題の正確な把握 | なし | ○ | |
| H17 | 2 | 稼働開始時期を満足させるためのスケジュールの作成 | Web | ◎ | ◎ |
| ②兆候の把握と対応 | | | | | |
| H14 | 1 | クリティカルパス上の工程における進捗管理 | Web | × | |
| H15 | 3 | プロジェクト全体に波及する問題の早期発見 | Web | ○ | |
| H20 | 2 | 情報システム開発における問題解決 | Web | × | |
| H22 | 3 | システム開発プロジェクトにおける進捗管理 | Web | ◎ | |
| H28 | 2 | 情報システム開発プロジェクトの実行中におけるリスクのコントロール | Web | →テーマ3「リスク」参照 | |
| ③工程の完了評価 | | | | | |
| H25 | 3 | システム開発プロジェクトにおける工程の完了評価 | Web | ◎ | |
| ④進捗遅れへの対応 | | | | | |
| H12 | 3 | 開発システムの本稼働移行 | なし | ○ | |
| H19 | 2 | 情報システムの本稼働開始 | Web | ○ | |
| H25 | 2 | システム開発プロジェクトにおけるトレードオフの解消 | Web | ○ | |
| H30 | 2 | システム開発プロジェクトにおける本稼働間近で発見された問題への対応 | Web | ○ | |
| R03 | 2 | システム開発プロジェクトにおけるスケジュールの管理 | 本紙 | ○ | |

※掲載場所が"Web"のものは https://www.shoeisha.co.jp/book/present/9784798185750/ からダウンロードできます。詳しくは，ⅳページ「付録のダウンロード」をご覧ください。

　このテーマは大きく4つに分けられる。①スケジュールの作成，②兆候の把握と対応，③工程の完了評価，④進捗遅れへの対応である。

## ①スケジュールの作成に関する問題（2問）

これまでスケジュールの作成過程を書かせる問題は2問ある。初年度の平成7年度問2と，その10年後の平成17年度問2だ。初年度の問題は，"初めて"ということもあってオーソドックスで，かつ"ぼやっ"とした内容だった。しかし，平成17年度問2では一転してスケジュール短縮技法（ファストトラッキング，クラッシング）をテーマにした問題が出題された。事前に準備しておけば，短納期要求への対応，納期遅延の挽回などに流用できるので，しっかりと目を通しておいた方がいい。

## ②兆候の把握と対応に関する問題（5問）

進捗管理の問題のうち，もっともよく出題されているのが"兆候"をテーマにした問題である。左ページの表内の5問にテーマ5で説明する予算超過の"兆候"も含めると，さらに過去の出題数は増える。そんな"兆候"に関する過去問題を分析すると，計画段階から定量的な管理指標を組み込んでいる場合と，そういう類いのものではない場合に大別される。そして前者はさらに，重点管理が必要かどうかによって分類できる。また，切り口を変えれば，計画フェーズの問題と，実行フェーズにおける対応状況（検知・対応）を見る問題にも分けられる。

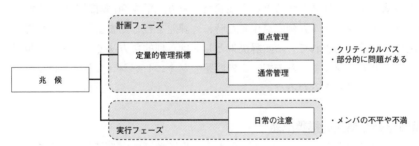

図1　計画フェーズと実行フェーズにおける兆候

### a）重点管理を前提とした計画フェーズの問題

クリティカルパス上のアクティビティ（平成22年度問3，平成14年度問1）や，部分的に問題を抱えたままプロジェクトを立ち上げる場合（平成15年度問3）には，それを進捗遅れが発生しやすい"リスク"と捉えて重点的にマネジメントする。具体的には，計画段階で定量的な指標を"兆候"として設定する。

### b）実行フェーズの問題

特に定量的管理指標で管理していたわけではないが，プロジェクトが実行フェーズに入ってから"兆候"を察知したという問題も出題されている。"メンバの対立"や"体調不良"など，日頃の注意で検知するものである。平成20年度問2や平成28年度問2は，その典型的な問題になる。

### ③工程の完了評価に関する問題（1 問）

　珍しい問題として，工程の完了評価をテーマにした出題があった。個々の工程の完了条件と，次工程の開始条件を具体的にいくつか挙げて，そのうちのどれかが満たせなかったという経験を求めている。つまり，ある工程のマイルストーンで"遅れ"が発生したというパターンだ。それを，最終納期に間に合わせるために，どう乗り切ったのかが問われている。この問題と類似の問題が，直近で出題されるとは思えないが，工程ごとの完了条件を具体的にいくつかピックアップしておくには良い問題になる。問題文には目を通して，どんな完了条件や開始条件をアウトプットできるのかをシミュレーションしておこう。

### ④進捗遅れへの対応に関する問題（5 問）

　進捗遅れへの対応をテーマにした問題も多い。兆候をテーマにした平成 22 年度問 3 や平成 14 年度問 1 も後半で問われている。他にも，部分的には数多くの問題に絡んできているので，準備しておく必要があるのは間違いないだろう。

　そのような中，ここで取り上げた 5 問は"進捗遅れ"をメインテーマにした問題になる。令和 3 年度問 2 は，遅延に対するばん回策を立案し，必要に応じてステークホルダの承認を得てリスケするという問題だ。一方，平成 30 年度問 2 と平成 19 年度問 2 は，スケジュール遅延が発生した時に，課題を残したまま部分的に稼働させた経験のみに絞り込まれている。解決策としては合理的な方法で，ユーザを説得する部分も不可欠になってくるので，この問題でシミュレーションしておけば，いろんなところで応用できるだろう。

### ● 2 時間で書く論文の推奨問題

　ここのテーマで論文を書くなら，もっともよく出題されている"兆候"をテーマにした問題を書くことをお勧めしてきたが，平成 28 年度問 2 で（リスクマネジメントとの複合問題ではあるものの）出題されてしまったので，今回は別の問題を推奨したいと思う。それは平成 17 年度問 2 だ。スケジュール短縮技法を駆使して柔軟なスケジュールを作成するスキルが問われている。

　この問題は案外"書きやすい"と思うかもしれないが，この問題の論文を添削していてよく思うのが「2 か月短縮できた？　それなら，最初からそれで計画しとけよ」ということ。ひとりでツッコミを入れている（笑）。そんなツッコミをされないように，短縮することで発生する"リスク"を説明し，それをきちんとステークホルダに説明して納得してもらったということを書かなければならない。何か計画を変えると"新たなリスクが発生する"という点（平成 13 年度問 2 でも重視している点）を強く意識するためにも，この問題を推奨する。

## ●参考になる午後Ⅰ問題

　午後Ⅱ問題文を読んでみて，"経験不足"，"ネタがない"と感じたり，どんな感じで表現していいかイメージがつかないと感じたりしたら，次の表を参考に"午後Ⅰの問題"を見てみよう。論文を書く上で，とても参考になる問題も存在する。

表2　対応表

| テーマ | 午後Ⅱ問題番号（年度一問） | 参考になる午後Ⅰ問題番号（年度一問） |
|---|---|---|
| ① スケジュール作成，進捗管理 | H07-2 | ○（H24-3, H20-1, H18-1, H13-1, H12-1），△（H31-3, H15-4） |
| ② スケジュール調整，スケジュール短縮 | H17-2 | ○（H27-3, H23-1） |
| ③ 兆候管理 | H22-3, H20-2, H15-3, H14-1 | |
| ④ 進捗遅れへの対応 | H14-1, H14-3 | ○（H26-2, H20-3），△（H09-3） |
| ⑤ 進捗遅れと本稼動開始 | H30-2, H19-2, H12-3 | ○（H17-4） |
| ⑥ 工程ごとの完了評価 | H25-3 | |

**平成7年度 問2**　進捗状況と問題の正確な把握について

解説は
こちら＊

**計画**

　プロジェクトを計画どおりに進めるためには，プロジェクトマネージャはプロジェクトの進捗状況を正確に把握し，問題に応じて適切な対策をとる必要がある。

　一般的に進捗状況は定型化された進捗管理表などを用いて把握されるが，よりよく実態を把握するには，入手する情報やその収集方法を工夫することが重要である。特に設計フェーズにおいては，設計作業の対象が機能，構造，データ，性能，運用，移行など多様であり，また作業の中間段階での進捗度が定量的には表しにくい。そのため進捗状況を的確に把握するには様々な工夫が要求される。

　更に，開発規模や期間，要員の構成やスキルの状況，採用した開発技法などのプロジェクトの特徴に応じて，進捗状況と問題を把握する方法を変えていくことも必要である。

**問題**
**対応**

　進捗遅れが発生しその対策を検討するに当たっては，問題を表面的にとらえるのではなく，問題の領域や影響度，更にはその本質的な原因を掘り下げて把握することが重要である。

　あなたの経験に基づいて，設問ア～ウに従って論述せよ。

**設問ア**　あなたが携わったプロジェクトの概要と特徴を，進捗管理の視点から，800字以内で述べよ。

**設問イ**　設問アで述べたプロジェクトについて，設計フェーズにおける進捗状況及び問題を適切に把握するために，どのような方法を用いたか，特に工夫した点は何か，具体的に述べよ。また，これらの方法・工夫についてどう評価したか，簡潔に述べよ。

**計画**　→

**問題**
**対応**　→

**設問ウ**　進捗管理をより適切に行うために，あなたが今後採り入れたい施策について進捗管理全般を対象に，簡潔に述べよ。

進捗管理の基礎．

**平成 17 年度 問 2**　稼働開始時期を満足させるための
スケジュールの作成について

解説は
こちら

**計画**

　情報システム開発プロジェクトでは，設計・開発・テストなどの各工程で必要となるタスクを定義し，タスクの実施順序を設定してからスケジュールを作成する。プロジェクトは個々に対象範囲や制約条件が異なるので，システム開発標準や過去の類似プロジェクトなどを参考にして，そのプロジェクト固有のスケジュールを作成する。

　特に，システム全体の稼働開始前に一部のサブシステムの稼働開始時期が決められている場合や，利用部門から開発期間の短縮を要求されている場合などは，プロジェクト全体のスケジュールの作成に様々な調整が必要となる。このような場合，システム開発標準で定められたタスクや，類似プロジェクトで実績のあるタスクとそれらの実施順序を参考にしながら，タスクの内容や構成，タスクの実施順序を調整して，スケジュールを作成しなければならない。

　その際，全体レビューや利用部門の承認などのように，日程を変更できないイベントやタスクに着目するとともに，次のような観点でスケジュールを作成することが重要である。

・タスクを並行させて実施することが可能な場合には，タスク間の整合性をとるための新しいタスクを定義する。
・長期間かかるタスクの場合は，サブタスクに分割し，並行させて実施したり，実施順序を調整したりする。

　あなたの経験と考えに基づいて，設問ア〜ウに従って論述せよ。

**設問ア**　あなたが携わったプロジェクトの概要と，稼働開始時期が決定された背景を，800字以内で述べよ。

**設問イ**　設問アで述べたプロジェクトで，日程を変更できないイベントやタスクには何があったかについて述べよ。その上で，稼働開始時期を満足させるための調整をどのように行ったか。あなたがスケジュールを作成する上で，特に重要と考え工夫した点を中心に，具体的に述べよ。

**計画** ▶ **設問ウ**　設問イで述べたスケジュール作成について，あなたはどのように評価しているか。また，今後どのように改善したいと考えているか。それぞれ簡潔に述べよ。

一旦計画 ━━▶ 調整 ━━▶ 新たなリスク
（但し，ここ動かせない…）

## 平成 14 年度 問 1　クリティカルパス上の工程における進捗管理について

解説はこちら

**計画**

　プロジェクトマネージャは，プロジェクト計画の作成において，作業の実施順序を決め，資源の割当てを行い，実行可能なスケジュールを作成する。そして，スケジュール上のクリティカルパスを明確にする。

　クリティカルパス上にある工程は，その進捗の遅れがプロジェクト全体の進捗に影響する。特に，作業者の増員などの単純な対策では遅れが回復できないような工程は，重点的に管理する必要がある。このような工程には，問題の兆候を早期に発見するための手続を組み込み，進捗の遅れが発生する前に対策を行うことが肝要である。

　問題の兆候を早期に発見するためには，成果物の作成状況や未解決案件を報告させる，定期的に成果物を提出させ報告の内容と照らし合わせるなどの手続を組み込む。

**問題**

そして，例えば，設計工程において未解決案件や仕様変更などが増えていないか，チームリーダが担当者の進捗報告を鵜呑みにしていないかなどの観点で，問題の兆候の発見に努め，進捗に悪影響を及ぼす状況があれば必要な処置を取る。

**対応**

　一方，進捗の遅れが顕在化した場合は，原因分析を行い，対策を実施する。例えば，一部の担当者に負荷が集中しているなどの原因で進捗の遅れが発生していれば，作業量の調整や作業の実施順序の変更などを行い，遅れの拡大防止や早期回復を図り，計画時に考慮した許容範囲内で，クリティカルパス上の工程の進捗を守るように努める。

　あなたの経験と考えに基づいて，設問ア〜ウに従って論述せよ。

**計画**
　設問ア　あなたが携わったプロジェクトの概要と，クリティカルパス上で重点的に進捗を管理した工程及びその理由を，800 字以内で述べよ。

　設問イ　あなたが重点的に進捗を管理した工程において，問題の兆候を早期に発見するためにどのような手続を組み込んだか。そして，問題の兆候に対してどのような

**実施**
処置を取り，進捗の遅れに対してどのような原因分析と対策を実施したか，具体的に述べよ。

**問題**
　設問ウ　設問イで述べた活動をどのように評価しているか。また，今後どのような改善を考えているか。それぞれ簡潔に述べよ。

**対応**

重点管理 → 兆候にアンテナ（H20-2）
"遅れ"は発生していない…

**平成 15 年度 問 3**　プロジェクト全体に波及する問題の
早期発見について

→
解説は
こちら

**計画**

　　情報システム開発のプロジェクトでは，顧客側の業務担当者の参加が約束されていなかったり，一部の要員の力量が不足していたり，一部の要員がほかのプロジェクトを兼任しスケジュール調整が難しかったりするなど，部分的に問題を抱えたままプロジェクトマネージャの判断でプロジェクトを立ち上げる場合がある。

　　プロジェクトの遂行時には，これらの問題の解決が遅れたり，不十分であったりすることがある。その結果，例えば，要件定義が確定しなかったり，設計品質が低下したり，進捗が遅れたりするなどのプロジェクト全体に波及する問題になることがある。

　　プロジェクトマネージャは，プロジェクトの立上げ時に抱えていた問題から波及するおそれがあるプロジェクト全体の問題を事前に想定し，その兆候を早期に発見することが必要である。そのためには，プロジェクトの立上げ時に抱えていた問題に応じて，例えば，次のような項目の傾向を分析することが重要である。

・要件に対する質問への回答の遅れ日数

・要件定義の変更回数

・設計レビューの指摘件数

・兼任している要員の作業負荷

　あなたの経験と考えに基づいて，設問ア～ウに従って論述せよ。

**設問ア**　あなたが携わったプロジェクトの概要と，プロジェクトの立上げ時に抱えていた問題について，800 字以内で述べよ。

**設問イ**　設問アで述べた問題が解決できない状況において，プロジェクト全体に波及するどのような問題が発生すると想定したかを述べよ。また，どのようにしてその

**計画**　→　発生の兆候を早期に発見したか，分析した項目とともに，具体的に述べよ。

**設問ウ**　設問イで述べた活動をどのように評価しているか。また，今後どのような改善を考えているか。それぞれ簡潔に述べよ。

"兆候"の例
(H20-2)

**平成 20 年度 問 2**　情報システム開発における問題解決について

解説は
こちら

---

**兆候**

　プロジェクトマネージャには，プロジェクトの目標を確実に達成するために，問題を早期に把握し，適切に対応することが求められる。問題が悪化し，窮地に追い込まれてから対応するのではなく，問題の兆候を察知して，大きな問題になる前に対処することが肝要である。

　プロジェクトマネージャは，プロジェクト遂行中，現場で起きた問題に直面したり，定期的な報告を処理したりすることで，様々な問題を把握している。中には，問題の兆候を察知したが，当面は状況の推移を見守る場合もある。しかし，兆候への対応が遅れると品質，納期，費用に影響するような大きな問題になる場合もあり，その見極めが重要である。

　例えば，次のように，問題の兆候への対処を誤ると大きな問題になる場合がある。

・メンバの不平や不満への対処を誤ると，品質や費用に影響を与える。
・会議への出席率の低さへの対処を誤ると，進捗や費用に影響を与える。

**対応**

　プロジェクトマネージャは，問題の兆候を察知したときには，まず，兆候の詳細や出現の背景を迅速に調査する。その結果，静観できないと判断した場合，その対応策を検討し，大きな問題にならないように対処することが必要となる。

　あなたの経験と考えに基づいて，設問ア～ウに従って論述せよ。

---

**設問ア**　あなたが携わった情報システム開発プロジェクトの概要と，プロジェクト遂行
**兆候**　　中に察知した問題の兆候について，800 字以内で述べよ。

**設問イ**　設問アで述べた兆候の詳細や出現の背景について何をどのように調査したか。また，兆候を静観した場合に，どのような大きな問題になると想定したか。その根拠及び実施した対応策は何か。それぞれ具体的に述べよ。

**対応**
**設問ウ**　設問イで述べた活動について，あなたはどのように評価しているか。また，今後どのように改善したいと考えているか。それぞれ簡潔に述べよ。

---

これも兆候…「推移を見守る」は大事.
→ H14-1, H15-3 も.
計画変更は新たなリスク. 労力が燥

## 平成 22 年度 問 3　システム開発プロジェクトにおける進捗管理について

→解説はこちら

**計画**

　プロジェクトマネージャには，プロジェクトのスケジュールを策定し，これを遵守することが求められる。クリティカルパス上のアクティビティなど，その遅れがプロジェクト全体の進捗に影響を与えるアクティビティを特定し，重点的に管理することが必要となる。

　このようなアクティビティの進捗管理に当たっては，進捗遅れの兆候を早期に把握し，品質を確保した上で，完了日を守るための対策が求められる。例えば，技術的なリスク要因が存在するアクティビティに対してスキルの高い要員を配置したり，完了日までの間にチェックポイントを細かく設定して進捗を確認したりする。また，成果物の完成状況や品質，問題の発生や解決の状況などを定期的に確認することによって，進捗遅れにつながる兆候を把握し，進捗遅れが現実に起きないような予防処置を講じたりする。

**問題**
**対応**

　こうした対策にもかかわらず進捗が遅れた場合には，原因と影響を分析した上で遅れを回復するための対策を実施する。例えば，進捗遅れが技術的な問題に起因する場合には，問題を解決し，遅れを回復するために必要な技術者を追加投入する。また，仕様確定の遅れに起因する場合には，利用部門の責任者と作業方法の見直しを検討したり，レビューチームを編成したりする。進捗遅れの影響や対策の有効性についてはできるだけ定量的に分析し，進捗遅れを確実に回復させることができる対策を立てなければならない。

　あなたの経験と考えに基づいて，設問ア～ウに従って論述せよ。

**計画** →

**設問ア**　あなたが携わったシステム開発プロジェクトの特徴と，プロジェクトにおいて重点的に管理したアクティビティとその理由，及び進捗管理の方法を，800 字以内で述べよ。

**設問イ**　設問アで述べたアクティビティの進捗管理に当たり，進捗遅れの兆候を早期に把握し，品質を確保した上で，アクティビティの完了日を守るための対策について，工夫を含めて，800 字以上 1,600 字以内で具体的に述べよ。

**問題**
**対応** →

**設問ウ**　設問イで述べた対策にもかかわらず進捗が遅れた際の原因と影響の分析，追加で実施した対策と結果について，600 字以上 1,200 字以内で具体的に述べよ。

H14-1と同じ。"遅れへの対応"はH13-2
　　　　　　　　　　　　　　　H17-3等。

→ 解説は
こちら

**平成25年度 問3** システム開発プロジェクトにおける
工程の完了評価について

**計画**

　プロジェクトマネージャ（PM）には，プロジェクトの品質，予算，納期の目標を達成するために，プロジェクトの状況を継続的に評価し，把握した問題について対策を検討し，実施することが求められる。

　特に，各工程の完了に先立って，作業の実績，成果物の品質などの項目について，その工程の完了条件に基づいて評価する。また，要員の能力や調達状況などの項目について，次工程の開始条件に基づいて評価する。評価時に把握されるプロジェクト遂行上の問題としては，例えば，設計工程では，次のようなものがある。

**問題**

・工程の成果物の承認プロセスが一部未完了

・次工程の開発技術者が，計画上の人員に対して未充足

**対応**

　PMはこのような問題を把握して，次工程にどのような影響を与えるかを分析し，対応策を検討する。問題によっては，プロジェクトの納期は変えずにスケジュールの調整を行うなどの対応策が必要になる場合もある。そして，必要な関係者にその工程の完了及び次工程の開始の承認を得る。

　また，類似の問題が発生しないように問題の背景や原因を把握して，再発防止策を立案することも重要である。

　あなたの経験と考えに基づいて，設問ア～ウに従って論述せよ。

**設問ア**　あなたが携わったシステム開発プロジェクトのプロジェクトとしての特徴と，完了評価を行った工程の一つについて，その概要，その工程の完了条件と次工程の開始条件を，800字以内で述べよ。

**計画** ➡

**設問イ**　設問アで述べた工程の完了評価の結果はどのようなものであったか。その際，把握した問題と次工程への影響，検討した対応策について，800字以上1,600字以内で具体的に述べよ。

**問題**
**対応**

**設問ウ**　設問イで述べた問題の背景や原因，再発防止策とその評価，及び残された問題について，600字以上1,200字以内で具体的に述べよ。

・工程の完了条件・次工程の開始条件のNG（0）
・品質が悪い（△，✕）
・完成していない（✕）

**平成12年度 問3** 開発システムの本稼働移行について

解説は
こちら

**問題**
　システム開発プロジェクトでは，システムテストや運用テストの段階で，一部機能の欠陥や，ある条件下で性能要件が満たせないなどの問題が発見され，本稼働予定日までにすべての問題を解決することが困難であることも少なくない。しかし，このような状況でも，業務の都合などで本稼働の延期が難しく，条件付きでもなんとか運用を開始しなければならないことが多い。

**対応**
　このような場合，プロジェクトマネージャは問題の状況や影響範囲を分析し，本稼働に踏み切った場合に必要となる一部機能の使用制限や代替手段の提供，十分に検証が終わっていない特殊な条件に対する処理結果の再確認，想定されるトラブルへの対応策などについて，十分な検討を行わなければならない。

　また，これらの施策の検討に当たっては，利用部門及び運用部門との十分な調整も必要となる。

　あなたの経験に基づいて，設問ア～ウに従って論述せよ。

**問題**
**設問ア**　あなたが携わったプロジェクトの概要と，計画された本稼働移行を妨げる問題として何があったかを，800字以内で述べよ。

**設問イ**　設問アで述べた本稼働移行を妨げる問題に対処するために，どのような施策を，どのように実施したか。工夫した点を中心に，具体的に述べよ。

**対応**
**設問ウ**　あなたが実施した施策を，本稼働後の状況からどのように評価しているか。また，反省点は何か。それぞれ簡潔に述べよ。

→ H19-2

## 平成19年度 問2　情報システムの本稼働開始について

→ 解説は
こちら

**計画**
　プロジェクトマネージャは，システムの品質確保の状況，利用者への教育実施の状況，データ移行の状況などを情報システム開発の委託元に報告して本稼働開始の判断を仰ぐ。その際，プロジェクトマネージャは，プロジェクト成果物の完成見通しだけでなく，システムの利用部門や運用部門などにおける準備の状況も勘案して，本稼働開始の可否について判断を仰ぐための材料を用意する。

**問題**
　実際には，システムの品質やデータの移行などに課題が残り，本稼働予定日までに解決できないことも少なくない。このような場合でも，業務の都合などで本稼働を延

**対応**
期することが難しい状況にあるときは，必要な対応策を実施して，本稼働に踏み切ることがある。プロジェクトマネージャは，課題を残して本稼働を開始した場合の影響範囲を調査し，課題解決までの日程，影響を受ける部門・利用者・業務などを明確にする。その上で，例えば，次のような対応策を検討する。

　・一部の要件が実現できていない機能の代替策と運用手順を提供する。
　・利用者への教育が不十分な部門を支援するためのヘルプデスクを設置する。
　・システムの運用部門が機能するまでの暫定的なシステム運用支援チームを設置する。
　・データの移行が完了するまでの当面の対応ルールを利用部門や業務単位に設定する。

　あなたの経験と考えに基づいて，設問ア～ウに従って論述せよ。

**設問ア**　あなたが携わった情報システム開発プロジェクトの概要と，あなたが情報システム開発の委託元に本稼働開始の可否について判断を仰ぐために用意した材料について，800字以内で述べよ。

**計画**

**設問イ**　設問アで述べた情報システムの本稼働開始に当たり，本稼働までに解決できないと認識した課題はどのようなことか。また，課題を残して本稼働を開始した場合の影響範囲を調査した上で，どのような対応策を検討したか。工夫した点を中心に，具体的に述べよ。

**問題**
**対応**

**設問ウ**　設問イで述べた対応策について，あなたはどのように評価しているか。また，今後どのように改善したいと考えているか。それぞれ簡潔に述べよ。

対応策＝計画変更（期間．コストを明確に）

　　・責任と鍵 → どこから？　合意も大事

**平成25年度 問2**　システム開発プロジェクトにおける
　　　　　　　　　　トレードオフの解消について

解説は
こちら

**問題**
　　プロジェクトマネージャには，プロジェクトの遂行中に発生する様々な問題を解決することによって，プロジェクト目標を達成することが求められる。

　　プロジェクトの制約条件としては，納期，予算，要員などがある。プロジェクトの遂行中に発生する問題の中には，解決に際し，複数の制約条件を同時に満足させることができない場合がある。このように，一つの制約条件を満足させようとすると，別の制約条件を満足させられない状態をトレードオフと呼ぶ。

**対応**
　　プロジェクトの遂行中に，例えば，プロジェクトの納期を守れなくなる問題が発生したとき，この問題の解決に際し，制約条件である納期を満足させようとすれば予算超過となり，もう一つの制約条件である予算を満足させようとすれば納期遅延となる場合，納期と予算のトレードオフとなる。この場合，制約条件である納期と予算について分析したり，その他の条件も考慮に入れたりしながら調整し，トレードオフになった納期と予算が同時に受け入れられる状態を探すこと，すなわちトレードオフを解消することが必要になる。

　　あなたの経験と考えに基づいて，設問ア〜ウに従って論述せよ。


**設問ア**　あなたが携わったシステム開発プロジェクトにおけるプロジェクトの概要とプロジェクトの制約条件について，800字以内で述べよ。

**設問イ**　設問アで述べたプロジェクトの遂行中に発生した問題の中で，トレードオフの

**問題** ➤
**対応** ➤
解消が必要になった問題とそのトレードオフはどのようなものであったか。また，このトレードオフをどのように解消したかについて，工夫した点を含めて，800字以上1,600字以内で具体的に述べよ。

**設問ウ**　設問イのトレードオフの解消策に対する評価，残された問題，その解決方針について，600字以上1,200字以内で具体的に述べよ。


→ H19-2 の応用．
　"責任" と整合性．

**平成 30 年度 問 2** システム開発プロジェクトにおける
本稼働間近で発見された問題への対応について

解説は
こちら

　　プロジェクトマネージャ（PM）には，システム開発プロジェクトで発生する問題
を迅速に把握し，適切な解決策を立案，実施することによって，システムを本稼働に
導くことが求められる。しかし，問題の状況によっては暫定的な稼働とせざるを得な
いこともある。

**問題**
　　システムの本稼働間近では，開発者によるシステム適格性確認テストや発注者によ
るシステム受入れテストなどが実施される。この段階で，機能面，性能面，業務運用
面などについての問題が発見され，予定された稼働日までに解決が困難なことがある。
しかし，経営上や業務上の制約から，予定された稼働日の延期が難しい場合，暫定的
な稼働で対応することになる。

**対応**
　　このように，本稼働間近で問題が発見され，予定された稼働日までに解決が困難な
場合，PM は，まずは，利用部門や運用部門などの関係部門とともに問題の状況を把
握し，影響などを分析する。次に，システム機能の代替手段，システム利用時の制限，
運用ルールの一時的な変更などを含めて，問題に対する当面の対応策を関係部門と調
整し，合意を得ながら立案，実施して暫定的な稼働を迎える。

　　あなたの経験と考えに基づいて，設問ア〜ウに従って論述せよ。

設問ア　あなたが携わったシステム開発プロジェクトにおけるプロジェクトの特徴，本
**問題**　　稼働間近で発見され，予定された稼働日までに解決することが困難であった問題，
　　　　及び困難と判断した理由について，800 字以内で述べよ。

設問イ　設問アで述べた問題の状況をどのように把握し，影響などをどのように分析し
**対応**　　たか。また，暫定的な稼働を迎えるために立案した問題に対する当面の対応策は
　　　　何か。関係部門との調整や合意の内容を含めて，800 字以上 1,600 字以内で具体
　　　　的に述べよ。

設問ウ　設問イで述べた対応策の実施状況と評価，及び今後の改善点について，600 字
　　　　以上 1,200 字以内で具体的に述べよ。

→ H19-2

**令和3年度 問2** システム開発プロジェクトにおける
スケジュールの管理について

解説は
こちら

　プロジェクトマネージャ（PM）には，プロジェクトの計画時にシステム開発プロジェクト全体のスケジュールを作成した上で，プロジェクトが所定の期日に完了するように，スケジュールの管理を適切に実施することが求められる。

**計画**　PMは，スケジュールの管理において一定期間内に投入したコストや資源，成果物の出来高と品質などを評価し，承認済みのスケジュールベースラインに対する現在の進捗の実績を確認する。そして，進捗の差異を監視し，差異の状況に応じて適切な処置をとる。

**問題**　PMは，このようなスケジュールの管理の仕組みで把握した進捗の差異がプロジェクトの完了期日に対して遅延を生じさせると判断した場合，差異の発生原因を明確
**対策**　にし，発生原因に対する対応策，続いて，遅延に対するばん回策を立案し，それぞれ実施する。

　なお，これらを立案する場合にプロジェクト計画の変更が必要となるとき，変更についてステークホルダの承認を得ることが必要である。

　あなたの経験と考えに基づいて，設問ア〜ウに従って論述せよ。

　設問ア　あなたが携わったシステム開発プロジェクトにおけるプロジェクトの特徴と
**計画**　　　　目標，スケジュールの管理の概要について，800字以内で述べよ。
　設問イ　設問アで述べたスケジュールの管理の仕組みで把握した，プロジェクトの完
**問題**　　　　了期日に対して遅延を生じさせると判断した進捗の差異の状況，及び判断した
**対策**　　　　根拠は何か。また，差異の発生原因に対する対応策と遅延に対するばん回策は
　　　　どのようなものか。800字以上1,600字以内で具体的に述べよ。
　設問ウ　設問イで述べた対応策とばん回策の実施状況及び評価と，今後の改善点について，600字以上1,200字以内で具体的に述べよ。

最もオーソドックスな
進捗管理の問題、
（進捗遅延時の対応）

# 演習 ● 令和3年度　問2

問2　システム開発プロジェクトにおけるスケジュールの管理について

　　プロジェクトマネージャ（PM）には，プロジェクトの計画時にシステム開発プロジェクト全体のスケジュールを作成した上で，プロジェクトが所定の期日に完了するように，スケジュールの管理を適切に実施することが求められる。

　　PMは，スケジュールの管理において一定期間内に投入したコストや資源，成果物の出来高と品質などを評価し，承認済みのスケジュールベースラインに対する現在の進捗の実績を確認する。そして，進捗の差異を監視し，差異の状況に応じて適切な処置をとる。

　　PMは，このようなスケジュールの管理の仕組みで把握した進捗の差異がプロジェクトの完了期日に対して遅延を生じさせると判断した場合，差異の発生原因を明確にし，発生原因に対する対応策，続いて，遅延に対するばん回策を立案し，それぞれ実施する。

　　なお，これらを立案する場合にプロジェクト計画の変更が必要となるとき，変更についてステークホルダの承認を得ることが必要である。

　　あなたの経験と考えに基づいて，設問ア〜ウに従って論述せよ。

設問ア　あなたが携わったシステム開発プロジェクトにおけるプロジェクトの特徴と目標，スケジュールの管理の概要について，800字以内で述べよ。

設問イ　設問アで述べたスケジュールの管理の仕組みで把握した，プロジェクトの完了期日に対して遅延を生じさせると判断した進捗の差異の状況，及び判断した根拠は何か。また，差異の発生原因に対する対応策と遅延に対するばん回策はどのようなものか。800字以上1,600字以内で具体的に述べよ。

設問ウ　設問イで述べた対応策とばん回策の実施状況及び評価と，今後の改善点について，600字以上1,200字以内で具体的に述べよ。

# 解説

## ●問題文の読み方

問題文は次の手順で解析する。最初に，設問で問われていることを明確にし，各段落の記述文字数を（ひとまず）確定する（①②③）。続いて，問題文と設問の対応付けを行う（④⑤）。最後に，問題文にある状況設定（プロジェクト状況の例）やあるべき姿をピックアップするとともに，例を確認し，自分の書こうと考えているものが適当かどうかを判断する（⑥⑦）。

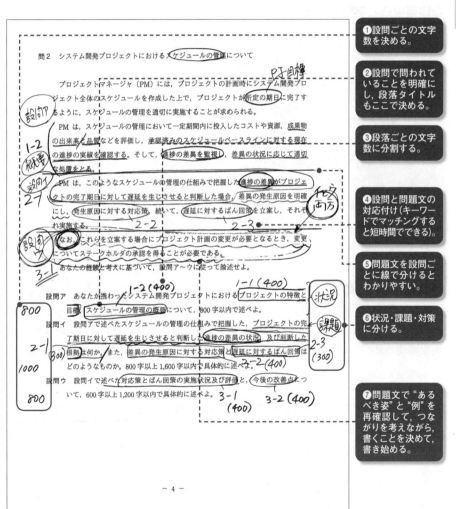

右側の吹き出し：

① 設問ごとの文字数を決める。

② 設問で問われていることを明確にし，段落タイトルもここで決める。

③ 段落ごとの文字数に分割する。

④ 設問と問題文の対応付け（キーワードでマッチングすると短時間でできる）。

⑤ 問題文を設問ごとに線で分けるとわかりやすい。

⑥ 状況・課題・対策に分ける。

⑦ 問題文で"あるべき姿"と"例"を再確認して，つながりを考えながら，書くことを決めて，書き始める。

## ●出題者の意図（プロジェクトマネージャとして主張すべきこと）を確認

| 出題趣旨 |
|---|

　プロジェクトマネージャ（PM）には，プロジェクトの計画時にプロジェクト全体のスケジュールを作成し，プロジェクトの実行中はプロジェクトが所定の期日に完了するようにスケジュールの管理を適切に実施することが求められる。

　本問は，プロジェクトの実行中，スケジュールの管理の仕組みを通じて把握した，プロジェクトの完了期日に対して遅延を生じさせると判断した進捗の差異の状況，判断した根拠，差異の発生原因に対する対応策，遅延に対するばん回策について具体的に論述することを求めている。論述を通じて，PMとして有すべきスケジュールの管理に関する知識，経験，実践能力などを評価する。

（IPA 公表の出題趣旨より転載）

## ●段落構成と字数の確認

1. プロジェクトの特徴とスケジュール管理の概要
　1.1 プロジェクトの特徴と目標（400）
　1.2 スケジュール管理の概要（400）
2. 進捗の差異の発生と，その対応策
　2.1 進捗の差異の状況（300）
　2.2 差異の発生原因に対する対応策（400）
　2.3 遅延に対する挽回策（300）
3. 実施状況及び評価と今後の改善点
　3.1 発生原因に対する対応策と挽回策の実施状況及び評価（400）
　3.2 今後の改善点（400）

## ●書くべき内容の決定

　次に，整合性の取れた論文，一貫性のある論文にするために，論文の骨子を作成する。具体的には，過去問題を想いだし「どの問題に近いのか？複合問題なのか？新規問題か？」で切り分けるとともに，どのような骨子にすればいいのかを考える。

### 過去問題との関係を考える

　この問題は，納期を守るための進捗管理をテーマにしたものである。同じカテゴリに分類できる問題には，スケジュールの作成，兆候の把握と対応，工程の完了評価，進捗遅れへの対応などがあるが，このうちの「進捗遅れへの対応」に関する問題だ。

　しかし，ここまでがっつりと"進捗遅れへの対応"だけにフォーカスしている問題は，これまで出題されていない。同類の過去問題は，本稼働開始直前に限定され

ていたり（平成 30 年問 2），兆候の発生との複合問題だったり（平成 22 年問 3）していた。本稼働開始前に限定されている問題では部分稼働を中心に対策を考えるものが多いし，兆候の発生との複合問題では，設問ウだけが進捗遅れへの対応だったりする。

　そのため，過去問題を通じて論文を準備していた人は，対策の内容を変えたり（例えば原因の除去とクラッシングなど），設問ウで用意していた遅延対策を，より詳しく説明するというアレンジが必要になる。

## 全体構成を決定する

　全体構成を組み立てる上で，まず決めないといけないのは次の 3 つである。

---

①差異の発生原因と対策（2-2）
②差異を検知した日（工程）（2-1）
③遅延の挽回策（2-3）

---

　この問題の場合，最初に差異の発生原因を考えるようにした方が良い。対策を書かないといけないので，発生原因と対策をペアで考える方が良い。今後の改善点を考えれば，計画段階での配慮不足になるのは致し方ないが，それが余りにも初歩的なものだったら，そもそもの PM としての能力を疑われることになるからだ。「その原因なら仕方がないよな」と採点者に思わせる原因にする必要がある。そのためには，事前に準備しておくことも重要になるだろう。

　そして，その原因に対して，様子見をすることや，原因分析手順を合わせて考えるとともに，スケジュール管理の概要（1-2）と，差異を検知した日（工程）（2-1）を確定させる。

　遅延の挽回策は，要員の追加投入をベースに，コスト面をどうするのかを考えて，プロジェクトの特徴にも反映させるようにすればいいだろう。

## ● 1-1 段落（プロジェクトの特徴と目標）

　ここでは，プロジェクトの概要を簡単に説明した後に，今回のプロジェクトの特徴と目標を書く。この問題のテーマが「スケジュール管理」なので，そこに関連した特徴と目標を書くのがベストである。具体的には，次のようなものが考えられる。

・ システムの納期，その納期に決まった背景，成果目標の中の納期の優先度，プロジェクトの完了日など（必要に応じて定量的に表現する）
・ 納期遅延に対するリスク源や懸念事項

### 【減点ポイント】

①プロジェクトの話になっていない又は特徴や目標が無い（致命度：中）
　→　添削していて散見されるのが，開発対象のシステムの話に終始しているもの。システムの特徴とプロジェクトの特徴の違いを十分に理解しておかないといけない。
②記述した"プロジェクトの特徴"が，スケジュール管理とは全く無関係のもので，目標とする納期やプロジェクトの完了日がよくわからない（致命度：中）
　→　一貫性が無くなるので評価は低くなる。
　→　採点者が，プロジェクト後半の時期を明瞭にイメージできるようにする。

## ● 1-2 段落（スケジュール管理の概要）

　続いて，スケジュール管理の概要について書く。どういうツールを使って，どれくらいの間隔や頻度で，何の差異を把握するのかを中心に書けばいいだろう。なお，ここで書いた情報に基づいて，設問イの"進捗の差異の状況（2-1）"について書くことになるので，それを前提に書く内容を決めるようにしなければならない。

### 【減点ポイント】

①どのような管理ツールを使ってスケジュール管理をしているのかわからない（致命度：小）
　→　EVM，ガントチャート，マイルストンチャートなど，一言添えておいた方が良い。
②どのタイミングで，何をもってして進捗の差異を把握できるのかわからない（致命度：中）
　→　差異を認識したり，検討したりするタイミングが毎日なのか，週1回なのか，2週間に1回なのかであったり，工程別の成果物の出来高を何で評価するのかであったりも必要になる。

## ● 2-1 段落（進捗の差異の状況）

　設問イの１つ目は，進捗の差異の状況について書く。設問アが「スケジュール管理の概要」で終わっているので，プロジェクトが立ち上がったところから書くとスムーズにつながるだろう。そして，ここで 2-2 につながるように「**プロジェクトの完了期日に対して遅延を生じさせると判断した進捗の差異の状況，及び判断した根拠**」へと展開する。具体的には，次のような要素について説明していけばいいだろう。

・ 差異の発生。設問アに書いたスケジュール管理上に現れた差異
　いつのどの工程の話か？工程の残りの期間なども。"いつ"を明確にすることが重要になる。
・ しばらく様子見。過敏に反応しない。残り期間はまだ十分ある場合は特に
・ もう様子見ができないと判断したタイミング，その根拠
　特に，設問でも「プロジェクトの完了期日に対して遅延を生じさせると判断した根拠」が問われているので，その合理的な根拠についてはしっかりと書く。

　注意しないといけないのは，ただ単に「進捗に遅延が発生した」というのではないという点だ。ここでは，あくまでも「**プロジェクトの完了期日に対して遅延を生じさせる可能性が高い**」遅延限定になる。

　その根拠とともに書かないといけないので，例えば，ここで書く遅延が，要件定義工程や外部設計工程などプロジェクト開始直後の場合（プロジェクト完了期日までまだまだ長期間残っている場合），その工程がたとえクリティカルパスであったとしても，過敏に反応するのは現実的ではない。合理的な根拠を書くことができれば上流工程でも何ら問題は無いが，どういう根拠に基づいて「**プロジェクトの完了期日に対して遅延を生じさせる可能性が高い**」と判断したのかを，合わせて考えないといけない。

## 【減点ポイント】

　①プロジェクトの完了期日に対して遅延が発生するかどうか不明（致命度：大）
　　→　ここをしっかり書かないと，この問題の趣旨に合致した事例にはならない。
　②遅延発生日が不明瞭（致命度：中）
　　→　スケジュール管理の問題なので，ここが不明瞭だと話にならない。

## ● 2-2 段落（差異の発生原因に対する対応策）

　続いて，遅延（差異）の発生している原因を除去する対応策について書く。特に，原因を分析したプロセスが問われているわけでもないので，遅延に発展した原因とそれに対する対応策を書くだけで構わないが，2-1との関係の整合性を考えて矛盾しないように注意しなければならない。

　例えば2-1で，「遅延が発生し，しばらく様子見をしていたが，徐々に差異が大きくなり…」という展開にした場合には，原因が明らかですぐに実行できるような対策だとおかしくなる。様子見をする前に，原因を除去すればいいだけの話だからだ。

　加えて，ここで書くべきことは"対応策"になる。したがって，誰に，いつからいつまでどんな指示を出したのかがはっきりとわかるように書く必要がある。どのような計画にしたのかを具体的に示す。必要に応じて，追加工数がどれくらいかかるのか，指示した人の今の作業は一旦ストップするのか否かなども，きちんと説明する必要があるだろう。

【減点ポイント】

① 原因がはっきりしていたり，対応策が容易に実現できたりする。いずれも，それならなぜすぐに対応しなかったのか？という疑念を抱かせる（致命度：中）
　→　2-1と矛盾がなく疑念を抱かない内容にすること。

② 対策（計画）の内容が不明瞭もしくは抽象的で採点者に伝わらない（致命度：中）
　→　客観性のある数値を使って，5W1Hの必要な要素を欠くことの無い説明が必要。誰がするのか，いつからいつまでするのかは最低限必要なこと。書いた本人しかわからない計画ではダメ。

③ 指示したメンバの元々のタスクをどうするのかが書かれていない（致命度：小）
　→　誰がするのかを明記すると，続いて，そのメンバの元々のタスクをどうするのかも書く必要がある。そのメンバが偶々作業が空いていたという幸運による成果は評価されない。

## ● 2-3 段落（遅延に対する挽回策）

　設問イの3つ目の段落では，発生している遅延に対する挽回策を書く。ここも2-2と同じように計画を具体的に書くのはもちろんのこと，ここで書く計画を考えた時期（日付），その時点での差異（遅延日数）を明確にし，さらに，その計画変更でさらに遅延が発生するか否かを明確にして，それを挽回する対策を書く。

　対策として，まず考えるべきことは要員の追加投入等のクラッシングだ。要員の追加投入は一見当たり前すぎる対策に思えるが，当たり前すぎる対策だからこそ第一選択肢になるので，何の問題もない。この問題には"例"が書かれていないが，類

似問題の平成 22 年問３の問題文には「**遅れを回復するために必要な技術者を追加投入する。**」という例を挙げている。

ただ，要員の追加投入をする場合には，そのコストをどう捻出したのか？誰の負担なのかを，その原因に対する妥当なものにしたうえで，書かないといけない。要員の追加投入による遅延挽回策は，誰でも容易に書くことができるからこそ，そのあたりに関する細かい記載をして他の受験生との差別化を考えよう。

もちろん要員の追加投入以外の施策でも合理性があれば問題はない。ただ「生産性を 1.3 倍にして」というような夢のような対応策は，それを採点者が信じてくれるかどうかをよく考えて書くようにしよう。「それができたら苦労せぇへん」と思われないように。

そして最後に，問題文に記載されている「変更についてのステークホルダの承認を得る」という部分に関しては，ここ（設問イ）に書くか，設問ウに書くかを考えよう。設問イでは「差異の発生原因に対する対応策と遅延に対する挽回策はどのようなものか」が問われている。この表現だけで考えれば，計画した内容がメインになっているのは明白だ。したがって，設問ウの「実施状況」に含むのがベストだと考えるべきだろう。もちろん，多少は設問イに書いてもいいし，ここに書いたからと言って大幅な減点があるとも考えにくいが，問題文で問われている"書かなければならないこと"は，設問ア・イ・ウのいずれに書くべきかを考えてから書くようにしたい。

## 【減点ポイント】

①対策に漏れや矛盾があり，その対策では遅延策を解消できないと思われる（致命度：中）

　→　少なくとも，採点者には効果的だと思ってもらえる内容にしないといけない。既存メンバの作業内容を変更する場合，元々計画していた作業をどうするのかも明確に記載しなければならない。

②計画の内容が不明瞭で採点者に伝わらない（致命度：中）

　→　客観性のある数値を使って，5W1H の必要な要素を欠くことの無い説明が必要。誰がするのか，いつからいつまでするのかは最低限必要なこと。書いた本人しかわからない計画ではダメ。

③コスト増になるか否か，そのコストをどうするのかについて記載がない（致命度：中）

　→　実際のプロジェクトでは，コスト面は最初に考えること。その部分を無視してあれこれ書いても意味がない。

## ● 3-1 段落（発生原因に対する対応策と挽回策の実施状況及び評価）

　設問イは，あくまでも"計画段階の話"になる。したがって，ここではその対策が計画通りに実施できたかどうかを書く。

　設問イでどこまでを書いたかにもよるが，まずは問題文中の「**なお，これらを立案する…，変更についてステークホルダの承認を得ることが必要である。**」という部分についての記載である。コスト増につながる場合は，その旨を含めて，然るべきステークホルダに説明し，承認を得たことについて記載する。

　後は，設問イで書いた2つの対応策についての実施状況を書く。ここは，計画通りに粛々と実施したことについて言及すればいい。

　そして最後に，評価について書く。実施状況と評価を別の段落に分けてもいいが，評価だけの段落にしても，あまり書くことがなくなってしまうので，実施状況と評価は1つにした方が良い。そうすれば「計画通りに実施できたから良かった」とできるし，段落ごとの記述量のバランスも良くなる。また，今回の問題が「**プロジェクトの完了期日に対して遅延を生じさせる**」可能性のある遅延なので，プロジェクトの完了期日を守れたということについても書いておいた方が良いだろう。それが最重要事項になるので。

【減点ポイント】
　①2つの実施状況に言及していない（致命度：中）
　　→　必ず，差異の発生原因に対する対策の実施状況と，遅延に対する挽回策の実施状況について書かないといけない。
　②ステークホルダの承認を得たことについての記載がない（致命度：中）
　　→　計画変更が無ければ問題無いが，明らかに計画を変更しているのに承認を得ていないとなると問題である。問題文にも明記されているので，必ず書くようにしよう。
　③評価が無い。もしくは，あまり高く評価していない（致命度：中及び小）
　　→　評価が無いのは設問に解答できていないので注意しなければならない。実施状況と無関係のものもNG（致命度：中）。また，自己評価が低い場合はやぶへびになる可能性がある（致命度は小）。
　④プロジェクトの完了期日がどうなったか書かれていない（致命度：小）
　　→　書き方によって，明記しなくても伝わるかもしれないが，そのための対策なので，はっきりとしておいた方が良い。

## ● 3-2 段落（今後の改善点）

最後も，平成20年度までのパターンのひとつ。最近は再度定番になりつつある
"今後の改善点"だ。ここは，最後の最後なのでどうしても絞り出すことが出来なけ
れば，何も書かないのではなく典型的なパターンでもいいだろう。

しかし，今回の問題なら「兆候の管理が出来ていなかったので，次回から…」と
すれば，矛盾なく書けると考えている。他の進捗管理の問題のように，スケジュー
ル遅延の兆候となる指標を常時監視しておき，遅延が発生する前に早期対応，予防
的対応ができるようにしていきたいとしておけばいいだろう。今回の教訓を活かす
という視点だ。

### 【減点ポイント】

特になし。何も書いていない場合だけ減点対象になるだろうが，何かを書いてい
れば大丈夫。時間切れで最後まで書けなかったというところだけ避けたいところ。
過去の採点講評では「一般的な本文と関係ない改善点を書かないように」という注
意をしているので，それを意識したもの（つまり，ここまでの論文で書いた内容に
関連しているもの）にするのが望ましいが，時間もなく何も思い付かない場合に備
えて汎用的なものを事前準備しておこう。

## ●サンプル論文の評価

このサンプル論文は，ざっくりとしたストーリからすると，「単に進捗が遅れたか
ら，原因を分析して対応策を取り，要員を追加投入して遅れを挽回した。」という単
純でありきたりの内容になっている。

ただ，合格論文か否かという観点で言うと，次のような理由から，十分余裕のあ
る（ハイレベルの）合格論文だと考えている。

・ 設問に加え問題文にもパーフェクトに対応している点
・ 時間遷移が明瞭で，読んでいても「いつ」なのかが手に取るようにわかる点
・ 単なる差異の発生と，プロジェクトの完了期日に影響する差異との違いが分か
  る点
・ 一旦作業をストップしている点や，コスト面にも触れている点
・ プロジェクトの特徴から今後の改善点まで一貫して筋が通っている点
・ 無駄な要素（問題文でも問われていないこと）が一切ない点

## ● IPA 公表の採点講評

　全間に共通して，自らの経験に基づいて具体的に論述できているものが多かっ
た。一方で，各設問には論述を求める項目が複数あるが，対応していない項目のあ
る論述，どの項目に対する解答なのか判然としない論述が見受けられた。また，論
述の主題がプロジェクトチームのマネジメントやスケジュールの管理であるにもか
かわらず，内容が主題から外れて他のマネジメントプロセスに偏った論述となった
り，システムの開発状況やプロジェクトの作業状況の説明に終始したりしている論
述も見受けられた。プロジェクトマネージャとしての役割や立場を意識した論述を
心掛けてほしい。

　問2では，スケジュールの管理の仕組みを通じて把握した，プロジェクトの完了
期日に対して遅延を生じさせると判断した進渉の差異の状況，判断した根拠，差異
の発生原因に対する対応策，遅延に対するばん回策について，具体的な論述を期待
した。経験に基づき具体的に論述できているものが多かった。一方で，スケジュー
ルの管理の仕組みを通じて把握したものではない遅延やプロジェクトの完了期日に
対してではない遅延についての論述や，EVM（Earned Value Management）の理
解不足に基づく論述も見受けられた。プロジェクトマネージャにとって，スケ
ジュールの管理は正しく身に付けなければならない重要な知識・スキルの一つであ
るので，理解を深めてほしい。

# サンプル論文

## 1．プロジェクトの特徴とスケジュール管理の概要

### 1.1. プロジェクトの特徴と目標

　私の勤務する会社は，独立系ソフトウェア開発企業である。今回私が担当したのは，A大学の統合事務システム開発プロジェクトだ。

　プロジェクトの開始はX年10月1日。開発期間は1年7か月。大学側では1年後のX＋1年10月1日から一部の機能（学生管理機能）を利用し始め，X＋2年4月1日の新事業年度からは履修や教務など全機能について利用する予定にしている。その後1か月間本番立会いを実施して，順調に行けば4月末にプロジェクトを終了する計画だ。

　本プロジェクトにおいては，各業務ごとに設定した稼働時期の変更は不可能である。納期が遅れると，各種業務に多大な影響を及ぼす。そのため，しっかりとしたスケジュール管理が必要になるプロジェクトだと考えた。

### 1.2. スケジュール管理の概要

　今回のプロジェクトでは，EVMを適用してスケジュール管理を行う。

　要件定義，外部設計，内部設計工程及び結合・総合テスト工程では機能ごとに，製造・単体テスト工程ではプログラムモジュールごとにワークパッケージ（以下，WPという）を設定し，工程別に設定したマイルストーンごとの出来高比率を用いて進捗を管理する。

　また，各WPのうち，開始から終了までの期間が1週間を超えるWPに対しては，アクティビティに細分化して1週間の進捗予定を決め，EVMとは別にガントチャートで重点管理するようにしている。

　今回のスケジュールベースラインは，メンバの有給休暇の取得を加味し，かつ残業時間ゼロで計画したものなので，1週間ごとに進捗を管理することで，進捗に遅延が発生しても土日で挽回できると考えている。

---

事前に準備していたものをアレンジして適用を試みる。

この問題に対する設問アの全体の記述量を考えると，どうしても1-2が長くなる。そのため，早々にプロジェクトの話に持っていくために，不要なことを書かないように注意した。3行で「今回のプロジェクトは…である」と宣言している。

この問題は，スケジュール管理をテーマにしているもので，かつ，設問アではプロジェクト目標を書くように要求している。そのため，いつもよりも詳しく書いた方が良いと判断。

あえて「コストよりも納期遵守が優先される」とは書かなかったが，その含みを持たせるために，稼働時期の変更ができないことを強調している。

スケジュール管理の問題なので，どのようなベースラインにしたのかも説明している。

## 2．進捗の差異の発生と，その対応策

### 2.1. 進捗の差異の状況

　プロジェクトは，X年10月1日に予定通り開始し，そこから内部設計工程までは順調に進んだが，製造・単体テスト工程に入って2か月経過したX＋1年5月の中旬ごろ，徐々に月曜日の段階でも進捗に遅れが発生するようになってきた。メンバに理由を聞くと，結合テスト以後に不具合を残さないように，徹底的に単体テストをしているということだった。

　悪いことではないので，しばらく様子を見ながらEACを注視していたが，4週目（6月初旬）になっても状況は改善せず，それどころか，差異は大きくなってきた。当初は，完了しているはずのモジュールのうち，未完了は数個だったのだが，その後数個ずつ増え，4週目には10を超えるモジュールが未完了になっていた。これらを完了させるのに1週間になる。つまり，6月初旬の段階で1週間の遅れである。

　1週間の遅れ程度なら，どうにでも取り返せると考えることもできる。しかし，今回のプロジェクトで納期遅延は許されないし，徐々にではあるが差異は拡大傾向にある。このままの生産性でEACを計算して，今のメンバだけで今後のベースラインをシミュレーションすると，プロジェクトの完了予定日が最大で1か月遅延することになる。つまり，X＋2年の4月1日に全てリリースすることができないところまできてしまったわけだ。そこで私は，6月の初旬ではあるものの早めの対策を実施することにした。

### 2.2. 差異の発生原因に対する対応策

　まずは，差異の発生原因を潰す対応策だ。メンバーから聞いている原因以外に，何か真の原因があるはずだが，品質管理指標の値には，特に原因となるような特徴は見いだせない。

> 時間軸を明確に。工程と年月を明記している。Good。

> 遅延の発生と，それが納期に影響を及ぼすレベルとには差があるため，しばらく様子見をしていることを表現している。それによって「（プロジェクトの完了日に対して遅延を生じさせると）判断した根拠」につなげていきやすくしている。

> 遅延を定量的に表現。

> 現段階での遅延状況（差異）を定量的に表現して明確にしている。

> 「判断した根拠」が決して過敏になっているわけでは無いことを主張している。

> これらが「判断した根拠」になる。

> 今が6月の初旬であるということを繰り返し伝えることで，読み手に覚えてもらおうと考えた。

> 容易に想像がつく原因ではない，すなわち調査分析が必要だということを示唆する表現。容易に想像がつく原因なら，すぐ除去すればいいだけの話なので，そうではない原因にする必要がある。

そこで，各チームリーダに対して，一旦既存作業をストップして，予定通り完了しなかったモジュールと，予定通り完了したモジュールのソースにまで調査範囲を広げるように指示を出した。

> これは重要なこと。忘れないようにしたい。

> 原因分析は PM 自身が行ってもいいが，通常は指示を出す。

すると，いくつか，想定していない複雑なロジックや命令を使用しているケースを見つけることができたと報告があった。それが，作成時間やテストケース数を押し上げる形になっていたということだ。

> ここを具体的に書かないといけないとも考えられるが，システムアーキテクトではないので，技術の観点ではなく，管理の観点をより具体的にした方が良い。そう考えると，ここを具体的にすると分量が肥大化してしまう。

そこで，その原因を除去するために，それらのケースのあるべき姿を本プロジェクトのコーディングルールに追加して，今後は，そのルールに従って作成するように，周知徹底を図ることにした。こうすることで，今後のこの工程での生産性は計画通りに進むはずである。完了したモジュールと未着手のモジュールから考えて，もう同様の問題は発生しないと考えられるからだ。

> この対策が有効だと考えていることを主張。

なお，その作業は2日間必要だと見積もった。

> いったん作業をストップしているため，さらに遅延が発生している点も，ちゃんと表現しよう。

## 2.3. 遅延に対する挽回策

続いて，遅延に対する挽回策について検討した。現段階での遅延は1週間と，作業をストップして原因追及と開発標準の改訂に3日かかっているので，その後作業を再開した段階で10日遅れである。これを挽回しなければならないからだ。

> 遅延を定量的に表現している。2.2の対策を加味しているところが現実的でわかりやすい。

この点に関しては，6月中旬からプログラマを1人追加投入することにした。期間は，開発標準の説明期間や，生産性を2割ほど低く見積もるという配慮に，さらに多少の余裕を見て1か月間とした。もちろん，この部分は重点的にスケジュール管理を実施する。大学側にも（追加費用を含めて）承認を得ることができた。

> 問題文で要求されている必要な要素。これでは少なすぎるので，設問ウでしっかりと説明しなければならない。

なお，新たに追加したコーディングルールに準拠しているかどうかの全モジュールを対象にした調査と，それに合わせた改修は，今回のプロジェクトでは実施しないことにした。品質と納期を考えてのことである。

> 今回の原因を考えれば，これをどうするのかは，絶対に考えなければならないこと。今回のPJで対応しても良かったが，複雑になるのでこうした。こうすることで，今後の改善点につなげることもできる。

## 3．実施状況及び評価と今後の改善点

### 3.1. 発生原因に対する対応策と挽回策の実施状況及び評価

　発生原因に対する対策については，チームリーダの作業をいったんストップしてもらったが，予定通り３日間で完了することができた。その後の生産性も，計画した生産性に戻り，その後遅延は発生することはなかった。

　また，挽回策についても，要員を１人１か月間追加投入して，７月中旬には予定通り遅延を取り戻すことができた。

　要員の追加投入により１人月分の追加コストが発生したが，大学側には事情を伝えて，マネジメント予備費を使用する許可を得ている。今回の遅延の原因が，真の原因はあったものの，単体テストレベルで品質を確保したいという意識から生まれたものなので，大学側も納得してくれた。また，結合テスト及び総合テストでも高品質が期待でき，納期遵守の可能性が高まったことも理解してくれた。

　最終的に，プロジェクトは予定通り完了し，大学の希望する日程通りに各システムはリリースできた。最終リリース後１か月間立ち会ったが，大きな不具合も出なかった。結合テストと総合テストの時点でも，品質がよくて十分すぎるテストができたのが良かったのだと思う。

　今回の対策は，早すぎる対応だという意見もあった。しかし，プロジェクトの早い段階から対応するのは，納期遵守のプロジェクトでは基本中の基本だと考えている。決して早い対応では無く，妥当な対応策だと評価している。

### 3.2. 今後の改善点

　反省すべき点は，本プロジェクトのコーディングルールに漏れがあったことだ。「そこまでは記述する必要はないだろう」という私の認識の甘さが原因だ。

> ここには，設問イで計画したことがどうだったのかを中心に書く。設問イは，あくまでも計画の話だからだ。やぶへびにならないように，順調かつ粛々と実施したと書いたらいいだろう。

> マネジメント予備費を使うことに対して承認を得られた理由を，プロジェクト特性に絡めて示している。

> そして評価の部分。

> 教訓的な改善点ではなく，システムそのものに残された課題なので，微妙に要求されている趣旨とは違うが，この程度で，最後の改善点の部分だけなら，悪くても減点だけで合否に影響することもないだろうと判断した。

　加えて，複雑なロジックや命令を使っていた部分は，保守性の観点を除き問題はないと判断して，そのままにしている。他のモジュールでも，いくつか存在していることもわかっている（スケジュールには影響なかったもの）。

　そこで，本システムを，次回どこかを改修する際に，保守性に配慮してコーディングルールに従った改修を合わせて行う予定にしている。大学側に説明し，一定の理解も得ているので，忘れないようにドキュメントに記載している。

 **知識に基づいた経験の重要性（1）**

"守破離"という言葉をご存じだろうか。筆者の好きな言葉である。この言葉は，昔から伝わる有名なもので，茶道や華道，武道など（元々は能の世界？）の学び方や師弟関係のあるべき姿を現したものである。個々の文字には次のような意味があり，学びが進むにつれ，守→破→離の順で成長していきなさいという教えになっている。

　守：既存の型を「守る」。真似する。
　破：その後造詣を深め，その型を自分にあったものに合わせて「破る」。
　離：最終的には型から「離れて」自由になる。

我々に例えると，さながらこういう感じなのかもしれない。

　守＝PMBOK
　破＝会社標準
　離＝自分自身のオリジナリティ

　守＝情報処理技術者試験
　破＝経験
　離＝改善した経験

いずれも，知識に基づく経験の重要性を示唆している。

### 経験至上主義の悪い点

　人生の先輩は，よく経験の大切さを口にするけど，経験にも，肥やしになる"経験"と無駄な"経験"があることを忘れてはいけない。特に，現代のように大量の情報がネット上にあるような時代になるとなおさらだ。

単に知識がありさえすれば避けられたはずの"試行錯誤"や"苦労"，"失敗"なんかは，はっきり言って"無駄な経験"以外の何物でもない。

　しかも，我々ITエンジニアの仕事というのは，芸術的感性や，体を使ったアクション，手先の器用さなど…知っていてもできないことは少ない。そうではなく，知識さえあれば，初めての経験でも失敗しなくて済む。通常，コンピュータに"ゆらぎ"や"矛盾"はないからだ。

　そういう様々な理由で，IT業界では，注意をしないと「俺は，…を経験してきたんだ。ほんと苦労したんだぜ。」みたいなことを口にする行為は，己のレベルの低さを語っていることになりかねない。

### 知識に基づく経験の重要性

　もちろん，"人"を相手に行う交渉やマネジメントは，経験がものをいう。そこは，コンピュータと違って正解の無い世界だからだ。そのあたりは，本書の付録でも触れているが，できれば，そこで"試行錯誤"や"苦労"，"失敗"をしたい。そのためにも，コンピュータ相手のところは，"初物"にチャレンジする時にでも，失敗しないだけの"知識"を身に付けておかないといけないというわけだ。

　但し，その場合，我々の目の前にある"先に知っておくべき情報"は，余りにも多すぎる。何を知るべきなのか。それを考えた時に，情報処理技術者試験が最も合理的な選択になる。国と所属企業と自分自身の利害関係が一致しているから。
（P.465に続く）

# 5 予 算

ここでは"予算"にフォーカスした問題をまとめている。試験で取り上げられるのは，主に"工数"や"人件費"になる。予測型（従来型）プロジェクトでは，重要なプロジェクト目標になる。プロジェクトマネージャには，予め合意した予算の範囲内に収めることが強く求められている。SIベンダが顧客と請負契約を締結している場合には，赤字プロジェクトになる可能性もある。PoCやアジャイル開発，準委任契約では制約の意味合いが強くなるところだ。

| 5 | 予算のポイント・過去問題 |
| 演習 | 平成31年度　問1 |

# 5 ・ 予算のポイント・過去問題

まずはテーマ別のポイントを押さえてから問題文の読み込みに入っていこう。

## ●過去に出題された午後Ⅱ問題

表1 午後Ⅱ過去問題

| 年度 | 問題番号 | 問題タイトル | 掲載場所 | 重要度 ◎＝最重要 ○＝要読込 ×＝不要 | 2時間で書く推奨問題 |
|---|---|---|---|---|---|
| ①見積り | | | | | |
| H12 | 1 | 開発規模の見積りにかかわるリスク | なし | × | |
| H23 | 1 | システム開発プロジェクトにおけるコストのマネジメント | Web | ○ | |
| H26 | 1 | システム開発プロジェクトにおける工数の見積りとコントロール | Web | ◎ | |
| ②兆候の把握と対応 | | | | | |
| H08 | 1 | 費用管理 | なし | ○ | |
| H18 | 2 | 情報システム開発におけるプロジェクト予算の超過の防止 | Web | × | |
| H31 | 1 | システム開発プロジェクトにおけるコスト超過の防止 | 本紙 | ◎ | |
| ③予算超過への対応 | | | | | |
| H11 | 1 | プロジェクトの費用管理 | Web | ◎ | |
| ④生産性 | | | | | |
| H07 | 3 | システム開発プロジェクトにおける生産性 | なし | ○ | |
| H11 | 2 | アプリケーションプログラムの再利用 | なし | × | |
| H28 | 1 | 他の情報システムの成果物を再利用した情報システムの構築 | Web | × | |

※掲載場所が"Web"のものは https://www.shoeisha.co.jp/book/present/9784798185750/ からダウンロードできます。詳しくは，ivページ「付録のダウンロード」をご覧ください。

このテーマは大きく4つに分けられる。①見積り，②兆候の把握と対応，③予算超過への対応，④生産性である。

### ①見積りに関する問題（3問）

"見積り"に関する問題は，これまで3問出題されている。いずれも"開発工数"を対象にした見積りだ。ポイントは，その見積りの正確さを如何に伝えるかだ。具体的には，会社標準をベースに，（設問アで書く）プロジェクトの特徴を加味した"精度を高めるための工夫"，すなわち，リスクを加味して合理的なバッファを組み入れたり，前提条件を付けた見積りにする。

## ② 兆候の把握と対応に関する問題（3問）

　進捗管理同様，予算管理の問題でも"兆候"をテーマにした問題が出題されている。平成8年度問1，平成18年度問2，平成31年度問1の3問だ。"兆候"がキーワードになる問題は，「テーマ4 進捗」のところで示している問題（全部で5問）と同じ考え方になる。したがって，進捗とコストの両方の問題を合わせて読み込み，何を兆候としたのかを準備しておこう。そうすれば，本番試験でどちらにも対応できる。

　なお，平成31年度問1の問題は，ほぼ平成18年度問2と同じ内容になる。そのため，平成31年度問1に目を通しておけば平成18年度問2は読み込まなくてもいい（同じ問題だということを確認するのは問題ない）。平成8年度問1も同じだが，"開発費用（人件費）"だけではなく，コンピュータ関連費用や交通費，通信費，環境整備費などの要素も問われている。今の主流ではないので，準備するのは"開発費用（人件費）"だけで構わないが，時間に余裕のある人は，この問題にも目を通して，人件費以外の費用に関しても準備しておいてもいいだろう。

## ③予算超過への対応に関する問題（1問）

　平成11年度問1では，プロジェクト実行フェーズにおいて予算超過が発生した時の事後対策が求められている。平成23年度問1でも，後半部分（設問ウ）は予算超過への対応に関する問題だ。予算超過への事後対応策が問われている場合，コンティンジェンシ予備やマネジメント予備が使えるかどうかを問題文から読み取ろう。過去の問題を見る限り，そういう"バッファ"の使用"だけ"という対策はありえない。生産性向上策，スコープの変更などで対応している。

## ④生産性に関する問題（3問）

　古い問題ではあるが，平成7年度問3で"生産性"をテーマにした問題が出されている。これは予算超過時に実施する"生産性向上策"ではなく，計画通りの生産性を確保するために，どんなプロジェクト運営にするのかが問われている。期待した計画どおりの生産性を確保するために，どのようにプロジェクトを切り盛りしたのかを説明しなければならない。

　一方，平成11年度問2と平成28年度問1は，生産性向上をテーマにした問題だ。過去の資産を再利用することで，短納期や低予算という強い制約に対応しようとするのが狙いになる。実務では，最初から資産の再利用を加味して見積りを実施するため，生産性向上と言われてもピンと来ないかもしれないが，普段普通にやっていることを普通に書くだけでいいので整理しておこう。

## ● 2 時間で書く論文の推奨問題

　ここのテーマは優先順位を下げても構わないと思う。令和 3 年には予測型（従来型）プロジェクトの進捗管理で書くことのできる問題も出題されているが，DX 重視の昨今，本流ではないと思われるからだ。もちろん，得意なテーマであれば練習がてら準備していてもいいだろう。その場合は平成 26 年度問 1 をお勧めする。コストマネジメントのエッセンスが全部詰まっている良い問題である。その内容は，コスト見積りの精度を高める方法，予備費の設定，コスト差異の確認，予算超過の防止など盛りだくさん。この問題を 2 時間で書いてみることで，2 時間手書きの練習になるとともに，コストマネジメントに関する "ネタ" がストックできるからだ。

　しかも，コストマネジメントの問題なので，それを具体的に書こうとすると間違いなく定量的（数値）表現が必要になる。そのため，経験者の場合は，可能な限り "数値" をアウトプットすることを意識した方がいい。逆に未経験者の場合は，事前に "数字集め" をしておこう。しっかりと時間をかけて情報収集しておけば，（出そうと思ったら容易に出せるのに）出さずに評価を下げる経験者や，準備をしていない未経験者を駆逐できるからだ。まずは社内で取れる数字を調べ，それでも出て来なければ雑誌や午後Ⅰから集めればいいだろう。そうすれば，試験当日には既に大きなアドバンテージが完成している。

## ● 参考になる午後Ⅰ問題

　午後Ⅱ問題文を読んでみて，"経験不足"，"ネタがない" と感じたり，どんな感じで表現していいかイメージがつかないと感じたりしたら，次の表を参考に "午後Ⅰの問題" を見てみよう。まだ解いていない午後Ⅰの問題だったら，実際に解いてみると一石二鳥になる。中には，とても参考になる問題も存在する。

表 2　対応表

| テーマ | 午後Ⅱ問題番号（年度ー問） | 参考になる午後Ⅰ問題番号（年度ー問） |
|---|---|---|
| ① 見積り（リスク） | H26-1, H23-1, H12-1 | ○（H19-4, H12-2, H12-4） |
| ② 兆候の把握と対応 | H31-1, H18-2, H08-1 | |
| ③ 予算超過への対応 | （H23-1), H11-1 | |
| ④ 生産性 | H28-1, H11-2, H07-3 | |
| ⑤ EVM | 未だ出題なし | ○（H28-3, H24-3, H20-1, H18-1, H13-1） |

**平成 12 年度 問 1** 開発規模の見積りにかかわるリスクについて

解説は
こちら
*

序

1

2

3

4

**計画**　　ソフトウェアの開発規模は，プロジェクトの開発費用や開発期間を算定する基礎と
なる。開発規模を過小に見積もったために，プロジェクトの実施段階において，開発
費用やスケジュール上の問題が発生することが少なくない。プロジェクトマネージャ
は，見積りに伴うリスクを想定し，そのリスクを軽減及び管理する必要がある。

　　リスクを軽減するためには，仕様のあいまいな部分の確認や詳細化による明確化，
見積事例データベースを利用した類似事例との比較など，より正確に見積もるための
努力が不可欠である。また，高いリスクが予想される場合には，開発フェーズごとの
分割契約やインクリメンタル（段階的）開発などの施策が効果的である。

**実施**　　リスクの管理においては，プロジェクトの進捗状況に応じて，プロジェクトに重大
な影響を与えるような見積りの前提条件の変化や当初の見積値との差を常に追跡し，
必要によって仕様や開発スケジュールを見直すなど適切な対応が求められる。

　　あなたの経験に基づいて，設問ア～ウに従って論述せよ。

**設問ア**　あなたが携わったプロジェクトの概要と，開発規模の見積りに関して想定した
リスクを，800 字以内で述べよ。

**計画**
**実施**　**設問イ**　設問アで述べたリスクを軽減し，また，そのリスクを管理するために実施した
施策を，工夫した点を中心に具体的に述べよ。

**設問ウ**　あなたが実施した施策の効果をどのように評価しているか。また，今後改善し
たいと考えている点は何か。それぞれ簡潔に述べよ。

リスクを具体的に書けるかどうか？
→ そしてバッファ以外の対策をメインに！
前提を上手く使う！

325

**平成 23 年度 問 1**　システム開発プロジェクトにおける
コストのマネジメントについて

解説は
こちら

**計画**

　プロジェクトマネージャ（PM）には，プロジェクトの予算を作成し，これを守ることが求められる。そのためには，予算の基となるコスト見積りの精度を高めるとともに，予算に沿ってプロジェクトを遂行することが必要となる。

　プロジェクトのコストは開発要員にかかわるコスト，開発環境にかかわるコストなど多くの要素から構成される。PM は，コストの各構成要素についてコスト見積りを行い，予算を作成する。その場合，例えば，開発要員にかかわるコストについては，過去の類似プロジェクトから類推したり，生産性の基準値をプロジェクトの特徴を踏まえて修正して利用したりするなど，コスト見積りの精度を高めるための工夫を行う。また，収集できるコスト情報の精度が低い場合には予算に幅をもたせたり，リスク管理の観点から予備費を設定したりするなどの考慮も重要である。

　一方，プロジェクトの遂行中において，PM は，完了時のコストが予算の範囲に収まるように管理する必要がある。そのためには，各アクティビティの完了に要した実コストと予算を比較するなど，コスト差異を把握するための仕組みを確立することが重要である。差異を把握した場合には，その原因と影響度合いを分析し，プロジェクトの完了時のコストを予測する。予算超過が予想されるときには，例えば，生産性の

**問題
対応**

改善策を実施し，状況によっては，委託者や利用部門とプロジェクトのスコープの調整を行うなどの対策をとることも検討し，予算超過を防がなくてはならない。

　あなたの経験と考えに基づいて，設問ア～ウに従って論述せよ。

**設問ア**　あなたが携わったシステム開発プロジェクトの特徴，及びプロジェクトにおけるコストの構成とその特徴について，800 字以内で述べよ。

**設問イ**　設問アで述べたプロジェクトにおけるコスト見積りの方法とコスト見積りの精度を高めるための工夫，及び予算の作成に当たって特に考慮したことについて，800 字以上 1,600 字以内で具体的に述べよ。

**計画**

**設問ウ**　設問アで述べたプロジェクトの遂行中におけるコスト差異を把握するための仕組み，及び差異を把握した場合にとったプロジェクトの予算超過を防ぐための対策について，600 字以上 1,200 字以内で具体的に述べよ。

**問題
対応**

粗 → アレンジ → リスクを考慮。
（H12-1）（H26-1）

## 平成 26 年度 問 1　システム開発プロジェクトにおける工数の見積りとコントロールについて

→解説はこちら

**計画**

　プロジェクトマネージャ（PM）には，プロジェクトに必要な資源をできるだけ正確に見積もり，適切にコントロールすることによって，プロジェクトの目標を達成することが求められる。中でも工数の見積りを誤ったり，見積りどおりに工数をコントロールできなかったりすると，プロジェクトのコストや進捗に大きな問題が発生することがある。

　工数の見積りは，見積りを行う時点までに入手した情報とその精度などの特徴を踏まえて，開発規模と生産性からトップダウンで行ったり，WBS の各アクティビティをベースにボトムアップで行ったり，それらを組み合わせて行ったりする。PM は，所属する組織で使われている機能別やアクティビティ別の生産性の基準値，類似プロジェクトの経験値，調査機関が公表している調査結果などを用い，使用する開発技術，品質目標，スケジュール，組織要員体制などのプロジェクトの特徴を考慮して工数を見積もる。未経験の開発技術を使うなど，経験値の入手が困難な場合は，システムの一部分を先行開発して関係する計数を実測するなど，見積りをできるだけ正確に行うための工夫を行う。

　見積りどおりに工数をコントロールするためには，プロジェクト運営面で様々な施策が必要となる。PM は，システム開発標準の整備と周知徹底，要員への適正な作業割当てなどによって，当初の見積りどおりの生産性を維持することに努めなければならない。

**問題**
**対応**

　また，プロジェクトの進捗に応じた工数の実績と見積りの差異や，開発規模や生産性に関わる見積りの前提条件の変更内容などを常に把握し，プロジェクトのコストや進捗に影響を与える問題を早期に発見して，必要な対策を行うことが重要である。

　あなたの経験と考えに基づいて，設問ア〜ウに従って論述せよ。

**計画** →

**設問ア**　あなたが携わったシステム開発プロジェクトにおけるプロジェクトの特徴と，見積りのために入手した情報について，あなたがどの時点で工数を見積もったかを含めて，800 字以内で述べよ。

**設問イ**　設問アで述べた見積り時点において，プロジェクトの特徴，入手した情報の精度などの特徴を踏まえてどのように工数を見積もったか。見積りをできるだけ正確に行うために工夫したことを含めて，800 字以上 1,600 字以内で具体的に述べよ。

**設問ウ**　設問アで述べたプロジェクトにおいて，見積りどおりに工数をコントロールするためのプロジェクト運営面での施策，その実施状況及び評価について，あなたが重要と考えた施策を中心に，発見した問題とその対策を含めて，600 字以上 1,200 字以内で具体的に述べよ。

**問題**
**対応**

*見積りの基礎*

**平成 8 年度 問 1**　**費用管理について**

解説は
こちら

**状況**

　プロジェクトマネージャは，プロジェクトの実施に先立って予算を立案し，その予算の範囲内でプロジェクトを完了させることが求められる。

　システム開発プロジェクトでは，開発要員の人件費が費用の大半を占める場合が多い。しかし，それ以外にも開発に使用されるコンピュータ関連費用，開発作業場所にかかわる費用，交通費，通信費など多岐にわたる費用があり，プロジェクトによってはこれらが人件費と並んで重要となることがある。プロジェクトマネージャは，これ

**計画**　らの費用を把握し，リスクに留意して予算を作成する必要がある。

　しかし，予定外の費用が必要となり，当初の予算を守れなくなることが往々にして起こる。このような予算超過を極力防ぐためには，予算と実績の差異を常に把握しながら，超過の兆候を早期に発見し，原因を分析し，超過を未然に予防する徹底した対策をとることが重要である。

　あなたの経験に基づいて，設問ア〜ウに従って論述せよ。

**設問ア**　あなたが携わった開発プロジェクトにおいて，予算を作成するうえで留意した事項について，プロジェクトの特徴とともに800字以内で述べよ。

**状況** ➡

**設問イ**　設問アで述べたプロジェクトにおいて，予算を守るうえであなたが工夫した施策とその評価について，人件費だけでなくその他の費用も含めて具体的に述

**計画** ➡　べよ。

**設問ウ**　プロジェクトの費用管理をより適切に行うために，あなたが今後採り入れたい施策について，簡潔に述べよ。

→ H31-1

**平成18年度 問2** 情報システム開発における
プロジェクト予算の超過の防止について

解説は
こちら

**兆候**

　プロジェクトマネージャには，情報システム開発プロジェクトの立上げ時にプロジェクト予算を作成し，予算の範囲内でプロジェクトを完了することが求められる。

　プロジェクト予算を費用計画に展開し，費用管理の仕組みを通じて，定期的に計画と実績を対比し，最終費用を推定する。計画と実績とのかい離が大きい場合や推定した最終費用が予算を超える場合には，適切な対策を実施して，予算の超過を防止する。しかし，対策が遅れて，プロジェクト予算の超過に至る場合もある。

　プロジェクトマネージャは，このような事態に至る前に，予算の超過につながる兆候を敏感に察知して対処する必要がある。兆候は，会議の席上や開発の現場など，プロジェクトを遂行している日常に見られることが多い。例えば，成果物についての問題点の指摘や関係者の不満などの中に見られる。兆候を見逃すと，システム全体に影響が及び，その対策のために予定外の費用が発生し，予算の超過に至ることがある。

**対応**　予算の超過につながる兆候を発見した際は，その影響を的確に判断することが重要である。影響が大きいと判断した場合は，プロジェクトの範囲，品質，納期などの目標を守ることを前提とした対策を実施し，予算の超過を防止することが必要である。

　あなたの経験と考えに基づいて，設問ア〜ウに従って論述せよ。

**設問ア**　あなたが携わった情報システム開発プロジェクトの概要と，そのプロジェクトにおける費用管理の仕組みを，800字以内で述べよ。

**設問イ**　設問アで述べた費用管理の仕組みに反映される前に発見した予算の超過につながる兆候と，そのように判断した理由は何か。また，プロジェクトの目標を守ることを前提として実施した対策は何か。それぞれ具体的に述べよ。

**兆候 →**

**対応 →**

**設問ウ**　設問イで述べた活動について，あなたはどのように評価しているか。また，今後どのように改善したいと考えているか。それぞれ簡潔に述べよ。

$\longrightarrow$ H31-1

解説は
こちら

### 平成31年度 問1　システム開発プロジェクトにおける コスト超過の防止

**兆候**

　プロジェクトマネージャ（PM）には，プロジェクトの計画時に，活動別に必要なコストを積算し，リスクに備えた予備費などを特定してプロジェクト全体の予算を作成し，承認された予算内でプロジェクトを完了することが求められる。

　プロジェクトの実行中は，一定期間内に投入したコストを期間別に展開した予算であるコストベースラインと比較しながら，大局的に，また，活動別に詳細に分析し，プロジェクトの完了時までの総コストを予測する。コスト超過が予測される場合，原因を分析して対応策を実施したり，必要に応じて予備費を使用したりするなどして，コストの管理を実施する。

　しかし，このようなコストの管理を通じてコスト超過が予測される前に，例えば，会議での発言内容やメンバの報告内容などから，コスト超過につながると懸念される兆候を PM としての知識や経験に基づいて察知することがある。PM はこのような

**対応**

兆候を察知した場合，兆候の原因を分析し，コスト超過を防止する対策を立案，実施する必要がある。

　あなたの経験と考えに基づいて，設問ア～ウに従って論述せよ。

設問ア　あなたが携わったシステム開発プロジェクトにおけるプロジェクトの特徴とコストの管理の概要について，800 字以内で述べよ。

設問イ　設問アで述べたプロジェクトの実行中，コストの管理を通じてコスト超過が予測される前に，PM としての知識や経験に基づいて察知した，コスト超過につながると懸念した兆候はどのようなものか。コスト超過につながると懸念した

**兆候** ➤
**対応** ➤

根拠は何か。また，兆候の原因と立案したコスト超過を防止する対策は何か。800 字以上 1,600 字以内で具体的に述べよ。

設問ウ　設問イで述べた対策の実施状況，対策の評価，及び今後の改善点について，600 字以上 1,200 字以内で具体的に述べよ。

兆候とは何か？
事前準備しておく価値有り。

**平成 11 年度 問 1** プロジェクトの費用管理について

解説は
こちら

**問題** プロジェクトの費用が計画内に収まるようにプロジェクトを運営することは，プロジェクトマネージャの重要な責務の一つである。しかし，ユーザ側との仕様に対する認識の行き違い，技術的なトラブル，外注先への指示ミス，チーム全体としてのスキル不足など，プロジェクト実施過程において開発側に起因する問題によってプロジェクトの費用が計画値を超過してしまうことも少なくない。

**対応** このため，プロジェクトマネージャは，各工程での作業品質の確保，開発生産性の確保など，計画策定時に設定した前提に沿って開発が進むよう，様々な施策を講じなければならない。

あなたの経験に基づいて，設問ア～ウに従って論述せよ。

**設問ア** あなたが携わった開発プロジェクトの概要と，プロジェクトの特徴を踏まえた費用管理上の留意点について，800 字以内で述べよ。

**設問イ** 設問アで述べたプロジェクトにおいて，費用を計画内に収める上で直面した問題と，その問題に対してどのような施策を実施したか。工夫した点を中心に具体的に述べよ。

**問題**
**対応**

**設問ウ** あなたが実施した施策をどのように評価しているか。また，今後改善したいと考えている点は何か。それぞれ簡潔に述べよ。

難しい…費用超過の挽回は．
開発者側に起因
計画変更（旧と新）
「運が良かった！」はNG．

解説は
こちら

**平成7年度 問3**　システム開発プロジェクトにおける生産性について

**計画**

　システム開発プロジェクトの生産性は，開発期間や開発費用に直接かかわってくるため，プロジェクトにおける管理項目の中でも特に重要であるといえる。生産性は，システムの形態，要求される品質レベル，開発規模といったシステムの特徴や，開発期間・開発費用・プロジェクト要員についての制約など，プロジェクトの特徴によって左右されるが，プロジェクトの運営方法によっても大きく変わる。

　したがってプロジェクトマネージャは，開発技術面での工夫に加え，プロジェクトの運営面について様々な施策を講じ，与えられたプロジェクトの制約条件の下で，最大の生産性をあげるよう努力しなければならない。

　このためには，生産性目標値の設定，開発技法の選定，要員への業務の割当て，標準化などの作業の進め方，及び要員の指導・教育などに関する工夫が必要である。また，常にプロジェクトの生産性に関する実態の正確な把握を行い，問題点の早期発見とタイムリーで適切な対策も重要である。

　あなたの経験に基づいて，設問ア〜ウに従って論述せよ。

**設問ア**　あなたが携わったプロジェクトにおける生産性の目標値とその設定根拠を，システム及びプロジェクトの特徴とともに，800字以内で述べよ。

**設問イ**　設問アで述べたプロジェクトにおいて，目標とした生産性を達成するうえで最も重要であったと考えるプロジェクト運営面での施策は何か。その理由とともに具体的に述べよ。また，その効果及び反省点も述べよ。

**計画**

**設問ウ**　生産性を更に向上させるうえでの課題は何か。そのためのプロジェクト運営面での施策と期待効果を簡潔に述べよ。

生産性の定量的数値管理．
→難しいから考え続けよう！

解説は
こちら

**平成11年度 問2** アプリケーションプログラムの再利用について

**計画**

　ソフトウェア開発では，過去に開発したアプリケーションプログラムを再利用できれば，開発期間の短縮や品質の確保などに大きな効果がある。しかし，細部の仕様が合わないなどの要因によって，修正が大量に発生し，プロジェクトの進捗がかえって阻害されることもある。

　したがって，再利用の対象を決めるに当たっては，どのプログラムが，どれくらい再利用できるかの判断に加え，適用システムの性能要件を満足できるかどうかなども検討する必要がある。

　再利用を効果的に行うためには，プロジェクトが属する組織全体で，プログラムの登録制度や再利用のための動機付けなど，再利用を促進するための仕組みを作ることが不可欠である。また，それぞれのプロジェクトでは，次のような工夫も必要である。

　・再利用対象プログラムの機能が要求仕様に合っているかどうかを確認するための
　　レビュー
　・性能要件を確認するための事前検証
　・修正部分を特定するためのプロトタイピング
　・プログラムの正規化や設計ドキュメントの整理

　あなたの経験に基づいて，設問ア～ウに従って論述せよ。

**設問ア**　あなたが携わったプロジェクトにおける再利用の概要と，再利用を促進するための組織上の仕組みを，800字以内で述べよ。

**設問イ**　設問アで述べたプロジェクトにおいて，再利用に当たって実際に発生した問題と，その対応策及び工夫した点を，具体的に述べよ。

**計画** →

**設問ウ**　あなたが行ったアプリケーションプログラムの再利用をどのように評価しているか。また，今後改善したいと考えている点は何か。それぞれ簡潔に述べよ。

コスト抑制の具体策
　→準備より読み込み

333

**平成28年度 問1**　他の情報システムの成果物を再利用した
情報システムの構築について

→ 解説は
こちら

**計画**
　情報システムを構築する際，他の情報システムの設計書，プログラムなどの成果物を部分的又は全面的に再利用することがある。この場合，品質の確保，コストの低減，開発期間の短縮などの効果が期待できる一方で，再利用する成果物の状況に応じた適切な対策を講じることをあらかじめ計画しておかないと，有効利用することが難しくなり，期待どおりの効果が得られないことがある。プロジェクトマネージャ（PM）は，成果物の有効利用を図る上での課題を洗い出し，プロジェクト計画に適切な対策を織り込む必要がある。

　そのためには，PMは，再利用を予定している成果物の状況を，例えば，次のような点に着目して分析し，情報システムの構築への影響を確認しておくことが重要である。

　・成果物の構成管理が適切に行われ，容易に再利用できる状態になっているか。

　・本稼働後の保守効率の観点から，成果物を見直す必要がないか。

　・成果物を再利用するに当たって，成果物の管理元の支援が受けられるか。

　成果物の有効利用を図る上での課題が見つかったときには，有効利用に支障を来さないようにするための対策を検討する。これらの結果を基に，成果物の再利用の範囲を特定した上で，再利用の方法，期待する効果などを明確にし，成果物の再利用の方針として取りまとめ，プロジェクト計画に反映する。

　あなたの経験と考えに基づいて，設問ア～ウに従って論述せよ。

**設問ア**　あなたが携わった情報システム構築プロジェクトにおけるプロジェクトの特徴，並びに他の情報システムの成果物を再利用した際の再利用の範囲・方法，及びその決定理由について，800字以内で述べよ。

**設問イ**　設問アで述べた成果物の再利用に関し，期待した効果，有効利用を図る上での課題と対策，及び対策の実施状況について，特に工夫をした点を含めて，800
**計画**→　字以上1,600字以内で具体的に述べよ。

**設問ウ**　設問イで述べた期待した効果の実現状況と評価，及び今後の改善点について，600字以上1,200字以内で具体的に述べよ。

コスト抑制の具体策
→ 準備より読み込み.

## Column ▶ "図"を言葉だけで説明する

本書 151 ページの「(4) スケジュールなどの"図"を言葉だけで説明する」に書いてあることは、こと情報処理技術者試験では、本当に強力な武器になります。

### 論文系の全区分で有効

何かトラブル（問題）が発生した場合の解決策、企画、施策などが求められた時に、「いつ（からいつまで）誰が何をするのか？」を明確にした計画を、言葉だけでバチッと表現できれば、すごく説得力のある論文になります。これまで数万本以上の添削をしてきた筆者にはよくわかります（笑）。間違いありません。

しかもこれは、PM の論文に限らず、すべての区分の論文で有効なんです。いや、他区分の試験対策本で、そういう点の重要性に言及しているものは、筆者自身見たことが無いので（そのうち出てくるだろうけど、あるいは既にあるのかもしれないけど）、ほとんどの受験生が、そんなことを考えないだろうから、他区分の方が破壊力は大きいかもしれません。

### 文章で表現するということ

そもそも実際のビジネスシーンで、スケジュールの変更を説明する時には、スケジュール表の before・after を相手に渡して、「こういう感じになります。ご確認を」と言うところから会話が始まりますからね。報告書も提案書も、やれビジュアルだ、やれ視覚的に、一読しただけでわかるようにと言われるので、図表やグラフを駆使して作るのが主流ですから、逆に、図を言葉で説明するのが苦手になっているわけです。

### 「なんで今、文章だけで表現しないといけないの？」

そう思うかもしれませんが、これはこれで、きっといい練習になるはずです。習得することをお勧めします。

### (4) スケジュールなどの"図"を言葉だけで説明する

例えば、下記のようなスケジュールを言葉だけで正確に相手に伝える。

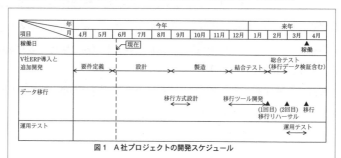

図1　A社プロジェクトの開発スケジュール

# 演習　平成 31 年度　問 1

問 1　システム開発プロジェクトにおけるコスト超過の防止について

　　プロジェクトマネージャ（PM）には，プロジェクトの計画時に，活動別に必要なコストを積算し，リスクに備えた予備費などを特定してプロジェクト全体の予算を作成し，承認された予算内でプロジェクトを完了することが求められる。

　　プロジェクトの実行中は，一定期間内に投入したコストを期間別に展開した予算であるコストベースラインと比較しながら，大局的に，また，活動別に詳細に分析し，プロジェクトの完了時までの総コストを予測する。コスト超過が予測される場合，原因を分析して対応策を実施したり，必要に応じて予備費を使用したりするなどして，コストの管理を実施する。

　　しかし，このようなコストの管理を通じてコスト超過が予測される前に，例えば，会議での発言内容やメンバの報告内容などから，コスト超過につながると懸念される兆候を PM としての知識や経験に基づいて察知することがある。PM はこのような兆候を察知した場合，兆候の原因を分析し，コスト超過を防止する対策を立案，実施する必要がある。

　　あなたの経験と考えに基づいて，設問ア～ウに従って論述せよ。

設問ア　あなたが携わったシステム開発プロジェクトにおけるプロジェクトの特徴とコストの管理の概要について，800 字以内で述べよ。

設問イ　設問アで述べたプロジェクトの実行中，コストの管理を通じてコスト超過が予測される前に，PM としての知識や経験に基づいて察知した，コスト超過につながると懸念した兆候はどのようなものか。コスト超過につながると懸念した根拠は何か。また，兆候の原因と立案したコスト超過を防止する対策は何か。800 字以上 1,600 字以内で具体的に述べよ。

設問ウ　設問イで述べた対策の実施状況，対策の評価，及び今後の改善点について，600 字以上 1,200 字以内で具体的に述べよ。

# 解説

## ●問題文の読み方

問題文は次の手順で解析する。最初に，設問で問われていることを明確にし，各段落の記述文字数を（ひとまず）確定する（①②③）。続いて，問題文と設問の対応付けを行う（④⑤）。最後に，問題文にある状況設定（プロジェクト状況の例）やあるべき姿をピックアップするとともに，例を確認し，自分の書こうと考えているものが適当かどうかを判断する（⑥⑦）。

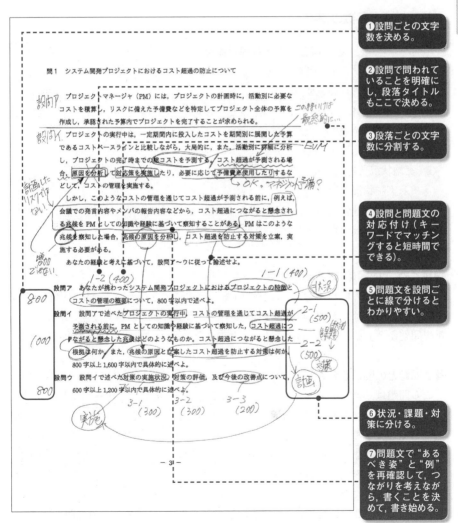

❶設問ごとの文字数を決める。

❷設問で問われていることを明確にし，段落タイトルもここで決める。

❸段落ごとの文字数に分割する。

❹設問と問題文の対応付け（キーワードでマッチングすると短時間でできる）。

❺問題文を設問ごとに線で分けるとわかりやすい。

❻状況・課題・対策に分ける。

❼問題文で"あるべき姿"と"例"を再確認して，つながりを考えながら，書くことを決めて，書き始める。

## ●出題者の意図（プロジェクトマネージャとして主張すべきこと）を確認

**出題趣旨**

プロジェクトマネージャ（PM）には，プロジェクトの計画時に，活動別に必要なコストを積算し，リスクに備えた予備費などを特定してプロジェクト全体の予算を作成し，承認された予算内でプロジェクトを完了することが求められる。

本問は，プロジェクトの実行中に，コストの管理を通じてコスト超過を予測する前に，コスト超過につながると懸念される兆候を PM としての知識や経験に基づいて察知した場合において，その兆候の原因と立案したコスト超過を防止する対策などについて具体的に論述することを求めている。論述を通じて，PM として有すべきコストの管理に関する知識，経験，実践能力などを評価する。

(IPA 公表の出題趣旨より転載)

## ●段落構成と字数の確認

1. プロジェクトの特徴とコスト管理の概要
   1.1 プロジェクトの特徴（400）
   1.2 コスト管理の概要（400）
2. コスト超過につながる兆候の発見とその対策
   2.1 コスト超過につながる兆候（500）
   2.2 立案した対策（500）
3. 実施状況と評価，及び今後の改善点
   3.1 実施状況（300）
   3.2 対策の評価（300）
   3.2 今後の改善点（200）

## ●書くべき内容の決定

　次に，整合性の取れた論文，一貫性のある論文にするために，論文の骨子を作成する。具体的には，過去問題を思いだし「どの問題に近いのか？複合問題なのか？新規問題か？」で切り分けるとともに，どのような骨子にすればいいのかを考える。

### 過去問題との関係を考える

　この問題は，コストマネジメントの問題で，かつ"兆候"をテーマにした問題になる。クラッシングを使えば挽回できる"納期遅延"と異なり，いったん"予算超過"してしまったプロジェクトは挽回が難しい。そのため"兆候"の段階で対応することが重要になる。そして，いろいろある"兆候"の中でも，計画段階で把握していて計画に組み込んでいたリスクマネジメント的なものではなく，実行段階で察知する類のものになる。

　以上のような問題の特徴から，過去問題で最も近いのは**平成 18 年度問 2** になる。

この問題での“兆候”の例も，**平成 18 年度問 2** と同じ会議の場などで発見する“成果物に対しての問題点の指摘”や“関係者の不満”である。したがって，この問題で準備していた人は，ほぼそのままの内容をアウトプットするだけで良かったはずだ。それぐらい似ている。

　他にも，今回と同じ類の“兆候”（プロジェクト実行中に察知した兆候で，予めある程度想定していた特定のリスクではないもの）をテーマにした問題は少なくない。**平成 20 年度問 2**（メンバの不平不満，会議への出席率の低さ）や，**平成 28 年度問 2**（仕様書の記述に対して分かりにくさを表明），**平成 23 年度問 3**（例：要員の意欲低下，健康を損なう，要員間の対立）なども，平成 18 年度問 2 と同様に参考になる。

## 全体構成を決定する

　全体構成を組み立てる上で，まず決めないといけないのは次の 3 つである。

---

　①兆候（2-1）
　②その根拠，及び原因（2-2）
　③兆候への対策（2-2）

---

　ここの整合性を最初に取っておかないと，途中で書く手が止まるだろう。試験本番の時に 2 時間の中で絞り出すのは難しいので，できれば試験対策期間中に準備しておくべきものになる。

　ここの整合性さえ取っていれば，後はそんなに難しくはない。予算の問題なので，設問アでどこをどう定量的に表現するのかを決めて（特に予備費を決めて），段落構成と段落ごとのタイトル，それぞれの字数を確定させるのと同時に行っていけばいいだろう。

## ● 1-1 段落（プロジェクトの特徴）

　ここでは，プロジェクトの概要を簡単に説明した後に，今回のプロジェクトの特徴を書く。今回は「"兆候"の原因を匂わせる特徴」があれば，それを一言入れておくといいだろう。もちろん，汎用的なままでも構わない。

【減点ポイント】

　①プロジェクトの話になっていない又は特徴が無い（致命度：中）

　　→　特徴が 1-2 に書かれているのなら問題は無い。

　②プロジェクトの特徴が 1-2 や設問イと関連性が無い（致命度：小）

　　→　この問題だと"兆候"の原因になるような特徴だとベスト。

## ● 1-2 段落（コスト管理の概要）

　ここは普通に，どのようなコスト管理をしているのかを書けばいい。プロジェクトの計画段階で組み込んだ手続きだと考えてもらえれば良い。問題文に即していうと，①活動別に必要なコストを積算し，②リスクに備えた予備費などを特定し，③プロジェクト全体の予算を作成し承認を得る。④それを期間別に展開してベースラインに展開する。⑤総コストの予測を実施し，⑥実績値との比較（予実管理）をすることと，総コストの予測を実施することでコスト超過を防ぐことを書いておけばいいだろう。できれば具体的に書くために，プロジェクト全体の予算（③）や，その中の予備費（②），ベースラインの期間ぐらいは定量的に書いた方が良いだろう。

　PMBOK を意識して EVM（Earned Value Management）を利用したコスト管理の仕組みについて説明するのもいいだろう。

【減点ポイント】

　①全体予算や予備費用がいくらかわからない（致命度：中）

　　→　納期の問題は時間軸を，予算の問題はコストを定量的に書くように考えておいた方が良いだろう。

　②コスト管理をするツール（予実管理表や EVM）とその使用について説明が無いため，プロジェクト期間中に予算超過しそうかどうかすらわからない管理方法になっている（致命度：中）

　　→　"総コストの予測"に関しては設問イで書く"兆候"の説明でも必要になるので，どうやってプロジェクト実行の途中で，最終の総コストがシミュレーションできるのかには触れておいた方がいい。「EVM を使って常時総コストの予測をしながら…」という感じで，EVM の特徴を説明するのであれば説明は簡潔でいい。

## ● 2-1 段落（コスト超過につながる兆候）

　問題文から限定される状況は次の点になる。この状況に合わせた内容にしなければならない。

> ・ プロジェクトは実行中。ある時期に兆候を検知した
> ・ その兆候は，まだコスト超過には至っていない。現段階でも順調
> 　　→　だから，今対策を取ることでコスト超過にはつながらない
> ・ その兆候は，予め想定していた特定リスクが顕在化したわけではなく「PM
> 　　としての知識や経験から察知した」ものになる
> ・ コスト超過につながると懸念した根拠を書く

　設問イでは，プロジェクトが開始された時期を明確にして，プロジェクトが開始されたというところからスタートする。そして，そこから何か月経過し，どのフェーズでの話なのか，"いつ"なのかを明確にする。

　そして兆候の内容を書く。兆候なので，問題文の 6 行目から 7 行目に書いているような「総コストを予測」した時にコスト超過が予測されているわけではない。加えて，問題文の例では「会議での発言内容やメンバの報告内容などから…PM としての知識や経験に基づいて察知する」と書いているので，事前にリスクとして特定したわけではなく，「あれ，ちょっとおかしいぞ？」という感じで気付いたものになる。後は，そこに PM としての"どんな知識"や"どんな経験"からそう感じたのかを書いていればパーフェクトになる。今回は定量的な指標でなくても構わない。定性的な"あれおかしいぞ"で問題は無い。

　最後に，設問で問われているように「コスト超過につながると懸念した根拠」を書く。この根拠は，（後述する 2-2 のように）兆候の間に対応策を取らないと，プロジェクト目標を達成できなくなる（つまり納期遅延，予算超過）という最悪のシナリオについて言及する。

　なお，納期遅延の兆候と予算超過の兆候は異なるので注意が必要になる。例えば「残業時間が増えている」というのは，納期遅延につながる兆候としては問題なくよく使われるが，予算超過の場合には注意が必要だ。残業時間の増加そのものがコスト超過になってしまっていることがあるからだ。"想定外"の残業時間の増加であれば"割増賃金分"が増加している可能性もある。仮に使うとしても，それを払拭する「進捗を前倒しにしているから残業時間が増加している」とか，「予備費用を充てている」とか，現段階では予算超過にはなっていないし，最終的にも予算超過にならないということを説明しておく必要はあるだろう。

## 【減点ポイント】

①その兆候を発見したのが"いつ"か明確になっていない（致命度：小）

　→　"いつ"を明確にする。最低でもどの工程なのかは欲しいところ。

②コスト超過が発生してしまっている（致命度：大）

これは一発アウトの可能性も出てくるぐらい致命度は大きいので絶対に避けなければならないところ。

　→　コスト超過はまだ発生していない。

③事前に想定していたリスクが顕在化しただけ（致命度：小）

　→　リスクマネジメントの問題ではないので，"想定外"もしくは"想定するまでも無い"ことを兆候にする。特にPMとしての知識や経験が問われているので，そこも具体的に書く方が良いだろう。但し，実際にこの年度に合格した人の情報によると，事前に計画段階で組み込んでいた内容でも，問題なくA評価になっている（サンプル論文参照）。

④コスト超過につながると懸念した根拠が無い（致命度：小）

　→　設問で問われているので書かないといけない。特にシミュレーションした結果を定量的に総コストとして表現する必要までは無いが，「このままいけば（収束しなければ）…」という展開は必須。


### ● 2-2 段落（立案した対策）

　続いて，問題文と設問で問われている"兆候の原因"と"立案したコスト超過を防止する対策」について書く。2-1で書いた兆候によって原因や対策は絞られてくるが，その部分の整合性が取れていれば問題ない。

　どんな兆候が，どんな原因で発生するのかイメージが湧きにくい場合は，前述したとおり過去問題がヒント（参考）になる。この問題では，その兆候の例として「**会議での発言内容やメンバの報告内容などから**」察知できるものとしている。これらは例えば，**平成18年度問2**では「**成果物についての問題点の指摘や関係者の不満など**」としている。他にも，会議への出席率の低さ，仕様書の記述に対して分かりにくさを表明，要員の意欲低下，健康を損なう，要員間の対立などでも書くことはできるだろう。

　もちろん他にも様々なリスクが考えられるが，ポイントは2-1との整合性になる。但し，ここで説明する対策に，明らかにコスト（当初想定していない稼働＝工数含む）がかかっている場合は注意が必要である。その対策を実施することでコスト増になるのなら本末転倒だからだ。原則は，コストが発生しない対策でなければならない。あるいは，コストがかかる対策の場合は，最終的にコスト超過にならないことをしっかりと理由と共に説明しなければならない。最悪，マネジメント予備

を活用する対応策でも構わないが，その点はしっかりと"コスト超過になっていない"旨，すなわち，最初からマネジメント予備を予算に組み込んでいたとしておくべきだろう。

　あとひとつ考慮が必要なのは，計画変更をする対策か否かだ。仮に，「3日間，…をすることにした」というように，明らかに計画変更が必要な場合，"今，どういうことをしていて"，"それを，一旦中止して"，"どういう対策にするのか？"を書いたうえで，"いったん中止にした計画をどう変更するのか？"まで，新旧の計画を比較して説明する必要があるだろう。

## 【減点ポイント】

①2-1で書いた"兆候"との整合性が取れていない（致命度：大）
- → これらはワンセットで考えないといけないところ。最初の組み立ての時に同時に考える。あるいは兆候に関してはよく問われるところなので，事前に骨子を作っておくのもいいだろう。

②対策にコストがかかっている（致命度：中）
- → 最終的にコスト超過にならない旨をしっかりと説明できている必要がある。

③どうやって実現するのかが不明。計画を変更する必要があるのに，それを明記していない（致命度：小）
- → 計画変更の表現を意識して書くようにしなければならない。

## ● 3-1 段落（実施状況）

　設問イでは，あくまでも"計画段階の話"になる。したがって，ここではその対策が計画通りに実施できたかどうかを書く。

　ここは難しく考えずに，原則は，時間軸を明確にしたうえで計画通りに粛々と実施したという感じでいいだろう。ただ，誰か特定の要員に向けての対策なら，その要員の反応はここに書かなければならない。あるいは設問イで"計画変更による新たなリスク"の存在について言及していた場合は，その新たなリスクがどうなったのかを書いた方がいい。いずれにせよ，原因が除去できたかどうかが一番大きな問題になるので，そこを中心に書いた方がいい。

## 【減点ポイント】

計画した対策の反応や効果，原因が除去できたかどうかについて書かれていない（致命度：小）
- → 単に計画したことを再掲し，実施状況を書くだけでも構わないが，可能であれば，反応や原因の除去について言及しておいた方が良いだろう。

## ● 3-2 段落（対策の評価）

　ここでは，多くの問題で問われている典型的な設問ウの「私の評価」が問われている。兆候をテーマにした問題の「私の評価」は，「このタイミングで気付いて"兆候"の段階で手を打ち，（設問イで書いたような最悪の事態）にならなかったことは高く評価している。」というのが王道だ。どんな問題でも，2-2で書いた対策に関する評価を"良かった"として書いておけばいいわけなので，今回は，"兆候"に気づいたことを評価する。

　後は，計画変更した時に発生する"新たなリスク"についてもしっかりと目を光らせていて，何か想定外の問題が発生した時には迅速に対応できるようにしていた旨を書いて「そこも評価している」とすれば万全だろう。

### 【減点ポイント】

　あまり高く評価していない（致命度：小）

　　→　やぶへびになる可能性がある。

## ● 3-3 段落（今後の改善点）

　最後も，平成20年度までのパターンのひとつ。最近は再度定番になりつつある"今後の改善点"だ。ここは，（最後の最後なので）どうしても絞り出すことが出来なければ，典型的なパターンで乗り切ろう。

　ただ，今回の問題なら，"リスクとして最初のプロジェクト計画では想定していなかった点"を改善点とすることができる。あるいは，設問イで書いた原因のさらに真の原因を上げて，それを事前に除去していれば今回の"兆候"も発生していなかったとするのもいい。他にも，設問ウで実施状況を書くところで，思いのほか苦労した点について言及するのもいい。

### 【減点ポイント】

　特になし。何も書いていない場合だけ減点対象になるだろうが，何かを書いていれば大丈夫。時間切れで最後まで書けなかったということだけは避けたいところ。過去の採点講評では「一般的な本文と関係ない改善点を書かないように」という注意があったので，それを意識したもの（つまり，ここまでの論文で書いた内容に関連しているもの）にするのが望ましい。

## ●サンプル論文－ 1 の評価

　サンプル論文—1 は，この年度にこの問題で受験して，受験後すぐに再現論文として起こしてもらったものになる。したがって正真正銘の合格論文だ。実際の合格論文（A 評価）は，多少ミスが入っても大丈夫。午前問題や午後Ⅰと同様に 6 割ぐらいの出来でも問題ないと言われている。それを実感できるのも，実際に合格した人の再現論文の価値あるところだ。

　実際，この正真正銘の合格論文にも，まだまだ改善の余地はある。

・ コスト超過につながると懸念した根拠の説明が弱い
・ 対策費用が 0.5 人月増えるにもかかわらず，その捻出方法を詳しく説明せず，予備費についても定量的に示していない点
・ 計画変更に関して変更前・変更後が不明瞭
・ 設問ウの評価と改善点が極端に短い

　これらはいずれも軽微なものだと判断されたのだろう。全体的には，問題文と設問で問われている内容から大きなズレは無いし，定量的に"兆候"を説明している点をはじめ，随所に数値を出している点，分かりやすい点，対策に対しても二重三重に考えている点など，良い点がたくさん含まれているのは間違いない。兆候の検知として，品質指標の未達を使っているところも，平成 18 年度問 2 の例でも**「成果物についての問題点の指摘」**があることからも"兆候の検知"に使っても問題は無い。したがって，十分 A 評価に値する内容だと判断できる。

## ●サンプル論文－ 2 の評価

　サンプル論文—2 も，この年度にこの問題で受験して，受験後すぐに再現論文として起こしてもらったものになる（当然だが，サンプル論文—1 とは別の人）。したがって，こちらの論文も，正真正銘の合格論文である。

　字数はギリギリだが，合格した人は「もう少し，いろいろ書いた気がする」と言っていた。かねてから論文に関しては必要なことを書いているかどうかで判断するため，多少話が脱線しても，それ自体は問題ないと言われているので，この再現論文の信頼性に問題は無いと考えている。

　内容に関しては，問題文と設問で問われていることに対して漏れなく反応できている。興味深いのは，サンプル論文－ 1 と同様，"対策"を説明する時に，その対策の効果が無かった時の対応策も考えている点である。これは平成 13 年度問 2 の問題文中に書いている"あるべき姿"を覚えていたらしいが，工夫した点の表現として（この問題文中には例示されていないことからも）そこが高く評価されているの

だと思われる。

　また，この論文でも，厳密に言えば改善できる部分があるが，中でも特に解説の所で取り扱いを注意しないといけないと言及した"残業時間"を"兆候"に使ってA評価を得ているという事実は大きい。"残業時間の増加"を"兆候"を検知するセンサーとして使うのは悪いことではないが，注意しないといけないのはそれ自体でコスト増になっている可能性があるところだ。その点に関してこの論文の場合は，予備費用を当てることでコスト超過にはなっていないと判断されたんだろう。それゆえ，問題文と設問で問われているケースに合致していると判断され，A評価になったのだと考えられる。

## ●採点講評

　プロジェクトマネージャ試験では，"あなたの経験と考えに基づいて"論述することを求めているが，問題文の記述内容をまねしたり，一般論的な内容に終始したりする論述が見受けられた。また，誤字が多く分かりにくかったり，字数が少なくて経験や考えを十分に表現できていなかったりする論述も目立った。

　"論述の対象とするプロジェクトの概要"については，各項目に要求されている記入方法に適合していなかったり，論述内容と整合していなかったりするものが散見された。

　要求されている記入方法及び設問で問われている内容を正しく理解して，正確で分かりやすい論述を心掛けてほしい。

　問1（システム開発プロジェクトにおけるコスト超過の防止について）では，コストの管理を通じてコスト超過が予測される前に，PMとしての知識や経験に基づいて察知した，コスト超過につながると懸念した兆候，懸念した根拠，兆候の原因と立案したコスト超過を防止する対策について具体的に論述できているものが多かった。一方，兆候とは問題の起こる前触れや気配などのことであるが，PMとして対処が必要な既に発生している問題を兆候としている論述も見られた。

# サンプル論文－1

## 1. 私が携わったプロジェクトの特徴とコスト管理の概要

### 1.1 プロジェクトの概要

　私は，建設会社S社の情報システム部に所属している。そこで私は，5年ほど前からプロジェクト管理を主な業務としている。

　今回のプロジェクトは「現場検査業務を支援する生産管理システムの構築」である。具体的には，従来紙面の建設図面などを用いて行っていた検査業務をタブレット端末で行えるようにすることで生産性を向上させることを目的としている。また，システム導入に伴って，業務プロセスの改善を行うため，利用部門のニーズを正確に確認しないと，後々の工程で大きな手戻りの発生，ひいてはコストが増加するリスクがあることが特徴である。

　開発期間は2017年4月1日から2018年4月1日までの12か月間で，開発規模は120人月である。プロジェクトマネージャは私だ。

> これがコスト管理の対象となる総コストである。

### 1.2 コスト管理の特徴

　プロジェクトの立ち上げに先立ち，S社社長からは「協合他社のT社では，類似のプロジェクトでコストが計画値の倍近くに膨張したようである。S社はこのようにならないように」と強く念を押されている。また，コストが計画値を超過したらタイムリに報告するように指示されている。

　そこで私は，類似プロジェクトの平均値をもとに総工数を算出した後に，コスト管理に展開する段階でEVMを採用した。EVMであれば，進捗だけではなくコストに関してもタイムリに計画値と実績値の差を確認できるので，S社社長の要望に応えられると考えたからだ。

　また，プロジェクト完了時までの総コストについても，EACで時間の経過に沿ってタイムリに確認できると考えたからである。

> 総コストの予測ができることを明言している。題意に沿っているので Good！

## 2. コスト超過につながる兆候の管理とコスト超過の防止策

### 2.1 コスト超過につながる兆候の管理指標

　コスト管理はEVMで行うものの，これは，コストの実績値が計画値を超過していないかを検知する仕組みである。しかし，一般的に，コストの実績値が一旦計画値を超過すると，その対策は非常に難しい。そのため私は，コスト超過につながる兆候に対してもプロジェクトを計画する段階で管理指標を設定して，しっかりと確認することにした。具体的には，例えば要件定義フェーズにおいては以下のようなことを確認した。

・利用部門からの要求項目数が，計画時に見積もった数に対して余裕がない（割合が0.9以下であるか）

・開発メンバの残業時間が適切か（週当たり10時間以内か）

・レビューの指摘密度は適切か（4件±30%/ページ）

　もちろん，会議での発言内容や，メンバの報告内容も重要な兆候であるため注視していたが，もう少し定量的に管理したいと考えた私は，上記のような管理指標と目標範囲を定めて併せて管理することにしたのである。

### 2.2 コスト超過につながる兆候の把握

　そのような計画で始まったプロジェクトであったが，プロジェクトが開始してから1か月が経過したころ，兆候の把握のための管理指標が異常値を示した。2か月間で計画していた要件定義フェーズのレビューの中でのことである。

　異常値を示した管理指標は，レビューの指摘密度である。6.2件/ページとなり目標範囲から1件/ページ程度逸脱したのである。そこで私は，これをコスト超過につながる予兆と認識し，その原因の調査，分析を行うことにした。

　原因の調査には，レビューの指摘内容一覧を用いた。

> この問題の趣旨を正確に把握している。非常にいい。こういうのが良い！

> 計画段階でも"兆候"にアンテナを張っていて，加えて，この問題の趣旨でもあるそれ以外の部分にもアンテナを張っている。

> 予め想定していたリスクが顕在化したところに反応するのは，問題文からやや乖離しているように感じるかもしれないが，これはあくまでも"兆候のセンサー"として組み込んでいただけなので，特定のリスクが顕在化したわけではない。この後に，その原因を分析しないといけない点からも，"兆候のセンサー"としては問題ない。

> "いつ"を明確にしている。Good！

> コスト超過につながると懸念した根拠の説明がもう少し欲しいところ。

これをもとに，指摘理由ごとにパレート分析を行った結果，最も多い理由は利用部門の要求に対する漏れや誤解であった。そこで，次に私は，指摘された箇所を担当したメンバごとに同様の分析を行った結果，その多くを経験が浅いA君が担当していることが判明した。

以上より私は，兆候の原因をA君のヒアリング能力不足，および上司のサポート不足と特定した。

> 原因は，会議や日常に発見されるべきものと同じ。

## 2.3 コスト超過を防止する対策

兆候の原因は明らかになった。そこで私は対策を検討することにした。通常，このような場合，教育的な面からA君に再度ヒアリングを行ってもらっている。しかし，今回のプロジェクトにおいては，利用部門の要求を正確に反映できないと，プロジェクト全体に影響が及ぶ恐れがある。そこで私は，ベテランのB君に担当を交代し，再度ヒアリングを行ってもらうことにした。この対策により，コストは0.5人月程増となるが，十分予算の範囲内であり，後々の工程で大きな手戻りが発生して大幅にコストが増えないことへの予防処置であると考えれば妥当であると判断した。

> H13-2 で準備していたのだろう「要員の交代」を上手に使っている。

> 予備費用を取っているという点で，しっかりと書くとさらに良い内容になっている。

また，万が一B君の再ヒアリングでも，レビューの結果が改善されない場合へのコンティンジェンシプランについても検討しなければならない。その場合，ヒアリング方法を改善（表計算ソフトなどを用いてプロトタイプを作成）するなどの対応だけではなく，進捗遅れを回復するための対策が必要となるため，S社社長にマネジメント予備を確保してもらうように依頼し，承認を得た。

> 新たなリスク，対策が功を奏しなかった場合について二重三重の配慮をしている点は高評価できる。

### 3.　対策の実施状況と対策の評価，また今後の改善点

　対策を実施するにあたって，配慮したことが大きく分けて2点ある。

　まず1つは，A君の意欲が低下することによって，今後の工程での品質や生産性が低下しないような工夫である。具体的には，今回の要員交代は，プロジェクトの特徴にも起因しており，A君の能力が特別低いわけではないことをしっかりと説明し，理解を得た。また，ベテランのB君の再ヒアリングに同行し，OJTによって成長してくれることを期待していることを伝えた。

　次に，B君の負荷が過剰にならないような工夫である。事前にB君が現在抱えている作業の質と量を確認するとともに，本人やチームリーダーに再ヒアリングを実施可能であるか相談した。また，残業時間が過剰になっていないか，顔色が悪くないかなどに関しても，より注視することにした。

　そのような対策をしたうえで交代を行った結果，要件定義の最終レビューにおいて指摘密度は目標範囲内の4.1件/ページ程度に収まった。

　プロジェクト全体においても，要件定義の不備による大きな手戻りが発生することもなく無事に完了した点，その後A君の意欲も低下しなかった点を考えても，今回の対策は評価できると考えている。 ┄┄┄┄ 評価はこれだけ。

　今後の改善については，開発メンバにタスクを割り振る際に，より慎重かつ客観的にスキルを把握することにした。具体的には，周囲の評判に頼りすぎるのではなく，過去のプロジェクトでの役割や，所得している資格や，合格している試験も十分考慮に入れることにする。●

改善点は，今回の兆候を引き起こした原因を，次回からは除去するというものにしている。量的にも少なく感じられるかもしれないが，これぐらいでも問題ない。

以上

# サンプル論文－2

## 第一章　私が携わったシステム開発プロジェクトの特徴とコスト管理の概要

### 1－1　プロジェクトの特徴

　私はA信託銀行（以下A行）のシステム開発部門に勤務している。A行では，この度，公的組織B（以下B組織）から外国資産の管理を受託することになった。受託の条件として，B組織から独自のコードの使用を含む特別対応を求められており，それに対する対応として，「外国資産管理システム」の改修を行うこととなり，私がそのプロジェクトのプロジェクトマネージャとして参画することになった。

　改修期間は2017年4月から2018年3月までの12か月で，工数は92人月，要員は最高で10人となる。受託開始時期が2018年4月からということは新聞やニュース等で報道されており，後ずれすることは絶対にできない。また，公的機関からの受託ということで，利益率は極めて低く，予算にも余裕はほとんどなかった。

ここはコスト管理を定量的に表現するところ。Good！

### 1－2　コスト管理の概要

　今回のプロジェクトではスケジュールにもコストにも余裕がないため，具体的かつ詳細に工程と進捗状況を管理する必要がある。そこで私はWBSを作成し，週単位で進捗を管理できるようにした。WBSで明らかにした詳細な活動別に必要なコストを算出し，併せてEVMでコストも監視することにした。コスト超過を早期に検知し，また，最終的なコストを予測することができるからである。

問題文に正確に反応できている。Good！

　予算に余裕はなかったがリスクに備えなんとか5％の予備費も確保し，予算案は承認され，プロジェクトはスタートした。

これもGood！

**第二章　コスト超過につながると懸念した兆候とその根拠，兆候の原因とコスト超過を防止する対策**

**2−1　コスト超過につながると懸念した兆候とその根拠**

　プロジェクトがスタートし外部設計までは順調に進捗した。4か月が経過し，内部設計の終盤にさしかかるころ，進捗には問題がないが，メンバからC君の残業時間が徐々に増加しているとの報告があった。残業時間の増加はコスト超過に直結し，今は進捗には問題はないが，放置すればスケジュールにも影響し，納期が守れなくなる懸念もあった。過去のプロジェクトでの経験からも残業時間の増加はコスト超過の重大な兆候だと理解していた。私は至急，対策を講じる必要があると考えた。

**2−2　兆候の原因とコスト超過を防止する対策**

　そこで私はC君が所属するチームのチームリーダであるD主任にC君の状況についてヒアリングを行った。D主任によると，C君は過去に外国資産管理システムに関する開発に携わったことがなく，公的機関からの受託はなかなかないため，経験のためぜひと参画させたが，システムのイメージがつかめず苦労しているとのことであった。非常に意欲的で責任感も強いため，現状では残業で自分の担当分をこなしているとのことであった。

　私はD主任に対し，外国資産管理システムとそれを使った業務について集中したレクチャーをC君に行うように依頼した。研修の期間は3日間である。その間，二人が開発業務から離脱することは痛かったが，今後のコスト超過を考え，研修を行うことにした。これなら当該分は5％の予備費で賄えそうである。

　さらに，研修後のC君の状況についてもモニタリングする必要があると考え，D主任に週次で報告するよう依頼した。状況が改善していない場合には早期に別の対策をとる必要があるからである。研修前と比較し，週当た

"いつ"を明確にしている。Good!

コストの問題で「残業時間が（当初の計画より）増えている」というのを"兆候の検知センサ"として使用するのは，解説でも書いたとおり注意が必要になる。

対策を指示しているのはGood！

これまでの残業時間についてのコスト増には触れていないが，当初から予備費を設定しているという点を上手く活用して乗り切っている。

新たなリスク，対策が功を奏しなかった場合について二重三重の配慮をしている点は高評価できる。具体的な管理指標を設定しているのもGood！

りの残業時間の減少が5時間以上，進捗率の実績と予定との差が研修以前と同様（±3％以内）を管理指標とした。

二人が離脱している間にプロジェクト自体に遅延が発生しないよう，プロジェクトの進捗管理も必要である。こちらは日次で管理することにし，進捗率の実績と予定との差が，同じく±3％以内であること管理指標とした。

### 第3章　対策の実施状況とその評価，今後の改善点

#### 3-1　対策の実施状況とその評価

> 原因が取り除けたことを具体的に示している。

　3日間の研修はメンバの協力もあり，無事完了した。研修終了後にC君に面談したところ，「今まであやふやだったところがすっきりとした。システム内のテーブルのどういった項目が，業務でユーザが使用するどういった項目と紐づくのかがわかり，開発を進める上でのポイントがつかめた」といった感想が得られた。研修後のC君のパフォーマンスは飛躍的に向上し，事前に設定していた管理指標を達成することができた。また，研修期間中のプロジェクトの進捗具合についてもモニタリングの効果もあり，大きな遅延は見られなかった。

　その後，プロジェクトは予定通り完了し，無事，4月1日からの新規受託をスタートすることができた。順調な受託開始に対して，B組織からも安心して資産を預けることができるとのお声をいただいたことは大きく評価できるであろう。

> これもよくある典型的なパターン。プロジェクトの成功こそ，評価の対象になるものだ。

#### 3-2　今後の改善点

> 今回の件を教訓にしている典型的なパターン。分量的にも200字程度なのでちょうどいい。

　今回は少額ながら予備費を確保していたこともあり，急遽，研修期間を設けることができた。しかし，残業時間の増加という兆候を見落としていた場合，コスト超過だけでなく，納期を守ることもできなくなる可能性もあった。メンバの経験や能力を事前によく把握し，研修や勉強会等が必要と思われる場合には，プロジェクトの開始前に対応することも今後の改善点として，視野に入れ検討する必要があるだろう。

以上

# 6 品 質

ここでは“品質”にフォーカスした問題をまとめている。予測型（従来型）プロジェクトでも適応型プロジェクトでも，成果物の品質を確保することは基本中の基本になる。品質が悪いと，それをリカバリするために時間や費用もかかってしまう。特に，予測型（従来型）プロジェクトでは，納期遅延や予算超過の先行指標にもなる。

**6** **品質のポイント・過去問題**

**演習** **平成 29 年度　問 2**

# 6 ・ 品質のポイント・過去問題

まずはテーマ別のポイントを押さえてから問題文の読み込みに入っていこう。

## ●過去に出題された午後Ⅱ問題

表1　午後Ⅱ過去問題

| 年度 | 問題番号 | 問題タイトル | 掲載場所 | 重要度 ◎＝最重要 ○＝要読込 ×＝不要 | 2時間で書く推奨問題 |
|------|------|------|------|------|------|
| ①品質の作り込み・確認 | | | | | |
| H08 | 3 | ソフトウェアの品質管理 | なし | ○ | |
| H19 | 3 | 情報システム開発における品質を確保するための活動計画 | Web | ○ | |
| H21 | 2 | 設計工程における品質目標達成のための施策と活動 | Web | ◎ | |
| H23 | 2 | システム開発プロジェクトにおける品質確保策 | Web | ○ | |
| H27 | 2 | 情報システム開発プロジェクトにおける品質の評価，分析 | Web | ◎ | |
| H29 | 2 | システム開発プロジェクトにおける品質管理 | 本紙 | ○ | |
| ②レビュー | | | | | |
| H10 | 3 | 第三者による設計レビュー | なし | ◎ | |
| H11 | 3 | 設計レビュー | なし | ◎ | |
| ③テスト | | | | | |
| H10 | 1 | システムテスト工程の進め方 | なし | ◎ | |
| H13 | 3 | テスト段階における品質管理 | Web | ◎ | |
| ④品質不良への対応 | | | | | |
| H14 | 3 | 問題発生プロジェクトへの新たな参画 | Web | →テーマ2「ステークホルダ」参照 | |
| H15 | 3 | プロジェクト全体に波及する問題の早期発見 | Web | →テーマ4「進捗」参照 | |
| ⑤請負契約と品質確認 | | | | | |
| H10 | 2 | 請負契約に関わる協力会社の作業管理 | なし | →テーマ7「調達」参照 | |
| H16 | 3 | 請負契約における品質の確認 | Web | | |
| H27 | 1 | 情報システム開発プロジェクトにおけるサプライヤの管理 | Web | | |

※掲載場所が"Web"のものは https://www.shoeisha.co.jp/book/present/9784798185750/ からダウンロードできます。詳しくは，ivページ「付録のダウンロード」をご覧ください。

　このテーマは大きく5つに分けられる。①品質の作り込み・確認，②レビュー，③テスト，④品質不良への対応，⑤請負契約と品質確認である。

## ①品質の作り込み・確認に関する問題（6問）

　最初に，品質管理の総合的な問題をまとめてみた。具体的には，1）品質を作り込むためのプロセスと，2）品質を確認するためのプロセスの両方を含む問題である。後述するレビューやテストを包含し，その中で，トレードオフになる納期や予算とのバランスをどう取ったのかを問う問題だ。品質管理の総合的な問題になるので，2時間手書きで書く練習に向いているカテゴリーになる。

　ポイントは，納期や予算の問題同様，数値を出せるかどうかになる。与えられた品質目標に始まり，後述するレビューやテストに関しても数値が必要になる。"見える化"同様，プロジェクトマネージャは，問題の発生有無の判断等を数値で判断するからだ。事前にとれるアドバンテージの数値集めを怠らないようにしよう。ソース（情報源）は，午後Ⅰでも構わないので。

　ちなみに，一見すると同じようなことが問われている過去問題でも，開発工程が指定されているケースがあったり，そこで実施する対策が限定的であったりするので注意しよう。問題文をよく読んで，問われている状況を間違えないようにしよう。平成21年度問2は"設計工程"限定の話なので，平成23年度問2のようにプロジェクト全体を通じた"作り込み"と"確認"ではない点に注意しよう。

## ②レビューに関する問題（2問）

　最近はそうでもないが，昔はレビューに特化した問題も出題されていた。レビューだけに絞り込んでも，それだけをもって優秀なプロジェクトマネージャだと判断できないからかもしれないが，最近は全く見かけなくなった。とはいうものの，問題発生時の原因分析や対応策の検討のところで，実際に"レビュー"をどうしたのかがいつでもアウトプットできるようにしておくのは有効だ。問題文をよく読んで，どういう体制で，どれぐらいの時間，どういう目的でレビューをしたのかを整理しておこう。

## ③テストに関する問題（2問）

　レビューに関する問題同様，テストをテーマにした問題も出題されている。しかも同じように古い。したがってレビューの問題と同じような扱いでいいだろう。問題文に目を通すだけ通しておいて，準備だけは怠らないようにしよう。レビューもテストも，品質管理の総合的な問題で部分的に使うこともあるからだ。

## ④品質不良への対応に関する問題（2問）

　品質不良が発生した時の対応に関しても準備しておこう。品質不良の発生は，進捗遅延に直結するためタイムマネジメントの進捗遅延の問題として扱われることが多い。

⑤請負契約と品質確認に関する問題（3問）

　請負契約との複合問題として品質管理が問われる問題もある。本書では、それは「テーマ7　調達」で説明しているので、そちらを参照してほしい。

● 2 時間で書く論文の推奨問題

　品質管理に特化した問題は平成29年を最後に出題されていない。アジャイル開発のプロジェクトではチームメンバが主体となって自律的に品質を確保する。そのため出題頻度が落ちたのかもしれないが、そのあたりはわからない。ただ、予測型（従来型）プロジェクトで書くことができる問題が出題されなくなったわけでもないし、アジャイル開発のプロジェクトで品質管理が完全に不要になったわけでもない。忘れた頃に出題される可能性も十分ある。そういうことを考えれば、2時間で書くことができるように準備するというのは優先順位を下げてもいいかもしれないが、数値だけはいつでも出せるように部品化しておくことは必須だろう。テストやレビューによって品質を確保するときに必要となる定量的な数値管理の部分だ。そこだけは、いつでもアウトプットできるように準備しておこう。

● 参考になる午後 I 問題

　午後II問題文を読んでみて、"経験不足"、"ネタがない"と感じたり、どんな感じで表現していいかイメージがつかないと感じたりしたら、次の表を参考に"午後Iの問題"を見てみよう。まだ解いていない午後Iの問題だったら、実際に解いてみると一石二鳥になる。中には、とても参考になる問題も存在する。

表2　対応表

| テーマ | 午後II問題番号（年度-問） | 参考になる午後I問題番号（年度-問） |
|---|---|---|
| ① 品質の作り込み・確認 | H29-2, H27-2, H23-2, H21-2, H19-3, H08-3 | ○（H22-1, H21-4），△（H23-4） |
| ② レビュー（設計品質） | H11-3, H10-3 | ○（H24-1, H21-4） |
| ③ テスト | H13-3, H10-1 | ○（H24-4, H22-1, H15-2, H09-3, H09-5,） |
| ④ 品質不良への対応 | H15-3, H14-3 | ○（H23-3, H17-3, H16-2） |
| ⑤ 請負契約と品質確認 | H27-1, H16-3, H10-2 | |

## 平成8年度 問3　ソフトウェアの品質管理について

解説はこちら ＊

**計画**　ソフトウェアの品質管理は，完成したソフトウェアの品質を確保するとともに，開発途上での品質の問題が，プロジェクトの進捗やコストに影響を与えないようにするために重要である。

品質の高いソフトウェアを効率的に開発するには，品質を作り込む設計やプログラミング，綿密で効率の良いテスト，これらを支えるドキュメンテーションなどについての技術的な工夫が必要である。また，これら技術面での工夫が確実に活かされるようにするプロジェクト運営上の施策も欠かすことができない。

プロジェクトの運営に当たり，プロジェクトマネージャには，

- ・プロジェクト全員への品質に対する意識付け
- ・設計標準や作業標準の確立と徹底
- ・効果的なレビューの実施
- ・品質実態の正確な把握・分析と問題への迅速な対応

などについての工夫と努力が要求される。また，チームの編成や作業間の連係方法，及びスケジューリングについての工夫も重要である。

あなたの経験に基づいて，設問ア～ウに従って論述せよ。

設問ア　あなたが携わったプロジェクトの概要と，ソフトウェアの品質を確保するためのプロジェクト運営上の課題を，800字以内で述べよ。

**計画**　設問イ　設問アで述べた課題を解決するために重点とした施策は何か。あなたが特に工夫した点を中心に具体的に述べよ。また，その評価についても述べよ。

設問ウ　開発するソフトウェアの品質向上のため，今後あなたが改善を図りたいプロジェクト運営面での課題について，簡潔に述べよ。

品質管理の基礎

**計画**

　利用者が満足する情報システムを構築するために，情報システム開発プロジェクトでは，システムの品質を確保することが重要である。

　プロジェクトマネージャには，プロジェクトの立上げ時に，信頼性，性能，操作性などのシステムの品質上の目標が与えられる。次に，それらの品質上の目標を達成するために，品質を作り込むためのプロセスと品質を確認するためのプロセスを開発標準として定め，その活動計画を作成する。

　その際，プロジェクトマネージャは，与えられた予算や納期の範囲内で実行可能な計画を作成しなければならない。そのためには，プロジェクトの状況に応じた効果的な計画にすることが重要であり，例えば，次のようなことについて工夫する必要がある。

・品質上の目標水準に応じて，成果物のレビューやテストの実施・確認の体制を整備することや，実施のタイミング，回数を設定すること

・新しい開発技術を採用する場合に，開発メンバがその技術をできるだけ早く習得できるような教育を実施すること

・利用部門が総合テストや運用テストに十分に参画することが難しい場合に，システムの操作性を確認するための方法や環境を用意すること

　あなたの経験と考えに基づいて，設問ア～ウに従って論述せよ。

**設問ア**　あなたが携わった情報システム開発プロジェクトの概要と，与えられた品質上の目標について，800字以内で述べよ。

**設問イ**　設問アで述べた品質上の目標を達成するために，どのような活動計画を作成したか。予算や納期の範囲内で実行可能な計画にするために，プロジェクトの状況に応じて工夫した点とともに，具体的に述べよ。

**計画** →

**設問ウ**　設問イで述べた計画について，あなたはどのように評価しているか。また，今後どのように改善したいと考えているか。それぞれ簡潔に述べよ。

品質目標は与えられたもの
　　→ どう計画したか？

**平成 21 年度 問 2**　設計工程における
　　　　　　　　　　品質目標達成のための施策と活動について

解説は
こちら

序

1

2

3

4

**計画**
　プロジェクトマネージャ（PM）には，プロジェクトの立上げ時に，信頼性，操作性などに関するシステムの品質目標が与えられる。PM は，品質目標を達成するために，品質を作り込む施策と品質を確認する活動を計画する。

　PM は，設計工程では，計画した品質を作り込む施策が確実に実施されるように管理するとともに，品質目標の達成に影響を及ぼすような問題点を，品質を確認する活動によって早期に察知し，必要に応じて品質を作り込む施策を改善していくことが重要である。

　例えば，サービスが中断すると多額の損失が発生するようなシステムでは，サービス中断時間の許容値などの品質目標が与えられる。設計工程で品質を作り込む施策として，過去の類似システムや障害事例を参考にして，設計手順や考慮すべきポイントなどを含む設計標準を定める。品質を確認する活動として，プロジェクトメンバ以外の専門家も加えた設計レビューなどを計画する。品質を確認する活動の結果，サービス中断時間が許容値を超えるケースがあるという問題点を察知した場合，その原因を特定し，設計手順の不備や考慮すべきポイントの漏れがあったときには，設計標準を見直すなどの改善措置をとる。それに従って設計を修正し，品質目標の達成に努める。

**問題**
**対応**

　あなたの経験と考えに基づいて，設問ア〜ウに従って論述せよ。

**設問ア**　あなたが携わったシステム開発プロジェクトの特徴，システムの主要な品質目標と品質目標が与えられた背景について，800 字以内で述べよ。

**設問イ**　設問アで述べたプロジェクトにおいて計画した，設計工程で品質を作り込む施策と品質を確認する活動はどのようなものであったか。活動の結果として察知した問題点とともに，800 字以上 1,600 字以内で具体的に述べよ。

**計画**
**問題**

**設問ウ**　設問イで述べた問題点に対し，特定した原因と品質を作り込む施策の改善内容について，改善の成果及び残された課題とともに，600 字以上 1,200 字以内で具体的に述べよ。

**対応**

H19-3. 但し設計フェーズonly

**平成23年度 問2** システム開発プロジェクトにおける
品質確保策について

→ 解説は
こちら

**計画**

　プロジェクトマネージャ（PM）には，品質保証や品質管理の方法などについて品質計画を立案し，設定された品質目標を予算や納期の制約の下で達成することが求められる。

　PMは，品質目標の達成を阻害する要因を見極め，その要因に応じた次のような品質確保策を作成し，品質計画に含める必要がある。

・要員の業務知識が不十分な場合，件の見落としや誤解が起きやすいので，業務に詳しい有識者を交えたウォークスルーによる設計内容の確認やプロトタイプによる利用者の確認を実施する。

・稼働中のシステムの改修の影響が広範囲に及ぶ場合，既存機能のデグレードが起きやすいので，構成管理による修正箇所の確認や既存機能を含めた回帰テストを実施する。

　また，予算や納期の制約を考慮して，それらの品質確保策について，次のような工夫をすることも重要である。

・ウォークスルーの対象を難易度の高い要件に絞ることで設計期間を短縮したり，表計算ソフトを利用して画面や帳票のプロトタイプを作成することで設計費用を削減したりする。

・構成管理でツールを活用して修正範囲を特定することで修正の不備を早期に発見してシステムの改修期間を短縮したり，回帰テストで前回の開発のテスト項目やテストデータを用いてテスト費用を削減したりする。

　あなたの経験と考えに基づいて，設問ア～ウに従って論述せよ。

**設問ア**　あなたが携わったシステム開発プロジェクトの特徴，及びその特徴を踏まえて設定された品質目標について，800字以内で述べよ。

**設問イ**　設問アで述べた品質目標の達成を阻害する要因とそのように判断した根拠は何

**計画**　　か。また，その要因に応じて品質計画に含めた品質確保策はどのようなものか。800字以上1,600字以内で具体的に述べよ。

**設問ウ**　設問イで述べた品質確保策の作成において，予算や納期の制約を考慮して，どのような工夫をしたか。また，工夫した結果についてどのように評価しているか。600字以上1,200字以内で具体的に述べよ。

$$H19\text{-}3 \rightarrow H21\text{-}2 \rightarrow H23\text{-}2$$

**平成27年度 問2** 情報システム開発プロジェクトにおける
品質の評価, 分析について

解説は
こちら

**計画**
**チェック**

　　プロジェクトマネージャ（PM）には，開発する情報システムの品質を適切に管理することが求められる。そのために，プロジェクトの目標や特徴を考慮して，開発工程ごとに設計書やプログラムなどの成果物の品質に対する評価指標，評価指標値の目標範囲などを定めて，成果物の品質を評価することが必要になる。

　　プロジェクト推進中は，定めた評価指標の実績値によって成果物の品質を評価する。

**問題**
**対応**

特に，実績値が目標範囲を逸脱しているときは，その原因を分析して特定する必要がある。例えば，設計工程において，ある設計書のレビュー指摘密度が目標範囲を上回っているとき，指摘内容を調べると，要件との不整合に関する指摘事項が多かった。その原因を分析して，要件定義書の記述に難解な点があるという原因を特定した，などである。また，特定した原因による他の成果物への波及の有無などの影響についても分析しておく必要がある。

　　PMは，分析して特定した原因や影響への対応策，及び同様の事象の再発を防ぐための改善策を立案する。また，対応策や改善策を実施する上で必要となるスケジュールや開発体制などの見直しを行うとともに，対応策や改善策の実施状況を監視することも重要である。

　　あなたの経験と考えに基づいて，設問ア〜ウに従って論述せよ。

**設問ア**　あなたが携わった情報システム開発プロジェクトの目標や特徴，評価指標や評価指標値の目標範囲などを定めた工程のうち，実績値が目標範囲を逸脱した工程

**計画**
**チェック**

を挙げて，その工程で評価指標や評価指標値の目標範囲などをどのように定めたかについて，800字以内で述べよ。

**問題**　**設問イ**　設問アで述べた評価指標で，実績値が目標範囲をどのように逸脱し，その原因をどのように分析して，どのような原因を特定したか。また，影響をどのように

**対応**　分析したか。重要と考えた点を中心に，800字以上1,600字以内で具体的に述べよ。

**設問ウ**　設問イで特定した原因や影響への対応策，同様の事象の再発を防ぐための改善策，及びそれらの策を実施する上で必要となった見直し内容とそれらの策の実施状況の監視方法について，600字以上1,200字以内で具体的に述べよ。

レビューやテストの計画．いつ？数値は必須

**平成 29 年度 問 2**　システム開発プロジェクトにおける
品質管理について

解説は
こちら

**計画**
　プロジェクトマネージャ（PM）は，システム開発プロジェクトの目的を達成する
ために，品質管理計画を策定して品質管理の徹底を図る必要がある。このとき，他の
プロジェクト事例や全社的な標準として提供されている品質管理基準をそのまま適用
しただけでは，プロジェクトの特徴に応じた品質状況の見極めが的確に行えず，品質
面の要求事項を満たすことが困難になる場合がある。また，品質管理の単位が小さ過
ぎると，プロジェクトの進捗及びコストに悪影響を及ぼす場合もある。

　このような事態を招かないようにするために，PM は，例えば次のような点を十分
に考慮した上で，プロジェクトの特徴に応じた実効性が高い品質管理計画を策定し，
実施しなければならない。

・信頼性などシステムに要求される事項を踏まえて，品質状況を的確に表す品質評
　価の指標，適切な品質管理の単位などを考慮した，プロジェクトとしての品質管
　理基準を設定すること

・摘出した欠陥の件数などの定量的な観点に加えて，欠陥の内容に着目した定性的
　な観点からの品質評価も行うこと

・品質評価のための情報の収集方法，品質評価の実施時期，実施体制などが，プロ
　ジェクトの体制に見合った内容になっており，実現性に問題がないこと

　あなたの経験と考えに基づいて，設問ア～ウに従って論述せよ。


設問ア　あなたが携わったシステム開発プロジェクトの特徴，品質面の要求事項，及び
　　　　品質管理計画を策定する上でプロジェクトの特徴に応じて考慮した点について，
　　　　800 字以内で述べよ。

**計画**
**実施**
設問イ　設問アで述べた考慮した点を踏まえて，どのような品質管理計画を策定し，ど
　　　　のように品質管理を実施したかについて，考慮した点と特に関連が深い工程を中
　　　　心に，800 字以上 1,600 字以内で具体的に述べよ。

設問ウ　設問イで述べた品質管理計画の内容の評価，実施結果の評価，及び今後の改善
　　　　点について，600 字以上 1,200 字以内で具体的に述べよ。


会社標準 ＋ PJの特徴 → アレンジ

**平成 10 年度 問 3**　第三者による設計レビューについて

解説はこちら

**計画**
　　プロジェクトのメンバ以外の第三者をレビューアとして，設計レビューをすることがある。第三者による設計レビューは，プロジェクトのメンバが気づかない思い込み，誤解，技量のかたよりなどによる設計の不具合を摘出することをねらいとしている。

　　しかし，第三者による設計レビューも，進め方によってはレビューの効果や効率が問題になることがある。例えば，レビューアは，しばしば，問題を発見するために膨大なドキュメントを解読することを要求されたり，自分の専門領域以外の検討に長い時間付き合わされたりする。また，レビューアが多くなると，議論が発散し，内容のある検討ができなくなることもある。

　　第三者による設計レビューを効果的，効率的に行うために，プロジェクトマネージャは，

・設計に潜在するリスクの予想と，重点的にレビューする内容の明確化

・質問表の作成などの事前準備

・レビュー内容に応じたレビューアの選定

・レビュー参加者の絞込み

などについて工夫をする必要がある。

　あなたの経験に基づいて，設問ア～ウに従って論述せよ。

**設問ア**　あなたが携わったプロジェクトの概要と，第三者によって重点的にレビューした設計の内容について，800字以内で述べよ。

**設問イ**　設問アで述べたプロジェクトにおいて，第三者による設計レビューをどのように行ったか。レビュー内容の決め方，レビューアの選定方法，レビュー方法について，工夫した点を中心に具体的に述べよ。

**計画** ➡

**設問ウ**　設問イで述べた設計レビューについて，どのように評価しているか。また，今後どのような改善を考えているか。それぞれ簡潔に述べよ。

レビューの基礎．

## 平成 11 年度 問 3　設計レビューについて

解説は
こちら

**計画**

　設計の品質に問題があると手戻りが発生し，プロジェクトの進捗が遅延するだけでなく，プロジェクトの費用にも影響が及ぶことが多い。

　設計の品質を高めるためには，設計の進め方の工夫や，設計要員の技術水準の確保も重要な要素であるが，設計レビューを的確に行うことも重要である。

　設計上の問題点を見逃さない効果的なレビューを実現するためには，レビューの進め方についての工夫と，実施に当たっての周到な準備が必要となる。設計レビューの実施に当たって，十分な検討が必要な点としては，

　・性能，拡張性，方式上の実現可能性などの評価項目の設定

　・それぞれの評価項目に対する評価基準の設定

　・シミュレータやプロトタイプの活用など評価実施方法

　・レビューチームの編成や必要な情報の収集などレビューの進め方

などが挙げられる。

　あなたの経験に基づいて，設問ア～ウに従って論述せよ。

　　**設問ア**　あなたが携わった開発プロジェクトの概要と，設計レビューで特に重視した
　　　　　評価項目を，重視した理由とともに，800 字以内で述べよ。

**計画**

　　**設問イ**　設問アで述べた評価項目について，どのような評価基準を設定し，どのよ
　　　　　うな設計レビューを行ったか，工夫した点を中心に具体的に述べよ。また，その

**実施**
**問題**

　　　　　設計レビューによって発見された設計上の問題点についても述べよ。

　　**設問ウ**　あなたが実施した設計レビューを，有効性と効率性の観点からどのように評
　　　　　価しているか。また，今後改善したいと考えている点は何か。それぞれ簡潔に
　　　　　述べよ。

レビューの基礎.

## 平成10年度 問1 システムテスト工程の進め方について

解説は
こちら

**問題**
　システムテスト工程では，システムが運用可能なレベルにあることを確認するために，システムの機能や性能，操作性などについて総合的なテストが行われる。このテスト工程においては，テスト対象のシステムの品質が予想外に低い，計画したテストの手順・方法がうまく機能しない，テストツールが十分でない，必要なテスト環境が確保できない，などの要因から，計画どおりにテストを進めることが困難になることがある。

**対応**
　このような問題を乗り越えて，予定期間内に必要なテストを消化するためには，プロジェクトマネージャは，テスト順序の組替え，テスト方法の変更，テスト環境の強化などの施策をタイムリに実施する必要がある。

　また，施策の実施が後手後手にならないようにするには，問題点の早期発見が重要である。これには，システムの品質やテストの進捗状況を正確に把握するためのデータの収集や分析などについての工夫も必要となる。

　あなたの経験に基づいて，設問ア～ウに従って論述せよ。

**問題**
**設問ア**　あなたが携わったプロジェクトの概要と，システムテスト工程で直面した課題を，800字以内で述べよ。

**対応**
**設問イ**　設問アで述べた課題に対し，あなたが実施した施策について，あなたの工夫を中心に，その評価とともに，具体的に述べよ。

**設問ウ**　システムテスト工程をより円滑に進めるために，今後改善したいと考えていることを，簡潔に述べよ。

→ H13-3

**平成13年度 問3** テスト段階における品質管理について

解説は
こちら

**問題**　システム開発のテスト段階では，開発したシステムが十分な品質を確保しているか
どうかを判断するために，確認すべき項目とそれらの判定基準を定め，品質の測定を
行う。測定の結果，不良が多い，不良の累積グラフが収束傾向を示さないなど，判定
基準を満たさないことがある。このような場合，プロジェクトマネージャは，その原
**対応**　因を分析し，分析結果に基づく対策を実施して，稼働開始日までに品質を確保する必
要がある。

　原因分析では，不良が作り込まれた処理や工程を究明するために，パレート分析や
特性要因図などの手法が有効である。そして，期間・コスト・資源などが限られたテ
スト段階では，作り込まれた不良を効率的に除去する必要がある。例えば，原因分析
の結果から，特定の処理に不良が多いという傾向が判明すれば，同じような処理を行
っているプログラムを机上で点検したり，集中的にテストしたりする。また，テスト
方法を変更する，体制を見直すなど，状況に応じた対策も重要である。

　さらに，原因を掘り下げ，再発防止策を検討することが求められる。上記のような
場合，特定の処理に不良が作り込まれた原因や，テスト段階前に摘出できなかった理
由などを分析し，今後のシステム開発に生かすようにすることが重要である。

　あなたの経験と考えに基づいて，設問ア～ウに従って論述せよ。

**設問ア**　あなたが携わったプロジェクトの概要と，テスト段階で確認した項目及びそれ
**計画**　　らの判定基準を，800字以内で述べよ。

**問題**　**設問イ**　テスト段階において品質を確保するために，測定結果が判定基準を満たさなか
　　　　った原因をどのように分析し，その結果に基づいてどのような対策を実施したか。
**対応**　　工夫した点を中心に具体的に述べよ。

**設問ウ**　設問イで述べた活動をどのように評価しているか。また，今後どのような再発
　　　　防止策を考えているか。それぞれ簡潔に述べよ。

# 演習 ● 平成 29 年度　問 2

問 2　システム開発プロジェクトにおける品質管理について

　　プロジェクトマネージャ（PM）は，システム開発プロジェクトの目的を達成するために，品質管理計画を策定して品質管理の徹底を図る必要がある。このとき，他のプロジェクト事例や全社的な標準として提供されている品質管理基準をそのまま適用しただけでは，プロジェクトの特徴に応じた品質状況の見極めが的確に行えず，品質面の要求事項を満たすことが困難になる場合がある。また，品質管理の単位が小さ過ぎると，プロジェクトの進捗及びコストに悪影響を及ぼす場合もある。

　　このような事態を招かないようにするために，PM は，例えば次のような点を十分に考慮した上で，プロジェクトの特徴に応じた実効性が高い品質管理計画を策定し，実施しなければならない。

　・信頼性などシステムに要求される事項を踏まえて，品質状況を的確に表す品質評価の指標，適切な品質管理の単位などを考慮した，プロジェクトとしての品質管理基準を設定すること
　・摘出した欠陥の件数などの定量的な観点に加えて，欠陥の内容に着目した定性的な観点からの品質評価も行うこと
　・品質評価のための情報の収集方法，品質評価の実施時期，実施体制などが，プロジェクトの体制に見合った内容になっており，実現性に問題がないこと

　あなたの経験と考えに基づいて，設問ア〜ウに従って論述せよ。

設問ア　あなたが携わったシステム開発プロジェクトの特徴，品質面の要求事項，及び品質管理計画を策定する上でプロジェクトの特徴に応じて考慮した点について，800 字以内で述べよ。

設問イ　設問アで述べた考慮した点を踏まえて，どのような品質管理計画を策定し，どのように品質管理を実施したかについて，考慮した点と特に関連が深い工程を中心に，800 字以上 1,600 字以内で具体的に述べよ。

設問ウ　設問イで述べた品質管理計画の内容の評価，実施結果の評価，及び今後の改善点について，600 字以上 1,200 字以内で具体的に述べよ。

# 解説

## ●問題文の読み方

　問題文は次の手順で解析する。最初に，設問で問われていることを明確にし，各段落の記述文字数を（ひとまず）確定する（①②③）。続いて，問題文と設問の対応付けを行う（④⑤）。最後に，問題文にある状況設定（プロジェクト状況の例）やあるべき姿をピックアップするとともに，例を確認し，自分の書こうと考えているものが適当かどうかを判断する（⑥⑦）。

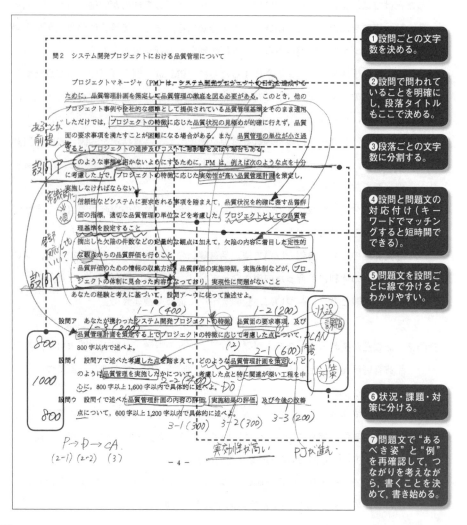

❶設問ごとの文字数を決める。

❷設問で問われていることを明確にし，段落タイトルもここで決める。

❸段落ごとの文字数に分割する。

❹設問と問題文の対応付け（キーワードでマッチングすると短時間でできる）。

❺問題文を設問ごとに線で分けるとわかりやすい。

❻状況・課題・対策に分ける。

❼問題文で"あるべき姿"と"例"を再確認して，つながりを考えながら，書くことを決めて，書き始める。

# ●出題者の意図（プロジェクトマネージャとして主張すべきこと）を確認

# ●段落構成と字数の確認

1. プロジェクトの特徴と品質面の要求事項
　　1.1 プロジェクトの特徴（400）
　　1.2 品質面の要求事項（200）
　　1.3 品質管理計画を策定する上で考慮した点（200）
2. 品質管理について
　　2.1 私が策定した品質管理計画（600）
　　2.2 私が実施した品質管理（400）
3. 評価と改善点
　　3.1 品質管理計画の内容の評価（300）
　　3.2 実施結果の評価（300）
　　3.3 今後の改善策（200）

# ●書くべき内容の確認（総評と全体構成の組み立て方）

　平成 27 年度に続く品質管理の問題である。過去にも平成 19 年度→平成 21 年度→平成 23 年度の流れで「与えられた品質目標というのは…」から入っている品質管理の問題が隔年で出題されている。やはり品質管理はプロジェクトを成功させる"要"でもあるので，毎年度しっかりと準備しておく必要があるということだろう。

　今回の問題をシンプルに表すと「プロジェクトって**毎回微妙に違うよね！だからベースとなる基準をそのまま使うのではなく，毎回アレンジしているよね。それを書いて！**」というような内容。過去の品質管理の問題と比べると，どのような開発プロジェクトでも書くことが出来る。しかも，本質的に"標準化の役割や存在意義，価値"に関するものになる。したがって，この問題を記憶して常に意識しておけば，品質管理以外のどの問題に対しても有効だと考えられる。覚えておこう。

## ● 1-1 段落（プロジェクトの特徴）

　まず，プロジェクトの特徴を書く。これは平成 21 年度以後定着した設問アの最初の要求事項で，導入部分はプロジェクトの概要から始めても構わないが，100 字から 200 字ぐらいは，今回の“特徴”を書かないといけない。

　特に今回は，ここに書かないといけないことが明白である。それは，問題文の 2 行目に書かれている「他のプロジェクト事例や全社的な標準として提供されている品質管理基準をそのまま適用しただけでは，…」という一文にある。要するに「●書くべき内容の確認」にも書いた通り「ベースとなる基準をそのまま使うのではなく，アレンジしているよね。それを書いて！」と言っているわけで，そのアレンジの根拠としてプロジェクトの特徴を求められていることになる。例えばそれを 1-3 で書くのなら，そこと整合性を取った内容にしなければならない。

　後は，他の問題でも同じだが，ここにも納期や予算，体制などのプロジェクト概要を書く場合には，できる限り定量的に書くように心がけよう。容易にできることはやっておく。それでリスクをヘッジすることが重要になる。

### 【減点ポイント】

　①特になし（保留）

　　→　重要ではないということではなく，ここだけを見て判断できないという意味。重要なことは間違いないが，結果的に後述する 1-3 や 2-1 で関連性があるかどうかを判断する。

　②プロジェクト目標が定量的な数値目標になっていない（致命度：中）

　　→　読み手にイメージができないと大きな不利になる。これだけをもって不合格になることはないが，容易にできることはやっておこう。

## ● 1-2 段落（品質面の要求事項）

　次に，今回開発するシステムに求められる品質面の要求事項について書く。この問題では，過去問でもよく問われてきた“プロジェクトに与えられた要求事項”なので，プロジェクトで確保すべき機能要件，非機能要件などを書けばいいだろう。過去の問題では非機能要件の方が書きやすく，問題文の例でも非機能要件（性能・信頼性・操作性など）が取り上げられていたが，今回の問題では，後述するように問題文の 3 つの例を見る限り，機能要件でも，徹底したバグ除去を実施しなければならないリリース直後の信頼性でも大丈夫だろう。「ベースとなる基準をそのまま使うのではなく，アレンジしているよね。それを書いて！」というアレンジの根拠は，プロジェクトの特徴でも，品質面の要求事項でも構わないからだ。詳細は後述の 1-3 で書く。

【減点ポイント】

①特になし（保留）

→　1-1と同じ。重要ではないということではなく，ここだけを見て判断できないという意味。重要なことは間違いないが，結果的に後述する1-3や2-1で関連性があるかどうかを判断する。

②定量的な品質目標になっていない（致命度：中）

→　レビューやテストが効率性の下で行われる以上，数値目標をもって数値管理を行っていく必要がある。ここに数字を使わずに，大きいとか，速いとか主観的な表現を使うと設問イや設問ウの客観的な評価が出来ない。

● 1-3 段落（品質管理計画を策定する上で考慮した点）

最後に，設問アで問われている「品質管理計画を策定する上でプロジェクトの特徴に応じて考慮した点」を書く。この解説では，説明の便宜上3つに分けているが，当然だが設問アの中に，これら3つの要素が漏れ無く入っていれば，その分け方はどうでもいい。

その説明の便宜上と言うのは二つある。ひとつは，ここに書いた「考慮した点」が設問イで書く「今回基準として利用する品質管理基準がそのまま利用できない」，あるいは「だから，…というような計画にアレンジした。」根拠になるという点だ。したがって，この論文を左右する非常に重要な部分になる。そしてもう一つは，その「考慮した点」が，"1-1のプロジェクトの特徴"と"1-2の品質面の要求事項"と関連性を持たせないといけないという点である。「こういう要求事項に対して，今回のプロジェクトではこうなっている。だからそれを考慮して，品質管理計画をアレンジしないといけない」となる。

【減点ポイント】

プロジェクトの特徴との関連性もなく，品質面の要求事項との関連性も無い（致命度：大）

→　何の特徴も無ければ，標準パターンでいけるわけなので，この問題のテーマに取り上げることはできないことになる。

## ● 2-1 段落（私が策定した品質管理計画）

　最初に，品質管理計画に関して何を書けばいいのかを問題文で確認する。関連箇所は「プロジェクトの特徴に応じた実効性が高い品質管理計画を策定し，実施しなければならない。」という文と，その下に示されている三つの例の部分になる（問題文への手書きマーク記入部分参照）。

　また，問題文の 2 行目には「他のプロジェクト事例や全社的な標準として提供されている品質管理基準をそのまま適用しただけでは，…」という一文もあるので，品質管理基準を算出する上で，参考にすべき何かしらの "標準" があることも要求している。実際，通常のプロジェクトでも会社標準等をベースにアレンジしているはずなので，それを書けばいいだろう。問題文を読む限り "会社標準" は当然のこと，他のプロジェクトのものでも構わない。

　その上で，その "ベース" に対して，設問アで記述した「プロジェクトの特徴に応じて考慮した点」を加味してアレンジを加えたものを書けばいいだろう。この時，採点者は問題文中にある「実効性が高い」とう表現を受けとって論文をチェックするので，「実効性が高くなっていること」をしっかりアピールすることを意識しよう。イメージの擦り合わせは，問題文の 3 つの例を活用する。この 3 つの例を十分理解した上で，それらと同レベルの "実効性の高さ" をアピールできればいい。問題文の 3 つの例を要約すると次のようになる。

| | プロジェクトの特徴や<br>品質面の要求事項などのうち，考慮した点 | 品質管理計画におけるアレンジ |
|---|---|---|
| 例 1 | かなり高い信頼性が求められている。 | プロジェクトとしての品質管理基準<br>・品質状況を的確に表す品質評価の指標<br>・適切な品質管理の単位 |
| 例 2 | 開発担当者や，レビュー・テストの担当者が，いつもと違う（※ 1）。 | 摘出した欠陥の件数などの定量的な観点に加えて，欠陥の内容に着目した定性的な観点からも品質評価を行う |
| 例 3 | 体制面が，いつもと異なる（※ 1）。 | 品質評価のための情報の収集方法，品質評価の実施時期，実施体制などが，プロジェクトの体制に見合った内容になっており，実現性に問題がないこと |

※ 1．二つ目，三つ目の例の考慮した点は，筆者が付加した一例。

　一つ目の例だと，過去問題の平成 19 年度問 3，平成 21 年度問 2，平成 23 年度問 2 などで準備をしていれば，それを応用して書けるだろう。与えられた品質目標（機能要件，非機能要件）が "ベースにした基準" と異なるので，その部分を加味したレビュー計画やテスト計画にすればいい。

　二つ目の例は，"品質評価基準に定量的な観点だけではなく，定性的な観点も必要" なケースで，言い換えれば "数字の信憑性が低いケース" なので，若手メンバが開発や品質評価に携わる場合や，（ベテランメンバでも）難易度の高いプログラムなど，ベースにした基準との差異があるケースだと考えればいいだろう。

　三つ目の例は，問題文にも「プロジェクトの体制に見合った内容」とあるように，体制面において，ベースにした基準との差異があるケースで，そのためにレビューやテストのタイミングを調整しないといけないケースだと考えればいいだろう。

## 【減点ポイント】

①ベースにした基準に関する記述が無い（致命度：大）

　→　あくまでも何かを参考にして，その参考にしたものと今回の差異を正確に把握して実効性が高い品質管理をしていることが大前提。標準化されたものがあったとしても，それをそのまま何も考えずに使っているのではなく，今回の計画にしているところが，この問題の最大のポイントになるので。

②設問アの「考慮した点」と無関係（致命度：大）

　→　上記の①と同じ理由。この問題の最大のポイントになる。

③品質管理計画が定量的ではない（致命度：小）

　→　合格者の情報からすると必ずしもここで定量的にしなくても合格している。しかし，それならなおさら，ベースにした基準や時期と今回計画した基準や時期を定量的に示せば安全圏にもっていける。可能であればそこを目指そう。

## ● 2-2 段落（私が実施した品質管理）

　次に問われているのは，2-1 の品質管理計画をどのように実施したかである。問題文の対応箇所は 2-1 と同じ「プロジェクトの特徴に応じた実効性が高い品質管理計画を策定し，実施しなければならない。」という箇所に一言書いているだけになる。したがって，ここでは原則，プロジェクトが開始されたとして時間軸を進めて，2-1 で記した工程の計画がどのように実施されてかを書けばいいだけである。

　ただ，設問ウでは「実施結果の評価」，及び「今後の改善点」が問われているので，そのあたりにつながる書き方が必要になる。考え方としては，2-1 の品質管理計画で工夫した（特徴を踏まえてアレンジした）ことを全面否定することもできないので（やぶへびになるので），苦労したけど何とかプロジェクトの目的は達成されたとするのが無難だろう。この問題の設問イを，ここで解説しているように「2-1 計画」と「2-2 実施」に分けるとすれば，7 対 3 ぐらいの割合で 2-1 がポイントになる。そこを外さなければ大丈夫だろう。

【減点ポイント】

　①2-1 の品質管理計画が甘くプロジェクトが失敗した（致命度：大）

　　→　2-1 を肯定的に書くことが大前提

　②設問アや設問イの前半（2-1）で考慮した工程と異なる（致命度：中）

　　→　設問の指示を守っていないし，一貫性も無くなるのは良くない。

　③"いつ"なのかがよくわからない（致命度：小）

　　→　最低限"工程"がわかれば大丈夫だが，ここはプロジェクトを実施しているところなので，プロジェクトの前半なら開始からどれぐらい経過したか，後半なら残りの期間を書いておけば，臨場感も伝えることができる。特に難しいことでもないので，できることはやっておいた方が良い。

## ● 3-1 段落（品質管理計画の内容の評価）

ここには，設問イの前半（2-1）で品質管理計画に対する評価を書くが，設問イの後半（2-2）の品質管理の実施段階で初めて，その計画が功を奏したのか，あるいは配慮が足りなかったのかが分かるので，両方に触れた上で，計画内容を高評価しておけばいいだろう。

また，設問ウが評価と改善点の場合は，多くの論文が主観的かつ感覚的な評価であっさりしてしまう。そこで，評価を客観的にするために，定量的に数字の変化を示すことを考えるべきだろう。例えば，「今回，単体テストの標準的な欠陥の摘出数だと 1kstep 当たり 20 ～ 40 件になっていたが，今回の A サブシステムは標準よりもかなり難易度が高いため，それを加味して管理下限を 40 ～ 60 件にまで引きあげている。実際，何人かは全テストケースを終了した時点で 30 件しか欠陥を摘出できていないことがあり，本来ならそれでテストを終了していたが，今回は管理下限に達していないので，追加のテストケースを…」というような感じである。これだと字数も稼げるし，何より客観性が出せるので，読み手も納得のいく評価になる。単に主観で「いやー良かった」というような他のあっさりした論文とは，大きく差別化することが出来る。

### 【減点ポイント】

①あまり高く評価していない（致命度：小）
→　やぶへびになる可能性がある

②主観的，感覚的な評価で終わっている（致命度：小）
→　これだけをもってして不合格になることはないが，他と差別化するためにも定量的な評価で客観性を持たせたいところではある。

## ● 3-2 段落（実施結果の評価）

他の問題とは異なり，この問題では，評価が"計画に対する評価"と"実施結果に対する評価"の二つに分かれている。そしてその後に，今後の改善点も問われている。

こういうケースでは，"計画に対する評価"を「計画をアレンジしたから良かった」と手放しで（100% 近い）評価しておき，"実施に対する評価"の部分で「想定していなかったことが少し発生して焦った。」，あるいは「別の要因の影響があって，計画した数字よりも一部…」というように，少し改善の余地を残しておくといいだろう。実際のプロジェクトでも，「万全の計画をしていて，それで何とかプロジェクトは成功したけれど，途中，計画段階には見えなかった部分や不測の事態も発生して苦労した。でも，計画をしっかりしていたから良かったよね。」というケースが多

い。それゆえそういうストーリーになっても違和感はない。

　また，ここでも当然，実施した時のデータを定量的に出せれば，他者との差別化にはつながるので考えよう。但し，3-1 で定量的に示していれば，こちらは無くても全く問題は無い。

【減点ポイント】

①あまり高く評価していない（致命度：小）

→　やぶへびになる可能性がある

②設問ウ全体が主観的，感覚的な評価で終わっている（致命度：小）

→　これだけをもってして不合格になることはないが，他と差別化するためにも定量的な評価で客観性を持たせたいところではある。

## ● 3-3 段落（今後の改善点）

　最後は，平成 20 年度までのパターンのひとつ。今後の改善点。ここは，最後の最後なのでどうしても絞り出すことが出来なければ，何も書かないのではなく典型的なパターンでもいいだろう。

　しかし，今回の問題なら，計画段階でアレンジしたことは，前例がないわけだから今回の実施結果を踏まえてフィードバックし，次回の計画段階の参考数値にすることは，普通に良く実施している。ちょうどパイロットモデルと同じようなイメージだ。今回は最初から適正な数字（係数）を算出することを目的にする（すなわちパイロットケースにする）必要はないが，結果をフィードバックして数字を微調整することは必須である。それを書けばいいだろう。

【減点ポイント】

　特になし。何も書いていない場合だけ減点対象になるだろうが，何かを書いていれば大丈夫。時間切れで最後まで書けなかったというところだけ避けたいところ。過去の採点講評では「一般的な本文と関係ない改善点を書かないように」という注意をしているので，「今回は…するのにかなり時間がかかった。次回からは…」で考えればいいだろう。

## ●サンプル論文の評価

　これは，平成 29 年の春試験を実際に受験して合格した人の再現論文である。試験終了後に書き留めておいていただいたので再現率は高いとのこと。

　全体的に，字数は少な目で設問ウは 600 字にギリギリ到達していないが，内容に問題が無ければ，この程度なら合格論文になっている報告は何件か受けている。したがって，試験本番の時には最後の最後まで粘った方が良い。

　この論文が合格論文として評価されたのは，シンプルではあるものの「**タブレットを使った開発が未経験で，それゆえ品質管理をアレンジした**」というのが，設問ア及び設問イで，きれいにつながって示されているところだろう。しかも，設問イで客観性のある定量的な数値を示している点と，チェックリストの追加項目を具体的に「**タブレット端末を傾けたり，電源の ON/OFF 時の操作など動作部分**」と書いている点が大きい。この論文で，数値が出てきているのも具体的に書かれているのも，この部分ぐらいだが，採点者に「これは経験した事実だ」と思わせるのに十分な量である。ここで採点者にそう思わせることができれば，もうよほどのことが無い限り不合格論文にはならない。具体的に書く意味は，そのためにあると考えておこう。

　それ以外の部分でも，設問や問題文の要求にはほぼ回答できているので十分な合格論文だと言える。しかし，下記を改善すれば，より良くなって完全に安全圏に持って行くことができる。

- 設問ア：プロジェクトメンバの人数等体制に関する記述が欲しい。
- 自社の品質管理基準との比較が全くない。そこがあればもっとよくなる。
- 内容の評価，実施の評価をもう少し細かくする。特に，品質管理基準をアレンジした部分の評価は必要。実施の評価では 2-2 で実施したことの評価がなかった。
- 改善点は少し矛盾している。社内標準を修正するのではなくタブレットを使う時の補正係数とした方が良い。
- 設問ウの字数が少ない。

　結局，実際の試験本番日には"初めて見る問題に対して 2 時間手書きで書かないといけない"という試験なので，誰もが十分満足できる論文にはならないということである。合格論文を再現してもらうと，それがよくわかる。したがって，試験当日は，絶対に途中であきらめずに最後の最後まで粘り切るようにしよう。そうすれば合格論文になる可能性はずっと高まるはずだから。

　なお，このサンプル論文は実際に A 評価だった論文である。しかし，A 評価とはいえ 60 点でいいので，減点されていると思われる。そこを加味して，筆者が普段実施している“添削”のつもりでコメントしている。

## ●採点講評

　全問に共通して，“論述の対象とするプロジェクトの概要”で質問項目に対して記入がない，又は記入項目間に不整合があるものが見られた。これらは解答の一部であり，評価の対象であるので，適切に論述してほしい。“本文”は，問題文中の事例をそのまま引用したり，プロジェクトマネジメントの一般論を論述するのではなく，論述したプロジェクトの特徴を踏まえて，プロジェクトマネージャ（PM）としての経験と考えに基づいて論述してほしい。

　問 2（システム開発プロジェクトにおける品質管理について）では，品質管理計画の策定内容及び実施状況などについて具体的に論述できているものが多かった。一方，設問が求めたのは，品質面の要求事項を達成するために，プロジェクトの特徴に応じて考慮した点を踏まえて，どのような品質管理計画を策定して，実行したのかについてであったが，プロジェクトの特徴を的確に把握できていないもの，品質管理計画の内容が不明確なもの，品質管理基準の記載はされていても表面的で具体性に欠けるものなど，品質管理に関する PM の対応内容としては不十分な論述も見られた。

# サンプル論文

## 第1章　プロジェクトの特徴と品質面の要求事項及び品質管理計画を策定する上で考慮した点

### 1.1　プロジェクトの特徴

　今回論述するプロジェクトは食品生産販売を営むA社の営業支援システムの作成である。私はA社システム部所属のプロジェクトマネージャである。プロジェクトの概要は総工数３０人月，費用３０百万（コンティジェンシー予備１０％を含む），開発期間１１ヶ月である。

> 「作成プロジェクト」と正確に記載した方がいいだろう。

> 小さめのプロジェクト。

　今回のプロジェクトの特徴としては，プロジェクトの目標として品質管理計画を策定することが求められている点とクライアント側にタブレット端末を利用するが，プロジェクトメンバーの中にタブレット端末を利用したシステムの開発実績のあるメンバーが居ないという特徴がある。

> これは当たり前のことだが，当たり前のことを書いても普通にスルーされるだけなので，あまり気にする必要はない。

> これが最大のポイントになる。この記述さえあれば，1.1の目的は達成できる。しかも，未経験というのは品質に影響を与えるので，特徴の内容としても品質管理の問題にベストマッチしている。

### 1.2　品質面の要求事項及び品質管理計画を策定する上で考慮した点

　品質面の要求事項として，現状のシステムと同等の品質を求められている。そのため，自社の品質管理基準を参考に品質計画を策定することでステークホルダのH氏と合意した。

> 基準が書かれている。OK。

　また品質管理計画を策定する上で考慮した点は，プロジェクトの特徴としてプロジェクトメンバーの中にタブレット端末を利用したシステムの開発実績のあるメンバーが居ない。そのため品質目標をみたせない可能性がある。そのため，自社でタブレット端末を利用した開発経験のあるベテランのJ氏にプロジェクトの参画を調整した。

> これを書くなら，逆に「タブレット端末を利用した開発経験のあるベテランのJ氏にプロジェクトの参画を打診してはいるものの，自社の品質管理基準を見直さないといけないと考えている。」というように書いた方が良い。課題が残るという表現にしないと設問イにつながらない。この論文の内容だと，これで解決できる可能性も示唆してしまっている。

## 第2章　品質管理計画策定内容と品質管理の実施内容
### 2.1　品質管理計画策定内容

　ベテランのＪ氏と品質管理計画について相談した所，単体テストでの品質管理計画が重要と考えた。タブレット端末を利用した開発経験がないため，単体テストで発見するべきバグがとりきれず，品質目標を満たせないリスクがあるためである。

　よって，ベテランのＪ氏とチームリーダK氏とで品質計画を次のように策定した。

・タブレット端末以外のテストについては会社標準の基準値を参考にプロジェクトの難易度で調整する。許容範囲は1kstepにつきバグは３±１件である。

・タブレット端末のテストについては動作確認のチェックリストを作成し社内標準に新規に追加する。内容はタブレット端末を傾けたり，電源のON/OFF時の操作など動作部分のチェックリストである。許容範囲は1kstepにつきバグは４±１件である。

・単体テスト結果は週次で収集し，実施内容をチェックする。許容範囲を満たさない場合は，基準値の見直しを含めてテスト内容を確認する。

　上記の通り品質管理計画を策定し，実装工程の２ヶ月に収まるように要員を配置した。作成したスケジュールはステークホルダのH氏の承認もらい，プロジェクトは１月５日スタートした。

### 2.2　品質管理の実施内容

　実装工程が5月に開始され，初週の状況確認を行った。バグの件数は予定していた値に収まっていた。バグの原因について内容を確認した所，１件気になる物があった。システムの利用中に処理が終わらなくなる問題があった。ベテランのＪ氏に内容を確認してもらった所，タブレット端末のOSの問題でありテストに利用している端末独自の問題であった。本番で利用する端末での発生確率は

設問アとつながっている Good！

定量的な数値が出てきているので Good

こういう具体的な記述はいい。しかも，タブレット端末という特徴でアレンジしているし，その必要性も具体的に書かれていることから，採点者にも伝わっている。

できれば，本来の会社標準の数値がどうだったのか？その差異を明確にするともっと良くなる。逆に，この数字が無ければ，全体的に何をどう変えたのか？が不明瞭になるのでB評価になっていたかもしれない。

設問アで書かなくても，ここで書いていればOK。２−２でプロジェクトが推移していくことを踏まえて，ここで書くのは良い判断である。

各段落の最初と最後が，前段落や後段落とつながる記述になっているので，今回，最も必要な一貫性を担保している。

無いため，特に対応はしないこととした。

　また，想定外のバグに起因するプロジェクトへの影響を抑えるため毎朝１０分程度のミーティングを設置することにした。これによりメンバーには気になった点や不明点などを気軽に連絡してもらう。これによりリスクの兆候を把握できるようにした。

> 実施段階での工夫を何か入れようと考えたようだが，今回，未経験のタブレット端末を利用するということで，情報共有は生産性向上に寄与するし，プロジェクトにおいても必要な意思決定だと思う。したがって，設問アの特徴との関連性も十分あるので，綺麗につながっている。

## 第3章　品質管理計画の内容の評価と実施結果の評価と
　　　　　今後の改善点

### 3.1　品質管理計画の内容の評価と実施結果の評価

　その後，実装工程はとくに大きな問題もなく完了した。
結合テストでも単体テストレベルのバグは多発しなかっ
た。これは単体テストを強化することで品質の作り込み
ができたからである。

　プロジェクトは11月に完了し，予定通りシステムを稼
働することができた。プロジェクトの評価としては各工
程で品質目標を達成できていた点と品質対策のコストを
コンティンジェンシー予備費に収められた点が評価され
成功となった。よって品質管理計画の内容と実施結果に
ついては評価できると考えている。

### 3.2　今後の改善点

　今後の改善点としては単体テストを強化することで品
質目標を達成することができた。この点についてメンバ
ーと話し合い，内容を踏まえて社内標準を修正し，全社
的に利用したい。

　これにより，他のプロジェクトでも品質計画時に参考
にすることで現実的な計画が立てられる。これによりプ
ロジェクトの運営がスムーズに行えると考えている。

（以上）

> OK。高評価でいい。

> 今回，プロジェクトの特徴を踏まえて単体テストを強化したことが，後続の工程での手戻りを抑制できたという理由になっている。

> この評価は必須。

> 2－2で実施した，無視した点，朝の10分ミーティングにも触れると，字数も十分クリアできただろうし，違和感も無かったと思う。

> 最後にドタバタしていたのだと思う。字数が少ない。しかし，その字数が少ない中でも端的に「社内標準にフィードバックしている。」点を書いているので，内容面に問題は無い（漏れはない）。

> ただ，今回はタブレットを使った時のプロジェクトなので，次回以後，タブレットを使った時の標準値として使えるようにという意味を入れていかないと，この内容だとタブレットに関係なく社内標準を修正することになる。矛盾している。

# 7 調 達

ここでは“調達”にフォーカスした問題をまとめている。ベンダからシステムを調達したり，協力会社から要員を調達したりするときのマネジメントエリアだ。具体的には“契約”，“法律”，調達計画，調達手続き，調達管理など。海外でのオフショア開発もここに含めている。予測型（従来型）プロジェクトでも適応型プロジェクトでも，あまり変わらない部分になる。

**7** 調達のポイント・過去問題

**演習** 平成 27 年度　問 1

# 7 ● 調達のポイント・過去問題

まずはテーマ別のポイントを押さえてから問題文の読み込みに入っていこう。

## ●過去に出題された午後Ⅱ問題

表 1　午後Ⅱ過去問題

| 年度 | 問題番号 | テーマ | 掲載場所 | 重要度 ◎=最重要 ○=要読込 ×=不要 | 2時間で書く推奨問題 |
|---|---|---|---|---|---|
| ①請負契約時のマネジメント | | | | | |
| H10 | 2 | 請負契約に関わる協力会社の作業管理 | なし | × | |
| H16 | 3 | 請負契約における品質の確認 | Web | ○ | |
| H27 | 1 | 情報システム開発プロジェクトにおけるサプライヤの管理 | 本紙 | ◎ | |
| ②オフショア開発 | | | | | |
| H16 | 2 | オフショア開発で発生する問題 | Web | △ | |
| ③調達のプロセス | | | | | |
| H13 | 1 | 新たな協力会社の選定 | Web | ◎ | |
| H15 | 1 | 社外からのチームリーダの採用 | Web | ○ | |

※掲載場所が "Web" のものは https://www.shoeisha.co.jp/book/present/9784798185750/ からダウンロードできます。詳しくは，iv ページ「付録のダウンロード」をご覧ください。

このテーマは大きく 3 つに分けられる。①請負契約時のマネジメント，②オフショア開発，③調達のプロセスである。

### ①請負契約時のマネジメント（3 問）

調達マネジメントでよく問われているのが，品質管理との複合問題である。偽装請負が非難されている現状を踏まえ，請負契約を含む "契約" に関する正確な知識を持っているかどうかが試される。まずは，請負，準委任，派遣契約の差を正確に把握した上で，予め組み込んだ品質管理に関するプロセスについて書かなければならない。平成 27 年度に出題されているので，午後Ⅱの問題としての出題確率は低いと予想できるが，午後Ⅰで問われた場合に確実に解けるようにしておけば，午後Ⅱでも対応できるので，知識を付けてシミュレーションはしておこう。

### ②オフショア開発に関する問題（1 問）

平成 16 年度問 2 はオフショア開発に関する問題になる。協力会社に開発業務を委託する際に，（国内企業では考慮しなくてもいいのに）海外ならではの事情を加味

して配慮したことが問われている。オフショア開発がよく行われていた20年以上前に1度だけ出題されている。その後の世界情勢の変化や、昨今のDX重視の出題が内製に向いていることから考えれば、今後の出題も見込み薄だと思われる。経験者なら、他の問題で論文対策ができていれば試験本番時でも出たとこ勝負が可能。そういう意味ではスルーしてもいいだろう。

### ③調達のプロセスに関する問題（2問）

　最後は調達プロセスが適切かどうかが問われている問題になる。調達プロセスに関しては、PMBOKで確立された"あるべき姿"が定義されており、それに基づいて午後Ⅰも午後Ⅱも問題が作成されている。したがって、まずは正確な知識を身に着けておくようにしよう。そして午後Ⅰの問題を頭の中に叩き込んでから、平成13年度問1の内容でパーツを準備しておくと安心だ。ちなみに、平成13年度問1の問題は、午後Ⅰの平成21年度問2とほぼ一致した内容になっているので参考にするといいだろう。

## ● 2時間で書く論文の推奨問題

　ここのテーマは、特に2時間で書く必要はないと考える。合否を分けるポイントは、骨子の組み立て段階にあり、文章を膨らませる過程でおかしくなることは少ないからだ。そこに時間を使わずに、過去の問題文を熟読して書くべきことが把握できたら、そこにぶつけるコンテンツを整理していこう。頭の中で、イメージをシミュレーションする対応でいいだろう。

## ●参考になる午後Ⅰ問題

　午後Ⅱ問題文を読んでみて、"経験不足"、"ネタがない"と感じたり、どんな感じで表現していいかイメージがつかないと感じたりしたら、次の表を参考に"午後Ⅰの問題"を見てみよう。まだ解いていない午後Ⅰの問題だったら、実際に解いてみると一石二鳥になる。中には、とても参考になる問題も存在する。

表2　対応表

| テーマ | 午後Ⅱ問題番号（年度－問） | 参考になる午後Ⅰ問題番号（年度－問） |
|---|---|---|
| ① 請負契約のマネジメント | H27-1, H16-3, H10-2 | △ (H19-3, H18-4, H17-4, H16-1, H16-4, H15-3, H14-3) |
| ② オフショア開発 | H16-2 | ○ (H14-2) |
| ③ 調達のプロセス | H15-1, H13-1 | ○ (H21-2, H17-2) |

**平成 10 年度 問 2**　**請負契約に関わる協力会社の作業管理について**

解説は
こちら
*

**計画**
　システム開発プロジェクトにおいて，協力会社の果たす役割は重要である。協力会社に対する発注形態には，要員の派遣契約や，あるまとまった開発業務を委託する請負契約などがあり，プロジェクト管理上の工夫もそれぞれで異なってくる。

　請負契約の場合は，派遣契約とは異なり，作業の進捗や品質を発注者側が日々把握することは難しい。また，請負契約先の協力会社の作業を発注者側が直接管理することには法規上の制限がある。したがって，プロジェクトマネージャには，委託した業務が期待どおりに行われるよう，適宜協力会社の作業状況を把握するための工夫と，必要に応じた適切な対処が求められる。

　作業状況の把握方法としては，単に作業進捗の報告を受けるだけではなく，あらかじめ中間結果のマイルストーンを設定し，発注側及び請負側双方の主要メンバーによるレビューを実施することなどが挙げられる。

　あなたの経験に基づいて，設問ア～ウに従って論述せよ。

　　　設問ア　あなたが携わったプロジェクトでは，どのような開発業務を協力会社に委託したか。プロジェクトの特徴とともに 800 字以内で述べよ。

　　　設問イ　設問アで述べたプロジェクトの実施中，協力会社に委託した業務が納期や品質面で期待どおりに行われているかどうかを，あなたはどのように把握したか。また，その結果，必要な対処をどのように行ったか。工夫した点を中心に具体的に述べよ。

**計画**
**問題**
**対応**

　　　設問ウ　設問イで述べた協力会社の作業管理について，どのように評価しているか。また，今後どのような改善を考えているか。それぞれ簡潔に述べよ。

→H16-3

**平成16年度 問3** 請負契約における品質の確認について

解説は
こちら

**計画**　　情報システム開発において，業務知識や開発実績のある会社に業務アプリケーションの開発を請負契約で発注することがある。請負契約では，作業の管理を発注先が行うので，発注元が発注先の作業状況を直接管理することはない。しかし，発注元が期待どおりの品質の成果物を発注先から得るためには，発注先との契約の中で，請負契約作業の期間中に品質を確認する機会を設けることが重要である。

　　そのためには，プロジェクトマネージャは，業務アプリケーションの特性，システム要件などを考慮して，品質面での確認事項を設定し，確認時期，中間成果物，確認方法に関して発注先と合意し，取り決めることが肝要である。例えば，設計工程から発注する場合，業務特有の複雑な処理が正しく設計されているか確認するために，次のようなことを取り決める。

　　・設計工程の重要な局面で，双方の中核メンバが参加して設計書のレビューを実施する。

　　・テスト工程の着手前に，チェックリストのレビューを実施する。

**実施**　　そして，プロジェクトマネージャは，期待どおりの品質かどうかを確認する機会において，発注先と相互に確認し合うことが肝要である。

　　あなたの経験と考えに基づいて，設問ア～ウに従って論述せよ。

**設問ア**　あなたが携わった請負契約型のプロジェクトの概要と，業務アプリケーションの開発で発注した工程の範囲について，800字以内で述べよ。

**設問イ**　設問アで述べた業務アプリケーションの開発において，期待どおりの品質の成果物を発注先から得るために，請負契約作業の期間中に，あなたは品質に関してどのような確認を行ったか。あなたが特に重視し，工夫した点を中心に，具体的に述べよ。

**計画**
**実施**　→

**設問ウ**　設問イで述べた活動について，あなたはどのように評価しているか。また，今後どのような改善を考えているか。それぞれ簡潔に述べよ。

中間成果物，作業 → 契約内容
（いつ，何を，なぜ…）

**平成27年度 問1** 情報システム開発プロジェクトにおける
サプライヤの管理について

解説は
こちら

**計画**　　プロジェクトマネージャ（PM）は，自社で保有する要員や専門技術の不足などの理由で，システム開発の成果物，サービス，要員などを外部のサプライヤから調達して，情報システムを開発する場合がある。

　　システム開発の調達形態には，請負，準委任，派遣などがあるが，成果物が明確な場合，請負で調達することが多い。請負で調達する場合，サプライヤは成果物の完成責任を負う一方，発注者はサプライヤの要員に対して指揮命令することが法的にできない。したがって，プロジェクトを円滑に遂行できるように，発注者とサプライヤは，その進捗や品質の管理，リスクの管理，問題点の解決などについて協議する必要がある。

　　仮に，プロジェクトの進捗の遅延や成果物の品質の欠陥などの事態が生じた原因がサプライヤにあったとしても，プロジェクトの最終責任は全て発注者側のPMにある。そのため，発注者とサプライヤの間で進捗の管理と品質の管理の仕組みを作成し，実施することが重要になる。

　あなたの経験と考えに基づいて，設問ア〜ウに従って論述せよ。

**設問ア**　あなたが携わった情報システム開発プロジェクトにおけるプロジェクトの特徴，及び外部のサプライヤから請負で調達した範囲とその理由について，800字以内で述べよ。

**設問イ**　設問アで述べたプロジェクトにおいて，発注者とサプライヤの間で作成した進捗の管理と品質の管理の仕組みについて，請負で調達する場合を考慮して工夫した点を含めて，800字以上1,600字以内で具体的に述べよ。

**計画**

**実施** **設問ウ**　設問イで述べた進捗の管理と品質の管理の仕組みの実施状況と評価，及び今後の改善点について，600字以上1,200字以内で具体的に述べよ。

→ H16-3

解説は
こちら

**平成 16 年度 問 2** オフショア開発で発生する問題について

**計画**

　近年の情報システム開発では，開発期間の短縮や費用の低減などの目的で，システム開発の一部を海外のソフトウェア会社に委託して，現地で実施する形態（以下，オフショア開発という）が増えている。

　プロジェクトマネージャは，国内のソフトウェア会社に初めて委託する場合，その会社の保有技術や実績を確認したり，仕事の実施状況を社内の委託経験者に確認したりする。オフショア開発では，これらの確認に加えて，言語，文化，風習やビジネス慣習などの違いを把握し，それらによって発生する問題を明らかにする必要がある。そのためには，例えば言語の違いについては，翻訳した仕様書で業務仕様が伝わるかを調査したり，文化，風習やビジネス慣習の違いについては，委託先のリーダや関係者へのヒアリングによって，仕事の進め方を調査したりする。

　次に，プロジェクトマネージャは，調査結果を分析して，翻訳した仕様書だけでは業務仕様を伝えきれない，仕事の手順や成果物の種類が想定していたものと異なるなどの問題を明確にする。

　さらに，それらの問題に関して，適切な対策を実施することが重要である。例えば，業務仕様を文章だけではなく図表や数式を多く用いて表現したり，仕事の手順や成果物の種類に関する相互の確認・合意をとったりする。

　あなたの経験と考えに基づいて，設問ア〜ウに従って論述せよ。

**設問ア**　あなたが携わったオフショア開発のプロジェクトの概要と，そこで発生する問題を明らかにするために調査したことを，800 字以内で述べよ。

**設問イ**　設問アで述べた調査の結果を分析して明確になった問題は何か。また，その問題に関して実施した対策は何か。あなたが重要だと考えた問題を中心に，それぞれ具体的に述べよ。

**計画** ▶

**設問ウ**　設問イで述べた活動について，あなたはどのように評価しているか。また，今後どのような改善を考えているか。それぞれ簡潔に述べよ。

過去唯一の"オフショア"の問題

## 平成 13 年度 問 1　新たな協力会社の選定について

解説は
こちら

**状況**　システム開発では，自社又は既存の協力会社の要員が不足したり，開発に専門的な技術や業務ノウハウを必要としたりする場合，作業を新たな協力会社に委託することが検討される。

**計画**　新たな協力会社を選定し，請負契約をする際には，候補となる会社の経営方針，技術力などについて事前調査を行った後，数社に対して，提案依頼書（RFP）を発行する。提案書の受領後は，あらかじめ定めた評価基準に基づいて事前調査内容と提案内容を評価し，更にその評価結果を検証して，最終的に協力会社を決定する。

　選定時には，例えば，妥当性，充足性，健全性などの評価基準に基づいて内容を評価する。妥当性については見積業務量，見積金額など，充足性については技術水準，業務知識の水準など，健全性については財務状況などの評価基準が挙げられる。

　次に，評価結果を検証することが必要である。すなわち，評価結果が十分であっても，協力会社にその内容を実現する能力が備わっていないと，後で品質面や納期面でプロジェクトに支障を来すことが懸念されるからである。例えば，協力会社の実績を検証するには，ユーザを実際に訪問し，協力会社の仕事の実施状況やトラブル時の対応などについて直接ユーザの声を聞いて確認することが重要である。

　あなたの経験と考えに基づいて，設問ア〜ウに従って論述せよ。

**設問ア**　あなたが携わったプロジェクトの概要と，その中で新たな協力会社に請負契約形態で依頼した内容を，理由とともに800字以内で述べよ。

**状況** ➡

**設問イ**　設問アで述べた新たな協力会社の選定時に定めた評価基準と評価内容及び協力会社を決定した理由は何か。また，評価結果をどのように検証したか。それぞれ具体的に述べよ。

**計画** ➡

**設問ウ**　設問イで述べた活動をどのように評価しているか。また，今後どのような改善を考えているか。それぞれ簡潔に述べよ。

調達手順の基礎

**平成15年度 問1** 社外からのチームリーダの採用について

解説はこちら

**状況**
　プロジェクトマネージャは，情報システム開発のプロジェクトを複数のチームで編成する場合，各チームにリーダを任命する。しかし，社内で適切なリーダを確保できないとき，子会社や関連会社などをはじめ，社外からの採用を検討することがある。

**計画**
その際，経歴や評判だけでリーダを採用すると，力量不足によってプロジェクト運営に支障を来すこともあるので，採用前に力量を慎重に確認することが重要となる。

　リーダの採用に際しては，最初に，知識・経験・技能などについて，当該チームのリーダに求められる具体的条件を決定する。例えば，技術・管理・業務などの知識，リーダとしての経験内容，リーダシップ・コミュニケーション能力・問題解決能力などの技能である。また，条件の決定に当たっては，経験の浅いメンバが多い，チームワークが苦手なメンバが含まれているなどのチームの事情を考慮することも忘れてはならない。

　条件の決定後，候補者を選出し，書類や面接などによる選考を行う。その際，業務遂行能力や必要な条件を満たしているかどうかを確認し，力量を判断することが重要となる。確認方法としては，提出書類や面接方法を工夫する，短時間の討議を行う，以前担当したプロジェクト関係者に直接意見を聞くなどがある。

　あなたの経験と考えに基づいて，設問ア〜ウに従って論述せよ。

**設問ア**　あなたが携わったプロジェクトの概要と，社外からリーダを採用したチームの役割及び社外からの採用を検討した理由を，800字以内で述べよ。

**状況** →

**設問イ**　設問アで述べたリーダの採用について，そのチームのリーダに求められた具体的条件とその理由は何か。また，業務遂行能力や必要な条件を満たしているかどうかをどのように確認したか。それぞれ具体的に述べよ。

**計画** →

**設問ウ**　設問イで述べた活動をどのように評価しているか。また，今後どのような改善を考えているか。それぞれ簡潔に述べよ。

→ H13-1

# 演習 ● 平成 27 年度　問 1

問1　情報システム開発プロジェクトにおけるサプライヤの管理について

　　プロジェクトマネージャ（PM）は，自社で保有する要員や専門技術の不足などの理由で，システム開発の成果物，サービス，要員などを外部のサプライヤから調達して，情報システムを開発する場合がある。

　　システム開発の調達形態には，請負，準委任，派遣などがあるが，成果物が明確な場合，請負で調達することが多い。請負で調達する場合，サプライヤは成果物の完成責任を負う一方，発注者はサプライヤの要員に対して指揮命令することが法的にできない。したがって，プロジェクトを円滑に遂行できるように，発注者とサプライヤは，その進捗や品質の管理，リスクの管理，問題点の解決などについて協議する必要がある。

　　仮に，プロジェクトの進捗の遅延や成果物の品質の欠陥などの事態が生じた原因がサプライヤにあったとしても，プロジェクトの最終責任は全て発注者側の PM にある。そのため，発注者とサプライヤの間で進捗の管理と品質の管理の仕組みを作成し，実施することが重要になる。

　　あなたの経験と考えに基づいて，設問ア～ウに従って論述せよ。

設問ア　あなたが携わった情報システム開発プロジェクトにおけるプロジェクトの特徴，及び外部のサプライヤから請負で調達した範囲とその理由について，800 字以内で述べよ。

設問イ　設問アで述べたプロジェクトにおいて，発注者とサプライヤの間で作成した進捗の管理と品質の管理の仕組みについて，請負で調達する場合を考慮して工夫した点を含めて，800 字以上 1,600 字以内で具体的に述べよ。

設問ウ　設問イで述べた進捗の管理と品質の管理の仕組みの実施状況と評価，及び今後の改善点について，600 字以上 1,200 字以内で具体的に述べよ。

# 解説

## ●問題文の読み方

　問題文は次の手順で解析する。最初に，設問で問われていることを明確にし，各段落の記述文字数を（ひとまず）確定する（①②③）。続いて，問題文と設問の対応付けを行う（④⑤）。最後に，問題文にある状況設定（プロジェクト状況の例）やあるべき姿をピックアップするとともに，例を確認し，自分の書こうと考えているものが適当かどうかを判断する（⑥⑦）。

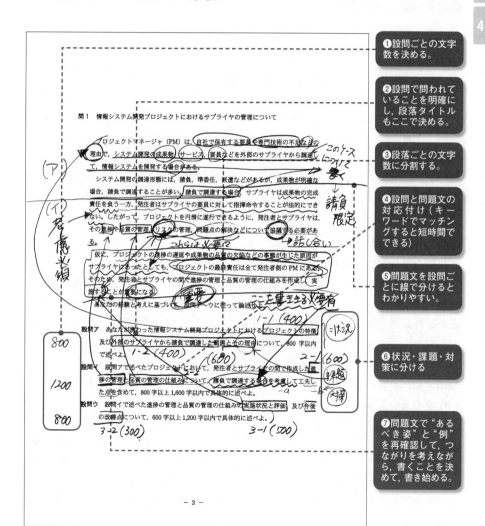

## ●出題者の意図（プロジェクトマネージャとして主張すべきこと）を確認

| 出題趣旨 |
| --- |
| 　プロジェクトマネージャ（PM）には，システム開発の成果物を請負で外部のサプライヤから調達する場合，サプライヤの要員に対して指揮命令することが法的にできないので，発注者とサプライヤの間で協議しながらプロジェクト目標を達成することが求められる。<br>　本問は，発注者とサプライヤの間で作成した進捗の管理及び品質の管理の仕組みの内容とそれらの実施状況などについて，具体的に論述することを求めている。論述を通じて，PMとして有すべきサプライヤの管理に関する知識，経験，実践能力などを評価する。 |

（IPA 公表の出題趣旨より転載）

## ●段落構成と字数の確認

1. プロジェクトの特徴と請負で調達した範囲とその理由
   1.1 プロジェクトの特徴（400）
   1.2 請負で調達した範囲とその理由（400）
2. サプライヤの管理について
   2.1 進捗の管理の仕組み（600）
   2.2 品質の管理の仕組み（600）
3. 実施状況と評価，改善点
   3.1 実施状況と評価（500）
   3.2 今後の改善点（300）

## ●書くべき内容の確認

### ● 総評と全体構成の組み立て方

　平成16年以来，10年以上ぶりに調達マネジメントをテーマにした問題が出題された。所属企業によっては（開発部門とは別の）調達専用の部署があったり，担当者がいたりで「調達フェーズは経験が無いな」というプロジェクトマネージャも少なくない。そういう人にとっては，選択対象にはならないかもしれないし，たまにしか出題されないので，優先順位は低く設定していると思われる。しかし，知識としては知っておいた方が良いので，過去の午後Ⅰ，午後Ⅱに関しては目を通しておいた方が良いだろう。

　内容に関しては，平成16年度の問3とほぼ同じ。請負契約に関する正確な知識がある点（法令違反を犯していない点）と，その上で，プロジェクト全体の責任を負う立場にあることを自覚している点を訴求できるかどうかがポイントになる。設問ではストレートに問われていないが，プロジェクトに責任を持つということは，リスク管理をしっかりしていることが必要。ここを書ききることができれば，安全圏の合格論文になると考えられる。

## ● 1-2 段落（請負で調達した範囲とその理由）

ここでは，まずは要求に対する結論として，次の点について書く。

(1) 請負で調達した理由（問題文の例では「**自社で保有する要員や専門技術の不足など**」と記載されている。）
(2) 上記（1）の理由に合致している "範囲"

設問を読む限り上記が最低限必要な部分になるが，問題文の対応箇所（1 行目から 5 行目）には「**成果物が明確な場合，請負で調達することが多い。**」という一文がある。問題文にこう書かれると，上記（1）の理由には，例示されているような "外部調達の理由" だけではなく，それが "請負" である理由（準委任や派遣よりも適している理由や，請負契約しかできない理由）も書いた方が良いだろう。

なお，情報処理技術者試験では，経済産業省のモデル契約にのっとって「要件定義と外部設計，システムテストは準委任契約，内部設計から結合テストまでは請負契約」を理想形としている。この通りなら，請負契約である理由は割愛しても問題ないだろうが，契約の範囲を「要件定義からシステムテストまでを一括請負契約で発注した」とした場合，何かしらの理由（なぜ準委任契約にできなかったのか？）を書いた方が良いだろう。「顧客への最終納期を守るために，協力会社にも期限内に・・・」という一言でも構わないから。

## 【減点ポイント】

① 上記の（1）（2）の要素のいずれかが欠けている。または不明瞭（致命度：大）
　→　ここをしっかり書かないと設問イで書く内容の妥当性が判断できない。

② 準委任や派遣ではなく請負契約が適している（又は，それしかできない）理由（致命度：小）
　→　理由が無くても大丈夫だとは思う（ここに反応できる人は少ないので）。しかし，ここに触れなくて，「あれ，このケースなら準委任じゃない？」などと採点者に思われると，「契約の違いを知らないのかな？」というような悪い先入観が付く可能性がある。

## ● 2-1 段落（進捗の管理の仕組み）

　設問イの一つ目は，進捗管理の仕組みについてである。問題文には「サプライヤは成果物の完成責任を負う一方，発注者はサプライヤの要員に対して指揮命令することが法的にできない。」という一文があるので，この記述を十分意識した内容にしないといけない。つまり，契約に関する知識は必須だということ。もしもまだ，契約に関する知識が不安なら，まずは本書の「第1章　基礎知識」を読んで，必要な知識を身に付けよう。

　さて，ここで書くべきことは二つある。一つは進捗確認についてで，もう一つはリスク管理についてである。

### (1) 進捗確認

　ある程度知識がある人なら，「だからこそ中間成果物の納期を細かく指定して，その都度品質を確認しながら進めていく」ということに気付くはず。それをここで書けばいい。そのあたりは，ちょうど平成16年度問3の問題文中にも記載されている。当時の問題文にはこう記載されている。

> 業務アプリケーションの特性，システム要件などを考慮して，品質面での確認事項を設定し，確認時期，中間成果物，確認方法に関して発注先と合意し，取り決めることが肝要である。

平成16年度午後Ⅱ問3より一部引用

　この問題は「請負契約における品質の確認」というテーマで，品質管理にフォーカスされたものだが，結局，品質を"いつ確認するのか？"をしっかり管理することこそ進捗管理になるので，進捗管理と品質管理は一体だと考えた方が良いだろう。そう考えれば，ここではサンプル論文のように，「中間成果物とその確認時期，確認方法」を書けばいいだろう。

### (2) リスク管理

　設問には「請負で調達する場合を考慮して工夫した点を含めて」という指示がある。これは何を指しているのだろうか？それは，問題文と突き合せてみれば一目瞭然になる。問題文には次の二つの文がある

・リスクの管理，問題点の解決
・仮に，プロジェクトの進捗の遅延や成果物の品質の欠陥などの事態が生じた原因がサプライヤにあったとしても・・・PMにある

つまり,「サプライヤに起因するトラブル＝リスク要因」で,「当然,しっかりとリスク管理をしているよね。」というわけだ。ここについて書かないといけない。具体的に書くべきことはこのようなものになるだろう。全部は必要ないので,どれかに触れるようにしたい。

・このサプライヤの進捗遅延が発生した時への配慮
・このサプライヤの（中間成果物の）納品後の受け入れテストで品質不良が発生した時への配慮
・上記リスク発生時のコンティンジェンシプラン（余裕含む）
・上記のようなリスクに対するコンティンジェンシ予備費やマネジメント予備費の確保

なお,例えばここで納期面で余裕を見たり,予算面で余裕を持つことができる場合,その旨を設問ア「1-1.プロジェクトの特徴」で書いておいた方が良いだろう。一貫性が出てくる。少なくとも「納期が厳しいはずなのに,ここで余裕を持つことができた。」というような矛盾を発生させないように注意しよう。

## 【減点ポイント】

①中間成果物そのもの,もしくは確認時期や確認方法に関する具体的な記述がない。特に,"いつ"というのが不明瞭（致命度：大）
→ 品質管理の前ふりになるところなので重要。また,単に「週に1度や月に1度,進捗会議をする」としか書いていないのもダメ。
→ 「そこで,それまでに完成しているはずの成果物について品質を確認する」という抽象的な表現でもダメ。必ず,いつ,何を確認するのかを具体的に書くこと

②リスク管理について触れていない。（致命度：中）
→ 進捗の遅延,品質の欠陥が発生したらどうなるの？という疑問を持たれた時点でまずいと考えておくべきだろう。「リスク要因はこれ,それをリスク評価して・・・」というように,がっつりとしたリスク管理でなくてもいいので,予定通りにいかなかった場合にどうするのかについては書いておく必要があるだろう。

③サプライヤと協議をしているところが見えない（致命度：中）
→ ここはしっかりと協議したというところを表現しておきたい。自分たちの主張とサプライヤの主張の相反するところ（それが協議）を,それぞれ一言で構わないから具体的に。「協議して決めた」だけではお粗末だ。

## ● 2-2 段落（品質の管理の仕組み）

　次に，品質の管理について記述していく。ここも平成 16 年度問 3 の問題文を参考にするといい。そこには次のように書いている。

---

　例えば，設計工程から発注する場合，業務特有の複雑な処理が正しく設計されているか確認するために，次のようなことを取り決める。

　　・設計工程の重要な局面で，双方の中核メンバが参加して設計書のレビューを実施する。

　　・テスト工程の着手前に，チェックリストのレビューを実施する。

　そして，プロジェクトマネージャは，期待通りの品質かどうかを確認する機会において，発注先と相互に確認し合うことが肝要である。

---

平成 16 年度午後 II 問 3 より一部引用

　平成 16 年度問 3 のこの部分を見れば，工程（設問アで調達した範囲として説明済のもの）の特徴を踏まえて，当該工程の中間成果物（設問イの進捗管理部分で説明済のもの）ごとに，レビューにするのか，テストにするのかを書いていけばいいことがわかるだろう。いわゆる受け入れ試験である。量的に，定量的な受入基準まで書くことはできないと思われるが，いつ，誰が，何をするのか，そこを具体的に書く必要はある。抽象的になりがちなので注意しよう。

　最後に，ここでもリスク管理について触れておく必要があるだろう。受入れテストで受入れ基準を満たしていない場合にどうするのかの取り決めについて。協議したことはもちろんのこと，ここで書く対策で「品質の欠陥の原因がサプライヤにあったとしても，プロジェクトの最終責任は全て発注者側の PM にある。」ということを，十分意識している。プロジェクト目標は達成できる。ということを読み手に伝える必要がある（「2-1 進捗管理」で書いたのなら不要）。

### 【減点ポイント】

　①抽象的で（5W1H の要素が乏しく），読んでいてイメージがわかない（致命度：中）

　　→　こここそ，「いつからいつまで」，「誰が」「何をしたのか？」を書くべきところ。"ここで書かずしてどこで書く？" というレベル。

　②リスク管理について触れていない。（致命度：中）

　　→　ここは 2-1 と同じ。品質の欠陥が発生したらどうなるの？という疑問を持たれた時点でまずいと考えておくべきだろう。

## ● 3-1 段落（実施状況と評価）

　設問イがしっかり書けていれば，（設問イは，あくまでも計画についての記述なので）ここでは，その実施状況について記述する。特に，リスクが顕在化したのか否か，つまり，サプライヤに起因する中間成果物の納期遅延や，品質の欠陥が発生したのかどうか，そこが重要なポイントになる。逆に，設問ウで「実施状況」が問われていることから，設問イでリスクの管理について言及しておく必要があると考えるべきだろう。

　そして，リスクが顕在した場合でも，そうでない場合でも「リスクへの対応策を考えていてよかった。プロジェクト目標は達成できた」という評価でいいだろう。結果的にリスクが顕在化しなかったとしても，だからと言ってリスク管理が無駄になったとは考える必要はない。当たり前だけど。

【減点ポイント】

　①設問イで記述したリスクがどうなったのかについては書いていない（致命度：中）
　　→　設問イにリスク管理に対する言及がなあるのに，ここでそれらがどうなったのかを書いていないのは危険。それが最優先。
　②プロジェクト目標が達成できたという点に触れていない（致命度：小）
　　→　プロジェクト目標が達成できたかどうかわからないのに評価はできない。まずはそこ。

## ● 3-2 段落（今後の改善点）

　最後は，平成 20 年度までのパターンのひとつ。今後の改善点。ここは，典型的なパターンでもいいし，あるいは，次のようなパターンでもいいだろう。

　・サプライヤの品質が思った以上に悪かった。→　サプライヤを選定する時の視点を変えよう。
　・サプライヤとのやり取り（ドキュメントの記載内容含めて）が想定以上に難しかった。→　その部分の改善。

【減点ポイント】

　特になし。時間切れで最後まで書けなかったというところだけ避けたいところ。過去の採点講評では「一般的な本文と関係ない改善点を書かないように」と注意しているので，サプライヤとの関係性について書くのがベストだが，そうでなくても，ここだけのミスなら合否への影響はほとんどない。

## ●サンプル論文の評価

　このサンプル論文は，平成 16 年度問 3 に対して準備していた受験生が書いたことを想定し，本書の平成 16 年度問 3 のサンプル論文をベースに書き直したものである。ほぼそのままでも十分合格論文にアレンジできたが，設問イを書き直していたら，それ以後は全部書き直すことになってしまった。

　内容に関しては，題意に沿って書いているのでハイレベルの合格論文になるだろう。特に，中間成果物を納期，確認時期，確認方法を具体的に書いている点と，リスクマネジメントに関して，（簡単ではあるものの）十分に考えていることをアピールしている点，契約先責任者（B 社の X 氏）と協議している点の最重要になる 3 点が書ききれているので安全圏になる。

　実際には，リスクマネジメントの部分は，中間成果物を設定する段階で考慮されているので，2-3 がなくても合格論文にはなるだろう。とはいうものの，逆に，問題文にチラッとだけ書かれている「リスク管理」に反応できて，しっかりと書き上げることができれば安全圏に持って行ける。

## ● IPA 公表の採点講評

　プロジェクトマネージャ試験では，論述の対象としている "プロジェクト" について，適切に把握して説明することが重要である。設問アでは，"プロジェクトの特徴" の論述を求めたが，以後に論述するプロジェクトに関する内容と関連性のない，又は整合しない特徴の論述が見られた。論述全体の趣旨に沿って，特徴を適切に論述してほしい。

　問 1（情報システム開発プロジェクトにおけるサプライヤの管理について）では，システム開発の成果物を請負で調達する場合に，発注者とサプライヤの間で作成した進捗の管理の仕組みと品質の管理の仕組みについて具体的に論述できているものが多かった。一方，請負で調達する場合，発注者側のプロジェクトマネージャはサプライヤの要員に対して直接指揮命令することができないので，サプライヤの責任者を通じた間接的な管理の仕組みが必要となるが，直接配下のメンバに対して指揮するような管理の仕組みの論述も見られた。

# サンプル論文

## 1．私が携わったプロジェクト

### 1.1 プロジェクトの特徴

　私の勤務する会社は，大手メーカ系のソフトウェア開発企業である。今回私が担当したのは，医療機器の卸売業を営むA社の販売管理システム再構築プロジェクトである。本プロジェクトは，これまで個別にシステム化されてきた受注業務，納品書発行，債権債務管理業務等を一本化することが目的である。そこで，システム全体を見直して再構築することにした。開発期間は 1 年，総開発工数は 120 人月である。このプロジェクトに，私はプロジェクトマネージャとして参画した。

　これまで私の担当するプロジェクトでは，全ての工程において，弊社社員だけのメンバ構成でプロジェクトを推進していた。しかし，今回のプロジェクトでは，規模が大きく，弊社の要員だけでは 1 年後の納期を守れない。そこで，外部の要員と協力しながら開発を進める必要があった。私にとっては初めての経験である。

### 1.2 請負で調達した範囲とその理由

　最初に考えたのは，協力会社から要員を派遣してもらうことだった。しかし，不足する要員はピーク時には 30 名近くになってしまう。それだけの要員になると統制をとるのも困難で，何よりそのまとめ役のリーダもいない。そこで，コスト的には割高になってしまうが，一部の作業を請負契約で発注することにした。

　発注する部分は，プロジェクト期間中の変更の可能性が最も低い業務で，かつ独立性の高い部分がいいと考え，債権債務管理サブシステムに決めた。工程は，内部設計から結合テストまでである。受注部分や出荷部分は，戦略的に細かい業務改善が行われているが，債権債務管理の部分はそれが少ない。そう考えて，過去に何度か弊社と取引のあった協力会社のB社に，請負契約で開発を依頼することになった。

---

平成 16 年度問 3 に対して準備していた論文を，この問題で問われていることに合わせて書ききろうと考えた。

ここまで，「〜である」という文が 3 つ続いている。国語的にはきれいな文章ではないかもしれないが，この程度であれば，意味はきちんと伝わるので問題は無い。自分の書く文章に自信の無い人でも，正確に伝えることを最優先の目的として書ききろう。

こう表現すると "特徴" だという点を強調できる。

論文の題材は，何も直近の経験でないといけないわけではない。昔の経験でも問題ないし，試行錯誤して考えながら進めた経験であれば，その方が良い時もある。

業務の範囲，開発工程の範囲を具体的に書いている。

ここで問われている "理由" は，次のように 3 つほど考えられる。
①外注に出さないといけない理由
②それが，委任や派遣でなく請負契約である理由
③請負で出した範囲に関する理由
今回はおそらく②だろうが，午後Ⅰのように字数がシビアなわけでもないので，①も③も一言理由を添えた方が良い。
これも，できれば "準委任" ではない理由を書けば完璧だった。

## 2．サプライヤの管理について

　私は，早速B社のプロジェクトマネージャX氏と契約
内容について協議することにした。

### 2.1　進捗管理の仕組みについて

　最初にX氏と協議したのは，進捗管理についてである。
今回の請負作業期間は，7月1日から11月30日までの5
か月間になる。最終納期の11月30日に，結合テスト完了
後のプログラムを納品してもらうという契約だ。そして，
そこから受入テストを2週間，そこで発生した不具合の
改修期間として2週間みていて，翌年1月から弊社で行
う総合テストへとつなげていく予定にしている。

　しかし，受入テストで想定以上の不具合が出れば，改
修期間が2週間を超えてしまい，最悪，4月1日の稼働
に間に合わなくなる。そこで，この最終納品日までに，
中間成果物を設定して，請負作業の依頼期間中に順次完
成したところから納品してもらえないかと打診した。具
体的には，次のように細かく納期を決めて，それをもっ
てして弊社の進捗管理とすることにしたかったからだ。

①内部設計書の納品7月31日
②内部設計書に関しては，7月に毎週金曜日にそれま
　での完成分をレビューする
③プログラム仕様書とプログラム
　2週間ごとに，その2週間で完成する予定の仕様書
　を納品してもらう（8月から10月末日まで）
④結合テスト仕様書8月31日
⑤結合テスト結果報告書，11月に毎週金曜日に1週間
　分の結果報告書を納品してもらいレビューする。

　こうすることで，仮に納品してもらった中間成果物に
不具合があったとしても，時間をかけて修正してもらう
ことができる。X氏には，この内容を加味した費用を提
示することを条件に快諾してもらえた。

---

> 進捗管理の話なので，時間軸をしっかりと伝えられるように，明記した。

> リスク管理といっても，この程度で十分。後述する①〜⑤で中間成果物を設定すること自体もリスク管理のアピールになるからだ。

> ここを具体的かつ詳細に書くことで，しっかり考えていることをアピール。これ自体がリスクヘッジになるのでリスクマネジメントの予防的対策になる。

> これで，協議したということを表現している。これぐらいで構わないので，問題文にある「協議する必要がある」という部分に反応しておきたい。

## 2.2　品質管理の仕組みについて

　個々の中間成果物の確認は，ドキュメントの場合レビューで，プログラムはテスト結果報告書のレビューと受入テストによって行う。

　レビューに関しては，原則インスペクション方式で行う。弊社の統括リーダがモデレータになって，他のサブシステムのリーダが参加して整合性を確認する。その時に，B社のX氏には参加してもらう契約にしている。不具合があった時に，その方が対応が早いからだ。

　テストに関しては，納品後に弊社の受入れ要員が受入試験を実施する。そこで不具合を見つけた場合には，受入試験の結果報告書をX氏に提出する。その後は，不具合管理表に基づいて，改修されるまで管理する。

　この管理方法も，同じようにX氏に提案して，それを前提に契約金額を定めることで合意できた。

## 2.3　請負で調達する場合の考慮

　B社と請負契約を締結するにあたって，中間成果物を1-2週間ごとに納品してもらうことで進捗と品質を管理できる。後は，中間成果物の品質を予測できれば，それに備えることができる。いわゆるリスクマネジメントだ。そこで私は，過去のB社の納品物の受入テストの結果を確認することにした。そしてそれと同程度の品質で納品されることを想定してスケジュールをシミュレーションし，X氏にも，その数字で受入れ試験後に改修要員を確保してもらうことで合意した。

　加えて，万が一B社の納品物が想定以上に悪かった場合に備えて，弊社のPMOに想定している品質指標を説明するとともに，マネジメント予備費の確保を依頼した。これで，中間成果物及び，11月30日に納品される最終成果物の品質が想定以上に悪くても対応できる予定だ。

---

進捗管理を書きすぎてしまったので，品質管理はあっさりと。この問題の場合，中間成果物による進捗管理が中心だと判断したので，品質管理指標やその値（数字）に関しては，割愛することにした。

「契約にしている」という表現で，請負契約に関してしっかり理解しているということをアピール。

2.3 は，解説では分けなかったが，2.1 と 2.2 のリスク管理についての記述が弱いと判断して，急きょ 2.3 で軽くリスク管理について触れることにした。

問題文にリスク管理と問題点の解決などについて協議すると書かれているので，リスク管理について言及しておく必要はあるだろう。請負契約で出すことそのものがリスクがあるからだ。とはいうものの，この程度でいい。分量的にもこれぐらいしか書けないし，定量的にする必要もないだろう。

「万が一」と「事後対策」，「マネジメント予備」を組み合わせて，万全のリスクマネジメントだということをアピール。

## 3．実施状況，評価と改善点

### 3.1 実施状況と評価

　B社との契約も完了し，予定通り7月1日から作業を依頼した。そして，計画どおり1－2週間ごとに中間成果物を納品してもらい，弊社でもその受入を実施していった。途中，想定以上に不具合が出た時もあったが，結果的に，過去のプロジェクトとほぼ同等の品質で，B社の成果物は納品された。

　ただ，その不具合には，内部設計書の誤りや，プログラム仕様書の誤り，結合テスト計画書の誤りなどもあった。これをそのままにしておいたら，もっと多くの不具合と手戻りが発生していただろう。そう考えれば，中間成果物を設定して，1－2週間ごとに納品してもらったのは大正解だった。

　結果的に，マネジメント予備を使うこともなく，12月の1か月で，受入テストとそこで出た不具合を解消することができた。その後，1月から予定通り総合テストに入り，4月1日の納期を守ることもできたので，初めてのサプライヤの管理としては大成功だったと評価している。

### 3.2 今後の改善点

　ただし，改善点もいくつかある。やはり品質を重視するとどうしても管理工数や事前チェックの工数など工数が増加してしまう。いくら品質重視といっても，際限なくコストがかけられるわけではない。今回のプロジェクトでは，何とか予算内に費用を抑えることはできたものの，レビューのときに少しでも問題が発生していたら，予算内に収まっていたかどうかは疑問である。

　そこで，今後は顧客に対して費用提示する段階でどれくらいの品質を期待するのかを確認し，予め予算化できるように考えたい。

この問題だと，設問イまでは計画段階の話で，設問ウからプロジェクトが一気に進む。そのため，この段落の最初は，契約完了してからが妥当だろう。その後は，設問イで述べたことをひとつひとつどうだったのかを丁寧に書いていけばいいだけだ。設問イはあくまでも計画なので。工夫した点については，工夫していなかったら大変なことになっていたとすればいいだろう。

初めての経験にしては大成功だったとすると，改善点につなげやすい。それと納期を守れたというのは多少の問題があっても成功だと評価できるところ（逆に，納期が守れなかったとしたら，それは成功と言えない可能性が出てくるので避けた方が良い）

ここは，いつも残り5分程度で書くところ。焦りもあるし，何より書ききらないといけない。そこで，こういうときのために準備していた「品質重視のときの典型的パターン（費用と品質のトレードオフ）」を持ってきた。覚えておいて損は無いだろう。

# 3 午後I対策

## 第3章

ここでは，午後I（記述式）試験を突破するために必要なことを説明している。午後I対策の方針や考え方，対策時の注意点などだ。加えて，DX重視になった令和の3年間の過去問題も演習問題として掲載している。それよりも前の問題がまた出題されるかどうかはわからないが，Webサイトには平成14年～平成31年の過去問題を解説付きでダウンロードできるように準備している。これらのツールをフル活用して合格を勝ち取ろう。

演習の続きはWebサイト（https://www.shoeisha.co.jp/book/present/9784798185750/）からダウンロードできます。詳しくは，ivページのご案内を参照してください。

アクセスキー　**g**
（小文字のジー）

# 3-1　午後Ⅰ対策の方針
## 午後Ⅰ対策の考え方　－過去問題の正しい使い方－

　午後Ⅰ（記述式）対策では，ほとんどの人が過去問題を活用しているはずだ。後述（P.438）しているように，対策のツールとしては，確かに過去問題一択と言っていいだろう。しかし，同じように時間を使っているにも関わらず，効果は人によって大きく違う。順調に合格レベルに仕上がる人もいれば，ほとんど成果が出ない人もいる。その違いはどこにあるのか？過去問題の使い方は正しいのか？まずはそのあたりをチェックするところから始めてみよう。

### ●ただの自己満足（確認しているだけ）になっていないか？

　午後Ⅰ対策として一番多いのが「過去問題を時間を計って解いてみる」という方法だ。しかし，目的や狙いを持たずして…ただなんとなく数多くの過去問題を解いているだけでは，何問解こうと点数は伸びないだろう。

　というのも，そもそも過去問題を解く練習というのは，問題を解いている時間（平成20年以前は1問30分，平成21年以後は1問45分）は，単なる確認の時間であって，伸ばすための時間ではないということを，よく考えなければならない。その後の解答と解説の確認に10分程度しか使わないのなら，勉強した時間は1時間でも，成長につながる学習の時間はわずか10分だけになる。そうした事実を，まずはよく考えることが必要になる。

### ●問題を解いている時に考えたことしか答え合わせはできない

　当たり前の話だが，問題を解いている時に考えたことや仮説を立てたことに対してしか答え合わせはできない。したがって，いわゆる"答え合わせ"に使っている時間をみれば，その人の45分間で行った"思考の量"がわかる。答え合わせの時間に10分程度しか使えないのは，それ自体が問題だということだ。

　いろんな可能性…例えば「この表現がいいのか？それとも別の表現がいいのか？」と考えた人は，解答例を見た後に問題文を何度も読み返して，なぜそれに決定できるのかを考えるだろう。だから必然的に"答え合わせ"の時間は長くなる。しかし，何も考えていない人は，自分の書いた解答と解答例とを比較するだけしかできなかったりもする。

　あれこれ考えられないのは，解答のパターン（公式や規則性，暗黙のルールや手順のようなもの）が少ないからに他ならないので，それを過去問題を解きながらストックしていくということで意識して増やしていくことが必要になるだろう。

## ●解答プロセスの改善 or 知識の補充

　午後Ⅰ対策は，その狙い（目的）によって二つに分けて考えた方がいい。ひとつは"解答プロセス"に問題があり，それを改善するという狙いで，もうひとつが不足している知識を補充するという狙いである。この二つは"対策そのもの"が違ってくるので注意しなければならない。知識の補充が必要なのに，解答プロセスの改善の効果しか得られない対策をしていたり，その逆も然り…時間対効果が低いものになるからだ。

### (1) 解答プロセスの改善を狙う対策

　基本的に，「過去問題を，本番と同じ時間を計って解く」という練習方法は，解答プロセスに問題があって，それを改善することを狙う場合に取る手法になる。したがって，「時間が足りない」と感じている人で「もう少し時間があれば点数も上がっているのに」という人は「本番と同じ時間を計って解く」練習こそ，適切な対策となる。

　ただその場合，先に説明した通り「**解いた後に学習が始まる**」と考えることが重要になる。1問を45分で解いたなら，その後，3〜4時間使っても構わないので「どうすればもっと速く問題文が読めるのか？」とか，「どうすれば，もっと速く解答を適切にまとめられるのか？」とか，じっくりと改善ポイントを考え…その後，ある程度仮説を立ててから，次の1問に着手するのが効果的になる。

　これは，午後Ⅱ論文の2時間手書きで書いてみる練習と同じ。1日に3問，4問解いたところで，その解答プロセスが同じなら何も進展はない。逆に，例えば1週間考え続けて，その後に1問解くペースの方がいい。そうしていろんな解き方を試して，その中で最適な方法で本番に挑むのが一番いい形になる。

### (2) 知識の補充を狙う対策

　この場合は，時間を計って解く必要はない。**数多くの問題を読めばいい**。1問にかける時間を少なくして，その代わり数多くの問題を読み進めていく方法が最適になる。但し，プロジェクトマネージャ試験の場合は，テクニカル系の試験区分のように"新たな用語"を覚えることは少ない。覚える必要があるのは，設問と解答，解説（特に，問題文の中にある関連部分に書いてある内容）の組合せや，解答の表現方法になる。「こう聞かれたら，こんな風に**表現するんだ**」という感じだ。そういうようにストックしていって，次に問題を解く時の選択肢や，解答表現のパターンに使う。そうすることで得点力アップにつながるというわけだ。

# 3-2 過去問を使った午後 I 対策の実際

それではここから，過去問を使った午後 I 対策について説明する。

## （1）過去問題を試験本番と同じ時間で解いてみる

まずは，過去問題を時間を計測しながら解いてみよう。過去問題は本書の中にも掲載しているが，翔泳社の Web サイトからもダウンロードできる（iv ページを参照）。しかも，平成 14 年度以後過去 18 年分の過去問題と解説，解答用紙（写真 1）が揃っている。本書内に掲載しているの問題だけでは不十分だと感じた方は，ぜひとも有効活用してもらいたい。時間は，平成 20 年までの問題は 1 問 30 分，平成 21 年度以後の問題は 1 問 45 分。次のような手順で解くといいだろう。

---

(1) 本番試験と同じ時間で解けるかどうかをチェックする（時間内にどこまで解けたのかをチェックする）。

(2) （解けなかった場合）何分だったら解けるのか…最後まで解く。そして，オーバした時間をメモしておく。

(3) 何分で何をしているのか？おおよその工程別の時間を覚えておく。

---

過去問題を解いた後は，解答を確認し解説をチェックする。その結果，「次にどうすれば，時間内に正確に解答できるのか」を考える。

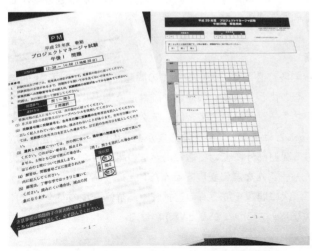

写真 1　翔泳社の Web サイトからダウンロードした問題と解答用紙

## （2）解答例だけを頼りに自分で考える（タメを作る）

　時間を計測して解いてみた後は，すぐに解説を読むのは得策ではない。ひとまず自分の書いた"解答"とIPA公表の"解答例"だけを突き合わせて比較してみよう。そして，「なぜ，解答例のような解答になるのか？」を自分で考えてみる。必要に応じて問題文を繰返し読んでみて，どういう理屈でその解答になっているのか？あるいは問題文中の言葉が使われているのか？それを自分で，じっくりじっくり考えてみる。十分考えて，**自分なりのひとつの答えをもってから**（確認したいことを増やしてから），本書の解説で最終確認するようにしよう。そうすれば，ただ単に解答例に近いかどうかだけではなく，次の点に関しても答え合わせができる。

- 解答の根拠（なぜ，その解答になるのか？）に対する"答え合わせ"
- 解答表現に対する考え方の"答え合わせ"

　過去問題を解いた後，すぐに解説を読んでもそれなりに"納得"はできると思う。でもそれは，ただ納得しているだけで，自分の中に取り込めているとは限らない。記憶に残りやすいようにじっくりと考えて"タメを作る"。試してみよう。

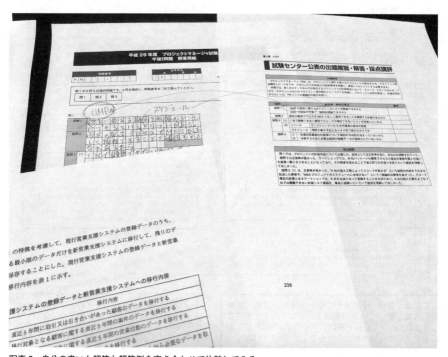

**写真2　自分の書いた解答と解答例を突き合わせて比較してみる**

411

## (3) じっくり考えたうえで，いよいよ解説を読む

　時間を計測しながら解いてみた後は，本書もしくは翔泳社の Web サイトからダウンロードした解説を読んで改善案を考える。本書の解説は次のように三部構成にしている。

---

【解答のための考え方】：設問を読んだ後に，どうすれば速く解答できるか？

【解説】：なぜ，その解答になるのか？

【自己採点の基準】：解答例と自分の解答が異なる場合に，どこまでを正解だと考えていいか？

---

ここには，解答速度を速めるために必要となる"知識"や"考え方"を書いている。設問を見た後で，どういう戦略を取ればいいのか？どういう仮説を立てればいいのか？などだ。ここを読んで，解答を考え始めるまでの時間短縮につながるヒントがないかを確認してほしい。

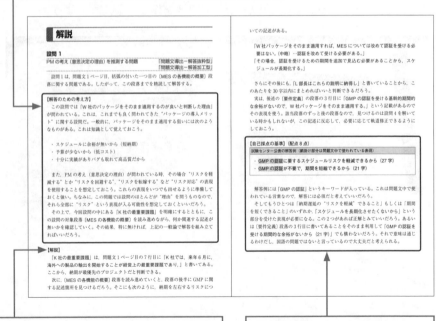

ここには「なぜ，その答えになるのか？」，すなわち解答の根拠を書いている。「問題文の…に，…って書いているよね」という感じで書いているので，それと同じところを見つけられたかどうかをチェックしてほしい。

最後は，解答表現についてのチェックについて言及している。特に，問題文中に使われている言葉かどうかについて説明しているので，ここで解答表現をチェックしてほしい。

図1　本書の解説の構成

① 第1段階：本書の【解説】を読んで「見つけられたかどうか？」のチェック

　本書の【解説】には，「なぜ，その答えになるのか？」という根拠を書いている。具体的には，問題文のどこかにその解答を決定付ける記述があるかどうかを書いている。まずは本書の【解説】を読んで，そこに書いている問題文の特定の箇所を確認しよう。そして，**自分も見つけられたかどうかを第1のチェックポイントにする**。見つけられていたら，少なくとも知識には問題がないと考えていい。しかし，反応できなかった時は，見落としなのか？知識不足なのか？…その要因を自分なりに分析し，本番で見落とさないようにするための問題文の読み方や，マークの仕方などの改善を考える。知識不足の場合は知識の補充を検討する。

② 第2段階：解答表現についてチェック

　次に，自分の書いた解答が表現レベルで問題ないかどうかを，本書の【自己採点の基準】を読んでチェックする。

　ここには，"正解の幅"や"別解"を記載している。具体的には，過去問題の解答例（平成16年以後でIPAが公表した正式な解答例）に含まれる表現に着目し，それが問題文中で使われている言葉なのか，それとも，問題文には一切登場していない言葉なのかを切り分けた解説をしている。

　その【自己採点の基準】を読み，問題文中で使われている言葉が解答例にも使われている場合には，自分も同じように問題文中の言葉を解答で使っているかを確認する。使っていない場合は「どうして自分はその用語を使えなかったのか？」，「時間が無かったのか？」とか，「別の用語でも構わないと，なぜ判断したのか？」とかにこだわって考え，次回からのプロセス改善を検討する。

　なお，本書の【自己採点の基準】にも書いているが，問題文中の言葉をそのまま使わないと不正解になるということは少ない。双方が共通認識できるものであればコミュニケーションは成立するからだ。IPAも，国語の問題ではないという点を強調している。しかし，問題文中の言葉の定義に従っていれば解答例に近くなることは事実だ。同じことを表していても，解答例は必ず問題文中の"言葉の定義"に従うからだ。試験委員の答え合わせも楽になるし，誤解も入りにくくなるので，不正解になるリスクが小さくなるのは間違いない。

　相手の言葉の定義に合わせてコミュニケーションを図るという行為は，コミュニケーションの基本であり，ITエンジニアにも必須のスキルでもある。そういう意味で，（何度も繰り返すが，国語の問題ではないので，表現が多少違っても不正解にはならないことは重々承知の上で）解答例の表現にこだわってみよう。

### ③ 第3段階：もっと速く解答する方法を考える

　最後に，プロセス改善において最も重要なところになるが…どうすればもっと速く解答できていたのかを，本書の【**解答のための考え方**】を読みながら考える。もう一度この同じ問題を解くとしたら，どうすればもっと速く，短時間で解答できるのかを，頭の中で構わないので試行錯誤してみる。プロセス改善の肝である。

- 最初の全体像の把握は適切だったか？
- 設問を見た後のアクションは適切だったか？無駄に探し回っていないか？もっとピンポイントで関連箇所を見つけられないか？
- マークは適切に行えていたか？
- 解答表現をまとめるのに，次回はどうしようか？

　ここにたっぷりと時間をかけるのが，プロセス改善が必要な人の本当の対策になる。そこを絶対に忘れないようにしよう。

　なお，過去の試験で何点取れたかには，あまり意味がないのでこだわらないようにしよう。重要なのは，「本番に，どうつなげていくか」ということで，過去問題で1度も合格点が取れなくても，本番試験だけ点数が取れれば良いわけだ。そもそも，記述式の場合は甘く採点すれば合格点，厳しく採点すれば不合格点になる。そんなことよりも，解答プロセスに問題があればプロセスを改善する。それを繰り返していくことだけを考えた方がいいだろう。

### ●定期的に見直す

　1回でも解いた過去問題は，2回目以後はもう時間を計測する必要はない。1回目よりも速く解けるのは当然のことなので，"制限時間内に解く練習"にはならないからだ。そういう意味で，何度も同じ問題を，時間を計測して解くのは効率が悪い。では，2回目以後はどうすれば良いのか。それは，「設問と解答を暗記している」かどうかを，定期的に確認するだけで良い。

　　「何年度の問○は，問題文がこんな構成で，確か設問は〜だったよな…，その解答は〜な感じで，その解答になるのは問題文の〜に，〜という記述があったからだよな。」

　そして，思い出せたかどうかを"1回目解いた時の問題文や自分の書いた解答"を見ながら再度チェックする。これを繰返すことで，第1段階から第3段階までで確認したことや考え方が記憶に定着していく。繰り返せば繰り返すほど，記憶の強さが増していく。この時に，"1回目解いた時の問題文や自分の書いた解答"を残しておいてそれを見直せば，当時の記憶をフラッシュバックで蘇らせることもできるので記憶に定着させやすくなる。

　また，プロジェクト経験の浅い受験者にとっては，こうして記憶の強さを上げていけば，（超チープな事例に過ぎないが）経験したときと同じ強さで記憶に残る。午後II論述試験のネタにもなるし，実際のプロジェクトにも活かせるだろう。

### ●暗記すべきものは暗記する

　最後に，午後I対策と暗記の関係についても触れておこう。記述式や論述式は，英語の試験に例えると"英作文"になる。英作文が得意な人は，単語や熟語レベルではなくある程度文章で記憶していることが多い。なので，記述式や論述式が得意な人は，（無意識かもしれないが）比較的長い文章で記憶しているはずだ。そう考えて，設問と解答をワンセットにして覚えていくようにするのは有効な対策の一つになる。筆者の試験対策講座でも，そうしている人は面白いように点数が上がっている。1回解いた問題を定期的に見直すことで，ある程度記憶に残っていくと思われるが，さらにそこから一歩前進させて，設問と解答，解答を一意に確定させる問題文の記述箇所（第1段階で確認したこと）をワンセットにして覚えていくという対策も取り入れてみよう。

### 🍵 Column ▶ 使える参考書，使えない参考書

　筆者は，仕事柄…「どの参考書がおススメですか？」という質問を受けることが多い。筆者がタッチしていない試験区分などでよく聞かれるが，そうした質問に対して，筆者はこう答えている。「過去問題集選定の際には，必ず，解説部分のチェックをして『問題文のここにこう書いている』という根拠が数多く書いているものを選択しよう。」と。試験対策本の中には，解答の根拠に触れていないものもある。そういうものは一切使いようが無いからだ。

## 結局, 午後Ⅰ対策は "状況把握の時間短縮" に尽きる！

Column ▶

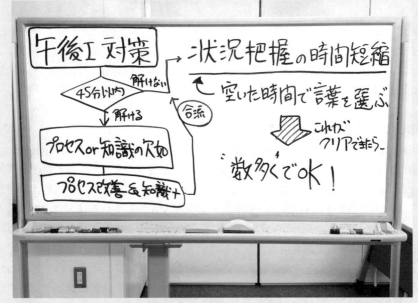

写真3 筆者が開催する試験対策講座で実際に説明で使っている板書

筆者が担当している試験対策講座では, 時間が限られているのでシンプルに対策を説明することが多い。午後Ⅰ対策も, こんな風にホワイトボード1枚に集約してこう説明している。

### 「午後Ⅰ対策を一言でいうと 『状況把握の時間短縮』に尽きる」

### ●時間が余る＝知識が無いだけでは？プロセスの欠如では？

午後Ⅰ対策をしていると, 「時間が足りなくなることは無いんですが, 点数が伸びないんですよ」と悩んでいる人をよく見かける。話を聞いてみると, たいてい過去問題もやり尽くしたから, そろそろ打つ手がなくなってきているという。

一見すると課題そのものが無いように思われるが, 実はそうではなく課題は明白。単に知識が無いか, 何かしらのプロセスが欠如しているか, どちらかになる。

知識が少ないというのは選択肢が少ないわけだから, 速く処理が終わるのは当たり前だ。1万件のデータと10件のデータでは検索時間に差があるのは当然だし, 分岐条件が複雑なものは時間がかかるが, シンプルだと処理は速い。また, 五つの工程が必要なのに, これを三つの工程にすれば処理は速くなる。当然のこと。

そう考えれば，実は「時間が余る」というのはいい状態ではなく，「時間が足りなくなる」域にまで達していない状態（＝悪い状態）ということになる。もちろん，時間が余って90％以上の正答率が常時ある場合は何の問題も無い。対策すら必要ない。でも，そうじゃなければ，知識が足りていないのか，プロセスが欠如しているのか，まずは課題を明確にしよう。

そうして，知識が足りない（解答候補の選択肢が少ない）場合は過去問題で問われている部分を覚えるなどして増やしていき，プロセスが欠如している時はそのプロセスを含めるようにして過去問題を解いてみよう。**そうすれば，時間が足りなくなる状態にまでレベルアップできるだろう。**

### ●タイムを詰めるところは1か所

時間が足りなくなる状態になれば，次は「どうすれば速く解けるようになるか？」を考えよう。なんかおかしな話だが，データをまずは増やしてから処理速度を上げていくというイメージで考えてもらえればいいだろう。

と言っても，速くできるところ，すなわちタイムを詰められるところは1か所しかない。"問題文を読んで状況を正確に把握する時間"だけだ。そういう意味では，**午後I対策は，問題文をいかに速く読めるか？を追求することだと言ってもいいぐらいだ。**

ちょうど日常のコミュニケーションと同じだと考えてもらうとわかりやすいかもしれない。初対面の人との会話だと，次にどんな話題が飛び出してくるかわからないが，何度も会話を繰り返しているうちに，その人の話し方の癖がわかり，次に何を言おうとしているか…その先が読めるようになる。だから，相手の説明（＝問題文）を短時間で理解できるようになる。

なお，本書では，思うようにタイムを詰めることができない人を想定して，"問題文を読んで状況を正確に把握する時間を詰めていく"方法を，後述する「よくある課題その1」で説明しているので，必要に応じて目を通しておこう。

### ●空いた時間で言葉を選ぶ

時間内に解けてしまう人の"欠如しているプロセス"で最も多いのが，言葉を選ぶプロセスになる。このプロセスが欠けると，"自分よがり"の解答になってしまい，最悪相手に誤解され不正解になる。したがって合格点を安定させるための必須プロセスになる（そのあたりピンとこない人は，別途「高度試験 午後I記述式」の中に詳細に書いているので，それを参考にしてほしい）。

この点に関しても後述する「よくある課題その2」で説明しているので，必要に応じて目を通しておこう。

 **時間が足りない人の "真" の対策**

情報処理技術者試験の記述式や事例解析の問題で **"時間が足りない！"** って感じる人は，ちょうどこんな感じになっている。

ある日，友達から **「家に遊びにおいでよ」** って誘われた。その友達から **「住所は………だから〇〇駅が一番近いかな。その駅から，歩いたら40分ぐらいかかるけどで頑張ってね」** とだけ教えてもらった。

お誘いを受けたので，自宅近くで手土産を買って，住所はわかるので，まぁ何とかなるかって感じで，ひとまず〇〇駅へと向かった。

駅に着き，改札を出て周囲を見渡して驚いた。えっ？どっち？どっちに行けばいいんだ？

### 結局，倍ぐらい時間がかかった…

駅を降りたはいいが，住所だけを頼りにどう行けばいいのかわからない。実は，地図もスマホも持ってきてない。誰かに聞くのも恥ずかしいので…友達から聞いた住所と，自分の持っている方向感覚だけで現地に行くことに決め，たまに見かける番地を頼りに「いざ，友人宅へ」向かうことに。

でも，やっぱり…世の中そんなに甘くなかった。考え込んで止まってしまったり，反対方向に行ってしまって引き返したり，無駄に歩き回って…結局，友達の家にたどり着けたのは駅を出てから80分後。倍の時間を費やした。そもそも，そんな方向感覚なんて持ち合わせてはいなかった。

## 同じ場所（＝問題）ならもう大丈夫

　無事友達の家に着き，そのことを友達に話したら…「あ，そうだったの？駅からこっちに行ってまっすぐこうきたら40分で来れたのにね」と教えてくれた。

　「最初に言えよ」

　そう思ったけれど口には出さず，「そうなんだ，じゃあ次からは迷わないな」って笑顔で答えておいた。

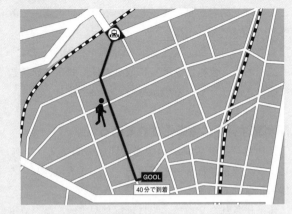

## 試験勉強に置き換えると

　これを試験勉強に置き換えて考えてみよう。**「その友達の家に"もう一度遊びに行く時に"40分で行けるようになること」**が目的ではないはずだ。**「また同じように，別の初めて降りる駅で，スマホも地図も使わずに住所だけを頼りに最短距離で"迷わず""無駄な動きなく"たどり着けるようになる」**ことが最大の目的になる。同じ問題が出ないことは自明だからだ。

　そのためには…現状の方向感覚（問題文の読み方や解答する手順など）が間違っていたわけだから，**現状の方向感覚（問題文の読み方や解答する手順など）を改善**しなければならない。**「別の初めて降りる駅で，スマホも地図も使わずに住所だけを頼りに最短距離で行く」**こと（＝過去問題を使った演習）を何度も何度も繰り返す練習で。

　過去問題を使った午後I・午後II対策。同じ場所に最短距離で行けるようになっているだけ（＝同じ問題なら正解できるだけ）にはなっていないだろうか。ちゃんと，方向感覚（問題文の読み方や解答する手順など）は改善されているだろうか。試験本番では初めて見る問題（＝初めて訪れる場所）になるのは間違いない。方向感覚の改善…それこそが**"時間が足りない！"**って感じる人に必要な対策になる。**本書を活用して，速く解くための様々な"ノウハウ"を試してみよう！**

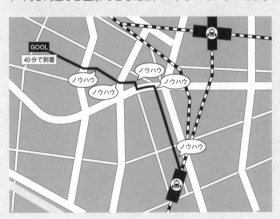

## よくある課題その１　問題文をじっくり読み過ぎている

　ここでは，筆者が毎年実施している試験対策講座でみられるプロセス改善の課題 BEST3 を紹介する。

　最も多いのは，問題文を読んで状況を把握するのに "時間がかかりすぎている" ケースである。合格点を確実に取る人は，問題文を読む（状況把握する）のが圧倒的に速い。どうしているのかをいくつか紹介しよう。

### ①問題文は見事に体系化されている

　情報処理技術者試験の記述式問題の問題文（事例）は，さすがしっかりとレビュー，校正されているだけあって，本当にきれいな文章になっている。見事に体系化されているというわけだ。

　体系化された文章は本当に理解しやすい。なので実は，情報処理技術者試験の記述式問題の問題文（事例）というものは，短時間で把握できるようになっている。しかし，残念ながら，「そうだ！この体系化されているという点を最大限に利用して，少しでも短時間で効率よく状況を把握してやろう！」という受験者は少ない。いや，正確にいうと，できる人は無意識のうちにしているし，できない人はやろうとしない。できているなら問題ないが，できていない人はそこを改善していく必要がある。

### ②「物語」と「箇条書き」を使い分ける

　二つ目のポイントは「物語」と「箇条書き」を使い分けるということだ。この説明をしよう。

　情報処理技術者試験の記述式問題の問題文（事例）には，「次の」という表現が多いことに気付いているだろうか？平成 26 年度午後Ⅰ問 2 の問題にも，次のような「次の」という表現がある。

- 「次の方針で進めていく方が現状の…」
- 「次のように進捗を管理しているとのことだった。」
- 「その結果，次の事実を確認した。」
- 「F 課長からは次のような回答があった。」
- 「F 課長は次の対策を立案し，…」

　そして，この「次の」の後には，箇条書きが来ている。

このように，情報処理技術者試験の記述式問題の問題文（事例）は，きれいに体系化（階層化）されていて，しかも理解しやすいように**箇条書きを多用している**という特徴がある。令和4年度午後I問1の問題でも，5か所も箇条書きが用いられている。この特徴をまずは把握しておこう。

## "箇条書き"部分は記憶できない

一般的に，箇条書きされたものを順番に読み進めて行く時，何が書かれていたのかを後から思い出せるようにする（すなわち記憶する）には，大きな労力が必要になる。箇条書きされたひとつひとつは相互に関連性が無いからだ。そもそも，お互いに関連性が無いからこそ箇条書きを使っているわけだ。

したがって，**箇条書きのところ（表内や，図の内部なども同じ）を読む行為は，理解しているような気になっているだけですぐに忘れてしまっていることが多い**。だから，忘れないようにマークすることもあるが，それでもマークしたこと自体忘れてしまっていると意味がない。

## 記憶できるのは"物語"の部分

一方，問題文は箇条書きばかりではない。ストーリ展開されている…いわば"物語"になっているところもある。この部分は，箇条書きとは違って記憶に残りやすいので読む価値はある。1ページ目からマークしながら読み進めていっても問題はないだろう。但し，その量が多すぎると，これも記憶に残りにくいので，その分箇条書き部分をカットしながら把握していくことが重要だと言える。

## こうやって読むのがベスト

以上をまとめるとこのようになる。要するに，"物語"と"箇条書き"では，その文章の処理の仕方（使い方）を変えた方がいいということだ。前者の場合は「全体像を把握し，どこに何が書いているのか…その位置付けを確認しながら」読み進めていき，後者の場合は，「"この設問を解く！"という明確な目的を持って，その答えを探しに行く」読み方をする。

表1 「物語」と「箇条書き」を使い分ける

| | 物語 | 箇条書き |
|---|---|---|
| 短期記憶 | ○ | × |
| 解答戦略 | 全体像を把握するために，最初に読み進める。どの場所に，何が書いているのかを把握することを目的とする | 目的無く読み進めても意味がない。なので，設問の答えを探す時に読み進める |
| 短期理解 | 必要に応じてマークしながら読み進める。設問を読み，どこを読めばいいのかを判断できるようにしておく | 設問ごとに，答えがそこに"ある"or"ない"を判断しながらチェックしていく |

## ③きれいに体系化されているので"飛ばし読み"をしないともったいない

　ここまで説明してきたことから，情報処理技術者試験の問題文は"飛ばし読み"とすごく相性がいいことがわかるだろう。

　飛ばし読みとは，一つの文を全部読むのではなく，そのうちの一部だけを読むことで，そこに何が書いているのかを把握する一種の速読法になる。情報処理技術者試験の午後I問題のように，体系化され，なおかつ結論を先にもってきてくれていることが多い読みやすい文章は，飛ばし読みとすごく相性がいい。ものすごく向いているので，それを活用しないのは本当にもったいない。活用している人が短時間で状況を把握して精度の高い解答を書いているわけだから，そこで差が付いてしまうからだ。

　これを実際の問題文で見てみよう。右ページの図2は，平成26年度午後I問3の一部だが，"箇条書き"ではなく"物語"の部分だけで構成されているページになる。これを例に，飛ばし読みのポイントを手書きで加えてみた。このように，ブロックの最初（改行字下げで始まるところ）の1行に目を通すだけでも，おおよそどのようなことが書いているのかが把握できる。

　飛ばし読みのいいところは，時間をかけずに，情報を絞り込むことで，全体像の把握がしやすいこと。右ページの図2に（手書きで）書き加えていることだけでよければ，瞬時に覚えることも難しくない。まさに"目的無く読み進める時"で，"どこに何が書いているのかを把握する目的"であれば，ベストな読み方だと言えよう。筆者もよく使っている手だ。

---

【飛ばし読みのポイント】
- 主語で把握（右図の場合は全て"B氏は"という始まりなので「B氏の考えや行動」としかわからないが，「C部長の話は…」というように特徴のある主語を用いているケースがある
- 述語で把握（右図の"③ギャップがある"のようなケース）
- 「〜について」とストレートに書いている場合

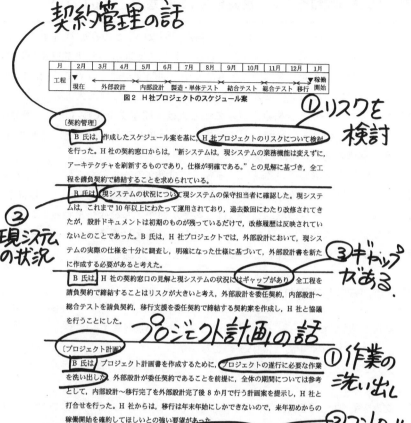

契約管理の話

| 月 | 2月 | 3月 | 4月 | 5月 | 6月 | 7月 | 8月 | 9月 | 10月 | 11月 | 12月 | 1月 |
|---|---|---|---|---|---|---|---|---|---|---|---|---|
| 工程 | 現在 | 外部設計 | | 内部設計 | | 製造・単体テスト | | 結合テスト | | 総合テスト | 移行 | 稼働開始 |

図2 H社プロジェクトのスケジュール案

①リスクを検討

[契約管理]

　B氏は，作成したスケジュール案を基に，H社プロジェクトのリスクについて検討を行った。H社の契約窓口からは，"新システムは，現システムの業務機能は変えずに，アーキテクチャを刷新するものであり，仕様が明確である。"との見解に基づき，全工程を請負契約で締結することを求められている。

②現システムの状況

　B氏は，現システムの状況について現システムの保守担当者に確認した。現システムは，これまで10年以上にわたって運用されており，過去数回にわたり改修されてきたが，設計ドキュメントは初期のものが残っているだけで，改修履歴は反映されていないとのことであった。B氏は，H社プロジェクトでは，外部設計において，現システムの実際の仕様を十分に調査し，明確になった仕様に基づいて，外部設計書を新たに作成する必要があると考えた。

③ギャップがある。

　B氏は，H社の契約窓口の見解と現システムの状況にはギャップがあり，全工程を請負契約で締結することはリスクが大きいと考え，外部設計を委任契約，内部設計〜総合テストを請負契約，移行支援を委任契約で締結する契約案を作成し，H社と協議を行うことにした。

プロジェクト計画の話

[プロジェクト計画]

①作業の洗い出し

　B氏は，プロジェクト計画書を作成するために，プロジェクトの遂行に必要な作業を洗い出した。外部設計が委任契約であることを前提に，全体の期間については参考として，内部設計〜移行完了を外部設計完了後8か月で行う計画案を提示し，H社と打合せを行った。H社からは，移行は年末年始にしかできないので，来年初めからの稼働開始を確約してほしいとの強い要望があった。

②コントロールできないリスク

　B氏は，現時点ではA社ではコントロールできないリスクが存在し，稼働時期を確約することはできないことを説明し，理解を求めた。その上で，来年初めからの稼働開始に向けて，次の条件を提案した。

・外部設計書の確定を4月末とすること

全部主語は"B氏"

－ 13 －

図2 飛ばし読みのポイント

423

## よくある課題その２　解答を書く時に言葉を選んでない

　次に多いのが"解答を書く時に言葉を選んでいない"というもの。「よくある課題その１　問題文をじっくり読み過ぎている」ケースでは言葉を選ぶ時間が取れないため，課題その１と同じ要因のこともあるが，問題文が速く読めて時間内に余裕で解答できるのに，このプロセスを無視して点数を落としている人もいる。

　午後Ⅰでしっかりと合格点が取れている人は，問題文を読む（状況を把握する）のが速いというのは先に説明した通りだが，もう少し正確にいうと，それで余った時間を「言葉を選ぶ」時間に使っている。

　午後Ⅰの問題を解いている時に，誰もが，問題文のあちこちを何度も読み返しては何かを探し回っている。その行為自体は，皆同じように見えるが，実は同じではない。なかなか合格点の取れない人は「答えが何か？」を探しまわっているが，合格点を安定して取れている人は，そうではなく「答えはもうわかっている。どう表現したらいいのか？」を探している。ちょうどこんな感じだ。

### 【合格点が安定して取れている人】

・解答は早々にわかっている。後は，どうまとめようかを考えるだけ
・使った方がいい"単語"や"文章"はないか？
・自分で考えたこの表現は使えるのか？それとも別の表現が問題文で使われているのか？
・文章を長くする場合（5字→30字など），5W1Hのうちどれか文中で使われている表現は無いか？

　言葉を選ぶ時間的余裕がある人（すなわち，問題文を読むのも速く，知識をアウトプットするのも速い人）は，自ずと自分の書いた解答が，解答例に近づいてくる。しかも，表現にこだわっているわけだから，解答例を見て違っていた場合に，そこでまたいろいろ考えるようになる。それでまた，いろいろ見えてくるものもある。本書の過去問題の解説を見ても，解答表現についての考え方のほうをチェックしていろいろ考えるようになるだろう。

### 自分の現時点での実力がわかる

　この点を意識すれば，自分の現時点での仕上がり具合もわかる。言葉を選んでいるかどうか？そんな時間的余裕があるのかどうかで，結構仕上がってきたのか，まだまだこれからなのかが判断できる。

**できることは，読む時間の短縮だけ！**

　最後に，どうすれば「言葉を選ぶ」時間的余裕が持てるのかを確認しておこう。いうまでもないことかもしれないが，できることは「問題文をもっと速く読む！」ことと，「頭の中から解答をもっと速くアウトプットする！」ことしかない。逆に言うと，言葉を選ぶ時間が無いのは，問題文を読むのが遅いか，知識が素早くアウトプットできていないのかどちらかになる。まだまだ改善の余地があるということだ。

## 午後Ⅰのプロセス改善による
## 他区分への波及効果

　ここで説明している「よくある課題その1〜その3」が具体的にどの試験にどう有効なのかを簡単にまとめたのが下表である。かなり有効なものは"◎"，有効なものは"○"，まぁまぁ有効なものを"△"にしている。今しっかりと練習しておけば"次"の試験区分でも有効"だということを意識しながら練習しよう。なお，PM取得後に関しては本書の付録や筆者の情報提供サイトでも積極的に公開しているので参考にしてほしい。

| 試験区分 | 記述式問題の特徴 | 課題その1 | 課題その2 | 課題その3 |
|---|---|:---:|:---:|:---:|
| ITストラテジスト | 問題文が1ページ少なく，その分，課題が問題文全体に分散している。それをピックアップし設問と対応付けるという特殊な解き方になる | △ | ◎ | △ |
| システム監査技術書 | 他の試験区分のどれかの監査なので，基本，他の試験区分の構造解析になる。監査特有の言葉が使われるのでその対策も必要 | ◎ | ○ | △ |
| システムアーキテクト データベーススペシャリスト | 問題文の階層が深く（（1），①が普通に使われる）箇条書きだらけのイメージ。したがって全体像を押さえることが重要。加えて，問題文中で定義されている用語を使う解答が多いので，言葉を探す時間が必要 | ◎ | ◎ | △ |
| ITサービスマネージャ 情報処理安全確保支援士 | 高度系の中では最もプロジェクトマネージャに近い問題文の構成。時系列に並んでいてストーリーがある。問題文と関連があるが解答加工型が多い | ◎ | ○ | ◎ |
| ネットワークスペシャリスト | 知識があればなんとかなる試験。全体像を押さえるのは効果的。知識は体系化されていなければ難しい | ○ | △ | ◎ |
| エンベデッドシステムスペシャリスト | テーマがバラエティに富んでいるように見えるが，実際には過去に出題済みの典型的な問題も多い | ○ | △ | ○ |

## よくある課題その３　知識が体系化されて記憶できていない

　第3位の課題は，知識が体系化されて記憶できていないというもの。この課題を持つ人は，飛ばし読みしたり設問を読んだりした時に，仮説を立てることができないので，仮説－検証プロセスができずに解答に時間がかかってしまうことになる。簡単に言えば，答えをイメージするまでに時間がかかっているため，時間が足りなくなるケースだ。

### 体系化しないと知識は使えない！

　試験に合格するためには，知識が必要になるのはいうまでもない。しかし，いくら知識の量が多くても，それすなわち“使える知識”ということにはならない。自分で会話を組み立て，最適な粒度の知識を，最適なタイミング…最適な表現方法で言葉に載せるには，「知識が体系化されている状態」が不可欠になる。体系化されている状態というのは，「よくある課題その1」で説明したように，問題文のように階層化・構造化して覚えている状態のこと。上位に行くほど抽象化され，下位に行くほど具体的で詳細になる。また，上位の記憶の強さによって，下位の理解度も影響を受けるという特徴もある。

　知識が，このように体系化され整理された状態にあれば，アナウンサーのように「あと10秒」とか，「1分間つないで」とか，「10分間で説明して」という要求にも的確に応えることができる－すなわち，相手の期待する量と質，粒度で話ができるようになる。相手に依存せず，自分で“話”を組み立てることもできる。その結果，「20字以内で答えよ」という設問であったり，論文であったり，体系化しているからこそ容易にアウトプットできるようになるわけです。もちろん実務（提案や説得，交渉など）でも有益である。

### 体系化するために必要な暗記

　それでは具体的に，どうすれば知識を体系化できるのだろうか。それは，知識を階層化するために，最上位の階層は徹底的に磁力を強めるための丸暗記をすることに他ならない。するとそこに知識が吸い寄せられてくる。

## Column ▶ 「おいおい，そっちかい！」

プロジェクトマネージャ試験の記述式（午後I）対策として，過去問題を解いた後の"あるある話"なんですが，こういうことってありませんか？

＜解答を考えている時＞
　・え？何を聞いているの？設問の意図が分からない。
　・なんだ？答えが見つからないぞ。どうしよう全然わからない。
＜で，どんな解答なんだろうと解答例を見てみると…＞
　・おいおい，それが答え？
　・なんだ，当たり前すぎる！そんな答えでいいのか？
　・それなら，もっと聞き方を考えてよ！
　・え？最初に決めたルールを何で守ってないの？常識的に守ってるって思うじゃん！

筆者が実施している試験対策講座でも，受講生の質問でいつも議論が白熱するところがそのあたり。プロジェクトマネジメントとは関係ないところ（笑）。まぁプロジェクトマネージャにはコミュニケーションスキルが必要だからといえば，それまでなんですが，それでも，知識も経験も豊富で資格を持つのに十分すぎるほど資質のあるベテランのプロジェクトマネージャが，もっとも苦労する部分だったりするんですよね。
　一番人気の国家資格がそんな試験でいいのかどうかはさておき，合格するためにはそこをクリアしなければならないのも事実。仮に，点数を落としているところの

多くが，そんな問題（解答例を見た時に「おいおい，そっちかい！」とツッコミを入れてしまうような問題）ばかりなら，その課題への対応策も考えておいた方がいいかもしれません。
　そこで，試験対策講座では，筆者はこう考えることを推奨しています。

①採点講評で正答率を確認する。簡単な問題にもかかわらず「正答率が低い」と書いていたら，問題の質が悪かったと思ってあきらめる。気にしない。作り手側の問題として無視する。
②採点講評に何も書いてない，正答率が高いという場合は，解答例はあくまでも解答例で幅広い正解が用意されていると判断する。なのでこれも気にしない。
③解説を読んで，簡単すぎるがゆえに何か先入観で読み飛ばしていたのなら「試験問題には，こんなに簡単な答えがある」と，そういう問題の存在を常に意識しておく。

要は採点講評を確認するなどして，作り手側の問題かどうかを判断して①や②なら気にしないのが一番だということです。こればかりは，どうしようもありませんからね。但し③だけは注意が必要です。標準化が進んでいる企業では当然のようにやっていることでも，問題文中ではできていないこともあります。そこで，仮にそうなら，問題文に登場する企業は発展途上で，そこをコンサルテーションするような目線でみるのも一つの手だと思います。

# 3-3 プロジェクトマネージャ試験の特徴

筆者は，全試験区分を対象に試験対策を実施していることもあり，「どうすれば速く確実に午後I試験が解けるか？」について，一応，全区分研究している。その結果，各試験区分によって微妙に解き方が違うことも発見している。ここでは，プロジェクトマネージャ試験ならではという部分をいくつか紹介しておこう。特に，他の試験区分の学習をしていた人は，その違いについて十分意識しておこう。

## 特徴その1　全体像の把握方法の違い

まず，開始直後に行う問題文の全体像の把握方法に違いがある。特に，システムアーキテクト試験やデータベーススペシャリスト試験との違いが顕著だ。

### ●階層化が浅い

プロジェクトマネージャ試験の問題文は，システムアーキテクト試験やデータベーススペシャリスト試験に比べて階層化が浅い。全ての試験区分において，問題文には"〔 〕"でくくって個々の段落に見出しが付いているが，その中の階層化が試験区分によって異なっている。システムアーキテクト試験やデータベーススペシャリスト試験では，"(1)"や"①"，"・"などを使って3階層ぐらいに分けることもあるが，プロジェクトマネージャ試験の場合，問題文の階層はそんなに深くならない。単純に"字下げ+改行"で内容を分けていることが多い。そのため，システムアーキテクト試験やデータベーススペシャリスト試験のように，見出しをチェックするだけで，そこに書かれていることを把握することができない。

そこで，必要になるのが「よくある課題その1　問題文をじっくり読み過ぎている」に書いた"飛ばし読み"である。このテクニックの威力が最も発揮できる試験区分がプロジェクトマネージャ試験だと言っても過言ではないだろう。

### ●プロジェクト概要

プロジェクトマネージャ試験の問題文では，1ページ目に"プロジェクト概要"や"プロジェクトの特徴"（背景，納期や予算，契約形態，PJ体制，品質目標，リスク，その他の制約条件，前提条件など）が書かれている。

したがって，短時間で問題文に書かれている状況を把握するには，（今回のプロジェクトの）背景は？納期は？予算は？契約形態は？PJ体制は？要求される品質目標は？リスクは？その他の制約条件は？などを探す読み方が必要になる。

## ●事業環境や事業戦略，プロジェクトの目的

令和に入ってからの午後Ⅰの問題は，DX重視ということもあって，1ページ目に事業環境や事業戦略，プロジェクトの目的が書かれていることが少なくない。問題によっては「ITストラテジスト試験の午後Ⅰの問題か？」と思うこともある。これは，平成の問題では見られなかったところだ。ここ数年で，それだけ"プロジェクトの目的"が重要になってきたということだろう。

そこで，問題文の1ページ目に"事業環境"や"事業戦略"，"プロジェクトの目的"に関する説明があったら，最低限しっかりとマークしておこう。できれば，プロジェクトと事業戦略を紐付ける"プロジェクトの目的"は，その問題を解いている間は記憶しておいた方がいい。それぐらい重要なものだからだ。

また，事業環境や事業戦略に関する知識も少しずつつけていく必要があると考えている。その企業の強み，弱み，外部環境の機会や脅威などにも反応できるといいだろう。DX関連のプロジェクトでは，経営層と密接なコミュニケーションをとりながらプロジェクトを運営していく必要があるからだ。本書の「第1章　基礎知識」にもストラテジ系の基礎知識を収録している。参考にしてほしい。

## ●物語風

プロジェクトマネージャ試験やITサービスマネージャ試験の問題文では，「いつ，どこで，何があった」という話が中心になるので記憶には残りやすい。そのため，問題文を頭から熟読していってじっくり読み進めていっても記憶に残りやすいのは確かである。しかし，逆にそこが落とし穴でもあるので注意が必要だ。

## 特徴その2　PM試験におけるマークする時のポイント

　問題文を速く正確に読むということは，正しく言い直すと，"問題文を正確に分析すること" になる。その分析結果は，いわゆる "マーク" となって現れるので，ある意味マーキング方法でもあるだろう。その "マーク" は，"全体構成を把握する時" つまり，各問題の最初の5分で "サッ" と行い，設問を解く時（熟読する時）にじっくり行うことになる。

### ●問題文には，積極的に書き込むこと

　しかし，そもそもマークは必要なのか？答えはイエスだ。仕事では決して求められない "分単位の戦い" を制覇するには，問題文をフル活用しなければならない。そのために必要なのが "マーキング" であったり "リンク" になる。答練を繰り返すことを考えて，頭の中だけで解く練習をする人もいるが，それは止めておいた方が良い。過去問題は2回以上解く必要はないし，仮にもう一度解きたいのなら，書き込んでいない状態のもののコピーを取っておけば良いだけ。頭の中だけで処理していていいのは，過去問題を解く必要もない合格確実レベルに達した人のみ。練習途上の人は，本書の「問題文の読み方とマークの仕方」に付けているぐらい，問題文を汚してしまおう。

### ●どこにマークするの？

　次に，マークすべきポイントについて考えてみよう。試験対策本には必ず「重要な部分にはマークすること！」と書いてある。しかし，残念ながらどこをマークすれば良いのか…そのヒントは特に書かれていない。「"重要なところ" と言われても，そこがどこだか分からないから苦労しているのに！」と怒りを覚えた人も少なくないだろう。どこにマークして良いか分からないから，マークが多すぎて混乱したり，マークが少なすぎて漏れが発生したりする。結局，あまり効果がない。やはり，最適なマークの量，すなわち必要最低限のマーク箇所のルールを決めなければならないだろう。ここから順次説明していこう。

### ●段落ごと，ブロックごとに線を引く

　まずは機械的にできることから考えよう。図3のように段落ごとに線を引くことによって，長文を短文の集合体へと変換することができ，焦点を絞り込みやすくなる。さらに，改行（字下げ）のところはトピックが変わっているところなので，そういうブロック単位に線を引くのも効果的だ。特に，長文が苦手な人には非常に有効である。

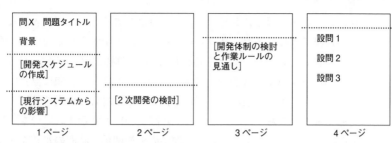

図3　問題文の段落分けの例（平成18年度午後Ⅰ　問2）

　マークすべき"メイン"のポイントは，対象プロジェクトの情報になる。具体的には次表のとおりである。これらは，多少の"あり""なし"はあっても，基本的には全ての問題文に共通するもの。これらを探し出すつもりで問題文を読み，発見できたらマークしよう。

## (1) プロジェクトの概要

　午後Ⅰの問題は"プロジェクトの概要"から始まる。これは午後Ⅱの設問アがプロジェクトの特徴から始まるのと同じだ。まずは，どんなプロジェクトなのかをチェックして正確に把握していこう。

表2　マークすべき項目の一覧（例）

| | | | |
|---|---|---|---|
| 概要 | PJ発足の背景 | | 何のために立ち上げたプロジェクトか？ |
| | PJの目的 | | 何を目的としているか？ DX関連のプロジェクトでは，価値実現を最大の目的とするので，特に重要になる。絶対にマークが必要なところ。 |
| | PJ特性 | | 例）品質重視，納期遅延は損害賠償請求になるなど |
| | PJの目標もしくは制約 | 納期 | 目標なのか制約なのかを読み取る。その強さも重要。 |
| | | 予算 | 目標なのか制約なのかを読み取る。その強さも重要。 |
| | | 品質 | 機能要件と非機能要件。DX関連だと目的に近くなる。 |
| | | その他 | 前提条件など　例）ドキュメント管理基準はE社のものを使用 |
| 体制 | PJ体制 | | 体制図があるかどうか。無ければ余白に書くことも検討。 |
| | プロジェクトオーナ | | 委託元責任者，経営者，CIO，スポンサーなどもマーク。 |
| | その他ステークホルダ | | PMO，ステアリングコミッティなど |
| | 契約形態 | | 自社開発，委託（請負契約，委任契約） |
| スケジュール表 | | | |
| その他，重要ポイント | | | 普段，あまり見かけない記述 |

　特に，予測型（従来型）のプロジェクトなのか，DX関連やアジャイル開発を意識した適応型プロジェクトなのかを見極めることは重要だ。そのあたりは，令和2年〜令和4年の午後Ⅰの問題で練習しておこう。

　次に，プロジェクト体制図とスケジュール表を確認しよう。あれば図表になっているからすぐに判別できるはずだ。存在しない場合は，説明すら必要ないか，重要すぎるのであえて書いていないかのどちらかになる。組織図がないのに，登場人物がやたら多いこともある。A氏，X部長，T課長，…。この場合，設問に直接的に関係しているので，あえて書いていない可能性が高い。その場合，**余白を使って，人物や企業の関係を整理しておこう**。スケジュール図（表）が明示されていない場合も同じだ。余白にスケジュールをメモして，作業の前後関係，時間の遷移を丁寧にプロットしていこう。

## (2) プロジェクトの立ち上げとプロジェクトマネージャ

　問題文の中には必ず，プロジェクトの立ち上げとプロジェクトマネージャの説明がある。ここはマークしておこう。余談だが，問題文の中でのプロジェクトマネージャの位置づけも大きなヒントになる。経験が乏しいプロジェクトマネージャだったら，その行動を疑ってかからなければならない。

## (3) "時"の推移があったところ

　問題文の中で，"時"が推移しているところ…「要件定義開始まもなく」とか，「外部設計の終了を間近に控えた1月初旬」とか…そういうところがあったら，そこを強調するとともに，"時"の違いを明確にするために"ビシッ"と線で区切っておこう。ちなみに，ほとんどの場合，段落の最初に"時"の推移は配置されている。

　余談だが，この"時"の推移のパターンを掴んでおけば，午後II論述試験でもその表現を使えるようになるだろう。

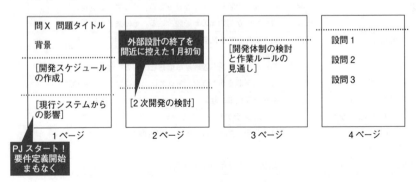

図4　プロジェクトの開始とフェーズの確認（平成18年度午後I 問2）

### (4) 過去に解答を一意にした実績のある記述

これはハイレベルなマークのポイントになる。「過去問題で設問に絡んできた問題文の記述部分」なので，過去問題を数多く解いて，記憶していった結果として反応できるようになるからだ。要するに，学習が進み経験値がアップしてはじめてマーク箇所の精度が上がる。典型的な例をあげるとこんな感じだ。

## 【マーク箇所の典型例】

#### 問題文の記述

「今回は，客先からの強い要求で，要件定義から総合テストまでを一括請負契約とすることにした。」

#### その一文を読んだ時の頭の中の反応

「あれ？いつもは要件定義と外部設計，総合テストは委任契約が普通なのに，今回はその部分も請負契約なんだ。確か，過去問題では外部設計が決まらないリスクがあってトラブルになっていたよな…そこが設問にもなっていたはずだ。それも1回や2回じゃないぞ。契約のところが設問になるときって，全工程請負契約が多いんだ。それに今回は，『一括』だとか『客先からの強い要求で』という具合に強調しているな。きっと，この部分…設問で問われてくるはずだ。」

声に出すと，この一文だけで10秒程度時間がかかるが，実際は頭の中で瞬時に反応しているので問題ない。こんな反応がもしもできるようになったなら，後から見返せるようにマークしておこう。

### (5) 問題点と否定的表現

午後Ⅰの問題では，プロジェクト計画フェーズに「プロジェクト発足時に抱えている問題点や制約条件」が，プロジェクト実施フェーズに「表面化した問題点」が，記述されているケースが多い。試験は，プロジェクトマネージャとしての知識を試すものなので，順風満帆なプロジェクトはテーマにならないからである。そこで，問題文中に"問題点"を発見したら，必ずマークするようにしよう。

ただし，問題点は2種類ある。一つは「……という問題が生じた」というようにストレートに表現されている問題である。こういうところは，設問の直接的対応箇所であることが多い。もう一つは，「検収に時間がかかったので，下請先の業者に対する支払いが3か月後になってしまった（3か月後になると下請法違反の可能性有）」などというように，知識があって初めて，問題点だと分かるものだ。

433

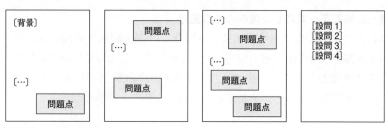

図 5　問題がどこにあるかを把握する

　ところで，問題点をピックアップするには，「〜が問題である」という直接的表現だけではなく，「〜ない」や「〜はなかった」など否定的表現で書かれていることも少なくない。そうした否定的表現のところもを見つけたら念のためマークしておくといいだろう。作文や報告書でも同じだが，**通常，人は，特に問題がなければ，あえて否定的表現は使わない**。否定的表現を使うところには問題意識があるということだから，解答に絡んでくる可能性が高くなるというわけだ。

### (6) 違和感のあるところ

　自分がこれまで経験してきたことや，学習してきた内容から見て，"おかしい"，"間違っている"，"変だな"などと思ったところもマークしておこう。自信はなくても直感を信じれば良い。"経験"から得た知識や，暗記した自覚がない知識は"違和感"として現れるからだ。例えば，「これまで見てきた問題では，これほど納期を重視すると書かれていないのに，この問題に限って，"納期は絶対厳守"と書かれている。おかしいな」という感じである。そういうところは直感を信じても問題ない。

### (7) "なお"と"ところで"，注釈

　"なお"や"ところで"という接続詞もマークしよう。これらに続く文章は，大きなヒントになる場合が多い。これらは，「そうそう，これを言っておかないと解答できないだろう。だから，今言っておこう。」と思ったときに使う言葉だからだ。同様に，表や図の注釈も重要になる。必要なければ（解答に絡んでいないのなら）あえて書く必要はないからだ。

### (8) 数字

　問題文中に数字が多く使われていると，設問で計算を求められたり，解答に数字が必要だったりする可能性が高い。仮に，その計算問題が文中の数字を"足す"だけの単純なものだったとしても，いざ，問題文から正確に数字をピックアップしようと思えば結構時間がかかる。解答には時間をさほど要しない計算問題だけに，問題文

を再び読んで時間を使うのは効率が悪いので，数字が出てきたら，"計算問題があるに違いない"と考えて，先にマークしておこう。

## ●リンクのための"線引き"はかなり重要

マーク以上に重要なのが，リンクのための"線引き"だ。イメージがわかなかったら，本書の過去問題解説の午後Ⅰを見てほしい。マークとともに，いろんなリンク線を引いていることがわかるだろう。

### (1) 図表と文章の対応付け

体制図やスケジュール表など，図表が問題文中にある場合はそれを最大限に利用する。図表は単独で存在することはなく，必ず文章と紐づけられている。だから，問題文を読み進めていく時には，図表と文章に線を引いて対応付けておく。

例えば，「スケジュール表」があったとしよう。そのときに，問題文中で「外部設計」の説明をしている箇所をスケジュール表の「外部設計」のところに，また，「内部設計」の説明をしている箇所をスケジュール表の「内部設計」のところに，それぞれ線を引いて対応付けておくという感じだ。

こうしておけば，設問を解くにあたって問題文を読み返すときでも「まず図表に戻り，そこから文章で書かれている該当箇所をたどっていく」ことができる。このほうが，網羅性を確保しつつ圧倒的に効率が良い。

### (2) 因果関係

最後に，問題文中に「原因－結果」の関係がある部分は，その論理のつながりを線で結んでおく。そうすれば，その論理のつながりをたどって真の問題を見つけることもできるだろう。

## ●練習方法

"マークする"というアクションに課題を持っている人は，"マークする"という練習をしなければならない。それには，実際にマークしながら過去問題を解くのが一番だ。そして，本書の解説に添付している"マーク箇所"と比較して，そのずれをチェックすれば良い。ただし，筆者のマークも万全ではない。漏れもあれば，不要な部分もあるので，あくまでも一例として参考にしてほしい。

## 特徴その 3　解答を正確に表現する

　プロジェクトマネージャ試験の午後Iの問題では，図6のような"管理表"が用いられていることがある。経験豊富なプロジェクトマネージャなら，様々な管理表と格闘しているので，問題文の管理表に"問題"があったらすぐに気付くと思う。管理表を絡めた設問に対しては，簡単に答えを見つけるだろう。しかし，頭に思い浮かんだ答えを，そのまま解答欄に記入しても正解にならないときがある。正確に表現できていないケースだ。

　図6の例では，詳細設計フェーズで摘出された欠陥総数が，計画値よりも大幅に増加している原因について，Y課長が「前工程の問題によるものではない」と判断した理由が問われている。その設問に対して，解答者はこの管理表を見て「**表を見たら一目瞭然だろ。前工程で混入したバグは，最初に決めた基準内にあるじゃないか**」という解答まではすぐにイメージできるだろう。しかし，それをそのまま解答欄に書いても正解にはならない。イメージを正確に伝えるための変換をしてから解答欄に書き込まなければならないと考えよう。ちょうど図6のようなイメージになる。

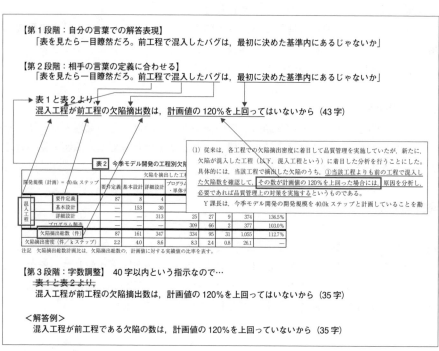

図6　具体的な手順

# Column ▶ 過去問題を解いて，悔しがる！

筆者は，これまで情報処理技術者試験を50回受験し，19回不合格になっています。その中でも，今のようにいろいろ試す受験ではなく，本気で合格を狙っていた若かった頃，午後Ⅰで580点での不合格が2回，540点が1回でした。得点を教えてくれるようになってから取った最低点は525点です（昔は200点～800点の範囲で600点以上で合格。記述式で試したSMの平成29年秋を除く）。問題数はそんなに変わっていないので，いずれも「後1問正解できれば…」とむちゃくちゃ悔しかったことを覚えています。

## 15年以上前の問題を忘れられない

その悔しさ以上に覚えているのが，その当時の問題です。試験本番時に解いている段階で「あれ？知らない用語がある。まずいぞ…」って思った時は，その解いている光景さえ覚えています。何を聞いているのかわからない設問，問題文中のわからなかった用語，どこを切り取るべきか迷ったところなども鮮明に。15年～20年前のことなのですが…。

もちろん合格した時の問題も覚えてはいます。でもそれは，試験対策をしていて何度も何度も見ているからです。解いている時の記憶は鮮明ではありません。迷ったところや，知らなかった用語なども覚えてはいますが，試験本番時の感情はもうありません。

合格した時の記憶は"覚えた"もの。忘れないように覚えたものです。それに対して不合格になった時の記憶は，"覚えた"のではなく"覚えている"という感じで，もっと言うと**"忘れられない"**という感じですね。

## 練習で後悔する

この不合格の時の記憶の強さの原因は**"後悔"**だと思います。そもそも，記憶というのは"覚える"より"忘れる"方が難しいですからね。前者は努力で何とかなりますが，後者は努力してもどうにもなりません。

とはいえ，人の記憶でややこしいのは「覚えたいものが覚えられず，忘れたいことが忘れられない」ところ。ここを上手く制御して「覚えたいものを忘れられない」ようにできれば，理屈上，短時間で多くのことを覚えることができるはず。多忙な社会人は，そこを狙っていきたいですよね。

そのために必要なのが「**練習で後悔すること**」「**練習で悔しがること**」です。試験本番と同じようなレベルに緊張感を高め，本気で満点を取りに行く。制限時間の中で焦り，迷い，悩み，その後，解答例を確認する時にドキドキし，解答例を見てからは，なぜその答えになるのか怒り，なぜその答えを出せなかったのか悔しがる。そうすれば，忘れられなくなります。

実はこの方法，一流のプロフェッショナルは普通にやっていることです。ゴルフの練習で一打を大事にするのも，ライバルと練習試合をするのも，悔しいから考えることを上手く使っているところがありますからね。

ダラダラと感情の起伏なく時間を過ごしても記憶には残りません。意図しない"後悔"はいろんな副作用をもたらしますが，自発的に起こした"後悔"にはメリットしかありません。記憶はインパクト。自分を上手に制御しましょう。

# ●何を使えば合格できるのか？
## －予想問題集や模擬試験は必要か？－

情報処理技術者試験における高度区分の学習ツールには，次のようなものがある。

①必要となる知識補充のための参考書（いわゆる教科書）
②上記のうち，携帯性に優れた"ポケット参考書"
③過去問題集
④予想問題集
⑤模擬試験
⑥e-learning ツール

### 最低限，過去問題集は必須！

最低限"③ 過去問題集"は必要だと思う。そこには，IPA の意図，すなわち「SE に持ってもらいたい意識」に対する思いが含まれている。それはある意味普遍的なことが多く，毎年，ころころ変わるようなものではない。大学受験や他の資格にも共通するところなので，あれこれ説明は不要だろう。ただ 1 点補足するならば，書籍化されている過去問題集の多くは，ページ制約上の都合で，過去 3 回分しか掲載されていないものが多い。筆者は，それでは少なすぎると考えている。だから，本書では過去 20 年分以上確認できるようにしているというわけだ。

### 参考書は必要？

上記①や②の，いわゆる問題集ではない教科書的な参考書は必要だろうか？筆者は必要だと考えている。各試験区分の経験者だったり，他の資格（PM なら PMP など）を保有していたり，必要ないケースもある。ただ，情報処理試験特有の言葉や視点と実務の乖離部分を知るには，参考書も必要だ。

但し，その使い方は経験者と未経験者では違う。前者は，過去問題中心の学習で疑問に感じたところをチェックする程度で良いが，後者は，先に参考書に一通り目を通してから過去問題に取り組んだ方が良い。

なお，参考書には最近流行りの"ポケット～"という携帯性に優れたものがある（上記の②）。筆者は，仕事柄毎年チェックはしているが，自分自身が受験するときに使ったことはない。参考書としては物足りなく，暗記支援ツールとしては情報量が多すぎるからだ。中途半端に感じる。

## 時間が無尽蔵にあるときだけ使用するツール

　時間が無尽蔵にある場合にだけ使いたいツールが，"④ 予想問題集"，"⑤ 模擬試験"，"⑥ e-learning ツール"である。決して，その存在を否定はしない。時間が無尽蔵にあるのなら，全てのアクションは決して無駄にはならないからだ。ただ，時間効率性を考えると，優先順位は低くならざるを得ない。その理由だけ簡潔に述べよう。

　予想問題集や模擬試験は作りが粗い。というか本番試験とは乖離しているものが多い。IPA の本番試験は，難易度の調整のために，ページ数，設問数などの質や量が一定になるようにコストをかけている。だから，「時間内に解く」ことで，本番で使用する読み書きのスピードの訓練ができる。しかし，予想問題集や模擬試験に同じコストはかけられない。詳しくは説明しないが，私自身は作成依頼があっても断っている。過去問題と同レベルの品質の物を作るには，投資効果が悪いからだ（簡単に言うと，それほど多くの原稿料を貰えないので，時間もそれほどかけられない）。だから，"時間との戦い"の午後試験において，意思決定時の（本来不要な）選択肢が増えたり，変な癖がついたりする弊害が出る可能性もある。筆者自身は，自身の受験時に使ったこともないし，これまで数多く開催してきた対策講座でも，（過去問題のなかった新設当時の）テクニカルエンジニア（情報セキュリティ）の 1 年目と 2 年目だけは仕方なしに使用したが，それ以外では一切使ったことはない。

　また，e-learning ツールもどうだろう。書籍と同じ数千円のもので，情報量が同じ程度なら"買い"かもしれない。しかし，一般的にはその数倍以上の費用が必要で，情報量は少ないものが多い。確かに，いろんなところにコストをかけないといけないので，「書籍よりも内容は薄く，価格は高く」なるのは仕方がないのかもしれない。「どこに制作コストをかけているのか？」を考えれば，そのあたり，容易に想像はつくと思う。

## 最後にひとこと

　ただでさえ多忙な SE にとって，学習ツールの選択は重要である。そのため，本書はできる限り 1 冊でなんとかなるように考えて構成した（論文が初挑戦の人は，別途姉妹書を利用）。過去問題中心なのもその結果である。

　本書は試験対策本である。PJ 目標的に言うと，唯一無二の目標が「試験に合格する」ということだ。今流行りの"問題解決能力"を駆使して考えれば，試験対策本は本書のようになるはずだと自負している。決して「実務にも役立つ！」なんて本末転倒のツールにはならない。悔しいのは，合格率が 13% 弱しかないこと。この"問題"は，最大で 87%"解決できなかった"という結果になってしまうことだが，こればかりはどうしようもない。その点はご理解願いたい。

# 演習・令和 2 年度　問 1

問1　デジタルトランスフォーメーション（DX）推進におけるプロジェクトの立ち上げ
に関する次の記述を読んで，設問 1～3 に答えよ。

　　G 社は，化学製品製造業の企業である。首都圏に本社を置き，全国を 5 地域に区切
り，各地域に生産・物流の拠点としての工場を配置している。G 社の製品は液体や気
体を化学反応させて生産するものが多く，温度や湿度の変化によって，必要となる燃
料や原材料の投入量が大きく変化する特性があり，これが生産コストに大きく影響す
る。

　　G 社は，これまで，規模の拡大に応じて工場の設備を増設してきたが，生産プロセ
スの最適化までは手が回らず，生産コスト増加の原因となっている。そこで，中期経
営計画の中で，今期をデジタルトランスフォーメーション（DX）推進元年と位置付
け，DX 推進による生産コスト削減に取り組むことにした。全社の DX 推進の責任者
として，H 取締役が CDO（Chief Digital Officer）に選任されている。

　　役員会での協議を経て，工場の生産プロセス DX を今期の最優先案件とすることを
決定し，戦略投資として一定の予算枠が CDO に任されることになった。

　　進め方として，まず今期前半は，L 工場でコスト削減効果の高い生産プロセスの最
適化の案を検討する。この検討は，生産現場の業務（以下，現業という）を熟知して
いる要員で進めるのがよいと判断し，現業部門主導で進める。最適化の案を検討する
ために利用するシステム（以下，DX 検討システムという）を L 工場に設置する。

　　DX 検討システムの構成要素を表 1 に示す。

表 1　DX 検討システムの構成要素

| 構成要素 | 説明 |
|---|---|
| 制御機器 | 燃料や原材料の投入量を制御する既設の装置 |
| センサデバイス | 温度や湿度を測定することを目的に新設する機器 |
| 運転支援ソフトウェアパッケージ | 制御機器やセンサデバイスのデータを収集し，制御機器に最適な投入量をフィードバックするソフトウェアパッケージ。AI に学習させることで，自動運転で生産プロセスを最適化することが可能。外部ベンダから新規導入する。 |

　　次に今期後半には，その検討した最適化の案を基に L 工場で生産プロセスの変更
を行い，生産プロセスの自動運転を行うシステム（以下，自動化システムという）を

完成させるシステム開発プロジェクト（以下，自動化プロジェクトという）を立ち上げる。自動化プロジェクトのプロジェクトマネージャ（PM）にはIT統括部のK課長を予定している。

そして来期からは，L工場で完成した自動化システムを，全国の工場へ順次展開する。その第一弾として，L工場と製品構成が類似しているN工場に導入する計画になっている。

〔G社のIT組織〕

G社では，システム開発案件は本社のIT統括部が，システム化全体計画の作成，業務プロセスや生産プロセスの分析，システムの設計から開発までを一括して行っている。

各工場のシステムの運用・保守は，各工場のITサービス部（以下，ITSという）が担当している。最近では，各工場の業務内容を把握し，それらに沿った開発を行うために，小規模なシステム開発案件は各工場のITSがIT統括部と調整の上担当している。

〔L工場の生産プロセスDXの概要〕

L工場での生産プロセスの最適化の案の検討は，L工場の製造部のM主任をリーダとした3人のDX検討チームで推進する。

DX検討チームでは，DX検討システムを利用して，装置の稼働状況，温度・湿度及び燃料・原材料の投入状況のデータを継続的に収集し，そのデータを分析し，評価して，コスト削減効果の高い生産プロセスの最適化の案を固めるところまでを実施する。

自動化プロジェクトでは，DX検討チームが作成した最適化の案を基に生産プロセスの設計と，運転支援ソフトウェアパッケージのパラメタ設定，制御機器とのインタフェースの開発を行い，一定期間，DX検討チームの監視下で自動運転を試行する。その結果を分析し，評価して，生産プロセスの再設計及び運転支援ソフトウェアパッケージのパラメタの設定値の変更を行う。これらをAIに学習させるサイクルを繰り返して，コスト削減効果の高い生産プロセスの自動運転方法を確立する。短期間でこのサイクルを繰り返し実施するために，データの分析・評価担当者，生産プロセスの

設計者及びパラメタ設定担当者は常時一体となって活動する必要がある。最終的には
AI が温度や湿度の変化に応じてパラメタの設定値を自動的に変更して，コスト削減
効果の高い生産プロセスの自動運転を行う自動化システムの完成を目標としている。


〔L 工場の状況のヒアリング〕

　　DX 検討チームが活動を開始して 2 か月が経過した時点で，K 課長は，自動化プロ
ジェクトのプロジェクト全体計画を作成するために，L 工場を訪問し，状況をヒアリ
ングすることにした。

　　K 課長は，最初に L 工場の工場長に訪問の趣旨を伝えた。その際，工場長からは，
"工場は生産業務が本来の業務なので，DX 検討チームのメンバの現業がおろそかに
ならないように注意して進めてほしい"と依頼された。

　　次に M 主任に話を聞いた。その内容は次のようなものであった。

・DX 検討チームのメンバは，現業部門を兼務している。工場長からは現業をおろそ
　かにしないようにとの注意があり，限られた時間の中で活動している。

・DX 検討システムを利用してデータを収集し，そのデータの分析・評価を行う方法
　の説明をベンダから受けているが，DX 検討チームのメンバは IT の活用に慣れて
　いないので，習得するのに時間が掛かっている。その結果，データを分析し，評価
　して，コスト削減効果の高い生産プロセスの最適化の案を検討する段階に進むこと
　ができず，進捗が遅れている。

　　次に，K 課長は L 工場の ITS 部長を訪問し，次の状況を確認した。

・ITS は，従来の運用・保守に加えて，最近では小規模なシステム開発も担当範囲と
　なり，業務負荷は高い。

・工場のシステムは製品の生産に直結しているものが多く，システムに異常が発生し
　た場合には，自分たちで迅速に復旧できる技術を身に付けておく必要がある。

・システム開発は優先順位を付けて実施しており，全社的な重要案件は優先して対応
　することにしている。

・DX 検討チームの活動については，ITS として依頼を受けておらず，こちらでは状
　況は分からない。

〔K 課長の提案〕

　K 課長は，L 工場の状況のヒアリングの結果から CDO に DX 検討チームの状況を報告した上で，次の提案を行った。

① プロジェクト憲章の作成

　・自動化プロジェクトのスコープに DX 検討チームの作業を加え，最適化の案の検討の段階からプロジェクトを立ち上げる。

　・自動化プロジェクトのプロジェクト憲章を早急に作成し，CDO から全社に向けて発表する。

　・プロジェクト憲章には，プロジェクトの背景と目的，達成する目標，概略のスケジュール，利用可能な資源，PM 及びプロジェクトチームの構成と果たすべき役割を明記する。

　・特に，プロジェクトの背景には，ある重要な決定事項を明記する。

② プロジェクトチームの編成

　・CDO の直下に K 課長を専任の PM とするプロジェクトチームを設置する。

　・IT 統括部からメンバを選任する。

　・DX 検討チームのメンバは，現業部門との兼務を解き，専任とする。

　・L 工場の ITS からもメンバを選任する。

　・N 工場からもメンバを選任する。

　・L 工場及び N 工場の工場長をオブザーバに任命する。

③ 自動化プロジェクトの進め方

　・IT 統括部のメンバは，DX 検討システムを使用したデータの収集，データの分析・評価及び生産プロセスの最適化の案の検討を支援する。

　・運転支援ソフトウェアパッケージによる自動運転のためのパラメタの設定値の変更及び AI に学習させる作業は，外部ベンダの協力を得て ITS メンバが行い，来期の本番運用では ITS メンバだけで行えるよう技術習得を行う。

　CDO は K 課長の提案を受け入れ，自動化プロジェクトのプロジェクト憲章の案を作成するように K 課長に指示した。

設問 1　〔K 課長の提案〕の①プロジェクト憲章の作成について，(1)，(2)に答えよ。

(1)　K 課長が，CDO から全社に向けて，自動化プロジェクトのプロジェクト憲章を発表することを提案した狙いは何か。30 字以内で述べよ。

(2)　K 課長が，プロジェクトの背景に明記することを提案した，ある重要な決定事項とは何か。35 字以内で述べよ。

設問 2　〔K 課長の提案〕の②プロジェクトチームの編成について，(1)〜(3)に答えよ。

(1)　K 課長が，CDO の直下にプロジェクトチームを設置することを提案した狙いは何か。30 字以内で述べよ。

(2)　K 課長が，DX 検討チームのメンバを専任とすることを提案した狙いは何か。35 字以内で述べよ。

(3)　K 課長が，N 工場からもメンバを選任することを提案した狙いは何か。30 字以内で述べよ。

設問 3　〔K 課長の提案〕の③自動化プロジェクトの進め方について，(1)，(2)に答えよ。

(1)　K 課長が，IT 統括部のメンバが DX 検討システムを使用したデータの収集，データの分析・評価及び生産プロセスの最適化の案の検討を支援することを提案した狙いは何か。35 字以内で述べよ。

(2)　K 課長が，運転支援ソフトウェアパッケージによる自動運転のためのパラメタの設定値の変更及び AI に学習させる作業は，外部ベンダの協力を得て ITS メンバが行い，来期の本番運用では ITS メンバだけで行えるよう技術習得を行うことを提案した狙いは何か。35 字以内で述べよ。

〔解答用紙〕

| 設問 1 | (1) | | | | | | | | | | | | | | | | |
| | | | | | | | | | | | | | | | | | |
| | (2) | | | | | | | | | | | | | | | | |
| | | | | | | | | | | | | | | | | | |
| | | | | | | | | | | | | | | | | | |
| 設問 2 | (1) | | | | | | | | | | | | | | | | |
| | | | | | | | | | | | | | | | | | |
| | (2) | | | | | | | | | | | | | | | | |
| | | | | | | | | | | | | | | | | | |
| | | | | | | | | | | | | | | | | | |
| | (3) | | | | | | | | | | | | | | | | |
| | | | | | | | | | | | | | | | | | |
| 設問 3 | (1) | | | | | | | | | | | | | | | | |
| | | | | | | | | | | | | | | | | | |
| | | | | | | | | | | | | | | | | | |
| | (2) | | | | | | | | | | | | | | | | |
| | | | | | | | | | | | | | | | | | |
| | | | | | | | | | | | | | | | | | |

# 問題の読み方とマークの仕方

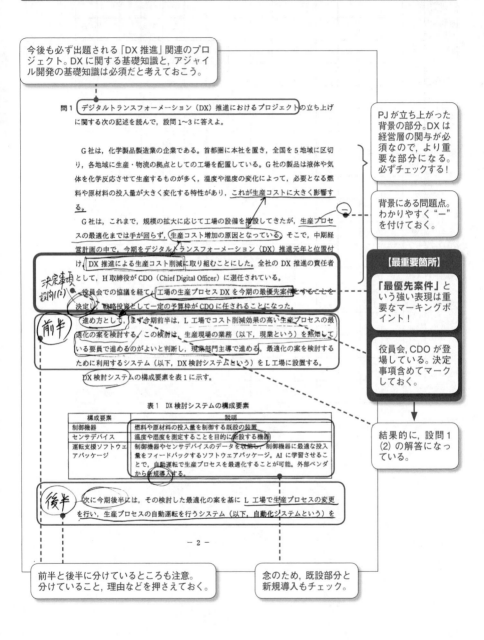

今後も必ず出題される「DX推進」関連のプロジェクト。DXに関する基礎知識と、アジャイル開発の基礎知識は必須だと考えておこう。

問1　デジタルトランスフォーメーション（DX）推進におけるプロジェクトの立ち上げに関する次の記述を読んで、設問1～3に答えよ。

G社は、化学製品製造業の企業である。首都圏に本社を置き、全国を5地域に区切り、各地域に生産・物流の拠点としての工場を配置している。G社の製品は液体や気体を化学反応させて生産するものが多く、温度や湿度の変化によって、必要となる燃料や原材料の投入量が大きく変化する特性があり、これが生産コストに大きく影響する。

G社は、これまで、規模の拡大に応じて工場の設備を増設してきたが、生産プロセスの最適化までは手が回らず、生産コスト増加の原因となっている。そこで、中期経営計画の中で、今期をデジタルトランスフォーメーション（DX）推進元年と位置付け、DX推進による生産コスト削減に取り組むことにした。全社のDX推進の責任者として、H取締役がCDO（Chief Digital Officer）に選任されている。

役員会での協議を経て、工場の生産プロセスDXを今期の最優先案件とすることを決定し、戦略投資として一定の予算枠がCDOに任されることになった。

進め方として、まず今期前半は、L工場でコスト削減効果の高い生産プロセスの最適化の案を検討する。この検討は、生産現場の業務（以下、現業という）を熟知している要員で進めるのがよいと判断し、現業部門主導で進める。最適化の案を検討するために利用するシステム（以下、DX検討システムという）をL工場に設置する。

DX検討システムの構成要素を表1に示す。

表1　DX検討システムの構成要素

| 構成要素 | 説明 |
|---|---|
| 制御機器 | 燃料や原材料の投入量を制御する既設の装置 |
| センサデバイス | 温度や湿度を測定することを目的に新設する機器 |
| 運転支援ソフトウェアパッケージ | 制御機器やセンサデバイスのデータを収集し、制御機器に最適な投入量をフィードバックするソフトウェアパッケージ。AIに学習させることで、自動運転で生産プロセスを最適化することが可能。外部ベンダから新規導入する。 |

次に今期後半には、その検討した最適化の案を基にL工場で生産プロセスの変更を行い、生産プロセスの自動運転を行うシステム（以下、自動化システムという）を

－ 2 －

PJが立ち上がった背景の部分。DXは経営層の関与が必須なので、より重要な部分になる。必ずチェックする！

背景にある問題点。わかりやすく"ー"を付けておく。

【最重要箇所】

「最優先案件」という強い表現は重要なマーキングポイント！

役員会、CDOが登場している。決定事項含めてマークしておく。

結果的に、設問1(2)の解答になっている。

前半と後半に分けているところも注意。分けていること、理由などを押さえておく。

念のため、既設部分と新規導入もチェック。

446

これが今回のプロジェクトとPM。しかし，納期や予算はまだでてきていない。

*これが今回の対象*

完成させるシステム開発プロジェクト（以下，自動化プロジェクトという）を立ち上げる。自動化プロジェクトのプロジェクトマネージャ（PM）にはIT統括部のK課長を予定している。

*（来期）*
そして来期からは，L工場で完成した自動化システムを，全国の工場へ順次展開する。その第一弾として，L工場と製品構成が類似しているN工場に導入する計画になっている。

*L → N*

「来期」の話に言及しているのも珍しい。今回のPJには，前半と後半がある点にも留意しておく。

〔G社のIT組織〕 ①

G社では，システム開発案件は本社のIT統括部が，システム化全体計画の作成，業務プロセスや生産プロセスの分析，システムの設計から開発までを一括して行っている。

各工場のシステムの運用・保守は，各工場のITサービス部（以下，ITSという）が担当している。最近では，各工場の業務内容を把握し，それらに沿った開発を行うために，小規模なシステム開発案件は各工場のITSがIT統括部と調整の上担当している。

唐突に組織の話になっている。IT統括部とITSだ。ここに「組織」の説明があることを覚えておこう。

〔L工場の生産プロセスDXの概要〕 ②

L工場での生産プロセスの最適化の案の検討は，L工場の製造部のM主任をリーダとした4人のDX検討チームで推進する。

DX検討チームでは，DX検討システムを利用して，装置の稼働状況，温度・湿度及び燃料・原料の投入状況のデータを継続的に収集し，そのデータを分析し，評価して，コスト削減効果の高い生産プロセスの最適化の案を固めるところまでを実施する。

今期前半の部分（今回のPJの前作業）の詳しい説明。前頁の「前半」と合わせてチェックしよう。

自動化プロジェクトでは，DX検討チームが作成した最適化の案を基に生産プロセスの設計と，運転支援ソフトウェアパッケージのパラメタ設定，制御機器とのインタフェースの開発を行い，一定期間，DX検討チームの監督下で自動運転を試行する。その結果を分析し，評価して，生産プロセスの再設計及び運転支援ソフトウェアパッケージのパラメタの設定値の変更を行う。これらをAIに学習させるサイクルを繰り返して，コスト削減効果の高い生産プロセスの自動運転方法を確立する。短期間でこのサイクルを繰り返し実施するために，データの分析・評価担当者，生産プロセスの

今回のPJで実施することの詳細説明。ここも上記同様に前頁の「後半」と合わせてチェックしておく。

－ 3 －

「DX検討チーム」が登場している。IT統括部，ITSとともに覚えておこう。ここに説明が書いてあるということも覚えておこう。

前頁の「短期間でこのサイクルを繰り返し実施する」とか，「常時一体となって活動する」とかの表現から，アジャイル型開発であることがわかる。

【最重要箇所】「ヒアリング」という段落タイトルの表現から，ここに問題や課題が含まれていると考えよう。問題等が出てきたら設問に絡むケースが多いため，ナンバリングするなどして重点的にチェックする。

アジャイル？

設計者及びパラメタ設定担当者は常時一体となって活動する必要がある。最終的にはAIが温度や湿度の変化に応じてパラメタの設定値を自動的に変更して，コスト削減効果の高い生産プロセスの自動運転を行う自動化システムの完成を目標としている。

③ L工場の状況のヒアリング

DX検討チームが活動を開始して2か月が経過した時点で，K課長は，自動化プロジェクトのプロジェクト全体計画を作成するために，L工場を訪問し，状況をヒアリングすることにした。

時間を明確に。前半部分の2か月経過時点。

K課長は，最初にL工場の工場長に訪問の趣旨を伝えた。その際，工場長からは，"工場は生産業務が本来の業務なので，DX検討チームのメンバの現業がおろそかにならないように注意して進めてほしい"と依頼された。 設問2(1)

一つ目の問題点（になる可能性がある点）。

次にM主任に話を聞いた。その内容は次のようなものであった。

設問2(2)

DX検討チーム ・DX検討チームのメンバは，現業部門を兼務している。工場長からは現業をおろそかにしないようにとの注意があり，限られた時間の中で活動している。

二つ目の問題点。進捗遅れが発生しているので，明らかに問題である。ほぼ設問に絡んでくるところだと考えておこう。

・DX検討システムを利用してデータを収集し，そのデータの分析・評価を行う方法の説明をベンダから受けているが，DX検討チームのメンバはITの活用に慣れていないので，習得するのに時間が掛かっている。その結果，データを分析し，評価して，コスト削減効果の高い生産プロセスの最適化の案を検討する段階に進むことができず，進捗が遅れている。 設問3(1)

次に，K課長はL工場のITS部長を訪問し，次の状況を確認した。

・ITSは，従来の運用・保守に加えて，最近では小規模なシステム開発も担当範囲となり，業務負荷は高い。

三つ目の問題点。

設問3(2)

・工場のシステムは製品の生産に直結しているものが多く，システムに異常が発生した場合には，自分たちで迅速に復旧できる技術を身に付けておく必要がある。

問題ではないが，課題（必要性）になっている点。必要なことは，それこそ必要でなければ登場しない。かなりの確率で設問に絡んでくるところ。マイナスではないが，これを四つ目の課題＝必要性とする。

・システム開発は優先順位を付けて実施しており，全社的な重要案件は優先して対応することにしている。
・DX検討チームの活動については，ITSとして依頼を受けておらず，こちらでは状況は分からない。

設問1(1) ？

五つ目の問題点。否定的な表現をあえて書いているところも，設問に絡んでくる確率が高くなる。

全ての設問がこの段落に対応していて，ここにK課長の意思決定がすべてまとめられている。この構成パターンの場合，ここに記載している七つの問題と，これ以前に記載されている個々の問題点のどれが紐づいているのか？（どの問題を解決しようとしているのか？）を考えて，結びつけることで解答を考える。

（K課長の提案）

④　K課長は，L工場の状況のヒアリングの結果からCDOにDX検討チームの状況を報告した上で，次の提案を行った。

設問1
① プロジェクト憲章の作成
・自動化プロジェクトのスコープにDX検討チームの作業を加え，最適化の案の検討の段階からプロジェクトを立ち上げる。

（1）
・自動化プロジェクトのプロジェクト憲章を早急に作成し，CDOから全社に向けて発表する。
・プロジェクト憲章には，プロジェクトの背景と目的，達成する目標，概略のスケジュール，利用可能な資源，PM及びプロジェクトチームの構成と果たすべき役割を明記する。

会社の決定事項　←キーワード　→フつ目

（2）
・特に，プロジェクトの背景には，ある重要な決定事項を明記する。

K提案による生産コスト削減
→DX推進に対応

設問2
② プロジェクトチームの編成

（1）
・CDOの直下にK課長を専任のPMとするプロジェクトチームを設置する。
・IT統括部からメンバを選任する。
→工場の稼働コスDPを予期の…

（2）
・DX検討チームのメンバは，現業部門との兼務を解き，専任とする。
・L工場のITSからもメンバを選任する。
⊖1への対応

（3）
・N工場からもメンバを選任する。
・L工場及びN工場の工場長をオブザーバに任命する。

設問3
③ 自動化プロジェクトの進め方

（1）
・IT統括部のメンバは，DX検討システムを使用したデータの収集，データの分析・評価及び生産プロセスの最適化の案の検討を支援する。

（2）
・運転支援ソフトウェアパッケージによる自動運転のためのパラメタの設定値の変更及びAIに学習させる作業は，外部ベンダの協力を得てITSメンバが行い，来期の本番運用ではITSメンバだけで行えるよう技術習得を行う。
　CDOはK課長の提案を受け入れ，自動化プロジェクトのプロジェクト憲章の案を作成するようにK課長に指示した。

プロジェクト憲章の知識＋五つ目の問題点の解消を狙う。

問題文中にしかない解答。「背景」と「決定事項」を確認。

一つ目の問題点の解消を狙う。加えて，個々に記載されている体制を確認。

ここも一つ目の問題点の解消を狙う。

「N工場」に関する記述部分をチェック。

二つ目の問題点の解消を狙う。

（四つ目の）課題＝必要性に対応しているところ。

－ 5 －

最後に，三つ目の問題（ITSの業務負荷が高いという問題）に対応する提案が無かったので，念のため，何かで解消できないかを再度チェックする。しかし，特に関連性はない。結果的に，（今回のPJで解消すべき）大きなリスクでは無かったのだろうと考える。

まずは, どこに直接的な該当箇所があるのかをチェックしておく。
今回の設問は, いずれも〔K課長の提案〕段落が直接的な対応か
所になっている。PMの午後Ⅰでは珍しいパターン。こういうパター
ンは, 〔K課長の提案〕段落の個々の部分が, 問題文のどの部
分とリンクしているかをチェックしていくことになる。

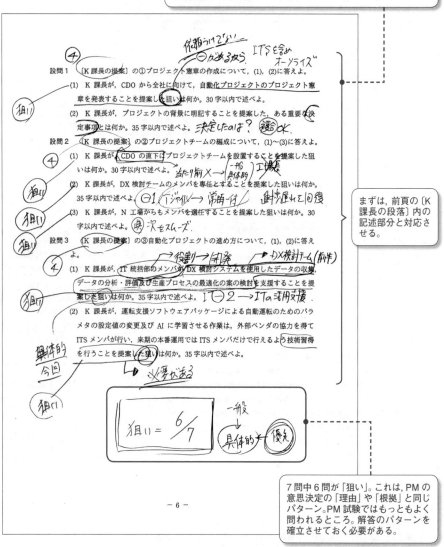

④

設問1　〔K課長の提案〕の①プロジェクト憲章の作成について, (1), (2)に答えよ。

(1)　K課長が, CDOから全社に向けて, 自動化プロジェクトのプロジェクト憲
　　章を発表することを提案した狙いは何か。30字以内で述べよ。

(2)　K課長が, プロジェクトの背景に明記することを提案した, ある重要な決
　　定事項とは何か。35字以内で述べよ。

設問2　〔K課長の提案〕の②プロジェクトチームの編成について, (1)～(3)に答えよ。

(1)　K課長が, CDOの直下にプロジェクトチームを設置することを提案した狙
　　いは何か。30字以内で述べよ。

(2)　K課長が, DX検討チームのメンバを専任とすることを提案した狙いは何か。
　　35字以内で述べよ。

(3)　K課長が, N工場からもメンバを選任することを提案した狙いは何か。30
　　字以内で述べよ。

設問3　〔K課長の提案〕の③自動化プロジェクトの進め方について, (1), (2)に答え
　　よ。

(1)　K課長が, IT統括部のメンバがDX検討システムを使用したデータの収集,
　　データの分析・評価及び生産プロセスの最適化の案の検討を支援することを提
　　案した狙いは何か。35字以内で述べよ。

(2)　K課長が, 運転支援ソフトウェアパッケージによる自動運転のためのパラ
　　メタの設定値の変更及びAIに学習させる作業は, 外部ベンダの協力を得て
　　ITSメンバが行い, 来期の本番運用ではITSメンバだけで行えるよう技術習得
　　を行うことを提案した狙いは何か。35字以内で述べよ。

まずは, 前頁の〔K
課長の段落〕内の
記述部分と対応さ
せる。

7問中6問が「狙い」。これは, PMの
意思決定の「理由」や「根拠」と同じ
パターン。PM試験ではもっともよく
問われるところ。解答のパターンを
確立させておく必要がある。

# IPA 公表の出題趣旨・解答・採点講評

| | 出題趣旨 |
|---|---|

プロジェクトマネージャ（PM）は，プロジェクト全体計画の作成に先立って，システム開発プロジェクトの責任者として，確実に便益を現実化するために，プロジェクト憲章の作成に積極的に取り組むことを求められる場合がある。

本問では，化学製品製造業の企業における DX 推進を題材として，プロジェクト憲章を理解しているかどうか，具体的にプロジェクト憲章を作成し，プロジェクトチームを編成し，プロジェクトを立ち上げる実務能力を習得しているかどうかを問う。

| 設問 | | 解答例・解答の要点 | 備考 |
|---|---|---|---|
| 設問1 | (1) | プロジェクトの承認を全社に伝え協力体制を確立するため | |
| | (2) | 役員会で工場の生産プロセス DX を今期の最優先案件としたこと | |
| 設問2 | (1) | 全社からプロジェクトへ参加できる体制とするため | |
| | (2) | メンバが最適化の案を検討する時間を確保できるようにするため | |
| | (3) | 来期からの横展開に必要な手順を習得してもらうため | |
| 設問3 | (1) | IT とプロセス分析の専門家の支援で進渉の遅れを回復するため | |
| | (2) | システムが異常の際は自分たちで迅速に対応できるようにするため | |

| | 採点講評 |
|---|---|

問1では，化学製品製造業の企業における DX 推進を題材として，DX プロジェクトの特性を理解しているかどうか，プロジェクトを立ち上げる実務能力を習得しているかどうか，について出題した。全体として正答率は高かった。ただ，DX プロジェクトの特性として全社を横断した推進体制が必要となる点については，より一層の理解が求められる

設問2（1）は，正答率がやや低かった。"予算をもっているから"という解答が散見され，プロジェクトチームの編成と予算執行の権限を混同している受験者がいた。CDO 直下にプロジェクトチームを置くことで，部門の制約にとらわれず，プロジェクトに専念できる体制で推進する狙いがあることを理解してほしかった。

設問2（2）は正答率が平均的であったが，現業部門と IT 部門が一体となって進めるという DX の特性を理解していない解答が多かった。現業部門の最適化の案の検討が完了しない限り，IT 部門のプロジェクトの作業は進められないことを理解してほしかった。

設問3（1）は，正答率がやや低かった。状況を説明する解答にとどまり，提案が遅延リスクを解消する目的であることに触れていない解答が多かった。"DX 検討チームは IT に慣れていない"や，"プロジェクトの進渉が遅れている"などの解答は，プロジェクトの状況を説明しているだけであり，スキルのあるメンバを投入することでスケジュールの遅延を回避するというリスク対応が目的であることを明確に答えてほしかった。

# 解説

　この問題の特徴は，プロジェクト憲章をテーマにしている点，PMの（提案の）狙いばかりが問われている点，設問の構成パターンがいつもと異なる点の三つである。

　まず，"プロジェクト憲章"をテーマにした問題だが，これまで午前IIではよく見かけていたが，午後Iでは無かった視点である。それが理由なのかもしれないが，解答時に必要な基礎知識も何問かあった。

　次に，全部で七つある問題のうち6問がプロジェクトマネージャの考えや行動に対する"狙い"（理由や行動根拠として問われるものを含む）になっている点である。PMの午後I試験の設問では良く問われるのは間違いないが，これほど多いのは珍しい。この設問の解答方法を会得して得意にしている人は問題ないが，そうでない人は苦労する可能性がある。「当たり前じゃん」としか思い浮かばない人は注意しよう。普段行っていることの理由を含めて再整理するとともに，解答方法を再確認しておこう。

　そして最後に，設問の構成パターンがいつもと異なる点だが，これは，システム監査技術者試験やITストラテジスト試験でよく見かける構成だ。プロジェクトマネージャ試験では珍しい。この問題のように，全ての設問が最後の段落〔K課長の提案〕を指しており，その段落にK課長の意思決定がまとめられている場合，問題文中に問題点もまとめられていることが多いので，そこの問題点を明確にして対応付けることで短時間で解答できるようになる。

　このような特徴のある問題なので，（この問題を通じて）必要な基礎知識を再確認し，プロジェクトマネージャの"狙い"が問われている設問のコツを把握しよう。また，こういうイレギュラーな構成で出題されても，戸惑わずに冷静に対応できるようにしておこう。

# 設問1

設問1は，問題文4ページ目，括弧の付いた四つ目の〔K課長の提案〕段落の「①プロジェクト憲章の作成」に関する問題である。(1)はK課長の行動の狙いが，(2)はK課長の行動に影響を与えたことが問われている。

解答に当たっては，「プロジェクト憲章」に関する知識を思い出したうえで，問題文中に解答を一意にする記述が無いかを探してから解答する。

## ■ 設問1(1)

PMの意思決定の"狙い"を答える設問「問題文導出－解答加工型」，「知識解答型」

### 【解答のための考え方】

この設問では，K課長（PM）が，「**自動化プロジェクトのプロジェクト憲章を早急に作成し，CDOから全社に向けて発表する。**」と提案した狙いが問われている。このケースでは，次の手順で解答を考えるといいだろう。

①そもそもの"プロジェクト憲章"の意義を思い出す（知識面）
　→　覚えていなければ，午前問題やPMBOK等で再確認しておく
②問題文中に記載されている"今回のPJの問題点や課題"の中で，この行為によって改善されそうなものが無いかを探す
　→　見つかればそれを中心に解答を組み立てる。見つからなければ，上記の①で解答を組み立てる

なお，プロジェクト憲章の発行は"当たり前"の行動になっていて，なぜそれが必要なのか？　を，普段から深く考えていないと，解答が出てこない可能性がある。注意しよう。

### 【解説】

まず，プロジェクト憲章の意義を再確認しておこう。これは過去問題（午前Ⅱや午後Ⅰ）でもいいし，PMBOKでもいい。例えば，午後Ⅰなら平成22年の問2設問2(1)が類似問題になるが，そこでは次のようなニュアンスの解答になっている。

> （プロジェクトを立ち上げた段階で）各部の目的意識が合っていない場合や，部門ごとに要求が異なり意識が合っていなかったから

また，午前問題からは，次のような点を重視していることがわかる。

・プロジェクト憲章の目的は，プロジェクトを公式に認可させること
・プロジェクトを認知，承認するために記した文書

要するに，全社的にオーソライズするという目的である。そういう知識を思い出したら，続いて，問題文中にそうなっていない記述が無いかを探す。

すると，問題文3ページ目の下から4行に（〔L工場のヒアリング〕段落のM主任に話を聞いた内容の箇条書きの最後の二つに），「**(ITS は) 全社的な重要案件は優先して対応することにしている**」ものの，「**DX 検討チームの活動については，ITS として依頼を受けておらず，こちらでは状況は分からない**」という記述があることに気付くだろう。これこそ"全社的に（公式に）認知されていないこと"，"協力を得られていないこと"を表している部分になる。

したがって，「承認されていることを全社に伝える」という観点と，それによって「（これまで得られていなかった）協力を得る」ことを狙いにしているという観点から，解答例のような解答を作成すればいいだろう。

### 【自己採点の基準】（配点 7 点）

| IPA 公表の解答例（網掛け部分は問題文中で使われている表現） |
| --- |
| プロジェクトの承認を全社に伝え協力体制を確立するため（26 字） |

この設問は，問題文中から抜き出す"抜粋型"ではなく，これまで午前問題でよく問われてきた"プロジェクト憲章"の知識が問われている。したがって，会社としてプロジェクトを正式に承認する，認可するという表現であれば正解だと考えて問題ないはず。

後は，できれば解説にも書いたように，現状では協力が得られていないという点に対する改善目的を添えたいところである。表現は，（問題文には）特に「協力体制を確立しないといけない」という記載もないので，同じような意図が伝われば大丈夫である。解答例以外の表現でも，例えば「**ITS 等の協力を得るため**」というような表現でも問題はないはず。

なお，この設問の要求字数が"30 字以内"となっているため，「（プロジェクト憲章の知識面だけでは字数不足になるので）何かもう一言必要なのかな？」と考えよう。時間内に思いつかなければ短いままでも仕方がないが，こういうケースもあるので覚えておこう。

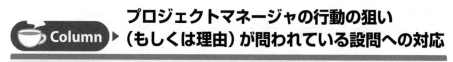

# プロジェクトマネージャの行動の狙い（もしくは理由）が問われている設問への対応

Column

プロジェクトマネージャ等，誰かが何かの意思決定をしたり，行動を起こしたりした時の"狙い"や"理由"が問われている場合，次の観点及び手順で解答を推測する。

---

① PMBOK 等の知識面（PM としての常識）から，知識解答型として解答を考える
②上記①を匂わせる（関連する）記述が，問題文中に無いかを探す
   → 見つけることができれば，それは「今回の具体的なケース」になるので，文中の言葉を使って解答を組み立て，具体的な解答にする
   → 無ければ（見つけることができなければ）知識解答型として，自分の言葉で解答を組み立てる

注意点－1．設問に"具体的に"という指示があれば，それはすなわち"今回の具体的なケース"ということなので，問題文中の言葉を使って解答する可能性が高くなる
注意点－2．問題文の該当箇所が見つかって具体的に解答できる場合で，かつ字数に余裕がある場合，簡潔に知識面を含めて解答すると，より安全な解答になる

---

こうした"狙い"が問われる設問では，しばしば…

「え？そんなの当たり前じゃないの。普通にやるでしょ」

という考えが先行し，答えが出てこないことがある。普段から普通に実施していることだとそうなってしまう。

しかし，それは，ひょっとしたら自分の意思決定や行動が，単に「しないといけない」という思い込みで誘発されているだけで，形骸化している可能性がある。そうなると，いわゆるテーラリングができていないことになる。

そうならないように（個々のプロジェクトでしっかりとテーラリングできるように），この資格試験の学習を通じて，改めて個々の行動の"狙い"を確認してみるのもいいだろう。

## ■ 設問 1 (2)

PM の意思決定の目的（理由）に関する設問　　　　　　「問題文導出－解答抜粋型」

### 【解答のための考え方】

　ここでは「**ある重要な決定事項**」が問われている。決定したのは，当然だが，問題文中に出てくる会社や人なので，まずは"問題文中に記載のあるはずだ"と考えて，それを探し出すという方向で解答を探そう。

　記載場所は，プロジェクトの背景なので 1 ページ目のような"（問題文の）前半"である可能性が高いと考えよう。加えて，特に"**決定した**"という"**ワード**"を追いかけるのもいいだろう。

### 【解説】

　"**プロジェクトを立ち上げた背景**"や"**決定した**"という記載を探すため，問題文を最初から読み進めていく。すると，1 ページ目の中央あたりに「**役員会での協議を経て，工場の生産プロセス DX を今期の最優先案件とすることを決定し**」という記述を見つけるだろう。これが，自動化プロジェクトの背景として，重要な決定事項になり得るかどうかを考える。その結果，特に問題はないのでこれを解答と考えて（この部分の表現を使って）解答すればいいだろう。

### 【自己採点の基準】（配点 7 点）

| IPA 公表の解答例（網掛け部分は問題文中で使われている表現） |
| --- |
| 役員会で工場の生産プロセス DX を今期の最優先案件としたこと（29 字） |

　これは抜粋型なので，"**工場の生産プロセス DX を今期の最優先案件とする**"という部分は，使っていないといけないと考えた方がいいだろう。もちろん，多少の表現の揺れ程度なら問題はないと推測できるが。

## 設問２

設問２も，問題文４ページ目，括弧の付いた四つ目の〔K課長の提案〕段落の問題である。「②プロジェクトチームの編成」に関して三つの小問が用意されている。問われているのは，いずれもK課長の行動の狙い。解答に当たっては，チーム編成に関する基本的な知識を思い出した上で，問題文中に解答を一意にする記述が無いかを探してから解答しよう。

### ■ 設問２（1）

| PM の意思決定の"狙い"を答える設問 | 「問題文導出－解答加工型」 |
|---|---|

#### 【解答のための考え方】

ここでは，CDO の直下にプロジェクトチームを設置することを提案した狙いが問われている。CDO は取締役（H 取締役）なので，経営層の直下に置くというわけだ。当然と言えば当然だが，「当たり前」という解答はできないので，その一般的な意味を考える。

通常，特定の部門直下ではなく，経営層の直下にプロジェクトチームを設置するのは，各部門から参加者を募って全社的な組織とするためである。ERP パッケージシステムの導入プロジェクトや，（プロジェクトではないが）情報セキュリティ委員会などが典型例だ。特定部門だけで利用する情報システムの開発プロジェクトなら，当該部長の配下で十分である。

そうした知識を前提に，全社的なプロジェクトである必要があるかどうか，組織横断的な体制にする必要があるかどうかを，問題文で確認して解答する。

#### 【解説】

まず，全社的なプロジェクトかどうかは，（設問１を先に解いた人は，その時に既に確認済みだと思うが）１ページ目の中央あたりに「役員会での協議を経て，工場の生産プロセス DX を今期の最優先案件とすることを決定し」という記述があるし，さらにその前あたりには，「全社の DX 推進の責任者」が H 取締役であるという記述もある。したがって，全社的な重要プロジェクトであることは間違いない。

次に，組織横断的な体制にする必要があるかどうかを確認する。それは問題文４ページ目の〔K課長の提案〕段落の「②プロジェクトチームの編成」に記載されている。このチーム編成を見る限り，組織横断的で，様々な部門にプロジェクトへの参加を任命していることが確認できる。

この体制にするには，経営層直下にしなければ不可能。実際，それ以前は，プロジェクトチームのメンバが現業を抱えており，工場長（直属の上司）からも「工場

は生産業務が本来の業務なので，DX検討チームのメンバの現業がおろそかにならないように注意して進めてほしい」と依頼されている。そのため，「限られた時間の中で活動」することを余儀なくされ，結果的に「進捗が遅れている」。この状況を改善するには，経営層直下の全社的なプロジェクトチームにしなければならない。

　以上より，解答例のような「**全社**からプロジェクトへ参加できる体制にするため（23字）」という解答が得られる。

### 【自己採点の基準】（配点7点）

| IPA公表の解答例（網掛け部分は問題文中で使われている表現） |
| --- |
| **全社**からプロジェクトへ参加できる体制とするため（23字） |

　この設問に対する解答は，特に問題文中の用語が使えないので，同じようなニュアンスなら正解だと考えてもいいだろう。例えば「**様々な部門からメンバを選任し，DX検討チームは専任とするため**（30字）」や「**各部門からメンバを選び，組織横断的なチームにするため**（26字）」というような解答でも問題ないと考えられる。

## ■ 設問 2 （2）

PM の意思決定の"狙い"を答える設問　　　　　「問題文導出－解答加工型」

### 【解答のための考え方】

　続いて，DX 検討チームのメンバを専任とすることを提案した狙いが問われている。ここも，設問 2 （1）同様，一般的な意味を考えたうえで，問題文中から，それをしないと解決できない問題点が無いかを探してみる。見つかれば，その表現を利用して解答を組み立て，見つからなければ，知識解答型と考え自分の言葉で解答する。

　一般的に，プロジェクトを推進する時に，利用者側の参加を"兼任"にするか"専任"にするかは，どれくらいの時間が必要かを算出して決定する。当たり前だが，1 日 8 時間，週に 40 時間稼働が必要な場合は専任でないといけないし，1 日 3 時間ぐらいの稼働であれば，現業の稼働時間を 4 時間程度に減らすことができれば兼任でも構わない。そのあたりの記述を探す。

### 【解説】

　問題文中には，必要時間に関する直接的な記述は無いが，問題文の 3 ページ目の〔L 工場の状況のヒアリング〕段落の 14 行目で「**進捗が遅れている**」状況になっていることが確認できる。具体的には，「**データを分析し，評価して，コスト削減効果の高い生産プロセスの最適化の案を検討する段階に進むことができ**」ない状況になっている。まずは，この進捗遅れを挽回しないといけないことは容易にわかるだろう。最優先事項だと言ってもいい。

　そしてその原因は，兼務によって限られた時間の中で活動しているからだという説明も記述されている。したがって，この進捗遅れを挽回するために専任にしたと考えられるので，そのあたりを解答例のようにまとめればいいだろう。

### 【自己採点の基準】（配点 7 点）

| IPA 公表の解答例（網掛け部分は問題文中で使われている表現） |
| --- |
| **メンバが最適化の案を検討する時間を確保できるようにするため**（29 字） |

　問題文中に，具体的に行う必要のある作業が書いてあるので，その時間を確保するためだという主旨の解答にする必要がある。したがって，「進捗遅れを挽回するために」という表現を使っても問題は無いと考えられるが，それだけだと字数が少なすぎることもあり，（厳しい評価として）部分点にとどまると考えておいた方がいいかもしれない。もちろん，具体的に書かれていれば「進捗遅れを挽回して，メンバが**最適化の案を検討**できるようにするため（32 字）」というようにまとめてもいいだろう。

## ■ 設問 2 (3)

| PM の意思決定の “狙い” を答える設問 | 「問題文導出－解答加工型」 |
|---|---|

### 【解答のための考え方】

　設問 2 の最後は，N 工場からもメンバを選任することを提案した狙いが問われている。解答に当たっては，問題文中から N 工場のメンバと今回のプロジェクトの関係を読み取るとともに，その必要性を考えて解答する。

### 【解説】

　問題文中の “N 工場” に関する記述は，次のようになっている。今回のプロジェクトそのものには関係ない。

> 　そして来期からは，L 工場で完成した自動化システムを，全国の工場へ順次展開する。その第一弾として，L 工場と製品構成が類似している N 工場に導入する計画になっている。

　このケースではないが，プロジェクト内で前工程から参画する理由が問われるという設問は，過去の午後 I の問題でも出題されている。例えば，平成 27 年の問 2 設問 3 (3) だと，前工程に参画させることで，次工程をスムーズに立ち上げたいからというニュアンスの解答例になっている。それと同様に，来期に実施予定の N 工場への展開をスムーズに行いたいという考えから，N 工場のメンバも参画させるのだろう。

　後は，問題文の他の箇所に，N 工場もしくは N 工場のメンバに関する記載がないかを確認する。あれば，それも加味した解答にしなければならない可能性が出てくるからだ。しかし，特にそうした記載はないので，上記の N 工場に関する記載の部分と，一般論をもとに解答を組み立てる。

### 【自己採点の基準】（配点 7 点）

| IPA 公表の解答例（網掛け部分は問題文中で使われている表現） |
|---|
| **来期**からの横展開に必要な手順を習得してもらうため（24 字） |

　「来期」や「（この後の）第一弾」という意味の表現と，N 工場への導入をスムーズに行いたいというニュアンスが伝われば正解だと考えて問題はない。問題文には特に「横展開」や「必要な手順を習得」という表現が無いので，これらの用語を使わなくても大丈夫だと考えよう。例えば「**来期に予定している N 工場への導入をスムーズに行うため（26 字）**」という解答なら正解になるはずだ。

## 設問3

設問3も，問題文4ページ目，括弧の付いた四つ目の〔K課長の提案〕段落の問題である。「③自動化プロジェクトの進め方」に関して二つの小問が用意されている。問われているのは，ここでもK課長の行動の狙いになる。この問題は，実に，七つある小問のうち六つがK課長の行動の狙いだ。解答に当たっては，問題文中に解答を一意にする記述が無いかを探してから解答すればいいだろう。

### ■ 設問3（1）

| PMの意思決定の"狙い"を答える設問 | 「問題文導出－解答加工型」 |
|---|---|

### 【解答のための考え方】

ここでは，（これまで当該作業に参加していなかった）IT統括部のメンバによる"支援"を提案した狙いが問われている。支援内容は，問題文にも設問にも書かれている通り「DX検討システムを使用したデータの収集，データの分析・評価及び生産プロセスの最適化の案の検討」だ。したがって，問題文中から探し出すべきことは次の2点になる。

---

①支援が必要な理由
　→　当該作業の内容と状況（誰が実施し，どういう状況になっているのか？）
②IT統括部で支援が可能な根拠
　→　IT統括部の能力やスキル（担当業務から推測する可能性あり）

---

### 【解説】

まず，当該作業は設問内にも記載がある通り「DX検討システムを使用したデータの収集，データの分析・評価及び生産プロセスの最適化の案の検討」である。これに関しては，問題文の〔L工場の生産プロセスDXの概要〕段落にある次の部分になる。

---

　DX検討チームでは，DX検討システムを利用して，装置の稼働状況，温度・湿度及び燃料・原材料の投入状況のデータを継続的に収集し，そのデータを分析し，評価して，コスト削減効果の高い生産プロセスの最適化の案を固めるところまでを実施する。

---

自動化プロジェクトのスコープに加えることになったDX検討チームの作業だ。しかし，この作業の進捗が遅れており，その理由を次のように説明している。

・DX 検討システムを利用してデータを収集し，そのデータの分析・評価を行う方法の説明をベンダから受けているが，DX 検討チームのメンバは IT の活用に慣れていないので，習得するのに時間が掛かっている。その結果，データを分析し，評価して，コスト削減効果の高い生産プロセスの最適化の案を検討する段階に進むことができず，進捗が遅れている。

この記述にあるように「IT の活用に慣れていないので，習得するのに時間が掛かっている」。その結果「進捗が遅れている」。これが，IT 統括部の支援が必要な理由になる。一方，IT 統括部で支援が可能かどうか，IT 統括部のスキルや能力に関しては，問題文の 2 ページ目の〔G 社の IT 組織〕に記述がある。

G 社では，システム開発案件は本社の IT 統括部が，システム化全体計画の作成，業務プロセスや生産プロセスの分析，システムの設計から開発までを一括して行っている。

能力やスキルについての具体的な言及はないものの，システムの設計から開発までを一括して行っているということなので，IT に関しては精通していることがわかる。IT の専門家だということだ。

以上より，「IT の活用に慣れていない」ことによる DX 検討チームの習得に時間が掛かっている現状に対し，IT とプロセス分析の専門家として支援して「進捗遅れを回復しよう」という狙いがあることがわかるだろう。そのあたりを解答例のようにまとめればいいだろう。

【自己採点の基準】（配点 8 点）

IPA 公表の解答例（網掛け部分は問題文中で使われている表現）

**IT とプロセス分析の専門家の支援で進捗の遅れを回復するため（29 字）**

まず，現状問題点となっている「**進捗遅れの回復（挽回）**」という点は，最大の狙いなので解答に含めないといけないと考えておこう。

加えて，IT 統括部でそれが可能だという点も含める必要がある。この 2 点が含まれている解答なら正解だと考えて問題ないと考えられる。但し，「**専門家**」という表現は，「**IT に精通している IT 統括部**」のような他の表現でも問題はないはず。あるいは「IT 統括部」という名称からも IT の専門家だということが十分推測できることを考えれば，「**IT の活用部分を支援し，進捗遅れを挽回するため（23 字）**」という解答でも問題ないだろう。

## ■ 設問３（2）

PM の意思決定の"狙い"を答える設問　　　　　「問題文導出－解答抜粋型」

### 【解答のための考え方】

　最後は，運転支援ソフトウェアパッケージによる自動運転のためのパラメタの設定値の変更及び AI に学習させる作業は，外部ベンダの協力を得て ITS メンバが行い，来期の本番運用では ITS メンバだけで行えるよう技術習得を行うことを提案した狙いが問われている。

　ここでも，設問３（1）と同様に，下記の点について問題文中の記載を確認した上で解答を考える。

　①当該作業の内容と状況（誰が実施し，どういう状況になっているのか？）
　②外部ベンダの必要性
　③来季の ITS メンバの役割

### 【解説】

　まず，当該作業の内容と状況だが，まだこの部分は計画を立てている段階で開始されていない。また，外部ベンダの必要性に関しても，特に記述はない。そこで，ITS メンバの役割（特に来期の役割）についてチェックする。

　ITS に関しては，〔G 社の IT 組織〕段落に次のように記載されている。

> 　各工場のシステムの運用・保守は，各工場の IT サービス部（以下，ITS という）
> が担当している。最近では，各工場の業務内容を把握し，それらに沿った開発を行う
> ために，小規模なシステム開発案件は各工場の ITS が IT 統括部と調整の上担当して
> いる。

　また，現在の状況は〔L 工場の状況のヒアリング〕段落に，次のように記載されている。

> ・ITS は，従来の運用・保守に加えて，最近では小規模なシステム開発も担当範囲と
> 　なり，業務負荷は高い。
> ・工場のシステムは製品の生産に直結しているものが多く，システムに異常が発生し
> 　た場合には，自分たちで迅速に復旧できる技術を身に付けておく必要がある。

　ここに「システムに異常が発生した場合には，自分たちで迅速に復旧できる技術を身に付けておく必要がある」とストレートに書いてあるので，これを解答とすればいいだろう。後は，上記の部分が45文字なので，どうまとめるのかを考える。

【自己採点の基準】（配点7点）

| IPA 公表の解答例（網掛け部分は問題文中で使われている表現） |
| --- |
| システムが異常の際は自分たちで迅速に対応できるようにするため（30字） |

　解答例は，「システムに異常が発生した場合には，自分たちで迅速に復旧できる技術を身に付けておく必要がある」を上手に30字にまとめている。この解答例のように，この部分に対して書いた解答だということが伝われば正解だと考えよう。抜粋型にも関わらず字数が少ないので，どうまとめるのかだけの問題になる。

## Column ▶ 知識に基づいた経験の重要性（2）

（P.320 から続く）

### 経験の方が強い？

知識と経験を比較した時，経験したことの方が価値がある，それゆえ，自信になると言われることが少なくない。

しかし，それもどうなんだろう。先にも述べた通り（P.320 のコラム「知識に基づいた経験の重要性（1）」），対人関係や，体を使うことならそうなのだろうけど，コンピュータ相手の"知識"に関しては，ほとんど関係ない。

確かに，マニュアルに掲載されていない部分や，マニュアル通りにいかない部分などは"失敗経験"なんかがものをいうところになる。しかし，それですら，基礎知識があれば，マニュアルの不備や矛盾，誤りにも気付くことが出来たりすることもある。あるいは，マニュアルが間違っていたってなったら，少なくとも"こっぴどく叱られる"ことはないだろう。

そう考えれば，経験と知識の違いは，記憶の強さだけのような気もする。

### 知識に基づく経験の強さ

それに，「経験＞知識」を主張する人は，そこに自分を置かないと（自分がそう信じないと），自分を保てなかったり，あるいは，自分自身の怠惰な部分（勉強しないという部分）を正当化したいがためだったりすることが多いような気がする。

だから，案外，その"自信"というのは脆い。経験からしかこない自信の方が不安定だ。順調にいっている間は大丈夫。しかし，いったん悪い展開になると，途端に自分を信じられなくなる。そういうケースが多い。

それに対して，知識に基づく経験は強い。その知識を信じることができたら，なおさら強くなれる。これが基礎からだと，その自信は絶対になる。基礎というのは，役に立っていないようだけれど，全くそんなことはなくて…基礎は，自信をもたらしてくれる。しかもその自信は，時に揺るぎの無い自信となる。

### 我流と"離"の違い

ここで，話を"守破離"に戻そう。これは，最初は型を真似るところから入った方がいいことを示しているが，それと同時に，そこに長くとどまっていてはいけないということも示唆している。

例としては適切でないかもしれないが，我々の前にある"標準化"などというものは，まさにその象徴で…標準化されたものを学ぶのは"入口"としてはいいけれど，それをそのまま使わない方がいい。

PMBOK もそう。標準化とは，あらゆるものから共通項を見出して定義したものなので，個別の特徴は含んでいない。午後Ⅱの論文の問題と同じイメージだ。そこで，標準化を"個"に適用しようとした段階で，その"個"の特徴を加味してカスタマイズしないといけない。それがある意味，"破"や"離"の必要性でもある。

それを念頭に置きながら，経験だけにしか基づかない"我流"と"離"を比べたら，それらが，似て非なるものであることはよくわかるだろう。経験しただけの"我流"に自信は持てない。しかし，"守"の後にある"離"であれば，その"守"の経験（これが他人の経験の集大成でもある）に自信が持てるようになるだろう。

# 演習 ▪ 令和２年度　問２

問2　システム開発プロジェクトにおける，プロジェクトチームの開発に関する次の記述を読んで，設問1～3に答えよ。

　P社は，ソフトウェア企業である。P社は，主要顧客であるE社から消費者向けのサービスを提供するシステムの機能追加・改善を行うプロジェクトを受託している。このプロジェクトは，期間は2年間，12名の要員で，4か月間に1回のリリースを合計6回実施するものである。E社は，各リリースで実現したい機能追加・改善の要件を抽出して，当該リリースに向けた作業の着手前にP社に提示している。

　プロジェクト開始から10か月たった頃に，E社から"ビジネス環境が目まぐるしく変化している。この状況に適応するために，もっと迅速にサービスを改善して，時間を含めた投下資源に対して十分な価値を提供できるようにしたい。次回委託する予定の2年間のプロジェクトでは，優先的に実現する要件を現在よりも厳選するので，徐々に各リリースの間隔を短縮して，最終的には1～2か月程度でリリースできるようにしてほしい。E社のサービスの提供価値を継続的かつ迅速に高めていくためにも，長期的な協力をお願いしたい。"との要望が上げられた。

　アジャイル開発の経験が豊富なP社のQ課長は，E社からの要望を実現することを使命として4か月前に現在の部署に着任し，プロジェクトマネージャ（PM）の補佐としてE社向けシステム開発プロジェクトチーム（以下，E社PTという）に加わった。Q課長は，このプロジェクトのリリース間隔の短縮を実現するための開発技術面での計画を作成し，その適用についてPMと協議してきた。

　プロジェクトのスケジュールを図1に示す。現在は，4回目のリリースが目前となり，5回目のリリースに向けた作業の準備に取り掛かったところである。

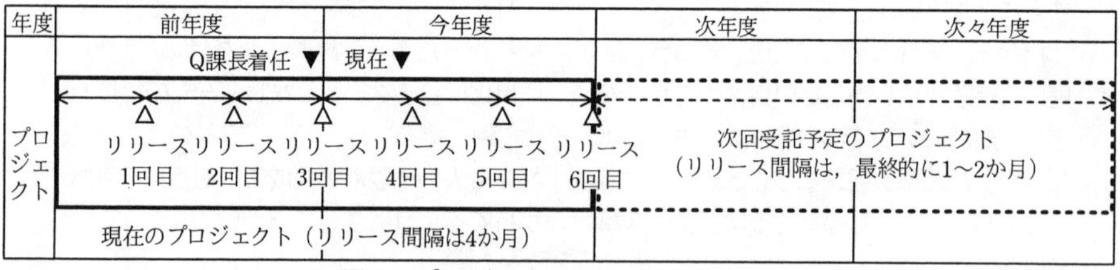

図1　プロジェクトのスケジュール

　ところが，PMが急きょ，介護のために休職することになった。そこでQ課長が，このプロジェクトのPMに任命され，5回目のリリースに向けた作業から指揮をとることになった。任命に当たってP社経営層からは，"重要な顧客であるE社の顧客満足を，しっかり獲得し続けてほしい。現状のプロジェクトチームは今後も維持していく方針なので，長期的な視点で，プロジェクトチームの開発にも取り組んでほしい。"との言葉があった。

〔Q課長の観察〕

　Q課長は，リリース間隔の短縮を実現し，E社のサービスの提供価値を継続的かつ迅速に高めていくという期待に応えるためには，開発技術面での改善に加えて，E社PTの生産性の向上が不可欠だと考えていた。ここでQ課長が認識している生産性とは，"投入工数に対する開発成果物の量"といった開発者の視点から捉えた狭義の生産性ではなく，①顧客の視点から捉えた広義の生産性である。この生産性の向上のためには，E社PTの仕事のやり方とメンバの意識を変えることが必要であり，それらを実現する過程で，成長し続けるプロジェクトチームに変わる可能性も見えてくると考えていた。

　E社PTは，仕様管理・検証チームと開発チームの二つのサブチーム（ST）で構成されており，それぞれのSTにリーダ（以下，STリーダという）が配置されている。Q課長は着任後，仕事のやり方とメンバの意識に着目して，E社PTの状況を観察してきた。その内容を整理すると，次のようになる。

・STリーダ同士，ST内のメンバ同士は1年にわたり一緒に仕事をしてきており，スキルや任務の遂行に関しては互いに信頼がある。

・過去の開発では，PMの強力なリーダシップとSTリーダをはじめとするメンバの頑張りで，QCDの目標を何とか達成してきた。

・これまで行動の基本原則について議論したことはなく，PMやSTリーダが都度，状況に応じた判断を下してきたので，ST内のメンバは，自律的に自ら考え判断して行動するよりも，PMやSTリーダの指示を待って行動する傾向が強い。PMやSTリーダの指示は，失敗を回避する意図から，詳細かつ具体的な内容にまで踏み込む傾向がある。

・STリーダやST内のメンバは，PMが決めた役割分担に基づいてその任務を忠実に

遂行しているが，役割分担にこだわりすぎる面もあり，ST 間の稼働が不均衡になることがある。例えば，上流工程での仕様の確定に手間取ると仕様管理・検証チームの稼働は高いのに開発チームが待ち状態になったり，テスト工程で不具合の改修が滞ると開発チームの稼働は高いのに仕様管理・検証チームは待ち状態になったりする。また，ST を横断したメンバ間のコミュニケーションは少ない。

・E 社 PT 全体として，直近のリリースの QCD の目標達成に有効な活動は積極的に行われるが，チームワークの改善やメンバの育成など将来に資する活動に使われる時間が少ない。

　Q 課長は，これらの状況について，メンバはどのように認識しているのか，個別にヒアリングすることにした。その際に，②それぞれの状況に対して Q 課長が抱いている肯定や否定の考えを感じさせないように気をつけることにした。


〔メンバへのヒアリング〕

　Q 課長は，PM 着任の挨拶で，"QCD の目標達成は非常に重要だが，一方で次年度からはリリース間隔を短縮する要望に応える計画や，サービスの提供価値を継続的かつ迅速に高めてほしいという顧客の期待もある。これらについて，まずは一人一人の考えをじっくり聞かせてほしい。"と話し，ヒアリングを開始した。

　全てのメンバとのヒアリングを終えて，Q 課長は，自分が観察した状況とメンバの認識が合致していたことを確認した。一方，ヒアリング結果から判明した新たな状況があり，それらを次のように整理した。

・現在の固定化した役割分担は自分の成長につながるのか，このままでリリース間隔の短縮に対応できるのか，という不安をもっているメンバが多かった。

・上流工程での認識合わせが不十分だったことが原因で手戻りが発生するなど，ST 間のコミュニケーションに問題があると考えているメンバがいた。

・ST 内のメンバ同士が，相手の仕事に口を挟むことを遠慮してタイムリに意見交換をしなかったことによって，手戻りが多くなった，という意見があった。

・メンバが PM や ST リーダの指示を待って行動する傾向は，生産性の向上を妨げる原因になっているようだという認識が，ほぼ全員にあった。

　Q 課長は，ヒアリング結果を整理した内容をメンバに示し，"顧客の期待に応えるためには，皆で一緒に考え，③ともに学び続けながら，成長し続けるプロジェクト

チームになる必要があると思う。そのためには，E 社 PT の行動の基本原則を全員で議論して合意し，明文化して共有することが大切だと思う。その行動の基本原則に従って，具体的な活動についても検討し，実践していくことにしたいがどうだろうか。"と問いかけた。その問いかけに対する全員の同意を確認した上で，"1 週間の期間を設けて何度かミーティングを開催し，今後の E 社 PT の行動の基本原則と実践する具体的な活動について議論しよう。"と告げた。

〔ミーティングでの議論〕

　初回のミーティングはぎこちない雰囲気だったが，Q 課長が発言や意見交換を和やかに促していったことで，回を追うごとにメンバは，自分が大切だと思う E 社 PT の行動の基本原則と実践する具体的な活動についてオープンに議論するようになった。

　その結果，メンバの総意として次に示す E 社 PT の行動の基本原則を決定した。

(i)　顧客の視点から捉えた広義の生産性の向上に継続的に取り組む。そのためには，指示を待つのではなく自律的に行動すること，役割分担にこだわらずに自由にコミュニケートすること，そして全ての機会を捉えて学び続けることを重視する。

(ii)　チームワークの改善やメンバの育成など将来に資する活動の時間を確保する。このことは，プロジェクトチームやメンバのためになるだけでなく，生産性の向上を通じて，顧客満足を獲得し続けることにつながる。そして，サービスの提供価値を E 社と共創し向上させることは，最終的に E 社 PT の外部の④ある重要なステークホルダへの提供価値を高め続けることにつながる。

　また，次に示す，実践する具体的な活動についても併せて決定した。

（イ）　E 社 PT 内では互いに遠慮せず，必要なときにいつでも声を掛け合って，コミュニケーションの質と量を改善する。

（ロ）　連携する他の ST の仕事を理解するためと，⑤ある具体的な課題を解消するために，ST 間での役割分担を，プロジェクトの途中でも必要に応じて見直す。

（ハ）　相互理解を更に深化させて役割の固定化の解消へつなげ，異なる視点から改善のアイディアを得ることを目的として，ST 間で　　　a　　　を行う。

（ニ）　ST 内の他のメンバの仕事の内容，進め方及び考え方の理解に努める。ST 内で役割の相互補完ができるように努める。

（ホ）　行動の基本原則に従って，自律的に，失敗を恐れずに行動し，さらにその

結果に責任をもつことに挑戦する。PM や ST リーダはこの挑戦を支援するに当たり，⑥メンバ一人一人の成長のために，これまでとは異なる方法で対応する。

　Q課長は，これらの具体的な活動を実践していけば，プロジェクトチームの活動がスムーズになり，生産性も向上して，8 か月後にはリリース間隔の短縮への見通しも十分に立ってくるだろう，と考えた。

設問1　〔Q課長の観察〕について，(1)，(2)に答えよ。

　(1)　Q課長が認識している本文中の下線①の顧客の視点から捉えた広義の生産性とは，どのようなものか。"　ア　に対する　イ　の大きさ"と表現するとき，　ア　，　イ　に入れる適切な字句を答えよ。

　(2)　Q課長は，本文中の下線②で，肯定や否定の考えを感じさせないように気をつけることで，どのようなヒアリング結果を得ようと考えたのか。30 字以内で述べよ。

設問2　〔メンバへのヒアリング〕について，(1)，(2)に答えよ。

　(1)　Q課長が，本文中の下線③で"学び続けながら"，"成長し続ける"という方針を示したのは，E 社 PT をどのような期待に応えるプロジェクトチームにするためか。25 字以内で述べよ。

　(2)　Q課長が，E 社 PT の行動の基本原則について，全員で議論して合意，明文化して共有することにしたのは，どのような意図からか。全員で議論して合意することにした意図と，明文化して共有することにした意図を，それぞれ30 字以内で述べよ。

設問3　〔ミーティングでの議論〕について，(1)〜(4)に答えよ。

　(1)　本文中の下線④の重要なステークホルダとは誰か，答えよ。

　(2)　本文中の下線⑤の課題とは，どのような課題か。15 字以内で答えよ。

　(3)　本文中の　a　に入れる，ST 間で行うことを，15 字以内で答えよ。

　(4)　本文中の下線⑥について，どのような方法で対応するのか，30 字以内で述べよ。

〔解答用紙〕

| 設問1 | (1) | ア | | | | | | | | | | | | | |
|---|---|---|---|---|---|---|---|---|---|---|---|---|---|---|---|
| | | イ | | | | | | | | | | | | | |
| | (2) | | | | | | | | | | | | | | |
| | | | | | | | | | | | | | | | |
| 設問2 | (1) | | | | | | | | | | | | | | |
| | | | | | | | | | | | | | | | |
| | (2) | 合意することにした意図 | | | | | | | | | | | | | |
| | | | | | | | | | | | | | | | |
| | | 明文化して共有することにした意図 | | | | | | | | | | | | | |
| | | | | | | | | | | | | | | | |
| 設問3 | (1) | | | | | | | | | | | | | | |
| | (2) | | | | | | | | | | | | | | |
| | (3) | | | | | | | | | | | | | | |
| | (4) | | | | | | | | | | | | | | |
| | | | | | | | | | | | | | | | |

# 問題の読み方とマークの仕方

アジャイル開発プロジェクトのマネジメントになる。この問題はそうでもないが，今後は，アジャイル開発プロジェクトとそのマネジメントに関する基礎知識が必要になる。

問2　システム開発プロジェクトにおける，プロジェクトチームの開発に関する次の記述を読んで，設問1〜3に答えよ。

P社は，ベンダソフトウェア企業である。P社は，主要顧客であるE社から消費者向けのサービスを提供するシステムの機能追加・改善を行うプロジェクトを受託している。

このプロジェクトは，期間は2年間，12名の要員で，4か月間に1回のリリースを合計6回実施するものである。E社は，各リリースで実現したい機能追加・改善の要件を抽出して，当該リリースに向けた作業の着手前にP社に提示している。

時間

顧客の要望

プロジェクト開始から10か月たった頃に，E社から"ビジネス環境が目まぐるしく変化している。この状況に適応するために，もっと迅速にサービスを改善して，時間を含めた投下資源に対して十分な価値を提供できるようにしたい。次回委託する予定の2年間のプロジェクトでは，優先的に実現する要件を現在よりも厳選するので，徐々に各リリースの間隔を短縮して，最終的には1〜2か月程度でリリースできるようにしてほしい。E社のサービスの提供価値を継続的かつ迅速に高めていくためにも，長期的な協力をお願いしたい"との要望が上げられた。

アジャイル開発の経験が豊富なP社のQ課長は，E社からの要望を実現することを使命として4か月前に現在の部署に着任し，プロジェクトマネージャ（PM）の補佐としてE社向けシステム開発プロジェクトチーム（以下，E社PTという）に加わった。Q課長は，このプロジェクトのリリース間隔の短縮を実現するための開発技術面での計画を作成し，その適用についてPMと協議してきた。

プロジェクトのスケジュールを図1に示す。現在は，4回目のリリースが目前となり，5回目のリリースに向けた作業の準備に取り掛かったところである。

10か月

| 年度 | 前年度 | | 今年度 | 次年度 | 次々年度 |
|---|---|---|---|---|---|
| | Q課長着任▼ | 現在 | | | |
| プロジェクト | リリース リリース リリース リリース リリース リリース<br>1回目　2回目　3回目　4回目　5回目　6回目 | | | 次回受託予定のプロジェクト<br>（リリース間隔は，最終的に1〜2か月） | |
| | 現在のプロジェクト（リリース間隔は4か月） | | | | |

図1　プロジェクトのスケジュール

- 7 -

「いつの話をしているのか？」時間遷移は，しっかりとチェック！

【違和感】
主人公がPMの補佐？→次頁の最初に解消される。

【最重要箇所】
顧客の要望は最重要チェックポイント。
内容的には，アジャイル開発のスタンダードに近づいている。

472

改めて，主人公の PM 登場。
チェックしておく。

*P社経営層の要望*

　ところが，(PM)が急きょ，介護のために休職することになった。そこで Q 課長が，このプロジェクトの PM に任命され，5 回目のリリースに向けた作業から指揮をとることになった。任命に当たって，P 社経営層からは，"重要な顧客である E 社の顧客満足を，しっかり獲得し続けてほしい。現状のプロジェクトチームは今後も維持していく方針なので，長期的な視点で，プロジェクトチームの開発にも取り組んでほしい。"との言葉があった。

**設問1**

① *Q課長の観察*　　*顧客の要望*　　*P社経営層の要望*
　Q 課長は，リリース間隔の短縮を実現し，E 社のサービスの提供価値を継続的かつ迅速に高めていくという期待に応えるためには，開発技術面での改善に加えて，E 社 PT の生産性の向上が不可欠だと考えていた。ここで Q 課長が認識している生産性とは，"投入工数に対する開発成果物の量"といった開発者の視点から捉えた狭義の生産性ではなく，①顧客の視点から捉えた広義の生産性である。この生産性の向上のためには，E 社 PT の仕事のやり方とメンバの意識を変えることが必要であり，それらを実現する過程で，成長し続けるプロジェクトチームに変わる可能性も見えてくると考えていた。

*CSF*

*アジャイルの強み*
*PTへ*

　E 社 PT は，仕様管理(1)，検証チームと開発チーム(2)の二つのサブチーム（ST）で構成されており，それぞれの ST にリーダ（以下，ST リーダという）が配置されている。
　Q 課長は着任後，仕事のやり方とメンバの意識に着目して，E 社 PT の状況を観察してきた。その内容を整理すると，次のようになる。

① ST リーダ同士，ST 内のメンバ同士は 1 年にわたり一緒に仕事をしてきており，スキルや任務の遂行に関しては互いに信頼がある。　(○)　→アジャイルの強み
② 過去の開発では，PM の強力なリーダシップと ST リーダをはじめとするメンバの頑張りで，QCD の目標を何とか達成してきた。　→アジャイルへ
③ これまで行動の基本原則について議論したことはなく，PM や ST リーダが都度，状況に応じた判断を下してきたので，ST 内のメンバは，自律的に自ら考え判断して行動するよりも，PM や ST リーダの指示を待って行動する傾向が強い。PM や ST リーダの指示は，失敗を回避する意図から，詳細かつ具体的な内容にまで踏み込む傾向がある。　(−)①　*自律的に行動しない*
④ ST リーダや ST 内のメンバは，PM が決めた役割分担に基づいてその任務を忠実に

- 8 -

誰の要望なのかを，これまでの記述に照らして考える。

上記の要望を実現するための重要成功要因（CSF）。

PJ 体制を確認。

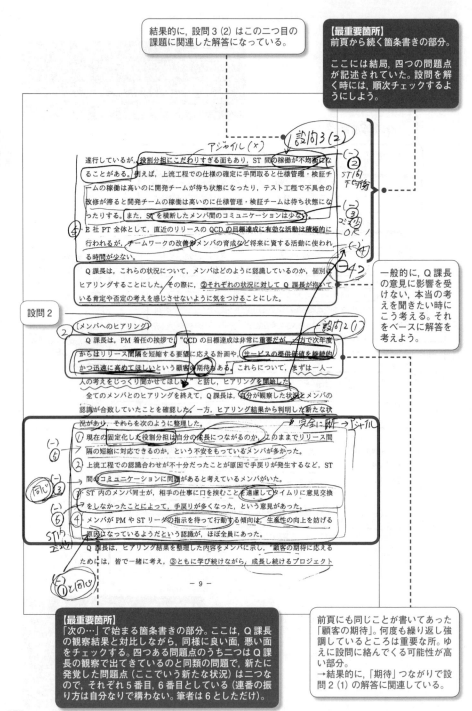

結果的に，設問 3 (2) はこの二つ目の課題に関連した解答になっている。

【最重要箇所】
前頁から続く箇条書きの部分。

ここには結局，四つの問題点が記述されていた。設問を解く時には，順次チェックするようにしよう。

設問3(2)　アジャイル(×)

遂行しているが，役割分担にこだわりすぎる面もあり，ST 間の稼働が不均衡になることがある。例えば，上流工程での仕様の確定に手間取ると仕様管理・検証チームの稼働は高いのに開発チームが待ち状態になったり，テスト工程で不具合の改修が滞ると開発チームの稼働は高いのに仕様管理・検証チームは待ち状態になったりする。また，ST を横断したメンバ間のコミュニケーションは少ない。E 社 PT 全体として，直近のリリースの QCD の目標達成に有効な活動が積極的に行われるが，チームワークの改善やメンバの育成など将来に資する活動に使われる時間が少ない。

Q 課長は，これらの状況について，メンバはどのように認識しているのか，個別にヒアリングすることにした。その際に，②それぞれの状況に対して Q 課長が抱いている肯定や否定の考えを感じさせないように気をつけることにした。

一般的に，Q 課長の意見に影響を受けない，本当の考えを聞きたい時にこう考える。それをベースに解答を考えよう。

設問 2

メンバへのヒアリング　設問2(1)

2　Q 課長は，PM 着任の挨拶で "QCD の目標達成は非常に重要だが，一方で次年度からはリリース間隔を短縮する要望に応える計画や，サービスの提供価値を継続的かつ迅速に高めてほしいという顧客の期待もある。これらについて，まずは一人一人の考えをじっくり聞かせてほしい" と話し，ヒアリングを開始した。

全てのメンバとのヒアリングを終えて，Q 課長は，自分が観察した状況とメンバの認識が合致していたことを確認した。一方，ヒアリング結果から判明した新たな状況があり，それらを次のように整理した。

完全に 所→ジャイル

① 現在の固定化した役割分担は自分の成長につながるのか，このままでリリース間隔の短縮に対応できるのか，という不安をもっているメンバが多かった。

② 上流工程での認識合わせが不十分だったことが原因で手戻りが発生するなど，ST 間のコミュニケーションに問題があると考えているメンバがいた。

③ ST 内のメンバ同士が，相手の仕事に口を挟むことを遠慮してタイムリに意見交換をしなかったことによって，手戻りが多くなった，という意見があった。

④ メンバが PM や ST リーダの指示を待って行動する傾向は，生産性の向上を妨げる原因になっているようだ，という認識が，ほぼ全員にあった。

Q 課長は，ヒアリング結果を整理した内容をメンバに示し，"顧客の期待に応えるためには，皆で一緒に考え，③ともに学び続けながら，成長し続けるプロジェクト

- 9 -

【最重要箇所】
「次の…」で始まる箇条書きの部分。ここは，Q 課長の観察結果と対比しながら，同様に良い面，悪い面をチェックする。四つある問題点のうち二つは Q 課長の観察で出てきているのと同類の問題で，新たに発覚した問題点（ここでいう新たな状況）は二つなので，それぞれ 5 番目，6 番目としている（連番の振り方は自分なりで構わない。筆者は 6 としただけ）。

前頁にも同じことが書いてあった「顧客の期待」。何度も繰り返し強調しているところは重要な所。ゆえに設問に絡んでくる可能性が高い所。
→結果的に，「期待」つながりで設問 2 (1) の解答に関連している。

474

設問 2 (2) で問われている部分。行動の基本原則そのものの意義（あるいはそれを作成する意義）と，全員で議論することの狙い，明文化する狙いの“一般的な知識”を意識しながら解答する。

チームになる必要があると思う。そのためには，E 社 PT の行動の基本原則を全員で議論して合意し，明文化して共有することが大切だと思う。その行動の基本原則に従って，具体的な活動についても検討し，実践していくことにしたいがどうだろうか。"と問いかけた。その問いかけに対する全員の同意を確認した上で，"1 週間の期間を設けて何度かミーティングを開催し，今後の E 社 PT の行動の基本原則と実践する具体的な活動について議論しよう。"と告げた。

**設問 3**

〔ミーティングでの議論〕

初回のミーティングはぎこちない雰囲気だったが，Q 課長が発言や意見交換を和やかに促していったことで，回を追うごとにメンバは，自分が大切だと思う E 社 PT の行動の基本原則と実践する具体的な活動についてオープンに議論するようになった。その結果，メンバの総意として次に示す E 社 PT の行動の基本原則を決定した。

(i) 顧客の視点から捉えた広義の生産性の向上に継続的に取り組む。そのためには，指示を待つのではなく自律的に行動すること，役割分担にこだわらずに自由にコミュニケートすること，そして全ての機会を捉えて学び続けることを重視する。

(ii) チームワークの改善やメンバの育成など将来に資する活動の時間を確保する。このことは，プロジェクトチームやメンバのためになるだけでなく，生産性の向上を通じて，顧客満足を獲得し続けることにつながる。そして，サービスの提供価値を E 社と共創し向上させることは，最終的に E 社 PT の外部の④ある重要なステークホルダへの提供価値を高め続けることにつながる。

また，次に示す，実践する具体的な活動についても併せて決定した。

(イ) E 社 PT 内では互いに遠慮せず，必要なときにいつでも声を掛け合って，コミュニケーションの質と量を改善する。

(ロ) 連携する他の ST の仕事を理解するためと，⑤ある具体的な課題を解消するために，ST 間での役割分担を，プロジェクトの途中でも必要に応じて見直す。

(ハ) 相互理解を更に深化させて役割の固定化の解消へつなげ，異なる視点から改善のアイディアを得ることを目的として，ST 間で　　a　　を行う。

(ニ) ST 内の他のメンバの仕事の内容，進め方及び考え方の理解に努める。ST 内で役割の相互補完ができるように努める。

(ホ) 行動の基本原則に従って，自律的に，失敗を恐れずに行動し，さらにその

ここも「次の…」に続く箇条書きの部分。

行動の基本原則が羅列されている。

ここも「次の…」に続く箇条書きの部分。

具体的な活動が羅列されている。

ここに「決定事項」が書かれているが，これらは，これまで Q 課長が観察したり，ヒアリングしたりして出てきた問題点（今回は六つの問題点）の解消を目的としている。そこで，どの問題点を解消することが目的なのかを，ある程度対応付けておくといいだろう。

結果に責任をもつことに挑戦する。PM や ST リーダはこの挑戦を支援するに
当たり，⑥メンバー一人一人の成長のために，これまでとは異なる方法で対応
する。

　Q 課長は，これらの具体的な活動を実践していけば，プロジェクトチームの活動が
スムーズになり，生産性も向上して，8 か月後にはリリース間隔の短縮への見通しも
十分に立ってくるだろう，と考えた。

設問1　Q 課長の観察　について，(1)，(2)に答えよ。

　(1)　Q 課長が認識している本文中の下線①の顧客の視点から捉えた広義の生産
　　　性とは，どのようなものか。"　ア　に対する　イ　の大きさ"と
　　　表現するとき，　ア　，　イ　に入れる適切な字句を答えよ。

　(2)　Q 課長は，本文中の下線②で，肯定や否定の考えを感じさせないように気
　　　をつけることで，どのようなヒアリング結果を得ようと考えたのか。30 字以
　　　内で述べよ。

設問2　メンバへのヒアリング　について，(1)，(2)に答えよ。

　(1)　Q 課長が，本文中の下線③で "学び続けながら" "成長し続ける" という
　　　方針を示したのは，E 社 PT をどのような期待に応えるプロジェクトチームに
　　　するためか。25 字以内で述べよ。

　(2)　Q 課長が，E 社 PT の行動の基本原則について，全員で議論して合意し，明
　　　文化して共有することにしたのは，どのような意図からか。全員で議論して
　　　合意することにした意図と，明文化して共有することにした意図を，それぞ
　　　れ 30 字以内で述べよ。

設問3　ミーティングでの議論　について，(1)〜(4)に答えよ。

　(1)　本文中の下線④の重要なステークホルダとは誰か，答えよ。

　(2)　本文中の下線⑤の課題とは，どのような課題か。15 字以内で答えよ。

　(3)　本文中の　a　は入れる，ST 間で行うことを，15 字以内で答えよ。

　(4)　本文中の下線⑥について，どのような方法で対応するのか，30 字以内で述
　　　べよ。

— 11 —

〔欄外の注記・吹き出し〕

まずは，どこに直接的な該当箇所があるのかをチェックしておく。

今回も，一つの段落に一つの設問としてきれいに分かれている。最近の主流だが，この場合，問題文を頭から順番に読み進めながら，設問を一つずつ順番に解いていけばいいだろう。

設問を読んで解答を考える時に，その設問で，問題文中から「何を探すのか？」を見極めることが重要。加えて，解答そのものが問題文中にしか存在しないのか？　それとも，解答を一意にするための記述を探すのか？（その場合，解答は自分の言葉で組み立てる）を，ある程度，想定して探す必要がある。詳しくは解説を参照。

# IPA公表の出題趣旨・解答・採点講評

### 出題趣旨

　プロジェクトマネージャ（PM）は，プロジェクトを円滑に運営するために，プロジェクトチームの状況について的確に掌握し，プロジェクトチームの構成員に，必要な能力の獲得や自らの成長を促すための活動を計画する必要がある。

　本問では，顧客のサービスの提供価値を継続的かつ迅速に高めるために，システムのリリース間隔の短縮と持続的な成長を期待されるプロジェクトチームを題材として，プロジェクトチームの開発に関する実践的な能力を問う。

| 設問 | | | 解答例・解答の要点 | 備考 |
|---|---|---|---|---|
| 設問1 | (1) | ア | 時間を含めた投下資源 | |
| | | イ | サービスの提供価値 | |
| | (2) | | PMの考えに引きずられないメンバの真の考え | |
| 設問2 | (1) | | 提供価値を継続的に高めるという期待 | |
| | (2) | 合意することにした意図 | メンバ全員が納得した上で行動に移れるようにするため | |
| | | 明文化して共有することにした意図 | メンバ全員が自律的に行動するための基準とするため | |
| 設問3 | (1) | | 消費者 | |
| | (2) | | ST間の稼働の不均衡 | |
| | (3) | a | メンバのローテーション | |
| | (4) | | 自律的な判断と行動を尊重して，学びの機会を与える | |

### 採点講評

　問2では，プロジェクトチームの開発について出題した。全体として正答率は高かった。顧客から，自社のサービスの提供価値を，継続的かつ迅速に高めていくために長期的な協力を期待されている状況において，市場に提供する価値を顧客と共創しつつ，プロジェクトチームの学習サイクルを回しながら成長させていこうとするプロジェクトマネージャの意図はよく理解されていた。

　設問3(1)は，正答率がやや高かった。"重要な"ステークホルダとして，多くの受験者が"消費者"と解答したことは，社会に価値を提供することがプロジェクトの本質的な目的であることをしっかり意識して活動しているプロジェクトマネージャが多いことを示していると思われる。一方で，目の前の一部の"顧客"や"自社の経営層"と解答した受験者は，この機会にプロジェクトの本質的な目的について，見つめ直してほしい。

　設問3(3)は，正答率が低かった。相互理解の更なる深化，役割の固定化の解消及び異なる視点からの改善のアイディアの獲得という目的で，サブチーム間で行うことを問うたが，自由なコミュニケーション，タイムリな意見交換，などの解答が散見された。役割の固定化の解消までつなげるには，抜本的な施策が必要である，という視点をもってほしかった。

# 解説

## 設問 1

　設問1は，問題文2ページ目，括弧の付いた一つ目の〔Q課長の観察〕段落に関する問題である。(1) は穴埋め問題，(2) はQ課長の狙いが問われている。

### ■ 設問 1 (1)

問題文の状況設定を正確に把握しているかどうかを試される設問

DX 推進に関する設問　　　　　　　　　　「問題文導出－解答抜粋型」「穴埋め問題」

**【解答のための考え方】**

　下線①は「**顧客の視点から捉えた広義の生産性**」で，それがどういうものかが問われている。解答に当たっては，"　ア　に対する　イ　の大きさ"の，アとイを埋めるように指示があるので，ここに当てはまる表現にすることを考える。

　一般的に，「**顧客の視点から捉えた広義の生産性**」という表現を，DX やアジャイル開発で考える生産性や，顧客側の視点で考えれば，ビジネスにどれだけ貢献するものを産み出したのか？　ということになる。したがって，例えば，次のような解答が想像できる。

　　　"　ビジネス　に対する　　価値　　の大きさ"

　しかし，通常通りであれば，この設問はそうした"知識"を問うてるわけでは無いので，問題文中に同じような表現があるはずだと考えよう。探すのは，"顧客側の視点"を説明しているところと，(狭義の生産性についても記載があるはずなので)"生産性"という用語が使われているところ。そのあたりを中心に問題文中を探してみる。

**【解説】**

　まずは1ページ目の6行目から始まる顧客の要望を書いているところ。ここが"顧客の視点"で書かれているところになる。ここには，次頁の図の赤下線のような記述がある。これは，そのまま"生産性"に関する記載である。

　　　プロジェクト開始から 10 か月たった頃に，E 社から "ビジネス環境が目まぐるし
　　く変化している。この状況に適応するために，もっと迅速にサービスを改善して，
　　<u>時間を含めた投下資源に対して十分な価値</u>を提供できるようにしたい。次回委託す
　　る予定の 2 年間のプロジェクトでは，優先的に実現する要件を現在よりも厳選する
　　ので，徐々に各リリースの間隔を短縮して，最終的には 1～2 か月程度でリリースで
　　きるようにしてほしい。E 社の<u>サービスの提供価値</u>を継続的かつ迅速に高めていくた
　　めにも，長期的な協力をお願いしたい。" との要望が上げられた。

　　また，広義の生産性があるからには，狭義の生産性も書いてあるはずだという推
測のもとに問題文を読み進めると，〔Q 課長の観察〕段落の 3 行目から 5 行目に，そ
の存在を確認できるだろう。そこには，ストレートに**「開発者の視点から捉えた狭
義の生産性」**と書いているからだ。その内容は "投入工数に対する開発成果物の量"
としている。

　　この狭義の生産性と，顧客の要望に入っている "**時間を含めた投下資源に対して
十分な価値**" という表現が似ているところからも，空欄アは**「時間を含めた投下資
源」**になると判断できる。加えて，空欄イは「十分な価値」という解答が考えられ
るが，その "十分な価値" を，より具体的に表現した**「サービスの提供価値」**にと
いう記述があるので，こちらを解答とする。

### 【自己採点の基準】（配点 6 点：完答のみ）

| IPA 公表の解答例（網掛け部分は問題文中で使われている表現） |
| --- |
| ア：時間を含めた投下資源 |
| イ：サービスの提供価値 |

　　この解答例は "抜粋型" であり，問題文に "狭義の生産性" の説明も記載されて
いるので，解答例通りのみを正解だと考えた方がいいだろう。もちろん，「サービス
の提供価値」に「E 社の」を付けるぐらいは問題ないだろう。

## ■ 設問 1（2）

| PM の行動の狙いに関する設問 | 「知識解答型」 |
|---|---|

**【解答のための考え方】**

　続いて，下線②「それぞれの状況に対して Q 課長が抱いている肯定や否定の考えを感じさせないように気をつける」ことにしたが，その意図として「どのようなヒアリング結果を得ようと考えたのか」が問われている。

　解答に当たっては，「それぞれの状況」とは何かを明確にしたうえで，この後の〔メンバへのヒアリング〕段落で，実際に，その得ようとしたヒアリング結果が書いてあるので，この設問は，先にそこに目を通して考えた方がいいだろう。Q 課長の態度が出ているはずだから。

　なお，こういうケースでメンバにヒアリングをする際に，下線②のような配慮をするのは，自分（Q 課長）の肯定や否定の意見に影響されずに，本当に思っていることを聞きたい時に行う。そうした一般的な "知識" をベースに，それに類する表現を探す目的で問題文を読み進めていこう。

**【解説】**

　まず，下線②にある「それぞれの状況」を明確にする。これは〔Q 課長の観察〕段落を読めばわかるだろう。Q 課長が着任後，仕事のやり方とメンバの意識に着目して，E 社 PT の状況を観察して感じた状況（箇条書きの部分）内の，メンバそれぞれの状況である。

　そして，そうした自分の感じた各メンバの状況に対して，「(個々の) メンバはどのように認識しているのか（知りたかったので），個別にヒアリングすることにした」わけだ。それは，次の段落〔メンバへのヒアリング〕の，次の記述からも確認できる。

・ 自分が観察した状況とメンバの認識が合致していたことを確認した
・ ヒアリング結果から新たな状況があった

　これらの結果は，PM の意見の影響を受けずに，メンバが本当に思っていることを聞けないと得られなかっただろう。

　ただ，「Q 課長の意見に影響されないように」とか，「フラットな意見を聞きたい」という表現は問題文中には見受けられなかったので，ある程度知識解答型だと考えて解答例のように解答を組み立てればいいだろう。

【自己採点の基準】（配点 7 点）

> IPA 公表の解答例（網掛け部分は問題文中で使われている表現）
>
> PM の考えに引きずられないメンバの真の考え（21 字）

　「PM の考えに引きずられない」という表現があれば正解だと考えていいだろう。もちろん，解答例の「引きずられない」と「真の」という表現は問題文中にはないので，「影響を受けない」や「真のメンバの認識」，「本当に思っていること」など他の表現でも問題はない。

# 設問2

　設問2は，問題文3ページ目，括弧の付いた二つ目の〔メンバへのヒアリング〕段落に関する問題である。問われているのは2問で解答は三つ（25字，30字×2）。ここも，いずれもプロジェクトマネージャ（Q課長）の狙いが問われている。

## ■ 設問2（1）

| PMの行動の狙いに関する設問 | 「問題文導出－解答抜粋型」 |
|---|---|

**【解答のための考え方】**

　まず下線③を確認する。下線③は「**ともに学び続けながら，成長し続けるプロジェクトチームになる必要があると思う**」というもの。このうち"学び続けながら"，"成長し続ける"という方針が，E社PTをどのような期待に応えるプロジェクトチームにするためなのかが問われている。

　解答に当たっては，最初に「**E社PTに対する期待**」を問題文中から探し出せばいいだろう。これは問題文中にしか記載がないことだ。加えて，情報処理技術者試験の場合，問題文中でも，素直に"期待"という表現を使っていることが多い。

　以上より，まずは"期待"という用語を中心に探し出せばいいだろう。これまでにマークしたところにあることを覚えていればそこを，そうでなければ1ページ目からチェックする。"期待"という用語が無ければ，それに準じる表現（要望や要求など）で探し出そう。

**【解説】**

　問題文中に"期待"という表現を使っている箇所は，下線③の直前の一つを除けば次の2か所である。

・E社のサービスの提供価値を継続的かつ迅速に高めていくという期待
　（問題文2ページ目の〔**Q課長の観察**〕段落の1～2行目）
・サービスの提供価値を継続的かつ迅速に高めてほしいという顧客の期待
　（問題文3ページ目の〔**メンバへのヒアリング**〕段落の2～3行目）

　内容はいずれも同じで，これらはまさにE社PTに対する期待になる。但し，"学び続けながら"，"成長し続ける"という方針と合致するのは「継続的」という点になるので，この期待のうちの「継続的」という点に絞って解答する。すると解答例のようになる。問われていることが"期待"だという点に注意して解答表現を合わせるのも忘れないようにしておこう。

## 【自己採点の基準】（配点 6 点）

### 提供価値を継続的に高めるという期待（17 字）

　この設問は"抜粋型"で，解説に記した通り，問題文中にも顧客の期待が明記されている。そのため，問題文の該当箇所（期待が書かれている部分）の表現を使っていれば正解だと考えていいだろう。解答例には字数にも余裕があるので，「サービスの提供価値…」としてもいい。

　但し，「迅速に」という表現を付けると減点対象になる点に注意が必要。採点講評でも指摘されているが，「迅速に」という部分はシステムのリリース間隔の短縮によって応える部分になる。この設問の"学び続けながら"，"成長し続ける"という方針で応えようとしている期待は「継続的に高める」という部分になるからだ。なかなか珍しく繊細な解答が求められている。

## ■ 設問2 (2)

PM の行動の狙い（意図）に関する設問

「知識解答型」,「問題文導出−解答加工型」

---

### 【解答のための考え方】

　続いて，E 社 PT の **"行動の基本原則"** について，全員で議論して合意し，明文化して共有することにした（Q 課長）の意図が問われている。一つが **"全員で議論して合意すること"** にした意図で，もう一つが **"明文化して共有すること"** にした意図だ。それぞれを 30 字で別々に解答する。

　一般的な知識として，PT の行動の基本原則をプロジェクトチーム内において全員で合意する必要があるのは，メンバ全員が決定事項に対し納得感を得るためである。チームリーダが独断で決定したり，多数決で決めたりすることと比較して考えれば，全員で合意する意味は容易に思いつくだろう。一方，それを明文化して共有するのは，プロジェクト内の公式な決定事項とし，それを各自の行動や意思決定の判断基準にするためだ。

　しかし，プロジェクトマネージャ試験の午後Ⅰ試験で，そうした "知識の有無" を問われることは少なく，解答する上でも，そう考えなければならない。具体的には，問題文中に記載されている "マイナス点" をチェックし，それを解消するためではないかと考える。その時に，前述の "知識" を活用し，同じ内容のものを優先するといいだろう。

### 【解説】

　問題文中に記載されている "マイナス点" は，〔**Q 課長の観察**〕段落で Q 課長が認識したものと，〔**メンバへのヒアリング**〕段落で判明した新たな状況と，2 か所に存在する。ここから順次，マイナス点をピックアップすると次のようになる。

　　〔**Q 課長の観察**〕段落
　　　・自律的に自ら考え判断して行動しない…①
　　　・役割分担にこだわり，ST 間の稼働が不均衡になることがある…②
　　　・ST を横断したメンバ間のコミュニケーションは少ない…③
　　　・チームワークの改善，メンバの育成など将来に資する活動時間が少ない…④
　　〔**メンバへのヒアリング**〕段落
　　　・自分の成長やリリース間隔の対応に不安をもっているメンバが多い…⑤
　　　・ST 内でも相手の仕事に口を挟むことを遠慮→手戻りが多くなった…⑥
　　　・指示待ち→生産性の向上を妨げる…上記の①と同じ

　このうち，まずは"**全員で議論して合意すること**"にした意図，すなわち，それで解決できそうなマイナス点を探してみる。しかし，残念ながら「メンバの意見が対立している」とか「特定のメンバが納得していない」というような"決定事項に対し納得感を得る"ということで解決すべき問題は記述されていない。強いてあげるとすれば〔ミーティングでの議論〕段落の 4 行目に「**その結果，メンバの総意として**」という表現があるくらいだ。そのため，（この表現を踏まえた上で）ある程度知識解答型だと考え「全員に納得してもらった上で行動してもらうため」という点を中心に解答を組み立てればいいだろう。

　続いて，"**明文化して共有すること**"にした意図についても同様に考える。一般的には「プロジェクト内の公式な決定事項とし，それを各自の行動や意思決定の判断基準にする」ためである。これで解消できそうな問題点は，上記の①になる。自律的に行動してもらうための判断基準にしたいからだ。結果，解答例のような解答になる。

## 【自己採点の基準】（配点 6 点× 2）

| IPA 公表の解答例（網掛け部分は問題文中で使われている表現） |
| --- |
| ①合意することにした意図<br>　メンバ全員が納得した上で行動に移れるようにするため（25 字）<br>②明文化して共有することにした意図<br>　メンバ全員が自律的に行動するための基準とするため（24 字） |

　①に関しては知識解答型なので，同じ意味の表現であれば正解だと考えて問題ないだろう。「納得」以外にも「総意の上で」などでもいいだろう。それと，今回は「**行動の基本原則**」なので「行動してもらう」ことを狙っているので，「行動」を使って解答を組み立てるのがベスト。

　②に関しては，「**自律的に行動するための基準**」という表現は使いたい。「**自律的に行動する**」というのは今回の目標で，行動の基本原則はその基準になるからだ。"基準"という表現は問題文中では用いられていないが，行動の基本原則の意味として行動や意思決定の判断基準になるものなので，この表現を覚えておいて損はないだろう。

## 設問3

　設問3は，問題文4ページ目，括弧の付いた三つ目の〔ミーティングでの議論〕段落に関する問題である。問われているのは4問だが，4問目を除き短文での解答になっている。

### ■ 設問3（1）

| 「ある〜」を問題文中から探す設問 | 「問題文導出－解答抜粋型」 |

**【解答のための考え方】**

　下線④は「**ある重要なステークホルダ**」である。これは，情報処理技術者試験ではよくある"匂わせ"の問題である。この"ある〜"という"匂わせ"表現は，下線が無くても設問になっている可能性が高いということがわかるので，問題文を読んでいる時に，（特に設問を見なくても）解答を考えてもいい部分である。

　それと，問われているのが具体的な「**ステークホルダ**」なので，原則，問題文中に登場している人物になる。"経営者"や"経営層"，"監査役"であれば問題文中に記載のない場合でも解答になり得るケースも考えられるが，そういう場合でも，問題文中に適当なステークホルダの記載を探して，無かった場合に解答と考えた方がいいだろう。

**【解説】**

　問題文中に登場する「ステークホルダ」を探す。マークをしていればそこを，していなければ，問題文を最初から読み進めていく。但し，下線④の直前には「**E社PT（E社向けシステム開発プロジェクトチーム）の外部の**」という記述があるので，P社のPT（プロジェクトマネージャ（Q課長）やプロジェクトメンバ）は外して考える。その結果，次のような登場人物をピックアップするだろう。

・主要顧客であるE社（問題文1ページ目の1行目）
・消費者（問題文1ページ目の1行目）
・P社経営層（問題文2ページ目の3行目）

　問題文に記載があるのは，これくらいである。このうち，P社経営層は無関係だということは容易にわかるだろう。後は，顧客のE社か，E社の顧客に当たる消費者か，いずれかで考える。

　下線④を含む文には，「**サービスの提供価値をE社と共創し向上させること**」によって，「**最終的に**」「**提供価値を高め続けることになる**」のは，文脈から考えてE

社ではない。E 社の顧客に当たる消費者である。したがって解答は**「消費者」**とするのが妥当だろう。

なお，これは設問 3 なので，設問 1 や設問 2 の後に解いているケースが多いと思う。その場合，設問 1 や設問 2 を解くために問題文の〔**Q 課長の観察**〕段落や，〔**メンバへのヒアリング**〕段落を一度は熟読しているはず。その時に，この設問のように，登場人物が設問で問われたり，解答を組み立てる時に使う可能性を考えて，しっかりとマークしておこう。そうすれば，この問題文を解く時に，その続きから読み進めることができる。短時間で解くためには，同じところを何度も読み返さないというのは鉄則だからだ。

【自己採点の基準】（配点 4 点）

| IPA 公表の解答例（網掛け部分は問題文中で使われている表現） |
| --- |
| 消費者 |

この問題は抜粋型である。解答例以外の「E 社の顧客」と書いても同じ意味なので正解にしてほしいが，正解なのか部分点があるのかは不明。ただ，過去問題で練習していると考えれば，「E 社の顧客」という表現が無いので，消費者だけを正解と考えておいた方がいいだろう。

## ■ 設問3（2）

| 「ある〜」を問題文中から探す設問 | 「問題文導出－解答抜粋型」 |
|---|---|

### 【解答のための考え方】

　下線⑤は「ある具体的な課題」である。これも"匂わせ"の問題だ。しかも今回は具体的な課題が問われているので，問題文中にしか解答はない。

　加えて，下線⑤の前後をチェックすると，「ST間での役割分担を，プロジェクトの途中でも必要に応じて見直す」ことで，解消される課題になる。それらを念頭に，設問3（1）同様，問題文を読み進めて，探し出そう。

### 【解説】

　この問題の課題は，設問2（2）の解説で，次のようにピックアップしている（下記は再掲）。

　　〔Q課長の観察〕段落
　　　・自律的に自ら考え判断して行動しない…①
　　　・役割分担にこだわり，ST間の稼働が不均衡になることがある…②
　　　・STを横断したメンバ間のコミュニケーションは少ない…③
　　　・チームワークの改善，メンバの育成など将来に資する活動時間が少ない…④
　　〔メンバへのヒアリング〕段落
　　　・自分の成長やリリース間隔の対応に不安をもっているメンバが多い…⑤
　　　・ST内でも相手の仕事に口を挟むことを遠慮→手戻りが多くなった…⑥
　　　・指示待ち→生産性の向上を妨げる…上記の①と同じ

　このうち「ST間での役割分担を，プロジェクトの途中でも必要に応じて見直す」ことで解消される課題だと考えられるのは，②③になるが，プロジェクトマネージャが考えるのは②になる。これを15字でまとめると解答例のようになる。

### 【自己採点の基準】（配点4点）

| IPA公表の解答例（網掛け部分は問題文中で使われている表現） |
|---|
| ST間の稼働の不均衡（10字） |

　この解答は抜粋型で，具体的な課題も問題文中に記載されているので，これを正解とする。もちろん「ST間の稼働が不均衡という課題（15字）」のような多少の表現の揺らぎは全く問題ない。

# ■ 設問３（3）

穴埋め問題　　　　　　　　　　　　　　　　「問題文導出－知識解答型」

## 【解答のための考え方】

　続いては，空欄 a の穴埋め問題である。設問では「ST 間で行うこと」としている。穴埋め問題なので，前後の文脈から解答を考えればいいだろう。

　空欄 a の直前には，その「ST 間で行うこと」の目的が書いてある。その目的を踏まえて考えればいいだろう。

## 【解説】

　「ST 間で」空欄 a を「行うこと」の目的は「相互理解を更に深化させて役割の固定化の解消へつなげ，異なる視点から改善のアイディアを得ること」だとしている。「役割の固定化を解消する」目的や，「異なる視点から改善のアイディアを得る」目的で行うことと言えば，メンバのローテーションしかない。したがって，解答例のように解答になる。

　これらの空欄 a を含む（ハ）の活動については，「役割分担にこだわりすぎる面がある」とか，「現在の固定化した役割分担は自分の成長につながるのか…不安に思う」とか，「ST 間のコミュニケーションが少ない」という様々な問題を解消するための活動である。

## 【自己採点の基準】（配点 4 点）

| IPA 公表の解答例（網掛け部分は問題文中で使われている表現） |
| --- |
| メンバのローテーション（11 字） |

　知識解答型なので（問題文中の用語を使っていないので），この解答例と同類の施策は正解になると考えてもいいだろう。ローテーションとは意味が異なるが「メンバの異動（6字）」や「メンバの配置換え（8字）」などでも正解だと考えてもいいと思う（字数は短いが）。「定期的に」という表現を付けてもいいだろう。IPA も「国語の問題ではない」と明言しているので，そこまで厳密ではない。この程度の揺らぎは問題ないはずだ。

## ■ 設問3（4）

【基礎知識】アジャイル開発における PM やリーダの役割

「問題文導出－知識解答型」

### 【解答のための考え方】

　下線⑥は「**メンバー一人一人の成長のために，これまでとは異なる方法で対応する**」である。この中の「**異なる方法**」が，どのような方法なのかが問われている。

　この下線⑥を含む具体的な活動の（ホ）は「**自律的に，失敗を恐れずに行動し，さらにその結果に責任を持つことに挑戦する**」というもの。それを前提に，下線⑥の「**これまで（の方法）**」が問題文中にあるので，それを探し出し，それと異なる方法を解答すればいいだろう。

### 【解説】

　下線⑥の「**これまで（の方法）**」は，自律的ではないという記述をしている下記の部分を指している。下線⑥の主語は「PM や ST リーダ」なので，特に，下記の赤の下線部分が，これまでの方法だ。

> ・これまで行動の基本原則について議論したことはなく，PM や ST リーダが都度，状況に応じた判断を下してきたので，ST 内のメンバは，自律的に自ら考え判断して行動するよりも，PM や ST リーダの指示を待って行動する傾向が強い。<u>PM やST リーダの指示は，失敗を回避する意図から，詳細かつ具体的な内容にまで踏み込む傾向がある。</u>

　これを，「**自律的に，失敗を恐れずに行動し，さらにその結果に責任を持つことに挑戦する**」となるような指示に変えればいい。

　一般的にアジャイル開発では，常に，開発チームの生産性が最大になるように考えなければならない。そのためには，プロジェクトマネージャやチームリーダを配置するのであれば，できる限り開発チームに権限を委譲した上で，自らは支援に回る必要がある（下線⑥を含む文にも「支援する」という表現がある）。

　そうした基礎知識を念頭に置いた上で，問題文中に記載している「**これまで（の方法）**」とは異なる方法（あるいは，反対の方法）として，解答例のように解答を組み立てればいいだろう。

【自己採点の基準】（配点 7 点）

**自律的な判断と行動を尊重して，学びの機会を与える**（24 字）

これも，特に問題文中の用語を使わずに解答を組み立てる知識解答型なので，この解答例と同じような意味のものは正解になると考えてもいいだろう。**「自律的な判断と行動を尊重して」** という部分は，例えば **「責任と権限を与えて自律的に行動できるように」** という表現でも，この程度であれば問題ないと考えられる。他にも，**「成長できるように支援に回る」** という解答でも不正解にする理由がない。採点講評にも正答率が高かったと記載しているので，非常に幅広い解答で正解になると考えられる。

# 演習 ● 令和３年度　問１

問1　新たな事業を実現するためのシステム開発プロジェクトにおけるプロジェクト計画
　　に関する次の記述を読んで，設問1〜3に答えよ。

　　中堅の生命保険会社の D 社は，保険代理店や多数の保険外交員による顧客に対す
るきめ細かな対応を強みに，これまで主に自営業者や企業内の従業員などをターゲッ
トにした堅実な経営で企業ブランドを築いてきた。D 社には，この強みを継続してい
けば今後も安定した経営ができるとの思いが強かったが，近年は新しい保険商品の開
発や新たな顧客の開拓で他社に後れを取っていた。D 社経営層は今後の経営を危惧し，
経営企画部に対応策の検討を指示した。その結果，"昨今の規制緩和に対応し，また
最新のデジタル技術を積極的に活用して，他社に先駆けて新たな顧客層へ新しい保険
商品を販売する事業（以下，新事業という）"の実現を事業戦略として決定した。新
事業では，個人向けにインターネットなどを活用したマーケティングやダイレクト販
売を行って，新たな顧客層を開拓する。また，顧客のニーズ及びその変化に対応した
新しい保険商品を迅速に提供する計画である。

　　D 社は，規制緩和に柔軟に対応して事業戦略を実現するために，新たに 100%出資の
子会社（以下，G 社という）を設立し，D 社から社員を出向させることにした。G 社は，
D 社で事前に検討した幾つかの新しい保険商品を基に，できるだけ早くシステムを開発
し，新たな顧客層へ新しい保険商品の販売を開始することにしている。一方，新しい保
険商品に対して顧客がどのように反応するかが予測困難であるなど，その事業運営には
大きな不確実性があり，事業の進展状況を見ながら運営していく必要がある。

〔D 社のシステム開発の現状と G 社の概要〕
　　D 社では，事業部門である商品開発部及び営業部が提示する要求事項に基づいて，
システム部のメンバで編成したプロジェクトチームでシステムを開発している。きめ
細かなサービスを実現するために，大部分の業務ソフトウェアをシステム部のメンバ
が自社開発していて，ソフトウェアパッケージの利用は最小限にとどまっている。運
用も自社データセンタで，保険代理店の要望に応じてシステム部が運用時間を調整す
るなどきめ細かく対応している。システム部のメンバはベテランが多く，また実績の
ある技術を使うという方針もあり，開発や運用でのトラブルは少ない。一方，業務要
件の変更や新規の保険代理店の追加などへの対応に柔軟さを欠くことが，新しい保険

商品の開発や新たな顧客の開拓において他社に後れを取る原因の一つであった。

　G 社設立に当たり，D 社経営企画部は，G 社におけるシステム開発プロジェクトの課題を次のように整理した。

・新事業の運営には大きな不確実性があるので，システム開発に伴う初期投資を抑える必要があること。

・顧客のニーズや他社動向の急激な変化が予想され，この変化にシステムの機能やシステムのリソースも迅速に適応できるようにする必要があること。

・最新のデジタル技術の利用は，実績のある技術の利用とは異なり，多様な技術の中から仮説と検証を繰り返して実現性や適合性などを評価し，採用する技術を決定する必要があること。ただし，多くの時間を掛けずに，迅速に決定する必要があること。

　これらの課題に対して D 社経営層は，D 社には最新のデジタル技術の知識や経験が不足していることから，G 社の設立時においては，出向者に加えて必要なメンバを社外から採用することにした。

　G 社の組織は，本社機構，事業部及びシステム部から成る。約 30 名の体制で事業を開始する計画で，その準備をしているところである。G 社経営層は 4 名で構成され，D 社経営企画担当の役員が G 社の社長を兼務し，残りの 3 名は，D 社からの異動者 1 名，外部の保険関係の企業から 1 名，外部の IT 企業から 1 名という構成である。各部門も，半数は最新の保険業務や IT に詳しいメンバを社外から採用する。


〔プロジェクトの立上げ〕

　D 社で事前に検討した幾つかの新しい保険商品を提供するための G 社のシステム開発プロジェクト（以下，G プロジェクトという）は，従来の D 社のシステム開発プロジェクトとは特徴が大きく異なるので，G 社社長は，D 社システム部にはプロジェクトマネージャ（PM）の適任者がいないと考えていた。G 社社長は，かつて D 社システム部管掌時に接した多くのベンダの PM から，特にデジタル技術を活用した事業改革を実現するデジタルトランスフォーメーション（DX）に知見がある H 氏が適任と考えた。H 氏は，G 社社長からの誘いに応じて G 社に転職し，G 社システム部長兼 PM に任命された。現在 H 氏は，G プロジェクトの立上げを進めている。

　H 氏は，D 社経営企画部が整理した G 社におけるシステム開発プロジェクトの課

題を解決する方策を，G 社の本社機構，事業部及びシステム部のキーパーソンととも
に検討した。その結果，次のような特徴をもつクラウドサービスの利用が課題の解決
に有効であると考えて，G 社経営層に提案し，G 社役員会で承認を得た。

・①使用するサービスの種類やリソースの量に応じて課金される。

・サービスやリソースを柔軟に選択できるので，②G プロジェクトを取り巻く環境に
　適合する。

・③最新の多様なデジタル技術を活用する際にその技術を検証するための環境が備わ
　っており，実現性や適合性を効率良く評価できる。


〔プロジェクト計画〕

　H 氏は，プロジェクト計画の作成を開始した。G プロジェクトのスコープは販売す
る保険商品やその販売状況に左右される。先行して販売する保険商品は決まったが，
これに対する顧客の反応などを含む事業の進展状況に従って，プロジェクトのスコー
プが明確になっていく。G プロジェクトを計画する上で必要な情報が事業の進展状況
によって順次明らかになることから，H 氏は，④ある方法でプロジェクト計画を作
成することにした。

　H 氏は，システム部を 10 名程度のメンバで発足することにした。既に D 社システ
ム部から 5 名が出向していたので，残りの 5 名前後を社外から採用する。H 氏は，G
社社長とも協議の上，採用面接に当たってはクラウドサービスなどの技術に詳しいこ
とに加えて，⑤多様な価値観を受け入れ，それぞれの知見を生かして議論できること
を採用基準として重視した。この採用基準に沿って，採用は順調に進んでいる。


〔ステークホルダへのヒアリング〕

　H 氏は，G プロジェクトのステークホルダは多様なメンバから構成されることから，
G 社社長以下の役員に対し，プロジェクト運営に関してヒアリングした。その結果は
次のとおりである。

・D 社からの異動者は，顧客や築いてきたブランドへの悪影響がないことを重視して，
　脅威のリスクは取りたくないという考え方であった。一方，社外から採用したメンバ
　は，斬新なチャレンジを重視して，脅威のリスクに対応するだけでなく，積極的に機
　会のリスクを捉えて成果を最大化することに取り組むべき，との考え方であった。

・G社社長は，脅威のリスクへの対応について，軽減又は受容の戦略を選択する場合
には，組織のリスク許容度に基づいてリスクを適切に評価する，という考え方であ
った。また，機会のリスクについても適切にマネジメントしていくべき，という考
え方であった。

H氏は，ヒアリングの結果から，Gプロジェクトのリスクへの対応に留意する必要
があると感じた。そこで，Gプロジェクトのリスク対応計画における戦略選択の方針
を表1のように定め，全役員に了解を得ることにした。

表1　リスク対応計画における戦略選択の方針

| 脅威のリスクへの対応 | | 機会のリスクへの対応 | |
|---|---|---|---|
| 戦略 | 戦略選択の方針 | 戦略 | 戦略選択の方針 |
| a | 法令違反など，新事業の存続を揺るがすような脅威に適用する。 | 活用 | 確実に捉えるべき機会に適用する。 |
| 軽減 | 組織の b を上回る脅威に適用する。 | c | 影響度や発生確率を高めることで，事業の実現に効果が高い機会に適用する。 |
| d | セキュリティの脅威など，外部の専門組織に対応を委託できる脅威に適用する。 | 共有 | 第三者とともに活動することで，捉えやすく，成果が大きくなる機会に適用する。 |
| 受容 | 組織の b と同等か下回る脅威に適用する。 | 受容 | 特別な戦略を策定しなくてもよい，と判断した機会に適用する。 |

H氏は，G社のメンバの多様な経験や知見を最大限生かす観点から，Gプロジェク
トのプロジェクトチームを⑥"ある方針"で編成するのが適切であると考えていた。
そこで，H氏は，事業部とシステム部の社員に，状況をヒアリングした。両部とも，
部内ではD社からの出向者，社外出身者を問わず，業務プロセスやシステムについ
て，多様な経験や知見を生かして活発に議論していることが確認できた。しかし，事
業部の中には，事業部内で議論して整理した結果をシステム部のプロジェクトに要求
事項として提示することが役割だと考えているメンバが複数いた。また，システム部
の中には事業部から提示された要求事項を実現することが役割だという考えのメンバ
が複数いた。H氏は，こうした状況を改善し，新事業を一体感をもって実現するた
めにも，当初考えていた"ある方針"のままプロジェクトチームを編成するのがよい
と考えた。

設問 1　〔プロジェクトの立上げ〕について，(1)〜(3)に答えよ。

(1)　本文中の下線①について，H 氏が，G プロジェクトでは使用するサービスの種類やリソースの量に応じて課金されるクラウドサービスを利用することにした狙いは何か。30 字以内で述べよ。

(2)　本文中の下線②について，H 氏は，サービスやリソースを柔軟に選択できることは，G プロジェクトを取り巻くどのような環境に適合すると考えたのか。30 字以内で述べよ。

(3)　本文中の下線③について，H 氏が G プロジェクトでのデジタル技術の活用において，実現性や適合性を効率良く評価できることが課題の解決に有効であると考えた理由は何か。30 字以内で述べよ。

設問 2　〔プロジェクト計画〕について，(1)，(2)に答えよ。

(1)　本文中の下線④について，H 氏が G プロジェクトの計画を作成する際に用いたのは，どのような方法か。35 字以内で述べよ。

(2)　本文中の下線⑤について，H 氏がこのようなことを採用基準として重視した狙いは何か。25 字以内で述べよ。

設問 3　〔ステークホルダへのヒアリング〕について，(1)，(2)に答えよ。

(1)　表 1 中の　　　a　　　〜　　　d　　　に入れる適切な字句を答えよ。

(2)　本文中の下線⑥について，H 氏が G プロジェクトのプロジェクトチームの編成に当たり適切と考えた方針は何か。30 字以内で述べよ。

〔解答用紙〕

| 設問1 | (1) | | | | | | | | | | | | | | | | | |
|---|---|---|---|---|---|---|---|---|---|---|---|---|---|---|---|---|---|---|
| | | | | | | | | | | | | | | | | | | |
| | (2) | | | | | | | | | | | | | | | | | |
| | | | | | | | | | | | | | | | | | | |
| | (3) | | | | | | | | | | | | | | | | | |
| | | | | | | | | | | | | | | | | | | |
| 設問2 | (1) | | | | | | | | | | | | | | | | | |
| | | | | | | | | | | | | | | | | | | |
| | | | | | | | | | | | | | | | | | | |
| | (2) | | | | | | | | | | | | | | | | | |
| | | | | | | | | | | | | | | | | | | |
| 設問3 | (1) | a | | | | | | | | | | | | | | | | |
| | | b | | | | | | | | | | | | | | | | |
| | | c | | | | | | | | | | | | | | | | |
| | | d | | | | | | | | | | | | | | | | |
| | (2) | | | | | | | | | | | | | | | | | |
| | | | | | | | | | | | | | | | | | | |

# 問題の読み方とマークの仕方

DX 推進プロジェクトを匂わせる記述。今後も必ず出題される「DX 推進」関連のプロジェクト。常に,従来型か DX かを注意しておく必要がある。そのため,DX に関する基礎知識と,アジャイル開発の基礎知識は必須だと考えておこう。

問1　新たな事業を実現するためのシステム開発プロジェクトにおけるプロジェクト計画に関する次の記述を読んで,設問1〜3に答えよ。

　中堅の生命保険会社の D 社は,保険代理店や多数の保険外交員による顧客に対するきめ細かな対応を強みに,これまで主に自営業者や企業内の従業員などをターゲットにした堅実な経営で企業ブランドを築いてきた。D 社には,この強みを継続していけば今後も安定した経営ができるとの思いが強かったが,近年は新しい保険商品の開発や新たな顧客の開拓で他社に後れを取っていた。D 社経営層は今後の経営を危惧し,経営企画部に対応策の検討を指示した。その結果,"昨今の規制緩和に対応し,また最新のデジタル技術を積極的に活用して,他社に先駆けて新たな顧客層へ新しい保険商品を販売する事業(以下,新事業という)"の実現を事業戦略として決定した。新事業では,個人向けにインターネットなどを活用したマーケティングやダイレクト販売を行って,新たな顧客層を開拓する。また,顧客のニーズ及びその変化に対応した新しい保険商品を迅速に提供する計画である。

　D 社は,規制緩和に柔軟に対応して事業戦略を実現するために,新たに 100%出資の子会社(以下,G 社という)を設立し,D 社から社員を出向させることにした。G 社は,D 社で事前に検討した幾つかの新しい保険商品を基に,できるだけ早くシステムを開発し,新たな顧客層へ新しい保険商品の販売を開始する。一方,新しい保険商品に対して顧客がどのように反応するかが予測困難であるなど,その事業運営には大きな不確実性があり,事業の進展状況を見ながら運営していく必要がある。

　(1)　D 社のシステム開発の現状と G 社の概要

　D 社では,事業部門である商品開発部及び営業部が提示する要求事項に基づいて,システム部のメンバで編成したプロジェクトチームでシステムを開発している。きめ細かなサービスを実現するために,大部分の業務ソフトウェアをシステム部のメンバが自社開発していて,ソフトウェアパッケージの利用は最小限にとどまっている。運用も自社データセンタで,保険代理店の要望に応じてシステム部が運用時間を調整するなどきめ細かく対応している。システム部のメンバはベテランが多く,また実績のある技術を使うという方針もあり,開発や運用でのトラブルは少ない。一方,業務要件の変更や新規の保険代理店の追加などへの対応に柔軟さを欠くことが,新しい保険

[手書き: DX / PoC? / アジャイル? / そのための会社 / 編成 / 自社 所属 / 従来 / 今後]

PJ が立ち上がった背景の部分。DX は,事業を成功させることが目的で,経営層の関与も必須になる。したがって,より重要な部分になる。必ずチェックする!

会社を新事業のために作っている。

アジャイル開発,PoC を匂わせる記述。マークしておこう。

設問3(2)で,新プロジェクトのチーム編成が問われている。ここに従来型のチーム編成があることも解答の手掛かりになる。

明らかに,DX プロジェクトでは強みとはならない部分。ゆえに,この後に課題が続いている。

序

1

2

3

4

> 「次の〜」＋箇条書き。箇条書き部分を枠で囲んで，「ここに・・・という記述がある。」
> ということだけを確認しておく。そして設問を解くなど必要な時に，熟読する。

~~商~~！　　　　　　　　環境

商品の開発や新たな顧客の開拓において他社に後れを取る原因の一つであった。

G 社設立に当たり，D 社経営企画部は，G 社におけるシステム開発プロジェクトの課題を次のように整理した。

・新事業の運営には大きな不確実性があるので，システム開発に伴う初期投資を抑える必要があること。

PoC に向いている

・顧客のニーズや他社動向の急激な変化が予想され，この変化にシステムの機能やシステムのリソースも迅速に適応できるようにする必要があること。

同じこと

・最新のデジタル技術の利用は，実績のある技術の利用とは異なり，多様な技術の中から仮説と検証を繰り返して実現性や適合性などを評価し，採用する技術を決定する必要があること。ただし，多くの時間を掛けずに，迅速に決定する必要があること。

> 【最重要箇所】
> 「課題」が三つ書かれている。設問１に対応する部分でもある。非常に重要なところになる。

これらの課題に対して D 社経営層は，D 社には最新のデジタル技術の知識や経験が不足していることから，G 社の設立時においては，出向者に加えて必要なメンバを社外から採用することにした。

体制！

G 社の組織は，本社機構，事業部及びシステム部から成る。約 30 名の体制で事業を開始する計画で，その準備をしているところである。G 社経営層は 4 名で，D 経営企画担当の役員が G 社の社長を兼務し，残りの 3 名は，D 社からの異動者 1 名，外部の保険関係の企業から 1 名，外部の IT 企業から 1 名の構成である。各部門も，半数は最新の保険業務や IT に詳しいメンバを社外から採用する。

> まずは体制の話。課題解決に向けて，体制を適合させていこうとしている。体制は重要なので，ここに体制について書いていることを覚えておこう。

設問 1

②　プロジェクトの立上げ

D 社で事前に検討した幾つかの新しい保険商品を提供するための G 社のシステム開発プロジェクト（以下，G プロジェクトという）は，従来の D 社のシステム開発プロジェクトとは特徴が大きく異なるので，G 社社長は，D 社システム部にはプロジェクトマネージャ（PM）の適任者がいないと考えていた。G 社社長は，かつて D 社システム部管掌時に接した多くのベンダの PM から，特にデジタル技術を活用した事業改革を実現するデジタルトランスフォーメーション（DX）に知見がある H 氏が適任と考えた。H 氏は，G 社社長からの誘いに応じて G 社に転職し，G 社システム部長兼 PM に任命された。現在 H 氏は，G プロジェクトの立上げを進めている。

H 氏は，D 社経営企画部が整理した G 社におけるシステム開発プロジェクトの課

> 〔D 社のシステム開発の現状と G 社の概要〕段落に，従来の D 社のシステム開発プロジェクトについて書かれている。そこと対比する。

- 3 -

> DX プロジェクト，事業改革が必要だということを示唆。
> ここで PM が登場。

「次の〜」＋箇条書き。箇条書き部分を枠で囲んで、「ここに・・・という記述がある。」ということだけを確認しておく。そして設問を解くなど必要な時に、熟読する。なお、クラウドサービスの特徴が三つ箇条書きで書かれているが、それぞれに下線部があり、設問 1 の三つの問題が対応している。

題を解決する方策を、G 社の本社機構、事業部及びシステム部のキーパーソンとともに検討した。その結果、次のような特徴をもつクラウドサービスの利用が課題の解決に有効であると考えて、G 社経営層に提案し、G 社役員会で承認を得た。

- ①使用するサービスの種類やリソースの量に応じて課金される。
- サービスやリソースを柔軟に選択できるので、②G プロジェクトを取り巻く環境に適合する。
- ③最新の多様なデジタル技術を活用する際にその技術を検証するための環境が備わっており、実現性や適合性を効率よく評価できる。

課題の解決に有効ということなので、前ページの課題と対応付ける。

**設問 2**

〔プロジェクト計画〕

H 氏は、プロジェクト計画の作成を開始した。G プロジェクトのスコープは販売する保険商品やその販売状況に左右される。先行して販売する保険商品は決まったが、これに対する顧客の反応などを含む事業の進展状況に従って、プロジェクトのスコープが明確になっていく。G プロジェクトを計画する上で必要な情報が事業の進展状況によって順次明らかになることから、H 氏は、④ある方法でプロジェクト計画を作成することにした。

1 ページ目同様、アジャイルや PoC を匂わせる内容。「不確実性」の部分。

H 氏は、システム部を 10 名程度のメンバで発足することにした。既に D 社システム部から 5 名を出向していたので、残りの 5 名前後を社外から採用する。H 氏は、G 社社長とも協議の上、採用面接に当たってはクラウドサービスなどの技術に詳しいことに加えて、⑤多様な価値観を受け入れ、それぞれの知見を生かして議論できることを採用基準として重視した。この採用基準に沿って、採用は順調に進んでいる。

2 ページ目に続く「体制」に関する記述箇所。

**設問 3**

〔ステークホルダへのヒアリング〕

H 氏は、G プロジェクトのステークホルダは多様なメンバから構成されることから、G 社社長以下の役員に対し、プロジェクト運営に関してヒアリングした。その結果は次のとおりである。

- D 社からの異動者は、顧客や築いてきたブランドへの悪影響がないことを重視して、脅威のリスクは取りたくないという考え方であった。一方、社外から採用したメンバは、斬新なチャレンジを重視して、脅威のリスクに対応するだけでなく、積極的に機会のリスクを捉えて成果を最大化することに取り組むべき、との考え方であった。

ここも、従来の PJ や従来の人材と、DX の PJ や人材との違いを書いている部分。

− 4 −

500

G社社長は，脅威のリスクへの対応について（軽減又は受容の戦略を選択する場合）には，組織のリスク許容度に基づいてリスクを適切に評価する，という考え方であった。また，機会のリスクについても適切にマネジメントしていくべき，という考え方であった。

（合理的）

H氏は，ヒアリングの結果から，Gプロジェクトのリスクへの対応に留意する必要があると感じた。そこで，Gプロジェクトのリスク対応計画における戦略選択の方針を表1のように定め，全役員に了解を得ることにした。

表1　リスク対応計画における戦略選択の方針

| 脅威のリスクへの対応 | | 機会のリスクへの対応 | |
|---|---|---|---|
| 戦略 | 戦略選択の方針 | 戦略 | 戦略選択の方針 |
| a | 法令違反など，新事業の存続を揺るがすような脅威に適用する。 | 活用 | 確実に捉えるべき機会に適用する。 |
| 軽減 | 組織の b を上回る脅威に適用する。 | c | 影響度や発生確率を高めることで，事業の実現に効果が高い機会に適用する。 |
| d | セキュリティの脅威など，外部の専門組織に対応を委託できる脅威に適用する。 | 共有 | 第三者とともに活動することで，捉えやすく，成果が大きくなる機会に適用する。 |
| 受容 | 組織の b と同等か下回る脅威に適用する。 | 受容 | 特別な戦略を策定しなくてもよい，と判断した機会に適用する。 |

H氏は，G社のメンバの多様な経験や知見を最大限生かす観点から，Gプロジェクトのプロジェクトチームを⑥ "ある方針" で編成するのが適切であると考えていた。そこで，H氏は，事業部とシステム部の社員に，状況をヒアリングした。両部とも，部内では D社からの出向者，社外出身者を問わず，業務プロセスやシステムについて，多様な経験や知見を生かして活発に議論していることが確認できた。しかし，事業部の中には，事業部内で議論して整理した結果をシステム部のプロジェクトに要求事項として提示することが役割だと考えているメンバが複数いた。また，システム部の中には事業部から提示された要求事項を実現することが役割だという考えのメンバが複数いた。H氏は，こうした状況を改善し，新事業を一体感をもって実現するためにも，当初考えていた "ある方針" のままプロジェクトチームを編成するのがよいと考えた。

501

*課題への対応*

設問 1 〔プロジェクトの立上げ〕について，(1)～(3)に答えよ。

(1) 本文中の下線①について，H 氏が，G プロジェクトでは使用するサービスの種類やリソースの量に応じて課金されるクラウドサービスを利用することにした狙いは何か。30 字以内で述べよ。　*初期投資抑制*

(2) 本文中の下線②について，H 氏は，サービスやリソースを柔軟に選択できることは，G プロジェクトを取り巻くどのような環境に適合すると考えたのか。30 字以内で述べよ。　*ちを探す，議論*

(3) 本文中の下線③について，H 氏が G プロジェクトでのデジタル技術の活用において，実現性や適合性を効率良く評価できることが課題の解決に有効であると考えた理由は何か。30 字以内で述べよ。　*多様な技術の中から〜*

設問 2 〔プロジェクト計画〕について，(1)，(2)に答えよ。

(1) 本文中の下線④について，H 氏が G プロジェクトの計画を作成する際に用いたのは，どのような方法か。35 字以内で述べよ。　*アジャイル？*

(2) 本文中の下線⑤について，H 氏がこのようなことを採用基準として重視した狙いは何か。25 字以内で述べよ。　*柔軟，斬新，幅広さ→流行　議論*

設問 3 〔ステークホルダへのヒアリング〕について，(1)，(2)に答えよ。

(1) 表 1 中の ［ a ］ ～ ［ d ］ に入れる適切な字句を答えよ。

(2) 本文中の下線⑥について，H 氏が G プロジェクトのプロジェクトチームの編成に当たり適切と考えた方針は何か。30 字以内で述べよ。　*知識*

*従来はシステム部だけ*
*→今回は事務部も.*

まずは，どこに直接的な該当箇所があるのかをチェックしておく。

今回も，1 つの段落に 1 つの設問としてきれいに分かれている。最近の主流だが，この場合，問題文を頭から順番に読み進めながら，設問をひとつずつ順番に解いていけばいいだろう。

# IPA公表の出題趣旨・解答・採点講評

### 出題趣旨

　プロジェクトマネージャ（PM）は，現状を抜本的に変革するような事業戦略に対応したプロジェクトにおいては，現状を正確に分析した上で，前例にとらわれずにプロジェクトの計画を作成する必要がある。

　本問では，生命保険会社の子会社設立を通じて，新たな事業を実現するためのシステム開発プロジェクトを題材としている。デジタルトランスフォーメーション（DX）などの新しい考え方を取り入れたり，必要な人材を社外から集めたりして事業戦略を実現すること，プロジェクト計画を段階的に詳細化するようなプロジェクトの特徴にあった修整をすることなど，不確実性の高いプロジェクトにおける計画の作成やリスクへの対応について，PMとしての知識と実践的な能力を問う。

| 設問 | | 解答例・解答の要点 | 備考 |
|---|---|---|---|
| 設問1 | (1) | システム開発に伴う初期投資を抑えるため | |
| | (2) | 顧客のニーズや他社動向の急激な変化が予想される環境 | |
| | (3) | 仮説と検証を多くの時間を掛けず繰り返し実施できるから | |
| 設問2 | (1) | 計画の内容を事業の進展状況に合わせて段階的に詳細化する。 | |
| | (2) | 多様な知見を活用し，新事業を実現するため | |
| 設問3 | (1) | a | 回避 | |
| | | b | リスク許容度 | |
| | | c | 強化 | |
| | | d | 転嫁　又は　移転 | |
| | (2) | 組織横断的に事業部とシステム部のメンバを参加させる。 | |

### 採点講評

　問1では，新たな事業を実現するためのシステム開発プロジェクトを題材に，不確実性の高いプロジェクトにおけるプロジェクト計画の作成やリスクへの対応について出題した。全体として正答率は平均的であった。

　設問2(2)は，正答率が低かった。単にG社に足りない技術や知見の獲得を狙った解答が散見された。新事業の実現のためには，個々のメンバが変化を柔軟に受け入れ，多様な知見を組織として活用する必要があることを読み取って解答してほしい。

　設問3(2)は，正答率がやや低かった。事業部のメンバとシステム部のメンバが，それぞれの役割を組織の枠内に限定して考えている状況をよく理解し，組織として一体感をもってプロジェクトを進めるためには，事業部とシステム部のメンバを混在させたチーム編成にする必要がある点を読み取って解答してほしい。

# 解説

　これからの主流になるであろう DX 関連のプロジェクトをテーマにした問題。スコープを確定させてから粛々と進めていく "従来型のプロジェクト" と，不確実性を多く含むため，PoC やアジャイル型の開発を意識した DX 関連のプロジェクトの違いに関する知識が必要になる。今後も十分出題される可能性が高いので，しっかりと準備をしておこう。

## 設問 1

　設問 1 は，問題文 2 ページ目，括弧の付いた二つ目の〔プロジェクトの立上げ〕段落に関する問題である。PM（G 社システム部長兼 PM に任命された H 氏）が，G 社におけるシステム開発プロジェクトの課題を解決する方策を検討した結果，クラウドサービスの利用が有効だと判断したことについて問われている。クラウドサービスの特徴が三つ，設問もそれぞれに対応する形で三つ用意されている。

　解答に当たっては，このクラウドサービスがシステム開発プロジェクトの課題を解決する方策として有効だということなので，問題文中の「システム開発プロジェクトの課題」について書かれている部分を中心に考えればいいだろう。

### ■ 設問 1 (1)

| どの課題を解決できるのかを答える設問 | 「問題文導出－解答抜粋型」 |
|---|---|

**【解答のための考え方】**

　この問題では，クラウドサービスの特徴の一つ目，下線①「**使用するサービスの種類やリソースの量に応じて課金される**」という点について問われている。この特徴がクラウドサービスを利用する決め手となった一つの理由だとして，その狙いについて問われている。

　先に説明したとおり，このクラウドサービスがシステム開発プロジェクトの課題を解決する方策として有効だということなので，問題文中の「**システム開発プロジェクトの課題**」について書かれている部分を確認して，そこに下線①で解決できる課題が無いかを探してみる。そういう手順なので，基本的には問題文中に解答があるはずなので，それを探し出そうと考えればいいだろう。

## 【解説】

　システム開発プロジェクトの課題は，問題文2ページ目の3行目以後に三つ記載されている。この三つの課題が下線①で解決できないかという視点でチェックする。

　するとすぐに「**新事業の運営には大きな不確実性があるので，システム開発に伴う初期投資を抑える必要があること。**」という点に反応できるだろう。一般的に，使用するサービスの量やリソースの量に応じて課金されるクラウドサービス（以下，従量制という）は，自前でハードウェアを含むシステムを用意する場合と比較して，初期投資を抑制できると考えられているからだ。

　仮に，従量制のクラウドサービスではなく，自前のハードウェアを購入もしくはリースで用意するとしたら，後々増設ができるにせよ，最初からある程度先を見越して用意しなければならない。そのため，そこそこ初期投資が掛かってしまう。それを，従量制のクラウドサービスにすると，システムの準備も十分ではなくデータも少ない初期段階は安く抑えることができる。その後，利用頻度が増えたり，リソースの使用量が増えてくると逆転することもあるが，総じて準備に時間がかかる初期段階は従量制のクラウドサービスの方がコストは抑制できるとされている。

　以上より，「**システム開発に伴う初期投資を抑えるため（19字）**」という解答になる。

### 【自己採点の基準】（配点7点）

| IPA公表の解答例（網掛け部分は問題文中で使われている表現） |
|---|
| システム開発に伴う初期投資を抑えるため（19字） |

　この設問は，問題文中から抜き出す"抜粋型"になるので，問題文中から抜き出す部分はそのまま使いたい。また，設問で要求されている「30字以内」に対して，解答例は19字しかない。そのため，意味が変わらないように注意すれば，この解答例に「課題に対応するため」などを付け加えてもいいだろう。

## ■ 設問1 (2)

どの課題を解決できるのかを答える設問　　　　　　「問題文導出－解答抜粋型」

### 【解答のための考え方】

　この問題も，クラウドサービスの特徴の二つ目，サービスやリソースを柔軟に選択できるという点について問われている。それが，下線②「**Gプロジェクトを取り巻く環境に適合する**」としているが，その"環境"とは何かというものだ。

　この問題の"環境"のように，ある特定の名詞が問われているケースでは，問題文中で，その名詞が使われていないかを探すのが鉄則だ。今回なら「**環境**」について説明しているところになる。但し，設問1の三つの問題は全て「課題に対応するため」なので，そこもチェックしなければならない。いずれにせよ，ここで問われているのは「Gプロジェクトを取り巻く環境」なので，一般論の知識として出てくることは無い。解答は，必ず文中にあると考えて探し出そう。

### 【解説】

　まずは設問1 (1) 同様，三つの課題をチェックする。すると，ここでもすぐに「**顧客のニーズや他社動向の急激な変化が予想され，…**」という文に反応できると思う。これはまさに「環境」に該当するからだ。後続の「**この変化にシステムの機能やシステムのリソースも迅速に適応**できるようにする必要があること。」という表現は，下線②の前の「**サービスやリソースを柔軟に選択**できるので」という表現と対応付けるとしっくりくる。これが解答だとわかるだろう。

　時間があれば，（念のため）問題文中のほかのところに「**Gプロジェクトを取り巻く環境**」について書かれているところがないかをチェックしてもいい。"環境"という用語を探すイメージでいいだろう。しかし，特に見当たらなかったので，課題のところで見つけた箇所の表現を使って「**顧客のニーズや他社動向の急激な変化が予想される環境**」という解答で確定する。

### 【自己採点の基準】（配点7点）

| IPA公表の解答例（網掛け部分は問題文中で使われている表現） |
| --- |
| 顧客のニーズや他社動向の急激な変化が予想される環境（25字） |

　これも抜粋型なので"**顧客のニーズや他社動向の急激な変化**"という部分は，使っていないといけないと考えた方がいいだろう。多少の表現の揺れ程度は問題ないと思えるが。

## ■ 設問１（3）

どの課題を解決できるのかを答える設問　　　　　　「問題文導出－解答抜粋型」

### 【解答のための考え方】

　これまで同様，クラウドサービスの特徴の三つ目についての問題だ。箇条書きの3つめは全てが下線③になっている。Gプロジェクトでのデジタル技術の活用において，実現性や適合性を効率良く評価できることが課題の解決に有効であると考えた理由が問われている。

　解答に当たっては，対象となる課題を明確にして，その課題に，下線③の特徴がどのように影響するのかを考えればいいだろう。

### 【解説】

　ここでも，これまで同様，三つの課題をチェックする。普通に考えれば，残った三つ目の課題である可能性が高いと想像できるが，まさにその通りだった。箇条書き三つ目の「**最新のデジタル技術の利用は，…ただし，多くの時間を掛けずに，迅速に決定する必要があること。**」の部分に対応しているのは間違いない。

　それに対して，利用しようとしているクラウドサービスは，下線③のように既に「**環境が備わって**」いる。そのため，多様な技術の中から仮説と検証を繰り返す時に，いちいち個々の環境を準備する必要がない。それゆえ，「**多くの時間を掛けずに，迅速に決定する**」ことができる。これが解答の軸になる。「仮説と検証をするときに」というニュアンスの言葉を添えて，解答例のようにまとめればいいだろう。

### 【自己採点の基準】（配点７点）

| IPA公表の解答例（網掛け部分は問題文中で使われている表現） |
| --- |
| 仮説と検証を多くの時間を掛けず繰り返し実施できるから（26字） |

　これも，ほぼ抜粋型になる。解答の中心は「**多くの時間を掛けない**」という部分。これこそが課題だからだ。何に対してかという点は「**仮説と検証を繰り返すこと**」だ。この二つの要素が含まれていれば正解だと考えて間違いないだろう。

## 設問 2

　設問2は，問題文3ページ目，括弧の付いた三つ目の〔**プロジェクト計画**〕段落の問題である。この段落には下線が二つあり，その二つが問題になっている。一つずつ丁寧に考えて行けばいい。

### ■ 設問2 (1)

これまでと違ったプロジェクト計画の作成方法に関する設問　「問題文導出－解答加工型」
「知識解答型」

【解答のための考え方】

　一つ目は下線④についての問題だ。下線④は「ある方法」。いわゆる匂わせの問題で，その方法は，プロジェクト計画を作成する時に用いる方法だ。設問1を解いた時に残っている記憶と，この〔**プロジェクト計画**〕段落を熟読して考えればいい。

【解説】

　通常，プロジェクト計画を作成する時には，ステークホルダとコンセンサスが取れたスコープをベースに作成する。PMBOKの第6版まで，全てそういう方法で作成するように定義されている。

　しかし，今回はそうはいかない。「**Gプロジェクトのスコープは販売する保険商品やその販売状況に左右される。**」からだ。プロジェクトのスコープは「**顧客の反応などを含む事業の進展状況に従って**」明確になっていく。そのため，従来の方法ではスコープが確定するまでプロジェクトには着手できないわけだが，問題文の1ページ目には「**できるだけ早くシステムを開発**」することが求められている。そこで「**ある方法**」で作成することにしたようだ。

　通常，こういう場合は"アジャイル開発"を採用するところではないかと考えるだろう。この問題そのものがDXをテーマにしたものなので，その可能性は高い。しかし，ここで求められているのはプロジェクト計画を作成する時の「**ある方法**」だ。35字以内で解答することもあって，単純に「アジャイル開発…」と書くわけにはいかない。

　そこで，問題文中の言葉を活用して解答することを考える。スコープが確定するまで待てないわけだから，事業の進展状況によってスコープを決めるしかない。そして，それを段階的に詳細化していくというニュアンスのことを解答にすればいいだろう。

## 【自己採点の基準】（配点７点）

> **IPA 公表の解答例**（網掛け部分は問題文中で使われている表現）
>
> 計画の内容を事業の進展状況に合わせて段階的に詳細化する。（28 字）

　この解答例だと，①アジャイル開発にするのか，②スコープが確定してから従来型で開発するのかわからない。開発とリリースを繰り返しながら事業の進展状況に合わせて段階的に詳細化するのか（上記の①），計画作成の期間を長く取った上で事業の進展状況に合わせて計画を段階的に詳細化するだけなのか（上記の②），どちらともとれるからだ。別の言い方をすると，解答例の**「計画の内容」**に，設計やプログラミングを繰り返すところまで入っているのか（上記の①），単に「プロジェクト計画書の作成」フェーズだけの話（上記の②）なのかだ。

　この解答例のように，どちらともとれる解答を書いた場合には問題ないが，**「開発を繰り返す」**という表現を加えるなどしてアジャイルを想起させる解答を書いた場合に，上記の①なのか②なのかで，正解か不正解かが変わってくる。

　問題文中には**「従来の D 社のシステム開発プロジェクトとは特徴が大きく異なる」**とも書いているし，スコープが確定される時期についても書いてない。さらには**「顧客の反応」**を見ながらスコープを決めていくと書いている。以上のことを考えれば，段階的に詳細化していく**「計画の内容」**には，設計やプログラミング，場合によってはリリースも含んでいる可能性が高い。つまり，上記の①の可能性が高い。この問題そのものが DX をテーマにしている点や，設問１で考えた課題とクラウドサービス利用に関する記述の部分，**「できるだけ早くシステムを開発」**することが求められている点からも，おそらくスコープの確定まで待たずに設計，プログラミングと進めていくのだろう。それを段階的に繰り返すアジャイル開発を想定している可能性が高い。

　実際のところ，出題趣旨にも採点講評にも，そのあたりのことは書かれていないのでわからないが，総合的に考えてアジャイル開発を想定して「段階的に詳細化する」と書いているのだと思われる。

## ■ 設問2（2）

| PMの意思決定の"狙い"を答える設問 | 「問題文導出－解答加工型」 |
|---|---|

### 【解答のための考え方】

　続いて下線⑤をチェックする。下線⑤は「**多様な価値観を受け入れ，それぞれの知見を生かして議論できること**」という社外から採用するメンバの重視すべき採用基準のところだ。その採用基準を重視することにしたのはPM（H氏）で，そのPMの狙いが問われている。

　一般的に，今回のような不確実性が高いDXプロジェクトを進めていく場合，普通に「**多様な価値観を受け入れ，それぞれの知見を生かして議論できる**」メンバが必要になる。当然と言えば当然だ。都度，アイデアを出し合いながら議論をして，目的達成のためによりよい答えを出していかなければならないからだ。そのために，意思決定できる経営層を巻き込んで進めていくわけだ。単にデジタルを活用するだけの業務効率化ではなく，トランスフォーメーション（変革）が必要だからだ。

　それを前提に，①なぜ社外から採用する必要があるのか，②今回のプロジェクトの目的は何なのかを明確にするところから着手して狙いを考えればいいだろう。

### 【解説】

　社外から採用しなければならない理由は「**システム部を10名程度のメンバで発足**」したが，その時点で単純に5名足りないからだ。

　一方，今回のプロジェクトの目的は〔プロジェクトの立上げ〕段落に，「**事前に検討した幾つかの新しい保険商品を提供するため**」だと書いている。そしてそれは「**規制緩和に柔軟に対応して事業戦略を実現するため**」である。事業戦略は「**新事業の実現**」である。

　しかし，そうしたプロジェクトの目的を達成する上で，次のような課題がある。

> 「**新しい保険商品に対して顧客がどのように反応するかが予測困難**であるなど，その事業運営には大きな**不確実性**があり，事業の進展状況を見ながら運営していく必要がある。」

　こうした課題がある中で，プロジェクトの目的である新事業を成功させるためには，こうした不確実性に対して，多様な価値観を受け入れ，それぞれの知見を生かして議論しながら進めていく人材が必要だと判断したのだろう。そのあたりを解答例のようにまとめて解答する。

## 【自己採点の基準】（配点 7 点）

　多様な知見を活用し，新事業を実現するため（20 字）

　採点講評に書いてあるように正答率が低かったらしい。確かに，解答例のような解答を思い付くのは難しいと思われる。DX のプロジェクトが，プロジェクト目標（納期や予算）よりも，プロジェクトの目的の達成（事業の変革）を重視するというのは理解できるが，「新事業を実現するため」という解答でいいのであれば，全ての行動根拠や狙いがそこに帰結してしまい，全ての PM の狙いが「新事業を実現するため」という解答になってしまいかねない。

　採点講評に書かれている「単に G 社に足りない技術や知見の獲得を狙った解答」が違っているという点には納得できる。確かに，問題文には「D 社には最新のデジタル技術の知識や経験が不足していることから，G 社の設立時においては，出向者に加えて必要なメンバを社外から採用することにした。」とは書かれているが，その部分は，下線⑤の直前にある「クラウドサービスなどの技術に詳しいことに加えて」という部分に含まれていると考えられるからだ。

　しかし，「多様な価値観を受け入れ，それぞれの知見を生かして議論できること」という採用基準にしたことと，「新事業を実現するため」の因果関係の間には，「不確実性を確定させていかないといけないから」というような課題に対する解決プロセスが入るので，そちらを解答しても，あながち間違っているとは言えないはずだが，正解にしてくれるかどうかはわからない。

　表現レベルでは，「新事業を成功させるため」という感じでも問題ないはずだ。「多様な知見を活用し」という部分が必須キーワードになっているとも思えないので，その部分を，「多角的に分析し」とか，「不確実性に対し適切な解を見出し」という表現に変えても問題ないだろう。採点講評に書かれている「変化を柔軟に受け入れ，多様な知見を組織として活用するため」という表現の一部を使うのも大丈夫なはずだ。

　なお，DX プロジェクトが，事業やビジネスモデルの変革を狙っていることから，この設問と解答の組み合わせのように「新事業を成功させるため」という視点は覚えておいても損はないかもしれない。とは言うものの，答え合わせをした時に「あ，そういうことか」という感じだったとしたら，この設問に対しては，深く考えなくてもいいと思う。

# 設問 3

　設問 3 は，問題文 3 ページ目，括弧の付いた四つ目の〔**ステークホルダへのヒア**
**リング**〕段落の問題である。ここではリスク対応戦略に関する穴埋め問題と，下線
に対する問題がある。

## ■ 設問 3 (1)

| リスクに関する知識が問われている設問 | 「穴埋め問題」 |
|---|---|

### 【解答のための考え方】

　午前問題とほぼ同様のリスクに対する戦略について問われている。リスク対応戦
略は JIS Q 0073 や PMBOK で定義されているが，例えば PMBOK（第 6 版及び第 7
版）ではリスクを次のように定義している（説明は筆者がわかりやすく説明したも
の。PMBOK の定義ではない）。

---

　脅威（マイナス）のリスクに対する戦略
　・エスカレーション：プログラムレベル，ポートフォリオレベル等（PM の
　　　　　　　　　　　　上司や PMO 等）に判断を委ねる。
　・回避：リスクそのものを回避する
　・転嫁：保険や保障，契約などの工夫で責任を転嫁する
　・軽減：対応策をとってリスクそのものを軽減する
　・受容：積極的に動くわけではなく現状のリスクを受け入れ，発生した時に
　　　　　備える
　機会（プラス）のリスクに対する戦略
　・エスカレーション：プログラムレベル，ポートフォリオレベル等（PM の
　　　　　　　　　　　　上司や PMO 等）に判断を委ねる。
　・活用：確実に好機を掴むためそれを妨げる不確実性を除去する
　・共有：好機を掴む確率を上げるため第三者と共有する
　・強化：プラス要因を増加させる
　・受容：積極的に動くわけではなく現状のリスクを受け入れる

---

　こうした知識をベースに解答を考えればいいだろう。

【解説】

　前述の知識があれば，表１の戦略部分の空欄ａ，空欄ｄ，空欄ｃから解いていくといいだろう。知識さえあれば即答できる容易な問題だからだ。

　空欄ａは，「**新事業の存続を揺るがすような脅威**」という表現から，影響がかなり大きい脅威に対するものだということがわかる。軽減や受容ではないもので，かつ，空欄ｄの戦略選択の方針と比較して考えれば「**回避**」だということは容易にわかるだろう。ちなみに，JIS Q 0073 のリスク回避の説明では「**法律上及び規制上の義務に基づく場合がある。**」と書かれている。そのため「**法令違反**」というワードからも回避という解答が想起できるだろう。

　空欄ｄは，空欄ａが回避で，軽減や受容ではないものなので「**転嫁**」ではないかと考える。戦略選択の方針には，「**委託**」という用語があるので「**転嫁**」で確定できる。なお，転嫁は移転でも問題はない。

　機会のリスクへの対応の**空欄ｃ**は，活用，共有，受容ではないものなので「**強化**」ではないかと推測できる。戦略選択の方針にも「**影響度や発生確率を高める**」と書いてあるので「**強化**」で確定できる。なお，PMBOK 第６版や第７版には，他にエスカレーションもあるが，今回は，それは対象外だったようだ。

　最後に**空欄ｂ**を考える。空欄ｂは脅威に対する戦略の軽減と受容の両方にあるもので「**組織の**」という言葉に続くものになる。また，受容の戦略選択の方針には，空欄ｂと「**同等か下回る脅威**」と続き，軽減でも「**（空欄ｂ）を上回る脅威**」となっている。これは何かしらの基準であり，その基準を上回る場合に軽減が，同等か下回る場合に受容することを意味している。以上より，空欄ｂには「**リスク許容度**」が入る。リスク許容度とは JIS Q 0073 でも定義されている用語で，自らの目的を達成するため，リスク対応の後のリスクを負う組織又はステークホルダの用意している程度になる。つまり，組織が許容できる基準になる。そのため，リスク許容度を上回る場合には軽減することが必要だし，同程度か下回っていれば受容することになる。重要な用語の一つなので覚えておこう。

【自己採点の基準】（配点２点×４）

| IPA 公表の解答例（網掛け部分は問題文中で使われている表現） |
| --- |
| 空欄ａ：回避，空欄ｂ：リスク許容度，空欄ｃ：強化，空欄ｄ：転嫁 又は 移転 |

　用語が問われている穴埋め問題なので，解答例のみを正解だと考えよう。

## ■ 設問3（2）

PM の意思決定の"狙い"を答える設問　　　　　　　「問題文導出－解答抜粋型」

### 【解答のための考え方】

　ここで問われているのは，プロジェクトチームの編成に関する方針である。そして，そういう方針にしたのは「G 社のメンバの多様な経験や知見を最大限生かす」ことを目的としている。

　プロジェクトチームの編成方針が問われており，「多様な経験や知見」を必要としていることから，「様々な専門家を集める」とか「全ての部署から人を集める」，「全社的に」，「組織横断的に」という方針だと推測できる。

　しかも，今回のような新事業のために会社を作り全社的に新事業を推進するケースで，そのための DX プロジェクトなので全社一丸となって取り組む必要があることは明白だ。そもそも DX プロジェクトなので，経営層も事業部門も必要になる。そういうことを考えるだけでも，全社一丸となって組織横断的にチームを編成しなければならないことは明白だ。

　後は，（念のため）下線⑥前後の文を熟読して，どういう解答なら問題ないかを確認すればいいだろう。いずれにせよ，問われているのがプロジェクトチームの編成方針であり，しかも DX プロジェクトで，そのために会社を作ったことを考慮すれば，解答候補は絞り込める。

### 【解説】

　下線⑥の後続の文を最後まで読み進めると，「H 氏は，事業部とシステム部の社員に，状況をヒアリングした。」と書いている。やはり，事業部は参画していることがわかる。

　さらにその後には「業務プロセスやシステムについて，多様な経験や知見を生かして活発に議論していることが確認できた。」としている。その後には，一部そうではないメンバもいたとしているが，そこには「事業部の中には，事業部内で議論して整理した結果をシステム部のプロジェクトに…」という表現や，「事業部から提示された要求事項を…」という表現がある。これらは，言い換えれば，従来通り"システム部だけ"でプロジェクトチームを編成し，事業部は，そのプロジェクトチームに要求事項を上げればいいという考えになる。この考えに対し，（H 氏は）改善対象と考えているわけだ。以上より，少なくともチーム編成は「事業部とシステム部の混合チームでないといけない」ということになる。

　そして，最終的に「新事業を一体感をもって実現するためにも，当初考えていた"ある方針"のままプロジェクトチームを編成するのがよいと考えた。」と締めく

くっている。ここに「一体感をもって」とストレートに書いているので，当初考えた通りの解答で間違いないと確定できるだろう。

　以上より，解答例のような「組織横断的に事業部とシステム部のメンバを参加させる。」という解答になる。

　なお，〔D社のシステム開発の現状とG社の概要〕段落の2行目には「システム部のメンバで編成したプロジェクトチームでシステムを開発している。」と，それまでのプロジェクトチームの編成を明記している。それに対して，Gプロジェクトは，〔プロジェクトの立上げ〕段落では，「従来のD社のシステム開発プロジェクトとは特徴が大きく異なる」としている。この特徴の大きな違いは，この設問で問われているチーム編成ということになる。したがって，端的に言えば，事業部からのメンバを参加させることが，従来とは違った編成方針になる。それに加えて，「多様な知見」が必要なので，"全社的"とか"組織横断的"にという言葉も必要だと考えられる。

### 【自己採点の基準】（配点7点）

IPA公表の解答例（網掛け部分は問題文中で使われている表現）

**組織横断的に事業部とシステム部のメンバを参加させる。（26字）**

　解説のところにも詳しく書いているが，「事業部のメンバを参加させる」というニュアンスの言葉は必須になると考えるべきだろう。従来がシステム部だけの編成で，その従来と同様の認識のメンバがいることを改善対象にしているからだ。

　そして「組織横断的」という用語も欲しいところだ。これは，例えば情報セキュリティのISMSを構築する時などにも使われる用語で，情報処理技術者試験では，どの試験区分でも，よく見かけるワードだからだ。覚えておいて損はないだろう。他にも全社的にとか，全部門からという用語を使っても「多様な経験や知見」を用いた議論が可能なので，同じ意味になるはず。そのあたりまでは問題なく正解だと考えられる。

　問題は，「組織横断的」や「全社的」という意味の用語が無い場合だ。「多様な経験や知見」を用いた議論に反応できていないとも捉えられるが，採点講評には「事業部とシステム部のメンバを混在させたチーム編成にする必要がある」としか書いていない。そのまま解釈すると，単に「事業部とシステム部のメンバを混在させたチーム編成にする」だけでも正解だということだろう。実際のところはわからないが，採点講評を見る限り，おそらく無くても正解になると思われる。しかし，チーム編成が問われた時に，「組織横断的」や「全社的」という言葉が必要かどうかを常に考える姿勢は必要になる。覚えておいて損はないだろう。

## 演習 ● 令和 3 年度　問 2

問2　業務管理システムの改善のためのシステム開発プロジェクトに関する次の記述を読んで，設問 1〜3 に答えよ。

　L 社は，健康食品の通信販売会社であり，これまでは堅調に事業を拡大してきたが，近年は他社との競合が激化してきている。L 社の経営層は競争力の強化を図るため，顧客満足度（以下，CS という）の向上を目的とした活動を全社で実行することにした。この活動を推進するために CS 向上ワーキンググループ（以下，CSWG という）を設置することを決定し，経営企画担当役員の M 氏がリーダとなって，本年 4 月初めから CSWG の活動を開始した。

　L 社はこれまでにも，商品ラインナップの充実，顧客コミュニティの運営，顧客チャネル機能の拡張としてのスマートフォン向けアプリケーションの提供などを進めてきた。L 社では CS 調査を半年に一度実施しており，顧客コミュニティを利用して CS を 5 段階で評価してもらっている。これまでの CS 調査の結果では，第 4 段階以上の高評価の割合が 60％前後で推移している。L 社経営層は，CS が高評価の顧客による購入体験に基づく顧客コミュニティでの発言が売上向上につながっているとの分析から，高評価の割合を 80％以上とすることを CSWG の目標にした。

　CSWG の進め方としては，施策を迅速に展開して，CS 調査のタイミングで CS と施策の効果を分析し評価する。その結果を反映して新たな施策を展開し，半年後の CS 調査のタイミングで再び CS と施策の効果を分析し評価する，というプロセスを繰り返し，2 年以内に CSWG の目標を達成する計画とした。

　施策の一つとして，販売管理機能，顧客管理機能及び通販サイトなどの顧客接点となる顧客チャネル機能から構成されている業務管理システム（以下，L 社業務管理システムという）の改善によって，購入体験に基づく顧客価値（以下，顧客の体験価値という）を高めることで CS 向上を図る。L 社業務管理システムの改善のためのシステム開発プロジェクト（以下，改善プロジェクトという）を，CSWG の活動予算の一部を充当して，本年 4 月中旬に立ち上げることになった。

　改善プロジェクトのスポンサは M 氏が兼任し，プロジェクトマネージャ（PM）には L 社システム部の N 課長が任命された。プロジェクトチームのメンバは L 社システム部から 10 名程度選出し，内製で開発を進める。2 年以内に CSWG の目標を達成する必要があることから，改善プロジェクトの期間も最長 2 年間と設定された。

なお，M 氏から，目標達成には状況の変化に適応して施策を見直し，新たな施策を速やかに展開することが必要なので，改善プロジェクトも要件の変更や追加に迅速かつ柔軟に対応してほしい，との要望があった。


〔L 社業務管理システム〕

　現在の L 社業務管理システムは，L 社業務管理システム構築プロジェクト（以下，構築プロジェクトという）として 2 年間掛けて構築し，昨年 4 月にリリースした。

　N 課長は，構築プロジェクトでは開発チームのリーダであり，リリース後もリーダとして機能拡張などの保守に従事していて，L 社業務管理システム及び業務の全体を良く理解している。L 社システム部のメンバも，構築プロジェクトでは機能ごとのチームに分かれて開発を担当したが，リリース後はローテーションしながら機能拡張などの保守を担当してきたので，L 社業務管理システム及び業務の全体を理解したメンバが育ってきている。

　L 社業務管理システムは，業務プロセスの抜本的な改革の実現を目的に，処理の正しさ（以下，正確性という）と処理性能の向上を重点目標として構築され，業務の効率化に寄与している。業務の効率化は L 社内で高く評価されているだけでなく，生産性の向上による戦略的な価格設定や新たなサービスの提供を可能にして，CS 向上にもつながっている。また，構築プロジェクトは品質・コスト・納期（以下，QCDという）の観点でも目標を達成したことから，L 社経営層からも高く評価されている。

　N 課長は，改善プロジェクトのプロジェクト計画を作成するに当たって，社内で高く評価された構築プロジェクトのプロジェクト計画を参照して，スコープ，QCD，リスク，ステークホルダなどのマネジメントプロセスを修整し，適用することにした。N 課長は，まずスコープと QCD のマネジメントプロセスの検討に着手した。その際，M 氏の意向を確認した上で，①構築プロジェクトと改善プロジェクトの目的及びQCD に対する考え方の違いを表1のとおりに整理した。

表1　構築プロジェクトと改善プロジェクトの目的及び QCD に対する考え方の違い

| 項目 | 構築プロジェクト | 改善プロジェクト |
|---|---|---|
| 目的 | L 社業務管理システムの構築によって，業務プロセスの抜本的な改革を実現する。 | L 社業務管理システムの改善によって，顧客の体験価値を高め CS 向上の目標を達成する。 |
| 品質 | 正確性と処理性能の向上を重点目標とする。 | 現状の正確性と処理性能を維持した上で，顧客の体験価値を高める。 |
| コスト | 定められた予算内でのプロジェクトの完了を目指す。要件定義完了後は，予算を超過するような要件の追加や変更は原則として禁止とする。 | CSWG の活動予算の一部として予算が制約されている。 |
| 納期 | 業務プロセスの移行タイミングと合わせる必要があったので，リリース時期は必達とする。 | CS 向上が期待できる施策に対応する要件ごとに迅速に開発してリリースする。 |

〔スコープ定義のマネジメントプロセス〕

　N 課長は，表1から，改善プロジェクトにおけるスコープ定義のマネジメントプロセスを次のように定めた。

・CSWG が，施策ごとに CS 向上の効果を予測して，改善プロジェクトへの要求事項の一覧を作成する。そして，改善プロジェクトは技術的な実現性及び影響範囲の確認を済ませた上で②全ての要求事項に対してある情報を追加する。改善プロジェクトが追加した情報も踏まえて，CSWG と改善プロジェクトのチームが協議して，CSWG が要求事項の優先度を決定する。

・改善プロジェクトでは優先度の高い要求事項から順に要件定義を進め，③制約を考慮してスコープとする要件を決定する。

・CSWG が状況の変化に適応して要求事項の一覧を更新した場合，④改善プロジェクトのチームは，直ちに CSWG と協議して，速やかにスコープの変更を検討し，CSWG の目標達成に寄与する。

　N 課長は，これらの方針を M 氏に説明し，了承を得た上で CSWG に伝えてもらい，CS 向上の目標達成に向けてお互いに協力することを CSWG と合意した。


〔QCD に関するマネジメントプロセス〕

　N 課長は，表1から，改善プロジェクトにおける QCD に関するマネジメントプロセスを次のように定めた。

・改善プロジェクトは，要件ごとに，要件定義が済んだものから開発に着手してリリ

ースする方針なので，要件ごとにスケジュールを作成する。

・一つの要件を実現するために販売管理機能，顧客管理機能及び顧客チャネル機能の全ての改修を同時に実施する可能性がある。迅速に開発してリリースするには，構築プロジェクトとは異なり，要件ごとのチーム構成とするプロジェクト体制が必要と考え，可能な範囲で⑤この考えに基づいてメンバを選任する。

・リリースの可否を判定する総合テストでは，改善プロジェクトの考え方を踏まえて，⑥必ずリグレッションテストを実施し，ある観点で確認を行う。

・システムのリリース後に実施する CS 調査のタイミングで，CSWG が CS とリリースした要件の効果を分析し評価する際，⑦改善プロジェクトのチームは特にある効果について重点的に分析し評価して CSWG と共有する。

設問 1　〔L 社業務管理システム〕の本文中の下線①について，N 課長が，改善プロジェクトのプロジェクト計画を作成するに当たって，プロジェクトの目的及び QCD に対する考え方の違いを整理した狙いは何か。35 字以内で述べよ。

設問 2　〔スコープ定義のマネジメントプロセス〕について，(1)～(3)に答えよ。

(1)　本文中の下線②について，改善プロジェクトが追加する情報とは何か。20 字以内で述べよ。

(2)　本文中の下線③について，改善プロジェクトはどのような制約を考慮してスコープとする要件を決定するのか。20 字以内で述べよ。

(3)　本文中の下線④について，N 課長は，改善プロジェクトが速やかにスコープの変更を検討することによって，CSWG の目標達成にどのようなことで寄与すると考えたのか。30 字以内で述べよ。

設問 3　〔QCD に関するマネジメントプロセス〕について，(1)～(3)に答えよ。

(1)　本文中の下線⑤について，N 課長はどのようなメンバを選任することにしたのか。30 字以内で述べよ。

(2)　本文中の下線⑥について，N 課長が，総合テストで必ずリグレッションテストを実施して確認する観点とは何か。25 字以内で述べよ。

(3)　本文中の下線⑦について，改善プロジェクトのチームが重点的に分析し評価する効果とは何か。30 字以内で述べよ。

〔解答用紙〕

| 設問 1 | | | | | | | | | | | | | | | | |
|---|---|---|---|---|---|---|---|---|---|---|---|---|---|---|---|---|
| | | | | | | | | | | | | | | | | |
| | | | | | | | | | | | | | | | | |
| 設問 2 | (1) | | | | | | | | | | | | | | | |
| | | | | | | | | | | | | | | | | |
| | (2) | | | | | | | | | | | | | | | |
| | | | | | | | | | | | | | | | | |
| | (3) | | | | | | | | | | | | | | | |
| | | | | | | | | | | | | | | | | |
| 設問 3 | (1) | | | | | | | | | | | | | | | |
| | | | | | | | | | | | | | | | | |
| | (2) | | | | | | | | | | | | | | | |
| | | | | | | | | | | | | | | | | |
| | (2) | | | | | | | | | | | | | | | |
| | | | | | | | | | | | | | | | | |

# 問題の読み方とマークの仕方

最近は，プロジェクトのベネフィット（プロジェクトそのものの目的，システムに期待する効果，経営戦略＝ビジネス面での目標）が重視されている。DXやアジャイル開発ではなおさらだ。したがって，プロジェクトのベネフィットは必ずチェックして，頭の中に入れておこう。

問2　業務管理システムの改善のためのシステム開発プロジェクトに関する次の記述を読んで，設問1～3に答えよ。

　　L社は，健康食品の通信販売会社であり，これまでは堅調に事業を拡大してきたが，近年は他社との競合が激化してきている。L社の経営層は競争力の強化を図るため，顧客満足度（以下，CSという）の向上を目的とした活動を全社で実行することにした。この活動を推進するためにCS向上ワーキンググループ（以下，CSWGという）を設置することを決定し，経営企画担当役員のM氏がリーダとなり，本年4月初めからCSWGの活動を開始した。

　　L社はこれまでにも，商品ラインナップの充実，顧客コミュニティの運営，顧客チャネル機能の拡張としてのスマートフォン向けアプリケーションの提供などを進めてきた。L社ではCS調査を半年に一度実施しており，顧客コミュニティを利用してCSを5段階で評価してもらっている。これまでのCS調査の結果では，第4段階以上の高評価の割合が60%前後で推移している。L社経営層は，CSが高評価の顧客による購入体験に基づく顧客コミュニティでの発言が売上向上につながっているとの分析から，高評価の割合を80%以上とすることをCSWGの目標にした。

　　CSWGの進め方としては，施策を迅速に展開し，CS調査のタイミングでCSと施策の効果を分析し評価する。その結果を反映して新たな施策を展開し，半年後のCS調査のタイミングで再びCSと施策の効果を分析し評価する，というプロセスを繰り返し，2年以内にCSWGの目標を達成する計画とした。

　　施策の一つとして，販売管理機能，顧客管理機能及び通販サイトなどの顧客接点となる顧客チャネル機能から構成されている業務管理システム（以下，L社業務管理システムという）の改善によって，購入体験に基づく顧客価値（以下，顧客の体験価値という）を高めることでCS向上を図る。L社業務管理システムの改善のためのシステム開発プロジェクト（以下，改善プロジェクトという）を，CSWGの活動予算の一部を充当して，本年4月中旬に立ち上げることになった。改善プロジェクトのスポンサはM氏が兼任し，プロジェクトマネージャ（PM）にはL社システム部のN課長が任命された。プロジェクトチームのメンバはL社システム部から10名程度選任し，内製で開発を進める。2年以内にCSWGの目標を達成する必要があることから，改善プロジェクトの期間も最長2年間と設定された。

－ 7 －

521

「なお」という表現は，必要だから付け足しているということ。チェックしておくべきところになる。内容は，迅速かつ柔軟に対応することを求めていることから，やはり「アジャイル開発」を想定していることが分かる。

なお，M 氏から，目標達成には状況の変化に適応して施策を見直し，新たな施策を速やかに展開することが必要なので，改善プロジェクトも要件の変更や追加に迅速かつ柔軟に対応してほしいとの要望があった。

次頁の表1で対比されていることからも明白だが，ここでは従来型の開発 PJ について説明している。

【L 社業務管理システム】

現在の L 社業務管理システムは，L 社業務管理システム構築プロジェクト（以下，構築プロジェクトという）として 2 年間掛けて構築し，昨年 4 月にリリースした。N 課長は，構築プロジェクトでは開発チームのリーダであり，リリース後もリーダとして機能拡張などの保守に従事していて，L 社業務管理システム及び業務の全体を良く理解している。L 社システム部のメンバも，構築プロジェクトでは機能ごとのチームに分かれて開発を担当したが，リリース後はローテーションしながら機能拡張などの保守を担当してきたので，L 社業務管理システム及び業務の全体を理解したメンバが育ってきている。L 社業務管理システムは，業務プロセスの抜本的な改革の実現を目的に，処理の正しさ（以下，正確性という）と処理性能の向上を重点目標として構築され，業務の効率化に寄与している。業務の効率化は L 社内で高く評価されているだけでなく，生産性の向上による戦略的な価格設定や新たなサービスの提供も可能にして，CS 向上にもつながっている。また，構築プロジェクトは品質・コスト・納期（以下，QCD という）の観点でも目標を達成したことから，L 社経営層からも高く評価されている。

N 課長は，改善プロジェクトのプロジェクト計画を作成するに当たって，社内で高く評価された構築プロジェクトのプロジェクト計画を参照して，スコープ，QCD，リスク，ステークホルダなどのマネジメントプロセスを修整し，適用することにした。N 課長は，まずスコープと QCD のマネジメントプロセスの検討に着手した。その際，M 氏の意向を確認した上で，①構築プロジェクトと改善プロジェクトの目的及び QCD に対する考え方の違いを表1のとおりに整理した。

業務に精通しているとか，逆にしていないとか，わざわざ書いている所は要注意。解答に使われやすい。実際，設問3 (1) の解答で使われている。

「高く評価されている」とか，「CS 向上につながっている」とか，既存システムに対して評価し，べた褒めしているところは，改善 PJ でもキープしないといけないところ。改善 PJ でもキープできるかどうかを意識しておく。

- 8 -

「（以下，～という）」と言い換えている部分で，かつ「～性」と特性を表現している部分なので，重点的にチェックしている。前者は，問題文中で何度も使うことを表明しているものだから重要だし，後者も解答に使われやすい表現だからだ。実際，設問3 (2) の解答で使われている。

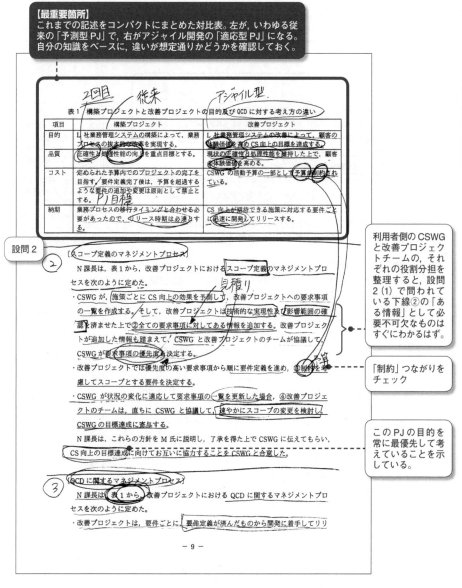

表1　構築プロジェクトと改善プロジェクトの目的及びQCDに対する考え方の違い

| 項目 | 構築プロジェクト | 改善プロジェクト |
|---|---|---|
| 目的 | L 社業務管理システムの構築によって，業務プロセスの抜本的改革を実現する。 | L 社業務管理システムの改善によって，顧客の体験価値を高めCS向上の目標を達成する。 |
| 品質 | 正確性や処理性能の向上を重点目標とする。 | 現状の正確性や処理性能を維持した上で，顧客の体験価値を高める。 |
| コスト | 定められた予算内でのプロジェクトの完了を目指す。要件定義完了後は，予算を超過するような要件の追加や変更は原則として禁止とする。 | CSWGの活動予算の一部として予算が割り当てられている。 |
| 納期 | 業務プロセスの移行タイミングと合わせる必要があったので，リリース時期は必達とする。 | CS向上が期待できる施策に対応する要件ごとに迅速に開発してリリースする。 |

**〔スコープ定義のマネジメントプロセス〕**

N課長は，表1から，改善プロジェクトにおけるスコープ定義のマネジメントプロセスを次のように定めた。

・CSWGが，施策ごとにCS向上の効果を予測して，改善プロジェクトへの要求事項の一覧を作成する。そして，改善プロジェクトは技術的な実現性及び影響範囲の確認を済ませた上で②全ての要求事項に対してある情報を追加する。改善プロジェクトが追加した情報も踏まえて，CSWGと改善プロジェクトのチームが協議して，CSWGが要求事項の優先度を決定する。

・改善プロジェクトでは優先度の高い要求事項から順に要件定義を進め，③制約を考慮してスコープとする要件を決定する。

・CSWGが状況の変化に適応して要求事項の一覧を更新した場合，④改善プロジェクトのチームは，直ちにCSWGと協議して，速やかにスコープの変更を検討し，CSWGの目標達成に寄与する。

N課長は，これらの方針をM氏に説明し，了承を得た上でCSWGに伝えてもらい，CS向上の目標達成に向けてお互いに協力することをCSWGと合意した。

**〔QCDに関するマネジメントプロセス〕**

N課長は，表1から，改善プロジェクトにおけるQCDに関するマネジメントプロセスを次のように定めた。

・改善プロジェクトは，要件ごとに，要件定義が済んだものから開発に着手してリリ

利用者側のCSWGと改善プロジェクトチームの，それぞれの役割分担を整理すると，設問2（1）で問われている下線②の「ある情報」として必要不可欠なものはすぐにわかるはず。

「制約」つながりをチェック

このPJの目的を常に最優先して考えていることを示している。

下線⑤の「この考え」が何を指すのかを整理する。「要件ごとのチーム構成」が，すなわち，「販売管理機能，顧客管理機能及び顧客チャネル機能の全ての改修を同時に実施」できるチーム構成にしなければならない。

表1

・ースする方針なので，要件ごとにスケジュールを作成する。
・一つの要件を実現するために販売管理機能，顧客管理機能及び顧客チャネル機能の全ての改修を同時に実施する可能性がある。迅速に開発してリリースするには，構築プロジェクトとは異なり，要件ごとのチーム構成とするプロジェクト体制が必要と考え，可能な範囲で⑤この考えに基づいてメンバを選任する。
・リリースの可否を判定する総合テストでは，改善プロジェクトの考え方を踏まえて，⑥必ずリグレッションテストを実施し，ある観点で確認を行う。→品質
・システムのリリース後に実施するCS調査のタイミングで，CSWG が CS とリリースした要件の効果を分析し評価する際，⑦改善プロジェクトのチームは特にある効果について重点的に分析し評価して CSWG と共有する。

リグレッションテストなので，既存システムの良さが残っていることを確認することを目的としていることがわかる。後は，既存システムの良さを思い出せばいい。

効果＝ベネフィット

設問1　〔L 社業務管理システム〕の本文中の下線①について，N 課長が，改善プロジェクトのプロジェクト計画を作成するに当たって，プロジェクトの目的及び QCD に対する考え方の違いを整理した狙いは何か。35 字以内で述べよ。

設問2　〔スコープ定義のマネジメントプロセス〕について，(1)〜(3)に答えよ。
　(1) 本文中の下線②について，改善プロジェクトが追加する情報とは何か。20 字以内で述べよ。
　(2) 本文中の下線③について，改善プロジェクトはどのような制約を考慮してスコープとする要件を決定するのか。20 字以内で述べよ。
　(3) 本文中の下線④について，N 課長は，改善プロジェクトが速やかにスコープの変更を検討することによって，CSWG の目標達成にどのようなことで寄与すると考えたのか。30 字以内で述べよ。

設問3　〔QCD に関するマネジメントプロセス〕について，(1)〜(3)に答えよ。
　(1) 本文中の下線⑤について，N 課長はどのようなメンバを選任することにしたのか。30 字以内で述べよ。
　(2) 本文中の下線⑥について，N 課長が，総合テストで必ずリグレッションテストを実施して確認する観点とは何か。25 字以内で述べよ。
　(3) 本文中の下線⑦について，改善プロジェクトのチームが重点的に分析し評価する効果とは何か。30 字以内で述べよ。

－ 10 －

まずは，どこに直接的な該当箇所があるのかをチェックしておく。

今回も，1 つの段落に 1 つの設問としてきれいに分かれている。最近の主流だが，この場合，問題文を頭から順番に読み進めながら，設問をひとつずつ順番に解いていけばいいだろう。

設問を読んで解答を考える時に，その設問で，問題文中から「何を探すのか？」を見極めることが重要。加えて，解答そのものが問題文中にしか存在しないのか？それとも，解答を一意にするための記述を探すのか？（その場合，解答は自分の言葉で組み立てる）を，ある程度，想定して探す必要がある。詳しくは解説を参照。

# IPA公表の出題趣旨・解答・採点講評

---

<table>
<tr><th colspan="3">出題趣旨</th></tr>
</table>

　プロジェクトマネージャ（PM）は，近年の多様化するプロジェクトへの要求に応えてプロジェクトを成功に導くために，プロジェクトの特徴を捉え，その特徴に合わせて適切なプロジェクト計画を作成する必要がある。
　本問では，顧客満足度を向上させる活動の一環としてのシステム開発プロジェクトを題材としている。顧客満足度向上の目標を事業部門と共有し，協力して迅速に目標を達成するというプロジェクトの特徴に合わせて，マネジメントプロセスを修整して，適切なプロジェクト計画を作成することについて，PMとしての実践的な能力を問う。

| 設問 | | 解答例・解答の要点 | 備考 |
|---|---|---|---|
| 設問1 | | 違いに基づきマネジメントプロセスの修整内容を検討するから | |
| 設問2 | (1) | 要求事項の開発に必要な期間とコスト | |
| | (2) | 予算の範囲内に収まっていること | |
| | (3) | 状況の変化に適応し，新たな施策を速やかに展開すること | |
| 設問3 | (1) | L社業務管理システム及び業務の全体を理解したメンバ | |
| | (2) | 現状の正確性と処理性能が維持されていること | |
| | (3) | リリースした要件による顧客の体験価値向上の度合い | |

---

<table><tr><th>採点講評</th></tr></table>

　問2では，顧客満足度（以下，CSという）を向上させるというプロジェクトを題材に，プロジェクトの特徴に合わせたマネジメントプロセスの修整とプロジェクト計画の作成について出題した。全体として正答率は平均的であった。
　設問1は，正答率がやや低かった。プロジェクトの違いを踏まえてマネジメントプロセスを修整する必要があることを理解しているかを問うたが，"プロジェクトの目標達成に必要な体制を整備する"，"要件の変更や追加に迅速かつ柔軟に対応できるようにする"，という解答が散見された。過去のプロジェクト計画を参照し，適用する意味に着目してほしい。
　設問2（1）は，正答率がやや低かった。改善プロジェクトから提供してもらう必要がある情報は何かを問うたが，"CS向上の効果"や"優先度付けの情報"という解答が散見された。これは，CS向上ワーキンググループと改善プロジェクトの役割を区別できていないからと考えられる。プロジェクトにおけるステークホルダの役割と追加する情報の利用目的を正しく理解してほしい。

# 解説

この問題も，従来型プロジェクトとアジャイル型プロジェクトの違いをテーマにした問題である。DX 関連プロジェクトだとは書かれていないが，価値創造や目的志向など，納期・予算・品質などの成果目標を達成する従来型プロジェクトには無かった視点のプロジェクトになっている。改めて，DX やアジャイル開発に関する知識が重要だということが確認できる。

## 設問 1

PM の行動の狙い　　　　　　　　　　　　　　「問題文導出－解答加工型」

### 【解答のための考え方】

設問 1 は，問題文 2 ページ目，括弧の付いた 1 つ目の〔L 社業務管理システム〕段落に関する問題である。下線①について問われているので，まずは下線①のところまで約 2 ページを読み進めて，この問題の状況を確認しよう。

そして，ここで問われているのは下線①の狙いである。PM の狙いや考えが問われている時には，その後の PM の行動をチェックするとわかる時がある。狙いは，その後の行動に現れるからだ。最後まで読んでから解答してもいいが，段落タイトルとその後の第一段落だけをチェックしてもすぐにわかるだろう。

### 【解説】

下線①まで読み進めると，今回の改善プロジェクトが従来型のプロジェクトの進め方とは異なっていることが確認できる。プロジェクトの目的達成を最重視する点，内製で開発を進める点，柔軟な対応が必要な点などだ。明らかに，アジャイル型の開発が適している案件である。下線①では，その違いを整理している。

その後のアクションを各段落の冒頭を読んで確認すると次のようになる。

---

**第 2 段落〔スコープ定義のマネジメントプロセス〕**
改善プロジェクトにおけるスコープ定義のマネジメントプロセスを次のように定めた。

**第 3 段落〔QCD に関するマネジメントプロセス〕**
改善プロジェクトにおける QCD に関するマネジメントプロセスを次のように定めた。

---

　いずれも，改善プロジェクトのマネジメントプロセスを定めていることから，それが目的ではないかと推測する。

　さらに，下線①を含む文の前後もチェックする。すると，下線①の前に，次のような文が確認できるだろう。

---

①改善プロジェクトのプロジェクト計画を作成する

②上記①は，社内で高く評価された構築プロジェクトのプロジェクト計画を参照して，マネジメントプロセスを修整し，適用する

③マネジメントプロセス＝スコープ，QCD，リスク，ステークホルダなど

---

　下線①の後の段落から読み取れる PM の行動と，下線①の前半部分の記述を合わせて考えれば「**違いに基づきマネジメントプロセスの修整内容を検討するから**」という解答例のような解答になることがわかるだろう。

　なお，ここで問われていることと解答例の組合せは，単に「テーラリングが重要だよ」と言っているだけのことなのだろう。今回のような大きな違いが無くてもテーラリングは重要だが，プロジェクトにも多様性が求められるようになった今（特に，大きな変革への過渡期にある情報処理技術者試験では），益々重要になっている。

### 【自己採点の基準】（配点 8 点）

IPA 公表の解答例（網掛け部分は問題文中で使われている表現）

**違いに基づきマネジメントプロセスの修整内容を検討するから（28 字）**

　下線①を含む文の前の文に記載されている内容を受けて「構築プロジェクトのマネジメントプロセスを修整して適用する」というニュアンスの表現が解答の軸になる。そのために表1を作成しなければならなかったと考えたのだろう。

　また，この問題がテーラリングの重要性を示唆しているのであれば，「プロジェクトの特徴を加味して（修整する）」という部分も不可欠になる。したがって「考え方の違いに基づき」という部分も必要だと考えておいた方が良いだろう。

　テーラリングが重要だという原理原則そのものが問われることは，今後は少ないと思われるが，この設問と解答例を覚えておいても損はしないと思われる。

## 設問 2

　設問 2 は，問題文 3 ページ目，括弧の付いた 2 つ目の〔**スコープ定義のマネジメントプロセス**〕段落に関する問題である。問われているのは 3 問（20 字 × 2，30 字）。ここも，いずれも下線が対応している。

### ■ 設問 2（1）

| スコープを確定させるときに必要な情報 | 「問題文導出－解答加工型」 |
| --- | --- |
| | 「知識解答型」 |

**【解答のための考え方】**

　下線②は「**全ての要求事項に対してある情報を追加する**」というもの。スコープ定義のマネジメントプロセスを定めるために行う手順の一つ目である。追加するのは改善プロジェクト側。また，追加するのは "情報" なので，下線②を含む文が何をしようとしているのかをチェックして，そこまでのプロセスを登場人物ごとに整理したうえで考えよう。

**【解説】**

　下線②を含む箇条書きの一つ目は，「**CSWG と改善プロジェクトのチームが協議して，CSWG が要求事項の優先度を決定する。**」ところまでだ。つまり，要求事項の優先度を決めるために必要な情報だということが推測できる。

　また，その手順は，次のようになっていることが確認できる。

・CSWG：施策ごとに CS 向上の効果を予測して，要求事項の一覧を作成
・改善プロジェクト：技術的な実現性，影響範囲の確認 +「ある情報」

　こうやって並べてみると，改善プロジェクト側で出さないといけない情報は，要求ごとの見積りに関するものだということがすぐにわかるだろう。どれくらいの期間，コストがかかるのかを見ないと優先順位は付けられないし，その後の計画も立てられない。要求の強さだけではなく，容易に実現できる要求は優先順位が高くなるし，その逆もある。したがって，ある情報とは「要求事項の開発に必要な期間とコスト」となる。

## 【自己採点の基準】（配点７点）

| IPA 公表の解答例（網掛け部分は問題文中で使われている表現） |
| --- |
| 要求事項の開発に必要な期間と**コスト**（17 字） |

　要求事項ごとにかかる期間とコストの見積情報というニュアンスなら正解だと判断してもいい。注意しないといけないのは，必要な期間を"納期"としてしまうこと。正解にしてくれるかもしれないが，着手日が決まっていない段階なので納品する日を決めることはできない。細かいところだが注意しよう。

　また，"期間"と"コスト"のいずれか一方だけであったり，いずれもなくただ"見積情報"とだけしか書いていなければ正解なのかどうかはわからない。厳しく評価するのなら不正解だと考えた方がいい。そして，この設問と解答の組合せを覚えておこう。そうすれば，本番で同じようなことが問われた時に「期間とコスト」の両方を解答できるだろう。

# ■ 設問2（2）

スコープを確定させる時に考慮する制約　　　　　　　「問題文導出－解答抜粋型」

## 【解答のための考え方】

　下線③は「**制約を考慮してスコープとする要件を決定する**」という内容で，この制約が何を指しているのかを解答する問題だ。要求事項に優先順位を付けた後で，この制約を加味してスコープとなる要件を決定するとしている。

　この手の問題は，まず問題文中にある“制約”を探すというのが鉄則だ。プロジェクトに対する制約事項は，プロジェクトごとに固有のものなので，一般的な知識を頭の中から出すことは原則ありえない。ほぼ間違いなく問題文中に記載されている。「制約」という同じ言葉を使っていることも多いので，そのあたりを探し出す。

## 【解説】

　今回の改善プロジェクトの制約なので，1ページ目や表1をチェックする。最初に一読した時や設問1と設問2（1）を解答した時にマークしていたら，そこを確認してもいいだろう。

　結果，表1の改善プロジェクトのコストのところに「**CSWGの活動予算の一部として予算が制約されている。**」と明記されている。この部分を活用して20字で解答を組み立てる。

## 【自己採点の基準】（配点7点）

| IPA公表の解答例（網掛け部分は問題文中で使われている表現） |
| --- |
| 予算の範囲内に収まっていること（15字） |

　「制約＝予算」だという解答であれば正解だと思われる。但し，この問題は20字以内での（＝20字近くの）解答を求められているので，「**どのような制約を考慮してスコープとする要件を決定するのか**」に対した表現に膨らませておけばいいだろう。解答例のようにしてもいいし，「予算を考慮して決定する」というニュアンスでも不正解にする理由はない。「どのように考慮すべきか」とまでは問われていないからだ。あまり国語の問題で悩む必要はないので，「制約＝予算」だとわかれば“できる限り”で構わないので会話が成立するように解答すればいいだろう。

## ■ 設問２(3)

### アジャイル開発プロジェクトのポイント　　　　　「問題文導出－解答抜粋型」

**【解答のための考え方】**

　下線④は，箇条書きの三つ目で，CSWG が状況の変化に適応して要求事項の一覧を更新した場合に，改善プロジェクトがどう対応するのかという部分になる。具体的には「改善プロジェクトのチームは，直ちに CSWG と協議して，速やかにスコープの変更を検討し，CSWG の目標達成に寄与する」というもの。アジャイル型（適応型）の典型的な対応だ。問われているのは，こうした改善プロジェクトの対応で，CSWG の目標達成にどのようなことで寄与するのかという点になる。

　この設問は，一見すると，何をおっしゃっているのかわからないのだが，そうも言っていられないので，① CSWG の目標が何かを明確にし，②それに寄与するのが"どのようなこと"なのかを考える。それが，どのような行動なのか，それとも行動以外のものなのかも探るしかない。

**【解説】**

　まず，SCWG の目標を探す。問題文中に，ストレートに**"目標"**と書いているところがあるはずだと考えながら読み進めていけばいいだろう。この手の問題は，どれが目標か分かりにくい表現を嫌うので，必ずと言っていいほど**"目標"**という表現をそのまま使っている。そうすると，次の記述を見つけるだろう。

　「高評価の割合を 80% 以上とすることを CSWG の目標にした。」

　それまで 60% だったものを 20% 引き上げるという目標だ。

　CSWG の目標が「高評価の割合を 80% 以上とすること」なら，設問で問われていることも理解できる。「改善プロジェクトのチームは，直ちに CSWG と協議して，速やかにスコープの変更を検討し，CSWG の目標達成に寄与する」というアクションが，なぜ「高評価の割合を 80% 以上とすること」につながるのかを考えればいいだけだからだ。

　CSWG の目標が書いている行の次の部分で，CSWG の進め方，すなわち，どうやってその目標を達成するのか，目標達成に必要な進め方（すなわちそれが重要成功要因であるということ）が書いてある。次の部分だ。

> CSWG の進め方としては，施策を迅速に展開して，CS 調査のタイミングで CS と施策の効果を分析し評価する。その結果を反映して新たな施策を展開し，半年後の CS 調査のタイミングで再び CS と施策の効果を分析し評価する，というプロセスを繰り返し，2 年以内に CSWG の目標を達成する計画とした。

　要するに，目標必達のためには変化を厭わず，状況が変化した場合には積極的に新たな施策を展開していくという方針になる。この方向で合意していることから，改善プロジェクトも速やかにスコープの変更を検討することにしている。そのあたりの手順をまとめると次のようになる。

> 状況が変化　→　① CSWG：要求事項の一覧を更新
> 　　　　　　→　②改善プロジェクト：スコープの変更を検討
> 　　　　　　→　③（スコープを変更した場合）CSWG：新たな施策を展開
> 　　　　　　→　④目標達成

　設問は「改善プロジェクトが速やかにスコープの変更を検討することによって，CSWG の目標達成にどのようなことで寄与すると考えたのか。」というもの。換言すると「②をすることによって，④にどのようなことで寄与すると考えたのか」となる。間にあるのは③しかない。以上より，「状況の変化に適応し，新たな施策を速やかに展開すること」という解答が考えられる。

### 【自己採点の基準】（配点 7 点）

**IPA 公表の解答例（網掛け部分は問題文中で使われている表現）**

状況の変化に適応し，新たな施策を速やかに展開すること（26 字）

　設問で何が問われているのかがわからずに解答を思いつかなかった場合は，特に気にすることはない。「〜することによって，…どのようなことで寄与すると考えたのか」という部分は，「〜することによって，…どのようなこと"が"寄与すると考えたのか」という方の意味なのだろう。他にも"どう寄与するか"，"何が寄与するか"と考えよう。そうすれば，解答例のような解答にたどり着くことができる。
　ここは「〜することによって，なぜ寄与すると考えたのか」，「どのような理由で寄与すると考えたのか」などだったらわかりやすかったのかもしれない。その場合

は，解答例に近い「状況の変化に適応し，新たな施策を速やかに展開できるから」という解答になる。本番試験で解答例以外の解答をした場合，どのような解答を正解にしてくれるか想像もつかないが，ただの国語の問題なら，あまり深く考えないようにしよう。

## 設問3

設問3は，問題文3ページ目，括弧の付いた3つ目の〔QCDに関するマネジメントプロセス〕段落に関する問題である。問われているのは3問。

### ■ 設問3(1)

PMの行動（体制構築）の狙い　　　　　　　　　　「問題文導出－解答抜粋型」

**【解答のための考え方】**

下線⑤は「この考えに基づいてメンバを選任する」である。問われているのは，N課長が考えた体制だ（どのようなメンバを選任したのか）。したがって，「～のメンバ」という解答になる。

解答に当たっては，まずは「この考え」というのを明確にし，それに合致するメンバを想像する。一般論として「～のスキルが高いメンバ」などの解答も想定できるが，問題文中に具体的なメンバの持つ能力が書いていることが多い。そのため，問題文中に記載されているメンバのスキルや能力に関する部分を中心にチェックしていくと良いだろう。

**【解説】**

下線⑤の「この考え」は，「一つの要件を実現するために販売管理機能，顧客管理機能及び顧客チャネル機能の全ての改修を同時に実施する可能性がある。迅速に開発してリリースするには，構築プロジェクトとは異なり，要件ごとのチーム構成とするプロジェクト体制が必要」という考えだ。この部分の「構築プロジェクト」というのは，改善プロジェクトと対比されているものだ。その構築プロジェクトにおける体制（チーム構成）は，〔L社業務管理システム〕段落に書いてある。「構築プロジェクトでは機能ごとのチームに分かれて開発を担当した」という部分だ。

このような構築プロジェクトと改善プロジェクトの開発対象チーム構成の違いから，メンバに求められる能力は「販売管理機能，顧客管理機能及び顧客チャネル機能の全て」に精通していることだと推測できる。

時間がなければそのまま解答してもいいぐらいのレベルだが，念のため，問題文中の類似表現の有無，あるいはそういうメンバがいるのかどうかをざっとチェックしていく。

すると，ちょうど〔L社業務管理システム〕段落の「構築プロジェクトでは機能ごとのチームに分かれて開発を担当した」という部分の前後に，記述があった。

「N 課長は，…L 社業務管理システム及び業務の全体を良く理解している。」
「L 社システム部のメンバも，…L 社業務管理システム及び業務の全体を理解した
　メンバが育ってきている。」

　ここに記載されている言葉を使って，解答例のように解答を組み立てればいいだ
ろう。

## 【自己採点の基準】（配点 7 点）

IPA 公表の解答例（網掛け部分は問題文中で使われている表現）

L 社業務管理システム及び業務の全体を理解したメンバ（25 字）

　この問題は抜粋型である。同じニュアンスの表現であれば正解にしてくれるか，
部分点ぐらいはあるだろうが，できればこの部分を抜粋していることが明白な解答
例通りの解答がいいだろう。問題文中にストレートに書いてあることなので，そう
いうメンバが存在していることを示しているからだ。時間が無ければ仕方がない
が，解答を組み立てる時に問題文中の用語を使えないかどうか，探す姿勢は高得点
を狙う上での必須のプロセス。癖付けも含めて考えていこう。

## ■ 設問 3（2）

プロジェクトの状況を判断して解答する設問　　　　　「問題文導出－解答抜粋型」

### 【解答のための考え方】

　下線⑥は「**必ずリグレッションテストを実施し，ある観点で確認を行う**」である。問われているのは，その中の「**確認する観点**」だ。つまり，「〜という観点で，〜を確認する」というリグレッションテストの目的の中の一部になる。

　一般的に，リグレッションテストを行うのは，既存部分に影響がないかをチェックするためだ。今回の改善プロジェクトは，既に構築プロジェクトで構築済みのL社業務管理システムである。したがって，問題文中から業務管理システムの現状がどうなっているのか？　業務管理システムの現状について記載している部分を探し出せばいいだろう。

　なお，この問題のようにリグレッションテストの目的として「ある観点」が問われている場合，一般論で解答することはないと考えた方がいいだろう。リグレッションテストが，変更していない箇所も含めてテストして既存部分に影響がないことを確認するという知識は，受験生が持っている前提で問題が作られているからだ。今回のケースだと，具体的にそれが何かということが問われていると考えるのがベスト。業務管理システムの現状に関する記載を探し出さないといけないと考えて，しっかりと探し出そう。

### 【解説】

　業務管理システムの現状に関する記載を探せば，〔L社業務管理システム〕段落で，すぐに次のような記述を見つけるだろう。

> 「処理の正しさ（以下，正確性という）と処理性能の向上を重点目標として構築され，業務の効率化に寄与している。業務の効率化はL社内で高く評価されているだけでなく，生産性の向上による戦略的な価格設定や新たなサービスの提供を可能にして，CS向上にもつながっている。」

　べた褒めだ。この後にも「L社経営層からも高く評価されている。」という記述もあるし，表1にもまとめられている。ここまで高く評価されている部分に手を加えるため，絶対にこの部分を喪失してはならない。これを死守することが，リグレッションテストの観点になる。つまり，解答例のように「**現状の正確性と処理性能が維持されていること**」という解答になる。

　なお，問題文を読む時に「正確性」のように，わざわざ「〜性」という表現を用

いている場合はマークしておこう。解答で使われることの多い要注意のワードになる。しかも今回は，「**(以下，正確性という)**」という表現を用いて言い換えており，この用語を何度も使おうとしている。設問を見なくても，問題文を読み進めている時に「解答で使われる用語じゃないかな？」と考えるようにしておこう。

## 【自己採点の基準】（配点 7 点）

| IPA 公表の解答例（網掛け部分は問題文中で使われている表現） |
| --- |
| 現状の正確性と処理性能が維持されていること（21 字） |

「正確性」と「処理性能の向上」は必須だと考えられる。この二つの用語を含み，同じようなニュアンスの解答なら正解だろう。「**維持されていること**」は，「**損なわないこと**」などでもいいし，「**～という観点**」という表現でも何ら問題はないと思われる。

## ■ 設問3（3）

導入効果を探し出して解答する設問　　　　　　　　　　　「問題文導出－解答加工型」

### 【解答のための考え方】

　下線⑦は「改善プロジェクトのチームは特にある効果について重点的に分析し評価して CSWG と共有する」というもの。この中の「ある効果」とはどのような効果なのかが問われている。

　解答に当たっては，下線⑦の前の文をチェックした上で，問題文に記述されている「効果」を探せばいいだろう。ストレートに「効果」と記載されている部分を中心に，「効果」という表現が無ければ，この改善プロジェクトで開発するシステムで，何を狙っているのかを探せばいいだろう。この問題も，一般論で出すものではなく，問題文中で示されている "今回必要な効果" になると考えられる。そのため，それを探し出さないといけないと考えよう。

### 【解説】

　下線⑦を含む文をチェックすると，分析し評価するのは「システムのリリース後に実施する CS 調査のタイミング」になっている。そのため，CS 調査に関しての記述部分を重点的にチェックする。そこに狙いが書かれている可能性が高いからだ。

　CS 調査に関する記述を，登場順にピックアップすると次のようになる。

- 「競争力の強化を図るため」に実施
- 「高評価の割合が 60% 前後で推移している。」
- 「高評価の割合を 80% 以上とすること」を目標にして 2 年以内に達成を狙う
- 「顧客の体験価値を高めることで CS 向上を図る。」

　「効果」という表現は，問題文1ページ目でいくつか使われているが，いずれも「施策の効果」というもので具体的な記載は無かった。そこで，上記の中から「効果」になりえそうなものを探す。

　この改善プロジェクトの目標は，CS 調査でチェックする競争力強化で，具体的には高評価の割合を 80% 以上にすることだ。これも効果と言えば効果だが，結果指標であり，改善プロジェクトで改善したシステムの直接的効果ではない。あくまでも目標になる。そうなると，上記の4つめの「**顧客の体験価値を高めることで CS 向上を図る。**」という部分をベースに解答を考える。顧客の体験価値向上の度合い（割合）や，顧客の体験価値がどれくらい向上しているかという内容になるだろう。

**【自己採点の基準】**（配点7点）

> IPA公表の解答例（網掛け部分は問題文中で使われている表現）
>
> リリースした要件による顧客の体験価値向上の度合い（24字）

　「顧客の体験価値向上」という表現は必須だろう。これは問題文に明記されているし，他に適切な表現もないからだ。その後に続く「度合い」という表現を用いているが，同じようなニュアンスであれば問題ないし，「顧客の体験価値向上」で終わっていても大丈夫だと思われる。問題文中には，具体的なKPIが示されていないので，何で顧客の体験価値向上を測るのかはわからないからだ。確かに，向上したか否かだけではなく，どれくらい向上したのかを測ることで効果が評価できるので，解答例のように程度を表す表現が必要だろうが，採点講評にも特に書かれていないし，国語の問題でもないので大丈夫だろう。但し，次回からは「効果が問われたら，KPIをイメージして程度を表す表現にしよう」と覚えておこう。

　また，前半の「リリースした要件による」というのも無くてもいいだろう。下線⑦の前には，既に「リリースした要件の効果」と書かれているからだ。そのため，問われていること自体が「リリースした要件の効果」になる。ただし，これを書かないと字数が極端に少なくなるので，その点を考えて付け足してもいいだろう。

## 演習・令和 4 年度　問 1

問 1　SaaS を利用して短期間にシステムを導入するプロジェクトに関する次の記述を読んで, 設問に答えよ。

　M 社は, EC サイトでギフト販売を行っている会社である。自社で EC ソフトウェアパッケージやマーケティング支援ソフトウェアパッケージなどを導入し, 運用している。

　顧客からの問合せには, コールセンターを設置して電話や電子メールで対応している。EC サイトには FAQ を掲載しているものの, 近年ギフト需要が高まる時期には FAQ だけでは解決しない内容に関する問合せが急増している。その結果, 対応待ち時間が長くなり顧客が不満を抱き, 見込客を失っている。また, 現状はオペレーターが問合せの対応履歴を手動で登録しているが, 簡易的なものであり, 顧客の不満や要望などのデータ化はできておらず, 顧客の詳細な情報を反映した商品企画・販売活動には利用できない。さらに, 顧客視点に立ったデジタルマーケティング戦略も存在しないので, 現状では SNS マーケティングや AI を活用したデータ分析などを行うことは難しい。

　M 社は, 次に示す 2 点の顧客体験価値 (UX) の改善によるビジネス拡大を狙って, Web からの問合せに回答する AI を活用したチャットボット (以下, AI ボットという) を導入するプロジェクト (以下, 導入プロジェクトという) を立ち上げた。

・Web からの問合せに AI ボットで回答することで, 問合せへの対応の迅速化と回答の品質向上を図り, 顧客満足度を改善して見込客を増やす。

・AI ボットに記録される詳細な対応履歴から顧客の好みや流行などを把握, 分析し, 顧客の詳細な情報を反映した商品企画・販売活動を行い, 売上を拡大する。

　早急に顧客の不満を解消するためには, 2 か月後のクリスマスギフト商戦までに AI ボットを運用開始することが必達である。M 社は, 短期間で導入するために, SaaS で提供されている AI ボットを導入すること, AI ボットの標準画面・機能をパラメータ設定の変更によって自社に最適な画面・機能とすること, 及び AI ボットの機能拡張は API を使って実現することを, 導入プロジェクトの方針とした。

　また, 導入プロジェクトの終了後即座に, マーケティング部署が中心となりデジタルマーケティング戦略も立案することにした。戦略立案後は, 更なる UX 改善を図るマーケティング業務を実施することを目指す。そのために, 導入プロジェクト終

了時には，業務における AI 活用のノウハウをまとめることにした。実践的なノウハウを蓄積することで，デジタルマーケティング戦略に沿って，様々なマーケティング業務で AI を活用したデータ分析などを行うことを可能とする。


〔AI ボットの機能と導入方法〕

　プロジェクトマネージャ（PM）である情報システム部の N 課長は，導入プロジェクトの方針に沿い，次に示す特長を有する R 社の AI ボットを選定し，役員会で承認を得た。

(1)　機能に関する特長

　・問合せには，AI ボットが顧客と対話して FAQ から回答を提示する。AI ボットはこれらの履歴及び回答にたどり着くまでの時間を対応履歴として自動記録する。

　・AI ボットは，問合せ情報などのデータを用いて FAQ を自動更新するとともに，これらのデータを機械学習して分析することで，より類似性の高い質問や回答の提示が可能になるので，問合せへの対応の迅速化と回答品質の継続的な向上が図れる。

　・AI ボットに記録される詳細な対応履歴は，集計・分析・ファイル出力ができる。

　・AI ボットの提示する質問や回答を見て，顧客は AI ボットから有人チャットに切替えが可能なので，顧客は必ず回答を得られる。

　・M 社内のシステムと連携し，機能拡張するための API が充実している。

(2)　導入方法に関する特長

　・M 社の要求に合わせた画面・機能の細かい動作の大部分が，標準画面・機能へのパラメータ設定の変更によって実現できる。


　N 課長は①あるリスクを軽減すること，及び商品企画・販売活動に反映するための詳細な対応履歴を蓄積する必要があることから，次の 2 段階で開発することにした。

・第 1 次開発：Web からの問合せに AI ボットで回答し，顧客の選択に応じて有人チャットに切り替えるという UX 改善のための機能を対象とする。画面・機能はパラメータ設定の変更だけで実現できる範囲で最適化を図る。2 か月後に運用開始する。

・第 2 次開発：把握，分析した顧客の詳細な情報を反映した商品企画・販売活動を行うという UX 改善のための機能を対象とする。AI ボットの機能拡張は API を使っ

て実現することを方針とする。API を使って実現できない機能は，次に示す二つの基準を用いて評価を行い，対応すると判断した場合，M 社内のシステムの機能拡張を行う。

（ⅰ）　実現する機能が目的とする UX 改善に合致しているか

（ⅱ）　実現する機能が創出する成果が十分か

次のギフト商戦を考慮して，9 か月後の運用開始を目標とする。

〔第 1 次開発の進め方の検討〕

　M 社コールセンター管理職社員（以下，CC 管理職という）は要件を確定する役割を担うが，顧客がどのように AI ボットを使うのか，オペレーターの運用がどのように変わるのかについてのイメージをもてていない。

　N 課長は，要件定義では，R 社提供の標準 FAQ を用いて標準画面・機能でプロトタイピングを行い，CC 管理職の②ある理解を深めた上で CC 管理職の要求を収集し，画面・機能の動作の大枠を要件として定義することにした。受入テストでは M 社の最新の FAQ と実運用時に想定される多数の問合せデータを用い，要件の実装状況，問合せへの対応迅速化の状況，及び③あることを確認する。同時に，要件定義時には収集できなかった CC 管理職の要求を追加収集する。また，受入テストの期間を十分に確保し，追加収集した要求についても，次に示す基準を満たす要求は受入テストの期間中に対応して第 1 次開発に取り込み，2 か月後の運用開始を必達とする条件は変えずに UX 改善の早期化を図ることにした。

・　　　　　a

・問合せへの対応が迅速になる，又は回答品質が向上する。

〔第 2 次開発の進め方の検討〕

　第 2 次開発の対応範囲を定義するために，マーケティング部署にヒアリングし，表 1 に示す機能に対する要求とその機能が創出する成果を特定し，要求に対応する機能拡張 API を AI ボットが具備しているかを確認した。

表1　マーケティング部署の機能に対する要求と機能が創出する成果

| No. | 機能に対する要求 | 機能が創出する成果 | API |
|---|---|---|---|
| 1 | 詳細な対応履歴と問合せ者の顧客情報・購買履歴に基づく推奨ギフトの提案 | 顧客が自身の好みに沿ったギフトを簡単に購入できる。 | 有り |
| 2 | 顧客情報・購買履歴と商品企画・販売活動の統合分析 | M社が顧客の真のニーズを踏まえたギフトを企画，販売できる。 | 無し |
| 3 | AIを活用した市場トレンド・詳細な対応履歴などのデータ分析による最適なSNSへの広告出稿 | 顧客の関心が高いギフトの広告をSNSに表示できる。 | 無し |

　No.1については，AIボットの機能拡張を前提に，ECソフトウェアパッケージの運用チームに相談してより具体的な要求を詳細化することにした。No.2については，マーケティング支援ソフトウェアパッケージの機能拡張の工数見積りに加えて，ある評価を行って対応有無を判断することにした。No.3は対応しないことにした。ただし，導入プロジェクト終了時には，業務におけるAI活用のノウハウを取りまとめ，今後のNo.3などの検討に向けて現状を改善するために活用することにした。

設問1　〔AIボットの機能と導入方法〕の本文中の下線①について，N課長が第1次開発においてこのような開発対象や開発方法としたのは，M社のどのようなリスクを軽減するためか。35字以内で答えよ。

設問2　〔第1次開発の進め方の検討〕について答えよ。

　(1)　本文中の下線②について，N課長は標準画面・機能のプロトタイピングで，CC管理職のどのような理解を深めることを狙ったのか。30字以内で答えよ。

　(2)　本文中の下線③について，N課長は何を確認したのか。20字以内で答えよ。

　(3)　N課長は，要件定義時には収集できなかったCC管理職のどのような要求を受入テストで追加収集できると考えたのか。20字以内で答えよ。

　(4)　本文中の　　a　　に入れる適切な字句を，25字以内で答えよ。

設問3　〔第2次開発の進め方の検討〕の表1について答えよ。

　(1)　N課長は，No.2について対応有無を判断するために具体的にどのような評価を行ったのか。30字以内で答えよ。

　(2)　N課長が，No.3は対応しないと判断した理由を30字以内で答えよ。

　(3)　N課長は，今後のNo.3などの検討に向けて現状を改善するために，取りまとめたノウハウをどのように活用することを狙っているのか。35字以内で答えよ。

〔解答用紙〕

| 設問 1 | | | | | | | | | | | | | | | | |
|---|---|---|---|---|---|---|---|---|---|---|---|---|---|---|---|---|
| | | | | | | | | | | | | | | | | |
| | | | | | | | | | | | | | | | | |
| 設問 2 | (1) | | | | | | | | | | | | | | | |
| | | | | | | | | | | | | | | | | |
| | (2) | | | | | | | | | | | | | | | |
| | | | | | | | | | | | | | | | | |
| | (3) | | | | | | | | | | | | | | | |
| | | | | | | | | | | | | | | | | |
| | (4) | | | | | | | | | | | | | | | |
| | | | | | | | | | | | | | | | | |
| 設問 3 | (1) | | | | | | | | | | | | | | | |
| | | | | | | | | | | | | | | | | |
| | (2) | | | | | | | | | | | | | | | |
| | | | | | | | | | | | | | | | | |
| | (3) | | | | | | | | | | | | | | | |
| | | | | | | | | | | | | | | | | |
| | | | | | | | | | | | | | | | | |

# 問題の読み方とマークの仕方

現在は，常に"予測型（従来型）PJ"か"適応型PJ"（あるいはDX推進プロジェクト）か，その両方を想定して注意しておく必要がある。この問題は，タイトルの**「短期間」**という表現から後者を想定しておく。そして，DX推進プロジェクトの場合，問題文の1ページ目に事業戦略が書かれていることが多い。ちょうどITストラテジスト試験のような感じだ。したがって，1ページ目の読解はITストラテジスト試験と同様の読み方をする。

問1 SaaSを利用して短期間にシステムを導入するプロジェクトに関する次の記述を読んで，設問に答えよ。

M社は，ECサイトでギフト販売を行っている会社である。自社でECソフトウェアパッケージやマーケティング支援ソフトウェアパッケージなどを導入し，運用している。

顧客からの問合せには，コールセンターを設置して電話や電子メールで対応している。ECサイトにはFAQを掲載しているものの，近年ギフト需要が高まる時期にはFAQだけでは解決しない内容に関する問合せが急増している。その結果，対応待ち時間が長くなり顧客が不満を抱き，見込客を失っている。また，現状はオペレーターが問合せの対応履歴を手動で登録しているが，簡易的なものであり，顧客の不満や要望などのデータ化はできておらず，顧客の詳細な情報を反映した商品企画・販売活動には利用できない。さらに，顧客視点に立ったデジタルマーケティング戦略も存在しないので，現状ではSNSマーケティングやAIを活用したデータ分析などを行うことは難しい。

M社は，次に示す2点の顧客体験価値（UX）の改善によるビジネス拡大を狙って，Webからの問合せに回答するAIを活用したチャットボット（以下，AIボットという）を導入するプロジェクト（以下，導入プロジェクトという）を立ち上げた。

・Webからの問合せにAIボットで回答することで，問合せへの対応の迅速化と回答の品質向上を図り，顧客満足度を改善して見込客を増やす。
・AIボットに記録される詳細な対応履歴から顧客の好みや流行などを把握，分析し，顧客の詳細な情報を反映した商品企画・販売活動を行い，売上を拡大する。

早急に顧客の不満を解消するためには，2か月後のクリスマスギフト商戦までにAIボットを運用開始することが必達である。M社は，短期間で導入するために，SaaSで提供されているAIボットを導入すること，AIボットの標準画面・機能をパラメータ設定の変更によって自社に最適な画面・機能とすること，及びAIボットの機能拡張はAPIを使って実現することを導入プロジェクトの方針とした。

また，導入プロジェクトの終了後即座に，マーケティング部門が中心となりデジタルマーケティング戦略も立案することにした。戦略立案後は，更なるUX改善を図るマーケティング業務を実施することを目指す。そのために，導入プロジェクト終

---

**「自社開発（導入）」**を確認。DX推進PJやアジャイル開発は自社開発の方がやりやすい。

**【最重要箇所】**このブロックに，M社の**課題**がまとめられている。これを解消するためのPJだと想像できるので，体系化した上で，しっかりと頭の中に叩き込んでおきたい。3つの課題に集約できる。

**「必達」**という強い**納期の制約**。ほぼ設問に絡んでくるはず。

**プロジェクトの方針**が3つ書かれている。これも頭の中に叩き込んでおきたいところ。

**プロジェクト後**の話が書かれている場合，それも重要だから書かれているわけだ。チェック必須。

DXを象徴する**"顧客体験価値（UX）"** に関する記述。二つ箇条書きで書かれているので，しっかりとチェックしておく。課題のいずれかに対応するものがあれば，紐づけておく。

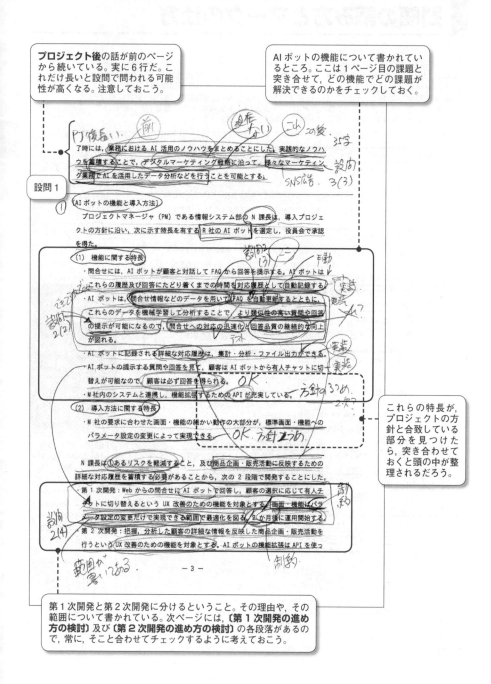

プロジェクト後の話が前のページから続いている。実に 6 行だ。これだけ長いと設問で問われる可能性が高くなる。注意しておこう。

AI ボットの機能について書かれているところ。ここは 1 ページ目の課題と突き合わせて、どの機能でどの課題が解決できるのかをチェックしておく。

了時には、業務における AI 活用のノウハウをまとめることにした。実践的なノウハウを蓄積することで、デジタルマーケティング戦略に沿って、様々なマーケティング業務で AI を活用したデータ分析などを行うことを可能とする。

設問 1

〔AI ボットの機能と導入方法〕

プロジェクトマネージャ（PM）である情報システム部の N 課長は、導入プロジェクトの方針に沿い、次に示す特長を有する R 社の AI ボットを選定し、役員会で承認を得た。

（1）機能に関する特長
・問合せには、AI ボットが顧客と対話して FAQ から回答を提示する。AI ボットはこれらの履歴及び回答にたどり着くまでの時間を対応履歴として自動記録する。
・AI ボットは、問合せ情報などのデータを用いて FAQ を自動更新するとともに、これらのデータを機械学習して分析することで、より類似性の高い質問や回答の提示が可能になるので、問合せへの対応の迅速化と回答品質の継続的な向上が図れる。
・AI ボットに記録される詳細な対応履歴は、集計・分析・ファイル出力できる。
・AI ボットの提示する質問や回答を見て、顧客は AI ボットから有人チャットに切り替えが可能なので、顧客は必ず回答を得られる。
・M 社内のシステムと連携し、機能拡張するための API が充実している。

（2）導入方法に関する特長
・M 社の要求に合わせた画面・機能の細かい動作の大部分が、標準画面・機能へのパラメータ設定の変更によって実現できる。

N 課長は、あるリスクを軽減すること、及び商品企画・販売活動に反映するための詳細な対応履歴を蓄積する必要があることから、次の 2 段階で開発することにした。
・第 1 次開発：Web からの問合せに AI ボットで回答し、顧客の選択に応じて有人チャットに切り替えるという UX 改善のための機能を対象とする。機能はパラメータ設定の変更だけで実現できる範囲で最適化を図る。2 か月後に運用開始する。
・第 2 次開発：把握、分析した顧客の詳細な情報を反映した商品企画・販売活動を行うという UX 改善のための機能を対象とする。AI ボットの機能拡張は API を使っ

－ 3 －

これらの特長が、プロジェクトの方針と合致している部分を見つけたら、突き合わせておくと頭の中が整理されるだろう。

第 1 次開発と第 2 次開発に分けるということ。その理由や、その範囲について書かれている。次のページには、〔第 1 次開発の進め方の検討〕及び〔第 2 次開発の進め方の検討〕の各段落があるので、常に、そこと合わせてチェックするように考えておこう。

前のページからの第 2 次開発でやるべきことの続き。

これまでと画期的にやり方が変わるためイメージが湧かない。そこで，プロトタイプを使って実際に使ってみて…ということはよくあること。設問 2 (1) で問われているので，どうまとめるかを考えて解答する。

て実現することを方針とする。API を使って実現できない機能は，次に示す二つの基準を用いて評価を行い，対応すると判断した場合，M 社内のシステムの機能拡張を行う。

（ⅰ）実現する機能が目的とする UX 改善に合致しているか

（ⅱ）実現する機能が創出する成果が十分か

次のギフト商戦を考慮して，9 か月後の運用開始を目標とする。

**設問 2**

〔第 1 次開発の進め方の検討〕

M 社コールセンター管理職社員（以下，CC 管理職という）は要件を確定する役割を担うが，顧客がどのように AI ボットを使うのか，オペレーターの運用がどのように変わるのかについてのイメージをもてていない。

N 課長は，要件定義では，R 社提供の標準 FAQ を用いて標準画面・機能でプロトタイピングを行い，CC 管理職の ② ある理解を深めた上で CC 管理職の要求を収集し，画面・機能の動作の大枠を要件として定義することにした。受入テストでは M 社の最新の FAQ と実運用時に想定される多数の問合せデータを用い，要件の実装状況，問合せへの対応迅速化の状況，及び ③ あることを確認する。同時に，要件定義時には収集できなかった CC 管理職の要求を追加収集する。また，受入テストの期間を十分に確保し，追加収集した要求についても，次に示す基準を満たす要求は受入テストの期間中に対応して第 1 次開発に取り込み，2 か月後の運用開始を必達とする条件は変えずに UX 改善の早期化を図ることにした。

・　a

・問合せへの対応が迅速になる，又は回答品質が向上する。

**設問 3**

〔第 2 次開発の進め方の検討〕

第 2 次開発の対応範囲を定義するために，マーケティング部署にヒアリングし，表 1 に示す機能に対する要求とその機能が創出する成果を特定し，要求に対応する機能拡張 API を AI ボットが具備しているかを確認した。

要件定義と受入テストについて書かれているが，それぞれ AI ボットの，どの機能に対応しているのかをちゃんと把握しておこう。設問 2 (2), (3) は，その対応付けをしないと正解できない。
設問 2 (4) は，プロジェクトの目的や方針をチェックする。

－ 4 －

設問3は，表1のNo.2とNo.3について問われている。No.2は「ある評価」をして対応するかしないかを決め，No.3は対応しないということだが，それぞれそう判断したのは，決して思い付きではない。**予め決められたルール**に従っての判断になる。したがって，問題文でそのルールを探す。**プロジェクト方針**，**プロジェクト後の話**，**第1次開発と第2次開発に分けた説明**をしているところなどだ。

表1　マーケティング部署の機能に対する要求と機能が創出する成果

| No. | 機能に対する要求 | 機能が創出する成果 | API |
|---|---|---|---|
| 1 | 詳細な対応履歴と問合せ者の顧客情報・購買履歴に基づく推奨ギフトの提案 | 顧客が自身の好みに沿ったギフトを簡単に購入できる。 | 有り |
| 2 | 顧客情報・購買履歴と商品企画・販売活動の統合分析 | 自社が顧客の真のニーズを踏まえたギフトを企画，販売できる。 | 無し |
| 3 | AIを活用した市場トレンド・詳細な対応履歴などのデータ分析による最適なSNSへの広告出稿 | 顧客の関心が高いギフトの広告をSNSに表示できる。 | 無し |

No.1については，AIボットの機能拡張を前提に，ECソフトウェアパッケージの運用チームに相談してより具体的な要求を詳細化することにした。No.2については，マーケティング支援ソフトウェアパッケージの機能拡張の工数見積りに加えて，ある評価を行って対応有無を判断することにした。No.3は対応しないことにした。ただし，導入プロジェクト終了時には，業務におけるAI活用のノウハウを取りまとめ，今後のNo.3などの検討に向けて現状を改善するために活用することにした。

設問1　〔AIボットの機能と導入方法〕の本文中の下線①について，N課長が第1次開発においてこのような開発対象や開発方法としたのは，M社のどのようなリスクを軽減するためか。35字以内で答えよ。

設問2　〔第1次開発の進め方の検討〕について答えよ。

  (1)　本文中の下線②について，N課長は標準画面・機能のプロトタイピングでCC管理職のどのような理解を深めることを狙ったのか。30字以内で答えよ。

  (2)　本文中の下線③について，N課長は何を確認したのか。20字以内で答えよ。

  (3)　N課長は，要件定義時には収集できなかったCC管理職のどのような要求を受入テストで追加収集できると考えたのか。20字以内で答えよ。

  (4)　本文中の　　a　　に入れる適切な字句を，25字以内で答えよ。

設問3　〔第2次開発の進め方の検討〕の表1について答えよ。

  (1)　N課長は，No.2について対応有無を判断するために具体的にどのような評価を行ったのか。30字以内で答えよ。

  (2)　N課長が，No.3は対応しないと判断した理由を30字以内で答えよ。

  (3)　N課長は，今後のNo.3などの検討に向けて現状を改善するために，取りまとめたノウハウをどのように活用することを狙っているのか。35字以内で答えよ。

－ 5 －

まずは，どこに直接的な該当箇所があるのかをチェックしておく。
今回も，1つの段落に1つの設問としてきれいに分かれている。最近の主流だが，この場合，問題文を頭から順番に読み進めながら，設問をひとつずつ順番に解いていけばいいだろう。

# IPA 公表の出題趣旨・解答・採点講評

## 出題趣旨

　プロジェクトマネージャ（PM）は，ビジネス環境の変化に迅速に対応することを目的に，SaaS を利用して業務改善やサービス品質向上などの顧客体験価値（UX）改善を図る場合は，効率的な導入を実現するようにプロジェクト計画を作成する必要がある。

　本問では，ギフト販売会社のコールセンターの業務で SaaS を利用して短期間にシステム導入するプロジェクトを題材として，SaaS の特長を生かした導入手順の決定，システムの利用者と認識を共有するプロセス及び UX 改善ノウハウの蓄積方法について，PM としての実践的な能力を問う。

| 設問 | | 解答例・解答の要点 | 備考 |
|---|---|---|---|
| 設問１ | | AI ボットの運用開始がクリスマスギフト商戦に遅れるリスク | |
| 設問２ | (1) | ・AI ボット導入によるコールセンター業務の実施イメージ<br>・顧客がどのように AI ボットを使うのかのイメージ | |
| | (2) | より類似性の高い質問や回答の提示状況 | |
| | (3) | FAQ の自動更新に関わる要求 | |
| | (4) | a | パラメータ設定の変更だけで実現できる。 | |
| 設問３ | (1) | 顧客の真のニーズを踏まえたギフトを販売できるかどうか | |
| | (2) | デジタルマーケティング戦略の立案を先にすべきだから | |
| | (3) | マーケティング業務で AI を活用したデータ分析などを行う。 | |

## 採点講評

　問１では，SaaS を利用したシステム導入プロジェクトを題材に，SaaS の特長を生かした導入手順について出題した。全体として正答率は平均的であった。

　設問２（3）は，正答率が低かった。M 社の最新の FAQ や問合せデータなどに言及せず，オペレーターの運用だけに着目した解答が多かった。要件定義では用いなかったデータを用いた受入テストから新たな要求が生じること，新たな要求を把握した上で適切に対応することが重要であることを理解してほしい。

　設問３（2）は，正答率がやや低かった。第２次開発の評価基準への適合に関する解答が多かった。機能の採否の判断には評価基準の適合も当然のことながら，UX の改善に向けた適切なアプローチという視点が重要であることを理解してほしい。

# 解説

　問題文のタイトルに「**短期間にシステムを導入するプロジェクト**」と書かれているので，アジャイル型開発のプロジェクトではないかという仮説のもとに解いていく問題になる。結果的に，明確に"アジャイル開発"とも書いていないし，アジャイル開発が論点になることもなかったが，ひとまず問題文を読む前で，タイトルだけを見た時にはその先入観をもって対応するように考えよう。

　問題文の 1 ページ目には「**2 か月後…必達である。**」と書いていて，そのために第 1 次開発と第 2 次開発に分けているというところが把握できていれば，組みやすい問題になるだろう。

　また，全体的に「抜粋型」の解答が多い印象だ。これは，このプロジェクトの特徴を理解しているかどうかが問われる問題が多いことを意味している。短時間で当該プロジェクトの特徴を見抜く練習をしっかりしてきた人には組みやすい問題だったのかもしれない。

## 設問 1

　設問 1 は，問題文 2 ページ目，括弧の付いたひとつ目の〔**AI ボットの機能と導入方法**〕段落に関する問題である。

### ■ 設問 1

| PJ に存在する "リスク" を答える設問 | 「問題文導出－解答抜粋型」 |
|---|---|

【解答のための考え方】

　この問題では，下線①「**あるリスクを軽減する**」の中にある"あるリスク"とは何かが問われている。問題文を最初から読み進めていけば，下線も引かれているし，「あるリスク」という匂わせもあるので，これが設問だということはすぐにわかるだろう。

　今回のように PJ に存在する"リスク"が問われている場合，答えは，ほぼほぼ問題文中に存在する。PJ に存在する"リスク"は，その PJ の特徴でもあるもので，自分の頭の中から"知識"として捻出するようなものではないからだ。したがって，「問題文中に答えが存在しているはずだ」と考えて，探し出すことに時間を使う。

　探す場所は，まずは，その下線①を含む段落以前になる。適当な解答候補が見つからなければいったん保留にして，設問 2 以後を解くために下線①を含む段落よりも後の段落を読み進めていった後に，再度考えればいいだろう。

　但し，やみくもに探し回っても時間を浪費するだけだ。下線①を含む文が「…あるリスクを軽減すること，…次の 2 段階で開発することにした。」となっているので，どういう分け方をしているのかを，まずは確認しよう。N 課長は，開発を 2 段階に分けることによって，そのリスクが軽減できると考えているわけだから，どう分けたのかという点が大きなヒントになっている。

## 【解説】

　最初に，問題文 2 ページ目の下から 5 行目から，次の 3 ページ目の 6 行目までをチェックして，N 課長がそのリスクを軽減するために，どのように開発を 2 段階に分けたのかを確認する。すると，次の記述を見つけるだろう。

　第 1 次開発…「2 か月後に運用開始する」
　第 2 次開発…「次のギフト商戦を考慮して，9 か月後の運用開始を目標とする」

　さらに，問題文の 1 ページ目に，納期に対する強い制約が（しかも強い表現で）記載されている。次の文である。

　「早急に顧客の不満を解消するためには，2 か月後のクリスマスギフト商戦までに AI ボットを運用開始することが必達である。」

　この 2 か所を見つけるだけで答えは明白になる。第 1 次開発と第 2 次開発に分けなければ 2 か月後の運用開始は不可能。したがって，"あるリスク"は「2 か月後のクリスマスギフト商戦までに AI ボットを運用開始することができないリスク（40字）」と考え，これを 35 字以内に解答例のようにまとめればいい。

## 【自己採点の基準】（配点 7 点）

| IPA 公表の解答例（網掛け部分は問題文中で使われている表現） |
|---|
| AI ボットの運用開始がクリスマスギフト商戦に遅れるリスク（28 字） |

　この設問は，ほぼほぼ問題文中から抜き出す"抜粋型"になる。多少の表現の揺れは問題ないが，「AI ボットの運用開始」と「クリスマスギフト商戦」の二つのキーワードは使う必要があるだろう。その上で，「クリスマスギフト商戦に遅れる」とか「クリスマスギフト商戦に間に合わない」という点をリスクとしていれば正解だと判断してもいいだろう。

## 設問2

　設問2は，問題文3ページ目，括弧の付いた二つ目の〔**第1次開発の進め方の検討**〕段落の問題で，全部で四つ（下線が二つと，空欄が一つ，それ以外が一つ）の問題が用意されている。

　いずれの問題も，タイトルにある通り「**第1次開発**」に関するものになる。したがって解答する際には，この段落以前の「**第1次開発**」に関する部分を中心にチェックした上で，プロジェクトの目的，方針等を含めて検討することになるだろう。設問1を解く過程で，プロジェクトが立ち上がった背景，プロジェクトの目的（対応する課題），プロジェクト方針，第1次開発など重要な部分にしっかりとマークしておきたい。

　解答する順番は，14行しかない段落なので，どこからでも解けるところから解いていけばいいと思う。

### ■ 設問2（1）

PMの意思決定の狙いに関する設問　　　　　　　「問題文導出－解答抜粋型」
要件定義でプロトタイプを利用する意義に関する設問　　「問題文導出－解答加工型」

**【解答のための考え方】**

　設問2の最初の問題は下線②の「**CC管理職の②ある理解**」について，どのような理解なのかというものだ。これも"匂わせの問題"なので問われていること自体は分かりやすい。

　工程は「**要件定義**」。CC管理職とは，この段落の1行目に書いている「**M社コールセンター管理職社員**」のことである。また，「**ある理解**」に関連して行ったことは「**R社提供の標準FAQを用いて標準画面・機能でプロトタイピング**」と「**CC管理職の要求を収集し，画面・機能の動作の大枠を要件として定義すること**」だと書いている。

　これら段落の記述を頭の中で整理した上で，要件定義でプロトタイプを使う時のメリットを（一般知識として）思い出し，かつ，CC管理職が要件定義を進めるうえで「何かしら理解できていなかったことがある」という記述が無いかを探していけばいい。

**【解説】**

　一般的に，要件定義工程でプロトタイプを使って画面や機能を確認しながら進めていくのは，要求を出す側に"はっきりとしたイメージが無い"時が多い。はっきりとしたイメージが無いから，実際の画面や機能を目にして操作することで，それ

で良いのか悪いのかを判断したりする。

　そうした一般論を念頭に置きながら，CC管理職が要件定義を進めるうえで「何かしら理解できていなかったことがある」という記述が無いかを探してみる。すると，すぐに次のような記述に反応できるだろう。

> 「M社コールセンター管理職社員（以下，CC管理職という）は要件を確定する役割を担うが，顧客がどのようにAIボットを使うのか，オペレーターの運用がどのように変わるのかについてのイメージをもてていない。」

　一般論をベースに想像したとおりの記述があるので，ここを中心に解答を組み立てる。問われているのが「どのような理解を深めることを狙ったのか」ということなので，例えば「AIボットを使った時の最適な利用イメージや運用イメージ（27字）」という感じでまとめればいいだろう。

## 【自己採点の基準】（配点6点）

| IPA公表の解答例（網掛け部分は問題文中で使われている表現） |
| --- |
| AIボット導入によるコールセンター業務の実施イメージ（26字） |
| 顧客がどのようにAIボットを使うのかのイメージ（23字） |

　IPAが公表している解答例は上記の二つになる。いずれの解答も，問題文の「M社コールセンター管理職社員（以下，CC管理職という）は要件を確定する役割を担うが，顧客がどのようにAIボットを使うのか，オペレーターの運用がどのように変わるのかについてのイメージをもてていない。」という箇所を解答根拠にしたものだと考えられる。したがって，まずは，その部分をベースに組み立てた解答だと自信を持っていれば正解の可能性が高いと考えていいだろう。

　二つの解答例の上の方は，問題文の「オペレーターの運用がどのように変わるのかについてのイメージ」という部分に対応する解答で，（そのまま抜粋せずに）意味が変わらない範囲で表現を作り変えている。他方，下の解答例は，問題文の「顧客がどのようにAIボットを使うのか，…についてのイメージ」の部分をそのまま抜粋して解答に使っている。これらのことから，問題文中の言葉を抜粋して解答しても，意味が変わらない範囲で加工しても正解だと判断できる。

　また，問題文中の解答を一意にする該当箇所にある二つのイメージの片方だけでも正解としているため，どちらかひとつのイメージだけでも正解だと判断できる。もちろん「解答に両方を入れたら不正解になる」はずもない。

## ■ 設問2（2）

受入テストで確認する事項に関する設問　　　　　　　　「問題文導出－解答抜粋型」

### 【解答のための考え方】

　次の問題も下線の問題（下線③）だ。N課長が確認したことが問われている。対象は「受入テスト」。その受入テストで確認することが問われている。

　下線③を含む文を読むと，その「あること（下線③）」は，「要件の実装状況」と「問合せへの対応の迅速化の状況」以外のものになる。このうちの「要件の実装状況」は受入テストで行う王道だが，もうひとつの「問合せへの対応の迅速化の状況」は "このプロジェクト固有" の確認項目になっている。したがって，その後に続くもう一つの「あること（下線③）」も "このプロジェクト固有" の確認事項だと考えるのが妥当だろう。したがって，問題文の中に解答があるはずだと考えて探しだすことを解答の基本路線とする。

### 【解説】

　まず，〔AIボットの機能と導入方法〕段落で，AIボットの基本機能を確認しよう。受入テストで確認するのは結局ここになるからだ。

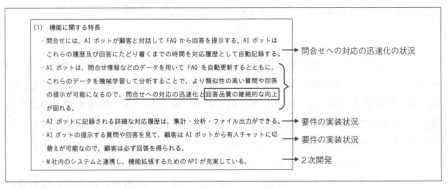

**図7　問題文2ページ目に記載されている「(1) 機能に関する特長」の箇所**

　この中で，解答候補の可能性があるのは，箇条書きの二つ目の中にある回答品質の継続的な向上である。それ以外は，「要件の実装状況」や「問合せへの対応の迅速化の状況」に対応しているが，これだけでは当てはまらないからだ。

　問題文1ページ目にも "プロジェクトの目的" として，「問合せへの対応の迅速化の状況」とともに「回答の品質向上」があげられている（図8参照）。

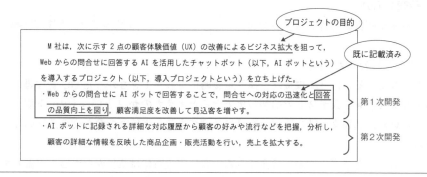

**図8　問題文1ページ目に記載されているプロジェクトの目的の箇所**

後は,「回答の品質向上」が具体的に何を指しているのかを考える。問われているのが「あること」なので,品質向上を具体的な「こと」として解答する必要があるからだ。

「(1) 機能に関する特長」の箇条書きの二つ目のところには,「より類似性の高い質問や回答の提示が可能になる」という記述があり,これが「回答の品質向上」をもたらすことから,「より類似性の高い質問や回答の提示が可能になっていること(27字)」を,解答例のように20字以内にまとめればいいだろう。

**【自己採点の基準】**（配点6点）

| IPA公表の解答例（網掛け部分は問題文中で使われている表現） |
| --- |
| より類似性の高い質問や回答の提示状況（18字） |

ここは「回答の品質向上」と書いてしまうことが多いかもしれない。プロジェクトの目的が二つあり,下線③の前にはそのうちの一つ「問合せへの対応迅の速化の状況」になっているので,粒度を合わせようと考えてしまうとそうなってしまう。ただ,問われているのは「あること」だ。それが解答例のように具体的な「こと」とすることを求めているのだと思われる。

ただ,意味は同じであり,IPAも国語の問題ではないと明言している。そういう観点から正解になったり,部分点がもらえたりするかもしれない。採点講評にも特段の記載がないし,正答率が低いとも書いていないので,それを期待したい問題だと言える。

## ■ 設問2（3）

アジャイル開発の特性に関する設問　　　　　　　　「問題文導出－解答抜粋型」

### 【解答のための考え方】

　問われているのは「N課長は，要件定義時には収集できなかったCC管理職のどのような要求を受入テストで追加収集できると考えたのか。」というもの。下線も空欄もないが，問題文の該当箇所は容易に確認できる。下線③を含む文の，次の文になる。

　ここも，ひとまず一般論で考えてみる。要件定義時には気付かなかった（漏れていた）要求が，受入テストをやっていて気付くことは少なくない。特に今回のように，CC管理者がイメージをもてていないケースでは，いくらプロトタイプを活用してイメージを持たせようとしても限界がある。

　また，DX関連のプロジェクトやアジャイル開発を採用したプロジェクトでは，従来の予測型プロジェクト（ウォータフォール型プロジェクト）のように，要件を確定させた後に仕様凍結するのではなく，リリース後に振り返りを行うのが一般的だ。この問題は「リリース」ではないけれど，当初からイメージをもててなかったわけだから不確実性を含むことに変わりはない。より具体的な形になった段階で，プロジェクトの目的を達成できるかどうかという観点でチェックするという可能性はあるだろう。

　以上より，一般論として解答するのか，それとも問題文中に，具体的な「受入テスト後に，○○を確認する」というような記述があったり，アジャイル開発の特性についての記述があったりして，それをベースに解答するのかを判断して解答する。設問2（2）を解く過程で，問題文の1ページ目から3ページ目まで読んできたと思うので，その記憶からでも構わない。特に覚えていなければ，知識解答型の可能性を念頭に置きつつ，再度頭から読み進めて探してみてもいいだろう。

### 【解説】

　最初に，今回の要件定義で実施したことを確認する。問題文の次の箇所だ。

　　「要件定義では，R社提供の標準FAQを用いて標準画面・機能でプロトタイピングを行い，CC管理職のある理解を深めた上でCC管理職の要求を収集し，画面・機能の動作の大枠を要件として定義することにした。」

　設問2（1）で考えた通り，CC管理職がイメージを持っていないため，まずは「R社提供の標準FAQ」を使ってプロトタイプを用いて要件定義を実施している。一

方，受入テストでは「**M社の最新のFAQと実運用時に想定される多数の問合せデータを用い**」て諸々確認している。そしてその時に「**要件定義時には収集できなかったCC管理職の要求を追加収集する。**」というわけだ。

　要するに，「**R社提供の標準FAQ**」では出てこなかった要求で，「**M社の最新のFAQと実運用時に想定される多数の問合せデータを用い**」れば出てくる要求だということになる。

　後はそれが，どういう要求なのかを考える。チェックするところは（AIボットの標準機能なので），設問2（2）同様〔**AIボットの機能と導入方法**〕段落の「**(1) 機能に関する特長**」になる。

　すると，箇条書きの2つ目のところに「**問合せ情報などのデータを用いて FAQを自動更新するとともに，これらのデータを機械学習して分析する**」という記述を見つけるだろう。「**問合せ情報などのデータ**」を用いるのは，受入テストの段階になる。したがって，この部分の要求は受入テスト後でないと出てこないものになる。

　以上より，解答例のような解答になる。

### 【自己採点の基準】（配点6点）

| IPA公表の解答例（網掛け部分は問題文中で使われている表現） |
| --- |
| **FAQの自動更新**に関わる要求（14字） |

　ここも抜粋型になるので，これのみを正解とするものだと考えられる。抽象的な「**要件定義の時には気付かなかった要求（17字）**」などの解答は，不正解だと考えた方が良いだろう。問題文中に何の記載も無ければ，そうした解答でも正解となる場合もあると思われるが，今回はそうではないので。

## ■ 設問2（4）

パッケージ導入や SaaS 利用時の設問　　　　　　　　　　「穴埋め問題」
　　　　　　　　　　　　　　　　　　　　　　　　　「問題文導出－解答抜粋型」

### 【解答のための考え方】

　設問2の最後は空欄 a を 25 字以内で埋める問題だ。**"追加収集した要求を第1次開発に取り込む基準"** について問われている。その基準のひとつは「**問合せへの対応が迅速になる，又は回答品質が向上する**」というもので，空欄 a はそれ以外のひとつになる。

　この問題の解答も知識解答型ではない。もうひとつの「**問合せへの対応が迅速になる，又は回答品質が向上する**」という基準からも明白だが，"プロジェクト固有"のものだと考えられる。したがって，問題文から探し出すことを基本の解答路線とする。

　探す箇所は，まずは，第1次開発と第2次開発に分けた記述のところになる。そこで特に見つからなければ，1ページ目のプロジェクトの目的などを記載したところに移ればいいだろう。

### 【解説】

　第1次開発と第2次開発に分けた記述は，〔AI ボットの機能と導入方法〕段落の後半にある。問題文2ページ目の下の方だ。その中に「**画面・機能はパラメータ設定の変更だけで実現できる範囲で最適化を図る。**」とストレートに書いている。これが解答だとすぐにわかるだろう。

　そもそも，第1次開発は「**2 か月後に運用開始する**」ことが大前提になっている。そのために第1次開発と第2次開発に分けたと言っても過言ではない。空欄 a の直前の文にも，わざわざ「**2 か月後の運用開始を必達とする条件は変えずに**」と書いているのも大きなヒントになっている。

### 【自己採点の基準】（配点6点）

| IPA 公表の解答例（網掛け部分は問題文中で使われている表現） |
| --- |
| パラメータ設定の変更だけで実現できる。（19字） |

　これは，問題文からの抜粋型になる。したがって，多少の表現の揺れ程度であれば問題ないと思われるが，この解答例の表現と同意の解答のみを正解だと考えよう。

## 設問３

　設問３は，問題文３ページ目，括弧の付いた三つ目の〔**第２次開発の進め方の検討**〕段落の問題である。第２次開発は，ザックリ言うとデータ活用のところになる。残り半ページであり，設問２まで解いた過程でおおよそのストーリも理解して，マークもしているはずなので，それらを頼りにアプローチしていけばいいだろう。

### ■ 設問３（１）

| 問題文中の開発方針に関する設問 | 「問題文導出－解答抜粋型」 |
|---|---|

### 【解答のための考え方】

　第２次開発に関する一つ目の問題は，表１の No.2（下図参照）に関するものになる。

表１　マーケティング部署の機能に対する要求と機能が創出する成果

| No. | 機能に対する要求 | 機能が創出する成果 | API |
|---|---|---|---|
| 1 | 詳細な対応履歴と問合せ者の顧客情報・購買履歴に基づく推奨ギフトの提案 | 顧客が自身の好みに沿ったギフトを簡単に購入できる。 | 有り |
| 2 | 顧客情報・購買履歴と商品企画・販売活動の統合分析 | M 社が顧客の真のニーズを踏まえたギフトを企画，販売できる。 | 無し |
| 3 | AI を活用した市場トレンド・詳細な対応履歴などのデータ分析による最適な SNS への広告出稿 | 顧客の関心が高いギフトの広告を SNS に表示できる。 | 無し |

　問題文には「**No.2 については，マーケティング支援ソフトウェアパッケージの機能拡張の工数見積りに加えて，ある評価を行って対応有無を判断することにした。**」という記述があるが，この文中の「**ある評価**」が具体的に何なのかを答える問題だ。

　こういう「何を評価するのか？」という問いに対する解答は，プロジェクトごとに異なる固有のものになる。したがって，問題文から探し出すことを前提に考える。

　まずは，第２次開発に関する記述箇所を再度チェックしよう。この手の問題はストレートに書いていることが多いので，「**評価**」という用語を中心に探していくと速く見つけることができる。

### 【解説】

　第２次開発に関しては，この〔**第２次開発の進め方の検討**〕段落と，〔**AI ボットの機能と導入方法**〕段落の後半（問題文２ページ目の下から２行目から最後まで）に記載されている。その中で「**評価**」という用語が使われているところがある。それが次のところだ。

「AIボットの機能拡張はAPIを使って実現することを方針とする。APIを使って
　実現できない機能は，次に示す二つの基準を用いて評価を行い，対応すると判断
　した場合，M社内のシステムの機能拡張を行う。
（i）実現する機能が目的とするUX改善に合致しているか
（ii）実現する機能が創出する成果が十分か」

　表1で確認すると，No.2に関する「API」は"無し"になっている。つまり，上
記の記述の**「APIを使って実現できない機能」**に該当するため，（i）と（ii）の基
準を用いて評価をしなければならないことがわかる。

　後は，設問の指示通りに「具体的に」解答することを考える。（i）や（ii）は抽象的
な表現だからだ。（ii）の**「創出する成果」**については，表1のNo.2の「機能が創出す
る成果」に記載されている。**「M社が顧客の真のニーズを踏まえたギフトを企画，販売
できる」**というものだ。これを評価すれば（i）の評価にもなるので，この部分が具体的
な評価対象になる。以上より，解答は解答例のように組み立てればいいことがわかる。

### 【自己採点の基準】（配点6点）

| IPA公表の解答例（網掛け部分は問題文中で使われている表現） |
| --- |
| 顧客の真のニーズを踏まえたギフトを販売できるかどうか（26字） |

　この問題では「具体的に」と問われているので，問題文の（i）や（ii）をその
まま書いた**「実現する機能が目的とするUX改善に合致しているかどうか」**や，**「実
現する機能が創出する成果が十分かどうか」**という解答は不正解だと考えた方が良
いだろう。

　では，表1の「機能が創出する成果」をそのまま抜き出して**「顧客の真のニーズ
を踏まえたギフトを企画，販売できるかどうか」**という解答にしたらどう考えれば
いいだろう。解答例には「企画」だけが含まれていないが正解にしてもいいのだろ
うか。販売するには，その前に企画しなければならないので「販売」は「企画」を
包含するものになる。そういう意味では"不要"だということはわかるのだが，正
解かどうかはわからない。IPAは国語の問題ではないことを明言しているので，常
識的に考えれば不正解になる理由はない。「（i）はUXのことだから企画は関係な
い」というのにも無理がある。採点講評にも特に記述はなく，（企画を含めて解答し
ている人が多いはずだと推測できる中）正答率が低いとも書いていない。以上のこ
とから正解だと判断しても問題ないと思われる。IPAが国語の問題ではないと明言
していることを信じよう。

## ■ 設問 3（2）

PM の意思決定の "狙い" を答える設問　　　　　「問題文導出－解答抜粋型」

### 【解答のための考え方】

二つ目の問題は，表 1 の No.3（下図参照）に関するものになる。

表 1　マーケティング部署の機能に対する要求と機能が創出する成果

| No. | 機能に対する要求 | 機能が創出する成果 | API |
|---|---|---|---|
| 1 | 詳細な対応履歴と問合せ者の顧客情報・購買履歴に基づく推奨ギフトの提案 | 顧客が自身の好みに沿ったギフトを簡単に購入できる。 | 有り |
| 2 | 顧客情報・購買履歴と商品企画・販売活動の統合分析 | M 社が顧客の真のニーズを踏まえたギフトを企画，販売できる。 | 無し |
| 3 | AI を活用した市場トレンド・詳細な対応履歴などのデータ分析による最適な SNS への広告出稿 | 顧客の関心が高いギフトの広告を SNS に表示できる。 | 無し |

問題文には「**No.3 は対応しないことにした。**」という記述があり，設問ではそう判断した理由が問われている。

この問題のように，PM が「様々な要求の中で，対応しないことにした」理由が問われている場合，一般的には次のような 3 点をベースに考える。

①不要（戦略に合わない。何かと矛盾する。そもそも不要である）
②必要（予算や納期の制約の中で優先順位が低く，他を優先した結果）
③必要（他に先行して実施（整備）しないといけないことがあって，その後でないと対応できない）

### 【解説】

問題文の「**No.3 は対応しないことにした。**」という記述の後に続く次の文を確認する。

「ただし，**導入プロジェクト終了時には，業務における AI 活用のノウハウを取りまとめ，今後の No.3 などの検討に向けて現状を改善するために活用することにした。**」

この表現から，不要だから「対応しない」と考えている可能性は低いことがわかるだろう。どちらかというと「時期尚早」，「準備できていない」というニュアンスになっていることがわかると思う。

　そこで「他に先行して実施（整備）しないといけないことがあって，その後でないと対応できない」という仮説を立てたうえで，（解答を固めるために）それに関する記述を探す。探す場所は，第2次開発の後に言及している部分，つまり，本プロジェクト後の話について記載されているところだ。すると，1ページ目の下から3行目から次頁の3行目までの部分（次の箇所）を見つけるだろう。

　「導入プロジェクトの終了後即座に，マーケティング部署が中心となりデジタルマーケティング戦略も立案することにした。戦略立案後は，更なる UX 改善を図るマーケティング業務を実施することを目指す。そのために，導入プロジェクト終了時には，業務における AI 活用のノウハウをまとめることにした。実践的なノウハウを蓄積することで，デジタルマーケティング戦略に沿って，様々なマーケティング業務で AI を活用したデータ分析などを行うことを可能とする。」

　No.3 の「SNS への広告出稿」は上記箇所の「様々なマーケティング業務」に該当する。そのため，No.3 の「SNS への広告出稿」は「デジタルマーケティング戦略に沿って」行う必要があると考えたのだろう。つまり，デジタルマーケティング戦略が，No.3 の「SNS への広告出稿」の先行作業になるというわけだ。その点を，設問で問われている「対応しないと判断した理由」としてまとめたものが解答例になる。

## 【自己採点の基準】（配点 6 点）

| IPA 公表の解答例（網掛け部分は問題文で使われている表現） |
|---|
| デジタルマーケティング戦略の立案を先にすべきだから（25字） |

　「マーケティング戦略は導入プロジェクトの終了後に作成する」という点と，「SNS への広告出稿が，そのマーケティング戦略に沿って行う必要がある」という点を含めた表現であれば正解だと考えていい。解答例と同じ意味になるからだ。
　他にも，問題文の他の部分をピックアップして「業務における AI 活用のノウハウをまとめていないから」，「実践的なノウハウを蓄積してからの方が良い」という解答も考えられる。個人的には，これらも理由のひとつになるだろうから正解にしてもらいたいところだが，正解なのか不正解なのかは公表されていない。
　ただ，"広告宣伝" は様々なマーケティング活動のひとつである。そのため単独で考えるのではなく "マーケティング戦略" に基づいて他のマーケティング活動とバランスや整合性を取りながら実施しないといけない。そういう意味では，解答例が最もしっくりくる。これで解答できるようにしておきたい。

## ■ 設問3（3）

PMの意思決定の"狙い"を答える設問　　　　　　　「問題文導出－解答抜粋型」

### 【解答のための考え方】

　最後の問題も，表1のNo.3に関するものになる。第2次開発で取りまとめたノウハウをどのように活用することを狙っているのかが問われている。

　これは，今回の"プロジェクト後の話"になるので，それがどのあたりに記載されていたのかを思い出し，該当箇所を熟読して解答を考えるというのを基本路線に置く。最後の問題なので，問題文の構成をある程度覚えていればピンポイントで該当箇所をチェックしよう。そうでない場合は，（時間があれば）頭から探しにかかってもいいだろう。いずれにせよ，知識解答型で答えを出せる問題ではないのは明白なので，深追いは禁物だが，残りの時間を睨みながら"問題文中に必ず関連個所がある"と考えて挑む必要がある。

### 【解説】

　今回の"プロジェクト後の話"は，1ページ目の下から3行目のところにある。設問3（2）でもチェックしたところだ（設問3（2）の解説参照）。ここにストレートに書かれている。

　設問で問われている「取りまとめたノウハウ」とは，この文の「業務におけるAI活用のノウハウ」及び「実践的なノウハウを蓄積すること」の部分なので，その後に続く「デジタルマーケティング戦略に沿って，様々なマーケティング業務でAIを活用したデータ分析などを行うことを可能とする」という部分が，設問3（3）の「どのように活用することを狙っているのか。」に対する部分になる。そこを解答例のようにまとめればいい。

### 【自己採点の基準】（配点7点）

IPA公表の解答例（網掛け部分は問題文中で使われている表現）

マーケティング業務でAIを活用したデータ分析などを行う。（28字）

　これは，問題文からの抜粋型になる。したがって，多少の表現の揺れ程度であれば問題ないと思われるが，この解答例の表現が中心になっている解答のみを正解だと考えよう。

# 演習 • 令和4年度 問2

問2 EC サイト刷新プロジェクトにおけるプロジェクト計画に関する次の記述を読んで，設問に答えよ。

A 社は老舗のアパレル業である。店舗スタッフ部門の現場の経験豊富なメンバーが的確に顧客のニーズを把握し，接客時にお勧めのコーディネートを提案できることが評価され，ハイクラスの顧客層から強く支持されるブランドになっている。かつては，そのブランド力を生かして実店舗だけで商品の販売を行っていたが，近年では，販売チャネルの多様化に伴い，ショッピングモール運営会社のサイトに出店する形で EC サイトを開設した。しかしながら，この EC サイトは他の EC サイトとの差別化ができておらず，オンラインで商品を購入できる機能の提供だけにとどまり，売上げは低迷している。これに加え，大規模な感染症の流行に伴い，実店舗での試着や接客に顧客が大きな不安を感じる傾向にあり，来店客数も減少している。このままでは，強い支持を得ている既存の顧客層も離れていくと考え，A 社は既存の顧客層を取り戻すだけでなく，新たな顧客の獲得を狙いとして仮想店舗構想を積極的に推進することを決定し，新事業推進部が事業を担当することとなった。この構想では，顧客は自宅にいながらアバターとして仮想店舗に来店し，顧客が過去に購入した衣服との組合せなどを疑似的に試着できる。その際には，店舗スタッフ部門のメンバーのアバターと会話しながらお勧めコーディネートの提案を受けることができる。この構想を実現するプロジェクト（以下，A プロジェクトという）が立ち上げられた。

A プロジェクトのプロジェクトマネージャ（PM）として，開発，運用それぞれの経験が豊富であるシステム部企画課の B 課長が任命された。仮想店舗を実現するシステムは，A 社内の利用部門が使う顧客管理や経理などの現行システムと同様に，システム部開発課（以下，開発課という）が内製で開発し，システム部運用課（以下，運用課という）が運用する。

〔現行システムの状況と A プロジェクトの目標〕

現行システムの開発では，利用部門の要求確定の都度，開発課のメンバーをアサインして，システム開発に着手する。開発課は総合テスト完了後，運用課が管理する検証環境にソフトウェアをアップロードして，運用課が稼働環境へデプロイする。

A 社のガバナンス規程では，リグレッションテストなどの作業や開発プロセスの証跡を確認し，承認する手続の後にデプロイすることになっているので，運用課が検証環境で作業や手続を実施している。しかし，開発課は利用部門から求められたソフトウェアの仕様変更への対応をデプロイ直前まで実施することがあり，その結果，デプロイの 3 営業日前となっているアップロード期限が守られないことがある。

　ショッピングモール運営会社から提供された情報によると，現在の EC サイトでは"欲しい商品がどこにあるかが分からない。気になる商品があっても，それを試着したときのイメージが湧かず，実店舗で得られるようなコーディネートの提案も聞けない。"という顧客からの声がある。しかし，現状はこうした声への対応ができていない，又は対応が遅い状況にある。仮想店舗で，このような顧客の声に迅速に対応して価値を提供できるようにすることが，A プロジェクトの最優先の目標である。


〔現状のヒアリング〕

　B 課長は，開発課の現状を担当者にヒアリングした。その概要は次のとおりである。

・開発課のミッションは，利用部門からの要求を迅速に実現することである。

・利用部門が要求を決めれば，開発課はすぐにソフトウェアを改修してアップロードする。しかし，運用課の作業があり，迅速にデプロイできない。

・最近は，テストからデプロイまでを自動実行するツール（以下，自動化ツールという）が提供されている。これによって運用課がデプロイ前に実施する作業や手続が自動化ツールで代用でき，作業効率を改善できるので導入を提案しているが，運用課は，自動的にデプロイされてしまうことに否定的である。


　B 課長は，次に運用課の担当者にヒアリングした。その概要は次のとおりである。

・運用課のミッションは，安定した運用の提供であり，利用部門と合意した SLA を遵守することである。

・開発課は，アップロード期限を守れない場合，"運用課の作業期間短縮によってデプロイ日時を変えないように"と要求してくることがある。しかし，A 社のガバナンス規程で定められている必要な作業や手続があり，一定の期間が必要なので，開発課にはこの点を考慮してアップロード期限を守るように再三伝えているが改善されない。その結果，開発課が希望する日時にデプロイできないことがある。

・自動化ツールの導入効果は認識しているが，運用課の作業や手続なしにデプロイするのは安定した運用を提供する立場から許可できない。

〔目標の達成に向けた課題〕

　B 課長は，開発課も運用課も顧客に直接価値を提供する SoE（System of Engagement）型のシステムを開発，運用した経験がないことを踏まえ，A プロジェクトの最優先の目標の達成に向けた課題を次のように分析した。

・①開発課と運用課とでは，重視していることが異なり，それらを相互に理解できていないので，A 社として組織を横断して迅速に顧客の声に対応することが難しい。

・開発課も運用課も社内のニーズを満たしたり，ルールを遵守したりすることが価値だと認識しており，顧客への価値提供が重要であることを十分に理解できていない。

・自動化ツールなどの最新の技術に対して，現状の作業，手続及び役割分担を前提に導入の是非を判断してしまっている。

・SoE 型のシステム開発のプロセスにおいて，顧客視点での体験価値の設計や評価に必要なスキルをもった人材が社内にいないので，外部の知見を導入しながら社内の人材を育成していく必要がある。

・実店舗と同様に，顧客の声を直接集めて顧客のニーズを的確に把握できるようにするためには，必要なスキルを保有するメンバーを A プロジェクトにアサインすることが重要である。

・A 社の強みを生かして提供される②仮想店舗での顧客体験価値（UX）についてメンバーの意識を高めるためには，メンバーに多様な視点からの意見を理解してもらう必要がある。

　これらの課題を解決するために，B 課長は UX 提供の仕組み作り，及び開発・運用プロセスの整備に関する対策を検討することにした。

〔UX 提供の仕組み作り〕

　B 課長は，A プロジェクトの最優先の目標である，顧客の声に迅速に対応して UX を提供できるようにするには，組織を横断したプロジェクトチームを編成し，顧客に価値を提供するプロセスを軽量化し，また必要な権限やスキルを A プロジェクト

に集約することが必要だと考え，次の対策について新事業推進部及び関係する部署
の合意を得た。

　まず，A プロジェクトには，開発課のメンバーに加えて運用課のメンバーも参加さ
せ，開発と運用が一体となった活動（DevOps）を実現する。次に，③店舗スタッフ
部門の現場の経験豊富なメンバーに A プロジェクトに参加してもらう。このメンバ
ーには，新設した新事業推進部の仮想店舗スタッフ課で，アバターとして顧客への
提案などを担当してもらうとともに，顧客への情報発信と顧客の声をリアルタイム
に収集するために新設する A 社公式 SNS アカウントの運営も担当してもらう。また，
④外部のデザイン会社に，共同作業を前提に UX の設計やレビューを依頼する。

　その上で，毎朝，⑤UX に関する意識を高めるためにミーティングを開催し，開発
課，運用課，仮想店舗スタッフ課及び外部のデザイン会社から参加するメンバー全
員で議論することにした。


〔開発・運用プロセスの整備〕

　開発・運用プロセスの整備に向けては，まず，⑥自動化ツールを導入することに
よって得られる，A プロジェクトの最優先の目標の達成に寄与する効果について，開
発課のメンバーと運用課のメンバーとが共有することが必要と考え，両メンバー間
で協議してもらった。その結果，現状の作業，手続及び役割分担に合わせて自動化
ツールを利用するのではなく，自動化ツールを利用できるように開発・運用プロセ
スを見直すことになった。具体的には，自動化ツールがもつ機能を最大限に生かし
つつ，デプロイについては，⑦自動化ツールに記録された作業ログ及び開発課のメ
ンバーの最終確認の証跡をもって，運用課のメンバーがデプロイを承認する，とい
うプロセスに見直すことにした。

　B 課長はこれらの案を反映したプロジェクト計画を作成し，A 社経営層の承認を得
た。


設問1　〔目標の達成に向けた課題〕について答えよ。

　　　（1）　本文中の下線①について，このような分析の根拠として，B 課長は開発課
　　　　　と運用課がそれぞれ何を重視していると考えたのか。それぞれ 20 字以内で答
　　　　　えよ。

（2）　本文中の下線②について，B 課長は仮想店舗で具体的にどのような UX を提供しようと考えたのか。30 字以内で答えよ。

設問2　〔UX 提供の仕組み作り〕について答えよ。

（1）　本文中の下線③について，B 課長が店舗スタッフ部門のメンバーを A プロジェクトにアサインしたのは，A プロジェクトの最優先の目標の達成に向けてどのようなスキルを期待したからか。25 字以内で答えよ。

（2）　本文中の下線④について，B 課長が UX の設計やレビューに関して共同作業を前提にした意図は何か。25 字以内で答えよ。

（3）　本文中の下線⑤について，B 課長がこのように全員で議論することにした狙いは何か。30 字以内で答えよ。

設問3　〔開発・運用プロセスの整備〕について答えよ。

（1）　本文中の下線⑥について，B 課長が考えた，A プロジェクトの最優先の目標の達成に寄与する，自動化ツールの導入効果とは何か。20 字以内で答えよ。

（2）　本文中の下線⑦について，B 課長がこのようなプロセスに見直すことにした狙いは何か。35 字以内で答えよ。

〔解答用紙〕

| 設問 1 | (1) | 開発課 | | | | | | | | | | | | | | | |
| | | | | | | | | | | | | | | | | | |
| | | 運用課 | | | | | | | | | | | | | | | |
| | | | | | | | | | | | | | | | | | |
| | (2) | | | | | | | | | | | | | | | | |
| | | | | | | | | | | | | | | | | | |
| 設問 2 | (1) | | | | | | | | | | | | | | | | |
| | | | | | | | | | | | | | | | | | |
| | (2) | | | | | | | | | | | | | | | | |
| | | | | | | | | | | | | | | | | | |
| | (3) | | | | | | | | | | | | | | | | |
| | | | | | | | | | | | | | | | | | |
| 設問 3 | (1) | | | | | | | | | | | | | | | | |
| | | | | | | | | | | | | | | | | | |
| | (2) | | | | | | | | | | | | | | | | |
| | | | | | | | | | | | | | | | | | |
| | | | | | | | | | | | | | | | | | |

# 問題の読み方とマークの仕方

今の問題は，常に"予測型（従来型）PJ"か"適応型 PJ"（あるいは DX 推進プロジェクト）か，その両方を想定して注意しておく必要がある。それを判断する部分はここ冒頭部分になる。この部分を，IT ストラテジスト試験と同じように考えて，経営戦略立案手順（SWOT 分析，経営戦略，システム化構想）に沿って要素分解して，マークしておくとともに，この問題を解く間"覚えておく"ことも重要になる。

問2　EC サイト刷新プロジェクトにおけるプロジェクト計画に関する次の記述を読んで，設問に答えよ。

　A 社は老舗のアパレル業である。店舗スタッフ部門の現場の経験豊富なメンバーが的確に顧客のニーズを把握し，接客時にお勧めのコーディネートを提案できること が評価され，ハイクラスの顧客層から強く支持されるブランドになっている。かつては，そのブランド力を生かして実店舗だけで商品の販売を行っていたが，近年で は，販売チャネルの多様化に伴い，ショッピングモール運営会社のサイトに出店する形で EC サイトを開設した。しかしながら，この EC サイトは他の EC サイトとの差別化ができておらず，オンラインで商品を購入できる機能の提供だけにとどまり，売上げは低迷している。これに加え，大規模な感染症の流行に伴い，実店舗での試着や接客に顧客が大きな不安を感じる傾向にあり，来店客数も減少している。このままでは，強い支持を得ている既存の顧客層も離れていくと考え，A 社は既存の顧客層を取り戻すだけでなく，新たな顧客の獲得を狙いとして仮想店舗構想を積極的に推進することを決定し，新事業推進部が事業を担当することとなった。この構想では，顧客は自宅にいながらアバターとして仮想店舗に来店し，顧客が過去に購入した衣服との組合せなどを疑似的に試着できる。その際には，店舗スタッフ部門のメンバーのアバターと会話しながらお勧めコーディネートの提案を受けることができる。この構想を実現するプロジェクト（以下，A プロジェクトという）が立ち上げられた。

　A プロジェクトのプロジェクトマネージャ（PM）として，開発，運用それぞれの経験が豊富であるシステム部企画課の B 課長が任命された。仮想店舗を実現するシステムは，A 社内の利用部門が使う顧客管理や経理などの現行システムと同様に，システム部開発課（以下，開発課という）が内製で開発し，システム部運用課（以下，運用課という）が運用する。

　現行システムの状況と A プロジェクトの目標

　　現行システムの開発では，利用部門の要求確定の都度，開発課のメンバーをアサインして，システム開発に着手する。開発課は総合テスト完了後，運用課が管理する検証環境にソフトウェアをアップロードして，運用課が稼働環境へデプロイする。

「強み」。しっかりとマークし，かつ覚えておくところ。

「弱み」と「脅威」が重なって悪い状況になっているところ。

「戦略」に関する部分。PJ は，この戦略の制約を受ける。

「システム化構想」に関する部分。強みを活かした構想になっている点に留意。

DX は内製が向いている。内製になっていることを確認。

現行システムの状況は，旧態依然のやり方や考え方だと想定し，「きっとこんな風になっているんだろうな」と仮説を立てておくと短時間で把握できる。

今回のプロジェクトの目標が書かれている段落。「昔は QCD，今は PJ の目的」という先入観を持ちながらチェックする。

序
1
2
3
4

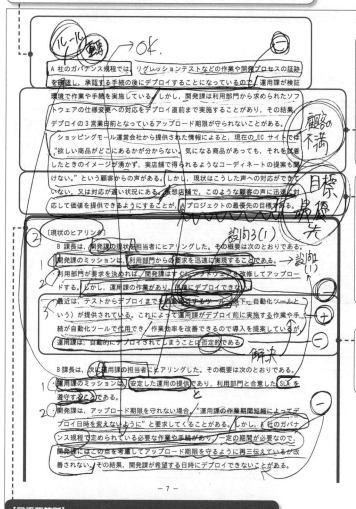

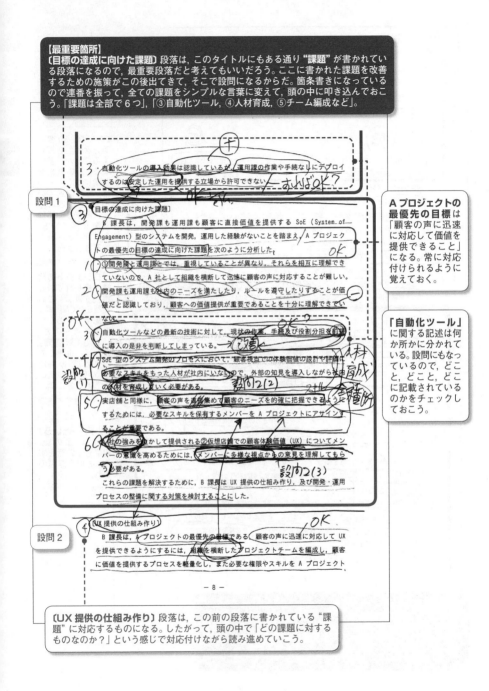

**【最重要箇所】**
**〔目標の達成に向けた課題〕**段落は，このタイトルにもある通り“**課題**”が書かれている段落になるので，最重要段落だと考えてもいいだろう。ここに書かれた課題を改善するための施策がこの後出てきて，そこで設問になるからだ。箇条書きになっているので連番を振って，全ての課題をシンプルな言葉に変えて，頭の中に叩き込んでおこう。「課題は全部で6つ」，「③自動化ツール，④人材育成，⑤チーム編成など」。

設問1

**A プロジェクトの最優先の目標**は「顧客の声に迅速に対応して価値を提供できること」になる。常に対応付けられるように覚えておく。

**「自動化ツール」**に関する記述は何か所かに分かれている。設問にもなっているので，どこと，どことに記載されているのかをチェックしておこう。

設問2

**〔UX 提供の仕組み作り〕**段落は，この前の段落に書かれている“課題”に対応するものになる。したがって，頭の中で「どの課題に対するものなのか？」という感じで対応付けながら読み進めていこう。

「経験豊富」というワードで１ページ目の
「強み」と対応付けることができる。

権限委譲

に集約することが必要だと考え，次の対策について新事業推進部及び関係する部署
の合意を得た。　　　　　　強みを活かす。

まず，Ａプロジェクトには，開発課のメンバーに加えて運用課のメンバーも参加さ
せ，開発と運用が一体となった活動（DevOps）を実現する。次に，③店舗スタッフ
部門の現場の経験豊富なメンバーにＩＡプロジェクトに参加してもらう。このメンバー
には，新設した新事業推進部の仮想店舗スタッフ課で，アバターとして顧客への
提案などを担当してもらうとともに，顧客への情報発信と顧客の声をリアルタイム
に収集するために新設するＡ社公式ＳＮＳアカウントの運営も担当してもらう。また，
④外部のデザイン会社に，協同作業を前提にＵＸの設計やレビューを依頼する。
その上で，毎月，⑤ＵＸに関する意識を高めるためにミーティングを開催し，開発
課，運用課，仮想店舗スタッフ課及び外部のデザイン会社から参加するメンバー全
員で議論することにした。

〔目標の達成に向
けた課題〕段落の
中の６つの課題の
うち，後半の３つ
の課題を解決する
ための対応にな
る。一つ一つ対応
付けて考えるよう
にしよう。

設問3

開発・運用プロセスの整備

　開発・運用プロセスの整備に向けては，まず，⑥自動化ツールを導入すること
によって得られる，Ａプロジェクトの最優先の目標の達成に寄与する効果について，開
発課のメンバーと運用課のメンバーとが共有することが必要と考え，両メンバー間
で協議してもらった。その結果，現状の作業，手続及び役割分担に合わせて自動化
ツールを利用するのではなく，自動化ツールを利用できるように開発・運用プロセ
スを見直すことになった。具体的には，自動化ツールがもつ機能を最大限に生かし
つつ，デプロイについては，⑦自動化ツールに記録された作業ログ及び開発課のメ
ンバーの最終確認の証跡をもって，運用課のメンバーがデプロイを承認する，とい
うプロセスに見直すことにした。　　　　ガバナンスクリア

　Ｂ課長はこれらの案を反映したプロジェクト計画を作成し，Ａ社経営層の承認を得
た。

開発課と運用課に
関する部分なので，
〔目標の達成に向
けた課題〕段落の
中の６つの課題の
うち，最初の３つ
の課題を解決する
ための整備に該当
する。ポイントは
「自動化ツール」
になる。

設問1　〔目標の達成に向けた課題〕について答えよ。

　(1)　本文中の下線①について，このような分析の根拠として，Ｂ課長は開発課
と運用課がそれぞれ何を重視していると考えたのか。それぞれ20字以内で答
えよ。
　　　　　　　　　　ミッション

次ページ参照。

(2)　本文中の下線②について，B課長は仮想店舗で具体的にどのようなUXを提供しようと考えたのか。30字以内で答えよ。

*自宅にいながら新商品同じ*

設問2　4【UX提供の仕組み作り】について答えよ。

*顧客の直接対応*

(1)　本文中の下線③について，B課長が店舗スタッフ部門のメンバーをAプロジェクトにアサインしたのは，Aプロジェクトの最優先の目標の達成に向けてどのようなスキルを期待したからか。25字以内で答えよ。

(2)　本文中の下線④について，B課長がUXの設計やレビューに関して共同作業を前提にした意図は何か。25字以内で答えよ。

(3)　本文中の下線⑤について，B課長がこのように全員で議論することにした狙いは何か。30字以内で答えよ。

設問3　5【開発・運用プロセスの整備】について答えよ。

(1)　本文中の下線⑥について，B課長が考えた，Aプロジェクトの最優先の目標の達成に寄与する，自動化ツールの導入効果とは何か。20字以内で答えよ。

(2)　本文中の下線⑦について，B課長がこのようなプロセスに見直すことにした狙いは何か。35字以内で答えよ。

*迅速にデプロイ可*

*ガバナンス明確 OK.*
*安定運用 OK.*

まずは，どこに直接的な該当箇所があるのかをチェックしておく。
今回も，1つの段落に1つの設問としてきれいに分かれている。最近の主流だが，この場合，問題文を頭から順番に読み進めながら，設問をひとつずつ順番に解いていけばいいだろう。

# IPA 公表の出題趣旨・解答・採点講評

| 出題趣旨 |
| --- |
| プロジェクトマネージャ（PM）は，新規事業を実現するためのプロジェクトにおいては，現状の体制やプロセスにとらわれずに，プロジェクトの計画を作成する必要がある。<br>　本問では，アパレル業において EC サイトを刷新し，仮想店舗構想実現を目的とするプロジェクトを題材として，顧客要望を迅速かつ的確に把握して対応できるプロジェクトチームの編成，顧客体験価値を迅速に提供するための，社内外の知識の集約や開発・運用プロセスの整備などを反映したプロジェクト計画の作成について，PM としての知識と実践的な能力を問う。 |

| 設問 | | | 解答例・解答の要点 | 備考 |
| --- | --- | --- | --- | --- |
| 設問 1 | (1) | 開発課 | 利用部門の要求を迅速に実現すること | |
| | | 運用課 | システムの安定運用を実現すること | |
| | (2) | | 実店舗同様に試着したり提案を受けたりできること | |
| 設問 2 | (1) | | 的確に顧客のニーズを把握するスキル | |
| | (2) | | A 社社内にスキルをもった人材を育成するため | |
| | (3) | | メンバーに多様な視点からの意見を理解してもらうため | |
| 設問 3 | (1) | | デプロイまでの時間を短縮する効果 | |
| | (2) | | ガバナンス規程を遵守しつつ，安定した運用を提供すること | |

| 採点講評 |
| --- |
| 　問 2 では，EC サイトを刷新し新たな事業を実現するためのプロジェクトを題材に，顧客の要望を迅速かつ的確に把握して対応できるプロジェクトについて出題した。全体として正答率は平均的であった。<br>　設問 3 (1) は，正答率が低かった。"A プロジェクトの最優先の目標"そのものを解答した受験者が多かった。"A プロジェクトの最優先の目標"に自動化ツールがどのように寄与するかを読み取った上で正答を導き出してほしい。<br>　設問 3 (2) は，正答率が低かった。"無駄を省く"，"効率化を図る"といった点を解答した受験者が散見された。運用課へのヒアリングから，"ガバナンス規程の遵守"は必須であり，これに対応するためのプロセスに見直すことでデプロイツールを導入しつつ，安定した運用を実現することが狙いであることを理解してほしい。 |

# 解説

　この問題も DX 関連，アジャイル型のプロジェクトになる。SoE，UX，DevOps など，これまでのプロジェクトマネージャ試験では見られなかった用語が使われているが，これらはいずれも DX 関連のプロジェクトでは当たり前のように使われている用語なので，これを機会にしっかりと押さえておきたい。また，この問題を見て確信したのは，これまで IT ストラテジスト試験で問われてきた経営戦略に関する知識も必須になったという点だ。

　設問は全部で 3 つ。小問は合計 7 つ。全てに下線がついていて問題文の前から順番に問われている。プロジェクトマネージャ試験の午後Iにおける典型的な構成なので，時間配分に注意しながら，本書で説明している王道の解き方で解いていけばいいだろう。

## 設問 1

　設問 1 は，問題文 3 ページ目，括弧の付いた 3 つ目の〔目標の達成に向けた課題〕段落に関する問題である。問われているのは 3 問（20 字× 2，30 字）。いずれも下線が対応しているので，そこまでを読み進めて，都度解答を考えていけばいいだろう。

### ■ 設問 1（1）
従来型のプロジェクトでよく見かける役割の違いに関する問題

「問題文導出－解答抜粋型」

【解答のための考え方】

　ここで問われているのは下線①に関するものだが，簡潔にいうと，従来型の開発プロジェクト（ウォータフォール型の開発プロジェクト）でありがちな開発課と運用課の役割の違いに関するものだ。

　従来型の開発プロジェクトでは，開発課が開発したシステムを，リリースのタイミングで運用課が引き継いで運用に入るのが一般的だ。それは，この問題の前半部分を読めばわかるだろう。しかし，短期間で開発とリリースを繰り返しながらより良いシステムに高めていく適応型の開発プロジェクト（アジャイル開発など）では，従来の考え方を変えて，新たな連携が求められている。

　DX 関連プロジェクトを題材にした問題に多い「従来型プロジェクト」との違いが問われている場合，"従来がどうだったのか"，"それをどうしたいのか"を問題文から読み取ればいい。今回は，そのうちの"従来がどうだったのか"という点が問われている。今回は問題文に記述があるので，それを探し出すことを考えよう。

## 【解説】

下線①まで読み進めると，〔現状のヒアリング〕段落に下線①に関すること（開発課と運用課で重視していること）がストレートに書いているのを容易に見つけるだろう。次の2か所だ。

「・開発課のミッションは，利用部門からの要求を迅速に実現することである。」
「・運用課のミッションは，安定した運用の提供であり，利用部門と合意したSLAを遵守することである。」

ここを20字以内にまとめればいい。

なお，下線①を含む文の次の文にも大きなヒントがある。「社内のニーズを満たしたり」というのは開発課の考えている価値で，「ルールを遵守したり」というのは運用課の考えている価値になる。それらが対立することがあるので，そうではなくこれからは「顧客への価値提供」を重視して考えようというものだ。この考えは，今後の主流になる考え方なので覚えておいて損はないだろう。

## 【自己採点の基準】（配点4点×2）

| IPA公表の解答例（網掛け部分は問題文中で使われている表現） |
|---|
| 開発課：利用部門の要求を迅速に実現すること（17字） |
| 運用課：システムの安定運用を実現すること（16字） |

設問1（1）の解答は抜粋型になる。問題文中の解答を一意にする該当部分は解説のところに書いた通りだが，そこをそのまま抜粋して（開発課の解答として）「利用部門からの要求を迅速に実現すること（19字）」や（運用課の解答として）「システムの安定した運用の提供（14字）」，「利用部門と合意したSLAを遵守すること（19字）」としても正解だと考えられる。運用課の解答では，他にも「安定した運用の提供とSLAの遵守（16字）」も正解だと考えられる。いずれも，どう表現するかだけの違いであり，大きな乖離で不正解だとする理由がないからだ。

いずれにせよ，当該部分を引用しているということが伝われば正解だと判断して構わないが，その部分を見つけることが出来ず，自分の言葉で適当に表現した解答は不正解だと考えておいた方が良いだろう。

## ■ 設問1（2）

従来型のプロジェクトでよく見かける役割の違いに関する問題

「問題文導出－解答抜粋型」

### 【解答のための考え方】

　続いては下線②に関する問題になる。仮想店舗での顧客体験価値（UX）が，具体的にどのようなものなのかを解答する。

　これも最近主流の顧客体験価値（UX）に関する問題になる。UXが何を意味するのかを理解していることが大前提になるが，その上で，この問題文中にある下記についての記述を探し出すことで解答できるだろう。

- 顧客とは？（誰なのか）…顧客に関する記述
- 顧客体験価値
- A社の強み

　いずれも，A社固有のものなので問題文中に記載されているはずだ。"知識"として頭の中から出すものではない。そう考えて探すようにしよう。

### 【解説】

　下線②まで読み進めてきた記憶を頼りに，それぞれについての記述箇所がどこにあるのかを思い出し，そこを重点的にチェックする。

　まず最初にチェックするのは1ページ目の1行目から3行目に書かれているA社の強みだ。できれば最初に読んだ時にチェックしておきたいところになる。

> 「店舗スタッフ部門の現場の経験豊富なメンバーが的確に顧客のニーズを把握し，接客時にお勧めのコーディネートを提案できることが評価され，ハイクラスの顧客層から強く支持されるブランドになっている。」

　顧客に関する記述は，同じく1ページ目に記載されている。次のところだ。

> 「A社は既存の顧客層を取り戻すだけでなく，新たな顧客の獲得を狙いとして…」
> 「顧客は自宅にいながら…」

　既存顧客（店舗に来てくれる顧客）だけではなく，店舗には来たことが無い自宅にいる人も新規に見込客としていることがわかる。

　そして，そうした顧客に対して提供する新たな価値が仮想店舗というわけだ。その仮想店舗についての記述は次のように記載されている。

> 「顧客は自宅にいながらアバターとして仮想店舗に来店し，顧客が過去に購入した衣服との組合せなどを疑似的に試着できる。その際には，店舗スタッフ部門のメンバーのアバターと会話しながらお勧めコーディネートの提案を受けることができる。」

この部分が顧客体験価値になるので，これを 30 字以内にまとめればいい。

## 【自己採点の基準】（配点 7 点）

| IPA 公表の解答例（網掛け部分は問題文中で使われている表現） |
| --- |
| 実店舗同様に試着したり提案を受けたりできること（23 字） |

　解答例はきれいにまとめている。本書では，問題文中で使われている言葉を極力使うように推奨しているが，だからと言って無理やり問題文から抜き出さないといけないと言ってるわけではない。分類した方がわかりやすいため"抜粋型"や"加工型"と分けているが，"抜粋型"でさえ「そのまま抜き出さなければならない」というわけではない。"そこを見つけている"というアピールさえできれば問題ない。特に，この問題のように該当箇所が長い場合は，この解答例のようにコンパクトにまとめても全然問題ないということも覚えておきたい。

　問題文の該当箇所で言及している新たな価値は二つある。ひとつは「疑似的に試着」で，もうひとつが「コーディネートの提案を受けること」だ。下線②の前にある「A 社の強みを生かして」というのは，「ブランド力を生かして実店舗」で行っていた販売方法になる。それが近年はじめた EC サイトでは生かしきれていないため，今回の仮想店舗での構想になったわけだ。そのあたりを解答例では「実店舗同様」というコンパクトな表現でまとめている。

　この解答例を見る限り，「試着のこと」，「提案を受けること」の二つの要素は必須になる。設問にも「具体的にどのような UX」なのかと問われているからだ。この二つの要素が入っていれば正解だと判断してもいいだろう。判断が難しいのは「実店舗同様」が必要かどうか。おそらく，無くても正解になると思われるが，正確な情報はわからない（採点講評からも読み取れない）。ただ，下線②の前にある「A 社の強みを生かして」という部分に反応すれば，この表現が欲しいところ。なかなか感心させられる解答例だという点は記憶に残していてもいいだろう。

## 設問 2

　設問 2 は，問題文 3 ページ目，括弧の付いた 4 つ目の〔UX 提供の仕組み作り〕段落に関する問題である。問われているのは 3 問（25 字 × 2，30 字）。ここも，いずれも下線が対応している。

### ■ 設問 2（1）

| プロジェクトの体制に関する問題 | 「問題文導出－解答抜粋型」 |
|---|---|

【解答のための考え方】

　下線③は「店舗スタッフ部門の現場の経験豊富なメンバーに A プロジェクトに参加してもらう」というもの。それは，A プロジェクトの最優先の目標の達成に向けて必要なことであり，とあるスキルに期待してのものだとしている。どのようなスキルを期待したからかが問われている。

　こういうケースでは，問題文中にある「A プロジェクトの最優先の目標」を明らかにしたうえで，それに必要となるスキルを考える。場合によっては，その必要スキルも問題文に記載されていることもあるので，そのあたりを探し出して解答する。

【解説】

　A プロジェクトの目標は，段落タイトルにもなっているのですぐにわかるだろう。〔現行システムの状況と A プロジェクトの目標〕段落だ。最初に読み進めていくときにマークすべきところでもあるので，マークをしていた人はすぐに見つけることができるだろう。この段落の最後にある次の文である。

　　「仮想店舗で，このような顧客の声に迅速に対応して価値を提供できるようにすることが，A プロジェクトの最優先の目標である。」

　「このような顧客の声」は，その文の前にある「"欲しい商品がどこにあるかが分からない。気になる商品があっても，それを試着したときのイメージが湧かず，実店舗で得られるようなコーディネートの提案も聞けない。"」という部分になる。

　そして，こうした目標を達成するために「組織を横断したプロジェクトチームを編成し，顧客に価値を提供するプロセスを軽量化し，また必要な権限やスキルを A プロジェクトに集約することが必要だと考え」たわけである。

　次に，必要スキルについて言及している部分をチェックする。読み進めていくと，結構，いろいろ書いてあることがわかるだろう。

「・SoE 型のシステム開発のプロセスにおいて，顧客視点での体験価値の設計や
　　評価に必要なスキルをもった人材が社内にいないので，外部の知見を導入し
　　ながら社内の人材を育成していく必要がある。」

「・実店舗と同様に，顧客の声を直接集めて顧客のニーズを的確に把握できるよう
　　にするためには，必要なスキルを保有するメンバーを A プロジェクトにアサ
　　インすることが重要である。」

　店舗スタッフは社内のメンバーなので前者は無関係だ。後者が最も近い記述になる。この後，具体的な「○○スキル」が出てこなかったので，ここから解答を導き出すことになる。最も可能性の高い部分は**「顧客の声を直接集めて顧客のニーズを的確に把握できるようにする」**というところになる。この部分を受けて，**「顧客のニーズを的確に把握できるスキル」**とまとめればいいだろう。そのスキルであれば，**「（実店舗の）店舗スタッフ部門の現場の経験豊富なメンバー」**は持っていると考えられるので，この解答で間違いないだろう。

**【自己採点の基準】**（配点 7 点）

| IPA 公表の解答例（網掛け部分は問題文中で使われている表現） |
| --- |
| 的確に顧客のニーズを把握するスキル（17 字） |

　問題文の該当箇所の表現と微妙に順番が違っているが，当たり前だが，問題文中の該当箇所をそのまま抜き出した**「顧客のニーズを的確に把握できるスキル」**でも正解になる。抜粋型になるので，これらの解答のみを正解だと考えよう。

## ■ 設問2（2）

PM の行動（体制構築）の狙いに関する設問　　　　　「問題文導出－解答抜粋型」

### 【解答のための考え方】

　下線④は「**外部のデザイン会社に，共同作業を前提に UX の設計やレビューを依頼する。**」というもので，そう考えた B 課長の意図が問われている。

　設問2（1）を考える上で，当該段落の最後まで目を通していると思うので，その中から"プロジェクト体制"について言及しているところが無いかを考える。重点的にチェックするのは〔**目標の達成に向けた課題**〕段落である。ここに，このプロジェクトを成功させるための課題がまとめられているからだ。

### 【解説】

　設問2（1）の解答を考えた時に既に見つけていると思うが，次の文の中に解答候補が存在する。

> 「・SoE 型のシステム開発のプロセスにおいて，顧客視点での体験価値の設計や評価に必要なスキルをもった人材が社内にいないので，外部の知見を導入しながら社内の人材を育成していく必要がある。」

　ここにストレートに書いている。要するに，社内に人材がいないため，外部の知見を導入し，社内の人材を育成するというわけだ。その部分を解答例のように 25 字以内にまとめればいい。

### 【自己採点の基準】（配点 7 点）

| IPA 公表の解答例（網掛け部分は問題文中で使われている表現） |
|---|
| A 社社内にスキルをもった人材を育成するため（21 字） |

　問題文の該当箇所は見つけられても，「**顧客視点での体験価値の設計や評価をするため**」とか，「**A 社社内に必要なスキルをもった人材がいないので**」という解答だと不正解だと考えておいた方が良い。というのも，ここで問われているのは「**共同作業を前提にした意図**」だからだ。共同作業にするのは，あくまでも「**人材を育成する**」ためになる。単に，今回のプロジェクトを滞りなく進めるだけなら共同作業にする必要はなく，外部委託すればいいだけだからだ。したがって「人材を育成する」というニュアンスの解答だけを正解だと考えよう。

# ■ 設問2（3）

PMの行動の狙いに関する設問　　　　　　　　「問題文導出－解答抜粋型」

## 【解答のための考え方】

　下線⑤は「UXに関する意識を高めるためにミーティングを開催し，開発課，運用課，仮想店舗スタッフ課及び外部のデザイン会社から参加するメンバー全員で議論する」というものだ。問われているのは，そうしたB課長の狙いである。

　一般的に，プロジェクトメンバー全員で議論するのは，役割分担がはっきりしている予測型（従来型）のプロジェクトでも行われることがある。参画意識を高めるとか，よりよい意見を出すとか，情報共有が必要だとか，何かしらの理由がある時だ。アジャイル開発では，従来型のプロジェクトよりはコミュニケーションを重視することもあって，そういう機会は多いかもしれない。しかし，それでも何かしらの理由はある。理由が無いのに「とにかく全員で」ということはない。

　そう考えれば，今回も何かしらの目的があるはずだ。それを問題文から探し出すというのが基本路線になる。

## 【解説】

　この問題も，最優先でチェックするのは〔目標の達成に向けた課題〕段落である。課題をまとめてくれている段落は最重要段落だからだ。すると次の文を見つけるだろう。

> 「・A社の強みを生かして提供される仮想店舗での顧客体験価値（UX）について
> 　メンバーの意識を高めるためには，メンバーに多様な視点からの意見を理解
> 　してもらう必要がある。」

　この中にある「**多様な視点からの意見**」は，それぞれ立場も役割も違う「**開発課，運用課，仮想店舗スタッフ課及び外部のデザイン会社**」が集まって議論することで得られるものだ。したがって，そこをそのまま解答例のようにまとめればいい。

## 【自己採点の基準】（配点7点）

| IPA公表の解答例（網掛け部分は問題文中で使われている表現） |
| --- |
| メンバーに多様な視点からの意見を理解してもらうため（25字） |

　「メンバーに多様な視点からの意見を理解してもらう必要がある。」というように「必要がある」と言い切っているので，この解答例のみを正解だと考えよう。

## 設問3

　設問3は，問題文4ページ目，括弧の付いた5つ目の〔**開発・運用プロセスの整備**〕段落に関する問題である。問われているのは2問。

### ■ 設問3（1）

アジャイル開発で自動化ツールの活用に関する設問　　「問題文導出－解答加工型」

**【解答のための考え方】**

　下線⑥は「自動化ツールを導入することによって得られる，Aプロジェクトの最優先の目標の達成に寄与する効果」である。問われているのは，その「効果」とは何かというもの。

　「Aプロジェクトの最優先の目標」は，設問2（1）を解く時に確認していると思うが，「現在のECサイトでは"欲しい商品がどこにあるかが分からない。気になる商品があっても，それを試着したときのイメージが湧かず，実店舗で得られるようなコーディネートの提案も聞けない。"という顧客からの声」に迅速に対応して価値を提供できるようにすることだ。この目標達成のために，「自動化ツール」が，どう役立っているのかを考えるということなので，まずは問題文から「自動化ツール」の機能に関する記述を確認すればいいだろう。そして，そうした記述が無い場合には，一般的な「自動化ツール」の機能を思い出しながら解答を組み立てる。

**【解説】**

　「自動化ツール」の機能は，〔**現状のヒアリング**〕段落に初めて出てくる。次のところだ。「（以下，〜という）」という記述があるので，すぐに探し出せるだろう。

> 「最近は，テストからデプロイまでを自動実行するツール（以下，自動化ツールという）が提供されている。これによって運用課がデプロイ前に実施する作業や手続が自動化ツールで代用でき，作業効率を改善できるので導入を提案している」

　その後，自動化ツールに関する記述はいくつかあるものの，いずれも"現状のままではなく，開発・運用プロセスを見直さないといけない"というニュアンスのもので，特に機能に関する説明は無かった。したがって，最初に出てきたところの記述だけで解答を考える。

　改めて「Aプロジェクトの最優先の目標」と，「自動化ツール」の機能に関する記述を対応付けながら共通項を探してみる。すると，前者の「迅速に対応して」という点と「作業効率を改善できる」という点がマッチしていることに気付くだろう。

その作業も明記されている。「**デプロイ前に実施する作業や手続**」だ。これを解答として解答例のようにまとめればいい。

　なお（以下，〜という）」という記述は，その言葉が最初に出てきたところであり，かつ何度も使うと言っているようなものなので，見つけたらマークをしておこう。後々チェックしやすくなる。

【自己採点の基準】（配点7点）

| IPA公表の解答例（網掛け部分は問題文中で使われている表現） |
| --- |
| デプロイまでの時間を短縮する効果（16字） |

　この問題では「**効果**」が問われているので「〜効果」とまとめる必要がある。また，ツールの機能として「**デプロイ前に実施する作業や手続**」と明記されているから，「**デプロイ**」という用語も必須だと考えた方が良い。そう考えて解答を組み立てると，「デプロイ前」や「デプロイまで」という表現と，その「時間を短縮する」とか，「作業効率が良くなる」とか「迅速に対応できる」とで組み立てることになる。

## ■ 設問3（2）

PM の行動の狙いに関する設問　　　　　　　　　「問題文導出－解答抜粋型」

### 【解答のための考え方】

　下線⑦は「**自動化ツールに記録された作業ログ及び開発課のメンバーの最終確認の証跡をもって，運用課のメンバーがデプロイを承認する，というプロセスに見直す**」というものである。問われているのは，このようなプロセスに見直したB課長の狙いだ。

　解答する上で必要な情報は「現状のまま自動化ツールを導入すると何が問題なのか？」に言及している記述である。その問題を解消するために，このような見直しをしたことになるからだ。加えて，「現状の何を自動化ツールに置き換えるのか？」という点もチェックしたいところだ。「現状→問題→見直したやり方」という点をつなげて考えれば解答が出てくるからだ。

### 【解説】

　「現状のまま自動化ツールを導入すると何が問題なのか？」という点については，下記になる。

「・自動化ツールの導入効果は認識しているが，**運用課の作業や手続なしにデプロイするのは安定した運用を提供する立場から許可できない**。」

　上記の下線の部分を運用課は懸念している。

　ここで，運用課の作業，運用課の手続きを確認しておこう。現状の運用課のデプロイまでに必要な作業は，〔**現行システムの状況とAプロジェクトの目標**〕段落の最初に，次のように記載されている。

・開発課は総合テスト完了後，運用課が管理する検証環境にソフトウェアをアップロードする
・A社のガバナンス規程で次のようにしなければならないとなっている。
　リグレッションテストなどの作業（を実施する）
　開発プロセスの証跡を確認し承認する手続き（を実施する）
・（上記の作業を経て）デプロイする

　これを見る限り，自動化ツール（テストからデプロイまでを自動実行するツール）を導入しても，A社のガバナンス規定は遵守できそうだ。自動化ツールが，運用課

に変わって実施してくれるからだ。しかし，自動化ツールを使えば，運用課が作業や手続きを実施したわけではないことから，運用課のミッションである安定した運用に対して責任を持つことができなくなる可能性がある。そこでB課長は「**運用課のメンバーがデプロイを承認する**」というプロセスにしたわけだ。こうすれば，運用課がチェックできるため，安定した運用を提供することができると考えたのだろう。以上を解答例のようにまとめればいい。

【自己採点の基準】（配点７点）

| IPA公表の解答例（網掛け部分は問題文中で使われている表現） |
| --- |
| **ガバナンス規程を遵守しつつ，安定した運用を提供する**こと（27字） |

　解答例の中の「**安定した運用を提供する**」という部分は必須になる。多少の言葉の揺れは問題ないが意味が変わってはいけない。この部分が無ければ不正解だと考えよう。

　後は「**ガバナンス規程を遵守しつつ**」という部分だが，これも必須だと考えておいた方がいい。採点講評にも，そうともとれることが書かれている（正解とか不正解とかは書いてないが）。実際どう採点されるかわからないが，推測の元に行う自己採点では，この部分が無ければ半分くらいの部分点になると判断しよう。というのも，A社のガバナンス規程は，本プロジェクトの上位にあたる規程なので，本プロジェクトで勝手に変更することはできないからだ。問題文の中でも，特に「このガバナンス規程の変更を進言する」という記述も無い。したがって，本プロジェクト内でB課長（PM）の判断で何かしらのルールを変えたとしても，それはA社のガバナンス規程を遵守することが大前提になる。その規程内での変更しかB課長には権限が無い。わざわざ問題文にも「A社のガバナンス規程では，…」と書いているわけだから，それをわかっているかどうかも問われていると判断するのが妥当だと思われる。以上より，この部分も必須だと考えておこう。

問3 プロジェクトにおけるチームビルディングに関する次の記述を読んで，設問に答えよ。

　F 社は，玩具製造業である。F 社の主要事業は，トレーディングカードなどの玩具を製造して，店舗又はインターネットで顧客に販売することである。

　近年，顧客はオンラインゲームを志向する傾向が強まっていて，F 社の売上げは減少してきている。そこで F 社経営層は，新たな顧客の獲得と売上げの向上を目指すために，"玩具を製造・販売する事業" から "遊び体験を提供する事業" へのデジタルトランスフォーメーション（DX）の推進に取り組むことにした。その具体的な活動として，まずはトレーディングカードの電子化から進めることにした。この活動は，DX を推進する役割を担っている事業開発部を管掌している役員が CDO（Chief Digital Officer）として担当する新事業と位置付けられ，新事業の実現を目的とするシステム開発プロジェクト（以下，本プロジェクトという）が立ち上げられた。

〔システム開発の現状〕

　本プロジェクトのプロジェクトマネージャ（PM）は，システム部の担当部長の G 氏である。G 氏は，1 年前に BtoC 企業の IT 部門から F 社に入社し，1 年間の業務を通じてシステム部を取り巻く F 社の状況を次のように整理していた。

(1) 　経営層の多くは，事業を改革するために戦略的にシステム開発プロジェクトを実施するとの意識がこれまでは薄く，プロジェクトチームの使命は，予算や納期などの設定された目標の達成であると考えてきた。しかし，CDO をはじめとする一部の役員は，DX を推進するためには，システム開発プロジェクトの位置付けを変えていく必要があると経営会議で強調してきており，最近は経営層の意識が変わってきている。

(2) 　事業開発部では，経営状況を改善するには DX の推進が重要となることが理解されており，新事業を契機として，システムの改革を含む DX の推進方針を定め，その推進方針に沿って活動している。社員は，担当する事業ごとにチームを編成して，事業の開発に取り組んでいる。

(3) 　事業部門の幹部社員には，現在のチーム作業のやり方で F 社の事業を支えてきたとの自負がある。これによって，幹部社員をはじめとした上長には支配型リーダーシップの意識が強く，社員の意思をチーム作業に生かす姿勢が乏しい。一方，

社員は，チームにおいて自分に割り当てられた作業は独力で遂行しなければならないとの意識が強い。社員の多くは，システムは業務効率化の実現手段でしかなく，コストが安ければよいとの考えであり，DX の推進には消極的な姿勢である。また，システムに対する要求事項を提示した後は，日常の業務が多忙なこともあって，システム開発への関心が薄い。しかし，一部の社員は DX の推進に関心をもち，この環境の下で業務を行いつつも，部門としての意識や姿勢を改革する必要があると考えている。

(4)　システム部は，事業部門の予算で開発を行うコストセンターの位置付けであり，事業部門によって設定された目標の達成を使命として活動している。近年は経営状況の悪化によって予算が削減される一方で，事業部門によって設定される目標は次第に高くなっている状況である。これまでの F 社のプロジェクトチームのマネジメントは，PM による統制型のマネジメントであり，メンバーが自分の意見を伝えづらかった。事業部門の指示に応じた作業が中心となっていて，モチベーションが低下する社員もいるが，中には DX の推進に関心をもち，自らスキルを磨くなど，システム開発の在り方を変革しようとする意識をもっている社員もいる。

〔プロジェクトチームの編成〕

　CDO と G 氏は，これまでのように事業部門の指示を受けてシステム部の社員だけでシステム開発をするプロジェクトチームの編成や，事業部門によって設定された目標の達成を使命とするプロジェクトチームの運営方法では，本プロジェクトで求められている DX を推進するシステム開発は実現できないと考えた。そこで，全社横断で 20 名程度のプロジェクトチームを編成し，プロジェクトの目的の実現に向けて能動的に目標を定めることのできるチームを目指してチームビルディングを行うことにした。

　G 氏は，プロジェクトチームの編成に当たって，既に選任済みのシステム部及び①事業開発部のメンバーに加えて，業務の知識や経験をもち，また DX の推進に関心のある社員が必要と考えた。そこで，G 氏は，本プロジェクトには事業部門の社員を参加させること，その際，必要なスキル要件を明示して②社内公募とすることを CDO に提案し，了承を得た。社内公募の結果，事業部門の社員から応募があった。G 氏は，応募者と面談して本プロジェクトのメンバーを選任し，プロジェクトチームのメンバーに加えた。

G 氏は，全メンバーを集めて，目指すチームの姿を説明し，その実現のために③CDO からメンバーにメッセージを伝えてもらうことにした。

〔プロジェクトチームの形成〕

G 氏は，チームビルディングにおいて，メンバーを支援することが自らの役割であると考えた。そこで，これまでの各部門でのチーム作業の中で困った点や反省点などについて，全メンバーに④無記名アンケートを実施し，次の状況であることを確認した。

・対立につながる可能性のある意見を他のメンバーに伝えることを恐れている者が多い。その理由は，自分は他のメンバーを信頼しているが，他のメンバーは自分を信頼していないかもしれないと懸念を感じているからである。

・どの部門にも，チーム作業の経験のあるメンバーの中には，チームの一員として，チームのマネジメントへの参画に関心が高い者がいる。しかし，これまでのチーム作業では，自分の考えをチームの意思決定のために提示できていない。後になって自分の考えが採用されていれば，チームにとってより良い意思決定になったかもしれないと後悔している者も多い。

・チーム作業の遂行において，自分の能力不足によって困難な状況になったときに，他のメンバーの支援を受ければ早期に解決できたかもしれないのに，支援を求めることができずに苦戦した者が多い。

G 氏は，これまでに見てきた F 社の状況と無記名アンケートの結果を照らし合わせて，これまでの PM による統制型のマネジメントからチームによる自律的なマネジメントへの転換を進めることにした。

〔プロジェクトチームの運営〕

G 氏は，チームによる自律的なマネジメントを実施するに当たってメンバーとの対話を重ね，本プロジェクトチームの運営方法を次のとおり定めることをメンバーと合意した。

・メンバーは⑤対立する意見にも耳を傾け，自分の意見も率直に述べる。

・プロジェクトの意思決定に関しては，PM からの指示を待つのではなく，⑥メンバー間での対話を通じてプロジェクトチームとして意思決定する。

・メンバーは，他のメンバーの作業がより良く進むための支援や提案を行う。⑦自分の能力不足によって困難な状況になったときは，それを他のメンバーにためらわずに伝える。

　また，G氏は，本プロジェクトでは，予算や期限などの目標は定めるものの，プロジェクトの目的を実現するために有益であれば，事業開発部と協議して⑧予算も期限も柔軟に見直すこととし，CDOに報告して了承を得た。

　G氏は，これらのプロジェクトチームの運営方法を実践し続けることによって，メンバーの意識改革が進み，目指すチームが実現できると考えた。


設問1　〔プロジェクトチームの編成〕について答えよ。

　　(1)　本文中の下線①について，G氏が事業開発部のメンバーに期待した，本プロジェクトでの役割は何か。30字以内で答えよ。

　　(2)　本文中の下線②について，G氏が本プロジェクトに参加する事業部門の社員を，社内公募とすることにした狙いは何か。25字以内で答えよ。

　　(3)　本文中の下線③について，G氏がCDOに伝えてもらうことにしたメッセージの内容は何か。CDOが直接伝える理由とともに，35字以内で答えよ。

設問2　〔プロジェクトチームの形成〕の本文中の下線④について，G氏がアンケートを無記名とした狙いは何か。20字以内で答えよ。

設問3　〔プロジェクトチームの運営〕について答えよ。

　　(1)　本文中の下線⑤について，対立する意見にも耳を傾け，自分の意見も率直に述べることによって，メンバーにとってプロジェクトチームの状況をどのようにしたいとG氏は考えたのか。25字以内で答えよ。

　　(2)　本文中の下線⑥について，メンバー間での対話を通じて意思決定することによって，これまでのチームの運営方法では得られなかったチームマネジメント上のどのような効果が得られるとG氏は考えたのか。30字以内で答えよ。

　　(3)　本文中の下線⑦について，自分の能力不足によって困難な状況になったときに，それを他のメンバーにためらわずに伝えることによって，どのような効果が得られるとG氏は考えたのか。30字以内で答えよ。

　　(4)　本文中の下線⑧について，G氏が，必要に応じて予算も期限も柔軟に見直すことにした理由は何か。30字以内で答えよ。

〔解答用紙〕

| 設問1 | (1) | | | | | | | | | | | | | | | | | |
| | | | | | | | | | | | | | | | | | | |
| | (2) | | | | | | | | | | | | | | | | | |
| | | | | | | | | | | | | | | | | | | |
| | (3) | | | | | | | | | | | | | | | | | |
| | | | | | | | | | | | | | | | | | | |
| | | | | | | | | | | | | | | | | | | |
| 設問2 | | | | | | | | | | | | | | | | | | |
| | | | | | | | | | | | | | | | | | | |
| 設問3 | (1) | | | | | | | | | | | | | | | | | |
| | | | | | | | | | | | | | | | | | | |
| | (2) | | | | | | | | | | | | | | | | | |
| | | | | | | | | | | | | | | | | | | |
| | (3) | | | | | | | | | | | | | | | | | |
| | | | | | | | | | | | | | | | | | | |
| | (4) | | | | | | | | | | | | | | | | | |
| | | | | | | | | | | | | | | | | | | |

# 問題の読み方とマークの仕方

> 現在は, 常に"予測型 (従来型) PJ"か"適応型PJ"(あるいはDX推進プロジェクト)か, その両方を想定して注意しておく必要がある。この問題は, タイトルだけではわからないが, 冒頭部分に「DX」と明記されているので後者だと判断。問題文の１ページ目に事業戦略が書かれているので, その部分の読解はITストラテジスト試験と同様の読み方をする。

問3　プロジェクトにおけるチームビルディングに関する次の記述を読んで, 設問に答えよ。

　F社は, 玩具製造業である。F社の主要事業は, トレーディングカードなどの玩具を製造し, 店舗又はインターネットで顧客に販売することである。

　近年, 顧客はオンラインゲームを志向する傾向が強まっていて, F社の売上は減少してきている。そこでF社経営層は, 新たな顧客の獲得と売上げの向上を目指すために, 「玩具を製造・販売する事業」から「遊び体験を提供する事業」へのデジタルトランスフォーメーション (DX) の推進に取り組むことにした。その具体的な活動として, まずはトレーディングカードの電子化から進めることにした。この活動は, DXを推進する役割を担っている事業開発部を管掌している役員がCDO (Chief Digital Officer) として担当する新事業に位置付けられ, 新事業の実現を目的とするシステム開発プロジェクト (以下, 本プロジェクトという) が立ち上げられた。

〔システム開発の現状〕

　本プロジェクトのプロジェクトマネージャ (PM) は, システム部の担当部長のG氏である。G氏は, 1年前にBtoC企業のIT部門からF社に入社し, 1年間の業務を通じてシステム部を取り巻くF社の状況を次のように整理していた。

(1) 経営層の多くは, 事業を改革するために戦略的にシステム開発プロジェクトを実施するとの意識がこれまでは薄く, プロジェクトチームの使命は, 予算や納期などの設定された目標の達成であると考えてきた。しかし, CDOをはじめとする一部の役員は, DXを推進するためには, システム開発プロジェクトの位置付けを変えていく必要があると経営会議で強調してきており, 最近は経営層の意識が変わってきている。

(2) 事業開発部は, 経営状況を改善するにはDXの推進が重要となることが理解されており, 新事業を契機として, システムの改革を含むDXの推進方針を定め, その推進方針に沿って活動している。社員は, 担当する事業ごとにチームを編成して, 事業の開発に取り組んでいる。

(3) 事業部門の幹部社員には, 現在のチーム作業のやり方でF社の事業を支えてきたとの自負がある。これによって, 幹部社員をはじめとした上長に支配型リーダーシップの意識が強く, 社員の意思をチーム作業に生かす姿勢が乏しい。一方,

外部環境の脅威と影響が書かれているのでマークしておく。

事業戦略をマーク。

DX関連PJでは, 経営層の参画が必須。今回はCDO。

DX関連PJでは, PJの目的が重要。今回は「新事業の実現」と明記されているので, いつでも出せるように覚えておく。

「次の…」で始まる箇条書きの部分。ここに「システム部を取り巻くF社の状況」について4つのことが書かれている。箇条書きは登場人物 (組織) 単位。現状の話なので, 従来の古い考え方が書かれているところになる。「従来型PJ」と「DX関連PJ」の一般的な相違に関する知識を元に, それぞれの違いをマークしておこう。良い面 (強み) と悪い面 (弱み) に分けながら。

前の段落では諸々変わらないといけないことについて書かれていたが，この段落では，そのために PM が実施したことについて書かれている。それぞれ実施したことで，どういう現状を変えようとしたのか？を対応付けながら読み進めていく。

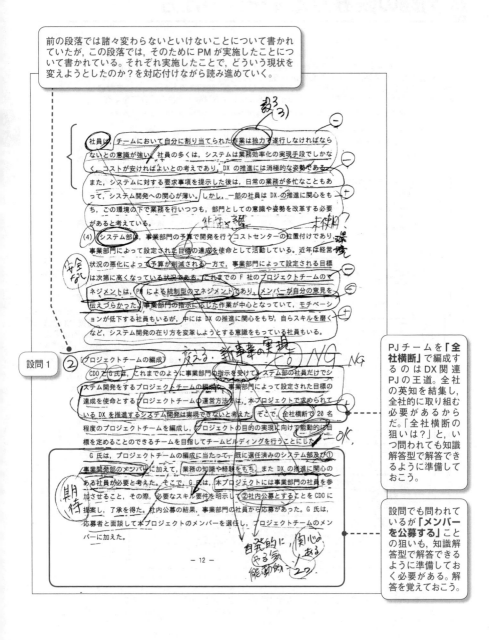

社員は，チームにおいて自分に割り当てられた作業は独力で遂行しなければならないとの意識が強い。社員の多くは，システムは業務効率化の実現手段でしかなく，コストが安ければよいとの考えであり，DX の推進には消極的な姿勢である。また，システムに対する要求事項を提示した後は，日常の業務が多忙なこともあって，システム開発への関心が薄い。しかし，一部の社員は DX の推進に関心をもち，この環境の下で業務を行いつつも，部門としての意識や姿勢を改革する必要があると考えている。

(4) システム部は，事業部門の予算で開発を行うコストセンターの位置付けであり，事業部門によって設定された目標の達成を使命として活動している。近年は経営状況の悪化によって予算が削減される一方で，事業部門によって設定される目標は次第に高くなっている状況である。これまでの F 社のプロジェクトチームのマネジメントは，PM による統制型のマネジメントであり，メンバーが自分の意見を伝えづらかった。事業部門の指示に応じた作業が中心となっていて，モチベーションが低下する社員もいるが，中には DX の推進に関心をもち，自らスキルを磨くなど，システム開発の在り方を変革しようとする意識をもっている社員もいる。

**設問 1**

[プロジェクトチームの編成]

CDO と G 氏は，これまでのように事業部門の指示を受けてシステム部の社員だけでシステム開発をするプロジェクトチームの編成や，事業部門によって設定された目標の達成を使命とするプロジェクトチームの運営方法では，本プロジェクトで求められている DX を推進するシステム開発は実現できないと考えた。そこで，全社横断で 20 名程度のプロジェクトチームを編成し，プロジェクトの目的の実現に向けて能動的に目標を定めることのできるチームを目指してチームビルディングを行うことにした。

G 氏は，プロジェクトチームの編成に当たって，既に選任済みのシステム部及び①事業開発部のメンバーに加えて，業務の知識や経験をもち，また DX の推進に関心のある社員が必要と考えた。そこで，G 氏は，本プロジェクトには事業部門の社員を参加させること，その際，必要なスキル要件を明示して②社内公募とすることを CDO に提案し，了承を得た。社内公募の結果，事業部門の社員から応募があった。G 氏は，応募者と面談して本プロジェクトのメンバーを選任し，プロジェクトチームのメンバーに加えた。

— 12 —

PJチームを**「全社横断」**で編成するのは DX 関連 PJ の王道。全社の英知を結集し，全社的に取り組む必要があるからだ。「全社横断の狙いは？」と，いつ問われても知識解答型で解答できるように準備しておこう。

設問でも問われているが**「メンバーを公募する」**ことの狙いも，知識解答型で解答できるように準備しておく必要がある。解答を覚えておこう。

これも設問になっているが，時に**「経営層から直接メッセージを発信する」**ことが必要になる。その意義も知識として覚えておこう。

これも設問になっている。**「アンケートを無記名にする」**狙いも知識として，いつでも出せるように覚えておこう。

強いリーダーシップ型から**サーバント（支援）型**への転換。

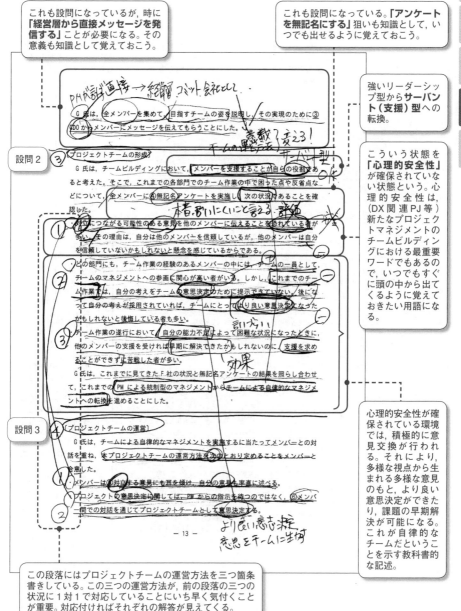

PMが説明直接→経営 コミット 会社として
チームの意義を伝える！

G氏は，全メンバーを集めて，目指すチームの姿を説明し，その実現のために③CDOからメンバーにメッセージを伝えてもらうことにした。

**設問2** ③ 〔プロジェクトチームの形成〕

G氏は，チームビルディングにおいて，メンバーを支援することが自らの役割であると考えた。そこで，これまでの各部門でのチーム作業の中で困った点や反省点などについて，全メンバーに④無記名アンケートを実施し，次の状況にあることを確認した。

サーバント型 OK

椅子はいにくいと言える雰囲気

① ・社内につながる可能性のある意見を他のメンバーに伝えることを恐れている者が多い。その理由は，自分は他のメンバーを信頼しているが，他のメンバーは自分を信頼していないかもしれないと懸念を感じているからである。

こういう状態を**「心理的安全性」**が確保されていない状態という。心理的安全性は，（DX関連PJ等）新たなプロジェクトマネジメントのチームビルディングにおける最重要ワードでもあるので，いつでもすぐに頭の中から出てくるように覚えておきたい用語になる。

② ・どの部門にも，チーム作業の経験のあるメンバーの中には，チームの一員として，チームのマネジメントへの参画に関心が高い者がいる。しかし，これまでのチーム作業では，自分の考えをチームの意思決定のために提示できていない。後になって自分の考えが採用されていれば，チームにとってより良い意思決定になったかもしれないと後悔している者も多い。

言い大い

③ ・チーム作業の遂行において，自分の能力不足によって困難な状況になったときに，他のメンバーの支援を受ければ早期に解決できたかもしれないのに，支援を求めることができず苦戦した者が多い。

効果

G氏は，これまでに見てきたF社の状況と無記名アンケートの結果を照らし合わせて，これまでのPMによる統制型のマネジメントからチームによる自律的なマネジメントへの転換を進めることにした。

**設問3** ④ 〔プロジェクトチームの運営〕

G氏は，チームによる自律的なマネジメントを実施するに当たってメンバーとの対話を重ね，本プロジェクトチームの運営方法を次のとおり定めることをメンバーと合意した。

① ・メンバーは，対立する意見にも耳を傾け，自分の意見を率直に述べる。

② ・プロジェクトの意思決定に関しては，PMからの指示を待つのではなく，⑥メンバー間での対話を通じてプロジェクトチームとして意思決定する。

より良い意思決定
意思をチームに生かす

心理的安全性が確保されている環境では，積極的に意見交換が行われる。それにより，多様な視点から生まれる多様な意見のもと，より良い意思決定ができたり，課題の早期解決が可能になる。これが自律的なチームだということを示す教科書的な記述。

- 13 -

この段落にはプロジェクトチームの運営方法を三つ箇条書きしている。この三つの運営方法が，前の段落の三つの状況に1対1で対応していることにいち早く気付くことが重要。対応付ければそれぞれの解答が見えてくる。

この問題は、(結果的にではあるが) 知識解答型の問題 (問題文中に関連個所があるような問題ではなく、自分の頭の中から知識としてアウトプットする必要がある問題) が多かった。こういう問題もあるということを覚えておこう。

メンバーは、他のメンバーの作業がより良く進むための支援や提案を行う。⑦自分の能力不足によって困難な状況になったときは、それを他のメンバーにためらわずに伝える。

また、G氏は、本プロジェクトでは、予算や期限などの目標は定めるものの、プロジェクトの目的を実現するために有益であれば、事業開発部と協議して⑧予算も期限も柔軟に見直すこととし、CDOに報告して了承を得た。

G氏は、これらのプロジェクトチームの運営方法を実践し続けることによって、メンバーの意識改革が進み、目指すチームが実現できると考えた。

設問1 〔プロジェクトチームの編成〕について答えよ。

(1) 本文中の下線①について、G氏が事業開発部のメンバーに期待した、本プロジェクトでの役割は何か。30字以内で答えよ。

(2) 本文中の下線②について、G氏が本プロジェクトに参加する事業部門の社員を、社内公募とすることにした狙いは何か。25字以内で答えよ。

(3) 本文中の下線③について、G氏がCDOに伝えてもらうことにしたメッセージの内容は何か。CDOが直接伝える理由とともに、35字以内で答えよ。

設問2 〔プロジェクトチームの形成〕の本文中の下線④について、G氏がアンケートを無記名とした狙いは何か。20字以内で答えよ。

設問3 〔プロジェクトチームの運営〕について答えよ。

(1) 本文中の下線⑤について、対立する意見にも耳を傾け、自分の意見も率直に述べることによって、メンバーにとってプロジェクトチームの状況をどのようにしたいとG氏は考えたのか。25字以内で答えよ。

(2) 本文中の下線⑥について、メンバー間での対話を通じて意思決定することによって、これまでのチームの運営方法では得られなかったチームマネジメント上のどのような効果が得られるとG氏は考えたのか。30字以内で答えよ。

(3) 本文中の下線⑦について、自分の能力不足によって困難な状況になったときに、それを他のメンバーにためらわずに伝えることによって、どのような効果が得られるとG氏は考えたのか。30字以内で答えよ。

(4) 本文中の下線⑧について、G氏が、必要に応じて予算も期限も柔軟に見直すことにした理由は何か。30字以内で答えよ。

— 14 —

まずは、どこに直接的な該当箇所があるのかをチェックしておく。
今回も、1つの段落に1つの設問としてきれいに分かれている。最近の主流だが、この場合、問題文を頭から順番に読み進めながら、設問をひとつずつ順番に解いていけばいいだろう。

# IPA 公表の出題趣旨・解答・採点講評

---

## 出題趣旨

　プロジェクトマネージャ（PM）は，プロジェクトチームのメンバーを選定し，プロジェクトチームのマネジメントルールを定めるとともに，リーダーシップを発揮して，プロジェクトの目標を実現するようにチームビルディングを行う必要がある。

　本問では，玩具製造会社での新事業の実現を目的とするシステム開発のプロジェクトを題材として，意欲のあるメンバーの選定，多様性による価値創造を狙ったチームの形成，チームによる自律的なマネジメントの実現及び支援型リーダーシップの発揮について，PM としての実践的な能力を問う。

| 設問 | | 解答例・解答の要点 | 備考 |
|---|---|---|---|
| 設問1 | (1) | DX の推進方針とプロジェクトの実施内容の整合を取る役割 | |
| | (2) | DX の推進に意欲をもった社員を集めること | |
| | (3) | チームの運営方法を改革することを，経営の意思として示すため | |
| 設問2 | | メンバーの本音の意見を把握すること | |
| 設問3 | (1) | メンバーの心理的安全性が確保された状況 | |
| | (2) | ・多様な考えに基づいた，より良い意思決定ができる。<br>・チームのパフォーマンスが最大限に発揮できる。 | |
| | (3) | 他のメンバーの支援によって状況を速やかに解決できる。 | |
| | (4) | 予算や期限よりも新事業の実現が優先されるから | |

---

## 採点講評

　問3では，DX の実現を目的とするシステム開発プロジェクトを題材に，自律的なマネジメントを行うためのチームビルディングについて出題した。全体として正答率は平均的であった。

　設問1 (1) は，正答率が低かった。"DX を推進する役割"や"DX の推進が重要であることをメンバーに伝える役割"と解答した受験者が多かった。プロジェクトの目的は"新事業の実現"である。DX を推進する事業開発部のメンバーをプロジェクトのメンバーとして選任することの意味を理解し，正答を導き出してほしい。

　設問3 (4) は，正答率がやや低かった。プロジェクトの目的や目標と，経営の目的を混同した解答が散見された。プロジェクトマネジメント業務を担う者として，"プロジェクトの目的を実現するために有益"という観点を意識する必要があることを理解してほしい。

# 解説

　この問題も，(DX 関連プロジェクトとは書いていないものの) 改革，新事業の実現を狙うプロジェクトである。従来型の強いリーダーシップの下に行われるマネジメントではなく，メンバーが自律的に考えて行動する支援型のマネジメントになる。

　チームビルディングをテーマにした問題で，令和 2 年午後 I 問 2 によく似た問題である。また，他の問題に比べて「知識解答型」の問題が多い印象がある。前回 (令和 3 年) の問 3 も知識が無ければ解答できない問題が多かったが，それが偶然なのか意図的なものなのかはわからない。ただ，しばらくは，こういう問題 (知識解答型の問題の割合が多い問題) が出題される可能性もあると考えておこう。予測型 (従来型) プロジェクトから DX 関連プロジェクトやアジャイル開発型のプロジェクトへの転換期ということもあり，新たな知識が問われるケースが多くなる可能性が高いからだ。問題文中の言葉を使って解答を組み立てることだけを前提に考えるのは危険かもしれない。

## 設問 1

　設問 1 は，問題文 2 ページ目，括弧の付いた 2 つ目の〔**プロジェクトチームの編成**〕段落に関する問題である。

### ■ 設問 1 (1)

| DX 関連の PJ におけるチーム編成に関する設問 | 「問題文導出－解答加工型」 |
|---|---|

**【解答のための考え方】**

　設問 1 (1) は下線①について問われているので，まずは下線①を含む〔**プロジェクトチームの編成**〕段落の最後まで約 2 ページを読み進めて，この問題の状況を確認し，下線①に対する解答を考える。

　下線①は「**事業開発部のメンバー**」である。その事業開発部のメンバーに対して，プロジェクトマネージャの G 氏が期待した，本プロジェクトでの役割が問われている。こうしたケースでは，次のような点を問題文から探し出して解答を考えるというのが王道になる。

・事業開発部の役割，メンバーの持っているスキル
・本プロジェクトの特徴，本プロジェクトで必要とする役割
・本プロジェクトを成功させるための課題

　本プロジェクトの特徴等に関しては，最初の約２ページを読めばわかる。典型的な"従来型のプロジェクト"から"DX関連プロジェクト"，"アジャイル開発プロジェクト"への転換について書かれているからだ。令和になって，明らかにこうした問題へのシフトが進んでいるので，何をどう変える必要があるのかは，事前に"知識"として頭の中に入れておくことが重要になる。ただ，その知識だけをもってして解答するのは危険である。そうした知識を念頭に置きながら，問題文からこの問題を解くために必要な情報を収集しよう。

### 【解説】

　まずは，最初の２ページの中で「**事業開発部**」に関する記述をチェックする。すると，次の２か所を見つけるだろう。

　一つ目は，問題文の冒頭の８行目だ。そこに「**DXを推進する役割を担っている事業開発部**」と，ストレートに「**役割**」が記載されている。解答候補としては十分な記述になる。

　そしてもう一つが，〔**システム開発の現状**〕段落の (2) のところだ。そこでは，事業開発部を次のように説明している。

> 「事業開発部では，経営状況を改善するにはDXの推進が重要となることが理解されており，新事業を契機として，システムの改革を含むDXの推進方針を定め，その推進方針に沿って活動している。社員は，担当する事業ごとにチームを編成して，事業の開発に取り組んでいる。」

　最重要ポイントは「**DXの推進方針を定め，その推進方針に沿って活動している。**」という点だ。これを"会社のミッション"として行っているのが事業開発部だ。したがって，今回のプロジェクトでも，その方針にしたがって実施していくことが求められている。それが「**DXを推進する役割**」というわけだ。

　次に，そうした事業開発部の役割や特性を念頭に置きながら，本プロジェクトの特徴や必要としている役割について言及しているところを探してみる。結果，最初の２ページの中だけでも，次のような記述を見つけると思う。

- DXの推進に取り組む（目的）
- 経営層の多くは，事業を改革するために戦略的にシステム開発プロジェクトを実施するとの意識がこれまでは薄い（課題）
- 事業部門の幹部社員，社員も同様の課題がある（課題）
- これまでの運営方法ではDXを推進するシステム開発は実現できない

　多すぎて抜粋できないほどの記述個所がある。これらをシンプルにまとめると，DXの推進に取り組まないといけないものの，経営層や事業部門，システム部でさえ，旧態依然の考えで，DXを推進していこうという考えの社員は一部しかいないということだ。

　それ以上のことは，問題文を最後まで読み進めても特に記述されていなかったので，ここまでの記述だけで解答を考える。例えば「**DXの推進方針に沿って，プロジェクトを運営する役割（25字)**」のような感じや，解答例のようにまとめればいいだろう。

## 【自己採点の基準】（配点6点）

| IPA公表の解答例（網掛け部分は問題文中で使われている表現） |
| --- |
| **DXの推進方針とプロジェクトの実施内容の整合を取る役割（27字)** |

　ここでの解答は採点講評で指摘されている通り，「**DXを推進する役割**」や「**DXの推進が重要であることをメンバーに伝える役割**」は不正解，もしくは減点になるらしい。そうした"会社での役割"ではなく，あくまでも"プロジェクトの成功（新事業の実現）のために果たす役割"として書かなければならないということだ。まずは，その点をチェックしよう。

　それと，実際にどのように採点されるかは不明だが，「**DXの推進方針**」というワードは必須だと考えた方がいい。その方が，試験対策としては有益だと思う。というのも，問題文中の「**DXの推進方針を定め，その推進方針に沿って活動している。**」という記述こそ，事業開発部の"会社での役割"だからだ。その役割を果たすためだけではないものの，だからと言って無視していいわけがない。「整合を取る役割」というのが最も主張しないといけない点だと考えないといけない。

　これは，令和4年度問2の設問3（2）にも見られる点だ。「**ガバナンス規程を遵守しつつ…**」という部分が解答例に含まれていて，プロジェクトは，あくまでも会社の規定や方針など（上位に存在する概念）に準拠しなければならないということを重視している解答になっている。問題文中で見つけたら，「解答で必要になるかもしれない」と考えて，しっかりとマークしておこう。

　なお，解答例の後半は自分の言葉でまとめればいいので，解答例以外にも様々な表現が可能になる。あくまでも「このプロジェクトの成功」や「新事業の実現」のために必要な役割だという点になっていて，意味が変わらない範囲であれば正解だと考えて問題ないだろう。

## ■ 設問1 (2)

PM の行動(対応)の狙いに関する設問　　「問題文導出－解答加工型」

### 【解答のための考え方】

下線②を含む文は,「そこで,G氏は,本プロジェクトには事業部門の社員を参加させること,その際,必要なスキル要件を明示して②社内公募とすることをCDOに提案し,了承を得た。」というもの。そして問われているのは,G氏が社内公募とすることにした狙いである。

一般的に,プロジェクトメンバー等を"指名"ではなく"公募"にする場合,「やる気のある者を求む!」というケースが多い。やる気のある人しか,自ら応募しないからだ。したがって,それらしきことが問題文に書かれていないかどうかをチェックする。

設問1 (1) を解くために問題文を読み進めてきた過程で,対象箇所になりそうなところを記憶していれば,そこからチェックすればいい。特に思いつけなければ,まずは下線②を含む文の前後から再度チェックしよう。何かを見つけることができれば,それを元に解答する。何も見つけられなければ(解答に関連しそうなことが特に書かれていなければ),知識解答型として自分の言葉で解答する。

### 【解説】

下線②を含む文の前に「DXの推進に関心のある社員が必要と考えた」という記述がある。

これは,G氏が「プロジェクトの目的の実現に向けて能動的に目標を定めることのできるチームを目指してチームビルディングを行うことにした。」と考えているからだ。後半に「自律的なマネジメントへの転換」という記述があるように,DX関連プロジェクトでは"自律的","能動的"に行動するメンバーが必要不可欠になる。これは覚えておこう。

しかも,〔システム開発の現状〕段落の (3) には「一部の社員はDXの推進に関心をもち,この環境の下で業務を行いつつも,部門としての意識や姿勢を改革する必要があると考えている。」という記述がある。これは,今回公募対象の事業部門には,関心があり,意識の高い人がいることを示している。そうした人物に応募してもらうことを狙ったのだろう。

以上より,「DXの推進に関心をもち,意識や姿勢を改革する必要があると考えている人を集める狙い」という解答が考えられる。あとはこれを25字以内に集約すればいい。

## 【自己採点の基準】（配点6点）

### DXの推進に意欲をもった社員を集めること（20字）

　解答例は，「DXの推進に関心をもち，意識や姿勢を改革する必要があると考えている人を集める狙い」を「意欲をもった社員」の一言で表現している。良い表現だ。もちろん「やる気のある社員」でも問題はないはずだ（ややこなれた表現になるが，国語の問題ではないので）。

　では，抜粋型だと判断して「DXの推進に関心のある社員を集めること」という解答にしたら正解になるだろうか。正解にしてくれるかどうか，部分点があるのかどうか情報が無いので全くわからないが，不正解だと考えた方が試験対策としては有益だと思う。

　果たして，関心があるだけでわざわざ応募するのだろうか。自ら応募する背景としては弱いように思う。自発的に手を挙げる根拠としては，やはり"やる気"，"意欲"など強い意志が必要になる。問題文にも「関心」だけではなく「部門としての意識や姿勢を改革する必要があると考えている」人もいるという記述がある。それらを踏まえた解答として，ただ抜き出すだけではなく，あえて自分の言葉で勝負するというところも覚えておきたい。自分の言葉に置き換えるのが不安なら，「DXの推進に関心と意欲を持つ社員を集めること（22字）」とするといい。これがベストな選択だと思う。

## ■ 設問１（3）

PM の行動（対応）の狙いに関する設問　　　　　　　「問題文導出－解答加工型」
経営層から直接メッセージを発信する意義　　　　　　　　　　　「知識解答型」

【解答のための考え方】

　下線③を含む文は，「G 氏は，全メンバーを集めて，目指すチームの姿を説明し，その実現のために③ CDO からメンバーにメッセージを伝えてもらうことにした。」というもの。この中の「CDO からメンバーに伝えてもらう」ことにしたメッセージの内容と，CDO が直接伝える理由が問われている。これも，よくある問題だ。

　この問題に解答するには，まずは CDO の立場・役割，達成すべき目標を再確認する。これは設問１（1）や（2）を解答するにあたって問題文を読んだ時に見つけているだろう。次の CDO に関する２か所の記述である。

> 「この活動は，DX を推進する役割を担っている事業開発部を管掌している役員が CDO（Chief Digital Officer）として担当する新事業と位置付けられ，新事業の実現を目的とするシステム開発プロジェクト（以下，本プロジェクトという）が立ち上げられた。」
> 「CDO をはじめとする一部の役員は，DX を推進するためには，システム開発プロジェクトの位置付けを変えていく必要があると経営会議で強調してきており，最近は経営層の意識が変わってきている。」

　要するに，CDO は役員（経営層）になる。DX を推進するプロジェクトにおいては経営層の関与・参画が重要になる。その点は，デジタルガバナンスコード 2.0（旧 DX 推進ガイドライン）などでも「経営者が自身の言葉でそのビジョンの実現を社内外のステークホルダーに発信し，コミットしている。」ことが必要だと記載している。変革には抵抗勢力がつきもので，そうした抵抗に対して改革を推し進めるという強い意思表示とリーダーシップが必要だからだ。したがって，次のようなポイントは“知識”として頭の中に入れておかないといけない。

- 経営層が直接伝える：会社の事業として重要だという意思表明
- 全メンバーに伝える：（別に経営層からではなくても）“意思統一”や“共通認識”が必要だということ
- メッセージ内容：会社を変革するという経営層の強い意志を示すもの

　ただ，こうした一般論で解答してもいいのかはわからない。より具体的で明確な

意思があるかもしれない。特にメッセージ内容に関しては，状況に応じて変わってくることが多い。したがって，上記のような一般論を念頭には置きながら，問題文で解答を一意に確定できる記述を探さなければならない。その上で，一通り，もしくは一定時間探してみても見つからなければ，上記の知識をベースに解答を考える。

　対象箇所として注意すべきところは，課題について書かれているところになる。その課題を払拭することが目的だということはよくあることだ。個々の課題について，経営層が解決すべきものなのか，PMで解決できるものなのかを考えればいい。

## 【解説】

　問題文を一通りチェックしてみるが，特に，経営層に求められている具体的な役割も，経営層が解決すべき具体的な課題も見つからなかった。そのため一般論で解答することを考える。DX関連のプロジェクトにおいて，経営層の参画が重要であることは常識的なものになっているため，知識解答型の設問として出題される可能性は小さくない。そう考えて，深追いすることなく早めに判断しよう。

　まず，プロジェクトマネージャのG氏ではなく，（ここだけ）経営層のCDOが直接メッセージを発信しているという点を受けて，「**会社としての意思**」を示しているという点を解答に含めることを考える。これが，CDOが直接伝える理由になる。

　次に，メッセージの内容を考える。〔**プロジェクトチームの編成**〕段落には，「**これまでのように…プロジェクトチームの運営方法では，本プロジェクトで求められているDXを推進するシステム開発は実現できないと考えた。**」という記述があるので，プロジェクトチームの運営方法を大きく変革しなければならないことがわかる。

　しかし，〔**システム開発の現状**〕段落から，システム部の中には，まだまだ古い考え方（従来型のシステム開発の考え方）の人が多いことがわかる。システム部だけならG氏が強い意志を示すだけで良かったかもしれない。しかし，今回のプロジェクトはシステム部だけではない。全社横断的に人選をしている。経営層にも事業部門の幹部社員や上長，社員の中にも，意識改革をしてもらわないといけない人がいる。したがって，CDOから"改革する"というメッセージを発信することが必要だと考えたのだろう。以上より，メッセージの内容は「**プロジェクトチームの運営方法を改革する**」というものになる。これに，CDOが直接伝える理由を含めた解答を解答例のようにまとめればいいだろう。

## 【自己採点の基準】（配点７点）

IPA 公表の解答例（網掛け部分は問題文中で使われている表現）

チームの運営方法を改革することを，経営の意思として示すため（29字）

　多少の表現の揺れは問題ないが「経営の意思として示す」という趣旨の言葉は，（抜粋型ではないが）知識解答型として必須になる。これはもう覚えておくしかない。「会社の方針として」や「事業戦略上」などでも構わないだろう。

　また，解答例の前半部分の「チームの運営方法を改革する」という部分についても必須だと考えた方が良いだろう。〔プロジェクトチームの編成〕段落は，そのことについて書かれている段落で，そのために，（その段落内で）様々な対応を考えているからだ。下線③もそのうちのひとつになる。これを「DXを実現することを」とか，「変革をしなければならないということを」とか抽象的な表現でまとめるよりも，より具体的なメッセージとしての解答ができるわけだから，そうした方が良いと考えよう。

## 設問2

PMの行動（対応）の狙いに関する設問

無記名アンケートにした理由　　　　　　　　　　　　　　「知識解答型」

---

　設問2は，問題文3ページ目，括弧の付いた3つ目の〔プロジェクトチームの形成〕段落に関する問題である。問われているのは1問（20字）だけで下線が対応している。

### 【解答のための考え方】

　下線④を含む文は「そこで，これまでの各部門でのチーム作業の中で困った点や反省点などについて，全メンバーに④無記名アンケートを実施し，次の状況であることを確認した。」というもので，G氏が無記名アンケートを実施した理由が問われている。

　これは，問題文中から何かしら関連のある記述を探し出して解答する問題ではなく，一般論で解答する可能性が高い問題になる。メンバーから意見を聞くときに，忌憚なく本音を聞き出したい時によく使う手法だからだ。相手から本音を引き出したい時に行う方法は，他にも「人前ではなく個別に話を聞く」，「秘密は守る」，「肯定も否定もせずに聞く。傾聴する」などもあり，いくつかは過去問題でも出題されている。

　中でも，ここで問われている無記名アンケートは，（記名のアンケートと違い）"個人を特定できない"メリットを活かした手法になる。一般的に記名アンケートで個人を特定できてしまうと「評価が低くなるのではないか」とか，「気分を害して風当たりが強くなるのでは」とか考えて，本音を出さないことが多い。そうしたことを全部払拭して本当のところを知りたい時に"無記名アンケート"を実施する。

　以上のようなことを念頭に置いて，問題文より関連箇所や解答候補を探してみよう。この時，何もない可能性が高いと考え，問題文中の表現で使った方が良いものがないかを探す程度の読み方にするのがベストだと思う。

### 【解説】

　最初に確認するのは〔プロジェクトチームの形成〕段落の三つの状況だ。これを読んで無記名にしないと出てこなかった内容かどうかを考える。結果，確かに「自分の考えをチームの意思決定のために提示できていない。」とか，「支援を求めることができずに」とか評価が下がるのではないかと考えてしまうような意見もある。

　また，〔システム開発の現状〕段落には，システム部の現状として「PMによる統制型のマネジメントであり，メンバーが自分の意見を伝えづらかった。」とも記載さ

れている。こういう背景も影響しているのだろう。20字以内なので，あれもこれもいれられないので，これらの記述をベースにして一般論で解答すればいいだろう。

【自己採点の基準】（配点７点）

| IPA公表の解答例（網掛け部分は問題文中で使われている表現） |
| --- |
| メンバーの本音の意見を把握すること（17字） |

　20字以内の解答なので「なぜ無記名だと本音を書けるのか？」という理由や，この会社の背景や事情まで解答に含められないと考えよう。そうすると，解答例のようにシンプルになるはずだ。解答に求められている字数によって，理由や特別な事情を含めるかどうかを判断するのは鉄則だ。

## 設問3

設問3は，問題文3ページ目，括弧の付いた4つ目の〔**プロジェクトチームの運営**〕段落に関する問題である。問われているのは4問。ここも，いずれも下線が引かれた部分についての問題なので，ひとつずつ順番に解いていけばいいだろう。

### ■ 設問3(1)

PM の行動（対応）の狙いに関する設問

「心理的安全性」について解答する設問　　　　　　　　　　　　　「知識解答型」

**【解答のための考え方】**

下線⑤を含む文は，箇条書きの一つ目の「・メンバーは⑤**対立する意見にも耳を傾け，自分の意見も率直に述べる。**」というものだ。こうすることで，メンバーにとってプロジェクトチームの状況をどのようにしたいと考えたのかが問われている。この問題も G 氏の考えについて問われている。

一般論としては，このような状況のことを"**心理的安全性が確保されている状況（環境）**"と言っている。心理的安全性とは，自律的で生産性の高いチームを作る時に不可欠の要素で，「ありのままの自分をさらけ出しても，それを皆が受け入れてくれる環境や雰囲気」のことをいう。具体的には，下線⑤のように，他人の反応に怯えたり恥ずかしがったりせず，自然体の自分を隠さずオープンにできる環境や雰囲気になる。最近のトレンドワードにもなっている用語だ（P.19 参照）。

これらの知識をベースに，今回問われている「G 氏がもっていきたいチームの状況」について，問題文中に何かしら具体的に書かれていないかをチェックする。存在すればその部分を受けて解答し，存在しなければ自分の言葉で解答すればいい。解答が発散しないようにするために，何かしら書かれていることが多いと考えて挑めばいいだろう。

**【解説】**

問題文を一通りチェックしても，特に G 氏が具体的に求めている環境については書かれていなかった。ただ，心理的安全性が確保されていない状況は随所に書かれている。〔**システム開発の現状**〕段落の (4) に記載されている「**メンバーが自分の意見を伝えづらかった。**」や，〔**プロジェクトチームの形成**〕段落の箇条書きの一つ目だ。

特に後者の「対立につながる可能性のある意見を他のメンバーに伝えることを恐れている者が多い。その理由は，自分は他のメンバーを信頼しているが，他のメンバーは自分を信頼していないかもしれないと懸念を感じているからである。」とい

う記述は，まさに心理的安全性が確保されていない状況になる。

　したがって，今回は「心理的安全性」という言葉を使って解答を組み立てると判断する。

## 【自己採点の基準】（配点6点）

| IPA公表の解答例（網掛け部分は問題文中で使われている表現） |
| --- |
| メンバーの心理的安全性が確保された状況（19字） |

　解答例では「心理的安全性」という言葉を使っている。ここで考えなければならないのは，今後同様の問題が出題された時に，「心理的安全性」という言葉を知識解答型として（問題文中で使われていなくても）使うべきか否かという点だろう。

　まず，PMBOK第7版では「心理的安全性」という言葉は使われてはいない。しかし，シラバス7.0では「4-5　プロジェクトチームのマネジメント」で，次のように登場している。シラバス6.0には無かったので7.0で付け加えられたものだ。

・ チームのメンバーのパフォーマンスの要因に関する知識（多様性の受容，誠実さ，安心感・心理的安全性，共感など）

　加えて，IPA公表の資料の中でも普通に使われている。2020年2月に公表された**「なぜ，いまアジャイルが必要か？」**という資料の中では，イノベーションを起こすためには心理的安全性の確保が重要で，そうした組織文化やチーム作りが必要だというニュアンスのことが書かれているし，2022年5月に公表された**「トランスフォーメーションに対応するためのパターン・ランゲージ（略称トラパタ）」**という資料の中では，マインド・カルチャーとして重要な要素だと書かれていたりしている。

　以上のような状況から，これからは，チームビルディング関連の設問で「心理的安全性」という言葉を，いつでも出せるように意識しておこう。そのためにも，ここは，「心理的安全性が確保されている状況」とか，「心理的安全性が高い状況」という解答のみを正解だと考えておいた方が良いだろう。実際の採点がどうなるのかは別として。

## ■ 設問 3（2）

PM の行動（対応）の狙いに関する設問
自律的なチーム運営におけるコミュニケーションの意義に関する設問

「（問題文導出－）知識解答型」

### 【解答のための考え方】

　下線⑥を含む文は，箇条書きの二つ目の「・プロジェクトの意思決定に関しては，PM からの指示を待つのではなく，⑥メンバー間での対話を通じてプロジェクトチームとして意思決定する。」というものだ。こうすることで，これまでのチームの運営方法では得られなかったチームマネジメント上のどのような効果が得られると考えたのかが問われている。この問題も G 氏の考えについて問われている。

　まずは問題文で「これまでのチームの運営方法」を確認する。これは，ここまで読み進めてきたからすぐに出てくるだろう（もしくは記憶しているだろう）。そして，それをどうしたいのかを確認して，そうすることでどういう効果があるのかを考えればいいだろう。

### 【解説】

　問題文で「これまでのチームの運営方法」と，それをどうしたいのかを確認すると，次のようになる。

「(3) 事業部門の幹部社員には，現在のチーム作業のやり方で F 社の事業を支えてきたとの自負がある。これによって，幹部社員をはじめとした上長には支配型リーダーシップの意識が強く，社員の意思をチーム作業に生かす姿勢が乏しい。」

「これまでの F 社のプロジェクトチームのマネジメントは，PM による統制型のマネジメントであり，メンバーが自分の意見を伝えづらかった。」

「・どの部門にも，チーム作業の経験のあるメンバーの中には，チームの一員として，チームのマネジメントへの参画に関心が高い者がいる。しかし，これまでのチーム作業では，自分の考えをチームの意思決定のために提示できていない。後になって自分の考えが採用されていれば，チームにとってより良い意思決定になったかもしれないと後悔している者も多い。」

「これまでの PM による統制型のマネジメントからチームによる自律的なマネジメントへの転換を進めることにした。」

　この四つのうちの三つ目には，現状できていないことも書いてある。「自分の考え

をチームの意思決定のために提示できていない」という点である。「より良い意思決定になったかもしれない」と後悔もしているようだ。それに対して，メンバー間で積極的に会話することで改善されるというわけだ。したがって，ここを中心に解答例のように解答をまとめればいい。

**【自己採点の基準】**（配点6点）

| IPA公表の解答例（網掛け部分は問題文中で使われている表現） |
| --- |
| ・多様な考えに基づいた，より良い意思決定ができる。(24字)<br>・チームのパフォーマンスが最大限に発揮できる。(22字) |

　解答例の一つ目では「より良い意思決定ができ（る）」という文中の言葉（文中では「できていない」という記述になる）を使っているが，二つ目の解答例では，一般的な解答（アジャイル開発の現場で，心理的安全性が確保されている場合，積極的にコミュニケーションがとられてチームパフォーマンスが高まるということ）でも良しとしていることから，同じような意味になる場合，幅広く正解になると考えられる。

## ■ 設問3（3）

PM の行動（対応）の狙いに関する設問

自律的なチーム運営に関する設問　　　　　　　　　「問題文導出－解答抜粋型」

### 【解答のための考え方】

　下線⑦を含む文は，箇条書きの三つ目の「・メンバーは，他のメンバーの作業がより良く進むための支援や提案を行う。⑦自分の能力不足によって困難な状況になったときは，それを他のメンバーにためらわずに伝える。」というものだ。こうすることで，どのような効果が得られると考えたのかが問われている。この問題も G 氏の考えについて問われている。

　ここで，設問3（1）が，〔プロジェクトチームの形成〕段落に書かれている状況（問題点を含む）の箇条書きの一つ目に対応し，設問3（2）が同じく二つ目に対応していたことを思い出そう。この設問3（3）も，同段落の三つ目の箇条書きに対応しているのではないかと考えて最初にチェックしてみる。

### 【解説】

　〔プロジェクトチームの形成〕段落に書かれている状況（問題点を含む）の箇条書きの三つ目は，次のようなものだ。

　「・チーム作業の遂行において，自分の能力不足によって困難な状況になったときに，他のメンバーの支援を受ければ早期に解決できたかもしれないのに，支援を求めることができずに苦戦した者が多い。」

　想定どおり，ここが対応していた。ここから，解答例のように解答すればいい。

### 【自己採点の基準】（配点6点）

| IPA 公表の解答例（網掛け部分は問題文中で使われている表現） |
|---|
| 他のメンバーの支援によって状況を速やかに解決できる。（26字） |

　問題文中の表現を使って，「他のメンバーの支援を受けて困難な状況を早期に解決できる。（28字）」という解答でも何ら問題はない。「速やかに解決できる」という表現と同じような意味であればすべて正解だと考えよう。

## ■ 設問３（4）

PM の行動（対応）の狙いに関する設問
DX 関連プロジェクトに関する設問　　　　　　　　「問題文導出－解答加工型」

### 【解答のための考え方】

　下線⑧を含む文は「G 氏は，本プロジェクトでは，予算や期限などの目標は定めるものの，プロジェクトの目的を実現するために有益であれば，事業開発部と協議して⑧予算も期限も柔軟に見直すこととし，CDO に報告して了承を得た。」というものだ。その理由が問われている。

　予測型（従来型）プロジェクトは，プロジェクト目標たる QCD（品質・予算・納期）の達成がゴールになるが，DX 関連プロジェクトではそうではない。価値実現がプロジェクト目標となる。したがって「それが DX 関連プロジェクトである」と答えたいところで，当たり前のこととしか思えないが，一般的な解答としては「プロジェクトの目的を実現することがプロジェクト目標であり，予算や納期よりも優先されるから」という解答になる。

　ただ，それをそのまま書く前に，問題文に何か関連することが書いていないかどうかを探してみる必要はある。見つけることができればそれを加味した解答にし，見つけることが出来なければ知識解答型として解答する。

### 【解説】

　下線⑧を含む文の「プロジェクトの目的」は，問題文の１ページ目の本文９行目に記載されている「新事業の実現」である。

　しかし，〔システム開発の現状〕段落の（1）には，その目的に対して課題も書かれている。次の部分だ。

　「経営層の多くは，(a) 事業を改革するために戦略的にシステム開発プロジェクトを実施するとの意識がこれまでは薄く，(b) プロジェクトチームの使命は，予算や納期などの設定された目標の達成であると考えてきた。しかし，CDO をはじめとする一部の役員は，DX を推進するためには，(c) システム開発プロジェクトの位置付けを変えていく必要があると経営会議で強調してきており，最近は経営層の意識が変わってきている。」

　ここに，従来の考え方（下線 b）がストレートに書かれている。しかし，今回求められているのは下線（a）や下線（c）の部分だ。以上より，「事業改革の方が予算や納期よりも優先されるから（22字）」という感じでまとめればいいだろう。

## 【自己採点の基準】（配点 6 点）

> 予算や期限よりも新事業の実現が優先されるから（22字）

　プロジェクトには，様々なシーンで優先順位を付けて処理することが求められる。トレードオフにある場合や，すべてを実現できない時などだ。したがって「優先順位を決める」という視点は常に持っておき，解答を組み立てる時に，いつでも使えるようにしておきたい。そういう意味で「**新事業の実現**」や「**プロジェクトの目的**」が「**優先されるから**」という解答は出したいところだ。

　なお，採点講評には「**プロジェクトの目的や目標と，経営の目的を混同した解答が散見された。**」と指摘されている。これは，（同じく採点講評の）設問 1（1）に対する指摘と同じ視点である。これらの指摘は「プロジェクトマネージャが考えるのは，あくまでもプロジェクトの成功であって，会社の事業目標の達成ではない」ということを強調したものになる。その点を，これからもしっかりと意識しておこう。DX を推進するとか経営のことを考えるのは，経営者や IT ストラテジストになる。

### ＜ IT ストラテジストとプロジェクトマネージャの目指すことの違い＞

・会社の事業目標の達成…IT ストラテジストが目指すこと
・プロジェクトの成功（目的や目標の達成）…プロジェクトマネージャが目指すこと

　これまでの予測型（従来型）のプロジェクトでは，上記の線引きははっきりしていた。プロジェクトマネージャは納期や予算，品質というプロジェクト目標の達成を意識しておくだけでよかったからだ。しかし，DX 推進関連のプロジェクトになると，この設問に象徴されている通り，プロジェクトの目的（新事業の実現）を達成することがプロジェクトの目標になってきた。これは，より事業目標に近くなっていることを表している。これも経営戦略の一つだからだ。違いは，"全体"ではなく"部分"であるというところ。プロジェクトマネージャは，あくまでも"プロジェクトの成功"を目指すという視点を強く意識しておかなければならない。

問1 価値の共創を目指すプロジェクトチームのマネジメントに関する次の記述を読んで，設問に答えよ。

　E社はITベンダーで，不動産業や製造業を中心にシステムの構築，保守及び運用を手掛けており，クラウドサービスの提供，大規模なシステム開発プロジェクト及びアジャイル型開発プロジェクトのマネジメントの実績が豊富である。E社では近年，主要顧客からデジタル技術を活用した体験価値の提供についてよく相談を受けることから，E社経営層はこれをビジネスチャンスと捉え，事業化の検討を始めた。E社内で検討を進めたが，ショールームの来館体験や，住宅の完成イメージの体験など他社でも容易に実現できそうなアイディアしか出てこず，経営層の期待するE社独自の体験価値を提供する目途が立たなかった。E社経営層は新たな価値を創出する事業を実現するために，社内外を問わずノウハウを結集する必要があると考えた。そこで，E社は共同事業化の計画を作成し，G社及びH社に提案した。G社は，デジタル技術によってものづくりだけでなくサービス提供を含めた事業変革を目指すことを宣言している大手住宅建材・設備会社である。H社は，VRやARなどのxR技術とそれを生かしたUI/UXのデザインに強みをもつベンチャー企業である。両社とも自社の強みを生かせるメリットを感じ，共同事業化に合意して，E社が40%，G社とH社が30%の出資比率で新会社X社を設立した。

〔X社の状況〕

　X社の役員及び社員は出資元各社から出向し，社長はE社出身である。共同事業化の計画では，xR技術などを活用して，X社独自の体験価値を提供するシステムを，まずはG社での実証実験向けに開発する。その実績をベースに不動産デベロッパーなどへの展開を目指して，新しいニーズやアイディアを取り込みながら価値を高めていく構想である。X社は，体験価値を提供するシステム開発プロジェクト（以下，Xプロジェクトという）を立ち上げた。Xプロジェクトは，新たな体験価値を迅速に創出することが目的であり，出資元各社がこれまで経験したことのない事業なので，X社の社長は，共同事業化の計画は開発の成果を確認しながら修正する意向である。一方で，出資元の各社内の一部には，投資の回収だけを重視して，X社ができるだけ早期に収益を上げることを期待する意見もある。

615

〔X プロジェクトの立ち上げの状況〕

　　プロジェクトチームは，各社から出向してきている社員から，システム開発やマネ
ジメントの経験が豊富な 10 名のメンバーを選任して編成された。F 氏は，旧知の X 社
社長から推薦されて E 社から出向してきており，アジャイル型開発のリーダーの経験
が豊富である。F 氏は，システム開発アプローチについて，①スキルや知見を出し合
いながらスピード感をもって進めるアジャイル型開発アプローチを採用することを提
案した。メンバー全員で話し合った結果，F 氏の提案が採用され，早急にプロジェク
トを立ち上げるためにプロジェクトマネージャ（PM）の役割が必要であることから，
F 氏が PM に選任された。

　　F 氏は，X プロジェクトは，出資元各社では過去に経験がない新たな価値の創出へ
の取組であると捉えている。このことを PM が理解するだけでなく，メンバー全員が
理解して自発的にチャレンジをすることが重要であると考えた。そして，チャレンジ
の過程で新たなスキルを獲得して専門性を高め，そこで得られたものも含めて，それ
ぞれの知見や体験をメンバー全員で共有して，チームによる価値の共創力を高めるこ
とを目指そうと考えた。この考えの下で，F 氏はメンバー全員にヒアリングした結果，
次のことを認識した。

・メンバーはいずれも出資元各社では課長，主任クラスであり，担当するそれぞれの
　　分野での経験やノウハウが豊富である。E 社からは，F 氏を含めて 4 名が，G 社，H
　　社からは，それぞれ 3 名が参加している。

・メンバーは X プロジェクトの目的の実現に前向きな姿勢であり，提供する具体的な
　　体験価値に対して，それぞれに異なる思いをもっているが，共有されてはいない。

・メンバーは出資元各社の期待も意識して活動する必要があると感じている。これが
　　メンバーのチャレンジへの制約となりそうなので，プロジェクトの環境に配慮が必
　　要である。

・メンバーは，チームの運営方法や作業の分担などのプロジェクトの進め方について，
　　基本的には PM の F 氏の考えを尊重する意向ではあるが，各自の経験に基づいた自
　　分なりの意見ももっている。その一方で，現在は自分の考えや気持ちを誰に対して
　　でも安心して発言できる状態にはないと感じており，意見をはっきりと主張するこ
　　とはまだ控えているようである。

　　F 氏は，ヒアリングで認識したメンバーの状況から，当面は F 氏が PM としてマネジ

メントすることを継続するものの，チームによる価値の共創力を高めるためには，早期にチームによる自律的なマネジメントに移行する必要があると考えた。ただし，F氏は，②自律的なマネジメントに移行するのは，チームの状態が改善されたことを慎重に確認してからにしようと考えた。

　一方でF氏は，リーダーがメンバーを動機付けしてチームのパフォーマンスを向上させるリーダーシップに関しては，メンバーの状況をモニタリングしながら修整（テーラリング）していくことにした。具体的には，リーダーが，各メンバーの活動を阻害する要因を排除し，活動しやすいプロジェクトの環境を整備する支援型リーダーシップと，リーダーが主導的にメンバーの作業分担などを決める指示型リーダーシップとのバランスに配慮することにした。そこで，メンバーの状況から，③指示型リーダーシップの発揮をできるだけ控え，支援型リーダーシップを基本とすることにした。そして，Xプロジェクトでメンバー全員に理解してほしい重要なことを踏まえて，④各メンバーがセルフリーダーシップを発揮できるようにしようと考えた。

〔目標の設定と達成に向けた課題と対策〕

　F氏は，ヒアリングで認識したメンバーの状況から，メンバーが価値を共創する上でチームの軸となる，提供する体験価値に関するXプロジェクトの目標が必要と感じた。そこで，⑤メンバーで議論を重ね，メンバーが理解し納得した上で，Xプロジェクトの目標を設定しようと考えた。そして，"サイバー空間において近未来の暮らしを疑似体験できる"という体験価値の提供を目標として設定した。

　F氏は，設定したXプロジェクトの目標，及び目標の達成に向けてメンバーの積極的なチャレンジが必要であるという認識をX社社長と共有した。また，チャレンジには失敗のリスクが避けられないが，失敗から学びながら成長して目標を達成するというプロジェクトの進め方となることについてもX社社長と認識を合わせて，X社社長からX社の役員に説明してもらい理解を得た。さらに，F氏は，ヒアリングから認識したメンバーの状況を踏まえ，X社社長から出資元各社にXプロジェクトの進め方を説明してもらい，各社に納得してもらった。その上で，それをX社社長から各メンバーにも伝えてもらうことによって，⑥メンバーがチャレンジする上でのプロジェクトの環境を整備することにした。

〔X プロジェクトの行動の基本原則〕

　F 氏は，X プロジェクトの行動の基本原則をメンバーと協議した上で次のとおり定めた。

・担当する作業を決める際は，自分の得意な作業やできそうな作業だけではなく，各自にとってチャレンジングな作業を含めること

・⑦他のメンバーに対して積極的にチャレンジの過程で得られたものを提供すること，また自身の専門性に固執せず柔軟に他のメンバーの意見を取り入れること

　F 氏は，これらの行動の基本原則に基づいて作業を進めることで，チームによる価値の共創力を高めることにし，目標の達成に必要な作業を全てメンバーで洗い出して定義した。


設問1　〔X プロジェクトの立ち上げの状況〕について答えよ。

　　(1)　本文中の下線①について，F 氏がアジャイル型開発アプローチを採用することを提案した理由は何か。30 字以内で答えよ。

　　(2)　本文中の下線②について，F 氏が自律的なマネジメントに移行する際に確認しようとした，改善されたチームの状態とはどのような状態のことか。35 字以内で答えよ。

　　(3)　本文中の下線③について，F 氏が指示型リーダーシップの発揮をできるだけ控えることにしたのは，メンバーがどのような状況であるからか。30 字以内で答えよ。

　　(4)　本文中の下線④について，各メンバーがセルフリーダーシップを発揮できるようにしようと F 氏が考えた理由は何か。25 字以内で答えよ。

設問2　〔目標の設定と達成に向けた課題と対策〕について答えよ。

　　(1)　本文中の下線⑤について，F 氏が，X プロジェクトの目標の設定に当たって，メンバーで議論を重ね，メンバーが理解し納得した上で設定しようと考えた狙いは何か。35 字以内で答えよ。

　　(2)　本文中の下線⑥について，F 氏が，X プロジェクトの進め方を出資元各社に納得してもらい，それを X 社社長から各メンバーにも伝えてもらうことによって整備することにしたプロジェクトの環境とはどのような環境か。35 字以内で答えよ。

設問3　〔X プロジェクトの行動の基本原則〕について，F 氏が本文中の下線⑦を X プロ
ジェクトの行動の基本原則とした狙いは何か。30 字以内で答えよ。

〔解答用紙〕

| 設問1 | (1) | | | | | | | | | | | | | | | |
|---|---|---|---|---|---|---|---|---|---|---|---|---|---|---|---|---|
| | | | | | | | | | | | | | | | | |
| | (2) | | | | | | | | | | | | | | | |
| | | | | | | | | | | | | | | | | |
| | | | | | | | | | | | | | | | | |
| | (3) | | | | | | | | | | | | | | | |
| | | | | | | | | | | | | | | | | |
| | (4) | | | | | | | | | | | | | | | |
| | | | | | | | | | | | | | | | | |
| 設問2 | (1) | | | | | | | | | | | | | | | |
| | | | | | | | | | | | | | | | | |
| | | | | | | | | | | | | | | | | |
| | (2) | | | | | | | | | | | | | | | |
| | | | | | | | | | | | | | | | | |
| | | | | | | | | | | | | | | | | |
| 設問3 | | | | | | | | | | | | | | | | |
| | | | | | | | | | | | | | | | | |

# 問題の読み方とマークの仕方

タイトルの「**価値の共創**」という表現から，DX 関連の PJ，アジャイル開発の PJ を想定しておく。

冒頭から「**アジャイル型開発プロジェクトのマネジメントの実績が豊富である。**」という記述がある。これは E 社の強みなので，マークしておく。

「**体験価値**」は，DX 関連プロジェクトの問題で頻出のワード。チェックしておく。

問1 価値の共創 を目指す プロジェクトチームのマネジメントに関する次の記述を読んで，設問に答えよ。

E 社は IT ベンダー で 不動産業や製造業を中心にシステムの構築，保守及び運用を手掛けており，クラウドサービスの提供，大規模なシステム開発プロジェクト及びアジャイル型開発プロジェクトのマネジメントの実績が豊富である。 E 社では近年，主要顧客から デジタル技術を活用し 体験価値の提供についてよく相談を受けることから，E 社経営層はこれをビジネスチャンスと捉え，事業化の検討を始めた。E 社内で検討を進めたが，ショールームの来館体験や，住宅の完成イメージの体験など他社でも容易に実現できそうなアイディアしか出てこず，経営層の期待する E 社独自の体験価値を提供する目途が立たなかった。E 社経営層は新たな価値を創出する事業を実現するために，社内外を問わずノウハウを結集する必要があると考えた。そこで，E社は共同事業化の計画を作成し，G 社及び H 社に提案した。G 社は，デジタル技術によってものづくりだけでなくサービス提供を含めた事業変革を目指すことを宣言している 大手住宅建材・設備会社である。H 社は VR や AR などの xR 技術とそれを生かした UI/UX のデザインに強みをもつベンチャー企業である。両社とも自社の強みを生かせるメリットを感じ，共同事業化に合意して，E 社が 40%，G 社と H 社が 30%の出資比率で新会社 X 社を設立した。

(X 社の状況)

X 社の役員及び社員は出資元各社から出向し，社長は E 社出身である。共同事業化の計画では，xR 技術などを活用して，X社独自の体験価値を提供するシステムを，まずは G 社での実証実験向けに開発する。その実績をベースに不動産デベロッパーなどへの展開を目指して，新しいニーズやアイディアを取り込みながら価値を高めていく構想である。X 社は，体験価値を提供するシステム開発プロジェクト（以下，X プロジェクトという）を立ち上げた。X プロジェクトは，新たな体験価値を迅速に創出することが目的であり，出資元各社がこれまで経験したことのない事業なので，X 社の社長は，共同事業化の計画は開発の成果を確認しながら修正する意向である。一方で，出資元の各社内の一部には，投資の回収だけを重視して，X 社ができるだけ早期に収益を上げることを期待する意見もある。

この問題の背景（きっかけ）をマークしておく。

経営層の期待は最重要。しっかりマークしておく。

DX を推進するための共同事業化（新会社設立）。E 社，G 社，H 社について把握しておく。

ここでプロジェクトが立ち上がっている。そして，PJ の目的，経営者の意向が記載されている。最重要パートの一つである。

あまり良くない意見。設問に絡んでくる可能性が高い。ここから設問の方に「どの設問の解答になるか？」と探してもいいくらいのところ。

「**体験価値**」，「**実証実験**」，「**経験したことのない事業**」，「**開発の成果を確認しながら修正する**」など，DX を想起させる記述のオンパレード。

序
1
2
3
4

「立ち上げの状況」という段落タイトルから、「プロジェクト体制」、「採用したシステム開発アプローチ」、「PMの任命」などについて記載されているところ。ここに、こうした情報があるということを覚えておこう。

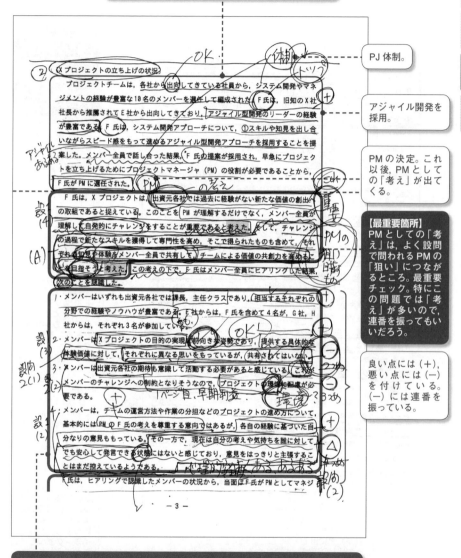

PJ体制。

アジャイル開発を採用。

PMの決定。これ以後、PMとしての「考え」が出てくる。

【最重要箇所】PMとしての「考え」は、よく設問で問われるPMの「狙い」につながるところ。最重要チェック。特にこの問題では「考え」が多いので、連番を振ってもいいだろう。

良い点には（＋）、悪い点には（－）を付けている。（－）には連番を振っている。

プロジェクトチームは、各社から出向してきている社員から、システム開発やマネジメントの経験が豊富な10名のメンバーを選任して編成された。F氏は、旧知のX社社長から推薦されてE社から出向してきており、アジャイル型開発のリーダーの経験が豊富である。F氏は、システム開発アプローチについて、①スキルや知見を出し合いながらスピード感をもって進めるアジャイル型開発アプローチを採用することを提案した。メンバー全員で話し合った結果、F氏の提案が採用され、早急にプロジェクトを立ち上げるためにプロジェクトマネージャ（PM）の役割が必要であることから、F氏がPMに選任された。

F氏は、Xプロジェクトは、出資元各社では過去に経験がない新たな価値の創出の取組であると捉えている。このことをPMが理解するだけでなく、メンバー全員が理解し、自発的にチャレンジをすることが重要であると考えた。そして、チャレンジの過程で新たなスキルを獲得して専門性を高め、そこで得られたものも含めて、それぞれの知見や体験をメンバー全員で共有し、チームによる価値の共創力を高めることを目指そうと考えた。この考えの下で、F氏はメンバー全員にヒアリングした結果、次のことを認識した。

1. メンバーはいずれも出資元各社では課長、主任クラスであり、担当するそれぞれの分野での経験やノウハウが豊富である。E社からは、F氏を含めて4名が、G社、H社からは、それぞれ3名が参加している。
2. メンバーはXプロジェクトの目的の実現に前向きな姿勢であり、提供する具体的な体験価値に対して、それぞれに異なる思いをもっているが、共有されてはいない。
3. メンバーは出資元各社の期待も意識して活動する必要があると感じている。このことがメンバーのチャレンジへの制約となりそうなので、プロジェクトの運営に配慮が必要である。
4. メンバーは、チームの運営方法や作業の分担などのプロジェクトの進め方について、基本的にはPMのF氏の考えを尊重する意向ではあるが、各自の経験に基づいた自分なりの意見ももっている。その一方で、現在は自分の考えや気持ちを誰に対してでも安心して発言できる状態にはないと感じており、意見をはっきりと主張することはまだ控えているようである。

F氏は、ヒアリングで認識したメンバーの状況から、当面はF氏がPMとしてマネジ

－ 3 －

【最重要箇所】ここに、メンバーの思いや現状のことが書いてある。必ず設問に絡んでくるところ。良い点（＋）と悪い点（－）があるので、それを切り分けたうえで、悪い面（－）はほぼほぼ設問に絡んでくるので、ここの記述から設問に対してアプローチしても構わない。その場合、どこかの設問で使った部分は、他の設問では使わないので、設問とここの記述の結びつきが強いものから確定させていけばいいだろう。

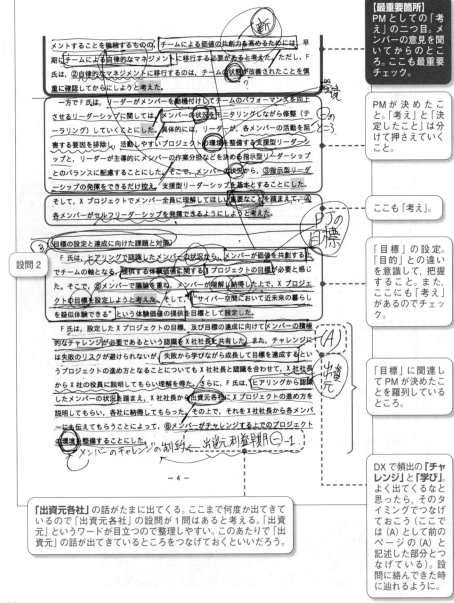

メントすることを継続するものの，チームによる価値の共創力を高めるためには，早期にチームによる自律的なマネジメントに移行する必要があると考えた。ただし，F氏は，②自律的なマネジメントに移行するのは，チームの状態が改善されたことを慎重に確認してからにしようと考えた。

一方でF氏は，リーダーがメンバーを動機付けしてチームのパフォーマンスを向上させるリーダーシップに関しては，メンバーの状況をモニタリングしながら修整（テーラリング）していくことにした。具体的には，リーダーが，各メンバーの活動を阻害する要因を排除し，活動しやすいプロジェクトの環境を整備する支援型リーダーシップと，リーダーが主導的にメンバーの作業分担などを決める指示型リーダーシップとのバランスに配慮することにした。そこで，メンバーの状況から，③指示型リーダーシップの発揮をできるだけ控え，支援型リーダーシップを基本とすることにした。

そして，Xプロジェクトでメンバー全員に理解してほしい重要なことを踏まえて，④各メンバーがセルフリーダーシップを発揮できるようにしようと考えた。

［目標の設定と達成に向けた課題と対策］
F氏は，ヒアリングで認識したメンバーの状況から，メンバーが価値を共創する上でチームの軸となる，提供する体験価値に関するⅩプロジェクトの目標が必要と感じた。そこで，メンバーで議論を重ね，メンバーが理解し納得した上で，Xプロジェクトの目標を設定しようと考えた。そして，"サイバー空間において近未来の暮らしを疑似体験できる"という体験価値の提供を目標として設定した。

F氏は，設定したXプロジェクトの目標，及び目標の達成に向けてメンバーの積極的なチャレンジが必要であるという認識をX社社長と共有した。また，チャレンジには失敗のリスクが避けられないが，失敗から学びながら成長して目標を達成するというプロジェクトの進め方となることについてもX社社長と認識を合わせて，X社社長からX社の役員に説明してもらい理解を得た。さらに，F氏は，ヒアリングから認識したメンバーの状況を踏まえ，X社社長から出資元各社にXプロジェクトの進め方を説明してもらい，X社に納得してもらった。その上で，それをX社社長から各メンバーにも伝えてもらうことによって，⑥メンバーがチャレンジする上でのプロジェクトの環境を整備することにした。

－ 4 －

【最重要箇所】
PMとしての「考え」の二つ目。メンバーの意見を聞いてからのところ。ここも最重要チェック。

PMが決めたこと。「考え」と「決定したこと」は分けて押さえていくこと。

ここも「考え」。

「目標」の設定。「目的」との違いを意識して，把握すること。また，ここにも「考え」があるのでチェック。

「目標」に関連してPMが決めたことを羅列しているところ。

DXで頻出の「チャレンジ」と「学び」。よく出てくるなと思ったら，そのタイミングでつないでおこう（ここでは（A）として前のページの（A）と記述した部分とつなげている）。設問に絡んできた時に辿れるように。

「出資元各社」の話がたまに出てくる。ここまで何度か出てきているので「出資元各社」の設問が1問はあると考える。「出資元」というワードが目立つので整理しやすい。このあたりで「出資元」の話が出てきているところをつなげておくといいだろう。

622

最終的に決定した「プロジェクトの行動の基本原則」。二つの例が挙げられている。過去に午後Ⅱ（論述式）で「行動の基本原則」が問われたことがある（令和3年の問1）。この問題を参考にできるだろう。

**設問3**

〔Xプロジェクトの行動の基本原則〕

F氏は，Xプロジェクトの行動の基本原則をメンバーと協議した上で次のとおり定めた。

・担当する作業を決める際は，自分の得意な作業やできそうな作業だけではなく，各自にとってチャレンジングな作業を含めること

・他のメンバーに対して積極的にチャレンジの過程で得られたものを提供すること。また自身の専門性に固執せず柔軟に他のメンバーの意見を取り入れること。

F氏は，これらの行動の基本原則に基づいて作業を進めることで，チームによる価値の共創力を高めることにし，目標の達成に必要な作業を全てメンバーで洗い出して定義した。

設問1 〔Xプロジェクトの立ち上げの状況〕について答えよ。

（1）本文中の下線①について，F氏がアジャイル型開発アプローチを採用する理由は何か。30字以内で答えよ。

（2）本文中の下線②について，F氏が自律的なマネジメントに移行する際に確認しようとした，改善されたチームの状態とはどのような状態のことか。35字以内で答えよ。

（3）本文中の下線③について，F氏が指示型リーダーシップの発揮をできるだけ控えることにしたのは，メンバーがどのような状況であるからか。30字以内で答えよ。

（4）本文中の下線④について，各メンバーがセルフリーダーシップを発揮できるようにしようとF氏が考えた理由は何か。25字以内で答えよ。

設問2 〔目標の設定と達成に向けた課題と対策〕について答えよ。

（1）本文中の下線⑤について，F氏が，Xプロジェクトの目標の設定に当たって，メンバーで議論を重ね，メンバーが理解，納得した上で設定しようと考えた狙いは何か。35字以内で答えよ。

（2）本文中の下線⑥について，F氏が，Xプロジェクトの進め方を出資元各社に納得してもらい，それをX社社長から各メンバーにも伝えてもらうことによって整備することにしたプロジェクトの環境とはどのような環境か。35字以内で答えよ。

— 5 —

まずは，どこに直接的な該当箇所があるのかをチェックしておく。
今回も，1つの段落に1つの設問としてきれいに分かれている。最近の主流だが，この場合，問題文を頭から順番に読み進めながら，設問をひとつずつ順番に解いていけばいいだろう。

何が問われているのかを把握することも重要。「狙い」ならPMの「考え」について書いているところだし，「状態」や「状況」，「環境」だと，それについて書いているところを中心に探す。

623

設問3 （Xプロジェクトの行動の基本原則）について，F氏が本文中の下線⑦をXプロジェクトの行動の基本原則とした狙いは何か。30字以内で答えよ。

④

PMの狙い、(A)

# IPA 公表の出題趣旨・解答・採点講評

|出題趣旨|
|---|

　プロジェクトマネージャ（PM）は，チームが自律的にパフォーマンスを最大限に発揮するように促し，支援する必要がある。そのためには，適切なマネジメントのスタイルを選択し，リーダーシップのスタイルを修整（テーラリング）することが求められる。

　本問では，過去に経験のない新たな価値の創出を目指すシステム開発プロジェクトを題材として，プロジェクトチームの形成，チームの自律型マネジメントの実現及び発揮するリーダーシップの修整について，PMとしての実践的な能力を問う。

| 設問 | | 解答例・解答の要点 | 備考 |
|---|---|---|---|
| 設問1 | (1) | 成果を随時確認しながらプロジェクトを進められるから | |
| | (2) | 自分の考えや気持ちを誰に対してでも安心して発言できる状態 | |
| | (3) | メンバーは目的の実現に前向きな姿勢である状況 | |
| | (4) | メンバーの自発的なチャレンジが重要だから | |
| 設問2 | (1) | 提供する体験価値に対するメンバーの思いを統一し共有するため | |
| | (2) | メンバーが出資元各社の期待に制約されずにチャレンジできる環境 | |
| 設問3 | | 知見や体験を共有して価値の共創力を高めるため | |

|採点講評|
|---|

　問1では，過去に経験のない新たな価値の創出を目指すシステム開発プロジェクトを題材に，価値の共創を目指すプロジェクトチームの形成，チームによる自律型マネジメントの実現及び発揮するリーダーシップの修整について出題した。全体として正答率は平均的であった。

　設問1 (3) は，正答率がやや低かった。F氏が指示型リーダーシップの発揮を控えようと考えたのは，"メンバーそれぞれが前向きな姿勢であり自分なりの意見をもっている"という状況をヒアリング結果から得たからであり，この点を読み取って解答してほしい。

　設問2 (1) は，正答率がやや低かった。"Xプロジェクトにおける目標の設定をする"のような，下線部や設問文に記載されている内容を抜き出した解答が散見された。"Xプロジェクトにおける目標の設定"に当たっては，メンバーそれぞれの，提供する体験価値への思いを統一し，共有することが重要であることを読み取って解答してほしい。

# 解説

　問題文のタイトルに「**価値の共創を目指す**」と書かれているので，アジャイル型開発のプロジェクトではないかと想像できる。問題文を読み始めるとすぐに「**アジャイル型開発プロジェクトのマネジメントの実績が豊富**」という話も出てくるし，下線①で目立つところに「**アジャイル型開発アプローチを採用する**」という話も出てくる。したがって，予測型と適応型の違いを思い出しながら読み進めていくといいだろう。その時に，アジャイル開発や適応型のアプローチで頻出する次のような用語を，しっかりとマークしながら読み進めていくことがポイントになる。もちろん，それぞれの用語の意味を事前にしっかりと把握しておかなければならない。

> 価値の共創，体験価値，（過去に経験がない）新たな価値を創出，実証実験，新しいニーズやアイディアを取り込みながら価値を高めていく構想，これまで経験したことのない事業，自発的にチャレンジをする，新たなスキルを獲得，チームによる価値の共創力を高める，自分の考えや気持ちを誰に対してでも安心して発言できる状態（心理的安全性），チームによる自律的なマネジメント，メンバーの状況をモニタリングしながら修整（テーラリング），支援型リーダーシップ，セルフリーダーシップ，体験価値の提供を目標として設定（予測型の場合はQCDになる），失敗から学びながら成長して目標を達成する，行動の基本原則

　ざっとあげただけでもこれくらいある。特にこの問題では多いので，これらの用語をしっかりと理解していなければ，状況を把握できないだろう。この問題を難しいと感じた人は，まずは上記の用語について正しくイメージできるかどうかをチェックしてみよう。

　また，この問題で問われているのは「**PMの狙い**」が2問，「**PMの意思決定の理由**」が2問，「**環境・状態・状況**」が問われているのが各1問ずつの3問である。これまでもよく問われていたPMの狙いや意思決定については，「**PMの考え**」や「**会社の方針**」を中心に，必要に応じてプロジェクトの制約や環境まで手を広げて探していけばいい。また，「**環境・状態・状況**」については，この問題文の中にしか解答が無いので，それを前提に「**環境**」や「**状態**」，「**状況**」という用語がストレートに使われているところを優先的に探せばいいだろう。結果的に「**状況**」という用語は使われていなかったが，「**環境**」と「**状態**」はそのまま問題文中で使われていた。キーワードマッチングをすれば効率よく問題文の該当箇所にたどり着ける。いずれにせ

よ，設問で何が問われているのかを正確に把握した上で，それを解くために問題文から何を探せばいいのか，どこを探せば速く発見できるのかを考えて戦略をもって解答していきたい。

そしてもう1点。問題文を読み進めながら，どこに何が書かれているのかという問題文の構造を把握しておくことも，速く解くためには重要になる。この問題の場合，PMにF氏がアサインされるまでは「会社（出資元各社，X社）の意向」がメインになっている。PMにF氏がアサインされた2ページ目の下半分あたりからは，「PMの考え」→「メンバーの考え（ヒアリング結果）」→「PMの考え」→「意思決定」→「PMの考え」と展開されていく。ここで，「PMの考え」と「（意思決定）したこと」を分けて整理しておくと，問題文から解答を（あるいは解答を一意に決定する記述を）探し出す時に，ピンポイントで探し出せるだろう。効率的かつスピーディに解答できる。特に，この問題は「〜と考えた。」と「〜した。」という毎回同じ表現を使ってくれているので整理しやすいと思う。その後は，目標設定をして，最後に行動の基本原則を決めている。この間にも「PMの考え」が出てきているのでチェックしておけばいいだろう。

なお，この問題の場合，問題文を頭から読み進めていったときに「ここは設問に絡んでくるな」，「ここは解答として使われるんじゃないか」と思うところが少なくない。ひとつは，一か所だけにまとめられている「メンバーにヒアリングした時の，メンバーの意見」である。メンバーの意思や思いはそこにしかない。そしてもうひとつは「PMの考え」のところ。「PMの考え」を記述しているところは複数個所に分かれているし数も多いが，設問に絡んでくる可能性は毎回高い部分である。

これら「設問に絡んでくる可能性が高い」と感じる部分は，そこを最初に読んだ時に，そこから設問にアプローチして，どの設問と関連しているのかを考えてもいいだろう。ITストラテジスト試験でよく使う解答手順だ。この解き方を併用すれば，より速く解けると思う。毎回，時間が足りないと感じている人は一度試してみることをおススメする。

# 設問 1

設問1は，問題文2ページ目，括弧の付いた二つ目の〔Xプロジェクトの立ち上げの状況〕段落に関する問題で，全部で四つ用意されている。すべて下線で該当箇所が示されている（下線①〜下線④）。

## ■ 設問 1 (1)

PM の意思決定の狙いに関する設問
アジャイル開発を採用した理由に関する設問　　　　　　「問題文導出－解答加工型」

### 【解答のための考え方】

この問題では，PM の F 氏が「アジャイル型開発アプローチ」を採用することを提案した理由が問われている。

こうした問題の場合，まずは，自分の知識をベースに（ウォータフォール型開発に比べて）アジャイル開発を採用するときのポイントやアジャイル開発のメリットを思い浮かべる（下記，及び第1章の「4.　アジャイル開発」（P.30）参照）。このあたりの知識は必須だと考えないといけない。

<アジャイル開発を採用するときのポイントやアジャイル開発のメリット>
・計画段階では成果を担保できないケース
・前例がないなど不確実性を伴うため実現可能性が低いケース
・試行錯誤が必要なケース
・リリース後の反応を見ながら方向性を決めるケース
・短期間で早急に開発しなければいけないケース
・アジャイル開発宣言を適用した方がいいケース

そして，今回のプロジェクトの特徴（ステークホルダーの期待や制約，前提条件など）について記述しているところ（〔X社の状況〕段落の「X社は，体験価値を提供するシステム開発プロジェクト（以下，Xプロジェクトという）を立ち上げた。」という文の後）を中心に，そのポイントやメリットに近いことが書かれていないかを探す。

今回のように，PM の意思決定の理由が問われている場合で，しかもアジャイル開発を採用すべき理由なので，何かしら記述されていることが多い。そのため，問題文中に解答を一意に決定付ける記述があるはずだと考えて探すようにしよう。

そして，それが発見できればそこを解答し，なければ一般論で知識解答型だと判断して解答を組み立てればいいだろう。

## 【解説】

　今回のプロジェクトの特徴に関する記述の中で，ウォータフォール型開発に比べて，アジャイル開発を採用した方がいい理由になりそうなものには，次のようなものがある。

「新たな体験価値を迅速に創出することが目的」
「これまで経験したことのない事業なので，Ｘ社の社長は，共同事業化の計画は開発の成果を確認しながら修正する意向」

　これらの中で，アジャイル開発でしかできないこと，アジャイル開発ならではの部分がどれかを考える。迅速に開発したいだけならウォータフォール型開発でも可能だろう。アジャイル開発は，確かに“迅速な”開発を意味しているが，それだけを目指すなら，ウォータフォール型の開発でも効率よく進めていけば不可能ではない。それに対して「成果を確認しながら修正する」というスタイルは，繰り返しを伴うアジャイル開発ならではのものになる。少なくとも，手戻りを良しとしないウォータフォール型開発には向いていない。そう考えれば，「開発の成果を確認しながら修正する意向」という部分が，解答の軸になると考えて間違いないだろう。この解答の軸を踏まえて，アジャイル開発ならそれが可能だという感じで解答例のようにまとめればいいだろう。

## 【自己採点の基準】（配点７点）

### IPA 公表の解答例（網掛け部分は問題文中で使われている表現）

成果を随時確認しながらプロジェクトを進められるから（25字）

　この解答例は，「随時」や「プロジェクトを進められるから」という自分の言葉で答えている部分も多いが，最大のポイントは問題文中の用語を使っている「成果を確認しながら」という部分だと思われる。その部分を使っていれば正解としてくれる可能性は高い。そこを採点基準だと考えておけばいいだろう。

　なお，解答例は“アジャイル開発の特性”に視点を置いた解答になっている。これを，例えば「開発の成果を確認しながら修正する意向があるから（23字）」という感じで“今回のプロジェクトに対する意向”だけに視点を置いた解答にした場合は，どう判断されるのだろう。結論からいうと“わからない”。ただ，国語の問題ではないので正解にして欲しいという思いはあるものの，単に「意向があるから」というだけの解答よりも「アジャイル開発だと，…の意向を満たせる」という解答の方がしっくりくるのは間違いない。

## ■ 設問 1（2）

### プロジェクトチームの状態を問題文から探し出す設問　「問題文導出－解答抜粋型」

**【解答のための考え方】**

ここで問われていることを整理するために，まずは下線②を含む文を確認する。

> ただし，F氏は，②自律的なマネジメントに移行するのは，チームの状態が改善されたことを慎重に確認してからにしようと考えた。

この部分で「ただし」としているのは，「当面はF氏がPMとしてマネジメントすることを継続するものの，チームによる価値の共創力を高めるためには，早期にチームによる自律的なマネジメントに移行する必要があると考えた。」からだ。本来はそうしたいのに，まだ難しいと考えている様子が伺える。そして，そのカギを握っているのが"チームの状態が改善されたか否か"だということになる。

そこを正しく把握できれば，問題文中に"今のチームの状態"や"理想の（改善後の）状態"が必ず存在していることと，それを探し出すことが解答につながるということに気付くだろう。したがって，次のアクションは問題文中に記載されている"今のチームの状態"を探し出すというものになる。その記述を見つけない限り解答できないからだ。

まずは"状態"という表現を使っているところを探す。こういうケースでは，（100％ではないが）"状態"という表現が使われていることが多いからだ。"状態"という表現が無ければ，状態を表しているところを探すことに切り替えればいいだろう。また，探す場所の第一候補は，F氏がメンバーにヒアリングした結果について記載しているところ（問題文2ページ目の下半分）になる。そこで，今回のプロジェクトやチームの状況がわかったからだ。速く解答することも重要なので，どこに何が書かれているのかを把握しておき，ピンポイントで該当箇所を探し出せるようにもしておきたい。

そして，その該当箇所を見つけることができたら，ここで問われていることを再確認して解答になるように（会話のキャッチボールになるように）解答を組み立てる。設問 1（2）で問われているのは「改善されたチームの状態とは，どのようなものか」というもの。改善後の話だ。問題文中に，どういう形で出てくるのかはわからないが，それが"今の状態"なら，それを改善後の状態に変えて解答しなければならない。

## 【解説】

F氏がメンバーにヒアリングした結果について記載しているところから，"今の状態"もしくは"改善後の状態"を探し始めれば，すぐに次の記述を見つけるだろう。

> メンバーは，チームの運営方法や作業の分担などのプロジェクトの進め方について，基本的にはPMのF氏の考えを尊重する意向ではあるが，各自の経験に基づいた自分なりの意見ももっている。その一方で，現在は自分の考えや気持ちを誰に対してでも安心して発言できる状態にはないと感じており，意見をはっきりと主張することはまだ控えているようである。

"状態"という表現が使われているし，内容からもここで間違いないと判断できる。記載されているのは"現在の状態"だが，ちょうど理想形について説明した上で"ない"と否定しているので，そのまま抜粋すればいいと判断できる。具体的には，上記の下線の中の「現在」と「にはない」を除いた部分が，ここで問われている「改善されたチームの状態とは，どのようなものか」という問いに対する返答になる。

なお，このような状態を心理的安全性という。令和4年の午後Ⅰ問3でも出題された重要ワードのひとつになる。この試験のシラバス7.0で追加されてから立て続けに出題されている。IPAが推している用語なのだろう（確かに流行りの言葉だし，重要でもある）。知らなかった人は，本書のP.19のコラムや，令和4年の午後Ⅰ問3の解説（P.608）で「心理的安全性」について確認しておこう。

### 【自己採点の基準】（配点7点）

**IPA公表の解答例**（網掛け部分は問題文中で使われている表現）

自分の考えや気持ちを誰に対してでも安心して発言できる状態（28字）

この問題は，問題文中に解答もしくは該当箇所が用意されているケースである。したがって，解答例のように完全に抜粋しなくても構わないができる限り問題文中の言葉を使うことを考えよう。ちょっとひねって「心理的安全性が確保された状態」という解答にしてみても面白いかもしれないし，その解答の方がより高得点をもらえなければならないが，今回は冒険はしない方がいい。「この状態を何という」とか，「こういう状態の名称を入れて」という指示がある時だけにするのが賢明だと思う。

## ■ 設問1 (3)

プロジェクトメンバーの状況を問題文から探し出す設問

「問題文導出－解答抜粋型」

### 【解答のための考え方】

　ここでも問われていることを整理するために，まずは下線③を含む文を確認する。

> そこで，メンバーの状況から，③指示型リーダーシップの発揮をできるだけ控え，支援型リーダーシップを基本とすることにした。

　この文は「そこで」でつないでいるので，前の文が下線③のように考えた理由になる。そのため，そこに目を通して下線③に至った理由を確認する。「一方でF氏は，…」以後の5行半にわたって記述されている「リーダーシップ」に対する考え方のところだ。今回のプロジェクトでは，支援型リーダーシップと指示型リーダーシップとのバランスに配慮することが重要だと言っている。

　そして，そのバランスを考えた時に，今回のプロジェクトでは（下線③のように）できるだけ指示型リーダーシップの発揮を控えた方がいいと判断したらしい。**設問1の (3)** では，そう判断したのが「**メンバーのある状況**」によるものなので，その状況を解答しろと言っている。

　これらのことを正しく把握できれば，解答は問題文中にしかない（知識だけで解答できるものではない）ことに気付くだろう。問われているのが「**状況**」なので，抜粋型の可能性が高い。そう考えれば，次のアクションは問題文中に記載されているはずの"**メンバーの状況**"を探し出すというものになる。

　**まずは，メンバーのことについて書かれているところだろう。**ここでも，F氏がメンバーにヒアリングした結果について記載しているところ（問題文2ページ目の下半分）が第一候補になる。そこを最優先でチェックして，そこになければその周辺へと広げていけばいいだろう。

　また，ここでも「**状況**」という表現が使われている可能性が高い。したがって「**状況**」を目安に探してもいいだろう。100％ではないということを念頭に置いておくことも忘れないようにして，深追いさえしなければ大丈夫だ。

　なお，支援型リーダーシップと指示型リーダーシップの相違点は必須知識になる。午後I試験では，過去に何度も問われていることで，今後も必要になる知識の一つである。この相違点に対する知識が乏しい場合は，本書や過去問題を活用して知識を習得しておこう。

【解説】

　まず，F氏がメンバーにヒアリングした結果について記載されているところ（問題文2ページ目の下半分の箇条書きのところ）から，メンバーについて言及しているところをピックアップする。

- 課長，主任クラス。担当するそれぞれの分野での経験やノウハウが豊富（①）
- Xプロジェクトの目的の実現に前向きな姿勢（②）
- 提供する具体的な体験価値に対して，それぞれに異なる思いをもっているが，共有されてはいない（③）
- 出資元各社の期待も意識して活動する必要があると感じている
　→メンバーのチャレンジへの制約（④）
- 基本的にはPMのF氏の考えを尊重する意向（⑤）
- 各自の経験に基づいた自分なりの意見ももっている（⑥）
- 意見をはっきりと主張することはまだ控えているよう（⑦）

　残念ながら「状況」という表現が使われていなかったが，この中に解答になりそうなものがないかを探してみる。上記の部分の後に「〜だから指示型リーダーシップの発揮をできるだけ控えようと考えた。」と続けてみるとわかりやすくなる。

　上記のうち③④⑤⑦は違うか（指示型リーダーシップの方が向いている），無関係だとわかるだろう。残りの①②⑥が解答候補になる。後は，どうやって字数内にまとめればいいのかを考える。解答例は②だけを解答にしているので一つでも良いようだ。ただ，採点講評を読めば②と⑥を正解としていることがわかる。筆者も②と⑥をミックスさせた解答がベストだと思う。

【自己採点の基準】（配点7点）

| IPA公表の解答例（網掛け部分は問題文中で使われている表現） |
| --- |
| メンバーは目的の実現に前向きな姿勢である状況（22字） |

　この問題も，問題文中に解答もしくは該当箇所が用意されているケースである。したがって，「目的の実現に前向きな姿勢」という部分は含めるようにしたい。また，採点講評には「"メンバーそれぞれが前向きな姿勢であり自分なりの意見をもっている"という状況」だと書いてあるので，上記解説の②と⑥の融合でもいいだろう。優先順位は②＞⑥＞①で，②の「前向きな姿勢」は必須だと思うが⑥だけでも部分点はあると思う。もちろん多少の表現のゆらぎは全く問題ない。

## ■ 設問 1（4）

PM の考えていることに関する設問　　　　　　　「問題文導出－解答抜粋型」

**【解答のための考え方】**

　ここで問われているのは，下線④の「**各メンバーがセルフリーダーシップを発揮できるようにしようと考えた**」理由になる。言い換えれば "**なぜ各メンバーがセルフリーダーシップを発揮できるようにならないといけないのか？**" ということだ。

　ここも，最初に一般論で考えた方がいい。この手の設問に一般論で解答を求めることはないだろうが，だからと言ってやみくもに問題文を頭から読み始めるのは時間の無駄になる。どういう情報が必要なのかは，探す前に決めておいた方がいい。

　一般的には，会社の戦略や方針，PM の考えや教育方針などが考えられる。要するに，会社や PM がメンバーに対して期待しているところになる。したがって，その部分を問題文からピックアップして，その中から最適だと思われるものを解答することを考える。初めて問題文を読むときに，会社の戦略や方針，PM の教育方針などにマークをしておけば，ある程度はピンポイントで（それゆえ短時間で）探し出すことができるはずだ。

　加えて，この問題には大きなヒントがあるので，それも頼りにする。それは下線④を含む文の中にある「**X プロジェクトでメンバー全員に理解してほしい重要なことを踏まえて**」という部分だ。この部分を踏まえた解答になるので，まずはこの部分が指している所を探し出すことを考える。

**【解説】**

　まず「**X プロジェクトでメンバー全員に理解してほしい重要なこと**」の指しているところを探し出す。これは，PM の F 氏が考えている「**重要なこと**」を中心に探せばいいだろう。その結果，次の記述を見つけると思う。

- プロジェクトは，**出資元各社では過去に経験がない新たな価値の創出への取組であると捉えている**。このことを PM が理解するだけでなく，**メンバー全員が理解して自発的にチャレンジをすることが重要であると考えた**。（①）

　続いて，会社や PM がメンバーに対して期待しているところをピックアップしていく。会社がメンバーに期待しているところは無かったが，PM が期待しているところには，次のようなものがあった。

- そして，チャレンジの過程で新たなスキルを獲得して専門性を高め，そこで得られたものも含めて，それぞれの知見や体験をメンバー全員で共有して，チームによる価値の共創力を高めることを目指そうと考えた。(②)
- チームによる価値の共創力を高めるためには，早期にチームによる自律的なマネジメントに移行する必要があると考えた。(③)
  → ただし，チームの状態が改善された後。

　ここでも，これらの解答候補の中から，「～だから，各メンバーがセルフリーダーシップを発揮できるようにしようと考えた。」と続けてみて，最もしっくりくるものを解答にすればいいだろう。ただし，①でしっくりすれば①が最優先で解答になると考えよう。「Xプロジェクトでメンバー全員に理解してほしい重要なことを踏まえて」というのが前提だからだ。

　結論から言うと，上記の①の中にある「**自発的にチャレンジをすることが重要だから**」という部分が解答になる。「**自発的にチャレンジをすることが重要だから，各メンバーがセルフリーダーシップを発揮できるようにしようと考えた。**」と続けると，きれいに文意も通る。"**セルフリーダーシップ**"と"**自発的なチャレンジ**"というところにも整合性がある。一方，上記の②は自発的に挑戦した結果得られることであり，上記の③は（そこだけを見れば正解のようにも見えるが）チームの状態が改善されてからの話になる。三つを比較しても①が最適な解答になるだろう。

### 【自己採点の基準】（配点 7 点）

| IPA 公表の解答例（網掛け部分は問題文中で使われている表現） |
|---|
| メンバーの自発的なチャレンジが重要だから（20 字） |

　この問題も，問題文中に解答もしくは該当箇所が用意されているケースである。したがって，できる限り問題文中の言葉を使うことを考える。「**自発的なチャレンジ**」という問題文から抜粋している部分は含めるようにし，最後に「～だから」と，理由を示す表現でまとめておけばいいだろう。

　問題文をそのまま抜粋したら「**全メンバーが自発的にチャレンジすることが重要だから（25 字）**」のようになる。当然だが，この解答でも減点はされないだろう。

## 設問2

　設問2は，問題文3ページ目，括弧の付いた三つ目の〔**目標の設定と達成に向け**
**た課題と対策**〕段落の問題で，全部で二つの問題が用意されている。いずれも下線
が付いているところを対象にしたものになる。

### ■ 設問2（1）
PM の意思決定の狙いに関する設問　　　　　　　　　　　　「問題文導出－解答抜粋型」

### 【解答のための考え方】

　ここで問われていることを整理するために，まずは下線⑤を含む文を確認する。

> そこで，⑤**メンバーで議論を重ね，メンバーが理解し納得した上で，X プロ**
> **ジェクトの目標を設定しようと考えた。**

　これは PM である F 氏の考えたことだが，問われているのは，F 氏がこう考えた
理由になる。X プロジェクトの目標を設定するときに，「**なぜ，メンバーで議論を重**
**ねる必要があるのか？**」，「**なぜ，メンバーが理解し納得することが必要なのか？**」，
その理由を考えればいいだろう。

　ここでも，まずは一般論で考えるといいだろう。次のようなものになる。

- ・ メンバーによって意見が違ったり，納得する部分が違っている。
- ・ 自分たちが決めた目標なので言い訳ができない（それゆえ，目標達成に頑張っ
  てくれるはず）。
- ・ メンバーの自律性を尊重したり，育んだりするという目的があるから

　但し，この問題も一般論で解答することは少ない。問題文に，その理由になり得
るものがあることが多い。「**これからのプロジェクトは，普通そういうものになるは**
**ずだ**」という感じの知識解答型にはならないだろう。そう考えて，上記のような一
般論に近い記述があるかどうかを探して解答する。

　加えて，この問題にも大きなヒントがある。この下線⑤を含む文の前の文だ。

> F 氏は，ヒアリングで認識したメンバーの状況から，メンバーが価値を共創す
> る上でチームの軸となる，提供する体験価値に関する X プロジェクトの目標が
> 必要と感じた。

　この文は「プロジェクトの目標が必要と感じた理由」について説明しているところだが，そう感じたのが「ヒアリングで認識したメンバーの状況から」だということを示している。これも大きなヒントになる。下線⑤のように決めた理由も同じところにあると考えられる。そこにある体験価値に関する記述を探してみよう。

## 【解説】

　F氏がメンバーにヒアリングした結果について記載しているところをチェックして，一般論と同じようなことや体験価値に関することについて書いてあるところを探してみる。すると，すぐに「**提供する具体的な体験価値に対して，それぞれに異なる思いをもっているが，共有されてはいない。**」という記述を見つけるだろう。これは最もシンプルな理由になるので，すぐに確定できるはずだ。

　後は，設問2（1）で問われているのが「**（PMであるF氏の）狙い**」なので，単純に「異なる思いをもっているから」や「共有されていないから」という「**現状**」，すなわち「**問題点**」をそのまま解答するのではなく，「〜をしたいから」という「**目標や理想**」を解答にすることを考えよう。「狙い」の場合は，「〜のようにしたいから」というニュアンスで解答するのが基本になる。

## 【自己採点の基準】（配点7点）

| IPA公表の解答例（網掛け部分は問題文中で使われている表現） |
| --- |
| 提供する体験価値に対するメンバーの思いを統一し共有するため（29字） |

　この問題も，問題文中に解答もしくは該当箇所が用意されているケースである。したがって，できる限り問題文中の言葉を使ったほうがいいと考える。「**体験価値（について）**」と「**メンバーの（異なる）思いを統一する**」，「**共有する**」という部分は，問題文から抜粋して含めるようにしたい。

　そして，上記の解説のところにも書いた通り「狙い」なので「〜したいから」という感じで，現状の問題点ではなく目標や理想の方の表現で書くようにしよう。仮に，問題文をそのまま抜粋し「**体験価値に対して，それぞれに異なる思いをもち，共有されていないから（33字）**」という解答にした場合，正解にしてくれるのかどうかはわからない。この表現では「**理由**」にはなり得るものの「**F氏の狙い**」にはなり得ないからだ。正解だったらラッキー程度に考えておいた方がいいだろう。

## ■ 設問2（2）
### プロジェクトを取り巻く環境を問題文から探し出す設問
「問題文導出－解答抜粋型」

【解答のための考え方】

　下線部⑥は「メンバーがチャレンジする上でのプロジェクトの環境を整備することにした。」というもので，その文中の「環境」がどのようなものなのかが問われている。

　この問題も，解答（もしくは解答の素になるもの）は問題文中にしかないと考えよう。頭の中にある知識をベースに解答するような問題ではない。したがって，まずは問題文から該当箇所を探し出すことを優先的に考える。

　まずは「環境」という表現を使っているところを探す。あるいは「環境」という表現は使っていないもののプロジェクトに影響を与える可能性のある状態を説明しているところを探してみる。

　さらに設問2（2）には，下線⑥の整備について「F氏が，Xプロジェクトの進め方を出資元各社に納得してもらい，それをX社社長から各メンバーにも伝えてもらうことによって整備する。」と書いている。この記述から，問題文で集中的に探すところを絞りこめる。「出資元各社」についての記述があるところだ。

【解説】

　まずは，ここでもF氏がメンバーにヒアリングした結果について記載しているところをチェックする。すると，箇条書きの三つ目のところに次のような記述を見つけるだろう。ここには「出資元各社」も「環境」も入っている。

---

メンバーは出資元各社の期待も意識して活動する必要があると感じている。これがメンバーのチャレンジへの制約となりそうなので，プロジェクトの環境に配慮が必要である。

---

　さらに，ここに記載されている「出資元各社の期待」に関しては，問題文の1ページ目に具体的に書いている。次の部分だ。

---

一方で，出資元の各社内の一部には，投資の回収だけを重視して，X社ができるだけ早期に収益を上げることを期待する意見もある。

---

序

1

2

3

4

これが「**現状の環境**」だと言える。この現状を，**設問2（2）**内に書いているように「**F氏が，Xプロジェクトの進め方を出資元各社に納得してもらい，それをX社社長から各メンバーにも伝えてもらうことによって整備する**」としている。そうすれば，メンバーも「**早期に収益を上げることを期待されていることで発生する**」制約から解放されて，チャレンジできると考えたのだろう。全てがつながる。

　これらの記述から解答を組み立てればいいだろう。設問を見る限りでは，整備前の環境なのか，整備後に目指している環境なのか，どちらともとれる表現なので難しいが，解答に含めるキーワードだけは外さないようにしたい。

## 【自己採点の基準】（配点7点）

| IPA公表の解答例（網掛け部分は問題文中で使われている表現） |
| --- |
| **メンバー**が出資元各社の期待に**制約**されずに**チャレンジ**できる環境（30字） |

　この問題も，問題文中に解答もしくは該当箇所が用意されているケースである。したがって，できる限り問題文中の言葉を使ったほうがいいと考える。「**制約**」と「**チャレンジ**」いう部分は，問題文から抜粋して含めるようにしたい。

　ただ，【解説】のところにも書いた通り "**改善しなければならない現在の環境（整備前の環境）**" を解答すればいいのか，"**整備することで目指す環境（整備後の環境）**" を解答すればいいのか判断に迷う。両者は真逆の解答になるので悩むところだ。

　設問2（2）の「**整備することにしたプロジェクトの環境とはどのような環境か**」を文面通りにとらえると，どちらかと言えば "**整備しなければならない現在の環境**" という意味合いが強くなる。しかし，解答例は "**整備することで目指す環境（整備後の環境）**" の方になっている。これはおそらく "**改善すべき現状の問題点**" や "**整備しなければならない理由**" が問われているわけではないからだろう。今後，同じようなケースがあればどうするか悩むところだが，明確に "**現状の問題点**" が問われていない限り，微妙な場合は "**目指していること**" の方を解答するのがいいのかもしれない。

　なお，現状の環境として「**メンバーが出資元各社の期待に制約されてチャレンジできない環境**」と書いたら正解にしてくれるのかどうかはわからない。が，その場合でもできる限り問題文中の言葉を使うように心がけよう。

## 設問3

　最後の設問3は，問題文4ページ目，括弧の付いた四つ目の〔**X プロジェクトの行動の基本原則**〕段落の問題になる。問われていることは一つで，ここも下線が付いている。

■ 設問3

| PM の意思決定の狙いに関する設問 | 「問題文導出－解答抜粋型」 |

**【解答のための考え方】**

　下線⑦は，メンバーと協議した上で定めた X プロジェクトの行動の基本原則の一つで，その基本原則を定めた F 氏の狙いが問われている。その下線⑦の基本原則は次のような内容である。

> ⑦他のメンバーに対して積極的にチャレンジの過程で得られたものを提供すること，また自身の専門性に固執せず柔軟に他のメンバーの意見を取り入れること

　この基本原則は，一つ目の原則を含めて新たな価値を創出することを目的にした DX 関連のプロジェクトでよくある内容である。ただ，そうした**"新たな価値を創出するために必要だから"**というような一般論で解答することは，情報処理技術者試験ではほとんどないと考えていいだろう。したがって，ここも下線⑦にある次のような点について探し出すことを考える。

・チャレンジして得たことを積極的に提供しなければならない理由
・専門性に固執してはいけない理由
・柔軟に他のメンバーの意見を取り入れないといけない理由

　まずは，上記に関してストレートに必要性を書いている部分が第一候補になる。その記述が無ければ，そうすることで得られる効果の必要性について書いている部分を探す。
　探す場所は，会社の方針と PM の F 氏の考えや思いについて書いているところになる。

## 【解説】

　最初にF氏の考えや思いについて書いているところをチェックする。F氏が登場するのは〔Xプロジェクトの立ち上げの状況〕段落からだ。そして「**F氏がPMに選任された。**」という記述のすぐ後から，F氏の考えについて書かれている。いくつかの考えについて書かれているが，一つ目の「**自発的にチャレンジすることが重要であると考えた。**」という点については下線⑦とは無関係だ。しかし，その後にある次の記述はどうだろう。

> チャレンジの過程で新たなスキルを獲得して専門性を高め，そこで得られたものも含めて，それぞれの知見や体験をメンバー全員で共有して，チームによる価値の共創力を高めることを目指そうと考えた。

　下線⑦の原則が必要な理由に合致する。全体が長いので，これを30字以内にまとめるのが難しいが，重要なワードから優先的に使用していけばいいだろう。下線⑦を端的に表現すると"**傾聴して共有すること**"になるので，前半部分ではなく後半の「**それぞれの知見や体験をメンバー全員で共有して，チームによる価値の共創力を高めることを目指そう**」という部分が中心になる。ここから不要な部分を削って解答例のようにまとめよう。

## 【自己採点の基準】（配点8点）

| IPA公表の解答例（網掛け部分は問題文中で使われている表現） |
| --- |
| 知見や体験を共有して価値の共創力を高めるため（22字） |

　この問題も，問題文中に解答もしくは該当箇所が用意されているケースである。したがって，できる限り問題文中の言葉を使ったほうがいいと考える。「**知見や体験を共有して**」という部分と「**価値の共創力を高める**」という部分は，問題文から抜粋して含めるようにしたい。なお，ここも「狙い」なので「～したい」という感じで「目指していること」としての記述を心がけよう。

# 演習 ● 令和5年度 問2

問2　システム開発プロジェクトにおけるイコールパートナーシップに関する次の記述を
　　読んで，設問に答えよ。

　S社は，ソフトウェア会社である。予算と期限の制約を堅実に守りながら高品質な
ソフトウェアの開発で顧客の期待に応え，高い顧客満足を獲得している。開発アプロ
ーチは予測型が基本であり，プロジェクトを高い精度で正確に計画し，変更があれば
計画を見直し，それを確実に実行するという計画重視の進め方を採用してきた。

　S社のT課長は，この8年間プロジェクトマネジメントに従事しており，現在は12
名の部下を率いて，自ら複数のプロジェクトをマネジメントしている。数年前から，
プロジェクトを取り巻く環境の変化の速度と質が変わりつつあることを肌で感じてお
り，S社のこれまでのやり方では，これからの環境の変化に対応できなくなると考え
た。そこで，適応型開発アプローチや回復力（レジリエンス）に関する勉強会に参加
するなどして，変化への対応に関する学びを深めてきた。

〔予測型開発アプローチに関するT課長の課題認識〕
　T課長は，これまでの学びを受けて，現状の課題を次のように認識していた。
・顧客の事業環境は，ここ数年の世界的な感染症の流行などの影響で大きく変化して
　いる。受託開発においては，要件や契約条件の変更が日常茶飯事であり，顧客が求
　める価値（以下，顧客価値という）が，事業環境の変化にさらされて受託当初から
　変わっていく。この傾向は今後更に強まるだろう。したがって，①これまでの計画
　重視の進め方では，S社のプロジェクトの一つ一つの活動が顧客価値に直結するか
　否かという観点で，プロジェクトマネジメントに関する課題を抱えることになる。
・顧客価値の変化に対応するためには，顧客もS社も行動が必要であるが，顧客は，
　購買部門の意向で今後も予測型開発アプローチを前提とした請負契約を継続する考
　えである。そこで，しばらくは予測型開発アプローチに軸足を置きつつ，適応型開
　発アプローチへのシフトを準備していく。具体的には，計画の精度向上を過度には
　求めず，顧客価値の変化に対応する適応力と回復力の強化に注力していく。このよ
　うな状況の下では，まずS社が行動を起こす必要がある。
・これまでS社は，協力会社に対して，予測型開発アプローチを前提とした請負契約
　で発注してきたが，顧客価値の変化に対応するためには，今後も同じやり方を続け

るのが妥当かどうか見直すことが必要になる。


〔協力会社政策に関する T 課長の課題認識〕

　 S 社は，これまで，“完成責任を全うできる協力会社の育成”を掲げて，協力会社政策を進めていた。その結果，協力会社のうち 3 社を予測型開発アプローチでの計画や遂行の力量がある優良協力会社に育成できたと評価している。

　しかし，T 課長は，現状の協力会社政策には次の二つの課題があると感じていた。

・顧客との契約変更を受けて行う一連の協力会社との契約変更，計画変更の労力が増加している。これらの労力が増えていくことは，プロジェクトの一つ一つの活動が顧客価値に直結するか否かという観点で，プロジェクトマネジメントに関する課題を抱えることになる。

・顧客から請負契約で受託した開発プロジェクトの一部の作業を，請負契約で外部に再委託することは，プロジェクトの制約に関するリスク対応戦略の“転嫁”に当たるが，実質的にはリスクの一部しか転嫁できない。というのも，委託先が納期までに完成責任を果たせなかった場合，契約上は損害賠償請求や追完請求などを行うことが可能だが，これらの権利を行使したとしても，②プロジェクトのある制約に関するリスクについては，既に対応困難な状況に陥っていることが多いからである。

　さらに T 課長には，請負契約で受託した開発プロジェクトで，リスクの顕在化の予兆を検知した場合に，顧客への伝達を躊躇したことがあった。これは，リスクが顕在化し，それを顧客に伝達した際に，顧客から契約上の規定によって何度も細かな報告を求められた経験があったからである。このような状況になると，PM やリーダーの負荷が増え，本来注力すべき領域に集中できなくなる。また，チームが強い監視下に入り，メンバーの士気が落ちていくことを経験した。そして T 課長は，自分自身がこれまで，協力会社に対して顧客と同様の行動をとっていたことに気づき，反省した。

　 T 課長は，顧客と S 社，S 社と協力会社との間で，リスクが顕在化することによって協調関係が乱れてしまうのは，これまでのパートナーシップにおいて，発注者の優越的立場が受託者に及ぼす影響に関する認識が発注者に不足しているからではないか，と考えた。このことを踏まえ，発注者の優越的立場が悪影響を及ぼさないようにしっかり意識して行動することによって，顧客と S 社，S 社と協力会社とのパートナーシップは，顧客価値の創出という目標に向かってより良い対等な共創関係となることが

期待できる。そこで，顧客と S 社との間に先立ち，S 社と協力会社との間でイコールパートナーシップ（以下，EPS という）の実現を目指すことを上司の役員と購買部門に提案し，了解を得た。


〔パートナーシップに関する協力会社の意見〕

　T 課長は，EPS を共同で探求する協力会社として，来月から始まる請負契約で受託した開発プロジェクトで委託先として予定している優良協力会社の A 社が最適だと考えた。A 社の B 役員，PM の C 氏とは，仕事上の関係も長く，気心も通じていた。

　T 課長は A 社に，次回のプロジェクトへの参加に先立って③EPS の"共同探求"というテーマで対話をしたい，と申し入れた。そして，その背景として，これまで自分が受託者の立場で感じてきたことを踏まえ，A 社に対する行動を改善しようと考えていることと，これはあくまで自分の経験に基づいた考えにすぎないので多様な視点を加えて修正したり更に深めたりしていきたいと思っていることを伝えた。A 社の快諾を得て，対話を行ったところ，B 役員及び C 氏からは次のような意見が上がった。

・進捗や品質のリスクの顕在化の予兆が検知された場合に，S 社に伝えるのを躊躇したことがあった。これは，T 課長と同じ経験があり，自力で何とかするべきだ，という思いがあったからである。

・急激な変化が起こる状況での見積りは難しく，見積りと実績の差異が原因で発生するプロジェクトの問題が多い。このような状況では，適応力と回復力の強化が重要だと感じる。

・S 社と請負契約で契約することで計画力や遂行力がつき，生産性を向上させるモチベーションが上がった。S 社以外との間で行っている業務の履行割合に応じて支払を受ける準委任契約においても善管注意義務はあるし，顧客満足の追求はもちろん行うのだが，請負契約に比べると，モチベーションが下がりがちである。


〔T 課長が A 社と探求する EPS〕

　両社は S 社の購買部門を交えて対話を重ね，顧客価値を創出するための対等なパートナーであるという認識を共有することにした。そこで S 社は発注者の立場で④あることをしっかりと意識して行動することを基本とし，A 社は，顧客価値の創出のためのアイディアを提案していくことなどを通じて，両社の互恵関係を強化していくこと

にした。また，今後の具体的な活動として，次のような進め方で取り組むことを合意
した。

・リスクのマネジメントは，両社が自律的に判断することを前提に，共同で行う。

・見積りは不確実性の内在した予測であり，計画と実績に差異が生じることは不可避
であることを認識し，計画の過度な精度向上に掛ける労力を削減する。フレームワ
ークとして，PDCA サイクルだけでなく，行動（Do）から始める DCAP サイクルや観
察（Observe）から始めて実行（Act）までを高速に回す　　a　　ループも用
いる。

・計画との差異の発生，変更の発生，予測困難な状況の変化などに対応するための適
応力と　　b　　を強化することに取り組む。　　b　　を強化するためには，
チームのマインドを楽観的で未来志向にすることが重要であるという心理学の知見
を共有し，リカバリする際に，現実的な対処を前向きに積み重ねていく。特に，状
況が悪いときこそ，チームの士気に注意してマネジメントする。

・顧客価値の変化に対応するために，契約については，請負契約ではなく，2020 年
（令和 2 年）4 月施行の改正民法において準委任契約に新設された類型である
　　c　　型をベースとして，これまでの請負契約での工程ごとの検収サイクル
と同一のタイミングで，成果物の納入に対して支払を行う。

・さらに今後は，顧客価値の対象のうち必ずしも明確な成果物がないものが含まれる
ことを鑑みて，コスト・プラス・インセンティブ・フィー（CPIF）契約の採用につ
いて検討を進める。この場合，S 社は委託作業に掛かった正当な全コストを期間に
応じて都度支払い，さらにあらかじめ設定した達成基準を A 社が最終的に達成した
場合には，S 社は A 社に対し　　d　　を追加で支払う。

　T 課長は，この試みによって，EPS の現実的な効果や課題などの経験知が得られる
とともに，両社の適応力と　　b　　が強化されることを期待した。そして，こ
の成果を基に，顧客を含めた EPS を実現し，より良い共創関係の構築を目指していく
ことにした。

設問1　〔予測型開発アプローチに関する T 課長の課題認識〕の本文中の下線①につい
て，どのようなプロジェクトマネジメントに関する課題を抱えることになるのか。
35 字以内で答えよ。

設問2　〔協力会社政策に関するT課長の課題認識〕の本文中の下線②について，既に
　　　　対応困難な状況とはどのような状況か。35字以内で答えよ。

設問3　〔パートナーシップに関する協力会社の意見〕の本文中の下線③について，T
　　　　課長は，"共同探求"の語を入れることによってA社にどのようなメッセージを
　　　　伝えようとしたのか。20字以内で答えよ。

設問4　〔T課長がA社と探求するEPS〕について答えよ。

　　　(1)　本文中の下線④のあることとは何か。30字以内で答えよ。

　　　(2)　両社はリスクのマネジメントを共同で行うことによって，どのようなリス
　　　　　クマネジメント上の効果を得ようと考えたのか。25字以内で具体的に答えよ。

　　　(3)　本文中の　　　a　　　～　　　d　　　に入れる適切な字句を答えよ。

　　　(4)　両社は改正民法で準委任契約に新設された類型を適用したり，今後はCPIF
　　　　　契約の採用を検討したりすることで，A社のプロジェクトチームに，顧客価値
　　　　　の変化に対応するためのどのような効果を生じさせようと考えたのか。25字
　　　　　以内で答えよ。

〔解答用紙〕

| 設問 1 | | | | | | | | | | | | | | | | |
|---|---|---|---|---|---|---|---|---|---|---|---|---|---|---|---|---|
| | | | | | | | | | | | | | | | | |
| | | | | | | | | | | | | | | | | |
| 設問 2 | | | | | | | | | | | | | | | | |
| | | | | | | | | | | | | | | | | |
| | | | | | | | | | | | | | | | | |
| 設問 3 | | | | | | | | | | | | | | | | |
| | | | | | | | | | | | | | | | | |

設問 4

| (1) | | | | | | | | | | | | | | | | |
|---|---|---|---|---|---|---|---|---|---|---|---|---|---|---|---|---|
| | | | | | | | | | | | | | | | | |
| (2) | | | | | | | | | | | | | | | | |
| | | | | | | | | | | | | | | | | |

| (3) | a | |
|---|---|---|
| | b | |
| | c | |
| | d | |

| (4) | | | | | | | | | | | | | | | | |
|---|---|---|---|---|---|---|---|---|---|---|---|---|---|---|---|---|
| | | | | | | | | | | | | | | | | |

# 問題の読み方とマークの仕方

タイトルに**「イコールパートナーシップ」**とある。問2でも「DX 関連の PJ」，「アジャイル開発の PJ」を想定しておく。ただ，パートナーシップなので「調達」関連の問題だと想像できる。契約関連の知識が問われることも想定しておこう。

問2　システム開発プロジェクトにおける**イコールパートナーシップ**に関する次の記述を読んで，設問に答えよ。
対等な立場。

主人公はT課長。

S 社は，ソフトウェア会社である。予算と期限の制約を堅実に守りながら高品質なソフトウェアの開発で顧客の期待に応え，高い顧客満足を獲得している。開発アプローチは予測型が基本であり，プロジェクトを高い精度で正確に計画し，変更があれば計画を見直し，それを確実に実行するという計画重視の進め方を採用してきた。

従来

やはり最初は「予測型」アプローチの話から入っている。「これまでは…」という感じだ。今回のように予測型の良いところが書いてある時はマークしておこう。

S 社の T 課長は，この8年間プロジェクトマネジメントに従事しており，現在は12名の部下を率いて，自ら複数のプロジェクトをマネジメントしている。数年前から，プロジェクトを取り巻く環境の変化の速度と質が変わりつつあることを肌で感じており，S 社のこれまでのやり方では，これからの環境の変化に対応できなくなると考えた。そこで，適応型開発アプローチや回復力（レジリエンス）に関する勉強会に参加するなどして，変化への対応に関する学びを深めてきた。

転

**「環境変化」**と，そのために必要なことについて書いているところ。

**環境変化が生み出した課題**

設問1

① 予測型開発アプローチに関する T 課長の課題認識

T 課長は，これまでの学びを受けて，現状の課題を次のように認識していた。

計画変更コスト

① 顧客の事業環境は，ここ数年の世界的な感染症の流行などの影響で大きく変化している。受託開発においては，要件や契約条件の変更が日常茶飯事であり，顧客が求める価値（以下，顧客価値という）が，事業環境の変化にさらされて受託当初から変わっていく。この傾向は今後更に強まるだろう。したがって，①これまでの計画重視の進め方では，S 社のプロジェクトの一つ一つの活動が顧客価値に直結するか否かという観点で，プロジェクトマネジメントに関する課題を抱えることになる。

変化出し①

② 顧客価値の変化に対応するためには，顧客も S 社も行動が必要であるが，顧客は購買部門の意向で今後も予測型開発アプローチを前提とした請負契約を継続する考えである。そこで，しばらくは予測型開発アプローチに軸足を置きつつ，適応型開発アプローチへのシフトを準備していく。具体的には，計画の精度向上を過度には求めず，顧客価値の変化に対応する適応力と回復力の強化に注力していく。このような状況の下では，まず S 社が行動を起こす必要がある。

③ これまで S 社は，協力会社に対して，予測型開発アプローチを前提とした請負契約で発注してきたが，顧客価値の変化に対応するためには，今後も同じやり方を続け

適応型，回復力（レジリエンス），顧客価値など DX 関連ワードは，出てくる度にマークしておくこと。

全体を通じて，請負契約が合わないことに言及。自分の知識通り（イメージ通り）かどうか確認しよう。イメージ通りでなければ知識不足の可能性があるので，知識を再確認しよう。

**【最重要箇所】**
「次の〜」という言葉で**「現状（＝予測型）の課題」**を箇条書きで書いているところ。最重要ポイントの一つだ。ただし，目的を持たない時に読み進めるのは止めておこう。ここに「三つの課題が」あることだけ押さえておき，解答を探す時など明確な目的をもっている時に詳細をひとつずつチェックするようにしよう。

序
1
2
3
4

> ここから「協力会社政策」の話になっている。契約，調達の知識が必須になるところだと考えよう。

設問2

るのが妥当かどうか見直すことが必要になる。

② 協力会社政策に関するT課長の課題認識

　S社は，これまで"完成責任を全うできる協力会社の育成"を掲げて，協力会社政策を進めていた。その結果，協力会社のうち3社を予測型開発アプローチでの計画や遂行の力量がある優良協力会社に育成できたと評価している。

> 前のページと構成は同じ。まず，これまでの「予測型」についての記述がある。

　しかし，T課長は，現状の協力会社政策には次の二つの課題があると感じていた。① 顧客との契約変更を受けて行う一連の協力会社との契約変更，計画変更の労力が増加している。これらの労力が増えていくことは，プロジェクトの一つ一つの活動が顧客価値に直結するか否かという観点で，プロジェクトマネジメントに関する課題を抱えることになる。　設問1と同じ

② 顧客から請負契約で受託した開発プロジェクトの一部の作業を，請負契約で外部に再委託することは，プロジェクトの制約に関するリスク対応戦略の「転嫁」に当たるが，実質的にはリスクの一部しか転嫁できない。というのも，委託先が納期までに完成責任を果たせなかった場合，契約上は損害賠償請求や追完請求などを行うことが可能だが，これらの権利を行使したとしても，②プロジェクトのある制約に関するリスクについては，既に対応困難な状況に陥っていることが多いからである。

> 【最重要箇所】
> 現状の協力会社政策にある二つの課題について書いているところ。ここも「ここに課題がある」ということを押さえておこう。

　さらにT課長には，請負契約で受託した開発プロジェクトで，リスクの顕在化の予兆を検知した場合に，顧客への伝達を躊躇したことがあった。これは，リスクが顕在化し，それを顧客に伝達した際に，顧客から契約上の規定によって何度も細かな報告を求められた経験があったからである。このような状況になると，PMやリーダーの負荷が増え，本来注力すべき領域に集中できなくなる。また，チームが強い監督下に入り，メンバーの士気が落ちていくことを経験した。そしてT課長は，自分自身がこれまで，協力会社に対して顧客と同様の行動をとっていたことに気づき，反省した。

> 【最重要箇所】
> 同じ課題なのに，箇条書きに含めず，「さらに」という接続詞で続けていることから，より重要な記述だと考えられる。内容は「リスク」なので，「リスク」に関する設問がないかを確認してもいいぐらいだ。そうすれば，設問4(2)が関係していることもわかるだろう。

　T課長は，顧客とS社，S社と協力会社との間で，リスクが顕在化することによって協働関係が乱れてしまうのは，これまでのパートナーシップにおいて，発注者の優越的立場が受注者に及ぼす影響に関する認識が発注者に不足しているからではないか，と考えた。このことを踏まえ，発注者の優越的立場が悪影響を及ぼさないようにしっかり意識して行動することによって，顧客とS社，S社と協力会社とのパートナーシップは，顧客価値の創出という目標に向かってより良い対等な共創関係となることが

－ 8 －　設問4(1)

> 「優越的立場」のような特有の用語はマークしておこう。解答に使われることが多く，その場合，必須用語になることも多い。また，専門用語ではないがDXやアジャイル特有の用語も同じ。先に説明した「顧客価値」に加えて「共創関係」などもマークしておこう。

649

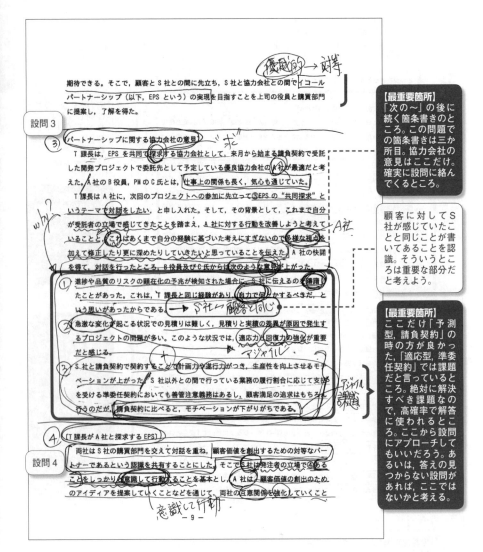

期待できる。そこで，顧客とS社との間に先立ち，S社と協力会社との間でイコール
パートナーシップ（以下，EPSという）の実現を目指すことを上司の役員と購買部門
に提案し，了解を得た。

**設問3**

3 パートナーシップに関する協力会社の意見

T課長は，EPSを共同で探求する協力会社として，来月から始まる請負契約で受託
した開発プロジェクトで委託先として予定している優良協力会社のA社が最適だと考
えた。A社のB役員，PMのC氏とは，仕事上の関係も長く，気心も通じていた。

T課長はA社に，次回のプロジェクトへの参加に先立って③EPSの"共同探求"と
いうテーマで対話をしたい，と申し入れた。そして，その背景として，これまで自分
が受託者の立場で感じてきたことを踏まえ，A社に対する行動を改善しようと考えて
いることと，これはあくまで自分の経験に基づいた考えにすぎないので，多様な視点を
加えて修正したり更に深めたりしていきたいと思っていることを伝えた。A社の快諾
を得て，対話を行ったところ，B役員及びC氏からは次のような意見が上がった。

① 進捗や品質のリスクの顕在化の予兆が検知された場合に，S社に伝えるのを躊躇し
たことがあった。これは，T課長と同じ経験があり，自力で何とかするべきだ，と
いう思いがあったからである。→ S社の顧客と同じ

② 急激な変化が起こる状況での見積りは難しく，見積りと実績の差異が原因で発生す
るプロジェクトの問題が多い。このような状況では，適応力や回復力の強化が重要
だと感じる。

③ S社と請負契約で契約することで計画力や遂行力がつき，生産性を向上させるモチ
ベーションが上がった。S社以外との間で行っている業務の履行割合に応じて支援
を受ける準委任契約においても善管注意義務はあるし，顧客満足の追求はもちろん
行うのだが，請負契約に比べると，モチベーションが下がりがちである。

④ T課長がA社と探求するEPS

両社はS社の購買部門を交えて対話を重ね，顧客価値を創出するための対等なパー
トナーであるという認識を共有することにした。そこでS社は発注者の立場で④ある
ことをしっかりと意識して行動することを基本とし，A社は，顧客価値の創出のため
のアイディアを提案していくことなどを通じて，両社の互恵関係を強化していくこと

− 9 −

「次の〜」の後に続く箇条書きのところ。この問題では四か所目。4つの箇条書きを通じて全体の流れを再確認して (d) おこう。「(a) 予測型の課題→ (b) 協力会社政策の課題→ (c) 協力会社の意見→④決定した活動」。ここ (d) は、決定事項なので解答に使うことを書いているところではなく、問題になるところ。箇条書きの一つ一つが、それぞれ (a) (b) (c) の中のどの部分と関係のあるところかを対応付けて把握しておこう。そうすれば速く解ける。

リスクの話は、「次の〜＋箇条書き」の…(b) の後の「さらに」の部分と (c) にある。

(a)(b)(c)のすべてにある。

(c)の三つ目の部分。

にした。また、今後の具体的な活動として、次のような進め方で取り組むことを合意した。

・リスクのマネジメントは、両社が自律的に判断することを前提に、共同で行う。

・見積りは不確実性の内在した予測であり、計画と実績に差異が生じることは不可逆であることを認識し、計画の過度な精度向上に掛ける労力を削減するフレームワークとして、PDCA サイクルだけでなく、行動（Do）から始める DCAP サイクルや観察（Observe）から始めて実行（Act）までを高速に回す　a　ループも用いる。

（Ooda）

・計画との差異の発生、変更の発生、予測困難な状況の変化などに対応するための適応力と　b　を強化することに取り組む。　b　を強化するためには、チームのマインドを楽観的で未来志向にすることが重要であるという心理学の知見を共有し、リカバリする際に、現実的な対処を前向きに積み重ねていく。特に、状況が悪いときこそ、チームの士気に注意してマネジメントする。

・顧客価値の変化に対応するために、契約については、請負契約ではなく、2020 年（令和 2 年）4 月施行の改正民法において準委任契約に新設された類型である　c　型をベースとして、これまでの請負契約での工程ごとの検収サイクルと同一のタイミングで、成果物の納入に対して支払を行う。

成果完成型

・さらに今後は、顧客価値の対象のうち必ずしも明確な成果物がないものが含まれることを鑑みて、コスト・プラス・インセンティブ・フィー（CPIF）契約の採用について検討を進める。この場合、S 社は委託F業に掛かった正当な全コストを期間に応じて都度支払い、さらにあらかじめ設定した達成基準を A 社が最終的に達成した場合には、S 社は A 社に対し　d　を追加で支払う。

T 課長は、この試みによって、EPS の現実的な効果や課題などの経験知が得られるとともに、両社の適応力と　b　が強化されることを期待した。そして、この成果を基に、顧客を含めた EPS を実現し、より良い共創関係の構築を目指していくことにした。

設問1 〔予測型開発アプローチに関する T 課長の課題認識〕の本文中の下線①について、どのようなプロジェクトマネジメントに関する課題を抱えることになるのか。35 字以内で答えよ。

予測型／変更多い → 計画変更コスト　価値向上にない

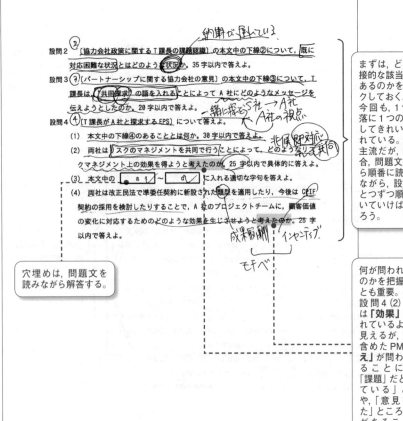

設問2　〔協力会社政策に関する「課長の課題認識」〕の本文中の下線②について、既に対応困難な状況とはどのような状況か。35 字以内で答えよ。

設問3　〔パートナーシップに関する協力会社の意見〕の本文中の下線③について、T 課長は、「共同探求」の語を入れることによって A 社にどのようなメッセージを伝えようとしたのか。20 字以内で答えよ。

設問4　〔T 課長が A 社と探求する EPS〕について答えよ。

(1)　本文中の下線④のあることとは何か。30 字以内で答えよ。

(2)　両社は、リスクのマネジメントを共同で行うことによって、どのようなリスクマネジメント上の効果を得ようと考えたのか。25 字以内で具体的に答えよ。

(3)　本文中の ▇ a ▇ ～ ▇ d ▇ に入れる適切な字句を答えよ。

(4)　両社は改正民法で準委任契約に新設された類型を適用したり、今後は CPIF 契約の採用を検討したりすることで、A 社のプロジェクトチームに、顧客価値の変化に対応するためのどのような効果を生じさせようと考えたのか。25 字以内で答えよ。

まずは、どこに直接的な該当箇所があるのかをチェックしておく。
今回も、1 つの段落に 1 つの設問としてきれいに分かれている。最近の主流だが、この場合、問題文を頭から順番に読み進めながら、設問をひとつずつ順番に解いていけばいいだろう。

穴埋めは、問題文を読みながら解答する。

何が問われているのかを把握することも重要。
設問 4 (2) や (4) は「効果」が問われているようにも見えるが、それを含めた PM の「考え」が問われていることに注意。「課題」だと「考えている」ところや、「意見を聞いた」ところに解答があることが多い。

― 11 ―

# IPA 公表の出題趣旨・解答・採点講評

### 出題趣旨

プロジェクトマネージャ（PM）は，プロジェクトの置かれた環境に合わせてプロジェクトを遂行し，その中で，自社だけでは遂行できない活動を外部組織に委ねることがある。

本問では，変化にさらされる環境において，計画重視の進め方から，変化に対応する適応力と回復力の強化に注力していこうとする状況下で，協力会社との新しい関係を考える場面を題材として，プロジェクトにおける協力会社とより良い共創関係となることが期待できるイコールパートナーシップについての実践的なマネジメント能力を問う。

| 設問 | | 解答例・解答の要点 | 備考 |
|------|------|------|------|
| 設問1 | | 顧客価値に直結しない計画変更に掛ける活動が増加していくという課題 | |
| 設問2 | | どんなに資源を投入しても，納期に間に合わせることができない状況 | |
| 設問3 | | A社の視点を加えてほしいこと | |
| 設問4 | (1) | 優越的な立場が悪影響を及ぼさないようにすること | |
| | (2) | 最速で予兆を検知して，協調して対処する。 | |
| | (3) | a | ooda | |
| | | b | 回復力 | |
| | | c | 成果報酬　又は　成果完成 | |
| | | d | インセンティブ・フィー | |
| | (4) | 生産性向上のモチベーションを維持する。 | |

### 採点講評

問2では，顧客が求める価値の変化に対応するシステム開発プロジェクトを題材に，変化に対応する適応力と回復力の重視への転換を目指した，協力会社とのパートナーシップの見直しについて出題した。全体として正答率は平均的であった。

設問2の正答率は平均的であったが，"顧客から何度も細かな報告を求められる"，"チームが強い監視下に入り，メンバーの士気が低下する"など，顧客へ伝達した際の事象を記述した解答が見られた。

設問4 (2) は，正答率がやや低かった。"適応力と回復力の強化"のような，共同で行うリスクのマネジメントから焦点が外れた解答が見られた。設問文をよく読んで，解答してほしい。

プロジェクトマネージャとして，委託元と委託先とのより良い共創関係がもたらす価値に注目して行動してほしい。

# 解説

　問題文のタイトルに「**イコールパートナーシップ**」と書かれている。イコールパートナーシップは，請負契約が主流の予測型アプローチによる開発プロジェクトでも重要な概念だが，アジャイル開発のような準委任契約が主流の適応型アプローチの開発プロジェクトでは，より重要な考え方になる。したがって，この問題もアジャイル型開発のプロジェクトではないかと想像できる。

　内容にざっと目を通すと「**調達**」や「**契約**」，「**協力会社政策**」などの話になるので，法律や契約に関する知識が必須になる。そうした知識に強かったり，普段実施していたりする受験者にとっては，高得点が狙える問題になる（逆に，知識も経験もなければ避けた方がいいかもしれない）。本書の**第 1 章「11　契約の基礎知識」**（P.64）から「**13　調達管理**」（P.75）までを再確認しておこう。

　さらに，最近の傾向となっている予測型と適応型の違いから話が展開されているので，基本的な知識を思い出しながら読み進めていくといいだろう。ここでも，アジャイル開発や適応型のアプローチで頻出する用語を，しっかりとマークしながら読み進めていくことがポイントになる。この問題では，次のような用語が使われているが，次回試験に向けて，それぞれの用語の意味をしっかりと把握しておこう。

---

EPS（イコールパートナーシップ），適応型開発アプローチ（それに対して従来型を予測型開発アプローチという），適応力，回復力（レジリエンス），顧客価値，共創関係，共同探求

---

　また，この問題には「**次の〜**」で始まる箇条書きの部分が四か所もある。しかも，ただ箇条書きが多いだけではなく，この 4 つの箇条書きの全てが，この問題の最重要箇所になっている。一つ目と二つ目が「**課題**」，三つ目が「**意見**」，四つ目が「**PMが決定した対策**」だ。まずは，この四つの箇条書き部分で，問題文全体の流れを把握しよう。最初に，どこに何が書いてあるのかを把握すること（全体構成を把握すること）は，各設問を解く時に，短時間で（ピンポイントで）解答そのものや解答を一意に決める記述を探し出すために必須のことだからだ。具体的には，次ページの解説図の左側の矢印のようなイメージになる。

　そして，今回のように「**この四つの箇条書きが，全て最重要箇所になっている**」場合は，各箇条書きの個々の内容を読んだ時に，どの課題に対して，どういう意見があって，どういう対策に決定したのかを対応させながら整理していくといいだろう。次ページの解説図の右側の矢印のようなイメージだ。

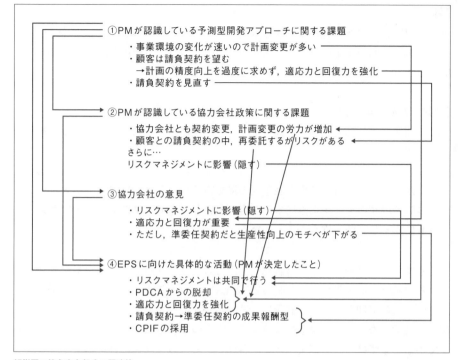

**解説図：箇条書き部分の関連性**

　先に説明した通り，解説図の左側の矢印は，この四つの箇条書きのつながりを示したものになる。具体的には，「**予測型開発アプローチの課題（上記解説図の①）**」から始まり，それが「**協力会社政策の課題（同②）**」にもなっていることを最初の二つの箇条書きにしている。そして，その課題を解決すべく「**協力会社の意見（同③）**」を聞き，「**EPSに向けた活動（同④）**」を決定したという箇条書きの流れだ。最初に，（短時間で）この流れを把握することができれば，個々の設問を解こうとした時に，どこを探せばいいのかがわかるからピンポイントで探し出すことができるようになる。

　また，解説図の右側の矢印は，箇条書きの中の要素についての関連性を示したものになる。このつながり（個々の課題，意見，対策のつながり）は，箇条書きにしていようがなかろうが関係なく把握しておくべきことになる。どの「**課題**」に対して，どういう「**意見**」があり，どういう「**対策**」に至ったのかを把握しておくことは，短時間で解答するための必須条件になる。一つ目の箇条書きの一つ一つに目を通した時に「**課題**」を端的に把握し，その後の箇条書きの一つ一つに目を通す時に順次関連付けておくといいだろう。

# 設問 1

予測型プロジェクトの課題に関する設問　　　　　　　「問題文導出－解答加工型」

　設問1は，問題文1ページ目，括弧の付いた一つ目の〔**予測型開発アプローチに**
**関するT課長の課題認識**〕段落に関する問題になる。

## 【解答のための考え方】

　この問題には，問題文の対象箇所として下線①が指定されている。そこでまずは
下線①の内容を確認する。

---

　したがって，①これまでの計画重視の進め方では，S社のプロジェクトの一つ
一つの活動が顧客価値に直結するか否かという観点で，プロジェクトマネジメ
ントに関する課題を抱えることになる。

---

　そして，この下線①の中の「**課題**」が，どのようなプロジェクトマネジメントに
関する課題なのかが問われている。繰り返しになるが，問われているのは「**課題**」だ。
　まず，ここで問われている課題は，T課長が，これまでの学びを受けて認識した
現状の課題になる。当該段落には箇条書きで三つ挙げられているが，そのうちの一
つである。まずは，この箇条書きで記されている三つの課題に目を通して，その三
つの関係性から解答を考える。
　そして，次にその過程で，下線①を含む箇条書き一つ目の部分全体に目を通して，
全体で何を主張しているのかを把握する。一言で要約してみるのもいいだろう。
　その後，下線①を含む文を解析する。下線①の内容が少々わかりにくいが，「**顧客**
**価値に直結するか否かという観点で**」というのは，「**顧客価値に直結しない活動が課**
**題になっている**」と考えればいいだろう。そして，そこから，次の記述について確
認した上で解答にまとめることを考えよう。

　　・「これまでの計画重視の進め方」とは何か？
　　・「（上記の中の）プロジェクトの一つ一つの活動において，顧客価値に直結しな
　　　いもの」とは何か？

　なお，〔**予測型開発アプローチに関するT課長の課題認識**〕段落内に書かれてい
るように，事業環境の変化が激しい場合，計画重視の予測型の開発アプローチと請
負契約では，計画変更・契約内容変更が多発してしまう可能性が高いので本質的に
不向きだという点は，基本的な知識として押さえておこう。

## 【解説】

　まず，三つの課題に目を通す。要約すると次のようになる。

- 箇条書き一つ目：＜下線①よりも前の部分＞事業環境の変化が激しく，要件や
契約条件の変更が日常茶飯事で，顧客が求める価値が受託当
初から変わっていく。
＜下線①＞下線①よりも前の部分に対して，これまでの計画
重視の進め方だと，顧客価値に直結しないという課題を抱え
ることになる。
- 箇条書き二つ目：顧客側は，今後も予測型アプローチを前提とした請負契約を
継続する意向。→（対策）計画の精度向上を過度には求めず，
顧客価値変化に対応する適応力と回復力の強化に注力。
- 箇条書き三つ目：顧客との契約が請負契約で良いのかどうか見直す。

　一部対策まで記載されているところはあるが，ざっとまとめるとこのようにな
る。
　次に，「**これまでの計画重視の進め方**」について確認する。この点に関しては，問
題文の1ページ目の3行目に「**プロジェクトを高い精度で正確に計画し，変更があ
れば計画を見直し，それを確実に実行するという計画重視の進め方**」と書かれてい
る。ここまでの流れを整理すると，次のようになっていることがわかる。

> 今は，事業環境の変化が激しく，要件や契約条件の変更が日常茶飯事で，顧客
> が求める価値が受託当初から変わっていく。そのため，これまでのようにプロ
> ジェクトを高い精度で正確に計画し，変更があれば計画を見直し，それを確実
> に実行するという計画重視の進め方だと，顧客価値に直結しない活動がプロ
> ジェクトマネジメントに関する課題となる。

　この整理した内容から，どんな活動が顧客価値に直結しないのかを考える。それ
は，高い精度で正確に計画したがゆえに多くなる「**計画変更**」の活動だ。これが「**こ
の傾向は今後さらに強まる**」とすれば，その「**計画変更**」も益々増加することにな
る。このあたりのことを考えて解答例のようにまとめればいいだろう。

## 【自己採点の基準】（配点7点）

> **IPA公表の解答例（網掛け部分は問題文中で使われている表現）**
>
> 顧客価値に直結しない計画変更に掛ける活動が増加していくという課題
> （32字）

　下線①に観点が入っている以上「**顧客価値に直結しない〜活動**」という部分は解答に必須だと考えた方がいいだろう。下線①にあるということは，その観点での解答が求められているからだ。また，「**計画変更**」が「**増加していく**」という部分も必須になると考えよう。これ自体が課題そのものだからだ。

　なお，この問題は，下線①の中の「**S社のプロジェクトの一つ一つの活動が顧客価値に直結するか否かという観点で**」という部分の解釈が難しい。ここを「**顧客価値に直結しない活動が課題になるということ**」だと理解できるかどうかが，正解できるかどうかの鍵になる。

　この部分の意図がよくわからなければ，いったん切り離して考えるのも有効である。特に，時間との闘いの午後I試験では"**思考の堂々巡り**"が一番してはいけないことになる。いったん思考が変な方向にいってしまうと堂々巡りになる可能性が高くなる。そうした時に，短時間で軌道修正するには，意味不明の部分をいったん切り離して考えるのが王道。下線①の「**観点の部分**」を，次のようにいったん無視して考えてみよう。すると，少なくとも「**計画変更が増加していく**」という解答は書けるだろう。

　「①これまでの計画重視の進め方では，プロジェクトマネジメントに関する課題
　　を抱えることになる。」→　その課題とは何か？

　そして，その後に改めて「**観点**」を含めた解答について考えるようにしよう。

## 設問2

### 請負契約で再委託した時のリスクに関する設問　　「問題文導出－解答加工型」

　設問2は，問題文2ページ目，括弧の付いた二つ目の〔協力会社政策に関するT課長の課題認識〕段落に関する問題になる。ここも35字以内で解答する設問が一つだけ用意されている。

### 【解答のための考え方】

　この問題にも，問題文の対象箇所として下線②が指定されている。T課長が感じている現状の協力会社政策にある二つの課題のうちのひとつの中にある。ここも設問1と同じ「課題」に関する段落なので，まずは二つの課題を要約して把握する。

　そして下線②を確認する。下線②は「**ある制約**」に関するリスクについて，既に対応困難な状況に陥っているという内容のものだが，設問2で問われているのは「**ある制約**」という匂わせの部分と思いきや，「**既に対応困難な状況とはどのような状況か**」というもの。

　したがって，まずは「**ある制約**」とは，どのような制約なのかをはっきりさせて，対応困難な状況について考えればいいだろう。

### 【解説】

　現状の協力会社政策にある二つの課題は，「（**協力会社との間でも，顧客との間と同じ**（設問1で考えたことと同じ）**契約変更，計画変更の労力が増えている。**」というものと，「**請負契約を締結した時に，委託先が納期までに完成責任を果たせなかった場合，既に対応困難な状況に陥っている**」というものだ。

　下線②は二つ目の課題なので，「**対応困難な状況**」とはどんなものなのかを考えるために整理すると次のようになる。

・顧客とは請負契約を締結している。→（その時に発生する課題）
・協力会社に一部の作業を請負契約で再委託している。
・その協力会社が納期までに完成責任を果たせなかった場合，リスクの一部（損害賠償請求・追完請求）しか転嫁できない。
　→（ある制約に関するリスクとは，それ（損害賠償請求・追完請求）以外のリスク）
・上記のリスクは，既に対応困難な状況に陥っている。

　このような状況が，どういう状況なのかをイメージできれば正解にたどり着けるだろう。例えば，プログラミング工程を協力会社に再委託した場合で，その協力会社が納期になっても委託したプログラムのすべてを納品できなかったケースを想像してみるといい。その場合，確かに，協力会社に損害賠償請求や追完請求（完成させてくれという請求）は可能だが，納期を守れなかったことによって，今度は顧客との納期に影響してくる。プログラム工程だったら，その後の要員投入等で遅延を挽回できるかもしれないが，時に「**既に対応困難な状況に陥っている**」こともある。というわけだ。

　そう考えれば，下線②の「**ある制約**」とは「**納期**」のことだろう。予測型の開発アプローチにおいて「**制約**」と言えば"**納期**"や"**予算**"になるので，それを前提に考えればすぐにわかるはずだ。但し，下線②の「**ある制約**」は，「**プロジェクトの制約**」になっている。ということは，Ｓ社と協力会社の間で決めた再委託の「**納期**」ではなく，Ｓ社が顧客との間で決めた（プロジェクトの）「**納期**」になる。

　以上のことから，わかりやすく言い換えると「**再委託した協力会社が納期までに完成責任を果たせなかった場合に発生する，プロジェクトの納期に関するリスクのうち，損害賠償請求・追完請求以外のリスクで，既に対応困難な状況になっていることが多い**」のは，普通に「**顧客と決めた納期に間に合わなくなる状況**」のことになる。それを解答例のようにまとめればいいだろう。

## 【自己採点の基準】（配点 7 点）

**IPA 公表の解答例**（網掛け部分は問題文中で使われている表現）

どんなに資源を投入しても，納期に間に合わせることができない状況（31 字）

　まず，「**納期に間に合わせることができない状況**」は必須だ。多少の表現の違いはあっても構わない。顧客との間で契約した納期に間に合わせることができない状況というニュアンスのことを書いていれば正解だと考えて構わないだろう。

　但し，解答例の「**納期**」がＳ社と顧客との間に設けたプロジェクトの納期であることを勘違いして，Ｓ社と協力会社の間で決めた納期としてしまうと誤りである。注意しよう。先に説明した理由だけでなく，下線②の「**既に対応困難な状況に陥っている**」というのが「**多い**」と書いていることからも明白だ。仮に，解答例の「**納期**」がＳ社と協力会社の間で定めた納期だとしたら，「**委託先が納期までに完成責任を果たせなかった場合**」のことを言っているので，既にリスクが顕在化していることになる。「**多い**」のではなく「**100%**」になる。既に遅れてしまっているからだ。取り返しは 100% できない。時を戻せないからだ。

　そう考えれば，解答例の「**どんなに資源を投入しても**」という表現の必要性もわかるだろう。【解説】に書いた例のように，プログラミング工程を協力会社に再委託していて，協力会社が納期遅延をしたとする。その場合，後工程で要員を追加投入すれば挽回できる時もあるからだ。そういうケースは，顧客との間に定めた納期の遅延にはつながらないだろう。「**既に対応困難な状況に陥っている**」ケースではなく，「**まだ挽回可能なケース**」になるので，解答はそうではない状況に限定される。したがって「**どんなに資源を投入しても**」という文言が解答に必要となるわけだ。要するに，「**要員を追加投入しても挽回ができない状況**」や「**クラッシングでは挽回できない状況**」，「**遅延挽回策をとっても挽回できない状況**」限定になる。そのひとつとして「**どんなに資源を投入しても**」と表現して，限定した状況を示しているのだと考えられる。奥が深い解答だ。

　以上より，「**どんなに資源を投入しても**」という部分は必須になると考えておいた方がいいだろう。字数が35字になっているので，納期遅延だけでは不十分だと思う。ただし，表現はこれに限らない。あくまでも一例になる。どんな施策をとっても挽回が難しくて顧客の納期に間に合わなくなる状況を表していれば正解だと考えられる。

　こうして考えると，なかなか奥が深い良問で解答例のような解答を書くことは難しかったと思う。採点講評によると「**正答率は平均的であった**」らしいから，解答例の「**どんなに資源を投入しても**」という部分（同じ意味の表現を含む部分）が無くても正解になったのかもしれない。しかし，この設問について考察する時には，「**どんなに資源を投入しても**」という部分に関する重要性についてもしっかりと考えておきたい。

## 設問3

PM の考えに関する設問 　　　　　　　　　　　　　「問題文導出－解答加工型」

EPS の共同探求に関する設問 　　　　　　　　　　　　　　　　　「知識解答型」

　設問3は，問題文3ページ目，括弧の付いた三つ目の〔パートナーシップに関する協力会社の意見〕段落に関する問題になる。ここも 20 字以内で解答する設問が一つだけ用意されている。

### 【解答のための考え方】

　この問題にも，問題文の対象箇所として下線③が指定されている。下線③を含む文は「T 課長は（協力会社の）A 社に，次回のプロジェクトへの参加に先立って③EPS の"共同探求"というテーマで対話をしたい，と申し入れた。」というもの。その一文に対して"共同探求"という語を入れることによって，A 社にどのようなメッセージを伝えようとしたのかが問われている。

　"共同探求"とは，EPS の考え方に従ってフラットな立場で問題解決を図ったり，仕組みを決めていったりしようという考え方だ。「次回のプロジェクトへの参加に先立って」ということなので，これから変わろうとしているのだろう。それは，この問題全体から受け取ることができる。したがって，「これまでの A 社他協力会社との関係性」を問題文から読み取って，それを踏まえて，A 社に対するメッセージを推測する。

　ただ，今回は下線③を含む文の直後に「そして，その背景として」という感じで，下線③を申し入れた背景にあることをまとめてくれている。ここが最大のヒントになるのは間違いない。この背景部分を整理して解答することを第一選択肢とする。

### 【解説】

　下線③の後の背景には，ストレートに T 課長の思いが記載されている。

> これまで自分が受託者の立場で感じてきたことを踏まえ，A 社に対する行動を改善しようと考えていることと，これはあくまで自分の経験に基づいた考えにすぎないので多様な視点を加えて修正したり更に深めたりしていきたいと思っている

　要するに，T 課長が「EPS の"共同探求"というテーマで対話をしたい」と思うようになったのは「多様な視点を加えて修正したり更に深めたりしていきたい」からだ。この思いを A 社に伝えたかったのだろう。「20 字以内」で解答しないといけないので，これを解答例のように PM の想いとして解答すればいいだろう。

　ちなみに，この中の「これまで自分が受託者の立場で感じてきたこと」というのは，問題文の2ページ目〔協力会社政策に関するT課長の課題認識〕段落の中にある。現状の協力会社政策に関する二つの課題を箇条書きで説明した後の「さらにT課長には，…」で始まるところからだ。この段落の最後まで16行にわたって言及しているが，簡潔にまとめると次のようになる。

> 顧客とS社，S社と協力会社との間のこれまでのパートナーシップにおいて，発注者の優越的立場が受託者に及ぼす影響に関する認識が発注者に不足しているから，リスクが顕在化することによって協調関係が乱れてしまう。

　この内容は，発注者側と受注者側でよくある話になる。「**多様な視点を加えて修正したり更に深めたりしていきたい**」からと思うようになったことと比較すると，これまでは発注者側の視点だけで考えていたことがよくなかったと気づいたのだろう。そこからEPSの共同探求に至ったことになる。

## 【自己採点の基準】（配点7点）

| IPA公表の解答例（網掛け部分は問題文中で使われている表現） |
| --- |
| A社の視点を加えてほしいこと（14字） |

　まず，T課長が下線③を申し入れたのが，「**多様な視点を加えて修正したり更に深めたりしていきたい**」からだということに気付いたかどうかが重要になる。ここに気付いていれば，A社に対して伝えようとしたメッセージに変換して解答例のような解答が可能だろう。そして，そこに気付いているということを主張するためにも，「視点を加えてほしい」とか「A社の視点を加えたい」とか「視点を加える」という部分は解答に欲しいところだ。

　逆に，この表現を使わずに，例えば「A社の意見を聞きたい」とか「A社とともに考えたい」としたらどう判断されるのかは興味深いところになる。知識解答型の解答だ。正解になるのか，ならないのかは何とも言えないが，意味合いは同じなので不正解にはしてほしくないと思う。

## 設問 4

設問 4 は，問題文 3 ページ目，括弧の付いた四つ目の〔T 課長が A 社と探求する EPS〕段落に関する問題になる。全部で四つの問題が用意されている。

### ■ 設問 4 (1)

問題文から該当箇所を探し出す設問　　　　　　　　　「問題文導出－解答抜粋型」

【解答のための考え方】

ここで問われているのは，下線④の中にある「あること」になる。いわゆる "匂わせ" の問題だ。それを 30 字以内で解答する。

> そこで S 社は発注者の立場で④ <u>あること</u>をしっかりと意識して行動することを基本とし，A 社は，顧客価値の創出のためのアイディアを提案していくことなどを通じて，両社の互恵関係を強化していくことにした。

下線④を含む文を改めて確認すると，ここで問われている「あること」というのは，「発注者の立場」で「しっかりと意識して行動しなければならないこと」だとしている。この内容なら，おそらく問題文中にあるはずだと考える。問題文から "発注者の立場" について書かれているところを探し出し，そこに書かれていることから，発注者として意識しないといけないことについてまとめればいいだろう。

【解説】

問題文で "発注者の立場" について書かれているところは，問題文の 2 ページ目の下から 6 行目あたりからになる。「反省した。」という記述の後だ。そこに「発注者の優越的立場」と書いている。そして，その後の文ではストレートに答えになるものが書かれてあった。「発注者の優越的立場が悪影響を及ぼさないように<u>しっかり意識して行動すること</u>」というところだ。これをそのまま解答とすればいい。

【自己採点の基準】（配点 7 点）

| IPA 公表の解答例（網掛け部分は問題文中で使われている表現） |
|---|
| 優越的な立場が悪影響を及ぼさないようにすること（23 字） |

この問題は，問題文中に解答になることがストレートに書かれている。したがって，多少の表現の違いは容認されると思われるが，解答例のみを正解だと考えよう。

■ 設問 4（2）

PM の意思決定の狙い（期待している効果）に関する設問

「問題文導出－解答抜粋型」

【解答のための考え方】

　この問題は，これまでの問題と違って下線に対応したものではない。そこで，最初に，どこに対応している設問なのかを考える。設問 4（2）には「リスクのマネジメントを共同で行うことによって」と書いているので，その部分を探してみる。そして，どのようなリスクマネジメント上の効果を得ようと考えたのかについては，「リスク」について書かれているところを中心に問題文を探していけばいいだろう。

【解説】

　〔T 課長が A 社と探求する EPS〕段落で「リスクのマネジメント」について書かれているのは，今後の進め方について箇条書きで書かれている 5 つのうち一つ目の「**リスクのマネジメントは，両社が自律的に判断することを前提に，共同で行う。**」というところになる。この決定に至った経緯を確認するために，「リスク」について言及しているところを探してみる。もう，この問題を解答している時には一度は問題文に目を通していると思う。だとすれば，これまでの段落に「リスク」について書かれているところがあることや，おおよその場所（ページ）はわかっているはずだ。そこを再確認する。

　最初に「リスク」について言及しているのは，設問 2 で考えた下線②の前後になる。そして，その後に「**リスクの顕在化の予兆を検知した場合に，顧客への伝達を躊躇したことがあった。**」としている。反省している部分だ。次のブロックでは「**リスクが顕在化することによって協調関係が乱れてしまう**」と書いている。

　次に「リスク」について言及しているのは，A 社から上がってきた意見のところになる。箇条書きの一つ目の「**進捗や品質のリスクの顕在化の予兆が検知された場合に，S 社に伝えるのを躊躇したことがあった。**」という部分だ。

　「リスク」について言及しているのは，この 2 か所になる。前者が「**顧客と S 社**」で後者が「**S 社と A 社**」の違いはあるものの，内容は似かよったものになっている。

　ただ，問題文に書いていた「リスク」は過去の反省点で，リスクのマネジメントを共同で行っていなかった頃の話である。したがって，これが「リスクのマネジメントを共同で行う」と好転すると考える。それが，共同で行うことで得ようとしている効果になる。そう考えてまとめよう。ちょうど，問題文に書かれているこれらのことを真逆にすればいいだろう。「**25 字以内**」という指定があるので，あれもこれも書けないので最重要の部分から優先的に組み立てるようにしよう。

## 【自己採点の基準】（配点 7 点）

　最速で予兆を検知して，協調して対処する。（20 字）

　まず，問題文中でも使われている「予兆を検知」するという部分は必須だと考えていいだろう。これまでの「リスク」に対する過去の反省点でも予兆を検知した時の対応のまずさに言及しているからだ。そして，解答例の「最速で」という部分も解答に含めたいところになる。問題文には「躊躇した」という反省が書かれているからだ。躊躇していて予兆の検知が遅れたのだろう。もちろん「最速で」という表現以外でも同じ意味の表現なら構わない。「躊躇せず」とか「タイムリーに」とかでも構わない。

　次の「協調して対処する」という部分も必須だと考えたほうがいいと思う。「リスクが顕在化することによって協調関係が乱れてしまう」と，これまでの実害について書いているからだ。この原因は，B 役員及び C 氏から上がった意見の中にあった「自力で何とかするべきだ，という思いがあったから」である。「リスクのマネジメントを共同で行う」ことによって，間違いなく好転するところだ。そう考えれば，この部分も解答に含めないといけないと思われる。「共同で対応する」という表現でもいいだろう。

## ■ 設問 4 (3)

穴埋め問題　　　　　　　　　　　　　　　　　　　　　　　　　「知識解答型」

### 【解答のための考え方】

　空欄 a 〜空欄 d までに適切な用語を入れる穴埋め問題。知識解答型で，知識の有無が試されている問題になる。いずれも午前試験のレベルなので，しっかりと解答できるようにしておこう。

### 【解説】

空欄 a：ooda

　PDCA サイクルではない考え方で，かつ DCAP サイクルのような PDCA と同じ用途の用語で，さらに「**観察（Observe）から始めて実行（Act）までを高速に回す**」もので，「**〜ループ**」が後に続く用語と言えば「**ooda**」になる。

　ooda（ウーダ）とは，Observe（観察），Orient（状況判断，方向付け，仮説構築），Decide（意思決定），Act（行動）の頭文字を取ったものになる。PDCA サイクルに対し，課題解決や有事に必要なサイクルだと言われている。元々は，軍事戦略の言葉で，最近はサイバーセキュリティ対策に有益な考え方としても用いられるようになった。ちなみに PDCA や DCAP は**"サイクル"**というのが一般的だが，ooda は**"ループ"**というのが一般的なので，空欄 a の後に**"ループ"**と続いているのも大ヒントになる。

空欄 b：回復力

　これはすぐに「**回復力**」だとわかるだろう。回復力は，昨今のトレンドワードでもあるし，この問題の重要ワードの一つでもある。「**適応力**」とペアになって，問題文中に何度も出てきている。

　問題文冒頭の「**適応型開発アプローチや回復力（レジリエンス）に関する勉強会に参加するなどして，変化への対応に関する学びを深めてきた。**」という記述に始まり，続く〔予測型開発アプローチに関する T 課長の課題認識〕段落では，現状認識している課題の一つへの対応策として「**具体的には，計画の精度向上を過度には求めず，顧客価値の変化に対応する適応力と回復力の強化に注力していく。**」と記されている。さらに，問題文 3 ページ目の〔パートナーシップに関する協力会社の意見〕段落でも，B 役員及び C 氏から上がった意見の（箇条書きの）二つ目に「**このような状況では，適応力と回復力の強化が重要だと感じる。**」とも記載されている。これだけ繰り返し登場してきていたら，気付くだろう。

　空欄 b は二か所あるが，そのうちの一つ目の前には「**適応力**」があるし，二つと

もその後は「**強化する**」と続いている。問題文中の記述を覚えていれば，容易に解答できると思う。

　なお，回復力（レジリエンス）とは，弾力やしなやかさをもって，困難を乗り越える力のことである。元々は心理学で使われることが多かったが，最近は（この問題のように）ビジネス面でも使われるようになってきている。

### 空欄c：成果報酬（別解：成果完成）

　「2020年（令和2年）4月施行の改正民法において準委任契約に新設された類型」で，「これまでの請負契約での工程ごとの検収サイクルと同一のタイミングで，成果物の納入に対して支払を行う。」というのは，「**成果報酬**」又は「**成果完成**」型の準委任契約になる。本書（P.64）にもまとめているが，民法が改正された時に「**システム開発**」に影響のある変更もいくつかあった。覚えておこう。

### 空欄d：インセンティブ・フィー

　コスト・プラス・インセンティブ・フィー（CPIF）契約は，実費償還契約（完了した作業にかかった実費に加えて，納入者の利益となるフィーを納入者に支払う契約形態）の一つになる。午前IIの問題でも何度か問われているし，PMBOKの第7版でも第6版でも登場する必須用語になるので覚えておこう。

　問題文の「**S社は委託作業に掛かった正当な全コストを期間に応じて都度支払い**」という部分が"完了した作業にかかった実費"でCPIFの"コスト"の部分になる。そして，続く「**あらかじめ設定した達成基準をA社が最終的に達成した場合には，S社はA社に対し追加で支払う**」ものが"納入者の利益となるフィーを納入者に支払う"部分でCPIFの"インセンティブ・フィー"の部分になる。したがって空欄dには「**インセンティブ・フィー**」が入る。

　インセンティブは直訳すると「動機」や「刺激」を意味するが，ビジネスで使われると成果報酬や成功報酬，報奨金の意味になる。プロスポーツの世界でも契約形態のひとつとしてよく使われる言葉だ。シンプルに「**実費（＝コスト）＋インセンティブ・フィー**」だと覚えておこう。

### 【自己採点の基準】（配点2点×4）

| IPA公表の解答例（網掛け部分は問題文中で使われている表現） |
|---|
| a：ooda，b：**回復力**，c：成果報酬又は成果完成，d：**インセンティブ・フィー** |

　穴埋め問題で，かつ用語を当てはめるだけなので，原則解答例のみを正解と考えよう。

■ 設問4(4)

PMの意思決定の狙い（期待している効果）に関する設問

「問題文導出－解答加工型」

【解答のための考え方】

　最後の問題では「**両社は改正民法で準委任契約に新設された類型を適用したり，今後はCPIF契約の採用を検討したりすることで，A社のプロジェクトチームに，顧客価値の変化に対応するためのどのような効果を生じさせようと考えたのか。**」が問われている。一見すると，漠然とした問いのように見えるが，そう感じた人は次のように考えればいいだろう。

　・ 改正民法で準委任契約に新設された類型を適用することによって得られる効果
　・ 今後はCPIF契約の採用を検討したりすることによって得られる効果

　つまり，なぜ準委任契約に新設された類型を適用するのか，なぜCPIF契約をするのかということになる。まずは，それを考えてみよう。そして，それが「**A社のプロジェクトチームに生じる効果**」になるようにまとめればいいだろう。

【解説】

　まず，問題文で「**改正民法で準委任契約に新設された類型**」と「**CPIF契約**」について書かれているところをチェックする。ちょうど，**設問4(3)** で解答した**空欄c**と**空欄d**のあるところだ。しかし，そこには「**なぜそうするのか？**」については書かれていない。「**顧客価値の変化に対応するために**」と書いてはいるものの，それ以上のことは書いていない。

　そこで，さらにその前の〔**パートナーシップに関する協力会社の意見**〕段落をチェックする。というのも，その段落で確認したA社の意見に対して，こうしようと決めたからだ。そこに狙いがあると考える。

　A社のB役員とPMのC氏は三つの意見を上げているが，最後の一つに次のように書いている。

　・ 請負契約の時は生産性を向上させるモチベーションが上がった。
　・ 準委任契約では，請負契約に比べると，モチベーションが下がりがち。
　・ 準委任契約は，業務の履行割合に応じて支払を受ける契約だった。

　明らかに，この意見に対して契約形態を変えたと考えられる。業務の履行割合に

応じて支払を受ける準委任契約の場合，生産性を向上させるモチベーションが無くても利益は変わらない。生産性を低く抑えて期間を長くした方が"楽して儲けられる"と考える者も出てくるかもしれない。したがって，生産性を向上させるモチベーションを高めようとするのなら，準委任契約を成果完成型にしたり，CPIFでインセンティブ・フィーを設定したりするのだと考えられる。以上より，解答例のように「**生産性向上のモチベーションを維持する。**」という解答にすればいいだろう。

なお，実際のプロジェクトやその他の委託業務でも，この問題のように「**業務の履行割合に応じて支払を受けるタイプの準委任契約**」の場合，「**生産性向上のモチベーションを維持する**」というのは，なかなか難しいことである。請負契約の場合は，生産性を上げれば上げるだけ利益が増える。そのため，生産性を高めようというモチベーションは相対的に高くなる。しかし，業務の履行割合に応じて支払を受けるタイプの準委任契約の場合，生産性を高めれば高めるほど（作業も早く終わるので）利益は減ることもある。そのため，どうしても相対的に生産性向上のモチベーションは低くなる。

ちなみに，この設問4（3）は「**問題文からのアプローチ**」で簡単に解ける。解答に関連する問題文の該当箇所（3ページ目のB役員及びC氏の意見の箇条書きの三つ目）を最初に読んだ時に，どの設問の解答に関しているのかを設問1から順番にチェックしていくと結び付くだろう（P.650の一番下のコメントを確認）。

## 【自己採点の基準】（配点7点）

| IPA公表の解答例（網掛け部分は問題文中で使われている表現） |
| --- |
| 生産性向上のモチベーションを維持する。（19字） |

この問題もなかなかの良問だと思う。この問題では，ただ「**モチベーションを維持するため**」とか「**モチベーションを上げるため**」というだけの解答は不正解になる。「**生産性向上のモチベーション**」としなければ正解にはならないはずだ。モチベーションにもいろいろあるが，この問題の解答は，その中の「**生産性を向上したい**」というモチベーションに限定されるからだ。解説に書いた通り，「**生産性向上をしよう**」とか「**生産性向上をしなければならない**」という思いが，業務の履行割合に応じて支払を受けるタイプの準委任契約と請負契約では全然違うからだ。採点講評には何も書かれていないので，実際にどう採点されるのかはわからないが，「**生産性向上のモチベーション**」という解答が出てこなかった人は，間違ったと考えておいた方がいいだろう。

## Column ▶ 「宝の山」がある問題

　筆者は，午後IIの論文ほどではありませんが午後Iもそこそこ得意だと自負しています。速く正確に解くための手順や考え方は，午後Iの解答テクニックのところで説明している通りなのですが，それだけではありません。本文に書くのはちょっとアレなので，コラムに書きたいと思います。

### 宝の隠し場所

　筆者は，解答や解答を一意に決める記述が含まれている可能性が高いところを密かに**「宝の隠し場所」**と呼んでいます。そのため，受験会場には宝探しに行くような感覚で，受験している時は正に宝探しをしているような感覚で挑んでいます。

　そのため，試験が始まると同時に，まずは**「どこに宝がありそうか？」**を考えます。本書の解答テクニックには「全体像を把握する」と書いているところですね。"午後Iの文章の美しさ"を最大限に利用しながら，飛ばし読み・斜め読みを駆使して全体像を1分以内に把握するのですが，その時，実は**「どこに宝がありそうか？」**を考えているわけです（解答テクニックにはそんなこと書けませんよね笑）。

　そして，全体像を把握する時に**「宝の隠し場所」**，すなわち"最重要箇所"を発見すると，その"場所"を重点的に記憶しておきます。ここに宝がありそうだと。ちなみに，その最重要箇所とは次のようなところです。

- ・課題や問題（マイナス表現）
- ・PMの考え
- ・メンバーの意見や考え
- ・PMが調査したところ

### 宝の山がある問題

　通常，これらの「財宝」は細かく分散されてあちこちに隠されているのですが，たまに，タイトルに「課題」が入っている段落を見つけたり，「次のような課題が〜」と箇条書きの箇所を見つけたりすると，ひっそりと心の中でガッツポーズをします。**「よし，宝の山を発見した！」**と。最近だと，令和5年の午後I問1や問2がそうでした。この年は，別の試験区分を受験していたので会場で解いていたわけではありませんが，自宅で問題を見た時には，心が躍りました（笑）。

　宝の山がある問題は，多くの場合速く解けます。半分くらいの時間で解けることもあります。ことあるごとに（設問ごとに）「宝の山」に優先的に行くだけなので，あちこち探し回らなくてもいいですからね。

　だから筆者は，ここだけの話，「宝の山」がある問題を優先して解答するようにしています。瞬時に宝を見つけることができれば，それをどう表現するのか？にたっぷり時間が使えるからです。

### 宝探しをしていると…

　こうした考え方で"宝探し"をしていると，徐々に問題文を読んでいる時にあちこちに埋められている"宝"に反応できるようになってきます。問題文の中にある宝が，本当に輝いて見えてくるような感覚になってくるのです。きっと敏感になるのでしょう。

　そんな感覚で午後Iの問題を解いているから，なんか楽しくなってきて，問題を解くことが好きになったり，苦痛ではなくなったりしているのかもしれません。

問3　化学品製造業における予兆検知システムに関する次の記述を読んで，設問に答えよ。

　J社は，化学品を製造する企業である。化学品を製造するための装置群（以下，プラントという）は 1960 年代に建設され，その後改修を繰り返して現在も使われている。プラントには，広大な敷地の中に，配管でつながれた多くの機器，タンクなど（以下，機器類という）が設置されている。

　機器類で障害が発生すると，プラントの停止につながることがあり，停止すると化学品を製造できないので，大きな機会損失となる。このような障害の発生を防止するため，J社は，プラントの運転中に，ベテラン技術者が“機器類の状況について常に監視・点検を行い，その際に，機器類の障害の予兆となるような通常とは異なる状況があれば，早めに交換・修理”（以下，点検業務という）を行っている。機器類の障害を確実に予兆の段階で特定し，早めに交換・修理を行えば，障害を未然に防止できる。しかし，プラントに設置されている機器類は膨大な数に上り，どの機器類のどのような状況が障害の予兆となるのかを的確に判断するには，長年の経験を積んだベテラン技術者が点検業務を実施する必要がある。

　最近は，ベテラン技術者の退職が増え，点検業務の作業負荷が高まったことにベテラン技術者は不満を抱えている。一方で，以前はベテラン技術者が多数いて，点検業務の OJT によって中堅以下の技術者（以下，中堅技術者という）を育成していたが，最近はその余裕がなく，中堅技術者はベテラン技術者の指示でしか作業ができず，点検業務を任せてもらえないことに不満を抱えている。

　ベテラン技術者は，長年の経験で，機器類の障害の予兆を検知するのに必要な知見と，プラントの特性を把握した交換・修理のノウハウを多数有している。J社では，デジタル技術を活用した，障害の予兆検知のシステム化を検討していた。これによってベテラン技術者の知見をシステムに取り込むことができれば，中堅技術者への業務移管が促進され，双方の不満が解消される。しかし，プラントの点検業務の作業は，一歩間違えば事故につながる可能性があり，プラントの特性を理解せずにシステムに頼った点検業務を行うことは事故につながりかねないとのベテラン技術者の抵抗があり，システム化の検討が進んでいない。

〔予兆検知システムの開発〕

　J社情報システム部のK課長は，ITベンダーのY社から設備の障害検知のアルゴリズムを利用したコンサルティングサービスを紹介された。K課長は，この設備の障害検知のアルゴリズムがプラントの障害の予兆検知のシステム化に使えるのではないかと考え，Y社に実現可能性を尋ねた。Y社からは，機器類の状況を示す時系列データが蓄積されていれば，多数ある機器類のうち，どの機器類の時系列データが障害の予兆検知に必要なデータかを特定して，予兆検知が可能になるのではないかとの回答を得た。そこでK課長は，プラントが設置されている工場に赴いて，プラントの点検業務の責任者であるL部長に相談した。L部長は，長年プラントの点検業務を担当してきており，ベテラン技術者からの信頼も厚い。

　L部長から，機器類の状況を示す時系列データとしては，長期間にわたり蓄積されたセンサーデータが利用できるとの説明があった。そこでK課長は，プラント上の様々な機器類のセンサーから得られるセンサーデータに対し，Y社のアルゴリズムを適用して"障害の予兆"を検知するシステム（以下，予兆検知システムという）の開発をL部長と協議した。

　K課長はL部長の同意を得た上で，工場と情報システム部で共同して，予兆検知システムの開発プロジェクト（以下，本プロジェクトという）を立ち上げることを経営層に提案して承認され，本プロジェクトが開始された。

〔プロジェクトの目的〕

　K課長は，本プロジェクトの目的を，"プラントの障害の予兆を検知し，障害を未然に防止すること"とした。さらにK課長は，中堅技術者が早い段階からシステムの仕様を理解し，システムを活用して障害の予兆が検知できれば，点検業務を担当することができ，ベテラン技術者の負荷軽減につながると考えた。一方で，システムの理解だけでなく，予兆を検知した際のプラントの特性を把握した交換・修理のノウハウを継承するための仕組みも用意しておく必要があると考えた。K課長は情報システム部のプロジェクトメンバーとともに，工場の技術者と共同でシステムの構想・企画の策定を開始することにした。その際，L部長に参加を依頼して了承を得た。

〔構想・企画の策定〕

　K 課長は，L 部長に依頼して工場の技術者全員を集め，L 部長から本プロジェクトの目的を説明してもらった。その上で，K 課長は，本プロジェクトでは，最初に要件定義チームを立ち上げ，長期にわたり蓄積されたセンサーデータから，障害の予兆を検知するデータの組合せを特定すること，及び予兆が検知された際の機器類の交換・修理の手順を可視化することに関して要件定義フェーズを実施することを説明した。要件定義チームは，工場の技術者，情報システム部のプロジェクトメンバー，及び Y 社のメンバーで構成される。

　K 課長は，事前に Y 社に対し，業務委託契約の条項を詳しく説明していた。特に，J 社の時系列データ及び Y 社のアルゴリズムの知的財産権の保護に関して，認識の相違がないことを十分に確認した上で，Y 社にある支援を依頼していた。

　K 課長は，要件定義チームの技術者のメンバーに，ベテラン技術者だけでなく中堅技術者も選任した。要件定義チームの作業は，多様な経験と点検業務に対する知見・要求をもつ，技術者，情報システム部のプロジェクトメンバー及び Y 社のメンバーが協力して進める。また，様々な観点から多様な意見を出し合い，その中からデータの組合せを特定するという探索的な進め方を，要件定義として半年を期限に実施する。その結果を受けて，予兆検知システムの開発のスコープが定まり，このスコープを基に，要件定義フェーズの期間を含めて 1 年間で本プロジェクトを完了するように開発フェーズを計画し，確実に計画どおりに実行する。

〔プロジェクトフェーズの設定〕

　本プロジェクトには，要件定義フェーズと開発フェーズという特性の異なる二つのプロジェクトフェーズがある。K 課長は，要件定義フェーズは，仮説検証のサイクルを繰り返す適応型アプローチを採用して，仮説検証の 1 サイクルを 2 週間に設定した。一方，開発フェーズは予測型アプローチを採用し，本プロジェクトを確実に 1 年間で完了する計画とした。

　さらに，K 課長は，機器類の交換・修理の手順を模擬的に実施することで，手順の間違いがプラントにどのように影響するかを理解できる機能を予兆検知システムに実装することにした。

設問1　〔プロジェクトの目的〕について，K 課長が，工場の技術者と共同でシステムの構想・企画の策定を開始する際に，長年プラントの点検業務を担当してきており，ベテラン技術者からの信頼も厚い，L 部長に参加を依頼することにした狙いは何か。35 字以内で答えよ。

設問2　〔構想・企画の策定〕について答えよ。

(1)　K 課長が，L 部長に本プロジェクトの目的を説明してもらう際に，工場の技術者全員を集めた狙いは何か。25 字以内で答えよ。

(2)　K 課長が，J 社と Y 社との間の知的財産権を保護する業務委託契約の条項を詳しく説明し，認識の相違がないことを十分に確認した上で，Y 社に依頼したのはどのような支援か。30 字以内で答えよ。

(3)　K 課長が，要件定義チームのメンバーとして選任したベテラン技術者と中堅技術者に期待した役割は何か。それぞれ 30 字以内で答えよ。

設問3　〔プロジェクトフェーズの設定〕について答えよ。

(1)　K 課長が，本プロジェクトのプロジェクトフェーズの設定において，要件定義フェーズと開発フェーズは特性が異なると考えたが，それぞれのプロジェクトフェーズの具体的な特性とは何か。それぞれ 20 字以内で答えよ。

(2)　K 課長が，機器類の交換・修理の手順を模擬的に実施することで，手順の間違いがプラントにどのように影響するかを理解できる機能を予兆検知システムに実装することにした狙いは何か。35 字以内で答えよ。

〔解答用紙〕

| 設問1 | | | | | | | | | | | | | |
|---|---|---|---|---|---|---|---|---|---|---|---|---|---|
| **設問1** | | | | | | | | | | | | | |
| | | | | | | | | | | | | | |
| | | | | | | | | | | | | | |
| **設問2** | (1) | | | | | | | | | | | | |
| | | | | | | | | | | | | | |
| | (2) | | | | | | | | | | | | |
| | | | | | | | | | | | | | |
| | (3) | ベテラン技術者 | | | | | | | | | | | |
| | | | | | | | | | | | | | |
| | | 中堅技術者 | | | | | | | | | | | |
| | | | | | | | | | | | | | |
| **設問3** | (1) | 要件定義フェーズ | | | | | | | | | | | |
| | | 開発フェーズ | | | | | | | | | | | |
| | (2) | | | | | | | | | | | | |
| | | | | | | | | | | | | | |
| | | | | | | | | | | | | | |

# 問題の読み方とマークの仕方

今回の主人公の会社はJ社。

問3　化学品製造業における予兆検知システムに関する次の記述を読んで，設問に答えよ。

　J社は，化学品を製造する企業である。化学品を製造するための装置群（以下，プラントという）は1960年代に建設され，その後改修を繰り返して現在も使われている。プラントには，広大な敷地の中に，配管でつながれた多くの機器，タンクなど（以下，機器類という）が設置されている。

　機器類で障害が発生すると，プラントの停止につながることがあり，停止すると化学品を製造できないので，大きな機会損失となる。このような障害の発生を防止するため，J社は，プラントの運転中に，ベテラン技術者が"機器類の状況について常に監視・点検を行い，その際に，機器類の障害の予兆となるような通常とは異なる状況があれば，早めに交換・修理"（以下，点検業務という）を行っている。機器類の障害を確実に予兆の段階で特定し，早めに交換・修理を行えば，障害を未然に防止できる。しかし，プラントに設置されている機器類は膨大な数に上り，どの機器類のどのような状況が障害の予兆となるのかを的確に判断するには，長年の経験を積んだベテラン技術者が点検業務を実施する必要がある。

　最近は，ベテラン技術者の退職が増え，点検業務の作業負荷が高まったことにベテラン技術者は不満を抱えている。一方で，以前はベテラン技術者が多数いて，点検業務のOJTによって中堅以下の技術者（以下，中堅技術者という）を育成していたが，最近はその余裕がなく，中堅技術者はベテラン技術者の指示でしか作業ができず，点検業務を任せてもらえないことに不満を抱えている。

　ベテラン技術者は，長年の経験で，機器類の障害の予兆を検知するのに必要な知見と，プラントの特性を把握した交換・修理のノウハウを多数有している。J社では，デジタル技術を活用した，障害の予兆検知のシステム化を検討していた。これによってベテラン技術者の知見をシステムに取り込むことができれば，中堅技術者への業務移管が促進され，双方の不満が解消される。しかし，プラントの点検業務の作業は，一歩間違えば事故につながる可能性があり，プラントの特性を理解せずにシステムに頼った点検業務を行うことは事故につながりかねないとのベテラン技術者の抵抗があり，システム化の検討が進んでいない。

課題

---

従業員とか社員ではなく，わざわざ「ベテラン」の「技術者」と書いているのでチェック。この問題のカギを握る可能性有。

「ベテラン技術者」に関する記述。

キーパーソンの「ベテラン技術者の不満」をチェック。良くない点なので（－）を付けて，連番を振っておく。

「中堅技術者の不満」もチェック。良くない点なので（－）を付けておく。

ベテラン技術者の良い点についての記述なので（＋）を書いてチェック。

【最重要箇所】
三つ目の（－）ポイント。システム導入に対する「抵抗」がある場合は要注意。高確率で設問に絡んでくる。

【最重要箇所】
重要成功要因。システム導入をすれば「双方の不満が解消される」と書いている。システムの導入目的になり得るレベルの記述。重要だ。

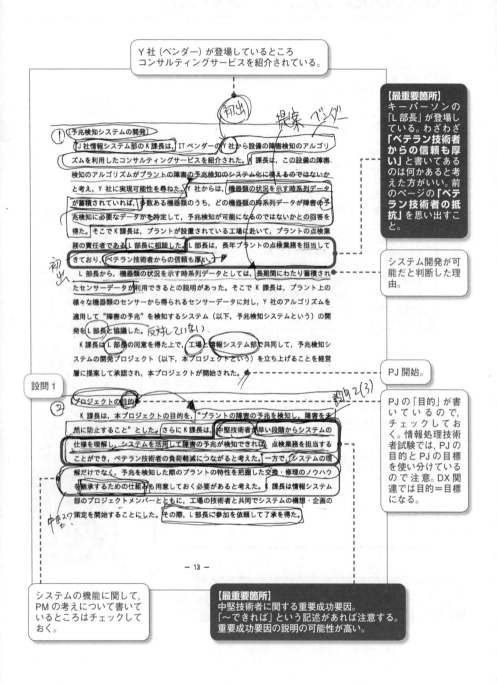

Y社（ベンダー）が登場しているところ
コンサルティングサービスを紹介されている。

【最重要箇所】
キーパーソンの「L部長」が登場している。わざわざ**「ベテラン技術者からの信頼も厚い」**と書いてあるのは何かあると考えた方がいい。前のページの**「ベテラン技術者の抵抗」**を思い出すこと。

① 予兆検知システムの開発

J社情報システム部のK課長は、ITベンダーのY社から設備の障害検知のアルゴリズムを利用したコンサルティングサービスを紹介された。K課長は、この設備の障害検知のアルゴリズムがプラントの障害の予兆検知のシステム化に使えるのではないかと考え、Y社に実現可能性を尋ねた。Y社からは、機器類の状況を示す時系列データが蓄積されていれば、数ある機器類のうち、どの機器類の時系列データが障害の予兆検知に必要なデータかを特定して、予兆検知が可能になるのではないかとの回答を得た。そこでK課長は、プラントが設置されている工場に赴いて、プラントの点検業務の責任者であるL部長に相談した。L部長は、長年プラントの点検業務を担当してきており、ベテラン技術者からの信頼も厚い。

システム開発が可能だと判断した理由。

L部長から、機器類の状況を示す時系列データとしては、長期間にわたり蓄積されたセンサーデータが利用できるとの説明があった。そこでK課長は、プラント上の様々な機器類のセンサーから得られるセンサーデータに対し、Y社のアルゴリズムを適用して"障害の予兆"を検知するシステム（以下、予兆検知システムという）の開発をL部長と協議した。

K課長はL部長の同意を得た上で、工場と情報システム部で共同して、予兆検知システムの開発プロジェクト（以下、本プロジェクトという）を立ち上げることを経営層に提案して承認され、本プロジェクトが開始された。

PJ開始。

設問1

② プロジェクトの目的

K課長は、本プロジェクトの目的を、"プラントの障害の予兆を検知し、障害を未然に防止すること"とした。さらにK課長は、中堅技術者が早い段階からシステムの仕様を理解し、システムを活用して障害の予兆が検知できれば、点検業務を担当することができ、ベテラン技術者の負荷軽減につながると考えた。一方で、システムの理解だけでなく、予兆を検知した際のプラントの特性を把握した交換・修理のノウハウを継承するための仕組みも用意しておく必要があると考えた。K課長は情報システム部のプロジェクトメンバーとともに、工場の技術者と共同でシステムの構想・企画の策定を開始することにした。その際、L部長に参加を依頼して了承を得た。

PJの「目的」が書いているので、チェックしておく。情報処理技術者試験では、PJの目的とPJの目標を使い分けているので注意。DX関連では目的＝目標になる。

システムの機能に関して、PMの考えについて書いているところはチェックしておく。

【最重要箇所】
中堅技術者に関する重要成功要因。
「～できれば」という記述があれば注意する。
重要成功要因の説明の可能性が高い。

— 13 —

678

**設問2**

③〔構想・企画の策定〕　　　　　　　　　　　　　*要件定義*

K課長は、L部長に依頼して工場の技術者全員を集め、L部長から本プロジェクトの目的を説明してもらった。その上で、K課長は、本プロジェクトでは、最初に要件定義チームを立ち上げ、長期にわたり蓄積されたセンサーデータから、障害の予兆を検知するデータの組合せを特定すること、及び予兆が検知された際の機器類の交換・修理の手順を可視化することに関して要件定義フェーズを実施することを説明した。要件定義チームは、工場の技術者、情報システム部のプロジェクトメンバー、及びY ●----社のメンバーで構成される。

K課長は、事前にY社に対し、業務委託契約の条項を詳しく説明していた。特に、J社の時系列データ及びY社のアルゴリズムの知的財産権の保護に関して、認識の相違がないことを十分に確認した上で、Y社にある支援を依頼していた。

K課長は、要件定義チームの技術者のメンバーに、ベテラン技術者だけでなく中堅技術者も選任した。要件定義チームの作業は、多様な経験と点検業務に対する知見・要求をもつ、技術者、情報システム部のプロジェクトメンバー及びY社のメンバーが ●----協力して進める。また、様々な観点から多様な意見を出し合い、その中からデータの組合せを特定するという探索的な進め方で、要件定義として半年を期限に実施する。その結果を受けて、予兆検知システムの開発のスコープが定まり、このスコープを基*要**用*に、要件定義フェーズの期間を含めて1年間で本プロジェクトを完了するように開発 ●----フェーズを計画し、確実に計画どおりに実行する。

*設問3(1)*

**設問3**

④プロジェクトフェーズの設定

本プロジェクトには、要件定義フェーズと開発フェーズという特性の異なる二つのプロジェクトフェーズがある。K課長は、要件定義フェーズは、仮説検証のサイクルを繰り返す適応型アプローチを採用して、仮説検証の1サイクルを2週間に設定した。一方、開発フェーズは予測型アプローチを採用し、本プロジェクトを確実に1年間で ●----完了する計画とした。　　*設問3(1)*

さらに、K課長は、機器類の交換・修理の手順を模擬的に実施することで、手順の間違いがプラントにどのように影響するかを理解できる機能を予兆検知システムに実装することにした。

*（注釈：右側欄外）*

プロジェクトチームの構成について書いてあるところ。

要件定義フェーズの進め方がここに書いてある。この進め方なので**適応型アプローチ**を採用している。

開発フェーズの進め方がここに書いてある。この進め方なので**予測型アプローチ**を採用している。

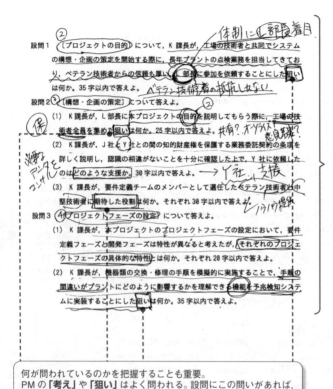

設問1　〔プロジェクトの目的〕について，K課長が，工場の技術者と共同でシステムの構想・企画の策定を開始する際に，長年プラントの点検業務を担当してきており，ベテラン技術者からの信頼も厚いL部長に参加を依頼することにした狙いは何か。35字以内で答えよ。

設問2　〔構想・企画の策定〕について答えよ。

(1)　K課長が，L部長に本プロジェクトの目的を説明してもらう際に，工場の技術者全員を集めた狙いは何か。25字以内で答えよ。

(2)　K課長が，J社とY社との間の知的財産権を保護する業務委託契約の条項を詳しく説明し，認識の相違がないことを十分に確認した上で，Y社に依頼したのはどのような支援か。30字以内で答えよ。

(3)　K課長が，要件定義チームのメンバーとして選任したベテラン技術者と中堅技術者に期待した役割は何か。それぞれ30字以内で答えよ。

設問3　〔プロジェクトフェーズの設定〕について答えよ。

(1)　K課長が，本プロジェクトのプロジェクトフェーズの設定において，要件定義フェーズと開発フェーズは特性が異なると考えたが，それぞれのプロジェクトフェーズの具体的な特性は何か。それぞれ20字以内で答えよ。

(2)　K課長が，機器類の交換・修理の手順を模擬的に実施することで，手順の間違いがプラントにどのように影響するかを理解できる機能を予兆検知システムに実装することにした狙いは何か。35字以内で答えよ。

まずは，どこに直接的な該当箇所があるのかをチェックしておく。
今回も，1つの段落に1つの設問としてきれいに分かれている。最近の主流だが，この場合，問題文を頭から順番に読み進めながら，設問をひとつずつ順番に解いていけばいいだろう。

何が問われているのかを把握することも重要。
PMの「考え」や「狙い」はよく問われる。設問にこの問いがあれば，問題文を読む時に，PMの「考え」について書いているところは重点的にマークしておくと速く解けることがある。

# IPA公表の出題趣旨・解答・採点講評

### 出題趣旨

プロジェクトマネージャ（PM）は，システム開発プロジェクトの目的を実現するために，プロジェクトのステークホルダと適切にコミュニケーションを取り，協力関係を構築し維持することが求められる。

本問では，化学品製造業における障害の予兆検知システムを題材として，ステークホルダのニーズを的確に把握し，適切なシステム開発のプロジェクトフェーズ及び開発アプローチを設定して，ステークホルダのニーズを実現する，PMとしての実践的なマネジメント能力を問う。

| 設問 | | 解答例・解答の要点 | 備考 |
|---|---|---|---|
| 設問1 | | ベテラン技術者の抵抗感を抑えプロジェクトに協力させるため | |
| 設問2 | (1) | 技術者全員の不満解消になることを伝えるため | |
| | (2) | 予兆検知に必要なデータを特定するコンサルティング | |
| | (3) | ベテラン技術者 | 機器類の予兆検知と交換・修理のノウハウを提示する。 | |
| | | 中堅技術者 | 早い段階からシステムの仕様を理解し活用できるかを確認する。 | |
| 設問3 | (1) | 要件定義フェーズ | 探索的な進め方になること | |
| | | 開発フェーズ | 計画を策定し計画どおりに実行すること | |
| | (2) | 中堅技術者がベテラン技術者の交換・修理のノウハウを継承するため | |

### 採点講評

問3では，化学品製造業における障害の予兆検知システムを題材に，ステークホルダーのニーズを的確に把握し，適切なシステム開発のプロジェクトフェーズ及び開発アプローチを適切に設定して，ステークホルダーのニーズを実現する実践的なマネジメント能力について出題した。全体として正答率は平均的であった。

設問2(1)の正答率は平均的であったが，"ステークホルダーだから"という，プロジェクトマネジメントとしての目的を意識していないと思われる解答が散見された。プロジェクトマネージャ（PM）として，立ち上げの時期に全員がプロジェクトの目的を共有することの重要性を理解して解答してほしい。

設問3(2)の正答率は平均的であったが，プラントの特性を理解した交換・修理のノウハウの継承という点を正しく解答した受験者が多かった一方で，交換・修理の手順を模擬的に実施する機能の実装だけで機器類の障害の発生を防げると誤って解答している受験者も散見された。PMとして，システムを正しく機能させるための利用者の訓練の重要性を理解して解答してほしい。

# 解説

　令和に入ってからの傾向で，令和 5 年も 3 問とも**「DX 関連」**，**「アジャイル」**，**「適応型アプローチ」**を題材にしたものだった。もちろん，この問題（問 3）もそうなのだが，予測型開発アプローチ時代の問題でよく見かけた設定や，よく問われていた設問だったので，情報処理技術者試験に慣れている人にとっては取り組みやすかったと思う。どこか懐かしい感じがする問題だった。

　また，プロジェクトマネージャが行った意思決定の**「狙い」**が問われているのが 3 問，**「狙い」**とは書いていないが選任したメンバーに**「期待した役割」**が問われているものが 1 問あった。いずれもプロジェクトマネージャがどう考えていたのかが問われているもので，以前からよく見かけるものだ。

　この問題のように，よく見かける設定，よく問われる設問，よく問われること（狙いやメンバーに期待すること）が問われた場合に，問題文中から何を探してどう解答するのかを決めておけば，解答速度を高めることができるだろう。

## 設問 1

PM の意思決定の「狙い」（チーム編成）に関する設問

「問題文導出－解答加工型」

　設問 1 は，問題文 2 ページ目，括弧の付いた二つ目の〔**プロジェクトの目的**〕段落に関する問題になる。設問が対象としている文に下線を引いてくれていないので，どの部分に関する設問なのかを自分で考えなければならない。

### 【解答のための考え方】

　この問題ではプロジェクトマネージャの K 課長の**「狙い」**が問われている。よくあるパターンだ。K 課長が考えた**「プロジェクトの体制」**に関するもので，**「L 部長に参加を依頼することにした」**ことに対する狙いになる。PM が考えたプロジェクトの体制や，特定の人物を参加させる狙いは，これまでもよく問われてきたことである。この手の問題に関しては，次の二点を問題文から探し出して解答する。

　①L 部長に関する記述を探して「立場・能力・スキル」などを確認
　②上記の「立場・能力・スキル」が必要になる，このプロジェクトの問題点や課題に関する記述を探す

## 【解説】

　L 部長に関する記述は，登場してすぐのところ（問題文の 2 ページ目の中程）に記載されている。「**長年プラントの点検業務を担当してきており，ベテラン技術者からの信頼も厚い。**」というところだ。ここに記載されている「**長年の経験がある**」という特長と「**信頼が厚い**」という特長について，問題文でどういう問題や課題に対応してもらおうとしているのかを確認すると，次のようなことがわかるだろう。

### ＜長年の経験がある＞

　「ベテラン技術者の知見をシステムに取り込むことができれば，…」と書いているので，L 部長の長年の経験が必要だとも読み取れるが，その後に Y 社は「**機器類の状況を示す時系列データが蓄積されていれば，…**」という感じで，データがあれば可能だと言っている。

### ＜信頼が厚い＞

　「ベテラン技術者の抵抗があり，システム化の検討が進んでいない。」という状況がある。ベテラン技術者からの信頼が厚い L 部長なら説得できる可能性がある。

　上記の二つのうち，今回の内容なら間違いなく後者になる。「**ベテラン技術者の抵抗**」がなくなれば，（たとえシステム開発に長年の経験が必要だったとしても）L 部長だけではなく，他のベテラン技術者たちの長年の経験が開発時に活用できるし，逆に無くならなければ，いくら L 部長の長年の経験で開発できたとしても，導入時にも抵抗があると考えられる。より重要な役割を考えれば後者になる。

　以上より，「**ベテラン技術者の抵抗感を抑えプロジェクトに協力させるため**」という解答になる。

## 【自己採点の基準】（配点 7 点）

| IPA 公表の解答例（網掛け部分は問題文中で使われている表現） |
| --- |
| ベテラン技術者の抵抗感を抑えプロジェクトに協力させるため（28 字） |

　解答例のうち「ベテラン技術者の抵抗」という表現が入っていて，それを「**取り除く**」や「**緩和する**」という意味で使っていることが必須になる。PM の「狙い」が問われているので，改善後（理想・あるべき姿）のことを示す解答になるからだ。

　後半の部分は，「**システム化の検討が進んでいない**」という問題点に対する PM の「狙い」になる。「**プロジェクトに協力させる**」という表現以外でも「**システム化の検討に参加してもらう**」などの表現でも構わないだろう。

## 設問2

設問2は，問題文3ページ目，括弧の付いた三つ目の〔構想・企画の策定〕段落に関する問題になる。全部で三つの問題が用意されている。ここでも下線が引かれている問題はゼロ。最近だと珍しいパターンになる。

### ■ 設問2（1）

PMの意思決定の「狙い」（全員を集めて伝えること）に関する設問

「問題文導出－解答加工型」

#### 【解答のための考え方】

ここも，プロジェクトマネージャのK課長の「**狙い**」が問われている問題になる。具体的には，K課長が「**L部長に本プロジェクトの目的を説明してもらう際に，工場の技術者全員を集めた**」ことに関する狙いになる。これも，これまでよく出題されてきた問題の一つである。

全員を集めて話をする時の狙いは様々だが，少なくとも「**自分の頭の中にある知識**」で解答するようなものではない。問題文中にある「**今回の状況や環境**」を踏まえたうえで解答しなければならない。具体的には，次のようなことを問題文から探し出さないといけないと考えよう。

- 全員とは？（全社員か，ある部門の全員か，プロジェクトチーム全員か）
  →問題文で確認する。
- 全員を集めて何をするのか？
  →プロジェクトの目的を説明する。→プロジェクトの目的を確認する。
- 問題文に「全員」でないといけない必要性や必然性について書いているところを探す。探す場所は，特に「工場の技術者全員」に言及しているところだ。

#### 【解説】

まず，ここで問われている「**全員**」の範囲を確認する。会社全員なのか，プロジェクトメンバー全員なのかで変わってくるからだ。問題文には「**工場の技術者全員**」になっている。それに対して，今回のプロジェクトでは「**要件定義チームは，工場の技術者，情報システム部のプロジェクトメンバー，及びY社のメンバーで構成される。**」と書いている。工場の技術者"**全員**"が要件定義チームなのかどうかはわからないが，この後には「**ベテラン技術者だけでなく中堅技術者も選任した。**」と書いているから全員なのだろう。この問題の「**中堅技術者**」は，「**中堅以下の技術者**」のことだからだ。新人や若手も入っていると思われる。ひとまず，この点を把握しておく。

　次に，「**プロジェクトの目的**」を確認する。プロジェクトの目的は「**プラントの障害の予兆を検知し，障害を未然に防止すること**」である。

　そして，この「**プラントの障害の予兆を検知し，障害を未然に防止すること**」だというプロジェクトの目的を，工場の技術者全員に伝える必要性や必然性に関する記述を問題文から探す。特に「**工場の技術者全員**」に言及しているところにアンテナを張って探せばいいだろう。その結果，次のような記述（長い文については要約している）に反応するだろう。

- ・**ベテラン技術者は不満を抱えている。中堅技術者も不満を抱えている。**
  - →工場の技術者全員が不満を持っていると言える
- ・**本システムが導入されれば，双方の不満が解消される。**

　設問2が対応している〔**構想・企画の策定**〕段落の最後まででは，上記のような部分しかなかった。そのため，このような状況で「**プロジェクトの目的を全員に話す**」必要があるのか否かを考えてみる。

　今回のプロジェクトでは，要件定義チームに工場の技術者全員が参加する可能性が高い（全員かどうかはわからないが，ベテラン技術者も中堅技術者（中堅以下の技術者のこと）も参加すると書いていたので）。そして，意見を出し合うために，積極的に参加してもらう必要があるというわけだ。そう考えたら「**これまで皆さんが持っていた不満が，このプロジェクトが成功すれば解消されますよ**」という趣旨のことを，全員に伝えることに意味が出てくる。そう考えれば，技術者全員を集めた狙いは「**技術者全員の不満解消になることを伝えるため**」だということがわかるだろう。

### 【自己採点の基準】（配点7点）

| IPA 公表の解答例（網掛け部分は問題文中で使われている表現） |
| --- |
| **技術者全員の不満解消になることを伝えるため**（21字） |

　解答例のように，技術者全員が不満を持っていることは解答に含める必要がある。特に「**不満**」という表現は必須だと考えられる。問われていることが「**技術者全員を集めて話をする狙い**」なので，「**技術者全員の不満解消**」としておくことがベストだと思う。そして最後に，「**～を伝えるため**」という表現で締めくくっておこう。問われていることに対する解答として表現することも重要なところになる。

　これらの点に問題が無ければ正解だと考えて構わない。問題文中の用語を使っているところも少ないので，ニュアンスが合っていれば正解だと考えよう。

## ■ 設問2（2）

| 問題文の状況を把握する設問 | 「問題文導出－解答抜粋型」 |
| --- | --- |

### 【解答のための考え方】

　ここも下線はないので，まずは設問2（2）に書かれていることを正確に把握する。問われているのは「**Y社に依頼した支援の内容**」だ。これは，自分の頭の中にある知識を用いて解答することができるような問題ではない。問題文中にしか答えはない。そして，その支援を依頼するにあたって，「**J社とY社との間の知的財産権を保護する業務委託契約の条項を詳しく説明し，認識の相違がないことを十分に確認**」する必要があったとしている。以上より，問題文から次の情報を探し出すことを考えなければならない。

- ・Y社のできること，サービス内容など（Y社に関する記述部分を探す）
- ・知的財産権に関連する記述
- ・K課長がしようとしていること，必要にしていること
  - →おそらくたくさんあるので，Y社のできることと知的財産権に関することを先に見つけて，それに関するものを探す。

### 【解説】

　最初に，Y社について記載されているところを探し，Y社のできることやサービス内容を探す。Y社が登場するのは〔**予兆検知システムの開発**〕段落になる。そこに「**設備の障害検知のアルゴリズムを利用したコンサルティングサービス**」という，Y社が提供しているサービスについての記述がある。そして，その後にも「**Y社からは，機器類の状況を示す時系列データが蓄積されていれば，…**」と「**どの機器類の時系列データが障害の予兆検知に必要なデータかを特定して，**」と言っている部分がある。後の方はあくまでも実現可能性に対する回答になるが，さらにこの後の記述で"**J社ではできないので，Y社の支援が必要だ**"という感じの記述があれば，具体的な支援内容として解答になり得るだろう。ひとまず，Y社のできることやサービス内容については，このあたりになる。

　次に「**知的財産権**」に関する記述を確認する。〔**構想・企画の策定**〕段落にある「**特に，J社の時系列データ及びY社のアルゴリズムの知的財産権の保護に関して，認識の相違がないことを十分に確認した**」という部分になる。この内容であれば解答には無関係だ。データそのものや学習済みモデル，アルゴリズムは，価値があるものの既存の著作権や特許権の対象にはなりにくいため，その都度双方の契約で取り扱いに関して決めておく必要がある。そのために，この記述を入れたのだろう。そ

う考えればY社の「設備の障害検知のアルゴリズム」を使おうとしていることは明白になる。

　そして最後にK課長がしようとしていることを確認する。〔構想・企画の策定〕段落の後半にはK課長が考えた体制について書いている。そこには，「技術者，情報システム部のプロジェクトメンバー及びY社のメンバーが協力して進める。」という記述と「様々な観点から多様な意見を出し合い，その中からデータの組合せを特定するという探索的な進め方を，要件定義として半年を期限に実施する。」という記述がある。つまり，Y社に全ての作業を依頼するのではなく，J社が主体になって進めようとしていることがわかる。

　以上の3点から，Y社に支援を依頼したのは「データの特定作業」ではなく，J社が主体になって進めるので，「データの特定に関するコンサルティングサービス」の方だと判断できる。これを解答にすればいいだろう。

## 【自己採点の基準】（配点7点）

| IPA公表の解答例（網掛け部分は問題文中で使われている表現） |
| --- |
| 予兆検知に必要なデータを特定するコンサルティング（24字） |

　解答例は，解説のところに書いているように〔構想・企画の策定〕段落に記載されているY社のサービスについての記述と，Y社のできることに関する記述を一つにまとめた解答になっている。これがベストなのは間違いないだろう。前半がY社のできることの具体的な内容で，後半がY社のサービスに関する記述になっているからだ。きれいにまとめられている。

　片側だけしかなかった場合にどう採点されるのかは採点講評にも記載されていないのでわからないが「コンサルティング」は必須だと考えよう。Y社のサービス内容として明記されているからだ。コンサルティングサービスではなく，J社に委託するサービスで（J社が主体になって進めるのではなく），例えば「予兆検知に必要なデータを特定するサービス（もしくは作業）」としてしまったら，（J社が主体的に実施しようとしているところと矛盾するので）間違いだと考えた方がいいと思う。

## ■ 設問 2（3）

PM の意思決定の「狙い」（チーム編成）に関する設問

「問題文導出－解答抜粋型」

### 【解答のための考え方】

　設問 2 の最後の問題は「**要件定義チームのメンバーとして選任したベテラン技術者と中堅技術者に期待した役割は何か。**」というものだ。PM の「**考え**」や「**狙い**」に関する問題であり，よくある「**チーム編成**」の話だ。設問 1 も同じような問題なので，解答にアプローチする方法は設問 1 と同じでいいだろう。

　この手の問題に関しては，次の二点を問題文から探し出して解答する。探す場所は，要件定義工程の話なので〔**構想・企画の策定段落**〕から着手し，その後に 1 ページ目からざっと目を通していけばいいだろう。

　①ベテラン技術者と中堅技術者に関する記述を探して「立場・能力・スキル」などを確認
　②上記の「立場・能力・スキル」が必要になる，このプロジェクトの問題点や課題に関する記述を探す

### 【解説】

　最初に，ベテラン技術者と中堅技術者に関する記述を問題文から探す。すると，次のように記載されていることが確認できるだろう。

　　＜ベテラン技術者＞
　　　・ ベテラン技術者は，長年の経験で，機器類の障害の予兆を検知するのに必要な知見と，プラントの特性を把握した交換・修理のノウハウを多数有している。
　　＜中堅技術者＞
　　　・ 中堅技術者はベテラン技術者の指示でしか作業ができず，点検業務を任せてもらえない

　次に，それぞれの能力が必要になりそうな記述を，特に K 課長が考えていることを中心に探す。今回は，問題文に次のような感じでストレートに記載されているのでわかりやすいだろう。

＜ベテラン技術者＞
・ ベテラン技術者の知見をシステムに取り込むことができれば…

＜中堅技術者＞
・ 中堅技術者が早い段階からシステムの仕様を理解し，システムを活用して障害の予兆が検知できれば，…

　以上より，ベテラン技術者に期待した役割は「機器類の予兆検知と交換・修理のノウハウを提示する。」として，中堅技術者に期待した役割は「早い段階からシステムの仕様を理解し活用できるかを確認する。」とすればいいだろう。

【自己採点の基準】（配点７点×２）

| IPA 公表の解答例（網掛け部分は問題文中で使われている表現） |
| --- |
| ＜ベテラン技術者＞<br>機器類の予兆検知と交換・修理のノウハウを提示する。（25 字）<br>＜中堅技術者＞<br>早い段階からシステムの仕様を理解し活用できるかを確認する。（29 字） |

　今回は，問題文中にストレートに「～できれば」と書いていて，それぞれの能力や役割等も書いているので，そこを抜粋すればいいだけの問題になる。抜粋したい部分が長いので，どこをどう割愛して，どこを残すのか迷うかもしれないが，該当箇所の表現を使って解答していれば，多少の表現の揺れがあっても大丈夫だろう。

# 設問3

設問3は，問題文3ページ目，括弧の付いた四つ目の〔プロジェクトフェーズの設定〕段落に関する問題になる。全部で二つの問題が用意されている。ここでも下線が引かれている問題はない。

## ■ 設問3（1）

問題文から該当箇所を抜き出す設問　　　　　　　　　「問題文導出－解答抜粋型」

### 【解答のための考え方】

ここでは，要件定義フェーズと開発フェーズという特性の異なる二つのプロジェクトフェーズについて，それぞれのプロジェクトフェーズの具体的な特性について問われている。

〔プロジェクトフェーズの設定〕段落には，「**要件定義フェーズは，仮説検証のサイクルを繰り返す適応型アプローチを採用して，仮説検証の1サイクルを2週間に設定した。**」と記載されている。一方，「**開発フェーズは予測型アプローチを採用し，本プロジェクトを確実に1年間で完了する計画とした。**」と書いている。令和に入ってからの午後I試験において，よくあるパターンだ。

ここで問われているのはそれぞれのフェーズの具体的な特性なので，なぜ要件定義フェーズや開発フェーズをそうすることに決めたのかという点で考えていけばいいだろう。シンプルに考えると「**要件定義すること**」，「**開発フェーズであること**」だ。

その点に関しては問題文にしかない。プロジェクトフェーズの具体的な特性なので，自分自身が持っている知識ではない。したがって問題文でそれらに関する記述を探すことが正解へのアプローチになる。

### 【解説】

要件定義フェーズで行なうことは〔構想・企画の策定〕段落の後半に書いている。「**様々な観点から多様な意見を出し合い，その中からデータの組合せを特定するという探索的な進め方を，要件定義として半年を期限に実施する。**」というところだ。この特性に対して「**仮説検証のサイクルを繰り返す適応型アプローチを採用**」したという考えは，きれいにつながる。したがって，ここから最も重要な部分の「**探索的な進め方**」を抽出して解答を組み立てればいいだろう。探索的な進め方なので，仮説検証の繰り返しが必要になるからだ。

一方，開発フェーズで行うことも同じところに書いている。「**開発のスコープが定まり，このスコープを基に，要件定義フェーズの期間を含めて1年間で本プロジェ**

クトを完了するように開発フェーズを計画し，確実に計画どおりに実行する。」とい
う部分だ。ここでも，最も重要な部分の「計画し，確実に計画どおりに実行する」を
抽出して解答を組み立てればいいだろう。予測型アプローチときれいにつながる部
分になる。

**【自己採点の基準】**（配点 4 点 × 2）

| IPA 公表の解答例（網掛け部分は問題文中で使われている表現） |
| --- |
| 要件定義フェーズ：探索的な進め方になること（12 字）<br>開発フェーズ：計画を策定し計画どおりに実行すること（18 字） |

　この問題は，抜粋型の解答になる。したがって，解答例のみを正解と考えた方が
いいだろう。特に「探索的な進め方」と「計画どおりに実行する」というのは必須
だと思われる。

## ■ 設問 3 (2)

| PM の意思決定の狙いに関する設問 | 「問題文導出－解答抜粋型」 |
| --- | --- |

**【解答のための考え方】**
　ここでは，PM の意思決定に対する「狙い」が問われている。意思決定したのは
「機器類の交換・修理の手順を模擬的に実施することで，手順の間違いがプラントに
どのように影響するかを理解できる機能を予兆検知システムに実装すること」だ。
とある機能の実装を決めた狙いだが，内容的に，自分の頭の中にある知識をもって
解答するようなものではない。問題文に状況が記載されているはずなので，そこか
ら「狙い」を考えて解答する。この問題の場合，問題文で確認するのは次のような
点になる。

- ・当該機能について説明しているところ
- ・当該機能の必要性に言及しているところ
- ・当該機能で解決できそうな課題や問題について書いているところ
  　→予兆検知の機能を除く

そして，そこから PM の狙いを考えればいいだろう。

【解説】

　最初に「機器類の交換・修理の手順を模擬的に実施することで，手順の間違いがプラントにどのように影響するかを理解できる機能」の中の「交換・修理の手順」に関して説明しているところを探す。すると〔プロジェクトの目的〕段落に，次のような記述を見つけるだろう。

> システムの理解だけでなく，予兆を検知した際のプラントの特性を把握した交換・修理のノウハウを継承するための仕組みも用意しておく必要があると考えた

　他にはないので，ここを解答の軸に考える。そして，なぜこの機能が必要なのかについても確認しておこう。問題文の1ページ目に次のような課題があったはずだ。

> 一方で，以前はベテラン技術者が多数いて，点検業務のOJTによって中堅以下の技術者（以下，中堅技術者という）を育成していたが，最近はその余裕がなく，中堅技術者はベテラン技術者の指示でしか作業ができず，点検業務を任せてもらえないことに不満を抱えている。

　以前はOJTによって育成できていたが，現在はそれができなくなっている。しかも予兆検知をシステム化した後には「中堅技術者への業務移管が促進され」るという方針である。継承するための仕組みは必須になる。
　以上より，「中堅技術者がベテラン技術者の交換・修理のノウハウを継承するため」という解答例のような解答にする。

【自己採点の基準】（配点7点）

| IPA公表の解答例（網掛け部分は問題文中で使われている表現） |
| --- |
| 中堅技術者がベテラン技術者の交換・修理のノウハウを継承するため（31字） |

　「交換・修理のノウハウを継承するため」という部分は必須だと考えておいた方がいいだろう。問題文中にそのまま記載されていて，そこが解答の軸になるからだ。ここが違っていると間違いだと考えよう。そしてこれだけでは誰から誰に継承するのかわからないため，「中堅技術者がベテラン技術者の」という言葉を補っている。この言葉も必須だと考えよう。

# 4 午前Ⅱ対策

## 第4章

ここでは，午前Ⅱ試験を突破するために必要なことを説明している。情報処理技術者試験の特徴を十分理解している人にとっては当たり前のことばかりだが，今回初受験する人は一度目を通しておいてもいいだろう。なお，個々の問題・解答・解説は本紙ではなく，Webサイトに PDF で用意している。

アクセスキー　**K**
（大文字のケイ）

# 4-1　出題傾向

　ここでは，プロジェクトマネージャ試験の午前Ⅱ試験における出題傾向について説明する。

## （1）出題される問題

　まずは出題分野。どんなことが問われるのかを整理してみた。プロジェクトマネージャ試験における午前Ⅱ試験の出題範囲（2023 年 12 月 25 日掲載の試験要綱 Ver5.3）と令和 5 年度の問題数及び問題番号は表 1 のようになる。

表 1　午前Ⅱの出題範囲と令和 5 年度に出題された問題数等

| 共通キャリア・スキルフレームワーク | | | | | | 重点分野<br>（=◎）／<br>技術レベル | 令和 5 年度試験の場合 | |
| 分野 | 大分類 | | 中分類 | | | | 問題数 | 問題番号 |
| テクノロジ系 | 3 | 技術要素 | 11 | セキュリティ | | ◎ 3 | 3 | 問 23 ～問 25 |
| | 4 | 開発技術 | 12 | システム開発技術 | | ○ 3 | 4 | 問 14 ～問 17 |
| | | | 13 | ソフトウェア開発管理技術 | | ○ 3 | | |
| マネジメント系 | 5 | プロジェクトマネジメント | 14 | プロジェクトマネジメント | | ◎ 4 | 13 | 問 1 ～問 13 |
| | 6 | サービスマネジメント | 15 | サービスマネジメント | | ○ 3 | 2 | 問 18 ～問 19 |
| ストラテジスト系 | 7 | システム戦略 | 18 | システム企画 | | ○ 3 | 3 | 問 20 ～問 22 |
| | 9 | 企業と法務 | 23 | 法務 | | ○ 3 | | |

　重点分野（図の◎）は "プロジェクトマネジメント分野" と "セキュリティ分野" の二つで，技術レベルは "プロジェクトマネジメント分野" だけが "4" で，それ以外すべて "3" になる。

### ①プロジェクトマネジメント分野の問題

　情報処理技術者試験高度系区分午前Ⅱ試験の問題は，当該試験区分と同一分野の問題は問 1 から始まっている。これは現行制度になった平成 21 年以後変わらず，令和 5 年のプロジェクトマネージャ試験でも，問 1 から問 13 にかけてプロジェクトマネジメント分野の問題が出題されていた。**令和 5 年は全部で 13 問，令和 2 年と令和 3 年は 14 問**，それ以前の平成 23 年から平成 31 年は 15 問だった（それ以前の 2 年間は試行錯誤だったのか，傾向が定まっていないので除外で良いと思う）。ここ最近徐々に少なくなってきてはいるものの，それでも 13 問は，本試験のメインとなる分野（プロジェクトマネジメント分野）の問題になる。

## ②開発技術分野の問題

　開発技術分野の問題は，他の高度系区分でいうと"システムアーキテクト試験"がメインとする分野になる。中でも特に，プロジェクトマネージャ試験の問題として取り上げられるのは，開発モデルやアジャイル開発，テスト，著作権に関するものが多い。いずれもプロジェクトマネジメントに密接に関わっているもの（プロジェクトマネージャに必要な知識）だ。

　令和5年の問題数は4問（問14から問17）。令和3年以前はだいたい3問だった（たまに4問の年があった）ので，令和に入ってからは，プロジェクトマネジメント分野と開発技術分野で17問出題されていることになる。

## ③サービスマネジメント分野の問題

　サービスマネジメント分野の問題は，他の高度系区分でいうと"ITサービスマネージャ試験"がメインとする分野になる。プロジェクトマネージャ試験で取り上げられる問題はバラエティに富んでいるが，繰り返し出題されているのはフェールソフト，リスク・効果総合評価点，バックアップ，ITILに関するものになる。

　令和5年の問題数は2問（問18から問19）。2問出題は現行試験制度になった平成21年以後，平成22年から変わっていない。

## ④ストラテジ系分野（システム企画，法務）の問題

　この分野の問題は，他の高度系区分でいうと"ITストラテジスト試験"がメインとする分野になる。プロジェクトマネージャ試験で取り上げられる問題は，システム企画分野の方はなかなか絞り込めないが，法律分野の方は労働基準法を中心に労働関連の法律，個人情報保護法，下請法，民法の契約（請負契約，準委任契約）などが多い。他にRoHS指令も繰り返し出題されている。

　令和5年の問題数は3問（問20から問22）。内訳はシステム企画が1問，法務が2問だった。令和4年以前に遡ると，ストラテジ系の問題が3問になったのは平成26年以降で，それより前は（情報セキュリティ分野が出題範囲ではなかったため）4問から6問出題されていた。

## ⑤セキュリティ分野の問題

　この分野の問題は，他の高度系区分でいうと"情報処理安全確保支援士試験"がメインとする分野になる。出題される問題は様々だ。後述しているように過去問題が繰り返し出題されているという傾向はみられるものの範囲は広い。

　令和5年の問題数は3問（問23〜問25）。出題数が3問になったのは令和2年のセキュリティ強化方針によるものだ。それまでの出題数は2問だった。

## (2) 過去問題の再出題の割合

　情報処理技術者試験の午前試験（午前・午前Ⅰ・午前Ⅱ）では，「過去に出題された問題がほぼそのまま再出題された問題」（表2の①）が一定量出題されている。これはプロジェクトマネージャ試験に限らず全区分における傾向だ。情報処理技術者試験を長年受験し続けている人にとっては，今さら説明する必要もないくらいの"あるある"だと思う。この傾向は令和5年のプロジェクトマネージャ試験でも変わっていない。令和5年度の午前Ⅱ試験では次のようになっている。プロジェクトマネジメント分野の問題（問1〜問13）で13問中6問，プロジェクトマネジメント分野以外の問題（問14〜問25）で12問中6問だ。合計9問である。

表2　令和5年に出題された問題（25問）の過去問題の再出題された比率他

| 中分類 | プロジェクトマネジメント分野 | プロジェクトマネジメント分野以外 | 合計 |
|---|---|---|---|
| 問題番号 | 問1〜問13 | 問14〜問25 | |
| 問題数 | 13 | 12 | |
| ①過去問題がほぼそのままで再出題された問題 | 6 | 3 | 9 |
| ②過去問題で出題されたテーマや用語について，関連知識や周辺知識を含めて理解していれば解ける問題 | 5 | 4 | 9 |
| ③新規問題で，過去問題とその関連知識の学習だけでは対応できない問題 | 2 | 5 | 7 |
| 合　計 | 13 | 12 | 25 |

　また，「過去問題がほぼそのまま再出題されている問題」ではないものの，これまで午前Ⅱで出題された「過去問題と同じテーマや用語について，関連知識や周辺知識を含めて理解して解けるようになっていれば解ける問題」（表の②），すなわち本書のような参考書を用いて"午前Ⅱの過去問題の解説"や"参考書内の説明"をきちんと学習していれば解ける問題も一定量出題されている。令和5年度の午前Ⅱ試験では，プロジェクトマネジメント分野の問題で13問中5問，プロジェクトマネジメント分野以外の問題で12問中4問だ。こちらも合計9問である。

　残りの問題は「新規問題で，過去問題とその関連知識の学習だけでは対応できない問題」（表の③）になる。令和5年度の午前Ⅱ試験では，プロジェクトマネジメント分野の問題で13問中2問，プロジェクトマネジメント分野以外の問題で12問中5問である。合計は7問になる。

　なお，ここで説明している「過去問題」は，あくまでも"プロジェクトマネージャ試験の午前Ⅱ試験の過去問題"だけにしている。他の試験区分で過去に出題されている問題でも，プロジェクトマネージャ試験の午前Ⅱ試験では初出題の場合は含んでいない。

 **Column** ▶ **令和5年の午前Ⅱ試験をもう少し深掘り**

序
1
2
3
4

令和5年の午前Ⅱ試験では，前述のとおり **「①過去問題がほぼそのままで再出題された問題」** はプロジェクトマネジメント分野で13問中6問，プロジェクトマネジメント分野以外で12問中3問だった。合計9問。午前Ⅱの合格基準をクリアするには，この9問を正解しただけでは，まだ足りない。それ以外の16問のうち，少なくとも後6問は正解しなければならない。果たしてそれは可能なのだろうか。事前に準備はできていたのだろうか。それを考えてみよう。

まずはプロジェクトマネジメント分野の問題だが，アジャイル開発宣言の基本的な問題が1問，JIS Q 21500：2018に関する問題が（すべて新規の問題として）3問，EVMは（これまで午前Ⅱでは出題されたことがなかった）EACを求める問題が1問出題されていた。これらの5問は，初めて目にする問題だったとしても，直接的・間接的に午後Ⅰ試験でも必要になる知識が含まれている。アジャイル開発に関する知識は令和に入って必須だし，EVMにおけるEACの計算は午後Ⅰ対策として準備しておかなければならない知識になる。JIS Q 21500:2018をベースに出題されるプロセスで新規の問題が作成されるのは毎年のことだ。これらのことを加味すれば，この5問は正解しておきたい問題になる。

一方，プロジェクトマネジメント分野以外の（プロジェクトマネージャ試験の午前Ⅱの問題としては）初出題の問題は全部で9問。だいたい例年通りの比率になる。このうち，「汎化」，「著作権」，「要件定義」をテーマにした問題は，これまで何度も出題されてきたものだ。また，「スクラムのルール」に関しても，最近主流のDX・アジャイル関連の問題だ。これらに関する知識は，過去問題だけで習得するものではない。午後Ⅰ試験や午後Ⅱ試験でも必要になるし，レベル3の特に難しくもない問題なので，基本的なことは押さえておかないといけない知識になるだろう。

以上のことを考慮すれば，両者を合計した（16問中）9問は，午後Ⅰ対策や午後Ⅱ対策をしていく中で解けるようになっている可能性が高い。これに「①過去問題がほぼそのままで再出題された問題」**の**9問を加えると18問になる。合格ラインの6割（15問）の正解を十分超えることがわかるだろう。

ちなみに，令和5年度のプロジェクトマネージャ試験の午前Ⅱの突破率（午前Ⅱ試験で60点以上の得点を取った人）は69.0%だった。

## ①過去問題がほぼそのままで再出題された問題

　前述のとおり，令和 5 年に過去問題がほぼそのままの形で再出題された問題は 25 問中 9 問（36%）だったが，他の年度はどうだったのだろうか。ここ 10 年の傾向を表にまとめてみた。

表 3　過去 10 年間の過去問題がほぼそのままで再出題された問題の数

| 年度 | 令和 | | | | 平成<br>※平成 28 年は 1 問無効になった問題があった | | | | | |
|---|---|---|---|---|---|---|---|---|---|---|
| | 5 | 4 | 3 | 2 | 31 | 30 | 29 | 28 ※ | 27 | 26 |
| プロジェクトマネジメント分野（問題数） | 6/13 | 7/13 | 9/14 | 7/14 | 9/14 | 6/15 | 10/15 | 8/14 | 8/15 | 7/15 |
| プロジェクトマネジメント分野以外（問題数） | 3/12 | 4/12 | 6/11 | 3/11 | 3/11 | 4/10 | 1/10 | 3/10 | 0/10 | 1/10 |
| 合計 | 9/25 | 11/25 | 15/25 | 10/25 | 12/25 | 10/25 | 11/25 | 11/24 | 8/25 | 8/25 |
| 全 25 問中の割合 | 36% | 44% | 60% | 40% | 48% | 40% | 44% | 46% | 32% | 32% |

　プロジェクトマネジメント分野の問題は，少ない時（平成 30 年）で 6 問，多い時（平成 29 年）で 10 問出題されている。一方，プロジェクトマネジメント分野以外の問題でも 10 年間のうち 7 年間は 3 問以上出題されている。ここ 5 年に限ってみると 3 問から 6 問だ。合計すれば 8 問（平成 27 年）から 15 問（令和 3 年）。令和 3 年のように過去問題が正確に解けるようになっておくだけで午前 II をクリアできる年もあった。年度によって若干開きがあるが，それでも過去問題がそのまま出題されることに十分期待が持てる比率にはなっている。

　なお，「何年前の過去問題が出題されているのか？」という点についても調べてみた。令和 5 年の場合，最も古い問題は平成 17 年度以来のものが 1 問あったが，そうした極端なものを除けば平成 26 年になる。平成 26 年から令和 3 年までの 8 年間の問題がまんべんなく出題されていた。他の試験区分には 3 回前と 4 回前の問題が大量に出題される傾向を持つ試験区分もいくつかあるが，プロジェクトマネージャ試験にはその傾向はみられないので注意しよう。前回出題された問題が 2 回連続で出題されることが無いのは他の試験区分と同様だが，前々回出題された問題は普通に出題されることがあるし，4 回前よりもずっと前の問題もバランス良く出題されている。令和 6 年の試験対策としては，少なくとも平成 26 年から令和 5 年の問題はしっかりと学習しておきたい。

## ②過去問題で出題されたテーマや用語について，関連知識や周辺知識を含めて理解していれば解ける問題

　一方，平成 21 年以後のプロジェクトマネージャ試験で出題された午前 II の「過去問題で出題されたテーマや用語について，関連知識や周辺知識を含めて理解してい

れば解ける問題」，すなわち，本書付録の午前Ⅱ過去問題の解説や本書の説明に書い
てあることを理解していれば解けると思われる問題の推移は表4のようになる。

表4　過去10年間の過去問題で出題されたテーマや用語について，関連知識や周辺知識を含めて理解していれば
　　解ける問題の数

| 年度 | 令和 | | | | 平成<br>※平成28年は1問無効になった問題があった | | | | | |
|---|---|---|---|---|---|---|---|---|---|---|
| | 5 | 4 | 3 | 2 | 31 | 30 | 29 | 28 ※ | 27 | 26 |
| プロジェクトマネジメント<br>分野（問題数） | 5/13 | 4/13 | 4/14 | 5/14 | 5/14 | 9/15 | 2/15 | 6/15 | 4/15 | 6/15 |
| プロジェクトマネジメント<br>分野以外（問題数） | 4/12 | 3/12 | 0/11 | 0/11 | 5/11 | 4/10 | 4/10 | 2/10 | 4/10 | 4/10 |
| 合計 | 9/25 | 7/25 | 5/25 | 5/25 | 10/25 | 13/25 | 6/25 | 8/25 | 8/25 | 10/25 |
| 上記の値（②）に，過去問<br>題がほぼそのままで再出題<br>された問題（①）を加えた<br>問題数 | 18/25 | 18/25 | 20/25 | 15/25 | 22/25 | 23/25 | 17/25 | 19/25 | 16/25 | 18/25 |
| 全25問中の（①＋②）の<br>割合 | 72% | 72% | 80% | 60% | 88% | 92% | 68% | 76% | 64% | 72% |

　ここに該当する問題か否かは，ある程度は筆者の主観による判断になる。ただ，
次のような問題は，初めて目にする問題でも解ける問題（解けるようにしておかな
いといけない問題）だと思う。

- JIS Q 21500のプロセスの内容が問われている問題（毎回数問新たに作成され
  て出題されている）
- 令和に入ってからのアジャイル開発宣言に関する問題
- 問題文に条件が書いているADMやPDM，工数，TCOなどの計算問題

### ③新規問題で，過去問題とその関連知識の学習だけでは対応できない問題

　そして最後に「過去問題とその関連知識の学習だけでは対応できない問題」につ
いてもまとめてみた。

表5　過去10年間の新規問題で，過去問題とその関連知識の学習だけでは対応できない問題の数

| 年度 | 令和 | | | | 平成<br>※平成28年は1問無効になった問題があった | | | | | |
|---|---|---|---|---|---|---|---|---|---|---|
| | 5 | 4 | 3 | 2 | 31 | 30 | 29 | 28 ※ | 27 | 26 |
| プロジェクトマネジメント<br>分野（問題数） | 2/13 | 2/13 | 0/14 | 2/14 | 2/14 | 0/15 | 3/15 | 0/15 | 3/15 | 2/15 |
| プロジェクトマネジメント<br>分野以外（問題数） | 5/12 | 5/12 | 5/11 | 8/11 | 1/11 | 2/10 | 5/10 | 5/10 | 6/10 | 5/10 |
| 合計 | 7/25 | 7/25 | 5/25 | 10/25 | 3/25 | 2/25 | 8/25 | 5/25 | 9/25 | 7/25 |

# 4-2 対策

それでは，出題傾向を踏まえた午前IIの対策について考えていこう。結論から言うと次のようになる。この三つの対策について，ひとつずつ見ていこう。

> (1) 平成21年〜令和5年までの過去問題を理解して解けるようにしておく
> (2) 毎回よく出題されるテーマに関して確実に解けるようにしておく
> (3) プロジェクトマネジメント分野以外の問題への対応
>   －午前I対策が必要かどうかを考える－

## (1) 平成21年〜令和5年までの過去問題を理解して解けるようにしておく

過去10年間の傾向を見れば明らかだが，「①過去問題がほぼそのままで再出題された問題」と「②過去問題で出題されたテーマや用語について，関連知識や周辺知識を含めて理解していれば解ける問題」を合計すると，少ない年度（令和2年）でも15問，多い年度（平成30年）では23問正解できる可能性がでてくる。

「①過去問題がほぼそのままで再出題された問題」が多い年度は，「②過去問題で出題されたテーマや用語について，関連知識や周辺知識を含めて理解していれば解ける問題」が少なかったり，プロジェクトマネジメント分野以外で「①過去問題がほぼそのままで再出題された問題」が少なかった年度は（セキュリティ分野の問題が対象になったのが平成26年からということもあってか，平成27年から平成29年は少なかった），プロジェクトマネジメント分野で「①過去問題がほぼそのままで再出題された問題」が多かったりしている。こうして全体のバランスを取っているようだ。年度によって多少ばらつきがあるものの，ここ3年ほどは18問から20問と安定している。

午前IIの合格基準は15問なので，ケアレスミスで落とさない限り（理屈の上では）過去10年ともクリアできていることになる。これは情報処理技術者試験の全区分における特徴でもある。午前II試験は"落とす試験"ではない。過去問題を用いて，（選択肢に出てくる用語や説明も含めて）しっかりと理解するところまで仕上げておけば，普通にクリアできるようになっている。どの試験区分でも，毎回"完全に新しく作成された問題"が何問かは出題されているが，これは「新たにこの用語を覚えてほしい」というIPAからのメッセージに過ぎない。そうした"過去問題では見たこともない問題"に関しては，全問不正解だったとしても合格できるような問題数に限定されているので，そこはあまり気にする必要はないだろう（試験が終わってから調べて覚えておくぐらいでいい）。

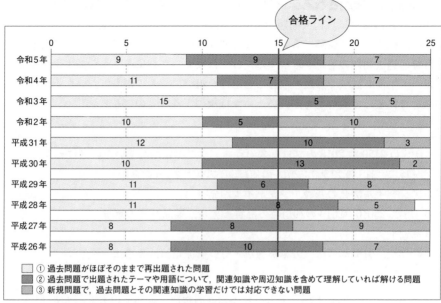

図1　過去10年間の過去問題で出題された問題の分析結果

　したがって，まずは本書の付録を用いて学習を進めていこう。昨年度版まではプロジェクトマネジメント分野の問題しかまとめていなかった。プロジェクトマネジメント分野以外の問題に関しては，各年度の解説を使わないといけなかった。しかし今年度から，プロジェクトマネジメント分野以外も，平成21年度以後の問題を体系化して重複をなくした「まとめ」を用意している。それを活用して，効率よく午前Ⅱ対策を進めよう。その時のポイントは次の通り。

---

- まずは，過去問題と同じ問題が出た時に正解できるレベルにもっていく
- 次に，以下の点を含めて解説に書いていることを理解する。
  - a）計算問題は計算式を覚えて応用できるようにしておく
  - b）選択肢に4つの用語があれば，すべて理解しておく
  - c）選択肢に4つの説明が書いていたら，それぞれ何のことかがわかる
- 試験当日や前日，前々日から1週間前は，忘れていないかを確認すること

---

　要するに，ちゃんとその問題を理解して，意味が分かって解けるようにしておくということだ。加えて，午前問題には選択肢が4つあるので，一つの問題で最大4つのことを理解しておくということになる。

## (2) 毎回よく出題されるテーマに関して確実に解けるようにしておく

次に考える対策は，過去問題でも必ず出題されている十分予測可能なテーマや，午後Ⅰ試験や午後Ⅱ試験でも必要になる知識について学習を進めることである。本書付録の過去問題の解説を理解するだけではなく，さらにそこから派生する知識の習得だ。午前Ⅱ試験で点数を取ることだけを狙いにするのがもったいなくて，深い知識を身に着けておいた方がいいテーマは次のようなものになる。

---

- ● JIS Q 21500 : 2018 のプロセスのうち，まだ出題されていないプロセス
  →特に，JIS Q 21500 : 2018 の 40 個のプロセスの内容
- ● アジャイル開発の基礎，アジャイル開発宣言
- ● JIS X 25010 : 2013 の利用時の品質モデル，製品品質モデル
- ● EVM
- ● 著作権，労働基準法・労働契約法・労働者派遣法，下請法

---

これらの知識に関しては，本書の基礎知識の章にまとめているものもある。そこに記載していることを覚えていくようにしよう。

## (3) プロジェクトマネジメント分野以外の問題への対応
### －午前Ⅰ対策が必要かどうかを考える－

プロジェクトマネージャ試験の午前Ⅱ試験は，（他の試験区分に比べると）自区分であるプロジェクトマネジメント分野の問題が少ないので（約半分くらいしか出題されない），プロジェクトマネジメント分野だけに強くても合格基準をクリアできない可能性がある。そのため，プロジェクトマネジメント分野以外の問題に関して，各分野の出題数や難易度等を確認した上で，プロジェクトマネジメント分野以外の問題で，どれくらい点数が取れるのかを確認しておく必要がある。

おそらく何問かは，プロジェクトマネージャ試験の午前Ⅱで出題された過去問題とほぼ同じ問題が出題されるとは思う。しかし問題は，それ以外の問題をどれだけ正解できるかだ。何問くらい正解できるのかを見積もって，追加の対策が必要かどうかを考えよう。

### ①既に応用情報技術者試験の学習をしてきた場合

プロジェクトマネジメント分野以外の問題は，いずれも"レベル3"になる。応用情報技術者試験のレベルだ。したがって，応用情報技術者試験の午前問題のうち，プロジェクトマネージャ試験の範囲（開発技術，サービスマネジメント，システム

企画, 法務, セキュリティ) の学習が既に終わっている場合で, その時の記憶が残っている自信があるのなら, 応用情報技術者試験の午前の過去問題を使った学習は必要ないだろう。

## ②既に他の高度系試験区分の学習をしてきた場合

応用情報技術者試験以外の区分でも, 情報処理安全確保支援士やIT ストラテジスト, IT サービスマネージャ, システムアーキテクトなども同様だ。セキュリティ分野は3問, システム企画や法務も3問, IT サービスマネージャは2問, システムアーキテクトは4問だ。どの部分なら正解できるのか, そこを考えて計算してみよう。その上で, この後説明する対策が必要か否かを決定しよう。

## ③プロジェクトマネジメント分野以外の問題に自信がない場合

前述の①と②について考えた時に, いずれも「自信がない」となってしまったら, 別途対策が必要になる。「情報処理技術者試験はプロジェクトマネージャ試験が初めての受験だ」というケースや,「数年ぶりの情報処理技術者試験だ」というケースだ。過去に合格していても, 遠い昔の話なら別途対策が必要だろう。

その別途必要になる対策は, 午後Ⅰ対策 (P.407) である。全範囲を学習する必要はない。プロジェクトマネージャ試験の範囲 (開発技術, サービスマネジメント, システム企画, 法務, セキュリティ) だけで構わない。

# 午前Ⅱ最速の対策の紹介

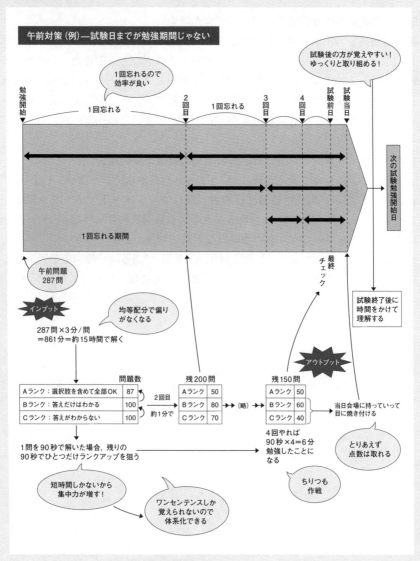

図2　午前対策の流れ（付録の 287 問とした例）

午前Ⅱ試験では，過去問題と同じ問題が数多く出題されるため，まずは過去問題を解けるようにしておくのが王道になる。そして余裕があれば，過去問題の変化球（多少アレンジされていたり，別の選択肢のことが問われていたりする問題）にも対応できるようにしておけば万全だ。本書では次のような方法を推奨している。

---

**【午前対策（左ページの説明）】**

①本書のDLサイトから過去問題をダウンロードする。

②"1問にかける時間は3分"と決める。その3分の中で問題を解き，答えを確認して解説を読む。

③その後，その問題を下記の基準で3段階に分ける

| ランク | 判断基準 |
|---|---|
| Aランク | 正解。選択肢も含めてすべて完全に理解して解けている |
| Bランク | 正解。但し，選択肢等完全に理解しているとは言えない |
| Cランク | 不正解 |

④全問題を一通り解いてみたあと，Aランク，Bランク，Cランクが，それぞれ何問だったのかを記録しておく。

⑤試験日までのちょうど中間日に再度②から繰り返す。この時，Aランクは対象外とし，BランクとCランクだけを対象とする。

⑥試験前日に，最後まで残ったB・Cランクの問題について，もうワンサイクル繰り返す。この時には問題文に答えやポイントを書き込む。

⑦試験当日に，⑥で書き込んだ問題を試験会場に持っていき，最後に目に焼き付ける。見直すだけなので，1時間あれば100問ぐらいは見直せる。

---

最大のポイントは，午前対策の発想を変えること。**「試験当日にどうしても覚えられない100問を持っていく。その100問を試験日までに絞り込むんだ」**という考え方であったり，1問に3分しかかけられない（問題を解くのに1分30秒ぐらい必要なので，解答確認や解説を読むのも1分30秒ぐらいしかない）ので，**「CランクはBランクを，Bランクは選択肢のひとつでも覚えることを最大の目的とする」**ことであったり。そのためには，**「正解するためのひとこと」**だけを覚えようとすることだったり。いろいろな意味で，考え方を変える必要があるだろう。

但し，このような方法を紹介すると，常に「点数を取るためだけの技術」と揶揄され，「そんな方法で合格しても実力が付くわけない」とか，「結局，仕事で使えない」とか言われるだろう。筆者にはその光景が目に浮かぶ。しかし，実際はそうではない。以下に列挙しているように，様々な理由でこの方法は秀逸だと考えている。もちろん仕事で使える知識としても。

## とにもかくにも点数が取れる

　これが一番の目的だろう。受験する限りは合格を目指さないと意味がない。カンニング等の不正行為で合格することに意味はないが，ルールを守って合格を目指すのは至極当然のこと。「実力がないのに合格しても意味がない」という言葉を，逃げ道にするのはやめよう。サッカーでもそうだろう。勝利のために，強豪チームは常にあたりが激しい。それを「乱暴だ！」というお上品な弱小チームに価値はない。勝利に貪欲になる姿の方が美しいと思う。

## 3分という時間が集中力を増す！

　加圧トレーニングや，高地トレーニングなどと同じように，人が厳しい制約の中におかれると，無意識にその環境に順応しようとする。その環境下でのベストな方法をチョイスする。そういう意味で，"3分しかない"という状況を作れば，**自ずと集中力が増す**。そして，その時間でできるベストなことを選択することになるだろう。Cランクだったものは次はBランクになるように，ワンセンテンスでのつながりを覚えることに集中したり，Bランクだったものは次はAランクになるように選択肢の意味をワンセンテンスで覚えることに集中したりである。

## ワンセンテンスで覚える＝体系化の第一歩

　「"共通フレーム"といえば，"共通の物差し"」などのように，ワンセンテンスで覚えることを，学習の弊害のように見る人もいるが，それは大きな誤りである。**知識を体系化して頭の中に整理しておくということは，第一レベルは「一言でいうと何？」ってなるということ**。「一言でいうと何？」という質問に答えられる方がいいのか，それができない方がいいのか，考えればわかるだろう。

## 均等配分で偏りがなくなる

　午前対策の勉強時間が20時間だとした場合，3分／問で168問に繰り返し目を通すのか，それとも30分／問で40問をじっくりやるのか，どちらが合格に近くなるだろうか？答えは，その20時間を使う前の仕上がり具合による。

　すでに半分ぐらいは点数が取れる状況で，かつ自分の弱点がわかっていて，弱い部分から40問を選択できるのなら，「30分／問で40問をじっくりやる」方が効果的だろう。しかし，**どんな問題が出題されているのかもわからず，どの部分が弱いかもわからない場合には，40問しかやらないまま受験するのはあまりにもリスキー**だ。そういう状況では，少なくとも1回は「3分／問で168問」をやってみたほうがいいだろう。そのうえで，弱点部分が絞り込めて時間的余裕があるのなら，別途時間を捻出して，じっくりと取り組めばいいだろう。

## 1回忘れる時間を持てるので効率が良い

筆者は，脳科学に詳しいわけではない。あくまでも筆者の経験則が前提になるが，こういう理屈は"アリ"だと考えている。

「これまで1か月以上覚えていたことは（今再確認したら，）今後1か月は記憶が持つはずだ」

20歳をすぎると脳細胞は毎日恐ろしいほど死んでいくって，聞いたことがあるようなないような…。でも，だからといって，普通はそんな急激に記憶力が劣化することはないだろう。仮に，この"三好理論"が正しいとしたら，"今"から試験日までの期間の半分ごとに再確認をするのが最も効率よく，しかもAランクを外していける根拠になる。

**勉強で最も効率が悪いのは，忘れてもいないのに覚えているかどうか不安になって，覚えていることだけを確認するという方法**。時間が無尽蔵にあればそういう方法もありだと思うが，学生じゃあるまいし，そんなのあるわけない。

それに副次的効果もある。「忘れてもいいんだ」という意識が，精神的ゆとりを生む。

## 試験後の方が覚えやすい。ゆっくりと取り組める

人の記憶というものは，インパクトに比例して強くなる。感動した記憶は，いつまでも色あせずに残っているのと同じだ。そう考えれば，"試験当日"というのは，（合格してもそうでなくても）もっともインパクトのある日だから，その直後の"調査"は，理解を深めて実力をアップするにはもってこいの時間になる。記憶に定着しやすいし，試験が終わって時間的にも余裕があるので，腰を据えてじっくり取り組めるだろう。**「試験日までが勉強時間」という既成概念を打破して**。もっともっと長期的に考えれば，このやり方は単に点数を取るためだけの試験テクニックではないことが理解できるだろう。

## 4-3　午前Ⅱ試験対策ツール（テーマ別過去問題）の紹介

　翔泳社の Web サイトでは，プロジェクトマネージャ試験の対策に役立つさまざまなコンテンツ（PDF ファイル）を入手できるようになっている。

> 提供サイト：https://www.shoeisha.co.jp/book/present/9784798185750/
> アクセスキー：本書のいずれかのページに記載されています（Web サイト参照）
> ※コンテンツの配布期間：2026 年 12 月末日まで

　上記のサイトから「午前Ⅱ　過去問題集」をダウンロードしよう。この資料以外にも「平成 14〜令和 5 年度の午前Ⅱ試験・本試験問題と解答・解説」もダウンロード可能だが，「午前Ⅱ　過去問題集」は，ここで説明しているカテゴリごとに問題を集約・分類している。

　但し，プロジェクトマネジメント分野の問題は，平成 14 年度〜平成 20 年度のプロジェクトマネージャ試験の午前試験，及び平成 21 年度〜令和 5 年度のプロジェクトマネージャ試験の午前Ⅱ試験の合計 760 問から抽出・分類しているが，プロジェクトマネジメント分野以外の問題は，平成 21 年度〜令和 5 年度のプロジェクトマネージャ試験の午前Ⅱ試験に限定している。また，問題は，選択肢まで含めて全く同じ問題だけではなく，多少の変更点であれば，それも同じ問題として扱っている。

### （1）プロジェクトマネジメント分野

　まずは，令和 5 年に 25 問中 13 問出題されているプロジェクトマネジメント分野の問題だ。JIS Q 21500：2018 の"対象群"単位に 7 つのカテゴリに分けている（複数の対象群を一つにまとめているものもある）。

## ①プロジェクト計画の作成（価値実現）

　PMBOK の第 6 版および JIS Q 21500 でいうところの"統合"と"スコープ"の問題を集めた。全部で 31 種類の過去問題がある。

表6　午前Ⅱ過去問題

| テーマ | | | 出題年度 - 問題番号 | | |
|---|---|---|---|---|---|
| プロジェクトマネージャ | ① | プロジェクトマネージャの成すべきこと | H23-1 | | |
| プロジェクトライフサイクル | ② | プロジェクトライフサイクルの特徴（1） | H28-3 | H24-1 | |
| | ③ | プロジェクトライフサイクルの特徴（2） | H25-3 | | |
| | ④ | プロジェクトライフサイクルの特徴（3） | H26-2 | | |
| PJ 全体計画の作成 | ⑤ | PJ 全体計画の作成 | R05-2 | | |
| プロジェクト作業の管理 | ⑥ | プロジェクト作業の管理の目的 | R02-2 | | |
| プロジェクト憲章 | ⑦ | プロジェクト憲章の目的 | H22-1 | | |
| | ⑧ | プロジェクト憲章の知識エリア・プロセス群 | H26-3 | H23-2 | |
| | ⑨ | プロジェクト憲章（1） | R04-2 | R02-3 | H30-2 |
| | ⑩ | プロジェクト憲章（2） | H25-4 | | |
| | ⑪ | プロジェクト憲章（3） | H28-4 | | |
| コンフィギュレーションマネジメント | ⑫ | コンフィギュレーションマネジメント | H30-3 | | |
| プロジェクトの技法 | ⑬ | 差異分析 | H26-10 | | |
| | ⑭ | 傾向分析 | R03-12 | H31-11 | H28-9 |
| プロジェクトスコープ | ⑮ | スコープの定義 | R05-3 | | |
| | ⑯ | 主要なインプットが WBS | R04-3 | | |
| | ⑰ | スコープコントロールの活動 | H28-5 | | |
| | ⑱ | プロジェクトスコープの拡張や縮小 | H23-3 | | |
| | ⑲ | プロジェクトスコープ記述書 | H31-15 | H25-6 | H22-3 |
| | ⑳ | ローリングウェーブ計画法 | H29-4 | H26-6 | |
| 変更管理 | ㉑ | 変更要求とプロセスグループの関係 | R04-1 | R02-1 | H30-1 |
| | ㉒ | 変更要求，是正処置 | H29-3 | | |
| | ㉓ | 変更管理の管理策 | H20-35 | | |
| WBS | ㉔ | WBS を作成する目的 | R04-8 | | |
| | ㉕ | ワークパッケージ | H31-12 | H29-5 | H25-5 |
| 組織のプロセス資産 | ㉖ | 企業の知識ベース | H26-4 | | |
| | ㉗ | 課題と欠陥のマネジメントの手順 | R03-3 | H29-2 | H27-3 |
| アジャイル開発 | ㉘ | アジャイルソフトウェア開発宣言 | R04-15 | R02-17 | |
| | ㉙ | アジャイル宣言の背後にある原則 | R05-1 | | |
| | ㉚ | ベロシティ | H29-11 | | |
| | ㉛ | スクラムのルール | R05-15 | | |

## ②ステークホルダ

　PMBOK の第6版および JIS Q 21500 でいうところの"資源"と"ステークホルダ","コミュニケーション"の問題を集めた。全部で 29 種類の過去問題がある。

表7　午前II過去問題

| テーマ | | 出題年度 - 問題番号 | | |
|---|---|---|---|---|
| チーム編成 | ① チーム編成 | H14-21 | | |
| 要員計画 | ② 山積みの計算（1） | H23-4 | H15-23 | |
| | ③ 山積みの計算（2） | H25-8 | | |
| | ④ 要員数の計算（1） | H20-23 | | |
| | ⑤ 要員数の計算（2） | H21-4 | | |
| 責任分担マトリックス | ⑥ 責任分担マトリックス | H24-11 | | |
| | ⑦ RACIチャート（1） | R03-2 | H31-2 | H29-6 |
| | | H27-5 | H25-14 | |
| | ⑧ RACIチャート（2） | R04-4 | R02-4 | H30-4 |
| | | H28-6 | H26-7 | |
| 教育技法 | ⑨ 教育技法 | H23-11 | | |
| | ⑩ 教育効果の測定 | R02-15 | | |
| | ⑪ 問題解決能力の育成 | H20-44 | | |
| 文書構成法 | ⑫ 帰納法（1） | H23-10 | H17-31 | |
| | ⑬ 帰納法（2） | H24-13 | | |
| | ⑭ 軽重順序法 | H21-7 | H16-31 | |
| ステークホルダ | ⑮ ステークホルダ（1） | H26-5 | H24-2 | |
| | ⑯ ステークホルダ（2） | H25-1 | | |
| | ⑰ ステークホルダのマネジメント | R05-4 | | |
| | ⑱ プロジェクトガバナンスを維持する責任者 | H27-1 | | |
| | ⑲ PMO | R03-1 | H31-1 | |
| | ⑳ エンゲージメント・マネジメント | H31-7 | | |
| 資源マネジメント | ㉑ ブルックスの法則 | H27-6 | | |
| | ㉒ コンフリクトマネジメントの指針 | H24-10 | | |
| | ㉓ 組織とリーダーシップの関係 | H19-43 | H17-42 | H14-38 |
| | ㉔ 集団思考 | H31-23 | | |
| | ㉕ タックマンモデル | R04-5 | H29-7 | |
| 資源サブジェクトグループ | ㉖ 資源コントロールプロセス | R04-6 | H30-5 | |
| コミュニケーション | ㉗ コミュニケーションマネジメントの目的 | R03-14 | | |
| | ㉘ コミュニケーションの計画の目的 | R02-14 | | |
| | ㉙ コミュニケーションマネジメント計画書の内容 | H31-14 | | |

## ③リスク

PMBOK の第 6 版および JIS Q 21500 でいうところの "リスク" の問題を集めた。全部で 13 種類の過去問題がある。

表8　午前Ⅱ過去問題

| テーマ | | | 出題年度 - 問題番号 | | |
|---|---|---|---|---|---|
| 計画フェーズ | ① | リスクの特定，リスクの評価 | R05-12 | R03-10 | |
| リスク分析 | ② | 定性的リスク分析（1） | H30-11 | H27-12 | H24-14 |
| | | | H22-14 | | |
| | ③ | 定性的リスク分析（2） | H28-14 | | |
| | ④ | 感度分析 | R03-11 | H31-10 | |
| | ⑤ | ＥＭＶの計算式 | R05-11 | H26-12 | H23-12 |
| | | | H21-8 | | |
| | ⑥ | ＥＭＶの計算問題（1） | R02-10 | H30-9 | H25-15 |
| | ⑦ | ＥＭＶの計算問題（2） | R04-12 | | |
| リスク対応戦略 | ⑧ | プラスのリスク，マイナスのリスク | H30-10 | H28-15 | H26-13 |
| | | | H23-14 | | |
| | ⑨ | リスク対応戦略 "強化" | R02-11 | | |
| | ⑩ | リスク対応計画 | H21-10 | | |
| リスク対応 | ⑪ | リスクへの対応 | H31-5 | | |
| デルファイ法 | ⑫ | デルファイ法 | H17-41 | | |
| | ⑬ | デルファイ法の利用によるリスク抽出 | H28-13 | H23-13 | H21-9 |

## ④進捗

PMBOK の第 6 版および JIS Q 21500 でいうところの"タイム（時間）"の問題を集めた。全部で 27 種類の過去問題がある。

表 9　午前Ⅱ過去問題

| テーマ | | 出題年度 - 問題番号 | | | |
|---|---|---|---|---|---|
| 進捗 | ① 全体工期の計算（1） | H20-22 | | | |
| | ② 全体工期の計算（2） | H31-8 | | | |
| | ③ 残りの工期の計算 | H30-7 | H27-4 | H24-7 | H22-8 |
| | | H19-21 | | | |
| | ④ 資源カレンダー | H28-7 | | | |
| | ⑤ 資源平準化 | R02-8 | | | |
| | ⑥ 進捗率の計算 | H16-24 | | | |
| ＡＤＭ | ⑦ ＡＤＭの解釈（1） | H20-21 | H14-20 | | |
| | ⑧ ＡＤＭの解釈（2） | R02-7 | | | |
| | ⑨ ＡＤＭを使ったファストトラッキング | H30-6 | | | |
| | ⑩ ＡＤＭの総余裕時間 | R04-9 | | | |
| ＰＤＭ | ⑪ ある作業の総余裕時間 | H25-10 | | | |
| | ⑫ 総工期の計算 | H18-22 | | | |
| | ⑬ 所要日数の計算（1） | R05-7 | H29-10 | | |
| | ⑭ 所要日数の計算（2） | R03-4 | | | |
| トレンドチャート | ⑮ トレンドチャートの読み方 | H22-6 | | | |
| クリティカルチェーン | ⑯ クリティカルチェーン（1） | H22-5 | | | |
| | ⑰ クリティカルチェーン（2） | R05-8 | R03-7 | H31-4 | H29-1 |
| | | H26-9 | | | |
| | ⑱ クリティカルチェーン（3） | H27-7 | | | |
| | ⑲ クリティカルチェーン（4） | H25-7 | | | |
| | ⑳ CCPM 計算 | R05-6 | | | |
| スケジュール短縮技法 | ㉑ ファストトラッキング | H24-5 | | | |
| | ㉒ クラッシング（1） | H23-6 | | | |
| | ㉓ クラッシング（2） | R03-6 | H29-9 | H27-9 | H25-9 |
| ガントチャート | ㉔ ガントチャート（1） | H16-44 | | | |
| | ㉕ ガントチャート（2） | R03-5 | H31-3 | H29-8 | H27-8 |
| | | H24-4 | H22-4 | | |
| | ㉖ ガントチャート（3） | H23-5 | H15-24 | | |
| | ㉗ ガントチャート（4） | R02-6 | | | |

## ⑤予算

PMBOK の第 6 版および JIS Q 21500 でいうところの "コスト" の問題を集めた。全部で 20 種類の過去問題がある。

表 10　午前Ⅱ過去問題

| テーマ | | | 出題年度 - 問題番号 | | |
|---|---|---|---|---|---|
| 品質コスト | ① | 適合コストと不適合コスト | H27-13 | | |
| 生産性 | ② | 生産性を表す式 | R04-11 | H31-9 | H29-14 |
| | | | H27-2 | H18-23 | |
| | ③ | 生産性の計算問題 | H25-2 | | |
| 工数計算 | ④ | 工数計算 | R05-9 | H28-10 | H26-11 |
| | | | H24-6 | | |
| | ⑤ | 進捗遅れの増加費用の計算（ADM） | H19-20 | H17-22 | |
| | ⑥ | クラッシング時の増加費用の計算（ADM） | H26-8 | | |
| | ⑦ | 開発規模と開発工数のグラフ | H19-22 | H17-24 | |
| | ⑧ | 人件費の計算 | R03-8 | | |
| ファンクションポイント法 | ⑨ | ファンクションポイント法 | H21-3 | H15-25 | |
| | ⑩ | ファンクションポイント法・IFPUG 法の機能分類 | H29-13 | H27-11 | H25-12 |
| | | | H23-7 | | |
| | ⑪ | FP 計算 | R05-10 | | |
| COCOMO | ⑫ | COCOMO のグラフの傾向 | R04-10 | R02-9 | H30-8 |
| | | | H28-11 | H26-14 | H24-3 |
| | | | H22-2 | H16-25 | |
| COSMIC 法 | ⑬ | COSMIC 法 | R03-9 | | |
| Ｅ Ｖ Ｍ | ⑭ | EVM の指標による進捗の判断 | R02-5 | H22-7 | |
| | ⑮ | EVM のグラフの見方（1） | H28-8 | H25-11 | H21-2 |
| | | | H17-23 | | |
| | ⑯ | EVM のグラフの見方（2） | H19-23 | | |
| | ⑰ | EAC の算出 | R05-5 | | |
| | ⑱ | TCPI | R04-7 | | |
| | ⑲ | EVM CPI<1.0 への対応 | H29-12 | H27-10 | |
| | ⑳ | WP の進捗率－重み付けマイルストーン法 | H31-6 | | |

## ⑥品質

　PMBOK の第 6 版および JIS Q 21500 でいうところの "品質" の問題を集めた。全部で 40 種類の過去問題がある。

表 11　午前Ⅱ過去問題

| テーマ | | 出題年度 - 問題番号 | | |
|---|---|---|---|---|
| 品質マネジメント | ① 品質尺度 | H30-14 | | |
| 品質特性 | ② システムの非機能要件 | H25-21 | H22-22 | |
| | ③ 使用性（1） | H27-21 | | |
| | ④ 使用性（2） | H25-16 | | |
| | ⑤ 信頼性 | R04-14 | | |
| | ⑥ 効率性 | H23-8 | H21-5 | |
| | ⑦ 保守性の評価指標 | R02-12 | H27-14 | H25-13 |
| | | H22-11 | | |
| | ⑧ 満足性 | H30-12 | | |
| テストケース設計技法 | ⑨ ブラックボックステストのテストデータ作成方法 | H19-18 | H16-23 | |
| | ⑩ ホワイトボックステストのテストケース作成方法 | H20-18 | | |
| | ⑪ All-Pair 法（ペアワイズ法） | H31-16 | | |
| テスト | ⑫ システム適格性確認テスト | H30-16 | | |
| | ⑬ ソフトウェア適格性確認テスト | H23-19 | | |
| | ⑭ 設計アクティビティとテストの関係 | H24-16 | H21-12 | |
| | ⑮ エラー埋込み法による残存エラーの予測（1） | H19-19 | H17-20 | |
| | ⑯ エラー埋込み法による残存エラーの予測（2） | H26-16 | | |
| | ⑰ 工程品質管理図の解釈 | H15-22 | | |
| | ⑱ テスト完了基準を用いた終了判定 | H20-19 | | |
| レビュー | ⑲ インスペクションとウォークスルーの最大の違い | H15-21 | | |
| | ⑳ ウォークスルー，インスペクション，ラウンドロビン | R05-13 | H17-19 | |
| | ㉑ レビュー時の品質評価 | R04-13 | | |
| | ㉒ コードインスペクションの効果 | H21-1 | H19-24 | H14-23 |
| ＱＣ七つ道具とグラフ他 | ㉓ データのグラフ化 | H22-13 | | |
| | ㉔ グラフの使い方（1） | H18-30 | | |
| | ㉕ グラフの使い方（2） | H21-6 | H19-31 | |
| | ㉖ 図やチャートの使い方 | H20-30 | | |
| | ㉗ 積み上げ棒グラフ | H23-9 | H18-29 | |
| | ㉘ パレート図（1） | H17-49 | | |
| | ㉙ パレート図（2） | H30-13 | | |
| | ㉚ パレート図（3） | H19-49 | | |
| | ㉛ パレート図（4） | H26-15 | | |
| | ㉜ ヒストグラム（1） | H18-48 | | |
| | ㉝ ヒストグラム（2） | H24-12 | | |
| | ㉞ $\bar{X} - R$ 管理図 | H24-8 | | |

| テーマ | | 出題年度 - 問題番号 | | |
|---|---|---|---|---|
| C M M I | ㉟ CMMI | H23-18 | | |
| | ㊱ CMMI の目的（1） | H24-18 | H18-14 | |
| | ㊲ CMMI の目的（2） | H28-18 | | |
| | ㊳ レベル 5 | H17-25 | H14-22 | |
| | ㊴ レベル 4 | H19-11 | | |
| S P A | ㊵ S P A | H28-1 | H26-1 | H22-9 |

## ⑦調達

　PMBOK の第 6 版および JIS Q 21500 でいうところの "調達" の問題を集めた。全部で 23 種類の過去問題がある。

**表 12　午前Ⅱ過去問題**

| テーマ | | | 出題年度 - 問題番号 | | |
|---|---|---|---|---|---|
| モデル契約 | ① | モデル取引・契約書（請負） | H22-23 | | |
| | ② | モデル取引・契約書（準委任） | H29-21 | | |
| 契約形態 | ③ | 定額契約 | H21-11 | | |
| | ④ | コストプラスインセンティブフィー契約（1） | H24-15 | | |
| | ⑤ | コストプラスインセンティブフィー契約（2） | R02-13 | | |
| | ⑥ | 契約時の責任 | R04-20 | | |
| | ⑦ | レンタル契約（PC） | R03-13 | H31-13 | H29-15 |
| | ⑧ | ライセンス契約 | H26-21 | | |
| ＲＦＰ-ＲＦＩ | ⑨ | ＲＦＰ作成の留意点 | H23-15 | | |
| | ⑩ | ＲＦＩ | H31-21 | | |
| 調達作業範囲記述書 | ⑪ | 調達作業範囲記述書 | H30-15 | | |
| 請負契約 | ⑫ | 請負契約の検収基準 | H20-53 | | |
| | ⑬ | 請負契約 | H22-23 | | |
| | ⑭ | 中間成果物の検収 | H27-15 | | |
| | ⑮ | 情報セキュリティ | H30-21 | | |
| 準委任契約 | ⑯ | 準委任契約 | H29-21 | | |
| 労働者派遣法 | ⑰ | 労働者派遣法（1） | H14-49 | | |
| | ⑱ | 労働者派遣法（2） | H16-48 | | |
| | ⑲ | 労働者派遣法（3） | H22-24 | H18-54 | |
| | ⑳ | 労働者派遣法（4） | H19-54 | H15-49 | |
| | ㉑ | 労働者派遣法（5） | H29-23 | | |
| | ㉒ | 労働者派遣法（6） | R02-22 | | |
| 労働契約法 | ㉓ | 労働契約法 | H30-22 | H28-23 | |

 Column ▶ **エンゲージメントにまつわる四方山話**

PMBOK（第5版）から登場した"ステークホルダー・マネジメント"…そこにある重要キーワードのひとつが**"エンゲージメント"**です。

### 婚約

エンゲージメント（engagement）を直訳すると，約束とか契約とか…。でも，マネジメント用語として使う場合に最もイメージが近い訳は"婚約"だと思います。ほら，婚約指輪のことをエンゲージリングといいますよね。あのエンゲージです。

### マーケティング用語としてのエンゲージメント

他には，マーケティングの用語としても使われています。企業やブランドに対して，ユーザが持っている"愛着"のある状態を示す言葉で，その度合いを測る場合には"エンゲージメント指数"などと言ったりします。

ちょうどコトラーが2010年に発表したマーケティング3.0が，ネット全盛時代のマーケティングなのでそれとも合致しています。

### エンゲージメントマネジメント

コトラーがマーケティング3.0を発表した…ちょうどその頃，SNS全盛のネット時代（誰もが情報発信する時代）は，マーケティングだけではなく，マネジメントにも"エンゲージメント"という言葉を使わせ始めました。PMBOK（第5版）が発表されたのも2013年です。

最初は，従業員を…「企業や組織に対してロイヤルティを持ち，方向性や目標に共感し，自己実現の場として"愛着"と"絆"を感じている状態」に持って行くことが必要だとしていました。従業員満足度にも近い概念です。

しかし，その後，人材育成に強いコンサルティングファームのウイリス・タワーズワトソンが，エンゲージメントマネジメントに関して，興味深い発表をしたのです。企業の業績を考えると，従業員満足度だけでは不十分で，そこには従業員の自発的貢献意欲が必要だと。

### 自発的貢献意欲…

この"自発的貢献意欲"という言葉は，確かに今の時代にベストマッチする言葉だと思います。

少子高齢化，売り手市場，転職市場の発達，労働者の権利意識の高まり，多様性を尊重する社会への移行など，今，大きく変化しようとしている"働き方"の中で，企業も上司も選ばれる時代になったのかもしれません。

では，どうすれば"自発的貢献意欲"に満ちた人材を率いることができるのでしょうか。当たり前ですが…必勝法などありません。

でも…一つだけ言えるのは，"自発的貢献意欲"をただ相手に求めるだけの人には，誰も"その人のために…"なんて思いません。他人は鏡。まずは自分が…その相手に対して"自発的貢献意欲"を持つ。すべてはそこから始まるのではないでしょうか。

## (2) プロジェクトマネジメント分野以外

　続いて，令和 5 年に 25 問中 12 問出題されていたプロジェクトマネジメント分野以外の問題についてもまとめてみた。開発分野，サービスマネジメント，システム企画と法務，セキュリティでまとめている。

### ①開発技術

　「12 システム開発技術［出題範囲：○，技術レベル：3］」と「13 ソフトウェア開発管理技術［出題範囲：○，技術レベル：3］」の問題を集めた。全部で 30 種類の過去問題になる。

表 13　午前 II 過去問題

| テーマごとに独自に分類 | テーマ | 出題年度 - 問題番号<br>（※1，2） | | |
|---|---|---|---|---|
| システム要件定義・<br>ソフトウェア要件定義 | ① 検証可能な要件 | R05-20 | | |
| | ② UX デザイン | R03-20 | | |
| | ③ デザイン思考 | R02-20 | | |
| | ④ システム要件として定義するもの | H23-16 | | |
| | ⑤ 要件定義プロセスのアクティビティ | H21-22 | | |
| | ⑥ BPMN | H22-15 | | |
| | ⑦ CRUD マトリックス | H24-22 | | |
| 設計 | ⑧ オブジェクト指向設計（汎化）（1） | H22-17 | | |
| | ⑨ オブジェクト指向設計（汎化）（2） | R05-14 | | |
| | ⑩ ロバストネス分析 | R03-15 | | |
| | ⑪ ソフトウェア方式設計 | H28-16 | | |
| | ⑫ SOA（1） | H22-18 | | |
| | ⑬ SOA（2） | R02-16 | H25-17 | |
| | ⑭ DFD | H23-17 | | |
| | ⑮ 状態遷移図 | H21-13 | | |
| | ⑯ E-R モデル | H21-21 | | |
| | ⑰ 論理データモデル作成 | H22-16 | | |
| 実装・構築／統合・テスト | ⑱ 全数検査による費用低減 | H29-16 | | |
| 開発プロセス・手法 | ⑲ 開発方針と開発モデル | H26-18 | | |
| | ⑱ ソフトウェア開発のプロセスモデル | H25-18 | | |
| | ⑲ スパイラルモデル | H21-15 | | |
| | ⑳ 開発ライフサイクルモデルとソフトウェア保守 | H24-17 | | |
| | ㉑ リーンソフトウェア開発 | R03-16 | H30-18 | H27-17 |
| | ㉒ ユースケース駆動開発 | R04-17 | | |
| | ㉓ マッシュアップ（1） | H29-17 | H27-18 | |
| | ㉔ マッシュアップ（2） | R03-17 | H31-17 | |
| | ㉕ リファクタリング | H29-18 | | |
| | ㉖ リバースエンジニアリング（1） | H21-16 | | |

| テーマごとに独自に分類 | | テーマ | 出題年度 - 問題番号<br>（※1，2） | | |
|---|---|---|---|---|---|
| 開発プロセス・手法 | ㉗ | リバースエンジニアリング（2） | H22-19 | | |
| | ㉘ | XP のテスト駆動開発 | H30-17 | | |
| | ㉙ | XP のペアプログラミング | R04-16 | H28-19 | H26-17 |
| | ㉚ | テクニカルプロセス | R05-16 | | |

※アジャイル開発，スクラム関連の問題は「プロジェクト計画の作成（価値実現）」にまとめています。
※教育訓練関連の問題は「ステークホルダー」にまとめています。
※品質特性やテスト，CMMI に関連する問題は「品質」にまとめています。
※要件定義関連の問題は「18　システム企画」で出題されているものもこちらにまとめています。
※著作権関連の問題は「23　法務」にまとめています。
※フェールセーフ等の問題は「15　サービスマネジメント」にまとめています。

## ②サービスマネジメント

　「15 サービスマネジメント［出題範囲：○，技術レベル：3］」の問題を集めた。全部で 26 種類の過去問題になる。

表 14　午前Ⅱ過去問題

| テーマごとに独自に分類 | | テーマ | 出題年度 - 問題番号<br>（※1，2） | | |
|---|---|---|---|---|---|
| ITIL　（旧バージョン） | ① | サービスライフサイクル | H26-19 | | |
| | ② | サービストランジション | H28-20 | | |
| | ③ | ITIL 管理プロセス | H23-21 | | |
| | ④ | IT サービスマネジメントの導入手順 | H21-19 | | |
| | ⑤ | 変更管理プロセス | H22-21 | | |
| | ⑥ | インシデント及びサービス要求管理 | H27-19 | | |
| | ⑦ | IT サービス継続性管理 | H24-20 | | |
| | ⑧ | サービスオーナ | H24-19 | | |
| ITIL 2011edition | ⑨ | インシデントとイベント管理プロセス | H30-19 | | |
| JIS Q 20000-1：2020 | ⑩ | サービスマネジメントシステムの監視及びレビュー | H30-20 | | |
| | ⑪ | 内部監査 | R05-19 | | |
| 障害への備え | ⑫ | フェールソフト | R03-19 | H28-21 | H25-19 |
| | | | H22-20 | | |
| | ⑬ | フェールセーフ | H28-17 | | |
| | ⑭ | フールプルーフ | H27-16 | | |
| | ⑮ | ウォームスタンバイ | R04-19 | | |
| | ⑯ | ハードディスク障害 | H21-17 | | |
| | ⑰ | バックアップ（1） | H25-20 | | |
| | ⑱ | バックアップ（2） | H31-20 | H29-19 | |
| 運用コスト | ⑲ | 最小の TCO を求める | R05-18 | H27-20 | |
| | ⑳ | 投資利益率 | R04-18 | | |
| | ㉑ | リスク・効果総合評価点 | R03-18 | H26-20 | H23-20 |

| テーマごとに独自に分類 | | テーマ | 出題年度 - 問題番号<br>（※1，2） | | |
|---|---|---|---|---|---|
| 運用・保守 | ㉒ | 事業関係マネージャ | H31-19 | | |
| | ㉓ | DB と DBA | R02-18 | H29-20 | |
| | ㉔ | 運用管理者の保守点検及び修理作業 | H21-14 | | |
| | ㉕ | 業務プログラムの運用・保守 | H21-18 | | |
| ファシリティマネジメント | ㉖ | 空調計画（冷房負荷） | R02-19 | | |

※フェールセーフ等の問題は「12　開発技術」で出題されているものも，こちらにまとめています。

## ③システム企画と法務

「18 システム企画［出題範囲：○，技術レベル：3］」と「23 法務［出題範囲：○，技術レベル：3］」の問題を集めた。全部で 31 種類の過去問題になる。

表15　午前Ⅱ過去問題

| テーマごとに独自に分類 | | テーマ | 出題年度 - 問題番号<br>（※1，2） | | |
|---|---|---|---|---|---|
| システム化計画 | ① | 業務モデルの作成 | H23-23 | | |
| | ② | 投資効果（ROI） | H28-22 | | |
| | ③ | 投資効果（NPV） | H24-21 | | |
| | ④ | 投資効果（PBP） | H23-22 | | |
| | ⑤ | コンティンジェンシープラン | H26-23 | | |
| 調達計画・実施 | ⑥ | サプライチェーンマネジメントの改善指標 | H21-20 | | |

※ RFP・RHI の問題は「調達」にまとめています。
※要件定義関連の問題は「11　開発技術」にまとめています。

表16　午前Ⅱ過去問題

| テーマごとに独自に分類 | | テーマ | 出題年度 - 問題番号<br>（※1，2） | | |
|---|---|---|---|---|---|
| 知的財産権 | ① | 著作権（1） | H21-23 | | |
| | ② | 著作権（2） | H23-24 | | |
| | ③ | 著作権（3） | R05-17 | | |
| | ④ | 著作権（4） | H31-18 | | |
| | ⑤ | ビジネスモデル特許 | H24-24 | | |
| | ⑥ | 不正競争防止法 | H27-22 | | |
| セキュリティ関連法規 | ⑦ | 個人情報保護法 | R02-21 | H25-24 | H21-25 |
| | ⑧ | プロバイダ責任制限法 | R05-21 | | |
| | ⑨ | 特定電子メール法 | H27-23 | | |
| 労働関連・取引関連法規 | ⑩ | 労働基準法・労働契約法 | R03-21 | | |
| | ⑪ | 労働基準法（1） | R05-22 | H29-22 | |
| | ⑫ | 労働基準法（2） | H30-22 | H28-23 | |
| | ⑬ | 下請法（1） | H31-22 | | |

| テーマごとに独自に分類 | テーマ | 出題年度 - 問題番号<br>（※1，2） | | |
|---|---|---|---|---|
| 労働関連・取引関連法規 | ⑭ 下請法（2） | H26-22 | | |
| | ⑮ 下請法（3） | H21-24 | | |
| | ⑯ 製造物責任法 | H23-25 | | |
| | ⑰ グリーン購入法 | H24-23 | | |
| その他の法律・<br>ガイドライン・<br>技術者倫理 | ⑱ OECD プライバシー保護ガイドライン | H22-25 | | |
| | ⑲ 共通フレームの目的 | H24-25 | | |
| | ⑳ 技術者倫理（1）ホイッスルブローイング | R03-22 | | |
| | ㉑ 技術者倫理（2）集団思考 | H31-23 | | |
| 標準化関連 | ㉒ 日本工業標準調査会 | H25-25 | | |
| | ㉓ 国際エネルギースターロゴ | H25-22 | | |
| | ㉔ SDGs | R04-22 | | |
| | ㉕ RoHS 指令 | R04-21 | H30-23 | H25-23 |

※労働者派遣法，契約関連の問題は「調達」にまとめています。
※著作権関連の問題は「11　開発技術」で出題されたものも，こちらに集約しています。

## ④セキュリティ

　「11 セキュリティ［出題範囲：◎，技術レベル：3]」の問題を集めた。全部で 17
種類の過去問題になる。

表17　午前Ⅱ過去問題

| テーマごとに独自に分類 | テーマ | 出題年度 - 問題番号<br>（※1，2） | | |
|---|---|---|---|---|
| 情報セキュリティ | ① テンペスト攻撃 | R03-24 | H30-25 | H27-25 |
| | ② シャドーIT | H28-24 | | |
| | ③ ファジング | R05-25 | R02-25 | |
| | ④ 暗号技術（1）共通鍵暗号方式（AES） | R03-23 | | |
| | ⑤ 暗号技術（2）AES の鍵長の条件 | H31-24 | H27-24 | |
| | ⑥ 暗号技術（3）公開鍵暗号方式における鍵の数 | H30-24 | | |
| | ⑦ シングルサインオンの実装方式 | R04-24 | R02-23 | |
| | ⑧ PKI（CRL） | R04-23 | | |
| 情報セキュリティ管理 | ⑨ CSIRT | H29-24 | | |
| | ⑩ サイバーセキュリティ演習 | R04-25 | | |
| セキュリティ技術評価 | ⑪ ISO/IEC15408 | R05-23 | | |
| | ⑫ ペネトレーションテスト | H29-25 | | |
| | ⑬ 共通脆弱性評価システム（CVSS） | R02-24 | | |
| 情報セキュリティ対策 | ⑭ デジタルフォレンジックス | R05-24 | | |
| セキュリティ実装技術 | ⑮ SSL | H26-25 | | |
| | ⑯ SMTP サーバの不正利用防止 | H26-24 | | |
| | ⑰ DNSSEC | R03-25 | H31-25 | H28-25 |

# 付録

## プロジェクトマネージャに
## なるには

**試験終了後に読んでほしいこと**
**―合格後に考えること―**

**受験の手引き**※

**プロジェクトマネージャ試験とは**※

**出題範囲**※

※翔泳社 Web サイトからダウンロード提供
https://www.shoeisha.co.jp/book/present/9784798185750/ からダウンロードできます。
詳しくは，iv ページ「付録のダウンロード」をご覧ください。

# 試験終了後に読んでほしいこと
## ―合格後に考えること―

　最後に，少々気が早いかもしれませんが…資格取得後に考えるべきことを書いておきます。合格してからでも，あるいは，合格するためのモチベーションアップでも構わないので，ご覧いただければ幸いです。

## ●資格取得後にすること（方針）

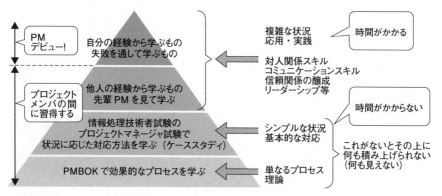

※理論や基礎だけでは"だめ"だが，実践や応用だけでも"だめ"。両輪でスキルアップしていかなければならない

図1　プロジェクトマネジメントのスキルアップツール（何を学ぶべきか？）

　上記は，筆者の考えるプロジェクトマネジメントのスキルアップのイメージ図です。だいたい意味は分かると思いますが，ようやく資格取得の学習を通じて最低限の知識を得たわけですから，積極的に…まずは"他人の経験（特に失敗事例）"からそのノウハウを盗んでいきましょう。まさに「賢者は他人の経験に学ぶ（愚者は自分の経験に学ぶ）」ですよね。

　具体的に何をすればいいのか…その前に，まずは方針から。筆者は，資格取得の教科書に載っていないものの中でも，特に"答えの無い課題への挑戦"と"試行錯誤"できるものが重要だと考えています。"経験が貴重"で，"失敗が糧になる"と言えるのもこのレベルの話ですね。

　我々のように技術革新の速い世界に身を置く場合，初めての経験でも失敗はできません。十分な知識と準備によって，確実に成果を出さないといけない。知識があれば避けられた失敗や，勉強不足に起因するトラブルなんかは愚の骨頂。「いやー大変だったけど，いい経験になったよ」なんて口にすると嘲笑の的になってしまいます。我々にとって貴重な経験とは，正解の無い課題で，教科書にも対応方法が載っ

ていないところの話。だから，誰に叱られることもなく，時間をかけた試行錯誤が財産になるのです。そこを絶対に履き違えてはいけません。

　ちなみに，資格もそういう使い方をすれば"自信"につながります。自分が直面した課題への対応が，教科書に載っているものかどうかを考えればいいのです。そして，それが「自分が勉強した中には無かったな」というものであれば，それすなわち，これから経験することが"貴重な財産"になるわけですから，試行錯誤を楽しみましょう。基本，失敗しても叱られませんので（"基本"と言っているのは，レベルの低い上司だったり，自己中の上司だとその判断がつかないから叱られることもあるということ），そこから自信が生まれるはずです。自信とは，自分はこれを知らなくてもいい，できなくてもいいと言うところから始まるものですからね。

## ●合格後にすべきこと①　より詳細な知識の補充－特に法律と契約－

　まずは継続して，"知識の補充"，すなわち"勉強"でできることをやっていきましょう。対象は**"法律"**です。"試験勉強と実務が乖離しているところ"が"法律"や"契約"に関する知識の部分だからです。そもそもPMが実務を行う上で知っておくべき"法律"は，ざっと挙げるだけでも下表ぐらいはあるのです。しかも，"働き方改革"の影響もありここ数年でダイナミックに変化しています。

　他にもちょっと怖い話もあります。労働契約法の第5条には安全配慮義務が定められていて，PMは，無言の圧力がNGなのは当然のこと，メンバの体調不良を見て見ぬふりもできないのです。ご存知でしょうか？　安全配慮義務違反で会社が訴えられる時，その約3割は直属の上司も一緒に訴えられているということを。そうならないようにするためにも，法律には強くないといけないわけです。

表：SEカレッジで筆者が担当しているPM実践講座の例

| 講座名 | 講座の内容 |
|---|---|
| PMに必要な法律知識 | PMが知っておくべき法律には次のようなものがあります。いずれも試験で問われるレベルでは絶対的に不十分で，判例レベルでの知識が必要になります。<br>①民法，②労働基準法，③労働契約法，④労働者派遣法，⑤労働安全衛生法，⑥男女雇用機会均等法，⑦育児・介護休業法，⑧パートタイム労働法，⑨公益通報者保護法 |
| PMアンチパターン | 経済産業省で公開されている情報などを元に，過去に裁判にまで発展したケースを解説。PMの義務，ユーザの義務について考察する |
| ベンダコントロール術 | RFI，RFPの発行から，ベンダ選定，契約書の項目に至るまでの部分をユーザ目線で解説。ITコンサルタントとしてベンダに対峙した時に，どういう視点でみているのかを詳細に解説。見積根拠の説明も |

※1　SEカレッジとは，（株）SEプラスが運営する中小企業向けの定額制研修サービス（https://www.seplus.jp/dokushuzemi/secollege/）

## ●合格後にすべきこと② 次に受験する試験区分の合格

　今回の受験後，次の試験区分に挑戦することを決めている受験生も少なくないと思います。その場合，1点だけ注意しなければならないことがあります。それは「PMでの成功体験が必ずしも他の試験区分でも有効とは限らない」という点です。午前対策は問題数が試験区分によって異なるものの同じ考え方で大丈夫ですが，午後Ⅰや午後Ⅱは試験区分によって大きく考え方を変える必要があるものも。そのあたり簡単ではありますが参考程度に書いておきます。詳細は，筆者の個人ブログやYouTubeで公開しているものもあるので利用してください。但しそれは本書とは無関係のものなので，その点は十分ご理解ください。

### PM → ITストラテジスト試験（解答手順と練習方法，準備が大きく異なる）

| | |
|---|---|
| 午前Ⅱ | PMに比べてかなり広範囲かつ問題数も多い。 |
| 午後Ⅰ | PMのように設問が時系列に並んでないことが多い。したがって設問によってはすごく難解なものもある。そこで，問題文の中にある "問題" や "課題" をピックアップし，それらがどの設問で問われているものか？ PMとは真逆のアプローチが有効になる。基本 "抜粋型" の解答になる。 |
| 午後Ⅱ | 他の論文試験合格者が多い。しかも，企画という "絵に描いた餅" で周囲を説得し予算を引っ張ってくるわけだから「数字で説得する」ことが重要になる。しかしPMに比べて経験者の受験者が少ないので "思い出しながら書く" ことが難しい。そこで，データ収集等の "事前準備" が重要で，それをどれだけするのかによって合否が分かれる。具体的には2時間で書く練習ではなく，国会図書館で業種別審査事典を調べる等，試験本番時にとっさに出せない情報をきちんと準備しておく。 |

### PM → ITサービスマネージャ試験（解答手順と練習方法，準備は同じ）

| | |
|---|---|
| 午前Ⅱ | 特に無し（ITILベース） |
| 午後Ⅰ | 問題文と設問が時系列に並んでいるので，練習方法や解答手順はPMと同じ方向性で問題ない。 |
| 午後Ⅱ | 同じマネジメント系。PMと同じ方向性で問題は無い。 |

## PM →システムアーキテクト試験（解答手順と練習方法は異なる）

| 午前Ⅱ | 特に無し |
|---|---|
| 午後Ⅰ | 階層化が1段〜2段深い。例えば"受注"に関する説明が，既存業務，新業務，要求，設計と，各段落に分散していて，それを段落横断的に把握することが必要になる。つまり全体構成を把握することを最優先にする（飛ばし読みが有効）。また，特徴のある図表が多いので，図表単位で解答手順を決めていくことも重要になる。基本"抜粋型"。文中に似たような帳票名や処理名があることもあり，それが苦手な人は状況整理に工夫が必要になる。 |
| 午後Ⅱ | 論文試験初挑戦者が多い。PMの方が難しいので，問題文の読み違えだけに注意し論意に沿った内容を心掛ければ問題は無い。利用者対応のフェーズが中心なので，利用者を明確にすること，設計やテストは自分が作業すること，そのあたりを忘れないように。具体的な設計内容（一部）を出せるかどうかがカギ。 |

## PM →システム監査試験（解答手順と練習方法は午後Ⅱの準備が異なる）

| 午前Ⅱ | システム監査の問題が少ない（10問前後）。他は実質午前Ⅰ相当。 |
|---|---|
| 午後Ⅰ | ITストラテジスト，プロジェクトマネージャ，ITサービスマネージャ，システムアーキテクト，情報セキュリティなど他区分の知識が必要になるが，PMで習得した解答テクニックや解答手順はそのまま使える。 |
| 午後Ⅱ | 他の試験区分＋監査の知識が必要。そのため，監査特有の表現を使えるように準備する。特に設問ウが"監査手続"なので，リスクとコントロール，監査手続までの一連の流れ，それぞれの違いを押えていく。また，監査人が必要だと考えていることなのか，監査対象の状況なのか，どっちが問われているのかを問題文から正確に読み取らないといけない。そういう意味で，問題文の読み違えを無くすのは当然のこと，監査特有の表現を会得する。 |

## PM →テクニカル系試験（解答手順と練習方法は異なる）

　他に，テクニカル系試験に関しては，必要な知識を暗記することとは別に，午後Ⅰ・午後Ⅱともに記述式の解答なので，本書で習得した午後Ⅰの解答テクニックが有効になる。但し，エンベデッドとデータベースは典型的な問題（エンベデッドは計算問題含む）が多いので，その解答手順を覚える必要はあるだろう。

## ●合格後にすべきこと③　コミュニケーションスキルの更なる向上

　今回，試験対策を通じて，自分のコミュニケーションスキルの棚卸しとスキルアップができたのではないでしょうか。そう実感している人は，合格したからと言ってコミュニケーションスキルの向上を止めるのはもったいないですよね。

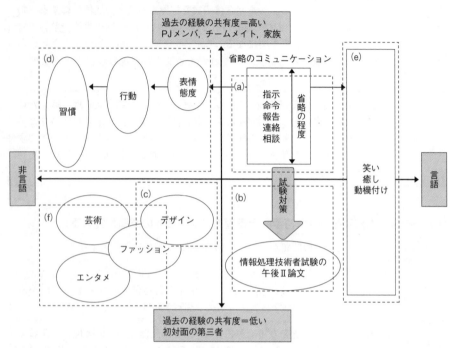

**図2　筆者が考えるコミュニケーションスキルの体系図**

　これは，筆者が考えているコミュニケーションスキルの体系図です。縦軸は，コミュニケーションをとる相手との“親密度”…すなわち，過去の経験の共有度を表しています。上に行くほど一緒に居る時間が長く，下に行くほど疎遠だと考えてもらえればいいでしょう。一方，横軸は“言語・非言語”を表しています。右側に行くにしたがって“言葉”だけの要素が強くなり，左側に行くにしたがって“言葉”ではなく“非言語（表情や態度，行動，習慣）”の要素が強くなると考えて下さい。

## ●普通に伸びていくのは（a）と（d）

　この中で，学校や職場で自然に伸びていくのは（a）と（d）のエリアぐらいではないでしょうか？上司の指導で（a）が伸びて，さらに，言葉を額面通りに信じてもらえないビジネスの現場で揉まれて「態度や行動で示さないと」とか，「長い時間をかけて信用を築こう」という感じで（d）を伸ばそうと考えます。

## ●午後Ⅱ論述試験の練習は（b）

　（a）と（d）に加えて，今回，論文対策を通じて（b）のエリアのコミュニケーションスキルを高めてきたと思います。第三者に説明しないといけないという点を強く意識することで，あなたのコミュニケーションスキルには縦軸に大きな幅ができたはずです。相手との親密度，あるいは経験の共有度を見極めたうえで，相手と共有していること，していないことを考えて，最適な量でコミュニケーションが取れるようになったのではないでしょうか。ステークホルダーへの説明や提案，プレゼンテーション，講義などのスキルも確実に上がっているはずです。

## ●この後に伸ばすべきコミュニケーションスキルは（e）

　この図で見れば，この後に伸ばすべき方向性も見えてきます。一つは（e）のエリアです。ここは，単に正確に物事を伝えるというビジネスコミュニケーションのレベルを超え，さらに"言葉での表現力"を高めていって"笑い"や"癒し"を与えられるエリアです。ここを伸ばすことで，相手に影響を与え，心を動かし，動機付けができるようになります。いわゆる"カリスマ"や"政治家"が駆使するところだと考えてもらえればいいでしょう。言葉が武器になるエリアですね。

## ●この後に伸ばすべきコミュニケーションスキルは（c）と（f）

　そしてもう一方のエリアが（c）や（f）のエリアです。このエリアのデザイン，ファッション，芸術，エンタメなどのいわゆる"言葉を使わない表現力"を磨いていけば，これらも大きな武器になります。このエリアを考えるということは，もはや"セルフ・ブランディング"の話になるので，自分自身をどう表現していくかを考えながら，自分のアイコンを含めて高めていっていることになりますからね。

## ●自分をいかに表現するか，最後はそこが重要になる

　結局，マネジメントとは"人に動いてもらう"ことで，そのために使えるツールは"コミュニケーション"ぐらいしかないわけです（非言語含む）。それに気付いて，自分のコミュニケーションスキルを駆使して，相手に働きかけ，影響し，時にモチベーションを高めてもらうことを考えだせば，単に正確に情報を伝えるだけのコミュニケーションスキルでは不十分だと感じるでしょう。今回，プロジェクトマネージャ試験に合格できたとしても，それでプロジェクトを成功できるようになったわけではありません。PMBOK に関しても，ここから本格的に学習を始めなければなりません。その点はコミュニケーションスキルも同じです。ぜひ，こちらの方も高めていって下さい。

## ●合格後にすべきこと④　エンゲージメント・マネジメント

本書の 717 ページのコラム「エンゲージメントにまつわる四方山話」で紹介した "これから必要となるマネジメント"…言い換えると "自発的貢献意欲を醸成させることのできる上司" について…これからは，本気で考えていかないといけないかもしれません。

なんせ，今，起きている世の中の変化は，こんなにもあるのですから。

- ● 国の主導による働き方改革推進
- ● 人材確保のために行う企業の職場改革
- ● 労働者権利意識の高まり，副業容認
- ● 転職市場の整備
- ● ネット全盛，誰もが主役の時代

奇しくも今年に入り，古い時代の指導者が軒並み糾弾され，マネジメントの世界から退場を強いられています。今求められているのは "周囲を笑顔にするマネジメント"…自発的貢献意欲は "笑顔" の先にあるからです。

あなたは，メンバに **"笑顔"** を提供できるプロジェクトマネージャですか？
メンバだけではなく，あらゆるステークホルダーを **"笑顔"** にできますか？
あなたに…人が付いてくる **"魅力"** ってありますか？

そのあたりを考えていくための書籍を，2016 年にインプレスから出しました。**「天使に教わる勝ち残るプロマネ」** です。試験に合格した暁には，ぜひ一度手に取ってみてください。

あ，そうそう。「俺って…魅力ないからな…」って落ち込む必要はありませんよ。大丈夫です。筆者自身もそう思っている口ですから（笑）。自分のことを棚に上げて書きました（笑）。"笑顔にしたい" という優しい気持ちさえあれば，その想いはいずれ伝わると信じて，一緒に上を目指していきましょう。

http://book.impress.co.jp/books/1115101156

# 索引